Zootechnologien

IIquIIIII

Herausgegeben von
Claus Pias und Joseph Vogl

Sebastian Vehlken

Zootechnologien
Eine Mediengeschichte der Schwarmforschung

diaphanes

Gedruckt mit freundlicher Unterstützung der
Johanna und Fritz Buch Gedächtnis Stiftung, des Graduiertenkollegs
»Mediale Historiographien« (Weimar, Jena, Erfurt) und der Universität Wien.

1. Auflage
ISBN 978-3-03734-176-6
© diaphanes, Zürich 2012
www.diaphanes.net

Alle Rechte vorbehalten
Layout und Druckvorstufe: 2edit, Zürich
Druck: Pustet, Regensburg

Umschlagkonzept: Thomas Bechinger und Christoph Unger
Umschlagabbildung: Paolo Patrizi

Inhalt

Einleitung: Medienkulturen der Intransparenz   9

Programm   25
1. Schwärme und Störung: Medientheorie   28
2. Schwärme und Rekursion: Mediale Historiographie   44
3. Schwärme und Simulation: Epistemologie   48

I. DEFORMATIONEN
Massen-Tier-Haltung   51
1. **Anthropomorphismen und Soziomorphismen**   55
Angst essen Tierseele auf – Arithmetik der Erregung –
Idiokratie im Hive Mind – Die Anarchie sozialer Instinkte –
Pseudopodium: Psychologie des Fischschwarms
2. **Tierisches am Rande des Sozialen**   77
Das Leuchtkäfergespenst der Revolution – Wurm-Werden –
Stupid Mobs – Ansteckende organische Reflexmaschinen –
Psycho-Tautologie

II. FORMATIONEN
Zoologik: Disciplines of Attention   95
1. **Bien und Superorganismus**   99
Ein Säugetier ehrenhalber – Die Aufmerksamkeit des Ameisen-
reisenden – Zeitgestalten
2. **Schräge Vögel**   117
Sportsfreunde ohne Swarm Spirit – Confusion Chorus –
Wellengeschehen
3. **Tiergeschehen: Uexkülls Protokybernetik**   133
Maschinalismus – Primitive Organismen – Funktionskreise
4. **Randerscheinungen**   149
Fische sehen. Zwischen Beobachtung und Experiment –
Die Psychomechanik des Randes – Animal Aggregations

III. FORMATIERUNGEN
Fishy Business   171
1. **Sprung ins kalte Wasser**   183
Ins Wasser schreiben – Die Linearität des Doughnut:
Mit dem Strom schwimmen – Hand Digitizing: Data Tablets

2. Fischmenschen   203
Vom Institut im Keller ins offene Meer –
Keine Grotte ohne Lotte – Der *Subaquatic Astronaut* –
Schwarmforschung im Open Water
3. Acoustic Visualization   227
Rauschende Ziele: Kopulierende Shrimps und flatulente Heringe –
Pings – Blobs – Pseudopodium: *Oriented Particles*
4. Synchronisierungsprojekte   253
Elementare Operationen – Synchronschwimmen –
Leuchtkäfer *revisited* – Wettentspannen – In Formation bringen –
Anchovy ex machina – Raumgitter und Kristallschwärme –
SelFish Behavior – Pseudopodium: Ausweitung der Schwarmzone

IV. TRANSFORMATIONEN
Fish & Chips   301
1. ABMS: The Only Game in Town   311
Partikelsysteme – Bats und Boids – Artifishial Life –
Zelluläre Automaten – Objektorientierung und das Dispositiv
der Selbstorganisation – Agentenspiele: *The KISS Principle* –
Operative Bilder – *MASSIVE*: Life is Life
2. Written in its own medium   357
Self-Propelled Particles – Verkehrsregelung im Fischschwarm –
Robofish: The Empiricism strikes back
3. Zootechnologien   381
Ein neues *Buzzword*: Von Cellular Robots zu Swarm Robotics –
PSO: Particle Swarm Optimization – Ausschwärmen – Überleben
rechnen: Mengenlehre

Schluss   405

Dank   417

Literaturverzeichnis   419

Bildnachweise   441

»Das Ganze ist größer als die Summe der Teile.
Wie einer meiner Kollegen einst bemerkte:
›Können die Deppschädel nicht einmal addieren?‹«

Heinz von Foerster

Einleitung
Medienkulturen der Intransparenz

»Diese seltsame Wissenschaft namens Mediengeschichte tut gut daran,
unter den vielen Techniken solche zu bevorzugen, die selber schreiben oder lesen.«[1]
Friedrich Kittler

Zuerst war da dieser kalte Blick im Auge eines Hais. Eine Zugfahrt irgendwohin, die *Presse+Buch*-Filiale eines beliebigen deutschen Provinzbahnhofs, schnell eines jener Magazine durchgeblättert, die man dann doch nicht kauft – in diesem Fall die Zeitschrift *Unterwasser*. Nun wäre der Verfasser dieser Arbeit einer Beobachtung Claus Pias' zufolge zwar jener dritten Generation kulturwissenschaftlich arbeitender Medienwissenschaftler zuzurechnen, die bereits in einem institutionalisierten Umfeld »Was mit Medien«[2] studieren und ihre wissenschaftliche Laufbahn beginnen konnten, »doing things with no other meaning than doing them and expecting to experience great adventures, like having guns in their waistbands, fast cars, a lot of money from bank robberies, and beautiful women around.«[3] Doch in diesem Fall hatte es lediglich zu einem einzigen, halbwegs abenteuerlichen Tauchkurs gereicht, der überdies schon lange zurücklag. Geblieben war jedoch eine Sehnsucht nach der See und nach der Tiefe. Daher der Griff ins Regal und daher der Blick dieses Hais. Eine großflächige Abbildung zeigte das preisgekrönte Foto des Unterwasserfotografen Doug Perrine. Auf diesem sind zwei Kupferhaie (*Carcharhinus brachyurus*) zu sehen, die sich an einem Sardinenschwarm gütlich tun. Sie durchstoßen fressend – einige Sardinen noch zwischen den Zähnen – den sich in Ausweichbewegungen windenden Schwarm, und der Blick des einen scheint selbst in dieser *feeding frenzy* den anwesenden Taucher samt Kamera zu fixieren. Eine beeindruckende Momentaufnahme jenes berühmten *Sardine Run*, der alljährlichen Wanderung riesiger Sardinenschwärme entlang der Küste Südafrikas (Abb. 1).

Kurze Zeit später, irgendwann im Frühjahr 2005, ein Wiedersehen: Von einer schmalen Broschüre, ausgelegt auf irgendeinem Kulturveranstaltungswühltisch, traf einen wieder der Blick dieses Hais. Das Heftchen bewarb den 10. Deutschen Trendtag, der unter dem Titel »Schwarmintelligenz – Die Macht der smarten Mehrheit« vom Hamburger *Trendbüro* organisiert wurde, laut Eigenwerbung ein »Beratungsunternehmen für gesellschaftlichen Wandel«.[4] Auf dem Titelblatt fand sich noch einmal eben jenes Foto Perrins. Indes leitete der Workshoptitel das Interesse diesmal weg von den Haien und hin auf den sich durch den

---

1. Kittler, Friedrich: »Einleitung«, in: ders.: *Draculas Vermächtnis. Technische Schriften*, Leipzig 1993, S. 8.
2. Vgl. die gleichnamige Einführung in die Medienkultur von Heinevetter, Nora und Sanchez, Nadine: *Was mit Medien… Theorie in 15 Sachgeschichten*, Paderborn 2008.
3. Pias, Claus: »What is German about German Media Theory?«, unveröff. Vortragsmanuskript, gehalten auf der Tagung *Media Transatlantic*, Potsdam 2009, S. 7.
4. Vgl. die Homepage unter: http://www.trendbuero.de (aufgerufen am 24.02.2012).

Abb. 1: *Sardine Run* vor den Küsten Südafrikas. Doug Perrine, 2005.

Bildraum des Fotos windenden Schwarm. Und diese Interessensverschiebung resultierte in den folgenden Jahren in einer Art wissenschaftlicher ›Liebe auf den zweiten Blick‹ zu Schwarmkollektiven, aus der auch dieses Buch hervorgeht.

Am Beginn stand jedoch erst einmal die Frage, was sich hinter dem Label *Schwarmintelligenz* verbergen mochte. Bereits eine kurze Recherche förderte eine massive Verwendung der Begriffe *Schwarm* und *Schwarmintelligenz* in verschiedensten soziopolitischen und ökonomischen, künstlerischen und architektonischen oder computer- und ingenieurswissenschaftlichen Kontexten zutage. Der Trendtag 2005 lag absolut im Trend – Schwärme hatten bereits 2005 Hochkonjunktur.[5] Die gemeinsame Basis dieser transdisziplinären Schwarmeuphorie schien dabei in der charakteristischen Organisationsstruktur von Schwärmen zu liegen. Der Ankündigungstext des Trendtages brachte diesen Aspekt auf den Punkt:

»Die rasante Entwicklung der Informationstechnologie bestimmt zunehmend unser Leben, das immer flexibler, dynamischer und individueller wird. Die Erfindung des Internets löste eine Medienrevolution aus, die nachhaltig die Wirtschaft wie auch das Privatleben beeinflusst. Zwar haben die Menschen nach wie vor konservative Sehnsüchte, im Zeitalter von Blogs und Smartphones werden diese aber anders befriedigt. Wünsche nach Gemeinschaft, Liebe und Glauben finden neue Formen der Erfüllung. Autonome Individuen können sich mit Hilfe neuer Technologien immer einfacher und

---

5. Siehe hierzu das Kapitel *Schluss*.

kostengünstiger vernetzen. Daraus entstehen smarte Mehrheiten, die Entscheidungen – von der Kultur bis hin zum Konsum – beeinflussen.«[6]

Schwärme traten in der Gestalt von »smarten Mehrheiten« als eine Metapher für Koordinationsprozesse in einer technisierten Gegenwart auf, in der sich die flexible Anpassung an sich ständig ändernde Rahmenbedingungen mit einem angeblichen Freiheitspotenzial ›autonomer Individuen‹ verbinden konnte. Mithilfe immer weiter dynamisierter Formen der Vernetzung, so die Wirkmacht der Schwarm-Metapher, könne man eine instantane, rapide Entscheidungsinfrastruktur zu seinem Vorteil nutzen. Zum Erreichen bestimmter Ziele sei man dadurch in der Lage, sich temporär mit Gleichgesinnten zu koordinieren. Andererseits bliebe es jedem Schwarmmitglied jedoch freigestellt, sich jederzeit aus dem Kollektiv zu verabschieden und seiner eigenen Wege zu schwimmen, zu gehen oder zu surfen. Ganz allgemein wurde hier eine scheinbar basisdemokratische – und daher prinzipiell im Sinne der Political Correctness zu begrüßende – ephemere Kollektivfigur entworfen. Diese versprach einerseits, ein politisches, ökonomisches und soziales Handeln von den Strukturen festgefügter Ordnungen und von sozialen Organisationen wie Nationalstaaten, Parteien und Vereinen abzukoppeln. Andererseits würde sie aber auch die hergebrachte Verfügbarmachung von Wissen in Bibliotheken oder klassischen (Massen-)Medien revolutionieren. Derartige Institutionalisierungen fielen nun, so das Versprechen, in die Sphäre fallweiser, auf der fluiden und flexiblen Verschaltung von individuellen Interessen und lokalem Wissen beruhender Kooperationen. Kooperationen zumal, die kein organisierendes Zentrum mehr benötigten, sondern sich allein aufgrund von rapiden Interaktionen vieler Teilnehmer selbst organisierten.

Diese Beobachtung hätte der Ausgangspunkt sein können für eine gegenwartsdiagnostische Analyse und Kritik der spezifischen Gouvernementalität einer solchen Kollektivfigur. Sie hätte eine Diskursdynamik untersuchen können, unter der sich – und allein dies sollte eigentlich bedenklich stimmen – fast zeitgleich sowohl Tanzwissenschaftler, subversive politische Gruppen und Graswurzelnetzwerker als auch Militärtaktiker, ökonomisch interessierte Trendforscher und künstlerische Positionen sammelten und Begriffe wie *Swarm Architecture* und *SchwarmStrom* eine Scheidung von Schwärmendem und Schwärmerischem im ubiquitären und zunehmend undifferenzierten Gebrauch des Terminus erschwerten.[7] Sie hätte zu vergleichenden Analysen mit anderen Kollektivfor-

---

6. Vgl. http://www.trendtag.de/trendtag-archiv/10-deutscher-trendtag-2005 (aufgerufen am 24.02.2012).
7. Vgl. technisch-populärwissenschaftlich orientiert: Fisher, Len: *Schwarmintelligenz. Wie einfache Regeln Großes möglich Machen*, Frankfurt/M. 2010, und Miller, Peter: *Die Intelligenz des Schwarms. Was wir von Tieren über unser Leben in einer komplexen Welt lernen können*, Frankfurt/M. 2010; vgl. tanz- und kulturwissenschaftlich Brandstetter, Gabriele, Brandl-Risi, Bettina und Eikels, Kai van (Hg.): *Swarm(E)Motion. Bewegung zwischen Affekt und Masse*, Freiburg 2007; vgl. politisch-technoeuphorisch Rheingold, Howard: *Smart Mobs. The Next Social Revolution*, Cambridge 2002; Rheingold war als Keynote Speaker zum Trendtag 2005 eingeladen; vgl. militärisch z.B. Arquila, John und Ronfeld, David: *Swarming and the Future of Conflict*, Santa Monica 2000; vgl. ökonomisch z.B. Neef, Andreas

men inspirieren können, oder zu einer Differenzierung dieses Schwarmdiskurses von jenem schon länger etablierten Diskurs um Netzwerke Anlass sein können.

Wenn jedoch all der diskursiven Euphorie der vergangenen Jahre ein Begriff der ›Bottom-up‹-Organisation von Schwärmen zugrunde zu liegen schien, der untrennbar mit technischen Gadgets mobiler Kommunikation verbunden ist und der sich auf eine eigentümliche Form von ›Kollektivintelligenz‹ beruft, dann – so ein anfänglicher Verdacht – gewannen Schwärme ihre metaphorische Kraft gar nicht mehr in erster Linie durch Bezüge zu biologischen Tierschwärmen. Sie bezogen sie nicht – wie aus einer langen Geschichte des In-Beziehung-Setzens von Mensch und Tier bekannt – aus wechselseitigen Vergleichen, in denen beide Seiten in je unterschiedlicher Weise mal als Vorbilder, Abgrenzungsphänomene oder Vexierbilder dienten. Um 2000 waren es nicht einfach Tiere und ihr Kollektivverhalten, die auf menschliche Gesellschaftsprozesse umgelegt wurden. Zwischen ›schwärmenden‹ Menschen und Schwarmtieren insistierte nun vielmehr eine dritte Ebene technischer Apparate und Schnittstellen, die ›schwarmähnliche‹ Interaktionen erst beschreibbar gemacht hatte. Eine dritte Ebene – so jedenfalls postulierte es der öffentliche Diskurs –, die Schwarmintelligenz auch in sozioökonomischen Kontexten zu ermöglichen versprach. Ähnlich wie Michel Serres' Figur des *Parasiten* stellte die dritte Ebene eines ›technisierten‹ Blicks erst eine Verbindung her zwischen Mensch und Tier.[8] Und Schwärme wandelten sich, so wurde im Fortgang dieses Projekts deutlich, ganz im Gegensatz zu naheliegenden Verfahren der Abbildung oder Nachbildung biologischer Strukturen (man denke z. B. an die Verklärung ›der Natur‹ als ›genialem Erfinder‹ in einschlägigen Veröffentlichungen aus dem Feld der Bionik) erst durch eine *Streichung* der Natur, durch einen *Entzug von Natürlichkeit* zu operativen Kollektivmodellen. *Schwarmintelligenz* beruht auf einer Optimierung formaler Beziehungen in geeigneten Modellen – die im Fall von Schwärmen als dynamische, vierdimensionale Vielheiten in den Bereich von Computersimulationen fallen. Erst auf der Basis derartiger prozessualer Modelle konnte eine Diskursdynamik anheben, welche ein Wissen um die besondere Relationalität von Schwärmen in den Mittelpunkt rückte. Deren zentrale Begriffe wie z. B. *Selbstorganisation* und *Kollektive Intelligenz* stammen daher auch nicht zufällig aus einem (informations-)technischen Zusammenhang.

Wenn also Schwärme als Sinnbild einer neuartigen *Medienkultur* eingesetzt wurden, in der mobile technische Vernetzungsmedien mit enthierarchisierten

---

und Burmeister, Klaus: »Swarm Organization – A new paradigm for the E-enterprise of the future«, in: Kuhlin, Bernd und Thielmann, Heinz (Hg.): *The Practical Real-Time Enterprise. Facts and Perspectives*, Berlin, Heidelberg 2005, S. 509–517; vgl. architektonisch Oosterhuis, Kas: »Swarm Architecture«, http://www.oosterhuis.nl/quickstart/index.php?id=538 (aufgerufen am 24.02.2012); Oosterhuis, Kas: *Hyperbodies. Towards an E-Motive Architecture*, Basel 2003; vgl. künstlerisch v.a. die 2005 von Ellen Lupton und Abbott Miller kuratierte Ausstellung *Swarm* in Philadelphias *FWM Fabric Workshop and Museum*; zu *SchwarmStrom* vgl. die Pressemitteilung von *Lichtblick*: »SchwarmStrom – Die Energie der Zukunft«, Hamburg, Oktober 2010, http://www.lichtblick.de/pdf/zhkw/info/zhkw_schwarmstrom.pdf (aufgerufen am 24.02.2012).
8. Vgl. Serres, Michel: *Der Parasit*, Frankfurt/M. 1981.

und distributiv organisierten Sozialformen zusammenfielen, wenn sie plötzlich als ›smart mobs‹ bezeichnet wurden, die größere individuelle Freiheitsgrade mit – im Vergleich zu anderen Vernetzungsinfrastrukturen – effektiveren kollektiven Steuerungslogiken verknüpften, wenn sie im Zusammenhang von neuen politischen Konzepten wie der *Multitude* diskutiert wurden, dann hatte sich augenscheinlich das Verständnis von Schwärmen grundsätzlich gewandelt.[9] Ihrer metaphorischen Übertragung liegt ein medientechnisches *Modell kollektiver Organisation* oder *Selbstorganisation* zugrunde, das prinzipiell in verschiedensten Gegenstandsbereichen wirksam werden konnte. Denn mit einfachen lokalen Interaktionsregeln konnten in solchen Organisationsmodellen neue, komplexe und nicht vorhersehbare, *emergente* Phänomene entstehen.[10]

Das vorliegende Projekt beschäftigt sich folglich mit der Frage, unter welchen Bedingungen Schwärme um 2000 als ein solches effektives Steuerungsmodell operational werden konnten. Wie kam die begriffliche Verknüpfung zu *Swarm Intelligence* zustande? Wie wurde eine Rede von Schwärmen als Form kollektiver Intelligenz möglich? Welches Wissen lag dem Begriff *Schwarm* zu historisch verschiedenen Zeitpunkten jeweils zugrunde? Seit wann existierte überhaupt eine systematische Schwarmforschung, die ein solches Wissen hervorbrachte? Waren Schwärme nicht Jahrhunderte lang geradezu als Außen von Ordnung klassifiziert worden? Gehörten sie nicht in jenen Bereich des Anästhetischen, in dem den in unübersehbare Dynamiken verwickelten Elementen kein Ort zugewiesen werden konnte? Fielen sie nicht in jene Klasse von Objekten, die Leonardo da Vinci als *Körper ohne Oberfläche* bezeichnet hatte, und die in der Renaissance als schlechthin undarstellbar galten? Wurde der abgewandelte, aber verwandte Begriff der *Schwärmerei* etwa bei Immanuel Kant nicht einem ›Rasen

---

9. Vgl. Hardt, Michael und Negri, Antonio: *Multitude. Krieg und Demokratie im Empire*, Frankfurt/M. 2004.
10. Die Begriffe *Selbstorganisation* und *Emergenz*, die in der Literatur zum Thema ›Schwärme‹ immer wieder auftauchen, sind durchaus nicht ohne Problematik. Sie könnten selbst Gegenstand einer je eigenen begriffsgeschichtlichen und breiten kulturwissenschaftlichen und wissenshistorischen Untersuchung sein, und ihre Tiefe könnte philosophisch ausgelotet werden. Im Rahmen dieser Publikation sollen sie jedoch in erster Linie deskriptiv verwendet werden. Selbstorganisation soll im Groben verstanden werden als eine distribuierte Organisationsstruktur, die ein adaptives, flexibles und effizientes kollektives Verhalten im Hinblick auf sich ständig ändernde Umgebungseinflüsse ermöglicht. Eine genauere Definition wird zu Beginn von Kapitel IV geliefert. Der Begriff der Emergenz wird auf Rat des an der Universität Princeton tätigen Schwarmforschers Iain Couzin hin weitestgehend zu meiden versucht. Couzin, so berichtet er im Interview, sah sich bei Vorträgen oftmals dem Insistieren von philosophisch gebildeten Zuhörern ausgesetzt. Denn im Begriff Emergenz ist natürlich sehr viel mehr lesbar als in jener pragmatischen Verwendung für die schlichte Rekurrenz auf eine Ebene kollektiver Prozesse, deren Auftreten und deren Eigenschaften nicht rückführbar sind *auf* und nicht ableitbar sind *aus* den Eigenschaften und Fähigkeiten, mit denen die einzelnen Bestandteile oder Schwarmtiere eines solchen nichtlinear interagierenden Kollektivs ausgestattet sind. Vgl. zum Begriff u.a. Goldstein, Jeffrey: »Emergence as a construct: History and issues«, in: *Emergence* 1/1 (1999), S. 49–72, hier S. 49; Corning, Peter A.: »The Re-Emergence of ›Emergence‹: A Venerable Concept in Search of a Theory«, in: *Complexity* 7/6 (2002), S. 18–30; Steele, Luc: »Towards a Theory of Emergent Functionality«, in: Meyer, Jean-Arcady und Wilson, Stewart W. (Hg.): *From Animals to Animats. Proceedings of the First International Conference on Simulation and Adaptive Behavior*, Cambridge 1990, S. 451–461, hier S. 452; in Bezug auf die Bedeutung des Begriffs in der Philosophie vgl. Morgan, C. Lloyd: *Emergent Evolution*, London 1923; Stephan, Achim: »Emergente Eigenschaften«, in: Krohs, Ulrich und Toepfer, Georg (Hg.): *Philosophie der Biologie. Eine Einführung*, Frankfurt/M. 2005, S. 88–105.

mit der Vernunft‹ gleichgesetzt? War das unheimliche, weil nicht überblickbare Wimmeln von Schwärmen im Kontext der Massenpsychologie nicht Ausdruck gesellschaftlicher Pathologien, wie sie z. B. Gustave Le Bon formulierte? Riefen sie nicht einen grundsätzlichen epistemischen Horror auf, vor dem, was nicht Gestalt werden kann? Sicherlich, zu allen Zeiten schon wurden Fisch- und Vogelschwärme von Schriftstellern oder Naturforschern auch euphorisch beschrieben, wurde die Erhabenheit ihrer kollektiven Bewegungen gefeiert. Und ebenso waren sie auch um 2000, also im Zeitalter ihrer technischen Produzierbarkeit, noch immer tauglich für die Verbreitung von Angst und Schrecken, etwa in der Übertragung des Schwarmbegriffs auf neue Taktiken für militärische oder terroristische Aktionen. Was sich jedoch um 2000 grundsätzlich geändert hatte, war das Bezugssystem, in dem Schwärme nun verhandelbar waren.

In der hergebrachten Analogie zu biologischen Schwärmen wurde das Wimmeln von Menschen als eine Depravation zum Schwarmtier mitsamt seinen vorbewussten Affekten und daraus resultierenden Eskalationen und Ansteckungen beschrieben. Oder aber Schwärme erschienen zeitgenössischen Naturforschern als unübersehbare Kollektive, denen für ihre koordinierten Bewegungsmanöver ein faszinierender, aber zugleich unheimlicher (weil nicht entschlüsselbarer) Gemeinsinn inhärent sein musste – eine Kollektivseele oder eine irgendwie steuernd eingreifende Kraft. Um 2000 waren es zwar auf den ersten Blick immer noch diese Bezüge zu Schwarmtieren, die nun mittels faszinierender Unterwasser- oder Vogelflugaufnahmen periodisch in Kino, Fernsehen und verschiedensten Zeitschriften erschienen. Doch diese illustrierten in der Regel nurmehr eine komplexere Verwicklung. Sie bebilderten ein Steuerungsmodell und Problemlösungsverfahren, das von seiner substanziellen biologischen Abkunft abstrahiert wurde: Schwarmtiere hatten sich zu technisch informierten *Zootechnologien* gewandelt, deren ›intelligente‹ Organisationspotenziale in verschiedensten Gegenstandsbereichen applizierbar waren. Daran konnten sich Übertragungen anschließen, die auch menschliches Verhalten in Anlehnung an solche zootechnischen Schwärme zu organisieren suchten. Schwärme als Zootechnologien schrieben fortan mit an der Genese einer bestimmten (und hier zu bestimmenden) Medienkultur.

Diesem Ausgangsverdacht nachspürend versucht dieses Buch, die Transformation von Schwärmen von einem Außen des Wissens bis hin zu einem technisch implementierbaren Anwendungswissen anhand einer Medien- und Wissensgeschichte der Schwarmforschung zu beschreiben. Der Verbindung biologischen und technischen Wissens, die Schwärme als Zootechnologien neu denkbar machte, mussten mediengeschichtliche Daten zugeordnet werden können. Das Erscheinen von Schwärmen als produktive Kollektive musste einer beschreibbaren Genealogie gefolgt sein. Was sich dabei entwickelte – und das war zu Beginn des Projekts noch kaum abzusehen – ist jedoch weitaus verwickelter, als es z. B. die in stetiger Folge im Fernsehen ausgestrahlten Schwarmdokumentationen mit ihrer immer gleichen Dramaturgie aus faszinierenden Naturaufnahmen, Laborexperimentalsystemen und blinkenden Kleinstroboterkollektiven erahnen ließen. Was sich aufspannte, war längst nicht nur eine Mediengeschichte der

Schwarmforschung seit 1900 und vor allem nicht die Geschichte einer sukzessiven medientechnischen ›Durchleuchtung‹ von Schwärmen und der dann folgenden Anwendung transparenter biologischer Selbstorganisationsfähigkeiten in technischen Umsetzungen. Vielmehr musste diese Mediengeschichte als ein Prozess der wechselseitigen Störung und Informierung biologischer durch technische und technischer durch biologische Phänomene, Ansätze und Aspekte angelegt werden. Daher versucht dieser Band keinesfalls im Sinne einer ontologischen Beschreibung zu definieren, *was* Schwärme sind oder waren oder sein könnten. Vielmehr geht es hier darum, zu analysieren, warum, wie und auf welche Weise bestimmte dynamische Kollektive zu unterschiedlichen Zeiten auf je spezifische Weise als Schwärme zu fassen versucht wurden – und wie sie selbst in der Produktion dieses Wissens aktiv werden konnten. Eine solche Mediengeschichte der Schwarmforschung, die nach den jeweiligen medientechnischen Bedingungen fragt, unter denen Schwärme historisch different innerhalb je spezifischer Beschreibungsformen hervorgebracht wurden, ein solches *Schwarm-Werden* ist dabei eingebettet in die Geschichte einer bestimmten Form von Wissen selbst. Die Erforschung von Schwärmen, so stellte sich heraus, ist untrennbar verwickelt mit einer Epistemologie der agentenbasierten Computersimulation.[11]

Diese Form des Wissens könnte man ein *intransparentes Wissen* nennen, ein Wissen, das sich nur in einer computergestützten Annäherung an dynamische, nichtlineare Phänomene angehen lässt, ein Wissen, das herkömmlichen Methoden der *Analyse* entgehen muss und das synthetisierender Ansätze bedarf. Zu nennen wären hier Bereiche wie z.B. ökonomische Simulationen und Modelle von Finanzmarktdynamiken, Simulationen sozialen Verhaltens, Evakuierungssimulationen und Panikforschungen, die Epidemologie, die Optimierung von Logistiksystemen und Verkehrsplanungen, die Verbesserung von Telekommunikations- und Netzwerkprotokollen, die Bild- und Mustererkennung, bestimmte Klimamodellierungen, Multi-Robot-Systeme oder das Feld mathematischer Optimierung. Diese und ähnliche Bereiche werden zu Einsatzfeldern von *Swarm Intelligence*-Systemen und von agentenbasierten Computersimulationen. Damit machen Schwärme, so wird es dieses Buch entwickeln, solche

---

11. Somit formuliert dieser Band eine ganz eigene, medientechnisch und wissensgeschichtlich interessierte Zugriffsweise auf den ›Gegenstand‹ Schwarm. Seit Beginn dieses Projekts sind einige kulturwissenschaftliche Beiträge zum Thema erschienen, allen voran Eva Horns und Lucas Gisis Sammelband *Schwärme – Kollektive ohne Zentrum*, der Schwärme innerhalb einer Wissensgeschichte mit anderen Kollektiven wie Massen und Netzwerken zusammenbringt. Ein eigener Aufsatz präsentiert darin vorab einen Teil des Bogens, den diese Arbeit nun noch einmal viel ausführlicher spannt. Vgl. Horn, Eva und Gisi, Lucas (Hg.): *Schwärme – Kollektive ohne Zentrum. Eine Wissensgeschichte zwischen Leben und Information*, Bielefeld 2009. Darin erschien in Übersetzung auch Eugene Thackers ausführliche Diskussion der politischen Dimension von Schwärmen in Kontrast zu Netzwerken und ihren jeweils unterschiedlichen Genealogien. Dieser erschien ursprünglich als Thacker, Eugene: »Networks, Swarms, Multitudes«, in: *CTheory*, 18. Mai 2004, http://www.ctheory.net/articles.aspx?id=423 (aufgerufen am 24.02.2012). Vgl. zudem, jedoch ohne medientechnische und -technische Perspektive und recht affirmativ in Bezug auf ›soziale Schwärme‹, Brandstetter, Brandl-Risi und Eikels: *Schwarm(E) motion*, a.a.O.

Medienkulturen der Intransparenz beschreibbar.[12] Intransparenz lässt sich zudem im Sinne einer fehlenden optischen Klarsicht verstehen, womit visuelle Verfahren in der Schwarmforschung adressiert werden können. Intransparenz lässt sich aber darüber hinaus beziehen auf nicht offensichtliche, dynamischen Prozessen inhärente Regelungsstrukturen und Steuerungslogiken. Es sind diese Regeln und Regelungen, nach denen aus dem lokalen Schwärmen Einzelner die koordinierten Bewegungen von Schwärmen werden können. Und diese bilden eine zweite Ebene hinter der ›unscharfen Oberfläche‹ von Schwarmkollektiven, mit deren Störungen sich die ganz unterschiedlichen optischen, akustischen oder computersimulatorischen Annäherungen an Schwärme als Wissensobjekte auseinandersetzen. Der Begriff der Intransparenz kann demnach als Klammer für verschiedene Schwarm-Medienkulturen dienen.[13] Darüber hinaus ist mit Intransparenz jedoch auch eine historiographische und wissensgeschichtliche Dimension aufgerufen, die für dieses Buch programmatisch ist, und die sich aus Michel Foucaults Vorschlag einer *Archäologie des Wissens* und seiner Unterscheidung von *Dokument* und *Monument* generiert. Foucault notiert:

»Die Archäologie versucht, nicht die Gedanken, die Vorstellungen, die Bilder, die Themen, die Heimsuchungen zu definieren, die sich in den Diskursen verbergen oder manifestieren; sondern jene Diskurse selbst, jene Diskurse als bestimmten Regeln gehorchende Praktiken. Sie behandeln den Diskurs nicht als *Dokument*, als Zeichen für etwas anderes, als Element, das transparent sein müsste, aber dessen lästige Undurchsichtigkeit man oft durchqueren muss, um schließlich dort, wo sie zurückgehalten wird, die Tiefe des Wesentlichen zu erreichen; sie wendet sich an den Diskurs in seinem eigenen Volumen als *Monument*.«[14]

In Erweiterung der Foucault'schen Perspektive auf medientechnische Anordnungen und Verfahren sollen hier jene Diskursdynamiken, die sich von 1900 bis heute um Schwärme entwickelten, infolge einer solchen *nicht lästigen* Intransparenz gerade produktiv gemacht werden. Im Zuge dessen geht es also keinesfalls um die Entschlüsselung einer irgend gearteten ›Bedeutung‹ von Schwärmen oder ihrer metaphorischen Dimension, sondern darum, wie sie (medien-)historisch je als Wissensobjekte produziert wurden. Der historische Rahmen der Arbeit von einer ersten Szene *um 1900* und einer letzten *um 2000* spannt damit auch

---

12. Die Tagung *Hyperkult 13* schlug 2004 den Begriff einer *Kultur der Unschärfe* vor. Eine Mediengeschichte von Schwärmen ließe sich sicherlich intuitiv mit diesem verbinden. Mir erscheint jedoch *Medienkulturen der Intransparenz* griffiger. Der Begriff der Unschärfe rekurriert allzu sehr auf optische Phänomene. Er ist für die Beschreibung einer ›analogen‹ Mediengeschichte der Schwarmforschung vor dem Einsatz digitaler Medien noch halbwegs passgenau, denn dabei geht es gemeinhin um die problematische fotografische oder filmische Repräsentation dynamischer Kollektive. Im Bereich digitaler Computersimulationen wird der Begriff jedoch weniger aussagekräftig. Denn hier wäre ›Unschärfe‹ etwa von ›Ungenauigkeit‹ zu differenzieren, z. B. im Kontext von Fuzzy Logic. Eine ›unscharfe‹ Programmierung macht wenig Sinn, würden solche Programme doch einfach nicht laufen.
13. In einigen Abschnitten des Buches wird dennoch der nicht unproblematische Begriff der *Unschärfe* verwendet, etwa wenn es explizit um den Einsatz optischer Medien geht. Unschärfe ist dann auf die Störungen zu beziehen, die Schwärme als dynamische Kollektive grundsätzlich erzeugen.
14. Foucault, Michel: *Archäologie des Wissens*, Frankfurt/M. 1981, S. 198.

einen epistemischen Bogen, in dem Schwärme von einem anfänglichen Außen des Wissens zunächst in den Bereich wissenschaftlicher Auseinandersetzungen rücken, indem sie als *Wissensobjekt* in den medientechnischen Anordnungen biologischer Forschungen zu adressieren versucht werden. Ihre Transformation zur *Wissensfigur* schlägt sich dann wiederum in medientechnisch-operationalen Anwendungen nieder.

Mit dem Begriff des *Wissensobjekts* ist ein prekärer Erkenntnisgegenstand gemeint, der mit ganz verschiedenen epistemischen Strategien angegangen werden kann – auf theoretische, experimentelle, medientechnisch-beobachtende, modellierende oder computersimulierende Art und Weise. Ein solcher Erkenntnisgegenstand ist dabei selbst immer wieder Modulationen und Verschiebungen ausgesetzt. Schwärme als Wissensobjekte werden daher in verschiedenen Erkenntniszusammenhängen erst auf spezifische Art hergestellt und gestaltet.[15] Der Begriff der *Wissensfigur* ist der Publikation *Vom Übertier* von Benjamin Bühler und Stefan Rieger entnommen. Dort wird eine gegenüber hergebrachten Zugangsweisen geänderte Perspektive auf das Verhältnis von Mensch, Tier und Technik formuliert. »Tiere sehen den Menschen an oder genauer noch: Wissenschaftler sehen durch die Augen der Tiere auf den Menschen, und was sie sehen, sind Defizite und Mängel nicht des Tieres, sondern des Menschen. [...] Mit der *Wissensfigur* des Tieres wird das Argument aus einem platten Biologismus gelöst und zu einer Denkfigur ausgeweitet [...], seine Bühne ist die moderne Ordnung des Wissens selbst.«[16] Was die Autoren als eine Kasuistik von Einzeltieren ausbreiten, kann als Sichtweise auch auf eine Mediengeschichte von Schwärmen angelegt werden. Eine Mediengeschichte, in der Schwärme plötzlich als *Systemtiere* angeschrieben und (medien-)technisch implementiert werden mit Blick auf Problembereiche, die den Menschen tangieren, trägt dabei einer wissenschaftstheoretischen Dynamik Rechnung, in der sich Erkenntnis und Technik in intrikater Weise verbinden.[17] So lässt sich jene rekursive Verbindung einer Biologisierung der Computertechnik und Computerisierung der Biologie ein-

---

15. Grundsätzlich ist fraglich, ob Schwärme als ›Objekte‹ bezeichnet werden sollten. Im Hinblick auf ihren ephemeren Charakter, auf ihre Oszillation zwischen individueller Verschaltung und globaler Bewegung, und auf die ihnen inhärenten Störmomente belege ich sie im folgenden auch mit ›beweglichen‹ Begriffen, die diese Nicht-Feststellbarkeit jeweils andeuten sollen. Ich spreche also äquivalent vom ›Objekt‹, ›Nicht-Objekt‹, ›Nicht-Ding‹ oder ›Halbding‹ (Letzteres in Anlehnung an Leonardo da Vincis Bezeichnung für ephemere Objekte wie z. B. Wolken). Der Begriff *Wissensobjekt* lehnt sich an Hans-Jörg Rheinbergers mittlerweile reichlich strapazierten Begriff des *epistemischen Dings* an. Damit meint Rheinberger jene Dinge, »denen die Anstrengung des Wissens gilt – nicht unbedingt Objekte im engeren Sinn, es können auch Strukturen, Reaktionen, Funktionen sein.« Sie seien als Diskursobjekte zu kennzeichnen, die im Zusammenspiel mit den technischen Dingen von Experimentalsystemen einen vagen und prozessualen ›Entdeckungszusammenhang‹ an der Schwelle zum Nichtwissen beschreiben. Ob der Begriff des epistemischen Dings für Schwärme adäquat ist, wird in Kapitel III und IV ausführlicher diskutiert – für die begriffliche Rahmung des Buches soll er vorerst umgangen werden. Vgl. Rheinberger, Hans-Jörg: *Experimentalsysteme und epistemische Dinge. Eine Geschichte der Proteinsynthese im Reagenzglas*, Frankfurt/M. 2001.
16. Bühler, Benjamin und Rieger, Stefan: *Vom Übertier. Ein Bestiarium des Wissens*, Frankfurt/M. 2006, S. 9.
17. Vgl. ebd., S. 10. Vgl. zum Begriff des *Systemtiers* von der Heiden, Anne und Vogl, Joseph: »Einleitung«, in: dies. (Hg.): *Politische Zoologie*, Zürich, Berlin 2007, S. 7–14.

holen, die im Zentrum der in diesem Band beschriebenen Transformation von Schwärmen steht. Sie werden mit wechselnden Erfolgen aus einem Bereich des Nichtwissens gelöst und wandeln sich über ihre verschiedentliche Konstruktion als *Wissensobjekte* infolge ihrer späteren computertechnischen Applikation zu *Wissensfiguren* innerhalb einer Episteme der Computersimulation.

Eine solche Medien- und Wissensgeschichte von Schwärmen charakterisiert sich folglich *erstens* durch die Suche nach adäquaten medialen Zugangsweisen zu einem ›Körper ohne Oberfläche‹, der durch seine Feinstofflichkeit und Bewegtheit die Grenzen zentralperspektivischer Codes markiert.[18] Schwärme sind vierdimensionale Kollektive – sie ereignen sich in einer ständigen Dynamik, die in den drei Dimensionen des Raumes und – das ist zugleich ihr Clou wie auch das medientechnische Problem der Schwarmforschung – in einer unhintergehbaren Zeitdimension abläuft. Das vorliegende Projekt beschränkt sich, angelehnt an diese Charakterisierung, auf die Medien- und Wissensgeschichte von Vogel- und vor allem Fischschwärmen. Andere im Kontext von Schwarmintelligenz-Diskursen sehr wirkmächtige Kollektive wie soziale Insekten werden aufgrund ihrer anderen Kommunikationsstruktur (z. B. Kommunikation mittels Pheromonspuren in der Umwelt, Tanzsprache, Stigmergy beim Wabenbau) und ihres Bezugs auf ein (architektonisches und individuelles) Zentrum – auf den jeweiligen Bau und die ›Königin‹ als ›Reproduktionsorgan‹ – als verwandte, aber zu unterscheidende Kollektivformen in dieser Arbeit nicht untersucht.[19]

Zweitens zeigen Schwärme selbst eine eigentümliche Medialität. Sie können als relationale Ensembles beschrieben werden, deren relativ einfach aufgebaute Individuen nur über ein begrenztes Wissen über ihre Umwelt verfügen, und die sich dezentral, also ohne eine übergreifende Instanz, durch lokale Interaktionen mit wenigen nächsten Nachbarn organisieren. Trotz dieser Simplizität sind sie zu komplexen Koordinationsleistungen fähig und stellen sich systemisch oft schnell und flexibel auf Störmomente ein: Sie zeigen emergente Verhaltensweisen, die sich nicht aus den Fähigkeiten der Einzelnen ableiten lassen, und organisieren sich adaptiv und unablässig neu in Bezug auf sich ändernde Umweltbedingungen. Ein hinlängliches Wissen um diese Medialität von Schwärmen ist jedoch erst Ergebnis einer Schwarmforschung, die ab 1980 Computersimulationen einsetzt, um deren Selbstorganisationsfähigkeiten anhand dynamischer Modelle nachzuvollziehen. Dieses Umschlagen von Quantität in neue Qualitäten macht Schwarmprinzipien zugleich interessant als Programmierparadigma einer *Computational Swarm Intelligence*. Diese arbeitet ihrerseits mit biologisch inspirierten Softwaremodellen, die sich in Abgrenzung gegenüber formalistischen Pro-

---

18. Vgl. Damisch, Hubert: »Die Geschichte und die Geometrie«, in: Engell, Lorenz, Siegert, Bernhard und Vogl, Joseph (Hg.): *Wolken. Archiv für Mediengeschichte*, Bd. 5, Weimar 2005, S. 11–25; vgl. da Vinci, Leonardo: »Codex Atlanticus«, in: MacCurdy, Edward (Hg.): *Les Carnets de Léonard de Vinci*, Bd. 2, Paris 1942, S. 301, zit. n. Damisch, »Geschichte und Geometrie«, a.a.O., S. 24.
19. Die Myrmekologie spielt allerdings in Kapitel II im Zuge der Herausbildung der Ethologie und Verhaltensbiologie als eine eigene Wissenschaft eine gewichtige Rolle, die nicht unerwähnt bleiben wird. Vgl. zum Themenfeld von Medien- und Netzwerktechnologie und sozialen Insekten Parikka, Jussi: *Insect Media. An Archaeology of Animals and Technology*, Minneapolis 2010.

grammieransätzen durch ein Design des Kontrollverzichts auszeichnen, um die Beschreibung kontingenter Realweltphänomene zu verbessern.

Beide Aspekte einer Medien- und Wissensgeschichte von Schwärmen kulminieren vor dem Hintergrund einer umfassenderen Epistemologie der Computersimulation. Eine gleichzeitige Biologisierung der Informatik und eine Informatisierung und Computerisierung der Schwarmforschung machen neue *zootechnische* Verbindungen denkbar, die nicht auf metaphorischen Übertragungen, sondern auf prinzipiellen Funktions- und Steuerungslogiken beruhen. Diese existieren nicht nur *in vivo*, sondern sind auch *in silico* implementierbar. Sie hängen sich medienhistorisch an der Frage des *Wie?* auf, des Funktionierens von Schwärmen als ›selbstorganisierende‹ Vielheiten mit ›emergenten‹ Eigenschaften. Und hier sind vor allem jene Computersimulationen von Interesse, die als *agentenbasierte Verfahren* bezeichnet werden – welche wiederum von biologischen Schwärmen informiert sind.

Nicht mehr ein bloßes soziobiologisches Verständnis von Tierschwärmen[20] oder die destratifizierende Vielheit »dämonischer Tiere« im Sinne der Politischen Zoologie von Gilles Deleuze und Félix Guattari[21] sind mithin die Fluchtlinien dieser Übertragungen. In Schwärmen, so könnte man in Anspielung auf Ernst Jüngers Erzählung *Gläserne Bienen* vielmehr formulieren, sind es nicht länger Tiere, die als Vorbild für den Menschen dienen, sondern biologische Prinzipien, die sich mit informationstechnischen Verfahren amalgamiert haben.[22] Schwärme sind eine Form von *Zootechnologie*, die längst das *zoé*, das unbeseelte tierische Leben im Schwarm, mit der experimentellen Epistemologie der Computersimulation kombiniert hat. Schwärme werden zum Untersuchungsgegenstand einer technisch informierten, kulturwissenschaftlichen Medien- und Wissensgeschichte, die sich im Kontext einer Theorie und Geschichte der Computersimulation formiert.

So wird exemplarisch und systematisch jener ausgedehnte Bereich aktueller *Medienkulturen der Intransparenz* erschlossen, der heutige Lebenswelten ausmacht und einrichten hilft. Über die zu diskutierenden Intransparenzen von Schwärmen als Wissensobjekt biologischer Forschungen und als Wissensfigur computertechnischer Anwendungen hinaus werden ›Schwarmlogiken‹ applikabel für den Einsatz als operationale Medien in intransparenten Problemfeldern oder Prozessen. An die Stelle bedrohlicher, chaotischer und unheimlicher Schwärme tritt eine technisierte Swarm Intelligence distribuierter, zentrumsloser und robuster Steuerung, die um 2000 schließlich jene epidemische Ausbreitung des Schwarmbegriffs auf wiederum soziopolitische Kontexte zwischen Militärdoktrin und Tanzwissenschaft, zwischen Management und P2P-Clients oder zwischen Architektur und Globalisierungsgegnerschaft ermöglicht. Erst der Durch-

---

20. Vgl. Wilson, Edward O.: *Sociobiology. The New Synthesis*, Cambridge 1976, und Kelly, Kevin: *Out of Control. The New Biology of Machines, Social Systems, and the Economic World*, London 1994.
21. Deleuze, Gilles und Guattari, Félix: *Tausend Plateaus. Kapitalismus und Schizophrenie 2*, Berlin 1997, S. 328ff.
22. Vgl. den Hinweis auf Jünger, Ernst: *Gläserne Bienen*, Stuttgart 1957, S. 110, in: Bühler und Rieger, *Vom Übertier*, a.a.O., S. 74–75.

gang durch die Computertechnologie lässt Schwärme zu Medien werden und macht sie als Wissensfiguren operationalisierbar und operativ. Und erst diese Transformation zu Zootechnologien begründet eine neue Rede von ›intelligenten Kollektiven‹.

Inhaltsüberblick

Das Buch gliedert sich in vier große Abschnitte, denen ein programmatisches Kapitel vorangestellt ist. Dieses Programm nimmt eine medientheoretische Situierung von Schwärmen im Forschungsfeld der Medien- und Kulturwissenschaften vor und mag von einer vorrangig geschichtlich interessierten und ›materialorientierten‹ Leserschaft eher überblättert werden. Mit den Oberbegriffen *Deformationen, Formationen, Formatierungen* und *Transformationen* sind sodann jene vier Themenkomplexe bezeichnet, in denen sich eine mediale Historiographie und Epistemologie von Schwärmen seit 1900 je konzentrieren und einfassen lässt. In einigen Abschnitten finden sich zudem Unterkapitel, die mit dem Zusatz *Pseudopodium* versehen sind. Konrad Lorenz verglich einmal das Hervorschießen einzelner Fische aus großen Fischschwärmen, die sofort eine Gefolgschaft von anderen Fischen hinter sich herzogen, mit dem Hervorschnellen von *Scheinfüßchen* bei Amöben.[23] Auch in diesem Buch werden Scheinfüßchen ausgestreckt, die einerseits relevant für den Zusammenhang der Abschnitte sind, denen sie angehören, die sich zum anderen jedoch bereits auf Themenbereiche beziehen, die eigentlich einem der anderen Kapitel zugeordnet sind. Dies trägt dem Umstand Rechnung, dass mit den Kapiteln keineswegs abgeschlossene oder auch nur abschließbare Themenkomplexe abgehandelt werden. Vielmehr sollen sie eine Struktur darstellen, mit der sich medienarchäologische Grabungen in verschiedenen Diskursen und apparativen Konstellationen interdisziplinär ausbreiten, aber auch genealogisch verbinden lassen.

Gegenstand der Untersuchung ist im ersten Abschnitt mit dem Überbegriff *Deformationen* zunächst ein Diskurs von Massenpsychologie und Tierpsychologie um 1900. Dieser Diskurs formuliert sich jedoch vor allem noch mit Blick auf den Menschen – und in seinen anthropomorphistischen Perspektiven mag man den Grund für ein epistemologisches Hindernis erkennen, das Konzepte genuin schwarmähnlicher Organisationsweisen blockiert, indem es mögliche Ansätze hierzu stets mit menschlichen soziopolitischen und psychologischen Projektionen vermengt. Schwärme rücken damit in die Nähe eines anderen ›unfassbaren‹ Kollektivphänomens, das bereits seit der französischen Revolution, aber am Ausgang des 19. Jahrhunderts noch einmal durch einen neuen Diskurs verhandelt wird: Das Kapitel markiert als historischen Anker für den Rahmen dieser Arbeit mithin einen Diskurs, der versucht, Schwärme und andere Tierkollektive im Kontext der ›Kollektivgespenster‹ sozialer Massenphänomene und Massen-

---

23. Vgl. Lorenz, Konrad: *Das sogenannte Böse. Zur Naturgeschichte der Aggression*, Wien 1963, S. 196–199.

psychologien zu begreifen – und vice versa. Hinzu kommt aber ein zweiter Gesichtspunkt, der sich bereits in einer rudimentären Verwissenschaftlichung eines Diskurses über Schwärme ausdrückt. Bezüge zu Tierkollektiven werden nämlich auch dazu benutzt, nach den *Funktionsweisen* dieses Schwärmens zu fragen. Wie etwa bilden sich trotz eines augenscheinlichen Chaos charakteristische Ordnungsmuster in kollektiven Bewegungen aus? Und damit stehen schließlich tierpsychologische Erklärungsansätze neben massenpsychologischen. Das Tier-Werden des Massenmenschen rückt in den Hintergrund, wenn Tierkollektive Aufschluss darüber geben zu können scheinen, wie auch menschliche Massen ein gemeinsames Bewegungspotenzial ausschöpfen können, und vor allem: wie erklärt werden kann, dass solche Kollektivdynamiken sich scheinbar ohne eine ordnende Hand – oder besser: einen befehlenden Kopf – ausbilden.

Der zweite Abschnitt widmet sich unter dem Begriff *Formationen* historischen Szenen einer sich herausbildenden Verhaltensbiologie Anfang des 20. Jahrhunderts. In dieser systematisiert sich ein Wissen um biologische Vielheiten und rekurriert nicht mehr auf soziale, sondern physikalische Beziehungsmodelle. Die Arbeit stellt hier Texte aus der Ethologie in den USA (Myrmekologie) und Europa (Ornithologie) vor, die einen explizit nicht-anthropologischen und -anthropozentrischen Ansatz formulieren wollen. Dynamische Tierkollektive werden – im Gegensatz zum Massenpsychologiediskurs um 1900 – schließlich nicht mehr mit Blick auf den Menschen zu verstehen versucht (und andersherum). Sie fallen nun unter einen genuin ›biologischen‹ Blick, der Tierkollektive von Bezügen wie ›Gesellschaft‹ löst und eher ›systemische‹ Verhältnisse in deren interindividuellen Verhaltensweisen fokussiert. Unter Hinzunahme von Sekundärliteratur zur Geschichte der Biologie um 1900 wird hier anhand des ›Halbdings‹ Schwarm zudem eine terminologische und perspektivische Emanzipation im Rahmen biologischer Forschungen selbst gezeichnet, in der ein möglichst direkter Blick auf das Verhalten von lebenden Tieren in ihrer natürlichen Umgebung angestrebt wird; eine Strömung, die sich z.B. mit Verhaltensexperimenten und Feldforschungen von Laborexperimenten und taxonomischen Ordnungen absetzt. Techniken und Medien der Datenerhebung über Tierkollektive bekommen dabei eine ganz neue Relevanz, wenn der menschliche Wahrnehmungsapparat in den Kollektivbewegungen von Schwärmen nurmehr ein Rauschen wahrnehmen und traditionelle Aufzeichnungssysteme (Tagebücher, handgeschriebene Beobachtungen) mit der Fülle der Daten nicht umgehen können. Zudem setzt eine Selbstreflexion des Beobachters ein, wenn Feldforscher ihre Position in Bezug auf ihre Forschungsobjekte problematisieren.

Mit dem Überbegriff *Formatierungen* fasst der dritte Abschnitt jene Entwicklungen, mit denen Schwärme als widerständige Wissensobjekte ab den späten 1920er Jahren zu Untersuchungsobjekten einer sich technisch aufrüstenden biologischen Schwarmforschung werden. Dieser Teil des Buches beschäftigt sich anhand vor allem verhaltenswissenschaftlicher Forschungspublikationen aus dem Bereich der Fischschwarmforschung mit verschiedenen Versuchen, einen quantitativ beschreibbaren und formalisierbaren Zugang zum Wissensobjekt Schwarm zu erhalten. Die Faktoren und Funktionen seiner dynamischen Selbstorganisation ohne zentrale Steuerungsinstanz sollen in diesen Forschungen beschrieben werden. In deren Verlauf werden Schwärme in verschiedenen Experimentalsystemen, in biologischen Forschungsaquarien oder im Ozean mithilfe optischer Medien aufzuzeichnen versucht. Im offenen Meer kommen Innovationen auf dem Gebiet der Tauchtechnik und der Sonartechnologie hinzu, um Schwärme sichtbar zu machen. Immer wieder jedoch treten auch hier Störfunktionen auf, die die Datengewinnung über Schwärme unterbrechen und verzerren. Die Kollektive selbst werden technischen Aufzeichnungsmedien durch ihre vielfachen, gleichzeitigen Bewegungen zu einem Datengestöber, und auch ihr Umweltmedium Wasser trägt zur Intransparenz ihrer Steuerungslogiken bei. Dennoch wird versucht, auf Basis der lückenhaften empirischen Daten mathematische Modelle von Schwärmen zu konstruieren, die sich etwa mit ihrer geometrischen Gestalt oder den Algorithmen des lokalen, nachbarschaftlichen Verhaltens der Schwarm-Individuen beschäftigen. Biologische Schwarmforschungen werden im Zuge dessen z. B. auf den Gründungskonferenzen der Kybernetik diskutiert, und Begriffe wie ›Informationsübertragung‹ und ›Verschaltung‹ halten Einzug in die biologische Schwarmforschung. Damit setzen sich die ›systemischen‹ Beschreibungsversuche in einem neuen, technischen Forschungsvokabular fort und ermöglichen neue Sichtweisen auf Schwärme. Diese werden nicht mehr als ästhetisches Problem gesehen, sondern als *Informationsmaschinen* (Michel Serres), die auf Basis einfacher Regeln komplexe globale Bewegungsleistungen, Koordinationen und Adaptionen an äußere Einflüsse hervorbringen. Dennoch: Zu Beginn der 1980er Jahre stecken die empirischen Forschungen weiterhin in einem ›technological morass‹, der erst durch eine entscheidende Wendung trockengelegt werden kann.

Eine Annäherung an die intransparenten Steuerungsprozesse in Schwärmen geschieht bereits in den wechselnden medientechnischen Anordnungen von Schwarmforschungsprojekten von Labor- und Freiwasseruntersuchungen unter einem jeweiligen *Entzug von Natürlichkeit*. Schwärme werden innerhalb solcher Ensembles als jeweils spezifische (und durchaus je verschiedene) ›Medienkulturen‹ eingefasst und beschrieben, in denen sich auch die Rolle von Intransparenzen und Störungen diametral ändert. Wo die im dritten Abschnitt untersuchten medientechnischen Beobachtungs- und Experimentalsysteme als veritable Verfahren der *Rauschunterdrückung* wirksam wurden, hängt die Adäquatheit von Computersimulationsmodellen, mit denen sich der vierte Abschnitt auseinandersetzt, jedoch oftmals gerade von der Einbeziehung und Implementierung von Störmomenten in geeigneter Intensität und Wirkweise ab. Unter dem Überbegriff *Transformationen* geht dieses Kapitel zunächst jenen biologischen Forschungen nach, die ab ca. 1980 zunehmend von digitalen Medien informiert werden – etwa indem mit computergestützten Datenverarbeitungsverfahren experimentiert wird und in der japanischen Fischereiforschung erste agentenbasierte Computersimulationsmodelle zum Einsatz kommen. In den für Schwarmforschungen nutzbar gemachten medientechnischen Kultivierungen agentenbasierter Computersimulationsmodelle werden Störung und Rauschen operational und produktiv für die Parametrisierung und das Tuning der dynamischen Modelle selbst. Störung und Rauschen bekommen eine *konstitutive Funktion*, und intransparente Prozesse der Selbstorganisation können in einer Epistemologie der Computersimulation auf neue Weise adressiert werden. Denn auch das biologische Wissen von Schwärmen hält Einzug in die Programmierroutinen der Computerwissenschaften. Man kann hier von einem produktiven Chiasmus einer gleichzeitigen Informatisierung der Biologie und Biologisierung der Informatik sprechen. Anhand von computerwissenschaftlichen Publikationen aus dem Bereich Computer Graphik Imagery (CGI), Agentenbasierter Modellierung und Robotik und neueren Texten aus der biologischen Schwarmforschung lässt sich dabei herausarbeiten, dass für die Schwarmforschung digitale Visualisierungsverfahren im Mittelpunkt stehen, welche jene Störfunktion von Schwärmen produktiv machen, mit denen ältere Beobachtungsregime und Experimentalsysteme noch derart zu kämpfen hatten. Wenn Grafikanimatoren in der Filmindustrie Schwarmprinzipien nutzen, um effiziente dynamische Kollektive zu simulieren, dann schreiben sie dabei zugleich Programme, die der biologischen Schwarmforschung einen ganz neuen, intuitiven Zugang zu ihrem Forschungsobjekt ermöglichen. Erst in der computergestützten Epistemologie der Simulation, in jenem erkenntnistheoretischen dritten Weg zwischen Theorie und Experiment, und besonders auf der Ebene zugehöriger visueller Synthetisierungen, findet der Schwarm zu sich, indem er sich – computertechnisch implementiert – von einem Wissensobjekt zu einer Wissensfigur wandelt. Von hier an werden Schwarmlogiken in verschiedenen Anwendungsbereichen operativ einsetzbar. Sie vollziehen ein *Medien-Werden* (Joseph Vogl), das hier exemplarisch anhand von Panikforschung, Mathematischer Optimierung und von Multi-Robot-Systemen präsentiert wird. Und dieses Medien-Werden von Schwärmen bedeutet ihre Transformation zu Zootechnologien, deren medien-, technik- und wissensgeschichtliche Koordinaten in diesem Band nachgezeichnet und bestimmt werden.

Programm

»We are fascinated by the unit; only a unit seems rational to us. [...] We scorn the senses, because their information reaches us in bursts. We scorn the groupings of the world (things like ›a flight of sreaming birds‹, ›a cloud of chirping crickets‹, ›crowds, packs, hordes on the move‹) [...] We want a principle, a system, an integration, and we want elements, atoms, numbers. We want them, and we make them. A single God, and identifiable individuals.«[1] *Michel Serres*

»Am Anfang ist das Rauschen« – so lautet nicht etwa der erste Satz von Michel Serres' 1980 publiziertem Buch *Le Parasite*; dies wäre vielleicht auch zu prosaisch. Vielmehr wird mit ihm ein Absatz abgeschlossen, in dem Serres die Produktivität der Störung betont, des – so der französische Ausdruck – *bruit parasite*. Damit proklamiert er einen Ausbruch aus hergebrachten zweiwertigen Schemata und tritt ein für eine Flexibilisierung systemischen Denkens:

»Alles geschieht so, als wäre der folgende Satz wahr: Es läuft, weil es nicht läuft. Ohne Zweifel muss das die alten Rationalisten schockieren [...]. Es fragt sich [...], wohin mit dem Schmutzigen, Unreinen? Schwankung, Unordnung, Unschärfe und Rauschen sind keine Niederlagen der Vernunft, sind es nicht mehr [...]. Die Abweichung gehört zur Sache selbst, und vielleicht bringt sie diese erst hervor. Vielleicht ist der Wurzelgrund der Dinge gerade das, was der klassische Rationalismus in die Hölle verbannte. Am Anfang ist das Rauschen.«[2]

Schwärme adressieren diesen Ausbruch aus dualistischen Denkformaten als materialisierte Störungen. Sie erzeugen in der unübersehbaren Vielzahl parallel ablaufender Bewegungen ein optisches Rauschen und intermittieren *als* Schwärme somit in jedweden Prozessen der Objektifizierung *von* Schwärmen. Anstatt also dieses *Programm*-Kapitel mit einer jener prosaischen Stellen beginnen zu lassen, die pathetisch von der Faszination von Vogel- oder Fischschwärmen fabulieren, ihr ›Schweben‹ und ›Tanzen‹ imaginieren, und das erhebende Gefühl angesichts der Schönheit dieses Schauspiels betonen, soll hier ein entgegengesetzter Zugang gewählt werden. Denn eine phänomenologische oder anthropologische ›Anschauung‹ verstellt den Blick dafür, dass im Schwarm selbst stets etwas die Wahrnehmung verzerrt: Schwärme schillern in einem Spannungsfeld von Störung und Organisation, dessen diskursive und historische Dynamiken einem subjektzentrierten Blick geradezu diametral entgegenstehen.[3] Von Weitem noch als diffus-kohärente Bewegungsdynamik sichtbar, übersteigt ihr Flirren und Wimmeln von Nahem schnell nicht nur das Vermögen menschlicher Wahrnehmung, sondern auch jenes visuell operierender technischer Aufzeich-

---

1. Serres, Michel: *Genesis*, Ann Arbor 1995, S. 2f.
2. Serres: *Der Parasit*, a.a.O., S. 27–28.
3. Vgl. Foucault, Michel: *Die Ordnung der Dinge*, Frankfurt/M. 2006, S. 15.

nungsmedien. Ein Geschehen, das sensuell oder medial übertragen werden soll, wird hier vom eigenen Übertragungsgeschehen eingeholt.⁴ An Schwärmen lässt sich geradezu ein Präzedenzfall des Medialen ablesen, wenn ›das Schwärmen‹ zwischen Beobachter und Schwarm intermittiert. »Am Anfang ist das Rauschen«, schreibt Michel Serres, und dieses Rauschen ist nicht weniger als der »Anfang der Medientheorie, jeder Medientheorie«.⁵ Denn erst durch Akte der Rauschunterdrückung stellt sich Medialität ein. Schwärme adressieren eine solche Medientheorie, und diese Publikation wird ganz verschiedene Arten der Arbeit am Störpotenzial jener dynamischen Kollektive vorführen. Schwärme können als eine *Materialisierung von Rauschen und von Störmomenten* beschrieben werden. Sie lassen sich als ein Phänomen verstehen, in dem sich ein grundlegendes medientheoretisches Problem verkörpert findet. Die *erste* von drei Fluchtlinien, welche diese Arbeit interessieren und die hier programmatisch formuliert werden sollen, ist somit ein Beitrag zu einer *Medientheorie der Störung* respektive einer Störungstheorie der Medien.⁶

Die *zweite* wesentliche Fluchtlinie ist eine spezifische *mediale Historiographie*, die sich in der Medien- und Wissensgeschichte von Schwärmen explizitert. Sie wird mit Joseph Vogls Begriff des *Medien-Werden* zu fassen versucht, anhand dessen die Transformation von Schwärmen von einem Außen des Wissens zu Wissensobjekten und schließlich zu Wissensfiguren systematisiert wird.⁷ Schwärme stellen nicht nur ein medientechnisches Problem dar, sondern sind auch ein Paradebeispiel für rapide und flexible Prozesse der Selbstorganisation. Eine Mediengeschichte biologischer Schwarmforschung rekonstruiert die Versuche, den intransparenten Steuerungslogiken von tierischen Schwarmkollektiven auf die Spur zu kommen. Sind diese operationalen Interaktions- und Informationsstrukturen erst einmal freigelegt, können sie auch für technische Systeme Modell stehen. Dazu bedarf es jedoch z. B. erst einmal eines bestimmten – etwa kybernetischen – Vokabulars, das derartige Transformationen denkbar macht. Es gilt, die Gefüge von technischen Apparaten, Techniken, Institutionen und Wissen zu beschreiben, die seit 1900 in je verschiedener Weise versuchten, Schwärme zu erforschen. Daraus ergibt sich keine teleologische Fortschrittsgeschichte der Exploration biologischer Schwärme. Vielmehr wird eine Suchbewegung vollzogen, in deren Rahmen interdisziplinäre Ansätze, Theorieimporte und konstruktionstechnische Verknüpfungen die Schwarmforschung einerseits immer

---

4. Vgl. Vogl: »Gefieder, Gewölk«, in: Filk, Christian, Lommel, Michael und Sandbothe, Mike (Hg.): *Media Synaesthetics. Konturen einer physiologischen Medienästhetik*, Köln 2004, S. 140–149, hier S. 147.
5. Vgl. Serres: *Parasit*, a.a.O., S. 28; vgl. Siegert, Bernhard: »Die Geburt der Literatur aus dem Rauschen der Kanäle. Zur Poetik der phatischen Funktion«, in: Franz, Michael, Schäffner, Wolfgang, Siegert, Bernhard und Stockhammer, Robert (Hg.): *Electric Laokoon. Zeichen und Medien, von der Lochkarte zur Grammatologie*, Berlin 2007, S. 5–41, hier: S 7.
6. Damit liefert der Band aber durchaus auch einen Beitrag zu einer gerade wieder aktuellen Debatte. Vgl. z. B. die Tagung *Störungen*, Hamburg, 12.-13.02.2010; vgl. Kassung, Christian (Hg.): *Die Unordnung der Dinge. Eine Wissens- und Mediengeschichte des Unfalls*, Bielefeld 2009; vgl. Kümmel, Albert und Schüttpelz, Erhard (Hg.): *Signale der Störung*, München 2003.
7. Vgl. Vogl, Joseph: »Medien-Werden: Galileos Fernrohr«, in: Engell, Lorenz, Siegert, Bernhard und Vogl, Joseph (Hg.): *Mediale Historiographien*, Weimar 2001, S. 115–123.

wieder aus ihrem »technological morass« befreien.[8] Andererseits machen solche Operationen Schwärme und ihre Bewegungsprinzipien überführbar in zuvor eher fremde Disziplinen und Gegenstandsbereiche. Es entsteht ein Wissensfeld, in dem eine Verschaltung biologischer Ansätze mit (medien-)technischen Apparaten sich in je unterschiedlichen und miteinander wechselwirkenden Medienkulturen niederschlägt.

Damit zusammenhängend kann als *dritte* Fluchtlinie des Buches an diese erste Verwandlung von Schwärmen vom Außen zu Objekten des Wissens mediengeschichtlich eine zweite Transformation angeschlossen werden: eine Wechselwirkung von Schwärmen und agentenbasierten Computersimulationen. Am Beispiel von *zootechnischen* Schwärmen können grundlegende Elemente einer *Epistemologie der Computersimulation* und ihrer Visualisierungsverfahren beschrieben werden. An den Grenzen des Berechenbaren, in nicht mehr analytisch, sondern numerisch lösbaren Problemzusammenhängen, im Fall von Systemen mit komplexen internen Wechselwirkungen, werden Programmierprinzipien eingesetzt, die ›Intelligenz‹ an ihre Programme selbst abzugeben versuchen. In einem Paradigma des Verzichts auf zentrale Kontrolle der Programmabläufe wird auf Selbstorganisationsprozesse gesetzt, für die nurmehr bestimmte Randbedingungen definiert werden, und die selbstständige (und so teils auch kontraintuitive) Lösungen oder Annäherungen an Problemstellungen produzieren. Dabei spielen Schwärme, so wird dieser Band zu zeigen versuchen, nicht nur auf der Ebene des Informationsaustauschs zwischen multiplen ›Agenten‹ eine Rolle, indem ihre ›Verhaltensintelligenz‹ oder Bewegungsintelligenz und ihre Adaptabilität genutzt wird. Sie sind mediengeschichtlich auch eng verknüpft mit bestimmten Verfahren im digitalen Grafik- und Animationsdesign, die wiederum auf Visualisierungsverfahren in wissenschaftlichen Computersimulationen zurückwirken. Daraus ergibt sich eine wissensgeschichtliche Perspektive, in der Computersimulationen im Zusammenhang stehen mit Bildgenerierungsverfahren, an deren Entwicklung Schwarmforschungen einen nicht geringen Anteil hatten: Mit ihrer szenarischen, differenziellen Erkenntnisweise und ihren dynamischen Datenbildern erlauben sie einen ›intuitiven‹ Zugang zu sonst nicht adressierbaren Problemen. In diesem Kontext kann die Operabilität von Schwärmen und die Produktivität ihrer Stör- und Selbstorganisationsmomente herausgestellt werden. Diese zweite Transformation im diskontinuierlichen Medien-Werden von Schwärmen lässt sie endgültig nicht mehr nur als ›Objekte‹ oder ›Gegenstände‹ des Wissens erscheinen, sondern als komplexe Anordnungen aus materiellen, diskursiven, theoretischen und praktischen Sachverhalten,[9] die ihre Wirksamkeit *als* Medienkulturen der Intransparenz *in* Medienkulturen der Intransparenz ausmachen.

---

8. Parrish, Julia K., Hamner, William M. und Prewitt, Charles T.: »Introduction – From Individuals to aggregations. Unifying properties, global framework, and the holy grails of congregation«, in: Parrish, Julia K. und Hamner, William H. (Hg.): *Animal Groups in Three Dimensions*, Cambridge 1997, S. 1–14, hier S. 9.
9. Vgl. Vogl, Joseph: »Medien-Werden«, in: *Mediale Historiographien*, a.a.O., S. 121.

1. Schwärme und Störung: Medientheorie

Tatsächlich steht am Anfang das Rauschen: Schwärme beginnen mit einem Summen, einem Schwirren, einem Geräusch der Vielheit: Das Wort *Schwarm* leitet sich dem Wörterbuch der Gebrüder Grimm zufolge her von »eine[r] zunächst nur auf westgermanischem boden begegnende[n] bildung zu einer wurzel auf lautmalendem grunde, der auch schwirren[...] und das [...] spätemordische *svarra* rauschen, wimmeln, schwärmen angehört«.[10] Um einen Schwarm begrifflich zu bezeichnen, wird der Umweg über das Ohr genommen. Johann Christoph Adelung beschreibt einen Schwarm als einen »unordentliche[n] Haufe [sic!] ein verworrenes Geräusch machender lebendiger Dinge« und »verworrene[s] Geräusch einer ungeordneten Menge.«[11] Wer einen Schwarm sieht, sieht eben niemals den Schwarm – eine visuelle Bestimmbarkeit fällt hinter die akustische zurück. Die Vielheit von Schwärmen ist hörbar, und diese Hörbarkeit scheint zunächst charakteristischer zu sein für die begriffliche Definition von Schwärmen als ihr sinnesverwirrender Anblick. Etymologisch verortet wird diese Bestimmung mithin in einem Geräusch, das seine Nähe zum Rauschen nicht leugnen kann: »schwarm, schwärmende menge. a) beim ersten vorkommen des wortes bezogen auf die summende bienenschaar [...] b) in weiterer anwendung aber auch von einer schwärmenden menge in mannigfacher art, deutlich von der engern bedeutung des bienenschwarms ab ausgebildet«.[12] Eine Begriffsgeschichte des Schwarms und des Schwärmens weist damit genealogisch zurück auf den Bienenschwarm und das technische Vokabular der Bienenzüchter, bevor es auf schwärmende Mengen weiterer Insektenarten, auf das »gezöck« von Fischen,[13] oder auch auf Menschenmengen übertragen wird.

Jenseits des Ohres, nämlich als Wort gewordener Sound, rekurriert der Begriff auf eine fluide gewordene, durchlässige Grenze zwischen den Bestimmungen von Vielheit und Einheit. Das Geräusch des Schwirrens verweist auf die Unmöglichkeit der Feststellung und Lokalisation von Schwärmen, weder auf der Ebene des Individuums noch auf dem Level des Kollektivs. Die Geräuschhaftigkeit des Schwärmens integriert diese beiden Ebenen: *ein* Geräusch der Vielheit. Dieser Sound der Vielheit weist als akustisches Phänomen Schwärmen originär eine unabdingbare zeitliche Dimension zu. Sie fängt ihren ephemeren, diffusen Charakter ein, ohne ihn zu fixieren: In der flüchtigsten und abstraktesten Form akustischer Phänomene können Schwärme benannt werden, ohne dass sie gleichzeitig auf eine der beiden Ebenen, weder auf die der Individualität, noch auf die der Kollektivität, reduziert werden müssten. Die Attribution dieses Geräuschs

---

10. Grimm, Jakob und Wilhelm: »Schwarm«, in: dies., *Deutsches Wörterbuch*. Fotomechanischer Nachdruck der Erstausgabe 1899, Bd. 15, München 1999, S. 2283 [Kleinschreibung der Substantive im Original].
11. Adelung, Johann Christoph: »Der Schwarm«, in: ders., *Grammatisch-kritisches Wörterbuch der Hochdeutschen Mundart, mit beständiger Vergleichung der übrigen Mundarten, besonders aber der Oberdeutschen*, Dritter Theil, Wien 1811, Sp. 1715f.
12. Grimm: *Deutsches Wörterbuch*, a.a.O., S. 2284.
13. Maaler: *Piscium Examina*, S. 366, zit. n. Grimm: *Deutsches Wörterbuch*, a.a.O., S. 2284.

der Vielheit, dieses Summens, verweist damit erst über den Hörsinn auf jenes Wimmeln im Schwarm, das ihn auch als visuelles Rauschen instantiiert. In der akustischen Benennung von Schwärmen reflektiert sich die Unmöglichkeit ihrer bildhaften Repräsentation – Schwärme werden und können hier nur unscharf zwischen Geräusch und Rauschen bestimmt werden.[14] Es gilt, diese akustische Konnotation von Schwärmen über die folgenden Abschnitte hinweg zumindest im Hinterkopf zu behalten. Denn die ephemere, unbestimmte Geräuschhaftigkeit legt es nahe, *das Schwärmen* und *den Schwarm* integrativ zu verstehen. Phänomene eines niemals vollkommen zufälligen, akustischen Rauschens fallen in eins mit den Signaturen eines identifizierbaren Schwarmgeräuschs – eine Kombination, die anhand visueller Strategien zunächst schwieriger nachzuvollziehen zu sein scheint. Dies wiederum ruft bereits eine der zentralen medientheoretischen Problematiken auf, die anhand von Schwärmen reflektiert werden müssen.

So findet sich etwa in einem Text des Medienwissenschaftlers Ramòn Reichert die Behauptung, dass *Schwärmen* nie *im Schwarm* stattfinde. Bei Reichert steht das Schwärmen außerhalb jeglicher Zuschreibung von Sinn – »was *schwärmt*, teilt sich nicht mit und will nicht empfangen werden, es bietet sich nicht an, um gelesen oder verstanden zu werden, es bittet nicht um Bewertung.« Es müsse als »Infinitiv ohne Subjekt« gelesen werden, und sei damit vom *Schwarm* zu trennen. Dieser charakterisiere sich als ein Zusammenballen *zu* und als ein Wiederauflösen *von* Konstellationen. Aufgrund der Bildung bestimmter Formationen und Verhaltensökonomien seien Schwärme vorhersagbar, »weil die Tiere sich in ihrem Verhalten auch an Ordnungen halten, die für den Menschen eine nachvollziehbare Geltung besitzen.« Diese Ordnungen würden, so Reichert, anschaulich im Überblick über das Ganze, über die einheitliche Gestalt eines Schwarms und seine wechselnden Figuren: In »der ›Typik‹ von Verhaltensmustern erscheint das *Schwärmen* im Schwarm als eine besondere Anschauungsform fassbar [...]; im Interesse seiner Vermessung soll er als eine zusammengesetzte *Menge* bestimmbar werden.« Diese Subordination des Schwärmens unter die »Herrschaft der Zahl« und unter bestimmte raumzeitliche Grundannahmen sei damit zugleich auch die illegitime Unterordnung jener dem Schwärmen inhärenten Subvertierung eines »Orientierungsraums von Richtungen, Abständen, Positionen« unter eine »Ganzheit« des Schwarms.[15]

Diese Analyse greift jedoch in dreierlei Hinsicht zu kurz: Erstens vergisst sie jene medialen Technologien, die erst einen Überblick über das »Ganze« von Schwärmen ermöglichen – ein Konzept von Schwärmen als zerlegbare Gestalt hat medienhistorische Datierungen, damit wechselnde Daten, und als Ergebnis ein jeweils sich änderndes Verständnis von dem, was Schwärme sind. Zweitens

---

14. Im Acid House-Track »Swarm« des US-amerikanischen DJs Richard Hawtin aka *Plastikman* etwa durchmisst die akustische Vielheit zittrig und unstet den Stereo-Raum, um ihn immer wieder momenthaft partiell und sphärisch auszufüllen. Ihr Sound scheint sich in einer steten Bewegung zu befinden, einem Ziehen, einer Oszillation zwischen linkem und rechtem Audiokanal. Vgl. Plastikman: *Swarm* (7:36 min). 2007. Ich danke Antonia von Schöning für diesen Hinweis.
15. Vgl. Reichert, Ramon: »Huschen, Schwärmen, Verführen«, in: *kunsttexte.de*, 3 (2004), besonders S. 9–12.

können mediale Probleme spätestens seit Ende der 1940er Jahre, nämlich seit Claude Shannons und Warren Weavers *Mathematical Theory of Communication*, völlig Sinn-los verstanden werden.[16] Das Schwärmen wäre somit eben jene Quelle der Störung, deren Negation den medialen Übertragungsprozess und damit einen Zugang zum Schwarm erst ermöglicht. Und drittens verfängt sich die Argumentation in der hergebrachten Dichotomie von Ganzem und Teilen, von Kollektivität und Individualität. Schwärme sollten jedoch vielmehr als *heterogene* Kollektive und darüber hinaus als offene Systeme betrachtet werden, die eben niemals eine Ganzheit ergeben. Schwärme sind niemals ›voll‹, ihre Größe ist potenziell unbegrenzt. Zudem stehen sie in vielfacher Hinsicht mit ihrer Umwelt in Beziehung. Eine Berechnung des Schwärmens aus einer Ganzheit des Schwarms heraus ist eben nicht möglich, da sich die ›schwärmenden‹ Einzelteile nicht zu einem Ganzen zusammensetzten, sondern ein relationales Gebilde mit *nichtlinearen* Interaktionen konstituieren. Schwärme sind keine Ansammlung von schwärmenden Bestandteilen, sondern sind Ausdruck einer ›Bewegungsintelligenz‹, die aus den lokalen, instantanen und situationsabhängigen Interaktionen auf lokaler Ebene des *Schwärmens* und den Rückwirkungen auch globaler Veränderungen des *Schwarms* auf diese lokalen Interaktionen bestehen.

Vom Schwarm kann nicht ohne Weiteres auf das Schwärmen zurückgerechnet werden, da Schwärme nicht als Ursache des Schwärmens aufgefasst werden können, sondern als »living networks«, die mechanistischen Erklärungsmodellen eine Theorie und Praxis komplexer Systeme anheimstellen. Mit den Worten des US-amerikanischen Medienwissenschaftlers Eugene Thacker zeigen Schwärme zwar erkennbare globale Muster, doch dies bedeute keinen Primat des Kollektivs vor dem Individuum oder umgekehrt. Ein Schwarm existiere weder auf lokaler noch auf globaler Ebene, sondern auf einer dritten Ebene, auf der Vielheit und Relationen zusammenfielen.[17] Sowohl das Schwärmen als auch Schwärme – die ohne einander nicht zu denken sind – negieren Identitäten und erzeugen Unschärfen und Intransparenzen in Bezug auf räumliche Bezugs- und operationale Regelungssysteme; sie verunmöglichen eine projektive Identifizierung des Menschen im Tier und ziehen – soweit behält Reichert recht – »Mischungen von Ratlosigkeit«[18] nach sich, da sie sich einer sinnlichen Synthese, einer Vermittlung und Übermittlung widersetzen. Indem sie Anfang des 20. Jahrhunderts noch nicht operational differenziert sind, lässt sich in einer Medientheorie und Mediengeschichte von Schwärmen ein Prozess zur »Schärfung des Möglichkeitssinns«[19] herausarbeiten, der schließlich in einer Epistemologie der Computersimulation mündet.

Schwärme machen fassungslos. Sie verweigern sich einem rationalen Zugang und wirken trotzdem selbstreflexiv: Indem sie Signale der Störung produzie-

---

16. Vgl. erstmalig Shannon, Claude E.: »A Mathematical Theory of Communication«, in: *The Bell System Technical Journal* 27 (Juli/Oktober 1948), S. 379–423 und 623–656.
17. Vgl. Thacker: »Networks, Swarms, Multitudes«, in: *CTheory*, a.a.O., o.S.
18. Reichert: »Huschen, Schwärmen, Verführen«, in: *kunsttexte.de*, a.a.O., S. 11.
19. Vgl. Siegert, Bernhard: »Kakographie oder Kommunikation«, in: *Mediale Historiographien*, a.a.O., S. 87–99, hier S. 91.

ren, werfen sie das jeweilige mediale ›Dazwischen‹ auf seine eigene Medialität zurück. Nicht Botschaften, sondern das Übertragungsgeschehen selbst überträgt sich und lenkt Ohr und Blick auf das Vorhandensein von Kanälen, auf den Ort des Medialen[20] – auf jenen Differenzraum, der eine Bestimmung von Medien so prekär macht.[21] Und doch sind es gerade jene anfänglichen Mischungen von Ratlosigkeit, in denen ein Wissen von Menschen und Schwarmtieren unter medientechnischen Bedingungen von 1900 an neu verhandelt wird; Mischungen von Ratlosigkeit, die ihren medialen Grund in einem »Gemisch aus Rauschen, Gewölk und Gefieder«[22] erahnen lassen – einem Gemisch, in dem die akustische Ebene von Schwärmen mit einem visuellen Rauschen kombiniert wird.

★★★

In Schwärmen manifestiert sich ein Präzedenzfall des Medialen. Nur scheinbar paradox ist die Verschränkung des doppelt gestrickten Medienereignisses von Störung und Übertragung, einer »Konfusion, in der die repräsentierten Ereignisse durch Ereignisse der Repräsentation, das übertragene Geschehen durchs Übertragungsgeschehen eingeholt und durchkreuzt werden.«[23] Das angesprochene mediale Gefüge akustischer und optischer Störphänomene bei Schwärmen kann dabei ausgehend von Alfred Hitchcocks Klassiker THE BIRDS (USA 1963) weiter expliziert werden. Joseph Vogl hat beschrieben, wie sich in diesem Film ein ›Wahrnehmungsprogramm‹ ausmachen lässt, das sowohl auf akustischer wie auch visueller Ebene operiert. So nähern und entfernen sich die Vögel schon ganz zu Beginn des Films als eine »Woge von Vibrationen«[24], die aus elektronisch erzeugten Geräuschen des Sounddesigners Oskar Salas besteht, nicht etwa aus eingespielten oder imitierten natürlichen Vogelgeräuschen. Eine Ordnung und Ortung der akustischen Eindrücke gemäß gewohnter Hörerfahrungen wird in dieser »Demarkierung des Merkmalhaften« zerstört.[25]

Auf visueller Ebene wird ein Verhältnis zwischen dem natürlichen Sehraum und seiner Auflösung thematisiert, das seit der Renaissance als Relation zwischen Zentralperspektive und nichtrepräsentierbaren Objekten besteht.[26] Gemäß Leon Battista Alberti und seiner Schrift *De Pictura* von 1435/36 solle vom Maler der Renaissance nur das nachgeahmt werden, was ›zu sehen‹ sei: Die Dinge, die man nicht sehen könne, gingen ihn nichts an. Der Systemraum der Zentralperspektive nimmt somit also nur jene Dinge in sich auf, die er in seine Ordnung übersetzen kann, jene Dinge die, wie Hubert Damisch schreibt, einen Ort besetzt

---

20. Vgl. Vogl: »Gefieder, Gewölk«, in: *Media Synaesthetics*, a.a.O., S. 147.
21. Vgl. Mersch, Dieter: *Medientheorien zur Einführung*. Hamburg 2006, S. 9.
22. Vogl: »Gefieder, Gewölk«, in: *Media Synaesthetics*, a.a.O., S. 143.
23. Ebd., S. 141.
24. Truffaut, Francois: *Mr. Hitchcock, wie haben Sie das gemacht?* München 2000, S. 289, zit. n. Vogl, »Gefieder, Gewölk«, in: *Media Synaesthetics*, a.a.O., S. 143.
25. Ebd., S. 143.
26. Vgl. ebd., S. 144.

halten, und deren Kontur durch Linien bestimmt wird.[27] Diese Eigenschaften treffen auf Schwärme nicht zu. Schwärme rücken auf die Seite einer Kategorie von »Körpern ohne Oberfläche«, wie sie Leonardo da Vinci definiert – einer Kategorie von Körpern ohne klare Formen und Glieder, deren Grenzen ineinander übergehen und verschwimmen:

> »Es gibt nur zwei Sorten sichtbarer Körper, die eine hat weder präzise Formen noch definierte Glieder; diese Körper sind kaum wahrzunehmen, auch wenn sie gegenwärtig sind [...]. Die zweite Art sichtbarer Körper ist diejenige, deren Form durch eine Oberfläche bestimmt und charakterisiert wird. Zu der ersten Kategorie, ohne Oberfläche, gehören die Körper, die entweder feinstofflich oder flüssig sind [...]. [D]eshalb entbehren sie – wenn ihre Grenzen unklar und unwahrnehmbar werden – einer Oberfläche.«[28]

In Filippo Brunelleschis vielzitiertem Spiegelexperiment wird diese Problematik am Beispiel von Wolken durchgespielt. Diese nach dem System der Zentralperspektive nicht darstellbaren Objekte werden in jener Anordnung direkt vom Himmel in das gemalte Bild hineingespiegelt. Sie *ereignen* sich im Bild. Die dafür auf der Bildfläche gemachte Aussparung markiert also zugleich die Grenze des Systemraums der Zentralperspektive. Ein Raum, der Gegenstände, Flächen, Volumina und Konturen in sich aufnehmen kann, nicht aber Körper ohne Oberfläche. Diese widersetzen sich als Ereignisse, als dynamische Objekte ihrer Geometrisierung und markieren in einem Chaos von Daten die »Unfähigkeit zu Gegenständen überhaupt, die Unfähigkeit zu empirisch erfahrbaren Objekten.«[29] Wolken, Schwärme und andere *fuzzy objects* sind dergestalt gleichzeitig sichtbar und unsichtbar: Sie sind wahrnehmbar nur als chaotische Unwahrnehmbarkeiten, erfahrbar als ein Etwas, dessen Gehalt unter diesen Bedingungen stets undefiniert bleibt.

Derartige Formen von Datengestöber beschäftigen in der Folgezeit immer wieder die Künste. So gelangt nicht nur die Malerei schließlich, wie Michel Serres zeigt, mit den Gemälden William Turners in ihr – so könnte man vielleicht formulieren – thermodynamisches Zeitalter. Der naturwissenschaftliche »Transformationsmotor«[30] des Carnot'schen Kreisprozesses und seine Ausformulierung in den Hauptsätzen der Thermodynamik ab Mitte des 19. Jahrhunderts werde von der Malerei Turners begleitet:

> »Turner hat die neue Welt, die neue Materie verstanden und er macht sie sichtbar. Die *Wahrnehmung des Stochastischen ersetzt die Zeichnung der Form*. Die Materie bleibt nicht länger den Gefängnissen des Schemas überlassen. Das Feuer löst sie auf, lässt sie vibrieren, zittern, oszillieren, lässt sie in *Wolken* explodieren. [...] Von der gefaserten Gitter-

---

27. Vgl. Damisch: »Die Geschichte und die Geometrie«, in: *Wolken*, S. 11–25, hier S. 11.
28. Da Vinci: »Codex Atlanticus«, in: *Carnets de Léonard de Vinci*, a.a.O., S. 301, zit. n. Damisch: »Geschichte und Geometrie«, in: *Wolken*, a.a.O., S. 24.
29. Vogl: »Gefieder, Gewölk«, in: *Media Synaesthetics*, a.a.O., S. 145.
30. Vgl. Serres, Michel: *Hermes IV: Verteilung*, Berlin 1993, S. 48ff.

struktur zur Zufallswolke. Niemand vermag den Rand einer Wolke zu zeichnen, diesen Grenzbereich des Zufalls. [...] An diesen gänzlich neuen Bildern, die von Zeichnung und Geometrie verlassen sind, wird eine neue Welt schon bald die Auflösung und Zerstreuung der Atome und Moleküle entdecken.«[31]

Doch nicht nur die Künste werden von Datengestöbern affiziert, auch der alltägliche Wahrnehmungsraum gerät aus seinen Newton'schen Fugen und transformiert sich in den Umwälzungen energetischer Prozesse. Körper ohne Oberfläche lassen sich in dieser Hinsicht jenen »nervösen Geometrien«[32] zuordnen, deren Auftreten im Zuge der Industrialisierung z.B. Christoph Asendorf nachzeichnet. Im chaotischen Treiben der Massengesellschaften der Metropolen des 19. Jahrhunderts, so Asendorf, verliere das Auge den Überblick (vgl. Kapitel I.2). Das Geschehen lasse sich nicht mehr als ein auf den Betrachter zentriertes fassen. Vielmehr werde das Beobachtungssystem selbst in mehrfacher Weise verschoben: Der Beobachter werde Teil dessen, was er beobachtet, »[d]ie Wahrnehmung orientiert sich nicht mehr an den von einem Punkt ausgehenden Blickachsen, fixiert kein frontales Gegenüber, sondern ist nach dem physikalischen Modell des Feldes organisiert: jedem Punkt in einem räumlichen Bereich sind variable Erregungsgrößen zugeordnet, die von allen Seiten auf die verschiedenen Sinne einwirken.«[33] In dieser Beobachtungsanordnung oder besser: Beobachtungsunordnung stehen ›Subjekt‹ und ›Objekt‹ in ständigem Austausch miteinander. Georg Christoph Lichtenberg nannte diese Relation einen »Sturm«, in dem das geometrische von einem energetischen Wahrnehmungsmodell abgelöst werde.[34] Zugleich zögen neue Arten der Fortbewegung auch neue Formen der Wahrnehmung nach sich. So öffnete die »streifenförmige« Wahrnehmung in der Eisenbahn etwa Victor Hugo die Augen für die zweite Dimension, für die Wahrnehmung auf der Linie. Und schließlich ermögliche das Flugzeug die dritte Dimension räumlicher Bewegung und erschließt auch für Menschen die Raumwahrnehmung in alle Richtungen, in denen sich Schwärme orientieren. Eine irritierende dreidimensionale Raumerfahrung ist die Folge:

»Unter diesen Umständen ist das Universum, wie wir es uns mehr und mehr vorstellen, kein Universum eines Euklid mehr, es entspricht vielmehr einer Geometrie eines Lobatschewski oder eines Riemann [...]. Wenn wir versuchen, die allgemeine Lehre aus diesen Dingen zu ziehen, kommen wir dahin, zu begreifen, dass die gerade Linie eines Euklid heute [...] viel wenige real ist als die gekrümmten Linien der nicht-euklidischen Geometrien.«[35]

---

31. Serres, Michel: *Über Malerei. Vermeer – La Tour – Turner*, Dresden 1995, S. 97f.
32. Vgl. Drieu la Rochelle, Pierre, o.T., 1919, zit. n. Asendorf, Christoph: *Ströme und Strahlen. Das langsame Verschwinden der Materie um 1900*, Gießen 1989, S. 119.
33. Asendorf: *Ströme und Strahlen*, a.a.O., S. 120. Der physikalische Feldbegriff wird hier selbstredend von Asendorf zugeordnet – Lichtenberg kannte ihn seinerzeit nicht.
34. Vgl. ebd., S. 120.
35. Siegfried, André: *Aspekte des 20. Jahrhunderts*, München 1956, zit. n. Asendorf: *Ströme und Strahlen*, a.a.O., S. 121.

THE BIRDS präsentiert eine ganz ähnliche Überfülle atomistischer Ereignisse des Schwärmens, die sich relational an das Existieren der Schwärme zurückbinden – von Ereignissen, die nicht zurechnungsfähig, sondern zufällig sind, und gerade deshalb ›sinngebende‹ geometrische und akustische Raster zerreißen: »Bevor diese Vögel Nachrichten geben und Bedeutungen heischen, bevor sie zur Metapher fürs Familiendrama werden können, sind sie ganz einfach da, fliegen und schwirren, ereignen sich und passieren. Bevor also diese Vögel Zeichen oder Fragen sind, sind sie Ereignisse im Film.«[36] Im Schwirren und Rauschen verlieren sie ihre Identifizierbarkeit als einzelne Exemplare, im Flirren und Flattern ereignen sie sich durch Entdifferenzierung, »als optische und akustische Mannigfaltigkeit, in der jedes einzelne, vom Himmel hernieder fahrende Stück sich sogleich in Schwarm und Schwärmen auflösen wird«, so Vogl.[37] Und damit markierten diese Vögel allererst das Sein der Relationen selbst, machen in parasitärer Manier »nicht das Übertragene, sondern die Übertragung selbst zum Ereignis.«[38]

In einem solchen Sturm von Ereignissen rücken Schwärme nicht nur in den thematischen Bereich ›kritischer‹ Massen ausgangs des 19. Jahrhunderts, sondern auch in die Nähe von physikalischen Modellen und von Prozessen kollektiven Teilchenverhaltens.[39] Was sich hier andeutet, ist jener bereits erwähnte epistemischer Horror vor dem, was nicht Gestalt werden kann. Hitchcocks Vögel sind Ereignisse in genau jenen Situationen, in denen sie den Menschen im Film zur atmosphärischen Umwelt werden – dies sowohl auf visueller wie auch akustischer Sinnesebene – und deren Wahrnehmungsrahmen sprengen. Sie stehen damit als vor-sinnliche Übertragungsereignisse zwischen dem Beobachter/Zuschauer und jeder Übertragung von Botschaften oder Sinn. Was gehört und gesehen wird, sind zuvorderst das Hören und das Sehen selbst – unter Störung der Konstruktion eines ›Etwas‹, eines Objekts des Hörens und Sehens. Das Etwas ist das, was dazwischenkommt: die Vögel selbst.[40] Das Schwärmen der Vögel verhält sich parasitär im Sinne von Michel Serres, als Vorgängigkeit des Rauschens vor der Botschaft, als Primat des Kanals vor der Übertragung. Das dreiseitige Kommunikationsschema des Parasiten ordnet hier die Störungen durch die Vogelschwärme zwischen der Botschaft des Films und des Sehapparats aus Filmkamera, Sound und Zuschauer an.[41] THE BIRDS ist in dieser Hinsicht ein geradezu prototypisches Beispiel für die Irrungen und Wirrungen, die Schwärme in zweifacher Hinsicht bereiten: Zum einen für den Bereich der menschlichen Wahrnehmung, die sie stören, aber auch für technische Beobachtungsmedien

---

36. Ebd., S. 142.
37. Ebd., S. 143.
38. Vogl: »Gefieder, Gewölk«, in: *Media Synaestetics*, a.a.O., S. 147.
39. Vgl. zur Verbindung von Thermodynamik, Massendiskursen und Philosophie auch Schäfer, Armin und Vogl, Joseph: »Feuer und Flamme. Über ein Ereignis des 19. Jahrhunderts«, in: Schmidgen, Henning, Geimer, Peter und Dierig, Sven (Hg.): *Kultur im Experiment*, Berlin 2004, S. 191–211; vgl. Kapitel I.1.
40. Vgl. Vogl: »Gefieder, Gewölk«, in: *Media Synaestetics*, a.a.O., S. 146.
41. Vgl. Serres: *Parasit*, a.a.O.

(hier die Filmkamera) und deren perspektivische und narrative Räume, denen sie als etwas begegnen, das sich der Geometrisierung widersetzt, das sich der Repräsentation entgegenstellt, das sich der Sinnzuschreibung entzieht, und das letztlich Ortungen und somit Orte und Ordnungen verwischt.

Es steht zu vermuten, dass sich das in Hitchcocks Film problematisierte Wahrnehmungsprogramm auch auf andere mediale, apparative und technische Konstellationen übertragen lässt – etwa auf Anordnungen, mit denen Schwärme als Wissensobjekte (z. B. in der Biologie) fokussiert werden sollen. Um die Dynamiken und dynamischen Ordnungen von biologischen Schwärmen erklären zu können, gilt es, den vorempirischen Raum, den ihr Schwärmen vorstellt, zurückzubinden an einen sinnlichen Zugang zu ihren dahinterliegenden Funktionsweisen, an ein Wissen über ihre Systemeigenschaften. In einer solchen wissenschaftlichen Beschreibung von Schwärmen unter Zuhilfenahme medientechnischer Apparaturen intermittiert jeweils das Schwärmen der Schwärme. Das Nichtwissen um spezifische Schwarmlogiken tritt mit einer Reflexivität medientechnischer Durchmusterungsversuche in einen dynamischen Prozess von Störungen und Entstörungen. Eine Mediengeschichte der Schwarmforschung wird hier zu einer Analyse verschiedener Medientechnologien und Experimentalsysteme, und Schwärme werden zu einem Wissensobjekt, an dem ›unscharfe‹ Bestimmungen und ›irrationales‹ Verhalten mit rationalen und empirischen Methoden der Scharfstellung konfligieren, und an das sich neue epistemische Strategien einer Beschreibung ›unscharfer‹ Nichtobjekte und intransparenter Steuerungslogiken anschließen werden (vgl. Kapitel III und IV).

★★★

»Die Abweichung gehört zur Sache selbst«[42] – diese Wendung zeigt jenen problematischen Bereich an, in dem Schwärme und ihr Schwärmen zusammenfallen. Michel Serres denkt Abweichungen, Rauschen und Störung nicht als akzidentielle, sekundäre oder supplementäre Prozesse, die sich auf eine ursprüngliche, reine Beziehung zwischen einem Sender und einem Empfänger aufpfropfen würden.[43] Es sei nicht erst »die Sache da, ›wie sie wirklich ist‹, und dann das schadhafte Bild, das sich unsere Sinne und unser Verstand davon machen.«[44] Serres' Kommunikationstheorie beginnt eben nicht mit einer Zweiwertigkeit, also einem Sender, der eine Botschaft an einen Empfänger übermitteln möchte. Vielmehr, so schreibt er bereits in einem 1964 erschienenen Aufsatz, bedeute einen Dialog zu führen stets, »einen Dritten setzen und ihn auszuschließen versuchen. Gelungene Kommunikation ist der erfolgreiche Ausschluß dieses Dritten.«[45] Nicht etwa die Prozesse eines ungehinderten Austauschs, sondern dieser,

---

42. Serres: *Parasit*, a.a.O., S. 28.
43. Siegert weist darauf hin, dass es sich somit bei Serres um einen anderen Störungsbegriff handelt als etwa in der sprachtheoretischen Tradition und Philosophie. Vgl. Siegert: »Die Geburt der Literatur aus dem Rauschen der Kanäle«, in: *Electric Laokoon*, a.a.O., S. 7.
44. Ebd., S. 7.
45. Serres, Michel: *Hermes I: Kommunikation*, Berlin 1991, S. 50.

wie Serres ihn nennt, »Parasit in anthropologischer, ökonomischer, politischer und informationstheoretischer Hinsicht«, sei die ursprüngliche Bedingung von Kommunikation.

Die Figur der Störung, die der Beziehung vorausgehe, sei mithin der Grund der Beziehung. Der Parasit, das Rauschen, sei das Sein jeder Relation. »Das oder der Dritte geht dem Zweiten voraus: Das ist der Anfang der Medientheorie, jeder Medientheorie: ›Es gibt ein Drittes vor dem Zweiten [...] Es gibt stets ein Medium, eine Mitte, ein Vermittelndes‹.«[46] Mit dieser Theorie gerät das Rauschen, gerät die physische Materialität des Kanals in den Fokus medientheoretischer Erwägungen – und eine Beseitigung von »Kakographie«, ein Akt der Rauschunterdrückung, wird zur Basis jeglicher gelingenden Kommunikation.[47] Serres nimmt sein eingangs dieses Abschnitts genanntes Zitat wieder auf, wenn er das Konzept des Parasiten ausführlich definiert:

> »Die Systeme laufen, weil sie nicht laufen. Das Nicht-Funktionieren bleibt für das Funktionieren wesentlich. Und das läßt sich formalisieren. Gegeben seien zwei Stationen und ein Kanal. Sie tauschen, wie man sagt, Nachrichten aus. Wenn die Beziehung glückt, perfekt, optimal, unmittelbar, dann hebt sie sich als Beziehung auf. Wenn sie da ist, existiert, so weil sie mißlungen ist. Sie ist nur Vermittlung. Die Relation ist die Nicht-Relation. Und eben dies ist der Parasit. Der Kanal trägt den Fluß, aber er kann sich als Kanal nicht aufheben, und er bremst den Fluß mehr oder weniger. Vollkommene, optimale, gelungene Kommunikation bedürfte keiner Vermittlung. Der Kanal verschwände in der Unmittelbarkeit. Es gäbe keine Transformationsräume mehr. Wo Kanäle sind, ist auch Rauschen. Kein Kanal ohne Rauschen.«[48]

Diese Beziehung von Kommunikation und Rauschen gilt es für eine theoretische Rahmung von Schwärmen als Wissensobjekte und Wissensfiguren nutzbar zu machen, nicht nur in einer Untersuchung von Ansätzen der Rauschunterdrückung, sondern speziell anhand des kreativen Potenzials von Störungsereignissen. Die Unordnung des Schwärmens und die Ordnung von Schwärmen, so steht zu hoffen, können so als Explikationen einer an Serres anschließenden Medientheorie der Störung integrativ verstanden werden. Schwärme selbst sind dabei als eine Materialisierung produktiv gewendeter Störereignisse anzusehen – im Zuge einer Mediengeschichte der Schwarmforschung wird dabei deutlich, dass ihre dynamischen, lokalen Informationsinfrastrukturen sogar sehr gut geeignet sind, um sich als Kollektiv innerhalb von ›gestörten Verhältnissen‹ zu koordinieren (vgl. Kapitel IV.1 bis IV.3): »These strategies are not necessarily, or even typically, ›rational‹ or ›error-free‹. Rather, units may make mistakes, may be prone to processing errors, and may need to rely on incomplete, pos-

---

46. Siegert: »Die Geburt der Literatur aus dem Rauschen der Kanäle«, a.a.O., S. 7f.; vgl. hierzu Serres, *Parasit*, a.a.O., S. 120.
47. Serres: *Hermes I*, a.a.O., S. 52; vgl. Siegert: »Kakographie oder Kommunikation«, in: *Mediale Historiographien*, a.a.O.
48. Serres: *Parasit*, a.a.O., S. 120f.

sibly corrupted information. Surprisingly, simple strategies perform remarkably well in many experimental environments« – im Gegensatz zu anderen Verschaltungstopologien für das kollektive Verhalten distribuierter Einheiten, die oft zwar unter idealen ›Umweltbedingungen‹ optimal funktionierten, jedoch unter ›realistischeren‹ Bedingungen, nämlich in Gegenwart von »noise«, nurmehr sehr fehleranfällig arbeiteten.[49]

Der Anfang »jeder« und damit auch einer solchen Medientheorie gründet nicht nur für Michel Serres epistemologisch in Shannon und Weavers *Mathematical Theory of Communication*, und damit in der Fernmeldetechnik und Geheimkommunikation, wo der Begriff »noise« zunächst als Beschreibung jeglicher Störung eines Kommunikationssystems verwendet wird. In Shannon und Weavers Schema bekommt die Störung mit einem Wort von Erhard Schüttpelz eine »systematische Stelle«. Dies habe zur Folge, dass Kommunikation bereits hier, in einer ganz ähnlichen Bewegung wie bei Serres, als »Negation *ihrer* Negation beobachtbar und operabel ist, anders nicht.«[50] Kommunikation wird bei Shannon und Weaver systematisch operabel, indem sie innerhalb einer Ordnung der Störung verstanden und diese Störung damit produktiv wird: Kommunikation bedeutet nun sowohl »Entstörung der Störung«, aber auch »Störung der Störung«, also eine grundlegende Operation am »Störungspotenzial«.[51] Und zudem läst sich, wenn »noise« wie im Diagramm von Shannon/Weaver als zusätzliche »source« gelesen wird, Störung – wie oben beschrieben – sowohl als *Negation* als auch als zweite *Quelle* des empfangenen Signals verstehen.[52] »Störung [ist] jetzt […] außerhalb und innerhalb des Kommunikationssystems, von vollendeter Doppeldeutigkeit zwischen Beschädigung und Bereicherung, einer Doppeldeutigkeit, die in jedem Kommunikationsvollzug (und in jeder Kommunikationstheorie) wieder aufzulösen, hinzunehmen und auch herzustellen bleibt.«[53] So kann innerhalb eines solchen systemischen Verständnisses von Rauschen etwa versucht werden, scheinbaren Zufälligkeiten und einzelnen Störungsereignissen einen Ort zuzuweisen, oder wiederkehrende Störungsmuster sogar als Signal-

---

49. Moreira, André A., Mathur, Abhishek, Diermeier, Daniel, Amaral, Luis A. N.: »Efficient systemwide coordination in noisy environments«, in: *PNAS* 101/33 (17. August 2004), S. 12085–12090, hier S. 12085.
50. Schüttpelz, Erhard: »Die Frage nach der Frage, auf die das Medium eine Antwort ist«, in: *Signale der Störung*, a.a.O., S. 15–29, hier S. 16.
51. Ebd., S. 16.
52. Vgl. hierzu auch Kittler, Friedrich: »Signal-Rausch-Abstand«, in: ders.: *Draculas Vermächtnis. Technische Schriften*. Leipzig 1993, S. 161–181, hier S. 168f.: »Kommunikation (mit Shannon zu reden) ist immer *Communication in the Presence of Noise* – : nicht nur weil reale Kanäle nie nicht rauschen, sondern weil Nachrichten selber als Selektionen oder Filterungen eines Rauschens generierbar sind. Die technische Idealisierung, derzufolge der rauschbehaftete Ausgang von Netzwerken als Funktion zweier Variablen, eines unterstelltermaßen rauschfreien Signaleingangs und einer separaten Rauschquelle, gilt, erlaubt nicht mehr und nicht weniger, als Signal-Rausch-Abstände anzugeben. Dieser Abstand nennt zunächst (nach Spannungen, Strömen oder Leistungen) nur den Quotienten von mittlerer Signalamplitude und Störbetrag am Ausgang« – doch sobald Menschen über technische Schnittstellen an diese Netzwerke angeschlossen sind, determiniert dieser Abstand im Ohr den Unterschied zwischen scheinbar rauschfreiem (wie Kittler schreibt, »allerdings ganz unhermeneutischen«) Verstehen und unkenntlichen Geräuschen.
53. Schüttpelz: »Die Frage nach der Frage«, in: *Signale der Störung*, a.a.O., S. 16.

quelle zu interpretieren.⁵⁴ Was Störung ist und was Signal, verwischt sich in einer derartigen Relation. Diese Vorgängigkeit von Kommunikation und Rauschen dynamisiert die Beziehungen zwischen Sender, Empfänger und Beobachter, macht ihre Position im Schema uneindeutig, und lässt sie ihre Plätze kontinuierlich wechseln. Es ist diese Dynamisierung der Beziehungen in Kommunikationsmodellen, die Michel Serres mit seiner Figur des Parasiten aufgreift und expliziert.

Diese Beweglichkeit stellt jeweils auch den Platz des Mediums als Mittleres, Vermittelndes zur Disposition: Der »Anfang jeder Medientheorie« kann unter den Bedingungen des Rauschens und der Störung plötzlich überall sein. Und diese Bewegung weitet das Dreiecksschema zudem aus zu einem Netz dynamischer Beziehungen.⁵⁵

Die Überlegungen Michel Serres halten für ein Verständnis von Schwärmen und vom Schwärmen eine Vielzahl interessanter Aspekte bereit. Auch wenn seine Figur des Parasiten Protagonist ist in einer *Kommunikationstheorie* auf – wie zuvor festgehalten – anthropologischer, ökonomischer, politischer und informationstheoretischer Ebene, so lassen sich doch zentrale Punkte gewinnbringend zu einer Medientheorie der Störung ausweiten, in deren Untersuchungsfeld auch Schwarmforschungen fallen würden. Damit kann sich über jene inhärente Operationalisierung der Begriffe des Rauschens und der Störung an eine theoretische Schärferstellung des Wissensobjekts Schwarm, seiner Relationalität und Vierdimensionalität angenähert werden. Überblickshaft lassen sich folgende Punkte zusammenfassen: *Erstens*: Michel Serres' Konzept des Parasiten öffnet den Blick für die medien-materiellen Bedingungen von Kommunikation. *Zweitens*: Erst in ihrem Scheitern, als Nicht-Relation, zeigt sich die Relation. *Drittens*: Störungsereignisse sind Bedingung für die Herstellung von Relationen. *Viertens*: Die Unordnung des Rauschens indiziert den Anfang neuer Ordnungen. *Fünftens*: Störungsereignisse haben einen relativen Charakter und dynamisieren starre Kommunikationsschemata. Und schließlich *sechstens*: Eine Kommunikationstheorie, die sich auf Shannon und Weaver beruft, erinnert auch an jene Epochenschwelle von Energie zu Information, durch die sich Norbert Wiener zufolge die Kybernetik charakterisiert.⁵⁶ Eine Medientheorie der Störung, die für ein theoretisches Verständnis von Schwärmen nutzbar sein kann, rekurriert somit auf die *Funktionalität* von Störphänomenen, auf die *Vertauschbarkeit* der

---

54. Ebd., S. 16.
55. Vgl. Serres: *Hermes I: Kommunikation*, a.a.O., S. 9–23.
56. Indem Shannon und Weaver die von Boltzmann und Gibbs formulierten Entropiegesetze der Statistischen Thermodynamik in die Nachrichtentechnik überführen, wird Information zu einem Maß für die Wahlmöglichkeiten innerhalb eines Systems. Je größer seine Unordnung, desto größer auch die Information des Systems. Die Übermittlung einer *bestimmten* Nachricht wird folglich ebenfalls zu einem Problem von Wahrscheinlichkeit: Die Berechnung von Übergangswahrscheinlichkeiten zwischen Zeichen etwa dient der Filterung von Störung, »die nichts anderes ist als unerwünschte Information, also eine Unsicherheit, die nicht der Wahlfreiheit des Senders, sondern dem Einfluss der Störquelle unterliegt.« Pias, Claus: »Zeit der Kybernetik. Zur Einführung«, in: ders., Vogl, Joseph, Engell, Lorenz, Fahle, Oliver, Neitzel, Britta (Hg.): *Kursbuch Medienkultur. Die maßgeblichen Theorien von Brecht bis Baudrillard*, Stuttgart 1999, S. 427–431, hier S. 428f.

Störungsbeziehungen, auf eine Beschreibung von *Ungewissheitszunahmen* und *-abnahmen*, und letztlich auf interaktive Prozesse im Umgang mit Störungsereignissen.[57]

Mit diesen Aspekten im Hinterkopf lässt sich den anfänglichen Mischungen von Ratlosigkeit ein systematisches medienhistorisches und epistemologisches Programm entgegenstellen, in dessen Zentrum die Erforschung und Beschreibung der dynamischen Strukturen des Informationsaustauschs innerhalb von Schwärmen steht. Diese bedürfen aufgrund ihres Bewegungsrauschens je spezifischer ›Entstörungsversuche‹ eines medientechnischen Zugangs zu einem Wissen über Schwarmsysteme und über ihre Funktionsweisen. Dabei geht es nicht um eine Nachrichtenübertragung im Sinne Shannons und Weavers, aber doch um eine Beobachtungs-, Datenübertragungs- und Datenverarbeitungsrelation. Als Wissensobjekt biologischer Schwarmforschung *verhalten* sich Schwärme z. B. in bestimmter Weise. Und dieses Wie? und Warum? ihres Verhaltens sind Fragen, auf die durch verschiedene medientechnische ›Decodierungs‹-Verfahren Antworten gefunden werden sollen (vgl. die Abschnitte *Formationen* und *Formatierungen*). Wie bereits erwähnt, scheint die initiale Faszination von Schwärmen im Zusammenfall von Gestaltlosigkeit und Koordination zu liegen. Sollen Schwärme als Wissensobjekte operationalisiert werden, dann gilt es, ihr Schwärmen als Störungsereignis zu subtrahieren. Das Schwärmen gehört zur Sache selbst – die, wie sich im weiteren Verlauf dieses Bandes herauskristallisieren wird, jeweils ›schadhafte Bilder‹ von Schwärmen nach sich zieht. Es beschreibt jene Abweichungen, ohne die im Anschluss an Serres ›die Sache selbst‹, ohne die der Schwarm nicht zu denken wäre. Hinzu kommt vielfach jenes ›Grundrauschen‹ einer natürlichen Umwelt, in der sich Schwärme bewegen. Durchmusterungstechnologien operieren jeweils unter den Bedingungen spezifischer Umweltmedien wie Luftraum oder Ozean, deren z. B. physikalische Eigenschaften es zu berücksichtigen gilt, und sie versuchen Prozesse zu fokussieren, die in ständigem Austausch auch mit externen biologischen Einflüssen stehen. In diesen Substraktionsversuchen werden die medientechnischen Durchmusterungstechnologien durch die Störereignisse des Schwärmens stets wieder auf ihre eigene Materialität, auf das je spezifische Existieren der nicht Kommunikations-, aber eben *Beobachtungs*kanäle, auf die Eigenschaften von Modellierungs- oder Simulationsverfahren zurückgeworfen. Schwärme als *konstitutiv intransparente* Nicht-Objekte markieren mithin sowohl *an sich* als auch *in sich* jene Ereignishaftigkeit, jenes Schweben zwischen Störung und Übertragung, zwischen Noise und Ordnung, das eine De-Ontologisierung eines Verständnisses von Medien und dem Medialen propagiert.

Eine Mediengeschichte von Schwärmen beschäftigt sich also mit einem dynamischen, nur prozessual zu verstehenden ›Gegenstand‹. Diese Arbeit wird untersuchen, wie Schwärme im Hinblick auf den bis hierher skizzierten operationalen Medienbegriff in je unterschiedlichen medienhistorischen und medien-

---

57. Vgl. Kümmel, Albert und Schüttpelz, Erhard: »Medientheorie der Störung/Störungstheorie der Medien. Eine Fibel«, in: *Signale der Störung*, a.a.O., S. 9–13, hier S. 10f.

technischen Zusammenhängen und unter deren je spezifischen Bedingungen als etwas je anderes hervorgebracht werden. In einer solchen Konzeptualisierung muss aber auch reflektiert werden, dass das Schwärmen des Schwarms nicht nur als Störereignis in der Relation von Durchmusterungstechnologien und Schwarmkollektiv aufzufassen ist, sondern seinerseits als eine Reaktion von Schwarmkollektiven auf Störungen aus ihrer Umwelt. Schwärme sind unter diesem Blickwinkel in ihrer Organisationsweise je selbst schon Antworten auf Störphänomene, schmiegen sich nach bestimmten Regeln als Globalstruktur an externe und lokale interne Zufallsereignisse an – ein kontinuierliches, berauschendes Entstörungsszenario.

★★★

Schwärme oszillieren zwischen Verdichtung und Verstreuung, zwischen Konzentration und Diffusion, zwischen Ordnung und Mustern auf der einen und Störung und Rauschen auf der anderen Seite. Diese Oszillation von loser Kopplung und koordinierter Bewegung steht als notorisches Problem im Zentrum der Bewunderung, dem Horror, und der Erforschung von Schwärmen. Schwärme erscheinen als Hybride von Vielheit und Einheit. Aus diesem Verhältnis der Vielheit einzelner Teile, aus denen ein dynamisches Ganzes entsteht, für dessen Entstehung es in keinem der einzelnen Teile ein festgeschriebenes Programm gibt, formuliert sich die Frage nach der ›unsichtbaren Hand‹ oder nach dem ›Geist‹ des Schwarms: die Frage nach dem Ort seiner dynamischen Organisation. In dieser Frage wird mitreflektiert, dass Schwärme in der Summe ihrer Elemente ein unscharf umrissenes ›Mehr‹ an Fähigkeiten und Eigenschaften zeigen. Zum Beispiel vollziehen Fisch- und Vogelschwärme Richtungsänderungen mit größerer Geschwindigkeit als Einzeltiere, und soziale Insekten sind zu erstaunlichen kollektiven Koordinationsleistungen fähig.

Diese Beziehung ist politisch prekär, seit Schwärme als dynamische Vielheiten innerhalb einer sich kultivierenden Ethologie und Verhaltensbiologie begriffen werden (vgl. Abschnitt *Formationen*): Weder dienen die einzelnen Teile einem Ganzen, noch sind sie Teile eines homogenen Kollektivkörpers, für die durch die Zugehörigkeit zu einer Einheit gesorgt würde. Ihre Kollektivität ist nicht beständig und wird nicht von einem organisatorischen Zentrum gesteuert, sondern entsteht nur aufgrund lokaler Interaktionen. Schwärme müssen demzufolge als genuin zeitbasierte Systeme aufgefasst werden. Die Emphase auf ein kollektives Verhalten in der Zeit tritt an die Stelle einer statischen, räumlich organisierten Beziehung von Einzelnem und Ganzem. Schwärme sind daher auch nicht als homogene Kollektivkörper zu verstehen, sondern als heterogene Kollektive, die sich ständig neu aus den dynamischen und differenzierten Interaktionen lokaler Bestandteile bilden.

Diese sich stetig neu formierenden lokalen Nachbarschaften, aus denen sich die Globaldynamiken von Schwärmen entwickeln, beruhen auf einem eigenartigen Interaktionsprinzip. In Vogel- oder Fischschwärmen beeinflussen die jeweiligen Bewegungen der nächsten Nachbarn das Verhalten eines Schwarm-individuums – ihre raumzeitliche Orientierung geht in eins mit der ›Botschaft‹, die sie übertragen. Die Schwarmindividuen hinterlassen keine Zeichen – etwa Pheromonspuren, wie soziale Insekten – in ihrer Umwelt, sondern interagieren über Bewegungszeichen. Signalisierung entsteht durch die Bewegung der Schwarmindividuen.[58] In diesem Sinne werden keine Botschaften codiert, die über einen Kommunikationskanal übermittelt werden, der sich dem Parasiten verdankte. Der Kanal fällt mit der Bewegungs-Botschaft zusammen, und so nisten sich die Parasiten in jedem Schwarmindividuum, in jedem, wenn man so will, Knotenpunkt des ›living network‹ ein: »Wo Kanäle sind, ist auch Rauschen« – kein Schwarmindividuum ohne Eigenrauschen. Die ›Botschaft‹, in der Eigenbewegung codiert, ist zugleich Störung – ganz gemäß der Feststellung, dass es vom Standpunkt des Parasiten, der in den Leitungen sitzt, ohnehin keinen theoretischen Unterschied zwischen codiertem und gestörtem Signal gibt.[59] Jede Bewegungsrelation in derartigen Schwärmen konstituiert sich demnach aus Störmomenten, aus einer Vielzahl unscharf bestimmter und parallel geschalteter Bewegungszeichen. Durch ein unablässiges Sich-in-Beziehung-setzen, eine unhintergehbare Relationalität, entsteht aus individuellen, unkoordinierten, schwärmenden Bewegungen das koordinierte, gerichtete Ziehen der Gesamtheit Schwarm – das System Schwarm läuft, weil es nicht läuft.

Nicht nur für die Konstitution von Schwärmen als Wissensfiguren durch mediale Durchmusterungstechnologien im dreiseitigen Ypsilon-Schema ist somit die Funktion des Rauschens und der Störung entscheidend, sondern sie kann auch als grundlegende Basis der spezifischen Organisationsinfrastruktur und dynamischen Topologie lokaler Nachbarschaften von Schwärmen angesehen werden. So unterscheiden sich Schwarmsysteme auch von anderen klassischen Formen von Netzwerken, in denen – schematisch gesprochen – einzelne Knotenpunkte über Kanten zu jeweils bestimmten Topologien verknüpft sind. Schwarmstrukturen dynamisieren solche Strukturen, verwirren strenge Topologien durch ständige Positionswechsel der einzelnen ›Knotenpunkte‹ und ersetzen fixe Kanten zur Informationsübertragung durch ihre Eigenbewegungen. Netzwerktheoretisch gesprochen fallen in ihnen Nodes und Edges, Knoten und Kanten – und somit auch Knoten und Rauschen, zusammen. Die Interaktionen in Schwärmen sind überdies nicht nur *zeitkritisch* wie in Netzwerken, sondern grundsätzlich *zeitbasiert*.

Diese Zeitdimension spielt eine entscheidende Rolle bei der Bestimmung der spezifischen Dynamik von Schwärmen, die sich mit Michel Serres' Philosophie der Relation weiter annähern lässt und die dieser als eine *Theorie des Quasi-Objekts* ausbreitet.[60] Darin versucht Serres, den Status von Kollektiven näher zu beschreiben, fragt, ob sie als Wesen oder als »Traube von Beziehungen« zu

---

58. Aus diesem Grund muss die Figur des Parasiten, bei Serres eigentlich innerhalb einer Zeichentheorie gedacht, hier allgemeiner gefasst werden, so dass auch ›Bewegungszeichen‹ darunter fallen.
59. Vgl. Siegert: »Die Geburt der Literatur aus dem Rauschen der Kanäle«, in: *Mediale Historiographien*, a.a.O., S. 10.
60. Serres: *Parasit*, a.a.O., S. 344.

verstehen seien. Als Beispiel dient ein Kinderspiel: das Waldfrettchen-Spiel, im deutschen Sprachraum etwa als *Taler, Taler, du musst wandern* oder auch *Plumpsack* bekannt. Ziel des Spiels ist es, ein Pfand in der Gruppe wandern zu lassen, und es nicht in Händen zu halten, wenn das Spiel angehalten wird. Durch die ständige Weitergabe, so Serres, bekommt das Pfand einen prekären Status: Es wird nur zu einem Objekt, wenn es in Händen gehalten wird, und im selben Moment wird derjenige, der es in Händen hat, nur in diesem Moment zum Subjekt, da das Pfand ihn nun innerhalb des Kollektivs bezeichnet und feststellt.

»Wer nicht mit dem Frettchen in der Hand entdeckt wird, ist anonym in eine monotone Kette eingeschmolzen, in der er sich nicht von anderen unterscheidet. Er ist kein Individuum, er ist nicht erkannt, entdeckt, abgeschnitten; er gehört zur Kette, ist in der Kette. Er läuft wie das Frettchen im Kollektiv. [...D]ie Abwesenheit des Frettchens bildet unser Ungeteiltsein.[...] Dieses Quasi-Objekt macht das Kollektiv. Sobald es anhält, schafft es ein Individuum. In Bewegung webt das Frettchen das Wir, das Kollektiv; hält es an, so markiert es das Ich.«[61]

Konstitutiv für das Zustandekommen eines Kollektivs ist damit ein internes Bewegungsmoment, ein zeitbasiertes In-der-Schwebe-bleiben, eine Unentschiedenheit – »was wir uns vorstellen können müssen, wenn wir das Wir berechnen wollen, ist gerade die Weitergabe«, so Serres.[62] Ein unablässiges Neuknüpfen von Verbindungen, eine stete Verschaltung von nächsten Nachbarn ist die Bedingung von Kollektivität. Das Quasi-Objekt bildet dabei die Relation, aber nur dadurch, dass es abwesend ist. Seine Bestimmung ist die Weitergabe, die Übertragung. Somit ergibt sich eine Neubestimmung des Kollektivs als Ensemble von Übertragungsereignissen:

»Das Wir ist kein Aufsummiertes Ich, sondern etwas Neues, das durch Delegation des Ich, durch Konzessionen, Verzicht, Resignation des Ich entsteht. Das Wir ist weniger ein Ich-Ensemble als das Ensemble der Ensembles dieser Übertragungen. [...] Das Quasi-Objekt bezieht seine Macht aus dieser Dezentrierung. [...] Die Geschwindigkeit, mit der es weitergereicht wird, beschleunigt es und verleiht ihm Existenz. Partizipation, Teilhabe, meint eben dies und hat nichts mit Teilung zu tun, zumindest nicht im Sinne von Aufteilen. Es ist in präzisem Sinne die Aufgabe [...] meines Wesens in ein Quasi-Objekt, das nur für die Zirkulation da ist. Es ist im strengen Sinne die Transsubstantiation des Wesens in eine Relation.«[63]

---

61. Ebd., S. 346. Serres spricht in seiner *Theorie des Quasi-Objekts* von einem Beziehungsgefüge von Menschen, daher die Verwendung der Bezeichnungen *Ich* und *Wir*. Um begriffshistorische Komplikationen zu vermeiden, werden im Verlauf dieses Buches die Bezeichnungen ›Schwarm-Individuum‹ und ›Schwarm-Kollektiv‹ verwendet.
62. Ebd. S. 350.
63. Ebd., S. 350f.

Programm 43

Im Schwarm sind es die Individuen selbst, die zu Quasi-Objekten werden. Sie streben etwa danach, durch eine ständige Änderung ihrer Position zueinander der Markierung durch das Außen – z. B. durch einen Räuber – zu entgehen, in der Gesamtheit des Schwarm-Kollektivs abwesend zu werden. Serres denkt hier eine radikale Relationalität, in der sich eine *Wesen*tliche Bestimmung auflöst. Fragen nach einer irgend gearteten ›Ontologie des Schwarms‹ gehen somit fehl. Sie könnten sich je nur auf ein Sein als *relationales Sein* berufen, das darüber hinaus an unterschiedlichen historischen Orten ein je verschiedenes ist. Schwärme müssen damit in doppelter Hinsicht als Phänomene der Wandlung ausgezeichnet werden: Ständige Übertragungsereignisse, eine stete raumzeitliche Bewegung, eine fortwährende Neuformation bestimmen ihre Konstitution als ein immerwährendes, diskontinuierliches *Werden* – inklusive der darin hausenden Parasiten; als einen Sturz in die Unordnung, der Anfang von (medientechnischen) Neuordnungen und von neuen Ordnungen ist. Mit Serres' Prozess der ›wesentlichen‹ Auflösung lässt sich ein Bruch anschreiben, von dem an eine wissenschaftliche Erforschung von Schwärmen nach dem *Wie?* distribuierter Organisation fragt, und dabei Ideen einer wundersamen, übergeordneten Wesenheit ad acta legt (Abschnitte *Deformationen* und *Formationen*).

Diese bestimmende Relationalität umreißt damit auch jene dritte Ebene, die Eugene Thacker erwähnt – nicht die von Individuum oder Kollektiv, sondern der »level, where multiplicity and relation intersect.«[64] Das ›Wesentliche‹ an Schwarm-Kollektiven – und daran arbeiten Schwarmforschungen seit den 1920er Jahren mit unterschiedlichen Blickwinkeln und technischen Anordnungen – ist mithin die Aufgabe des Wesens in Relationen-Ensembles. Lokale Interaktionen und globale Muster, das Schwärmen und der Schwarm, lassen sich hiermit integrativ verstehen als beiderseits notwendige Bedingungen dieser biomorphen Dynamisierungsfigur. Trauben von Beziehungen in wechselnder Konstellation: Das Konzept des Parasiten bindet damit eine medientheoretische Einordnung von Schwarm-Kollektiven zurück an den Ausgangspunkt dieses Kapitels, an das *eine* Geräusch der Vielheit, und an die Akustik des Schwarms, die Einheit und Vielheit kompatibel und aufeinander irreduzibel erscheinen ließ. In einer Mediengeschichte der Schwarmforschung bekommt diese Relationalität von Schwärmen einen systematischen Ort. Die Oszillation zwischen individuellen Verschaltungen und kollektiven Bewegungen stört medientechnische Durchmusterungen und bringt damit Forschungsdynamiken in Gang, unter denen die Regeln und Dynamiken des *Schwarm-Werdens* an unterschiedlichen medienhistorischen Daten je neu und anders gefasst werden. Und die Frage nach dieser Relationalität begleitet zudem ein *Medien-Werden* von Schwärmen, in dem sich ihre Störrelationen schließlich zu produktiven und operationalen Systemen transformieren können.

---

64. Thacker: »Networks, Swarms, Multitudes«, in: *CTheory*, a.a.O., o. S.

2. Schwärme und Rekursion: Mediale Historiographie

Es gibt keine Medien im substanziellen und historisch stabilen Sinn. Daher sollte die Frage nach dem, was Medien überhaupt sein können, am besten innerhalb fallweiser medialer Historiographien gestellt werden, die in ihren Betrachtungen je schon mitreflektieren, dass sich der Status von Medien als wissenschaftliche, systematisierbare Objekte gerade daraus ergibt, dass Medien »das, was sie speichern und vermitteln, jeweils unter Bedingungen stellen, die sie selbst schaffen und sind.«[65] Darunter fällt eben auch jegliche Form von Historiographie. Medienwissenschaftliche Analysen beschäftigen sich demnach nicht einfach mit Geräten oder Codes und beschränken sich keineswegs auf bestimmte Repräsentationsformen, Techniken oder Symboliken. Sie bedenken vielmehr eine doppelte Ereignishaftigkeit von Medien: Erstens kommunizieren sich diese selbst als spezifische Ereignisse mit jenen Ereignissen mit, die sie kommunizieren. Und dies geschieht zweitens mit der »Tendenz, sich selbst und ihre konstitutive Beteiligung an diesen Sinnlichkeiten zu löschen und also gleichsam unwahrnehmbar, anästhetisch zu werden.«[66] Die Dichotomie der Formations- und Deformationsvermögen von Schwärmen zwischen Rauschen und Selbstorganisation verkompliziert ihre medienhistorische Perspektivierung. Schwärme werden zu einem doppelten Grenzfall medientheoretischer Unterbelichtung. Eine Mediengeschichte von Schwärmen hat nicht nur mit den Versuchen einer medialen Durchmusterung von *living networks* zu tun, die ihrerseits medial operieren. Denn zugleich transformieren die an Schwärme angelegten Medientechnologien in verschiedener Weise jeweils ihr Untersuchungsobjekt. Verschiedene Beobachtungs- und Experimentalsysteme erzeugen ein je nur spezifisches Wissen von Schwärmen. Sie müssen dabei stets mit Schwärmen als Medien der Störung rechnen, die diese Durchmusterungsversuche wieder unterlaufen und schlaglichtartig auf deren eigene Medialität verweisen. Als Medien-Ereignisse intermittieren Schwärme ihrerseits in den doppelten Medien-Ereignissen, mit denen es Mediale Historiographien zu tun haben.

Diese Wechselbeziehung lässt sich mit Joseph Vogls Konzept des *Medien-Werdens* adäquat beschreiben.[67] Denn ab dem Beginn einer systematischen wissenschaftlichen Schwarmforschung um 1930 stehen die Interaktions- und Steuerungsprozesse zwischen den einzelnen Schwarm-Individuen im Zentrum des Interesses, steht die interne Medialität von Schwärmen zur Frage. Unter den Bedingungen historisch je unterschiedlicher Diskurse formieren sich dabei verschiedene Schwarm-Konzepte – so können Begriffe wie *Informationsaustausch* oder *Selbstorganisation* naturgemäß erst mit der Formulierung informationstheoretischer und kybernetischer Prinzipien auftauchen (Kapitel III.4). ›Digitale Schwärme‹ gewinnen erst im Umfeld eines Wissenschaftsbooms rund um

---

65. Engell, Lorenz und Vogl, Joseph: »Vorwort«, in: *Kursbuch Medienkultur*, a.a.O., S. 8–12, hier S. 10.
66. Ebd., S. 10.
67. Vogl, Joseph: »Medien-Werden«, in: *Mediale Historiographien*, a.a.O., S. 115–123.

›komplexe‹ und ›emergente‹ Phänomen um 1990 herum an Bedeutung, der selbst wiederum in Wechselwirkung steht mit den materiellen Grundlagen z. B. rapider technischer Fortschritte im Bereich von Rechnergeschwindigkeiten und sich ändernden Programmierparadigmen (Kapitel IV.1). Dennoch: All die in dieser Publikation versammelten, disparaten medientechnischen Anordnungen schreiben mit an einem Medien-Werden, das sich schließlich in der Transformation von Schwärmen von Wissensobjekten zu Wissensfiguren verschiedentlich materialisiert (Kapitel IV.2 und IV.3). Mit dem Medien-Werden lassen sich somit einige Konstituenten beschreiben, welche die Transformation von Schwärmen als Agenturen des Unheimlichen, des Nicht-Wissens und der Störung in *Systeme* betreffen, denen ab den 1990er Jahren etwas wie Schwarmintelligenz zugeschrieben wird.

Ein erstes Konstituens dieser Transformation wäre eine *Denaturierung der Sinne*. Wenn man Schwärme erforschen will, ist die Entwicklung medientechnischer Perspektiven vonnöten, die nicht einfach Extensionen des menschlichen Blicks oder der menschlichen Sinne sind. Die Beobachtung von Schwärmen ist zuvorderst abhängig von einer Beschäftigung mit den medientechnischen Materialitäten, die sie erst zu erkennbaren, vermessbaren und regelhaft beschreibbaren Strukturen werden lassen. Erst diese Beschäftigung lässt sie als Objekte des Wissens erscheinen. Solche Medientechniken verlängern nicht etwa die Sinne, sondern sie »erschaff[en] vielmehr die Sinne neu, definier[en] das, was Sinneswahrnehmung und Sehen bedeutet, und mach[en] aus jedem gesehenen Datum ein konstruiertes und verrechnetes Datum, [...][sie] produzier[en] schließlich Phänomene und ›Nachrichten‹, die allesamt den Stempel der Theorie tragen und mit jeder sinnlichen Evidenz ein Verfahren zur Errechnung dieser Evidenz übermitteln.«[68] Dies wird etwa explizit an verschiedenen Aquariumskonstruktionen, Kameras oder Schallortungs- und Visualisierungssystemen.

Zweitens ist dieses Medien-Werden gekennzeichnet durch die *Herstellung einer unabdingbaren Selbstreferenz*. Denn der Einsatz technischer Medien in der Schwarmforschung lokalisiert mit seinem Objekt (oder Nicht-Objekt) zugleich auch seinen Beobachter, den Schwarmforscher. Diese Einheit von Beobachtung und Selbstbeobachtung führt z. B. dazu, dass Unterwasserforscher und -filmer wie Hans Hass bestimmte Schwimmtechniken erlernen und Atemgeräte entwickeln, um ›wie ein Fisch unter Fischen‹ arbeiten zu können (Kapitel III.2). Oder sie resultieren darin, dass Ornithologen sich durch Tarnung aus eben jener Umwelt zu streichen versuchen, in der sie zugleich das Verhalten von Vogelschwärmen protokollieren (Kapitel II.2). Kurz: Der Beobachter beobachtet hier sich selbst, um sich möglichst konsequent aus der Beobachtungsrelation zu eliminieren. Hinzu kommt aber noch, dass sich im Zuge dieser Selbstreferenz auch eine Vervielfachung von Beobachtungsanordnungen ergibt, und damit eine Vielzahl von Schwärmen entstehen – abhängig von der verwendeten Medientechnik. Schwärme werden so in einer Mediengeschichte der Schwarm-

---

68. Ebd., S. 115f.

forschung immer wieder neu und anders konzeptualisiert und verstanden, denn die »richtige Beobachtung lässt sich nur im Konditional des Beobachteten ausdrücken.«[69]

Drittens und letztens ist auch das Medien-Werden von Schwärmen charakterisiert durch die *Erzeugung eines anästhetischen Feldes*, und damit verbunden mit einer produktiven Störfunktion. »Der kritische Punkt einer historischen Medienanalyse liegt nicht in dem, was Medien sichtbar, spürbar, hörbar, lesbar, wahrnehmbar machen, er liegt weniger in einer Ästhetik der Daten und Nachrichten, sondern in der anästhetischen Seite dieses Prozesses.«[70] Der technische Blick auf Schwärme dokumentiert damit immer auch schon das Verhältnis beziehungsweise die Differenz von Sichtbarem und Unsichtbarem. Und dies ist der Einsatzpunkt, an dem in den 1990er Jahren mit agentenbasierten Computersimulationsverfahren und ihrer ganz eigenen epistemischen Gangart ein nochmals grundlegend anderer ›Blick‹ auf Schwärme geworfen wird (Kapitel IV.1 und IV.2).

Schwärme sollten also aus mindestens drei Gründen zum Forschungsobjekt einer technisch informierten Mediengeschichte werden. Zunächst und *erstens* könnte eine grundlegende These lauten: Schwärme werden erst durch den Einsatz spezifischer technischer Medien wissenschaftlich und jenseits von etwas Wunderbarem oder Unheimlichen beschreibbar. Eine Geschichte wissenschaftlich-systematischer biologischer Schwarmforschung, die um 1930 beginnt, ist also zugleich auch eine Geschichte der Medien, die in diesen Forschungen eingesetzt werden. Technische Medien schreiben dabei das Wissen von Schwärmen immer wieder neu und immer wieder um. *Zweitens* sind Schwärme problematische ›Objekte‹. Sie stören durch ihre ständigen Bewegungen in Raum und Zeit die Medientechnologien, mit denen sie objektiviert werden sollen. Diese Störungen erfordern somit eine Reflexion über die Kanäle, über die Formen der Informationsübertragung – oder anders formuliert: Über die medientechnische Relation zwischen Forscher und Forschungsgegenstand. Schwärme formatieren also ihrerseits umgekehrt auch die an sie angelegten Medientechnologien, oder bringen sie gar zum Scheitern. *Drittens* jedoch lässt sich die Beziehung von Schwärmen und Medien auch produktiv denken. Schwärme werden dabei historisch von einem Außen des Wissens zunächst zu Wissensobjekten transformiert, die schließlich zu operational einsetzbaren Wissensfiguren werden: Durch technische Medien erforschte Organisationsprinzipien biologischer Schwärme werden seit Ende der 1990er Jahre computertechnisch implementiert. Schwärme werden in derartigen sogenannten agentenbasierten Simulationssystemen selbst zu Medien, denen eine spezifische *Swarm Intelligence* für komplexe Problemlösungen zugeschrieben wird. In einer solchen Mediengeschichte von Schwärmen informieren sich eine Computerisierung der Biologie und eine Biologisierung der Computertechnik.

---

69. Ebd., S. 117.
70. Ebd., S. 118.

Doch dieser Wechselbezug ist wiederum problematisch und verwickelt eine mediale Historiographie von Schwärmen noch weiter. Man könnte diese Verwicklung spezifizieren als eine historiographische *Rekursionsfigur*. Diese wird hier etwas anders verstanden als im jüngst von den Kulturwissenschaftlern Ana Ofak und Philipp von Hilgers angeregten Ansatz, den Begriff der Rekursion als ein historiographisches Konzept einzusetzen.[71] Im Rekursionsprozess von biologischen Schwarmprinzipien und informatischen und computergrafischen Simulationsumgebungen werden zwei Bereiche intransparenter Selbstregelungsprozesse mit nur teilweise bekannten oder nicht genau bestimmten Parametern aneinander angenähert. Rekursion ist informatisch definiert als die Wiederanwendung einer Verarbeitungsvorschrift auf eine Variable, die selbst bereits der Output dieser Vorschrift ist: »Der Variablenwert ändert sich mit jedem Durchlauf der Schleife, und Effekt der Wiederholung ist gerade nicht die Herstellung von Identität, sondern eine vordefinierte Variation. […] Rekursion verschränkt Wiederholung und Variation mit dem Ziel, ein Neues hervorzubringen.«[72]

Lassen sich etwa in der Mediengeschichte der Schwarmforschung bis ca. 1930 ›Daten‹ und Fälle finden, an denen Forscher sich Schwärmen mit wissenschaftlichem Interesse nähern, ohne selbst relevante *Daten* über ihr Untersuchungsobjekt respektive Nicht-Objekt zu erzeugen, so ist damit eine erste Etappe des Medien-Werdens dynamischer Schwarmformationen gekennzeichnet (Abschnitt *Formationen*). An diese schließt sich eine Wendung hin zu medientechnischen Aufschreibeverfahren an. Das Wissen von Schwärmen wird ab diesem medienhistorischen Bruch über die *Datierungsprozesse* technischer Medien weitergeschrieben und so das Datenproblem der frühen Feldforscher zu adressieren versucht (Abschnitt *Formatierungen*). Doch damit verschiebt sich lediglich das Datenproblem. Technische Medien in der Schwarmforschung ziehen weitere Datengestöber nach sich. Auch hier ergeben sich die Beobachtungs- und Aufzeichnungsverfahren erst in Auseinandersetzung mit verschiedenen Störmomenten. Und der Output technisch gestützter Schwarmforschungen besteht wiederum in einem derart unüberschaubaren Wust an Daten, dass erst eine automatisierte Auswertung diese *Umschrift* von Schwärmen handhabbar macht.

Der dritte Schritt in dieser Genealogie (Abschnitt *Transformationen*) wäre eben jener rekursiv funktionierende. Denn Schwärme werden unter der Möglichkeitsbedingung agentenbasierter Computersimulationen ab den 1990er Jahren sozusagen in sich selbst eingesetzt. Von biologischen Schwarmforschungen inspirierte Software-, Simulations- und Visualisierungsmodelle werden reimportiert in die biologische Schwarmforschung, um dort anhand von »Computerexperimenten«[73] und Simulationen das Verhalten vierdimensionaler, dynamischer

---

71. Vgl. Ofak, Ana und Hilgers, Philipp von (Hg.): *Rekursionen. Von Faltungen des Wissens*, München 2010.
72. Ernst, Wolfgang: »Der Appell der Medien: Wissensgeschichte und ihr Anderes«, in: *Rekursionen*, a.a.O., S. 177–197, hier S. 185, mit Verweis auf Winkler, Hartmut: »Rekursion. Über Programmierbarkeit, Wiederholung, Verdichtung und Schema«, in: *c't 9* (1999), S. 234–240, hier S. 235.
73. Vgl. Gramelsberger, Gabriele: *Computerexperimente. Zum Wandel der Wissenschaft im Zeitalter des Computers*, Bielefeld 2010.

Kollektive *in silico* zu studieren und neue Erkenntnisse hervorzubringen. Erst wenn die intransparenten Steuerungs- und Ordnungsstrukturen von Schwärmen nicht mehr nur *beschrieben* werden oder *aufgeschrieben* werden sollen, sondern *selbst als Schreibverfahren* eingesetzt werden, lässt sich auch das Datenproblem noch einmal neu adressieren: Über die Codierung, über das Schreiben ›digitaler Schwärme‹ und agentenbasierter Programm- und Simulationsumwelten, die auch die zeitliche Ebene von Schwarmdynamiken mitschreiben können, geschieht eine szenarische Annäherung auch an die Beschreibung biologischer Schwärme. Daten werden im Zuge dessen in konkurrierenden Szenarien reversibel, können immer neu und anders geschrieben werden – und schreiben sich dabei selbst als Schreibverfahren auf. Schwärme als Medien stellen die Mittel bereit, derer es zu ihrer eigenen Beschreibung bedarf. Erst wenn sie zu *Schreibverfahren* geworden sind, sind sie *beschreibbar* geworden. Im Nicht-Objekt Schwarm reflektiert sich damit exemplarisch jenes epistemische Schweben und Verweben einer Geschichtsschreibung von Medien mit den Medien der Geschichtsschreibung, ein Schweben und Verweben, welches das Forschungsprogramm medialer Historiographien kennzeichnet.[74]

3. Schwärme und Simulation: Epistemologie

Wenn Schwärme in ihrem Medien-Werden erst in einer rekursiven Operation zwischen Biologie und Computertechnik hinlänglich beschreibbar werden, dann knüpft sich daran jedoch nicht nur die Formulierung und technische Umsetzung einer spezifischen Wissensfigur. Vielmehr lassen sich Schwärme damit vor dem Hintergrund einer umfassenderen *historischen Epistemologie* der Computersimulation gewinnbringend diskutieren. Schwärme können hierbei als ein aussagekräftiges Beispiel dafür gewertet werden, dass wissenschaftliche Objekte – soviel zeigen auch die Lektüren von Gaston Bachelard, Georges Canguilhem und Hans-Jörg Rheinberger – nicht empirisch oder historisch vorgegeben sind, und dass die »Gegenstände einer Analyse nicht in einer prädiskursiven Ordnung natürlicher Dinge stehen, welche mittels einer Abbildtheorie erfahren werden könnten.«[75] Zu klären wird sein, ob sich in einer Epistemologie der Computersimulation Erweiterungen und neue Aspekte in Bezug auf diese Wechselwirkungen ergeben (Abschnitt *Transformationen*).

Die Frage nach einer Erforschung von Schwärmen mithilfe von agentenbasierten Computersimulationsmodellen ruft zugleich eine Beschäftigung mit der Erkenntnisdimension dynamischer Visualisierungen und Bildgenerierungs-

---

74. Vgl. hierzu allgemein Engell und Vogl: »Einleitung«, in: *Mediale Historiographien*, a.a.O.; vgl. das Forschungsprogramm des Graduiertenkollegs *Mediale Historiographien* der Universitäten Weimar, Erfurt und Jena unter: http://www.mediale-historiographien.de/FORSCH2.html (aufgerufen am 24.02.2012).
75. Barberi, Alessandro: »Editorial: Historische Epistemologie und Diskursanalyse«, in: *ÖZG Österreichische Zeitschrift für Geschichtswissenschaften* 11/4 (2000), hg. von ders., S. 5–10, hier S. 6.

verfahren von Computersimulationsmodellen auf. Diese repräsentieren nicht mehr ein natürliches oder irgendwie beobachtbares Verhalten, sondern produzieren und *präsentieren* konjekturale Szenarien, die durch die differenzielle Erkenntnisweise der *Trial-and-Error-Wissenschaft* Computersimulation (und meist gerade unter Wahrung einer gewissen Abstraktionsebene und damit modellhaften Offenheit) ein approximatives Wissen von Schwarm- und Systemverhalten herstellen. Schwärme fungieren in diesem Kontext als ›raumgebende Verfahren‹: Da sie (im Sinne ihrer *Ortung*) kaum in Bezug auf Euklidische Räume beschreibbar sind, können sie hier selbst topologischer Raum werden, indem sich ihr Globalverhalten durch die Implementierung interner Verschaltungsparameter und deren Interaktion in der Laufzeit von Multiagentensystemen ›abspielt‹ und einen eigenen, dynamischen Schwarm-Raum aufspannt (Kapitel III.4 und IV.2). Das Wissen von Schwärmen wird letzthin also über eine Form synthetischer ›Geschichten‹ erzeugt.[76]

Innerhalb der Schwarmforschung entstehen so Szenarien und Bildsequenzen einer ›Welt des Schwarms‹ und des Zusammenhangs der interindividuellen Verschaltungen seiner Schwarm-Individuen mit dem globalen Bewegungsvermögen des Schwarm-Kollektivs. Doch zugleich informieren diese biologischen Schwarmforschungen eben auch die Entwicklung von Computersimulationsmodellen. Eine Umwertung des intransparenten Wissensobjekts Schwarm geht hierbei einher mit einer allgemeinen Umwertung epistemischer Strategien. Auch Wissenskulturen werden zu Medienkulturen der Intransparenz, wenn sie sich nichtanalysierbaren Problemen, komplexen Interaktionsprozessen oder unscharf definierten Problemfeldern zuwenden (Kapitel IV.2 und IV.3): »Science has done all the easy tasks – the clean simple signals. Now all it can face is the noise; it must stare the messiness of life in the eye«, schrieb der Wissenschaftsjournalist Kevin Kelly bereits 1994.[77] Selbstorganisierende Multiagentensysteme mit distribuierter Informationsinfrastruktur dehnen somit die ›Welt des Schwarms‹ auf verschiedenste Wissenschaftsdisziplinen aus. Agentenbasierte Computersimulationen bilden, so der französische Komplexitätsforscher Eric Bonabeau, ein nicht ausschließlich, aber nachweisbar schwarm-induziertes ›Mindset‹ – und damit eine spezifische Medienkultur, in denen ›schwarm-intelligente‹ Anwendungen und Tools operational werden.

Spätestens diese derart verwobene Mediengeschichte von Schwärmen und Computertechnik macht eine Umwertung von Schwärmen von einem störenden zu einem produktiv einsetzbaren Nicht-Wissen explizit. Schwärme sind zugleich Objekt als auch Prinzip agentenbasierter Simulationsmodelle, und im Zuge ihrer computersimulatorischen Erforschung spielen Verfahren der grafischen Visualisierung von Simulationsergebnissen eine entscheidende Rolle für das Tuning der zugrundeliegenden Parameter. Und mehr noch: Die agenten

---

76. Vgl. z.B. Pias, Claus: »Synthetic History«, in: *Mediale Historiographien*, a.a.O., S. 171–183, hier S. 176.
77. Kelly: *Out of Control*, a.a.O.

basierte Beschreibung von Schwärmen wird maßgeblich geprägt von Anwendungen aus dem Grafikdesign, deren *distributed behavioral models* eigentlich für filmische Special Effects entwickelt werden (vgl. Kapitel IV.1). Und Schwarmintelligenz ist damit – wenigstens zu Teilen – *made in Hollywood, California*.

I. DEFORMATIONEN
Massen-Tier-Haltung

Wenn vor 1900 von Schwärmen gesprochen wird, dann eigentlich nie ausschließlich im Sinne einer Beschreibung biologischer Phänomene, sondern stets in Begleitung eines Blicks auf den Menschen und auf die sozialen Beziehungen in menschlichen Gesellschaften und Kollektiven. Dieser Blick changiert zwischen Beschreibungen *des Schwärmens* in den Straßen der entstehenden Metropolen und in den Zentren des Handels und Handelns einerseits und den ›wunderbaren‹ Ordnungen »tierischer Gesellschaften« (Espinas) auf der anderen Seite. So finden sich etwa in den Schriften des deutschen Aufklärers Joachim Heinrich Campe Stellen, welche die Wahrnehmung von Volksmengen charakterisieren als eine »zahllose Menge neuer Bilder, Vorstellungen und Empfindungen, die wie die junge Bienenbrut dem Beobachter bei jedem Schritte, den er tut, hier jetzt schwärmend zufliegen.«[1] Auch Lichtenberg schreibt, wie bereits erwähnt, von den Bewegungsstürmen auf den Straßen der Großstädte, versucht im Getümmel der Bewegungen die Auflösung eines orientierten Raumes wenigstens auf Papier zu fixieren. Und Émile Zola beschreibt das Tohuwabohu in den Börsenräumen des ausgehenden 19. Jahrhunderts als ameisengleiches Gewimmel.[2] Verdichten sich die Bewegungen von Menschen zu jener Zeit und an jenen Orten also zu einem ›unfassbaren‹ Durcheinander, zu einer disparaten Vielheit von Einzelereignissen, so bietet sich die Metapher des Schwärmens, bieten sich Bezugnahmen auf tierisches Gewimmel an. Diese Ereignisse können von einem Beobachter nicht mehr eingeordnet und geordnet werden, ganz gleich, ob er sich inmitten des Gewimmels befindet und umschwärmt wird wie bei Campe oder Lichtenberg, oder ob er dem Treiben von oben, von einem Balkon oder einer Brüstung zusieht wie bei Zola oder auch Robert Musil.[3]

Doch noch ein zweiter Aspekt schwingt hier mit, denn das Schwärmen wird nicht unbedingt nur als Metapher verwendet. Vielmehr dienen Bezüge zu Tierkollektiven auch dazu, nach den *Funktionsweisen* solch kollektiver Bewegungsströme zu fragen – mithin danach, wie sich trotz eines augenscheinlichen Chaos dennoch charakteristische Ordnungsmuster herausbilden können. Es steht zur Debatte, wie auch menschliche Massen ein gemeinsames Bewegungspotenzial ausschöpfen können – ohne ordnende Hand oder befehlenden Kopf. Im Gegensatz zu den spätestens seit Aristoteles bekannten Vergleichen zwischen rhetorisch zu ›Völkern‹ oder ›Staaten‹ verfestigten Insektenkollektiven von Bienen und Ameisen, die in einer langen Geschichte als Ideale funktionaler

---

1. Campe, Joachim Heinrich: *Briefe aus Paris während der Französischen Revolution geschrieben* [1789/90], hg. von Helmut König, Berlin 1961, S. 137, zit. n. Gamper, Michael: »Massen als Schwärme. Zum Vergleich von Tier und Menschenmenge«, in: *Kollektive ohne Zentrum*, a.a.O., S. 69–84.
2. Vgl. Zola, Émile: *Das Geld*, Frankfurt/M. 2009.
3. Vgl. Musil, Robert: *Der Mann ohne Eigenschaften,* 24. Auflage, Hamburg 1994.

Gesellschaftsordnungen herangezogen wurden, treten ›tierische Gesellschaften‹ mehr und mehr als dynamische und bewegte Ensembles in den Blick. Und es sind zumeist dichterische Beschreibungen, in denen sich die Faszination für die geschmeidigen Globalbewegungen von Schwärmen in Bewegung ausdrückt. So notiert der französische Historiker und Literat Jules Michelet in seiner Schrift *Das Meer* angesichts des alljährlichen Fortpflanzungsrituals von Heringen in der Nordsee:

> »›Es ist, als begännen unsere Dünen zu wogen‹, sagen die Flamen. Man möchte meinen, zwischen Schottland, Holland und Norwegen sei eine gewaltige Insel emporgestiegen. Ein ganzer Kontinent scheint aus den Fluten sich erheben zu wollen. Ein Teil davon löst sich im Osten ab und dringt in den Sund ein, füllt den Eingang zur Ostsee. An manchen engen Durchlässen vermag man nicht mehr zu rudern, das Meer hat sich verfestigt. Millionen und Abermillionen, Milliarden, Billionen, wer könnte es wagen, die Zahl dieser Legionen zu ermessen? Man berichtet, daß ein einzelner Fischer in der Nähe von Le Havre an einem Morgen einst 800.000 in seinen Netzen fand. In einem schottischen Hafen füllte man 11.000 Fässer in einer Nacht. Wie ein blindes, schicksalhaftes Element ziehen sie dahin, und keine Vernichtung entmutigt sie. Menschen, Fische, alles wirft sich auf sie; sie schwimmen, sie ziehen weiter. Man wundere sich jedoch nicht darüber: Auf ihrer Reise lieben sie. Je mehr man von ihnen tötet, desto mehr werden gezeugt und umso stärker vervielfältigen sie sich unterwegs. Die dichten, tiefen Heringsschwärme in ihrer elektrischen Anziehung sind schwimmend allein dem Werk des Glückes hingegeben.«[4]

Steht bei der Untersuchung von Schwärmen ihr relationales Sein im Vordergrund, so rufen sie mit ihrer Oszillation zwischen Störung und Ordnung also nicht nur epistemologische und medientheoretische Fragen auf, sondern adressieren als spezifische Kollektivform zunächst auch eine Reflexion soziopolitischen Regelungswissens. Sie rücken damit in die Nähe eines anderen ›unfassbaren‹ Kollektivphänomens, das bereits seit der französischen Revolution, aber am Ausgang des 19. Jahrhunderts noch einmal durch einen neuen Diskurs verhandelt wird: Schwärme lassen sich – im Sinne der Setzung eines historischen Angelpunktes für den Rahmen dieser Publikation – im Kontext, aber auch in Abgrenzung zu den Kollektivgespenstern des Diskurses um soziale Massenphänomene und Massenpsychologien begreifen. In diesen drückt sich um 1900 zum einen das »Irrationale schlechthin« aus – ein unkontrolliertes Durcheinander »sozialer Fassungslosigkeit«.[5] Zum anderen zeugen die immer wieder bemühten Bezüge zu Tierkollektiven jedoch auch von einem Mitbedenken einer bestimmten ›tierischen Intelligenz‹, die sich in den Kollektivdynamiken von Schwärmen aus-

---

4. Michelet, Jules: *Das Meer*, Frankfurt/M. 1987, S. 84–85.
5. Vogl, Joseph: »Über soziale Fassungslosigkeit«, in: Gamper, Michael und Schnyder, Peter (Hg.): *Kollektive Gespenster. Die Masse, der Zeitgeist und andere unfaßbare Körper*, Freiburg 2006, S. 171–189, hier S. 179.

drücke, und in deren funktionalen Grundlagen auch Erklärungsmuster für die Entstehung menschlicher Massenphänomene zu finden seien. Der Literaturwissenschaftler Michael Gamper hat einen interessanten Beitrag vorgelegt, in dem er eine »prekäre Faszinationsgeschichte der Masse« anhand von attributiven und funktionalen Übertragungen von Tier-Vergleichen und Tier-Metaphern rekonstruiert. So sollen *Massen als Schwärme* in einem, so der Untertitel, *Vergleich von Tier und Menschenmenge* beschrieben und letzthin an heutige Konzepte der Swarm Intelligence angebunden werden.[6] Dieses Kapitel wird Gampers Darstellung in einigen Punkten folgen – jedoch mit zwei grundsätzlichen Vorbehalten: Erstens soll hier das ›biologische‹ Wissen,[7] das in die maßgeblichen Texte des massenpsychologischen Diskurses um 1900 einfließt, nicht unkritisch als fundiertes »ethologisches« Wissen angenommen werden. Denn die seinerzeit populären ›biologischen‹ Forschungen beruhen oftmals selbst noch auf älteren tierpsychologischen Konzepten und Zuschreibungen, die ihrerseits aus anthropomorphen (und im Vergleich von Mensch und Tier zumeist auch anthropozentrischen) Übertragungen gespeist sind. So finden sich in der Stelle bei Michelet, die zuvor teilweise zitiert wurde, in wenigen Absätzen bereits eine Vielzahl psychologischer Zuschreibungen wie »schüchtern«, »gesellig«, »Liebe« oder »Glück«. Der Versuch eines Vergleichs »von Tier und Menschenmenge« sollte also immer schon als rhetorischer, diskursiver und epistemologischer *Wechselbezug* konzipiert werden, bei dem sich eine zunächst durch den Blick auf den Menschen informierte tierpsychologische Informierung in eine massenpsychologische Informierung einschreibt – und umgekehrt.

Vor diesem Hintergrund spielen frühe Konzepte oder Aspekte von Tierschwärmen durchaus eine Rolle bei der Diskursivierung sozialer Massenphänomene und den ihnen eigenen Beziehungsstrukturen. Mit ihnen lassen sich in den metaphorischen Massenbeschreibungen als monströse Tier-Ungestalten auch schwärmende Elemente finden. Jedoch sind diese – und das wäre der zweite Vorbehalt – von jenen Ansätzen zu differenzieren, die in der sich herausbildenden *Ethologie* der ersten Jahrzehnte des 20. Jahrhunderts die Erforschung von Schwärmen mit einem ganz neuen Vokabular und neuen Methoden angehen. Damit kann die bei Gamper vorgenommene Verbindung von ›biologisch‹ informiertem Massendiskurs und Konzepten der *Swarm Intelligence* hundert Jahre später als ein veritabler Schnellschluss kritisiert werden – denn diese Anbindung geschieht erst infolge jener tiefgreifenden Transformation des Verständnisses von Schwärmen, dem die vorliegende Arbeit nachgeht. Diese Wendung beginnt, wie im zweiten Abschnitt des Buches gezeigt wird, gerade in der *Formation* einer eigenen, modernen, sich auf naturwissenschaftliche Forschungsmethoden berufenden und entpsychologisierten Ethologie. Diese Ethologie im heutigen Sinne, als wissenschaftliche Disziplin geprägt vom deutschen Zoologen Oskar

---

6. Vgl. Gamper: »Massen als Schwärme, in: *Kollektive ohne Zentrum*, a.a.O., S. 69–84.
7. Die Anführungszeichen sollen darauf hindeuten, dass zu diesem Zeitpunkt keineswegs von einer gesicherten biologischen Disziplin mit gesicherten naturwissenschaftlichen Methoden gesprochen werden kann.

Heinroth[8] und im Hinblick auf die Erforschung von Schwärmen besonders vom US-amerikanischen Myrmekologen William Morton Wheeler, basiert – zumindest im Fall einer sich formierenden biologischen Schwarmforschung – auf einer Wendung von Massen- zu Mengenkonzepten, die geradehin auf einem expliziten Bruch mit älteren tierpsychologischen Ansätzen beruht. Und sie setzt sich fort mit einer Ankopplung medientechnischer Apparate an diese Konzepte, aufgrund der sich verschiedentliche *Formatierungen* des Verständnisses von Schwärmen erst einstellen, die *dann* in neue Swarm Intelligence-Diskurse *transformiert* werden.

Mit diesen beiden Vorbehalten ist auch die grundlegende These dieses ersten Abschnitts formuliert: Im Diskurs um kollektive Dynamiken in Kongregationen von Lebewesen um 1900 verschränken sich eine Massenpsychologie, die das *Tierische* im Massen-Menschen zu beschreiben sucht, und eine Tierpsychologie, die das *Menschliche* im Tier als Beschreibungskategorie etablieren möchte. Daraus ergibt sich jedoch eben keine hinreichende konzeptionelle Fassung von Schwarmphänomenen. Die Verschränkung blockiert vielmehr gerade eine solche Konzeption von Faktoren, die Schwarmdynamiken ausmachen. Auf der einen Seite stehen noch relativ unsystematische und verstreute ›biologisch interessierte‹ Ansätze, die stets noch Bezug nehmen auf ›psychologische‹ Begrifflichkeiten und auf menschlich-politische Gesellschaftsmodelle. Auf der anderen Seite steht eine Beschreibung menschlicher sozialer Massen- und Mengenereignisse. Eine Beschreibung, die dieses verstreute und anthropomorphe ›biologische‹ Wissen in der Massenpsychologie zu Beginn des 20. Jahrhunderts geradezu als eine Pathogenese von Kollektivdynamiken einbaut. Die Zuschreibungen tierpsychologischer Eigenschaften in die Rede von sozialen Kollektiven und von pathologisch betrachteten Menschenmassen, und umgekehrt auch die Charakterisierung eines ›tierischen‹ Verhaltens durch (massen-)psychologische Formeln wirken als ein epistemologisches Hindernis, das die Identifizierung und Analyse eines Wissens von Schwärmen als Wissensobjekte eigener Dignität versperrt.

---

8. Heinroth, Oskar: »Beiträge zur Biologie, namentlich Ethologie und Psychologie der Anatide«, in: *Berichte des V. Internationalen Ornithologen Kongresses*, Berlin 1910, S. 559ff.

1. Anthropomorphismen und Soziomorphismen

»Nataschas Hände krochen tiefer und stießen auf etwas, das an den warmen Zylinderblock einer Rennmaschine denken ließ. Es mußte die Stelle sein, wo bei Sam die Gliedmaßen ansetzen, zärtlich führte sie die Hand darum herum und dann noch tiefer, bis sie an den ersten Ring seines mit kurzen Borsten besetzten Unterleibs stieß. ›Oh yeah, honey‹, murmelte Sam, ›I can feel it‹.«[9] *Wiktor Pelewin*

Der Rückschluss vom Menschen auf die Verhältnisse im Tierreich ist keinesfalls nur Phänomen einer ›vorwissenschaftlichen‹ Naturgeschichte oder Naturkunde. Im Gegenteil: Mit Charles Darwins Evolutionslehre und einem sich ausbildenden Fundament der Biologie als eigener Wissenschaft rücken Mensch und Tier – unter dem anfänglichen Fanal und im Bewusstsein ihrer gemeinsamen Stammesgeschichte – eher näher zusammen. Die Frage nach ihrem Verhältnis stellt sich ab Mitte des 19. Jahrhunderts ganz neu.[10] Schon Darwin selbst zog in seinen vergleichenden Verhaltensstudien, die unter dem Titel *The Expressions of the Emotions in Man and Animals* veröffentlicht wurden, Gemeinsamkeiten in den Ausdrücken und damit auch in den zugrundeliegenden ›emotionalen‹ Regungen bei Wildtieren und jenen von Menschen heran.[11] Wenn sich hierbei die Beobachtung gewisser Sachverhalte und eines gewissen Verhaltens immer schon untrennbar mit deren Interpretation verbindet, wenn sie *beschrieben* werden, so gilt es dabei jenes angesprochene grundlegende epistemologische Hindernis im Auge zu behalten. Niko Tinbergen fasste dies in den 1970er Jahren – rückblickend auf eine lange Tradition tierpsychologischer Forschungen in der Biologie – in folgender Weise:

»Hunger, Angst, Wut und ähnliches kann jeder nur bei sich selbst erleben. Beim anderen Subjekt, zumal wenn es von einer anderen Art ist, kann man über entsprechende subjektive Zustände nur Vermutungen äußern. Wer solche Mutmaßungen als Kausalerklärung anbietet, der macht sich der Grenzüberschreitung zwischen Psychologie und Physiologie schuldig.«[12]

Wenn Analogien als Wissensquelle biologischer Forschungen dienen, dann gilt es, dieses Verhältnis mitzureflektieren – eine Abstraktionsstufe, die in der älteren Tierpsychologie meist nicht erreicht ist. Hinzu kommt ein weiterer Aspekt. Denn obwohl noch bis in die 1960er Jahre der Begriff »Tierpsychologie« – auch etwa bei Konrad Lorenz – durchaus gängig ist für die Disziplinen *Ethologie* und *Vergleichende Verhaltensbiologie*, so sind spätere Ansätze unter die-

---

9. Pelewin, Wiktor: *Das Leben der Insekten*, Leipzig 1997, S. 139.
10. Vgl. hierzu z. B. Jahn, Ilse (Hg.): *Geschichte der Biologie*, 3. Auflage, Heidelberg, Berlin 2000, S. 581.
11. Vgl. Darwin, Charles: *The Expressions of the Emotions in Man and Animals*, London 1872.
12. Tinbergen, Nikolaus: *The Animal in its World: explorations of an ethologist 1932–1972. Band 1: Field studies. Band 2: Laboratory experiments and general papers*, London 1972, S. 5.

sem Label von ihrer Frühphase zu trennen. Eine Definition des Jenaer Zoologen Friedrich Alverdes macht dies deutlich. Alverdes fasst *Tierpsychologie* im Jahr 1939 als »die Lehre vom Verhalten (Gebaren) der Tiere. Das Verhalten ist die Auseinandersetzung mit der Umwelt, und im Verhalten äußert sich das Psychische des Tieres (wobei dieses Psychische nicht als außernatürlicher Faktor angesehen werden darf...).«[13] Wie bei Tinbergen stehen zu dieser Zeit bereits physiologische Komponenten und Austauschverhältnisse mit Ereignissen in der Umwelt im Mittelpunkt – aufbauend auf diese werden Begriffe wie *Verhalten* oder *Psyche* entwickelt.

Für die ältere Tierpsychologie gelten jedoch noch andere Voraussetzungen – hier gründet die Beschreibung von Verhalten oft auf anthropomorphen Übertragungen. Die Beispiele hierfür sind zahlreich, und die Tier- und Naturgeschichten von Historikern und Naturforschern wie Georges Buffon oder Alfred Brehm sind wohl deren populärste.[14] Franz Wuketits weist darauf hin, dass diese Beschreibungen naturgemäß nicht zu trennen sind von ihren zeitgenössischen Milieus, und dass allein die durch solche Schriften erreichte Popularisierung der Naturgeschichte eine wichtige Rolle in der Kultivierung einer wissenschaftlichen Biologie spielte.[15] Und doch sind sie relevant vor allem als Abgrenzungsfiguren für den um 1900 einsetzenden Diskurs einer mit naturwissenschaftlichen Methoden arbeitenden Ethologie.

Die vulgär-psychologischen, charakterlichen Zuschreibungen und Anthropomorphismen etwa unter den Stichworten ›Kamel‹ oder ›Hyäne‹ in Brehms *Thierleben* erfreuen sich auch in heutigen Gelehrtenkreisen ungetrübter Beliebtheit und bieten dabei u.a. eine produktive Grundlage für die Analyse von Lektürearten.[16] Nicht nur in den anekdotischen Tiergeschichten von Buffon oder Brehm findet sich jedoch ein anthropozentrischer Übertrag – im Wissen um das Tier vermischen sich oftmals Dichtung, Naturgeschichte und wissenschaftliche Klassifikation. Und was für Einzelwesen gilt, macht bei der Einordnung von Tierkollektiven nicht halt. Bevor in heutigen Diskursen wieder und wieder die Frage nach einer biologischen Schwarmintelligenz aufgeworfen und in einen Leistungsvergleich mit menschlicher Intelligenz hineingeworfen wird, werden um 1900 die ›psychologischen‹ Faktoren von Tierkollektiven untersucht. Zwar erschienen auch damals bereits Veröffentlichungen, die sich wörtlich mit der Frage nach tierischer Intelligenz auseinandersetzten, etwa das 1881 von George John Romanes verfasste *Animal Intelligence*.[17] Darin finden sich jedoch nicht nur in erster Linie Versuche, so etwas wie ein ›animal mind‹, also eine Tierseele zu

---

13. Alverdes, Friedrich: »Tierpsychologische Untersuchungen an niederen Tieren«, in: *Forschungen und Fortschritte* 13 (1939), S. 259.
14. Vgl. Buffon, Georges-Louis Leclerc: *Histoire naturelle générale et particulière*, 36 Bände, Paris 1749–1788; vgl. Brehm, Alfred: *Brehms Thierleben. Allgemeine Kunde des Thierreichs*, Leipzig 1883.
15. Vgl. Wuketits, Franz: *Die Entdeckung des Verhaltens. Eine Geschichte der Verhaltensforschung*, Darmstadt 1995, S. 19–24.
16. Vgl. Brehm, Alfred E., Willemsen, Roger und Ensikat, Klaus: *Brehms Tierleben. Die schönsten Tiergeschichten, ausgewählt von Roger Willemsen*, Frankfurt/M. 2006. Vgl. Krajewski, Markus und Maye, Harun: *Die Hyäne. Lesarten eines politischen Tiers*. Zürich, Berlin 2011.
17. Romanes, George John: *Animal Intelligence*, London 1881.

definieren, welche die Verwandtschaft von Tier und Mensch unterstreichen sollte, und die auf den Nachweis von Fähigkeiten abgestellt waren, die als Vorstufen menschlichen Vermögens abgesehen werden konnten. *Tierseele, Intelligenz* und der nicht minder unscharfe Begriff des *Instinkts* vermischen sich in dieser Zeit in einer Weise, deren hinlängliche Aufschlüsselung die Kapazität und die Fragestellung dieses Buches übersteigen muss. Relevant ist der Sachverhalt, dass auch eine Beschreibung von Tierkollektiven nicht ohne den Menschen auszukommen scheint – hier macht sich das seinerzeit noch unterentwickelte experimentelle Arsenal biologischer Forschungen bemerkbar: als empirische Belege, so hält Ilse Jahn fest, gelten vor allem »anekdotische oder laienhafte Berichte über tierisches Verhalten [...], die meist sehr stark anthropomorphisierend waren.«[18]

Der Effekt war eine strikte Abkehr der ersten ›wissenschaftlichen‹ Verhaltensforscher von derlei Ansätzen – der britische Psychologe und Zoologe Conwy Lloyd Morgan etwa formulierte in seinem Band *Introduction to Comparative Psychology* von 1894 ein Postulat, dass später als *Morgans Kanon* bekannt wurde. Anstelle einer anekdotischen Methode müssten die Verhaltenselemente daraufhin überprüft werden, ob sie sich durch einfache psychische Vorgänge erklären ließen, bevor sie als höhere psychische Eigenschaften gewertet würden: »In no case may we interpret an action as the outcome of the exercise of a higher mental faculty, if it can be interpreted as the exercise of one which stands lower in the psychological scale.«[19]

Die Suche nach basalen psychischen Vorgängen in Tieren, die als Grundlage ihrer Verhaltensäußerungen gewertet werden können, leidet zunächst an einem grundlegenden Mangel an Daten. Und so nimmt es nicht wunder, wenn sich auch in den Überlegungen zur Organisation von Kollektiven der Bereich des Menschlichen mit dem des Tierischen auf intrikate Weise mischt. Besonders wenn es um die Beschreibung dynamischer Bewegungen geht, scheint eine Psychologisierung von Kollektiven das einzige probate Mittel zu sein. Mit dem sich im ausgehenden 19. Jahrhundert noch einmal neu stellenden Problem der aktuellen Masse als unberechenbare Kippfigur von Sozialbilität treten Insektenkollektive oder höherentwickelte Herdentiere nicht mehr so sehr im Sinne von beispielgebender Arbeitsteilung oder Genügsamkeit und Effizienz auf. Vielmehr verschiebt sich die Aufmerksamkeit auf ihre ›Empfindungen‹, die sich – meist in Bezug auf äußere Reize – in ihren Verhaltensweisen zu zeigen scheinen, und die sich in bestimmten Kollektivdynamiken niederschlagen. Eine Psychologie von in Kollektiven lebenden Tieren verbindet sich hier mit einer Psychologie menschlicher Massen, die aus der Perspektive der wichtigsten Autoren des Massendiskurses um 1900 je ins Animalische zurückfallen, die aber auch eine sonderbare ›Intelligenz‹ in der Weise ihrer dynamischen Bewegungen erkennen ließen.

---

18. Vgl. Jahn: *Geschichte der Biologie*, a.a.O., S. 583.
19. Morgan, Conwy Lloyd: *Introduction to Comparative Psychology*, London 1894, S. 53.

Beobachtungen von Tierkollektiven vor 1900 gehen zudem in der Regel nicht systematisch-vergleichend vor, sondern nehmen ihre jeweiligen Untersuchungsobjekte eher als Gelegenheitsziele ins Auge. Dies kann durch eine geografische Nähe motiviert sein wie im Falle Francis Galtons, der sich einige Zeit in Südafrika aufhält und dort die Idee hat, Büffelherden näher zu studieren. Oder durch das Bestreben nach einer Hierarchisierung von Entwicklungsstufen ›Tierischer Gesellschaften‹ bei Alfred Espinas, die nicht unbedingt frei von politisch-ökonomischem Denken ist. Im Folgenden soll diese Verstreutheit eines Wissens um Tierkollektive vor 1900 anhand dieser und weiterer Beispiele kursorisch nachgegangen werden – immer vor dem Hintergrund der Hauptthese dieses Abschnitts: Nämlich wie die Insistenz des *Menschlichen* dabei je eine konzise Konzeption von Tierkollektiven wie Herden und Schwärmen durchkreuzt.

Angst essen Tierseele auf

In seinen tierischen Charakterstudien kennt Alfred Brehm in vielen Fällen, besonders jedoch im Falle des Schafs wenig Gnade: »Das Schaf bekundet eine geistige Beschränktheit, wie sie sonst bei keinem Haustier vorkommt. Es begreift und lernt *nichts*, weiß sich deshalb auch allein nicht zu helfen. […] Seine Furchtsamkeit ist lächerlich, seine Feigheit erbärmlich. Jedes unbekannte Geräusch macht die ganze Herde stutzig. Blitz und Donner und Sturm und Unwetter überhaupt bringen sie gänzlich außer Fassung […].«[20] Wilhelm Wundt hingegen systematisiert bereits in seinen *Vorlesungen über die Menschen- und Thierseele* von 1863 die Angst als einen Affekt, der sich folgendermaßen eingrenzen lasse: »Die Furcht vor einem unmittelbar bevorstehenden sehr unerwünschten oder gar gefahrdrohenden Ereignis ist die *Angst*, und zu ihr verhält sich der Schreck genau ebenso, wie sich die Überraschung zur Erwartung verhält.«[21]

Der im 19. Jahrhundert unauflöslich scheinende Wechselbezug von Tier- und menschlicher Massenpsychologie für die Beschreibung von Kollektivdynamiken beginnt sich um anthropomorphe Begriffe wie Angst und Panik zu organisieren, die meist als nicht näher beschreibbares ›instinktives Verhalten‹ charakterisiert werden, und sie dehnen sich auf einen ähnlich ›instinktiv‹ gefassten Begriff von Intelligenz aus. Diesem Feld soll in einem ersten Schritt nachgegangen werden, der die Psychologisierung von Tierkollektiven als epistemisches Hindernis für ein Wissen über ihre kollektive Organisation akzentuiert.[22] Tierschwärme

---

20. Brehm: *Thierleben*, a.a.O., S. 339.
21. Wundt, Wilhelm: *Vorlesungen über die Menschen- und Thierseele*, Leipzig 1863, S. 455.
22. Neuere humanpsychologische Kennzeichnungen des Begriffs »Angst« verknüpfen ihn mit physiologischen Untersuchungen und Fragen nach körperlichen Reizübertragungen und anderen Effekten. Sie führen ihn auf emotionale Erregungszustände zurück, die durch Wahrnehmungen auf physisch oder psychisch bedrohliche Situationen ausgelöst werden und ganz unterschiedliche körperliche Reaktionen nach sich ziehen können. Das *Lehrbuch Neurologie und Psychiatrie* notiert etwa: »Angst gehört zur Gruppe der phylogenetisch alten Lebensschutzinstinkte. Wir sprechen von Angst, wenn das Objekt des Unbehagens nicht bewusst ist oder wenn keine Möglichkeit besteht, die Gefahr abzuwenden. Furcht dagegen bedeutet, daß der Mensch das Gefahrenmoment erkennt und auch Wege zur Abwehr

und Tierherden setzen sich zusammen und bewegen sich als spezifische Raumstrukturen. Dadurch beziehen sie den Begriff der Angst zurück auf die etymologisch verwandte ›Enge‹. So beobachtet Francis Galton etwa das eigentümliche Herdenverhalten von Huftieren wie Kamelen und Lamas, die er 1883 in seinem *Inquiries into Human Faculty and its Development* veröffentlicht. Am meisten jedoch faszinieren ihn die »blind gregarious instincts« wilder Büffel, mit denen er im Westen Südafrikas ein Jahr »in the closest companionship« verbringt:[23] »I had only too much leisure to think about them, and the habits of the animals strongly attended my curiosity. The better I understood them, the more complex and worthy of study did their minds appear to be.«[24] Bei den von ihm beschriebenen Büffeln erkennt er keine Anzeichen üblichen sozialen Verhaltens; vielmehr seien sie »conspiciously distinct from social desires«:

> »[The oxes] are not amiable to one another, but show on the whole more expressions of spite and disgust than of forbearance and fondness. [...] Neither can they love society, as monkeys do, for the opportunities it affords of a fuller and more varied life, because they remain self-absorbed in the middle of their herd [...]. Yet although the ox has so little affection for, or individual interest in, his fellows, he cannot endure even a momentary severance from his herd. If he be separated from it by strategem or force, he exhibits every sign of mental agony; he strives with all his might to get back again, and when he succeeds, he plunges into its middle to bathe his whole body with the comfort of closest companionship.«[25]

Galton fragt sich nach der Ausbildung dieser »gregarious and slavish instincts« bei Wildtieren, da er sie – als Beispiele für eine »anomalous group of moral instincs and intellectual deficiencies« – in Analogie sieht zum typischen Verhalten von »ordinary persons« in menschlichen Gesellschaften – jenem Massenmenschen, der nicht zu eigenen Standpunkten fähig sei, nicht allein handele, sondern sich immer im Sinne von Tradition, Autoritäten und Gewohnheiten bewege.[26] Galtons Nachweis soll dem Zusammenhang dienen zwischen diesem Herdeninstinkt und den intellektuellen Beschränktheiten des Normalbürgers – basierend auf einer gemeinsamen evolutionären Stammesgeschichte von

---

sucht.« Sie setzen den Begriff also in Zusammenhang mit der Undurchschaubarkeit von Situationen und deren möglichen Folgen. Dies unterscheide die Angst von der Furcht, in deren Fall klar erkennbare Bedingungen gegeben seien. Angst und Furcht bilden sich demnach in wechselseitigen Bezügen heraus in einem Feld, das durch die Achsen von Ohnmacht/Reaktionsvermögen und Erkennbarkeit/Undurchschaubarkeit aufgespannt wird. Und auch bei Tieren gelte, so der Verhaltensbiologe Günther Tembrock, dass nicht jene Maus Angst habe, die vor einem Verfolger fliehe, sondern jene, die daran gehindert werde. Vgl. Seidel, Karl, Schulze, Heinz A. F. und Göllnitz, Gerhard: *Neurologie und Psychiatrie*, Berlin 1980, zit. n. Tembrock, Günter: *Angst. Naturgeschichte eines psychobiologischen Phänomens*, Darmstadt 2000, S. 19; vgl. Fröhlich, Werner und Drever, James: *Wörterbuch der Psychologie*, 13. Auflage, München 1983, S. 52–54; Vgl. Tembrock, Günter: *Verhaltensforschung. Eine Einführung in die Tier-Ethologie*, Jena 1961, S. 120.

23. Galton, Francis: *Inquiries into Human Faculty and its Development*, New York 1883, S. 70.
24. Ebd., S.71.
25. Ebd., S. 71–72.
26. Ebd., S. 68–69.

Herdentieren und Menschen, welche die Gründe für die Herausbildung eines derartigen ›Instinkts‹ ableitbar mache.

Für Galton scheint es paradox, dass Individuen, die sich augenscheinlich gegenseitig ›verachten‹ und ›abstoßend‹ aufeinander reagieren, sich dennoch einem Zwang ausgesetzt sähen, sich zu dichten Ensembles zusammenzuschließen. Als Individuen verhielten sie sich so furchtsam, dass die allermeisten Ochsen *per naturam* unfähig seien, sich in eine von der Herde entfernte Position zu begeben. Dies gelänge nur ganz wenigen Leitochsen, Tieren mit einer »exceptional independent disposition.«[27] Natürlich geht es Galton in seinem Text um die Kritik einer menschlichen Massengesellschaft, die der unbedingten Führung durch herausragende Persönlichkeiten bedürfe – mit Bezug eben auf deren evolutionären Entwicklungslinien, die sich in den Verhaltensweisen primitiverer ›Gesellschaftsformen‹ wie der Büffelherde gründen ließen. In diesem verblüffenden bloßen Zusammen-Sein der Büffel ohne weitergehende soziale Komponenten erkennt Galton eine Schutzfunktion vor Raubtieren – die dichtgedrängte Herde wird zur existenziellen Anordnung, welche die individuelle Chance jedes einzelnen Büffels auf ein Überleben erhöht. Sie gleiche damit frühen ›barbarischen‹ menschlichen Horden, deren Erbe sich noch im Verhalten der »ordinary person« in der Massengesellschaft seiner Zeit niederschlage. Der entscheidende Faktor ist dabei die ständige Alarmbereitschaft des Kollektivs. Als Gruppe seien Büffel – gegenüber Räubern auch allein nicht ganz schutzlose Individuen – viel schwerer zu überraschen als einzeln. Damit würde jeder Büffel einer Herde, so Galton wörtlich, zur Nervenfaser eines weitflächigen Detektor-Netzes:

> »When he is alone it is not that he is too defenceless, but that he is easily surprised. […] But a herd of such animals, considered as a whole, is always on the alert; at almost every moment some eyes, ears, and noses will command all approaches, and the start or cry of alarm of a single beast is a signal sign to all its companions. To live gregariously is to become a fibre in a vast sentient web overspreading many acres; it is to become the possessor of faculties always awake, of eyes that see in all directions, of ears and nostrils that explore a broad belt of air; it is also to become the occupier of every bit of vantage ground whence the approach of a wild beast might be overlooked. The protective senses of each individual who chooses to live in companionship are multiplied by a large factor, and he thereby receives a maximum of security at a minimum cost of restlessness.«[28]

Die Herausbildung von Kollektiven wird mithin als ein Anpassungsfaktor an externe Bedingungen beschrieben – sie sind Ergebnis eines evolutionsgeschichtlich durch Vorgänge natürlicher Selektion erklärbaren ›Kosten-Nutzen-Verhältnisses‹. Galton verquickt in seinem Text also eine durchaus biologisch argumentierende Perspektive mit einem moralischen Aufruf an menschliches

---

27. Ebd., S. 72.
28. Ebd, S. 75–76. An die bei Galton beschriebene Schutzfunktion von Kollektiven im Sinne einer Multiplikation von Sinnesleistungen wird später der Biologe William D. Hamilton in seinem Text *Geometry for the Selfish Herd* explizit anschließen. Dieser wird in Kapitel III.4 näher behandelt.

Deformationen

Zusammenleben – denn eine ›wirklich intelligente Nation‹ werde eben von ganz anderen Faktoren zusammengehalten als jene rudimentären Formen von Gemeinschaft, die sich allein aufgrund der beschriebenen Herdentriebe bildeten. Er visioniert eine emanzipatorische Gemeinschaft, die auf der Basis unabhängiger Entscheidungen und – aus statistischer Konsistenz heraus gerade deswegen! – hochgradig uniforme (nur in Galtons Sinne weitaus ›bessere‹) Entscheidungen fälle.[29]

In diesem Zusammenhang sei verwiesen auf Galtons einige Jahre später kundgetane Verwunderung über die statistischen Effekte bezüglich des Findens eines optimalen Schätzwertes mittels einer genügend großen Anzahl von nichtinformierten Laien: Im Jahr 1906 machte er auf einem Landwirtschaftsmarkt im Westen Englands eine verblüffende Entdeckung, die ein Jahr später in *Nature* publiziert wird. Auf dem Markt findet ein Wettbewerb statt, bei dem die Teilnehmer das Gewicht eines Ochsen schätzen sollen, der dort zur Schau gestellt ist. Genauer gesagt sollen sie einen Tipp abgeben, wie viel er wiegen werde, wenn er »slaughtered and dressed« sei. Im Laufe des Tages nehmen 800 Besucher an dem Wettbewerb teil, die ihre Schätzwerte samt Namen auf Teilnehmerkärtchen eintragen. Galton hatte seit Jahrzehnten unter anderem im Rahmen anthropometrischer Studien versucht, Zusammenhänge z.B. zwischen Schädelphysiognomie und Intelligenz oder Charaktereigenschaften von Probanden herzustellen und ist sehr an daran interessiert, zu welchem Schätzergebnis denn der »average voter« gelangen könne. In dessen Fähigkeiten setzte Galton indes wenig Vertrauen, schreibt er doch im Kontext seiner anthropometrischen Experimente, die »stupidity and wrong-headedness of many men and women« sei »so great as to be scarcely credible«, so dass die politische Führung einer Gesellschaft sehr viel besser in den Händen einer gebildeten und ›biologisch herausragenden‹ Elite aufgehoben sei.[30]

Wie nun würde das Schätzergebnis einer divergenten, zufällig zusammengekommenen Vielheit aussehen, zu der Experten bezüglich der gestellten Aufgabe wie Bauern oder Schlachter ebenso zählten wie blutige Laien im Ochsenschätzen? Eine naheliegende Erwartung wäre wohl, dass die relativ genauen Schätzungen der Experten durch jene weniger genauen der Laien verwässert und das Gesamtergebnis der Schätzung somit deutlich vom tatsächlichen Gewicht des geschlachteten Ochsen abweichen würde – ein Ergebnis, das Galtons Annahme über die mangelnde Eignung von herkömmlichen Mitgliedern der Gesellschaft für Entscheidungsprozesse bestätigt hätte. Doch es stellt sich etwas ganz anderes heraus: Nachdem Galton die vom Veranstalter nach der Preisverleihung geliehenen Teilnehmerkärtchen statistisch ausgewertet hat, liegt das arithmetische Mittel der Schätzungen bei 1197 Pfund. Das tatsächliche Gewicht des geschlachteten Ochsen betrug 1198 Pfund, und die gemittelte Schätzung war somit nahezu

---

29. Ebd., S. 80–81.
30. Vgl. Galton, Francis: »Vox Populi«, in: *Nature* 75 (7. März 1907), S. 450f.

perfekt: »The result seems more creditable to the trustworthiness of a democratic judgement than might have been expected«, muss Galton zugestehen.[31]

Seine Faszination für Ochsen – sowohl für lebende als auch für geschlachtete – schlägt sich in diesem zweiten Fall nieder in einem unerwartet genauen »democratic judgement«, das statistischen Effekten geschuldet ist. Im Unterschied zu den ›sklavischen Instinkten‹, die normalerweise in Massen von ›ordinary persons‹ zutage treten, zeigt sich im Verfahren einer Summation einer großen Zahl zufälliger, aber *unabhängiger* ›Entscheidungen‹ beliebiger Personen ein wirkungsvolles Quantifizierungsverfahren. Dieses ist jedoch Ergebnis einer ganz anderen Art von ›Kollektivseele‹ als der zuvor angesprochene Herdentrieb – denn das Entscheidungsverhalten der einzelnen Akteure ist hier nicht miteinander gekoppelt. Es entspricht daher eher schon Galtons Vorstellung einer ›mündigen‹ Gemeinschaft, auch wenn hier nicht nur die in seinem Sinne »outstanding individuals« eine tragende Rolle spielen. Die ›Problemlösungsintelligenz‹ jedenfalls tritt hier als statistischer Effekt auf – eine Konstellation, in der sich das Verhalten einer ›psychologischen‹ Masse von (sich gegenseitig beeinflussenden oder von außen beeinflussten) Menschen von dem einer ›rational‹ konfigurierbaren Menge (unabhängiger) Akteure unterscheidet.

Arithmetik der Erregung

In den *vergleichend-psychologischen* Studien des französischen Zoologen Alfred Espinas finden sich ähnliche Stellen, welche die Besonderheit und den Mangel tierischer ›Intelligenz‹ herausstellen. In seiner Klassifikation und ›Rangfolge‹ der Entwicklung tierischer Gesellschaften schreibt Espinas beispielsweise über Ameisen, dass die in ihrem Verhalten zutage tretende ›Intelligenz‹

> »nicht die einer einzelnen Ameise, sondern die einer beträchtlichen Anzahl ist, welche die einzelnen Handlungen einer jeden unterstützen, indem sie die Versuche vermehren, die Verbesserungen häufen und nichts von dem einmal Erreichten verloren gehen lassen, es vielmehr sogleich nachahmen, um es zu verbessern. Man muss sich sagen, dass dies Alles wahrscheinlich wie in einem Traume abläuft, ohne klareres Bewußtsein, als der Nachtwandler bei der Promenade auf der Spitze eines Daches hat, wodurch wieder bewiesen wird, dass die geistige Fähigkeit der Syllogismen nicht bedarf, um die Bewegungen den Bedürfnissen anzupassen.«[32]

---

31. Vgl. ebd., S. 450f.; Das in jüngster Zeit zu verzeichnende Interesse an »Schwarmintelligenz« im menschlichen Bereich geht ein gutes Stück weit auf derartige, nach dem statistischen *Gesetz der Großen Zahl* funktionierende Effekte zurück. Vgl. Ball, Philip: *Critical Mass. How One Thing Leads to Another*, London 2004; Surowiecki, James: *The Wisdom of Crowds. Why the many are smarter than the few Few and How Collective Wisdom Shapes Business, Economies, Societies and Nations*, London 2004; Johnson, Steven: *Emergence. The Connected Lives of Ants, Brains, and Cities*, New York 2001; vgl. auch die TV-Show *Die Weisheit der Vielen*, RTL, ausgestrahlt am 20. Januar 2008.
32. Espinas, Alfred: *Die thierischen Gesellschaften. Eine vergleichend-psychologische Untersuchung*, Braunschweig 1879, S. 192.

Mit Espinas kann man somit von einer spezifischen *Bewegungsintelligenz* sprechen. Ameisen werden unter dem Augenmerk interindividuellen Nachahmens von Bewegungen beobachtet. Die sich dabei ergebenden ›Verbesserungen‹ bedürfen keiner bewussten Zielvorgabe oder Maßgabe. Sie resultieren aus dem Zusammenspiel einer großen Anzahl mit recht beschränkten Fähigkeiten ausgestatteter Individuen. Dennoch werden derartige Effekte bei Espinas in der Folge dann doch wieder mit einem zweiten Blick auf den Menschen zu plausibilieren versucht. Denn auch bei Espinas ziehen sich Vergleiche zum menschlichen Zusammenleben und zur Disposition der menschlichen Psyche in Bezug auf tierpsychologische Ausformungen durch den gesamten Text. Für die Diskussion massenpsychologischer Überlegungen ist dabei eine weitere Stelle erhellend, mit der Espinas tierische Erregungsübertragung auf das affektive Verhalten bei Menschen bezieht. Anders als Galton steht dabei nicht der Begriff Angst im Mittelpunkt, sondern der Zorn – und genauer die Weitergabe von Erregung, die Espinas am Beispiel von Wespen erörtert. Diese benötigten keine eigene Sprache zur Weitergabe von ›Nachrichten‹ und nutzten auch nicht einen direkten Kontakt über ihre Antennen, wie der Autor es für Ameisen festgestellt hatte:

»Um diese Thatsache zu erklären, brauchen wir uns nur vorzustellen, wie Zorn und Beunruhigung von einem Individuum auf ein zweites übergehen. Von dem allgemeinen Aufruhr fortgerissen, wird jedes durch diesen schnellen Eindruck plötzlich erregte Individuum herauseilen und sich auf das erste beste Wesen stürzen, namentlich wenn dieses flieht, da jedes Thier durch das Erblicken der Bewegung fortgezogen wird. Somit erübrigte uns nur noch die Erklärung, wie die Gemüthsbewegungen der ganzen Masse sich mittheilen; worauf wir antworten: einfach durch den Anblick eines erregten Thieres. In dem ganzen Gebiete des intelligenten Lebens ist es ein allgemeines Gesetz, dass die Vorstellung eines erregten Zustandes denselben Zustand in dem Zuschauer entstehen lässt.«[33]

Zum ›intelligenten Leben‹ zählen demnach neben den Ameisen auch die Wespen. Denn sie seien fähig, allein aufgrund der »Vorstellung« eines Erregungsgrundes – also der indirekten Weitergabe »äußerer Umstände« – entsprechend auf diesen zu reagieren.[34] Ähnlich wie bei Galton werden Tierkollektive als Netzwerke aus multiplizierten Sinnesorgan-Kopplungen beschrieben. Durch den bei Wespen mittels eines bestimmten Summtones äußerlich ›energisch‹ ausgedrückten »Bewusstseinszustand« würden die entsprechenden Nervenfasern all jener Wespen ebenso angeregt, die diesen Ton wahrnehmen – und so stelle sich der gleiche, erregte »Bewusstseinszustand« ein.[35] Und auch hier dienen immer wieder Beispiele menschlichen Verhaltens der Beschreibung: »Wie ein Mensch in einem Scheinkampfe erregt wird und in gewisser Hinsicht dieselben Gefühle empfindet, welche er in einem wirklichen Kampfe haben würde, so werden

---

33. Ebd., S. 343–344.
34. Vgl. ebd., S. 344–345.
35. Vgl. ebd., S. 344–345.

auch die Thiere schnell in die Gemüthsbewegung versetzt, deren äussere Zeichen sie nachahmen.«[36]

Interessant für die Thematik dieses Abschnitts ist, dass die Ausprägung der Intensität derartiger Erregungen laut Espinas Skalierungseffekte nach sich zieht: »Wir fügen hinzu, dass diese Wuth mit ihrer Zahl wächst. Die Wirkungen der Zahl auf die lebenden Wesen sind sehr merkwürdig.«[37] Espinas erwähnt Auguste Forels und August Rougets Notizen zum »Muth« von Ameisen und zur Reizbarkeit von Wespen, die dort als proportional mit der Menge der Individuen ansteigend beschrieben werden.[38] Doch auch hier ist menschliches Verhalten erklärungsleitend. So quantifiziert Espinas in einer fiktiven Berechnung die Übertragung von Erregung am Beispiel einer Parlamentsrede, in der die Zuhörer »allein durch die Menge zu ganz anderen werden«. Stehe ein Redner vor einer solchen Menge von 300 Zuhörern, so Espinas, und habe seine »Gemüthsbewegung« den Wert 10, so könne angenommen werden, dass er davon zu Beginn seiner Rede vielleicht die Hälfte mitteile. Sodann jedoch würden die Zuhörer mit Beifall oder durch gesteigerte Aufmerksamkeit auf ihn reagieren – es werde sich »im Aeusseren eines Jeden eine gewisse Spannung ausdrücken, und die Summe dieses plötzlich zu Tage tretenden Benehmens wird das hervorbringen, was man in Parlamentsberichten ›Bewegung‹ nennt.« Eine Bewegung, die alle gleichzeitig fühlen, und die damit die »Gemüthsbewegung« eines jeden Einzelnen auf frappierende Weise steigere, wenn er »durch den Anblick dieser 300 von der Erregung erfassten Personen plötzlich mit fortgerissen« werde. Komme dabei wieder nur die Hälfte der Erregung bei ihm an, so ergibt sich dennoch ein Wert von 5 x 300/2, und damit von 750, statt von 5. Für den Redner selbst bedeute dies noch extremere Werte, und unter derselben Bedingung steigere sich seine »Gemüthsbewegung« auf 300 x 750/2 und somit 112.500, »weil er der Mittelpunkt ist, dem diese tief erregte Menge die Eindrücke zurückschickt […].« Darin liege laut Espinas wohl auch der Grund dafür, dass viele ungeübte Redner ob des Erfolgs ihrer Worte schnell den Faden verlören, denn »die Wirkung, welche sie hervorbringen, kommt so verstärkt zu ihnen zurück, dass sie gleichsam davon betäubt werden.«[39]

Bevor die Schriften Espinas' also in Texten zur ›politischen Zoologie‹ der menschlichen Massenpsychologie Verwendung finden, beziehen sie sich selbst schon auf die menschliche Psyche und auf Übertragungseffekte emotionaler Art, um jene ›tierpsychologischen‹ Regungen näher zu fassen, die wiederum die Massenpsychologie informieren werden (vgl. Kapitel I.2). Damit folgt Espinas einer organismischen Logik, die eine Übertragung sich wechselseitig verstärkender Reize zusammenfasst zu »Nervenkörpern«[40] oder eben »Collectivorga-

---

36. Ebd., S. 344–345.
37. Ebd., S. 345–346.
38. Vgl. Forel, Auguste: *Les fourmis de la Suisse*, Zürich 1873; vgl. Rouget, Auguste: »Sur les Coléopteres parasites des Vespides«, in: *Mémoires de l'Académie de Dijon 1872–73*, S. 161–288.
39. Ebd., S. 345–347.
40. Vgl. hierzu Johach, Eva: »Schwarm-Logiken. Genealogien sozialer Organisation in Insektengesellschaften«, in: *Kollektive ohne Zentrum*, a.a.O., S. 203–224, hier S. 216f.

nismen«.⁴¹ Sie sichern ihre Integrität durch die intra-individuelle Übertragung von Erregung und Zorn.

Im Zuge dieser auch begriffsbildlich anschaulichen Parallelen sei es offensichtlich, so Espinas, dass jedwede Form tierischer Intelligenz nur begriffen werden könne, wenn beim Menschen ein Analogon dafür gefunden werden könne – ohne dies bliebe das »thierische Bewusstsein« grundsätzlich unzugänglich. In der Bewegungsintelligenz einer Ameise spiegelten sich mithin auch zentrale Funktionsweisen des menschlichen Denkens – auf einer Stufe, die keiner ›höheren‹ intellektuellen Fähigkeiten oder ›theoretischer‹ Begriffe bedürfe:

> »Nun glauben wir in der That, dass die Art des Denkens, welche die Ameise [...] anwendet, beim Menschen häufig, wenn auch wenig beachtet, zu finden sei. [...] Ueberall ist die Praxis der Theorie vorausgegangen. Mit anderen Worten: ohne Zuhülfenahme des abstracten Gedankens hat die Handlung immer den äusseren Umständen sich angepasst. [...] Es giebt Folgerungen, welche sich ohne allgemeine Begriffe gewinnen lassen, es giebt eine Art von Schlüssen, welche in einfachen Fällen und kurzen Combinationen wenigstens, ohne Zuthun der Vernunft zu Stande kommt.«⁴²

Tier und Mensch werden hier also aufeinander bezogen über ein Verhalten, das sich in Bezug zu »äusseren Umständen« optimieren und regeln kann, ohne ein Konzept oder einen Plan dieses Optimierens vorauszusetzen. Wenn Espinas ein affektives, auf »Instinkten« beruhendes Verhaltensrepertoire des Menschen heranzieht, um die zweckhafte »Psychologie« von Tieren zu charakterisieren, dann dient ihm dieses gemeinsame Prinzip auch dazu, die Ubiquität von ›Gesellschaften‹ auf allen Komplexitätsebenen biologischen Lebens zu argumentieren. Seine Studien beinhalten dabei eine Versammlung detaillierter Beobachtungen vor allem sozialer Insekten. Der immer wieder vorgenommene Blick auf den Menschen dient ihm aber stets dazu, nicht nur das epistemische Problem zu umgehen, dass er – mit seinem wissenschaftlichen Methodenarsenal – ohne Analogien keine Aussagen über die Vorgänge in Tierkollektiven machen kann. Sondern er nobilitert zugleich die Fähigkeiten und den Status dieser einfacheren ›Gesellschaftsformen‹ im Vergleich mit menschlichen Sozialwesen. Dies läuft analog zu seiner Absicht, im Studium von Tierkollektiven auch Handlungsanleitungen und Vorbilder für die Organisation menschlicher Gesellschaften zu finden – also eine, so Espinas wörtlich, »Propädeutik für die Soziologie« zu entwickeln.⁴³

Typischerweise folgt Espinas – obwohl genau beobachtend und experimentellen Verfahren durchaus aufgeschlossen – einer »anekdotischen Methode« (Ilse Jahn), in der Evidenz vor allem durch eine Zusammenstellung zahlreicher Verhaltensbeispiele erzeugt werden soll und weniger durch eine Systematisierung der Beobachtungen oder ein systematisch-analytisches Vorgehen in Bezug auf

---

41. Espinas: *Die thierischen Gesellschaften*, a.a.O., S. 349.
42. Ebd., S. 183–187.
43. Vgl. ebd., S. 496 und 504.

das Verhalten der Untersuchungsobjekte.[44] Ein Beispiel, das die Zugangsweisen der älteren Tierpsychologie mit denen einer teils noch unter dem gleichen Label firmierenden, aber methodologisch völlig umgestellten Ethologie kontrastiert, findet sich im weiter unten folgenden Kapitel zu Karl von Frischs *Psychologie des Fischschwarms*.

Idiokratie im Hive Mind

Die bei Galton und Espinas angedeutete Frage nach der ›Intelligenz‹ kollektiver Lösungsfindungsverfahren findet sich auch in einigen Schriften des belgischen Schriftstellers Maurice Maeterlinck. Maeterlinck zeigte sich zeit seines Lebens dem Leben sozialer Insekten zugetan und entwickelt in seinen Texten eine politisch argumentierte, zugleich jedoch ins geradezu Esoterisch-Geisterhafte abdriftende Psychologisierung von Tierkollektiven. Bevor er 1926 *Das Leben der Termiten* und 1930 schließlich *Das Leben der Ameisen* veröffentlicht, erscheint bereits im Jahr 1901 sein Text *Das Leben der Bienen*, auf den sich eine Vielzahl der Veröffentlichungen jenes in den 1990er Jahren einsetzenden Booms um den Begriff der Swarm Intelligence zumindest anekdotisch beziehen.[45] Denn Maeterlinck legt seinen Texten nicht nur ein im Vergleich zur Metaphorik älterer monarchischer oder hierarchischer Ordnungen tierischer Gesellschaften geradezu basisdemokratisches Organisationsmuster zugrunde, das für den Diskurs rund um menschliches ›social swarming‹ anschlussfähig scheint. So ist die ›Königin‹ auch für ihn keine Königin im menschlichen Sinne – anstatt Befehle zu geben, sei sie, wie die letzte ihrer Untertanen,

> »einer verhüllten Gestalt von überlegener Weisheit unterworfen, die wir einstweilen, bis wir sie zu entschleiern versuchen, den ›Geist des Bienenstockes‹ nennen wollen. […] Wo befindet sich dieser ›Geist des Bienenstockes‹? […] In welcher Versammlung, welchem Rat, welcher gemeinsamen Sphäre hat er seinen Sitz, dieser Geist, dem sich alle unterwerfen, und der selbst einer heroischen Pflicht, einer stets auf die Zukunft gerichteten Vernunft gehorcht?«[46]

Der ›Geist‹, also mithin die zweckgerichtete tierische Intelligenz von Bienen entspringe, so Maeterlinck in unverhüllt anthropomorpher Zugangsweise, einem durchweg republikanischen Charakter des Bienenschwarms. Die Königin sei in den Augen der Arbeiterinnen zwar das unentbehrliche und geheiligte, aber auch das ein wenig geistesschwache und oft kindliche »Organ der Liebe«. Sie behandelten sie deswegen wie eine Mutter, die unter Vormundschaft stehe:[47] »[U]m

---

44. Vgl. Jahn: *Geschichte der Biologie*, a.a.O., S. 583.
45. Vgl. z. B. Kelly: *Out of Control*, a.a.O., S. 10f..
46. Maeterlinck, Maurice: »Das Leben der Bienen. Auswahl«, in: o.V.: *Wissenschaftliche Volksbücher für Schule und Haus*, Hamburg 1911, S. 13–16.
47. Vgl. ebd, S. 32.

Deformationen   67

[...] die Rolle und Lage der Königin noch einmal zusammenzufassen, so kann man sagen, daß sie das sklavische Herz des Schwarms ist, während die Arbeitsbienen den Verstand darstellen. [...] Die Königin sieht ihr Hirn zugunsten der Zeugungsorgane auf ein Nichts zusammenschrumpfen«.[48] Der ›Geist‹ sei aber auch nicht in den Gehirnen der einzelnen Arbeitsbienen zu suchen, sondern entstehe in deren Interaktion: »[A]ber wo ist dieser Geist schließlich zu finden, wenn nicht in der Masse der Arbeitsbienen?«[49], fragt Maeterlinck. Deren ›Parlamentsversammlungen‹ und ›Abstimmungen‹ erfolgten auf Basis eines (ähnlich wie bei Peter Kropotkin postulierten) »Kollektivinstinkts«, der einen Verhaltensrahmen bilde für die Ausbildung der diversen Mikrodynamiken, die innerhalb von Tierkollektiven zu beobachten seien.

Der US-amerikanische Wissenschaftsjournalist Kevin Kelly brachte diesen Gedanken plakativ auf den Punkt, wenn er in Anlehnung an Maeterlinck die Art und Weise – in ebenso anthropo- und soziomorpher Diktion – beschreibt, wie im Frühjahr ausschwärmende Bienenvölker einen neuen Ort ›wählen‹. Einige sogenannte ›Spurbienen‹ (»scouts«) suchen die Umgebung nach geeigneten Plätzen ab und ›berichten‹ dem beispielsweise an einem Ast als große Traube hängenden Schwarm durch Schwänzeltänze auf dessen sich kontraktierender Oberfläche. Die Intensität des Tanzes indiziere dabei die Güte des durch ihn beschriebenen Ortes. Wieder andere Bienen (»deputy bees«) folgen diesen Beschreibungen und ›verifizieren‹ oder ›falsifizieren‹ sie dann, indem sie sich den Tänzen der Spurbienen anschließen oder nicht. Dieses Prinzip positiver Rückkopplung führe nach und nach zu einem

»large, snowballing finale [dominating] the dance-off. The biggest crowd wins. It's an election hall of idiots, for idiots, and by idiots, and it works marvelously. This is the true nature of democracy and of all distributed governance. At the close of the curtain, by the choice of the citizens, the swarm takes the queen and thunders off in the direction indicated by mob vote.«[50]

Wenn Maeterlinck von der »Weisheit« des Bienenschwarms schreibt, verwischen sich einmal mehr Unterscheidungen zwischen Begriffen wie Intelligenz, Instinkt und (Tier-)Seele. Im historischen Kontext der Erstveröffentlichung des *Lebens der Bienen* dient er damit jenen Ethologen, die daran gehen, ihre Forschungen auf ein systematisch-naturwissenschaftliches Fundament zu stellen, als willkommener Antipol. So bemerkt etwa der Zoologe Jakob von Uexküll 1902:

»Es wird das Gebiet der Tierseele gerade durch die reiche Auswahl an Möglichkeiten, die wir nicht zu kritisieren imstande sind, immer der frei schaffenden Phantasie die anmutigsten Probleme liefern, die wir gewiß nicht vermissen möchten – hat uns doch

---
48. Ebd., S. 45.
49. Ebd., S. 46.
50. Kelly: *Out of Control*, a.a.O., S. 10.

vor kurzem ein großer Poet (Maeterlinck, La vie des abeilles) in das Leben der Bienen eingeweiht und uns gezeigt, wie in einer Dichterseele alle die verschiedenen Lebensäußerungen dieses kleinen Staates zu einer wundervollen Einheit zusammenfließen. Nie werden wir mit wissenschaftlichen Velleitäten kommen, um Erzeugnisse des Dichtergenies zu kritisieren. Märchen sollen als Märchen empfunden werden.«[51]

Bezeichnend ist jedoch, dass unberührt davon sowohl anthropomorphe Beschreibungen als auch Ansätze, die mit der unscharfen Terminologie von »Kollektivinstinkten« oder ›sozialen Instinkten‹ arbeiten, weiterhin große Popularität genießen. Maeterlincks spätere Veröffentlichungen zu einer Zeit, in der Tierkollektive längst Objekte experimenteller biologischer Studien sind (vgl. Abschnitt *Formationen*), bestätigen dies.[52] Dass sich am Instinkt-Begriff dabei nicht nur der Geist des Bienenschwarms, sondern auch andere Geister scheiden, zeigt sich noch in William Morton Wheelers *The Social Life of Animals* aus dem Jahr 1938. Wheeler beklagt darin dessen lockere Verwendung für alle Arten von Verhaltensreaktionen, deren Herkunft und Motivation vom Beobachter nicht entschlüsselt werden konnten – mit der paradoxen Folge, dass dadurch »the action was explained and at the same time could not be further explained.« Und weiter: »As a result of this uncritical usage many careful workers disapprove employing the word under any conditions, and particularly in the field of social activities.« Wenn schon, dann könne Instinkt lediglich definiert werden als »a complicated reaction which an animal gives when it reacts as a whole and as a representative of a species rather than as an individual, which is not improved by experience, and which has an end or purpose of which the animal cannot be aware.«[53] Für eine Beschreibung der Interaktionen in einem Kollektiv ist der Begriff demnach völlig untauglich.

Die Anarchie sozialer Instinkte

Über die Unschärfe des Begriffs ›sozialer Instinkt‹ lässt sich noch eine weitere soziopolitische Wendung in das Verhältnis von Tierpsychologie und Massenpsychologie einführen. Auch der russische Anarchist und Schriftsteller Peter Kropotkin entwickelt in seiner erstmals 1902 erschienenen Schrift *Mutual Aid* einen universellen psychologischen Rahmen für Kollektivphänomene, der von den einfachsten Lebewesen im Gartenteich bis zum Menschen alle Entwicklungsstufen des Lebens umfasse.[54] Im Zentrum steht dabei die Idee eines quasi

---

51. Uexküll, Jakob von: »Psychologie und Biologie in ihrer Stellung zur Tierseele«, in: ders.: *Kompositionslehre der Natur. Biologie als undogmatische Naturwissenschaft. Ausgewählte Schriften*, hg. von Thure von Uexküll, Frankfurt/M., Berlin, Wien 1980, S. 100–121, hier S. 116. Original in *Ergebnisse der Physiologie* 1 (1902), S. 212–233.
52. Zum Konzept der »Kollektivseele« finden sich weitere Beispiele im Kapitel II.2.
53. Wheeler, William M.: *The Social Life of Animals*, New York 1938, S. 246.
54. Vgl. Kropotkin, Peter: *Mutual Aid. A Factor of Evolution*, Harmondsworth 1939. Gewiss steht auch hier der Mensch an der Spitze einer Abfolge verschieden komplexer Lebensformen, die schon

Deformationen

autoregulativen »Kollektivgeists der Massen«, einer anarchistischen Sozialform ohne übergeordnete staatliche Kontrollinstanzen.[55] Kropotkin leitet diesen ›sozialen Instinkt‹, den er auch für Menschen als naturgegeben ansieht, aus dem Tierreich ab. In einer Versammlung einer Vielzahl an Beispielen – vor allem aus dem Zusammenleben von Säugetieren in Herdenverbänden – formuliert er eine Gegenposition zu den seinerzeit weit verbreiteten sozialdarwinistischen Zuspitzungen der Evolutionslehre Darwins. Neben dem vielzitierten »struggle for existence«, der vor allem durch die Schriften von Thomas Henry Huxley und Herbert Spencer als ein Prinzip der *Konkurrenz* konzipiert wurde, können laut Kropotkin mindestens ebenso durch ein *kooperatives* Verhaltensweisen Selektions- und Überlebensvorteile erzielt werden. *Mutual Aid* unter Tieren einer Spezies könne damit auf einen evolutionsbiologisch argumentier- und herleitbaren altruistischen Instinkt zurückgeführt werden. Ferner sei auch die Entwicklung von Emotionen und Intelligenz erst aufgrund dieses Sozialtriebs, der *sociability*, entstanden: »Sprache, Nachahmung und gehäufte Erfahrung sind lauter Elemente der wachsenden Intelligenz, deren das unsoziale Tier beraubt ist. Daher finden wir an der Spitze jeder Tierklasse die Ameisen, die Papageien und die Affen, die alle die größte Geselligkeit mit der höchsten Verstandesentwicklung vereinigen.«[56]

Auch bei Kropotkin addieren sich im Kontext von Kollektivbildungen unscharf definierte Begriffe wie Sozialtrieb, Intelligenz und Verstand. Zudem fehlt seiner Aneinanderreihung von Beobachtungen aus dem Tierreich eine wissenschaftliche Systematik. Viel eher als um eine sachgerechte biologische Studie tierischen Kollektivverhaltens geht es ihm naturgemäß aber um die Entwicklung eines Soziomorphismus. Dieser postuliert ein Evolutionsprinzip, das geleitet sei von einem Primat der gegenseitigen Hilfe. Von diesem Naturzustand tierischen Kooperierens habe sich der Mensch degenerativ entfernt – indem er hierarchische und zentral gesteuerte Sozialwesen angenommen habe. Ob die von Kropotkin aufgezählten Evidenzien wirklich stichhaltig oder nur willkürlich aus dem Zusammenhang genommene und einseitig gewertete Teilbeobachtungen sind, steht dabei auf einem anderen Blatt. Ganz in der Tradition älterer naturgeschichtlicher Studien findet sich bei Kropotkin jedenfalls auch jene anekdotische Methode, bei der laienhafte Berichte über tierisches Verhalten als »empirische Belege« übernommen wurden[57] – genau jene Vorgehensweise also, die Morgan, Wheeler und andere lautstark kritisierten und an der sich eine Bruchstelle biologischen Forschens zeigen sollte (vgl. Kapitel II.1). Die anekdotische Naturgeschichte wurde nach und nach von einer systematisch vor-

---

der Aufbau des Buches nahelegt – auch wenn er eine kulturgeschichtliche Abkehr von einer eigentlich natürlichen (und bei Tieren eben beobachtbaren) »Sociability« kritisiert, die defizitäre Kollektivformen nach sich ziehe. Zur Entwicklung des Konzepts der gegenseitigen Hilfe vgl. Todes, Daniel P.: »Darwins malthusische Metapher und russische Evolutionsvorstellungen«, in: Engels, Eve-Marie (Hg.): *Die Rezeption von Evolutionstheorien im 19. Jahrhundert*, Frankfurt/M. 1995, S. 281–308.
55. Vgl. Kropotkin, Peter: *Moderne Wissenschaft und Anarchismus*, Zürich 1978, S. 156.
56. Kropotkin: *Mutual Aid*, a.a.O., S. 53.
57. Vgl. Jahn: *Geschichte der Biologie*, a.a.O., S. 583.

gehenden, vergleichend-empirischen und experimentellen Ethologie abgelöst, die konsequent daran ging, unscharf umrissene Begriffe wie Instinkt, tierische Intelligenz und tierisches Bewusstsein ganz zu vermeiden.

Obwohl Kropotkin also eher ein ›soziologisches‹ Interesse hat und in der Tierwelt nach Vorbildern für die Organisation menschlicher Kollektive sucht (was ihn auf den ersten Blick eher dem folgenden Kapitel zuordnen würde, in dem es um die Anleihen gehen wird, die Autoren wie Tarde und Le Bon in der Biologie machen), sei er an dieser Stelle angeführt. Denn man könnte seine Theorie der Kooperation auch anders lesen – als Beispiel für einen auf den Menschen gerichteten Blick, der eine Utopie menschlicher Gesellschaft in einem unbestimmten (und daher formbaren) Kollektivgeist bei Tieren findet. Dass dieser altruistische Instinkt vielleicht – und mangels ›wissenschaftlichen‹ Vorgehens liegt dies nahe – gerade erst durch diese Perspektive geformt wird, um dann Modell für den Menschen sein zu können, zeigt noch einmal die wechselseitige Konstruktion von Tierpsychologie und ›Massenseele‹, die hier und im Laufe der vorherigen Abschnitte zur Sprache kommen sollte.

Solange also Untersuchungen zu tierischen Kollektiven auf der Basis unscharfer Begriffe wie Angst, Intelligenz oder Furcht vorgenommen werden, solange sie einer anekdotischen Methode folgen, die stets auch auf Analogien zu menschlichen Sozialformen abzielt, und solange sie im Rahmen von Psychologisierungen arbeiten, die überhaupt nur durch einen Vergleich mit der menschlichen Psyche einsichtig zu werden versprechen – solange verhindert die Insistenz des Menschlichen einen emanzipierten, an eigens entwickelten Methoden orientierten, selbstbewusst mit eigenen Fragestellungen umgehenden und dadurch auch fachwissenschaftlich eingegrenzten Forschungsrahmen.

Pseudopodium: Psychologie des Fischschwarms

Wie sehr sich der Begriff »Tierpsychologie« in den ersten Jahrzehnten des 20. Jahrhunderts gewandelt hat, resp. wie weit das Spektrum ganz verschiedener Forschungsweisen und -kontexte war, die diesen Begriff nutzten, mag ein Text des Zoologen Karl von Frisch zeigen. Dieses Beispiel lässt erkennen, welche Operationen und Verwissenschaftlichungsstrategien unternommen wurden, um Schwärme und andere Tierkollektive als Wissensobjekten eigener Dignität zu fassen und vormals unscharfe psychologische Begriffe mit Inhalt zu füllen. Frisch beschäftigte sich 1938 mit dem Schwarmverhalten von Elritzen, kleinen, in Europa weitverbreiteten Flussfischen. Er steht damit eigentlich in einem Forschungszusammenhang, dessen Entwicklung im Abschnitt *Formationen* nachverfolgt wird, und den man unter einer Verschiebung von psychologischen zu bewegungsphysikalischen Ansätzen beschreiben kann. Doch er überschreibt seinen Aufsatz mit dem Titel *Psychologie des Fischschwarms* und sei daher bereits an dieser Stelle als methodischer Kontrapunkt zur anekdotischen Herangehensweise der älteren Tierpsychologie genannt, vor allem, weil auch hier wieder der Faktor ›Angst‹ eine große Rolle spielt.

Deformationen

Bei Freiwasserbeobachtungen eines über einige Wochen ortstreuen und dadurch für Experimente zugänglichen Schwarms macht Frisch folgende »Gelegenheitsbeobachtung«:

»Einen Monat später waren unsere Elritzen so zutraulich, daß Sie sich ohne Scheu berühren ließen. Man konnte daneben im Wasser herumplanschen, sie ließen sich dadurch nicht verjagen. Da wurde eine von ihnen zufällig unter der scharfen Mündungskante des metallenen Futterrohrs eingeklemmt. Die anderen betrachteten den zappelnden Genossen, bis er von mir befreit wurde und davonschwamm. Nun erst ging es wie eine Hiobsbotschaft durch den ganzen Schwarm. Eine sich steigernde Unruhe breitete sich aus, und nach einer Weile – es mochte ½ Minute vergangen sein – suchten alle das Weite, und das lockende Futter blieb unberührt.«[58]

Diese Reaktion geht Frisch nicht aus dem Kopf, und er versucht dem Verhalten durch Versuche auf den Grund zu gehen. An verschieden Stellen und verschiedentlich wiederholt fängt er einzelne Elritzen aus einem Schwarm und setzt sie erst Minuten später zurück zu den Artgenossen. Kommuniziert das Opfer etwa die schlechte Erfahrung irgendwie an die anderen? Doch die Schwarmreaktion blieb aus. Nun geht Frisch daran, zu eruieren, ob es bestimmte Bewegungen sind, durch die ein verletzter Fisch seine Artgenossen warne, und zugleich daran, das Hineinspielen von Warnsignalen radikal auszuschließen:

»Als ich […] einer Elritze mit einer Kornzange eine ausgedehnte Quetschwunde an der Schwanzwurzel beibrachte, ergriff wieder der ganze Schwarm unter Zeichen des Schreckens die Flucht. Nachdem wir wissen, daß die Elritzen ein ausgezeichnetes Gehör haben und daß sie unter Umständen auch Laute hervorbringen, lag der Gedanke nahe, daß ein verletzter Fisch durch ein Warnsignal seine Kameraden zur Flucht veranlassen kann. So war es aber nicht. Ich fing wieder eine Elritze aus dem Schwarm, zerquetschte mit der Kornzange ihren Kopf, so daß sie augenblicklich tot und also auch ganz sicher stumm war, stach durch einen Bauchschnitt ihre Schwimmblase an, weil sie sonst nicht untergegangen wäre, und ließ sie am Futterplatz zu Boden sinken. […] [Die anderen] knabbern an ihr; es dauert oft mehrere Sekunden, meist ½ bis 1 Minute, ehe sie etwas merken. Dann ist es, als würde ihnen Gräßliches aufdämmern. Sie ziehen sich von der Beute zurück, einzelne unter ihnen scheinen sich heftig zu erschrecken, es gibt ein Durcheinanderhuschen und kopfloses Herumfahren, oft drängt sich dann der ganze Schwarm abseits zu einem dichten Haufen zusammen, und nun genügt das geringste Vorkommnis […] und der ganze Schwarm stiebt davon und entschwindet ins tiefere Wasser.«[59]

Kann es also sein, dass die Artgenossen also ihrerseits vom *Anblick* eines verletzten Fisches verschreckt werden? Um dies zu prüfen, mischt Frisch unter das

---

58. Frisch, Karl von: »Zur Psychologie des Fischschwarms«, in: *Die Naturwissenschaften* 37 (16. September 1938), S. 601–606, hier S. 601.
59. Ebd., S. 602.

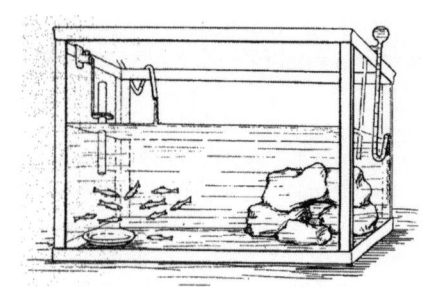

Abb. 2: Karl von Frischs Forschungsaquarium, 1930er Jahre.

übliche Futter aus Regenwurmbrei, mit dem die Schwärme angelockt werden, eine zerkleinerte Elritze und wirft den »unkenntlichen Klumpen« ins Wasser: Auch hier zeigt sich mit der typischen Latenz das Schreckverhalten, obwohl auch »das scharfsichtigste Auge [...] nicht mehr die Gestalt des Fisches« hätte erkennen können. Gleiches geschieht, als er nurmehr »Elritzenextrakt«, also Wasser, in welches er eine zerkleinerte Elritze für eine gewisse Zeit eingelegt hatte, als Futter in die Uferzone gießt – was den Schluss nahelegt, es hier mit der Reaktion auf eine chemische Verbindung zu tun zu haben.[60]

Nun beginnt Frisch, den Ort des chemischen Stoffes zu suchen. Nach einer Reihe von Fütterungsversuchen stellt sich heraus, das zerkleinerte Haut die Schreckreaktion induziert. Und um herauszufinden, ob es sich um eine artspezifische Reaktion handelt, macht Frisch Testreihen mit der Haut anderer Fischarten – werden die Elritzen auch von diesen abgeschreckt? Hierzu macht er sich unabhängig von den Launen freilebender Schwärme, die oftmals – und das will heißen oft genug verschreckt – »unbrauchbar« würden für weitere Versuche, indem sie einfach nicht mehr wiederkehrten. Frisch verlegt also den See »in kleinerem Maßstabe ins Laboratorium.«[61] In einem 80x50x60 cm großen Aquarium (Abb. 2) zeigen sich zu Frischs Begeisterung die gleichen Verhaltensweisen wie im Freien – »nur daß hier die Einzelheiten viel besser zu sehen waren. [...] Die gute Übersicht über alle am Versuch beteiligten Fische gestattete auch eine objektive Protokollführung [...] mit der Stoppuhr in der Hand«.[62] So lassen sich detaillierte Protokolle erstellen im Sinne jener Verhaltens-*Ethogramme*, die für die naturwissenschaftlich betriebene Ethologie zum methodologischen Inventar gehören (Abb. 3).[63]

Systematisch geht Frischs Untersuchung weiter, detailliert listet er die Fischarten auf, deren Haut keinen Schrecken erzeugte (alle außerhalb der Familie, zu der auch die Elritze gehört), und entscheidet mittels Durchtrennung der entsprechenden Nervenfasern, dass es der Geruchssinn ist, durch den die Fische den Schreckstoff aus der Haut eines Artgenossen wahrnehmen, nicht der

---

60. Vgl. ebd., S. 602–603.
61. Ebd., S. 603.
62. Ebd., S. 603.
63. Vgl. Jahn: *Geschichte der Biologie*, a.a.O., S. 583.

Deformationen 73

Protokollbeispiel für einen Versuch mit Flußbarsch- und einen Versuch mit Elritzenhaut. Die Ziffern geben für jeweils 5 Minuten die Zahl der Elritzen am Futterplatz am Ende jeder Viertelminute an.

(1)	27. IV. 1938.	9.37: Fütterung mit zerkleinerten Regenwürmern.
		9.37–9.42: 10, 9, 9, 7. 8, 9, 7, 8. 8, 6, 9, 7. 9, 8, 8, 9. 5, 6, 10, 8.
(2)	28. IV.	10.08: Fütterung mit zerkleinerten Regenwürmern.
		10.08–10.13: 10, 9, 9, 8. 7, 9, 8, 7. 8, 10, 7, 9. 7, 9, 5, 9. 2, 8, 7, 5.
		10.20: Fütterung mit zerkleinerter *Barschhaut*.
(3)		10.22: Fütterung mit zerkleinerten Regenwürmern.
		10.22–10.27: 9, 10, 10, 10. 10, 10, 9, 10. 10, 10, 10, 9. 10, 9, 10, 10. 10, 8, 10, 10.
(4)	29. IV.	9.18: Fütterung mit zerkleinerten Regenwürmern.
		9.18–9.23: 10, 9, 10, 10. 8, 9, 9, 10. 6, 9, 10, 9. 6, 9, 7, 7. 8, 9, 7, 7.
		9.30: Fütterung mit zerkleinerter *Elritzenhaut*.
(5)		9.32: Fütterung mit zerkleinerten Regenwürmern.
		9.32–9.37: 0, 0, 0, 0. 0, 0, 0, 0. 0, 0, 0, 0. 0, 0, 0, 0. 0, 0, 0, 0.
		9.37–9.42: 0, 0, 0, 0. 0, 0, 0, 0. 0, 0, 0, 0. 0, 0, 0, 0. 0, 0, 0, 3.
		9.42–9.47: 0, 0, 0, 0. 0, 0, 0, 0. 0, 0, 0, 0. 0, 0, 0, 0. 0, 0, 0, 0.
(6)	2. V.	9.38: Fütterung mit zerkleinerten Regenwürmern.
		9.38–9.43: 0, 0, 0, 0. 0, 0, 0, 0. 0, 0, 0, 0. 0, 0, 0, 0. 0, 0, 0, 0.
		9.43–9.48: 0, 0, 0, 0. 0, 0, 0, 0. 1, 1, 2, 1. 1, 0, 0, 0. 0, 0, 0, 0.
(7)	5. V.	9.31: Fütterung mit zerkleinerten Regenwürmern.
		9.31–9.36: 0, 0, 0, 0. 0, 0, 0, 0. 0, 0, 0, 0. 0, 0, 0, 7. 6, 8, 6, 4.
(8)	6. V.	8.40: Fütterung mit zerkleinerten Regenwürmern.
		8.40–8.45: 4, 5, 7, 5. 7, 9, 8, 7. 9, 6, 6, 7, 4. 3, 10, 8, 10. 9, 6, 8, 7.

Abb. 3: Ethogramm von Verhaltensreaktionen nach Fütterungen.

Geschmackssinn. Zuletzt stellt er noch die Frage nach der biologischen Zweckmäßigkeit – schützt sie den Schwarm vor weiteren Verlusten, wenn ein Raubfisch einen Artgenossen angegriffen und verletzt hat? Doch wieso entfernte sich der Schwarm dann oft nur wenige Meter von jener Stelle, von der flüchtete, um in fast direkter Nachbarschaft wieder Futter anzunehmen, als sei nichts gewesen? Dies und die Frage, ob das Verhalten eine Eigenschaft auch anderer Schwarmfische sei, müsse weitergehend untersucht werden, so Frisch – sein Artikel möge als Anfang, nicht als abgeschlossene Untersuchung verstanden werden.[64]

In diesem Text wird deutlich, wie sehr sich in der Ethologie der Begriff Tierpsychologie entfernt hat von jenen älteren Ansätzen, die mit anthropomorphen und soziomorphen Eigenschaften und Modellen das Verhalten von Tieren und Tierkollektiven im Wortsinne zu charakterisieren suchten. Hier zeigt sich eine ganz andere Zugangsweise: Nicht eine anekdotische Sammlung von Berichten über das Verhalten von Tieren in bestimmten Situationen wird präsentiert, sondern eine dezidierte, systematische Vorgehensweise, die Umweltfaktoren oder mögliche in die Reaktion involvierte Sinne nach und nach ausschließt. Frischs Untersuchung folgt jener Kritik an einer ›Psychologie der Tiere‹, die z. B. Tinbergen formulierte: Was sich objektiv nicht beobachten lasse, könne man in streng naturwissenschaftlichem Sinne auch nicht als Ursache von Verhalten einsetzen. Diese Ursachen müssten vielmehr mit naturwissenschaftlichen Methoden erfassbar sein. Kurzum: ›Psychologische‹ Zuschreibungen wie Angst – oder bei Frisch »Schrecken« – können für die Ethologie nur ein Konglomerat aus äußeren und inneren Bedingungen für Vorgänge in einem Organismus oder Kollektiv sein, welche die für diesen Zustand typischen und messbaren Symptome auslösen: Herzrasen, Pupillenerweiterungen, Zittern, Schreckreaktionen,

---

64. Vgl. Frisch: »Psychologie des Fischschwarms«, in: *Naturwissenschaften*, a.a.O., S. 606.

Erstarren oder Bewegungsstürme. Diese Symptome wiederum sind an Sinnesorgane, Nervensysteme, Hormone und Muskeln gebunden, die in bestimmten Augenblicken in besonderer Weise zusammenarbeiteten.[65] Angst und Schrecken zerfallen hier in die vielfältigsten Mikrorelationen innerhalb tierischer Organismen und Kollektive und deren Bezüge zur Umwelt.

Eine Psychologie des Fischschwarms wird in diesem Beispiel heruntergebrochen auf basale Sinnesfunktionen, die durch verschiedene experimentelle Ausschlussverfahren als artspezifisch definiert und dem Geruchssinn zugewiesen werden. Dabei sieht Frisch es als unablässig an, seine Versuche in der kontrollierten Umgebung eines Aquariums durchzuführen – ein mediales Beobachtungsdispositiv ist hier fester Bestandteil ethologischer Forschungen. Einflussfaktoren werden möglichst isoliert und in systematischer Folge durchgetestet und das Verhalten der Elritzenschwärme wird statistisch ausgewertet. Anstatt sich an unscharfen Begriffen wie »sociability« oder »altruistischer Instinkt« aufzuhalten, wird hier also ›empirische Sozialforschung‹ betrieben. Die Studien nutzen Vergleiche mit anderen Fischarten, um typische Merkmale und Reaktionen zu eruieren – und dabei werden keine anthropomorphen Begriffe verwendet, sondern nüchtern die Durchführung und die Beobachtungen der Experimente beschrieben und in Ethogrammen quantifiziert. Hinzu kommt, dass Frisch in einer Fußnote darauf verweist, wie unzureichend eine textuelle Beschreibung der beobachteten Phänomene bliebe: »Das Verhalten der Elritzen im Aquarium bei normaler Fütterung, bei Fütterung mit zerkleinerter Barschhaut und ihr verschrecktes Benehmen nach Fütterung mit Elritzenhaut habe ich beim Vortrag in einem Film gezeigt. Worte sind leider ein unzureichender Ersatz für den unmittelbaren Eindruck.«[66] Zwar scheint Frisch medientheoretisch nicht besonders reflektiert – denn mit der unhintergehbaren Medialität, der *Mittelbarkeit* technischer Medien in der Schwarmforschung wird sich diese Arbeit im Abschnitt *Formatierungen* noch eingehend beschäftigen. Doch seine Anmerkung zeigt die Relevanz bewegter Bilder, wenn es das Bewegungsverhalten, die Dynamiken von Schwärmen zu beschreiben gilt.

Eine derartige Weiterentwicklung des Begriffs der Tierpsychologie hin zu chemiko-physiologischen Ansätzen wie bei Frisch oder bewegungsphysikalischen Modellen (wie sie in Kapitel II.3, II.4 und im Abschnitt *Formatierungen* untersucht werden) geschieht jedoch nicht durchgängig und einheitlich. Noch Konrad Lorenz – auch er eigentlich ein Vertreter einer empirisch-naturwissenschaftlich vorgehenden Ethologie – widmet sich in seiner Monographie *Das sogenannte Böse* im Jahr 1963 der Schwarmbildung von Fischen in anthropomorpher Weise als einer Form basisdemokratischer Entscheidungsverunmöglichung. Genau wie Frisch beschäftigt auch er sich mit der Schreckreaktion von Elritzen. Er beschreibt sie jedoch viel undifferenzierter als eine amorphe Ansammlung gleicher Elemente und spricht schlicht von einer »Ansteckung«, durch die wahrgenommene Gefahren weitergegeben würden, und führt auch

---

65. Vgl. Tembrock: *Angst*, a.a.O, S. 17–18.
66. Frisch: *Psychologie des Fischschwarms*, in: *Naturwissenschaften*, a.a.O., S. 605, FN.

den wohlbekannten (und auch hier nicht näher definierten) »Herdentrieb« an, der eigentlich einer politischen Lösung bedürfe:

»Innerhalb des Schwarms gibt es keinerlei wie immer geartete Struktur, keine Führer und keine Geführen, nur eine gewaltige Ansammlung gleicher Elemente. Gewiß beeinflussen sich diese gegenseitig. Wenn [ein Indiviuum] eine Gefahr wahrnimmt und flieht, steckt es alle anderen, die seinen Schrecken wahrnehmen können, mit der gleichen Stimmung an. Wie weit dann die Panik in einem großen Fischschwarm um sich greift, ob sie imstande ist, den ganzen Schwarm zum Wenden oder Fliehen zu veranlassen, ist eine rein quantitative Frage, deren Beantwortung davon abhängt, wieviele Individuen erschraken und flohen und wie intensiv sie es taten [...]. Die rein quantitative, in gewissem Sinne sehr demokratische Auswirkung dieser Art von Stimmungs-Übertragung bringt es mit sich, dass ein Fischschwarm umso schwerer von Entschluss ist, je mehr Individuen er enthält und je stärker deren Herdentrieb ist [...]. Immer wieder entsteht ein kleiner Strom unternehmungslustiger Einzeltiere, der sich wie das Scheinfüßchen einer Amöbe vorschiebt. Je länger solche Pseudopodien werden, desto dünner werden sie [...], und meist endet der ganze Vorstoß mit überstürzter Flucht zurück ins Herz der Schar. Man kann ganz kribbelig werden, wenn man diesem Treiben zusieht, und man kann nicht umhin, an der Demokratie zu zweifeln und Vorteile in der Rechtspolitik zu sehen.«[67]

Ironischerweise berichtet Lorenz in diesem Zusammenhang aber auch von Experimenten mit Elritzen. Bei diesen ist ein Vorderhirnareal, ohne dass die Fische keine Schwärme bilden können, recht genau lokalisierbar. Bei einigen Exemplaren wurde nun dieses Areal entfernt und die Fische zurück zu ihrem Schwarm gesetzt. Diese ›gehirnamputierten‹ Elritzen schwammen nun derart furchtlos und ohne Rücksicht auf Gefolgschaft aus dem Schwarm umher, so dass ausgerechnet sie zu Führerindividuen des Schwarms wurden – denn sie zeigten, so Lorenz, eben jene »Entschlusskraft«, die den normalen Individuen fehlte. Nicht anders als bei Francis Galton wird hier also die mangelnde Mündigkeit der *ordinary Elritze* und (zugleich des *ordinary man*) kritisiert – nur dass hier die ›herausragenden‹ Individuen eben jene mit mangelnder Gehirnfunktion sind.

Konrad Lorenz entsagt der anthropomorphistischen Tradition der negativen Betrachtung von Schwärmen als eine der ›primitivsten‹ Formen von Vergesellschaftung damit nicht gänzlich, während andere Ethologen längst neue Perspektiven jenseits des Politischen und jenseits soziomorpher Modelle für menschliche Gesellschaftsformen auf Schwärme werfen (siehe den Abschnitt *Formationen*).[68] Doch bevor diese Entwicklungen in den Vordergrund dieser Arbeit rücken, bleibt die andere Seite jener Wechselbeziehung zwischen Tier- und Massenpsychologie zu untersuchen, die eingangs erwähnt wurde. Nachdem also bisher die eine Seite jenes epistemologischen Hindernisses für die Konzeptualisierung von schwarmähnlichen Tierkollektiven beschrieben wurde, indem die ältere

---

67. Lorenz: *Das sogenannte Böse*, a.a.O., S. 198f.
68. Vgl. ebd. die von Lorenz nahegelegte Hierarchie von Gesellschaftsformen.

und die spätere *Tierpsychologie* bedingt und beeinflusst wurde durch humanpsychologische Zuschreibungen und anthropo- und soziomorphe Übertragungen, soll es nun darum gehen, wie der Diskurs um eine menschliche *Massenpsychologie* von Übertragungen aus dem Tierreich und von Strukturen in Tierkollektiven geprägt wurde.

2. Tierisches am Rande des Sozialen

Der Diskurs der Masse um 1900 wird gespeist von einem Wissen, das immer wieder die rhetorische und konzeptuelle Nähe zum Animalischen und Primitiven sucht. In ihm verschränkt sich, so Michael Gamper, eine Faszinationsgeschichte von Kollektiven ohne zentrale Steuerungsinstanz mit einem Spezialfall inmitten des weiten Vergleichsfelds von »Tier und Menschenmenge«.[69] Die einflussreichen Publikationen zur menschlichen Massenpsychologie nehmen Bezug auf ›biologische‹ Untersuchungen zu den Verhaltensweisen von Tierkollektiven. Sie koppeln das Verhalten von Menschenmassen rhetorisch und diskursiv mit tierischem Verhalten – und dies nicht nur, wie zu zeigen sein wird, um ›psychologische Massen‹ (Le Bon) als degeneriert zu desavouieren, sondern auch, um Erklärungsansätze zu formulieren, wie jene »institutionell nicht gesicherte, bewegte und auf nicht durchschaubare Weise koordinierte Vielheit von Wesen, in denen einzelne Elemente scheinbar komplett als Funktionsteile des Ganzen aufgehen«, organisiert ist.[70] Dieses Verständnis zielt nicht unbedingt auf den oft angeführten Zusammenschluss zu einem monströsen Kollektivkörper ab, sondern imaginiert an anderen Stellen eine Gleichzeitigkeit von Formation und Deformation, welche einen ganz eigenen epistemischen Schrecken, aber auch den Eindruck einer besondere Flexibilität und Leichtigkeit beim Betrachter hervorruft.

Das Kollektiv der (›aktuellen‹, im Gegensatz zur ›latenten‹) Masse wird um 1900 dennoch zumeist als vor-rationale Struktur beschrieben, deren Organisation affekthaft funktioniert,[71] die spontan und unbestimmt auf Unbestimmtheiten reagiert, die in ihrer Grenzenlosigkeit Wahrnehmungsstrukturen und Repräsentationsweisen verunsichert, und die sich prozesshaft und dynamisch in der Zeit ereignet. All dies fordert gängige Ordnungs- und Repräsentationsweisen heraus und fordert zugleich neue Rhetoriken und ästhetische Bezugslinien. Ihre *Seinslosigkeit* disqualifiziert die Masse als politisches Konzept im Vergleich zu verschiedentlichen, hierarchisch organisierten Modellen politischer Tiersysteme und Systemtiere – und verschiebt dadurch auch diese bis dahin gängigen Ordnungsschemata. Ihre konstitutive Bewegung in der Zeit, ihre *Ortlosigkeit*, die durch ihr unablässiges In-Bewegung-Sein hervorgerufen wird, stellt fixe Ordnungssysteme je schon infrage. Bezeichnend ist, dass etwa soziale Insekten nur im Bezug auf ihr Zentrum, auf Ameisenhügel, Bienenstock oder Termitenbau, als Modelle staatlicher Organisation, als ›Staat‹ oder ›Volk‹ gedacht werden können. Im Diskurs der Massenpsychologie verschiebt sich diese Analogie – hier wird das Verhalten von menschlichen Kollektiven *on the run* in Relation gesetzt mit dem Vermögen niederer Organismen oder den chaotischen Bewegungen von ›aufgestachelten‹ Tierkollektiven.

---

69. Vgl. Gamper: »Massen als Schwärme«, in: *Kollektive ohne Zentrum*, a.a.O., S. 69.
70. Ebd., S. 70.
71. Zur Unterscheidung von aktueller und latenter Masse vgl. ebd., S. 71.

Im Folgenden soll die Frage im Mittelpunkt stehen, wie der Diskurs der Massenpsychologie um 1900 mit tierpsychologischen Anleihen informiert wird, und inwieweit sich – im Hinblick auf das Thema dieser Arbeit – besonders die Konzeption von dynamischen Menschenmassen und Tierschwärmen gegenseitig beeinflussen. Genau wie Schwärme überfordern auch menschliche Massen die Techniken der Repräsentation und zerstreuen den Modus der Beschreibung in »eine irreduzible Vielheit von Konzepten und Bildern«, so Gamper:

> »Die Masse entgeht den am Individuum orientierten Erkenntnispraktiken der Humanwissenschaften und verweigert sich [...] rational und mengenlogisch fundierten Wissensformen; die Masse überfordert aber auch durch ihre Ausdehnung, ihre Mannigfaltigkeit und ihre Dynamik die menschlichen Wahrnehmungsvermögen und entzieht sich den zur Verfügung stehenden medialen Darstellungstechniken.«[72]

Des Weiteren soll jedoch auch nach den Differenzen zwischen der Beschreibung von biologischen Schwärmen und Menschenmassen jenseits diskursiver und rhetorischer Übertragungen gefragt werden – nach spezifischen Funktionen und einer besonderen Untersuchungsperspektive, welche Schwärme gerade abhebt von einer einfachen Parallelisierung mit ›massenpsychologisch‹ bedingten Vorgängen. Damit wäre die zweite Seite jenes zu Anfang dieses *Deformationen*-Abschnitts formulierten epistemologischen Hindernisses gekennzeichnet: Die Rhetoriken und Praktiken des Einsatzes eines zeitgenössischen Wissens von Tierkollektiven für die Beschreibung sozialer Massenphänomene geschieht letzthin unter der Perspektive einer Pathologisierung ihrer kollektiven Dynamiken, und die rudimentären Schwarmforschungen werden somit in Geiselhaft genommen für politisch motivierte Konzeptualisierungen. Es geht um die Definition höherer und niederer Ordnungen von Kollektivgefügen, die stets objektübergreifend vorgehen: Es werden Organisationsregeln formuliert, die grundsätzlich für verschiedenste Kollektivstrukturen gleichermaßen Gültigkeit besitzen sollen. Die Ausbildung eines eigenen Erkenntnisgegenstands der Schwarmforschung oder spezifischer wissenschaftlicher Zugänge zu Tierkollektiven wird durch ihre Implementierung in ›neuronal‹ geregelte, organismische Menschenmassenkonzepte ebenfalls verhindert.

Das Leuchtkäfergespenst der Revolution

Eine für die angesprochene ephemere Leichtigkeit und Lichtheit paradigmatische, halbfiktionale »Gespenstergeschichte« findet sich in Georg Forsters *Parisischen Umrissen* von 1793, wie Michael Gamper und Peter Schnyder herausstellen.[73] Forsters essayistische Programmschrift möchte den Zeitgenossen das

---

72. Ebd, S. 71.
73. Forster, Georg: »Pariser Umrisse«, in: ders.: *Werke in vier Bänden*, hg. von Gerhard Steiner, Frankfurt/M. 1970, S. 748–757, hier S. 748. Dank an Michael Gamper für den Hinweis auf das »Leucht-

Prinzip der Gleichheit und den positiven ›Geist‹ der Französischen Revolution nahebringen. Doch enthält diese »Geschichte« darüber hinaus einen epistemologischen Kern, der als Ausgangspunkt zu einer Auseinander-Setzung von Schwärmen und Massen genommen werden soll. Die Geschichte beginnt holprig, aber daran ist man seinerzeit gewöhnt: Des Nachts auf einer langweiligen Postkutschenreise aus dem Schlaf erwacht, bemerkt ein junger Mediziner »ganz deutlich eine lange Riesengestalt neben dem Wagen hergehen. Sie war durchaus leuchtend, und verbreitete einen matten Schein um sich her. Von Zeit zu Zeit schien sie sich in andere Formen zu verwandeln; bald schwebte sie einige Schritte weit voran, bald trat sie drohend näher [...].«[74] Verstört von dieser Erscheinung, die er sich nicht durch sein naturwissenschaftlich-medizinisches Wissen erklären kann, entschließt sich der junge Arzt nach einer Weile, den »Bewohner der Unterwelt« durch ein »Experiment« auf die Probe zu stellen – oder besser, ihm an den Kragen zu gehen: Gemäß seiner physiologischen Vorbildung, die sich »an die handgreifliche, sichtbare Natur« hält, wird auch er handgreiflich und schlägt mit seinem Degen »mitten durch den Lichtkörper, [...] wie Bonnets Scheere durch den Polypen«[75] – ohne nennenswerte Wirkung. Nur ein leises Knistern ist zu vernehmen, und »[t]rotziger als je, wandelte der schaurige Drache neben dem Wagen.« Einzig ein kleiner »Lichtfunken« auf der Klinge entgeistert das Gespenst: »[E]in kleiner Leuchtkäfer, einer aus einem gedrängten Schwarm von vielen Myriaden, die in einer schwülen Nacht, wie Mücken an der Abendsonne, ihr luftiges Wesen trieben.«[76] Das Gespenst entpuppt sich als Insektenschwarm, der monströse, riesenhafte »Drache« als »Leuchtkäfergespenst«.[77]

In diesem ephemeren Kollektivkörper zeigen sich, so kommentiert Forster nun im Folgenden seine Geschichte, die außergewöhnlichen Fähigkeiten und die Macht einer Aggregation eigentlich ohnmächtiger Einzelteile – sie können als ein integrierter Gesamtkörper wirken, der zwar keine eindeutigen Konturen gewinnt, so aber auch ohne die Nachteile eines organischen Körpers bleibe. Dank »seiner Elastizität und Formbarkeit«, so schreiben Gamper und Schnyder, werde dieses Schwarm-Kollektiv zur »unzerstörbaren Einheit«,[78] und auch aufgrund seiner instantanen Form-Verwandlungen erscheint dieser unscharfe, oberflächenlose Körper als eine Vielheit mit losen, mit flexiblen Kopplungen anstelle von ›institutionell‹ gesicherten Hierarchien – gründend in einem Prinzip der Gleichheit der Elemente im Bezug auf die ›Gestaltung‹ des Kollektivs. Doch diese Realität wird weder auf der Ebene eines imaginierten Gespensts, noch auf der eines empirisch festgestellten Einzelkäferchens fassbar, sondern nur

---

käfergespenst«. Vgl. zu dieser Stelle die vielschichtige Analyse bei Gamper und Schnyder: *Kollektive Gespenster*, a.a.O., S. 12–21.
74. Forster: »Pariser Umrisse«, in: *Werke in vier Bänden*, a.a.O., S. 748f.
75. Der Schweizer Empirist, Naturforscher und Naturphilosoph Charles Bonnet (1720–93) verfasste Mitte des 18. Jahrhunderts zahlreiche tier- und pflanzenphysiologische Werke, z. B. das *Traité d'Insectologie* von 1745. Vgl. *Historisches Lexikon der Schweiz*, http://www.hls-dhs-dss.ch/textes/d/D15877.php (aufgerufen am 24.02.2012).
76. Forster: »Parisische Umrisse«, in: *Werke in vier Bänden*, a.a.O., S. 749.
77. Ebd., S. 751.
78. Gamper und Schnyder: *Kollektive Gespenster*, a.a.O., S. 13.

auf einer – mit einem heutigen Begriff – systemischen Ebene. Nicht eine atomistische Perspektive oder die Einteilung einer bestimmten ›Menge‹ genügt zur Erklärung dieser Erscheinung, sondern sie stellt sich erst im Zusammenwirken der einzelnen »Käferchen« ein. Wodurch dann genau, so bleibt zu fragen, konstituiert sich dieses ›Ganze‹?

Die Elemente des Schwarms scheinen in der Wahrnehmung des reisenden Beobachters von Forsters Geistergeschichte von einem »gemeinschaftlichen Geiste«[79] getrieben, der sie sich zu immer neuen Formen zusammensetzen lässt. Es bleibe allerdings fraglich, ob dieser gemeinsame Geist nicht eben nur eine Halluzination, eine Zuschreibung von außen durch den unbedarften Beobachter sei. Forster reflektiert dabei genau jene Vorbehalte, die später Conwy Lloyd Morgan und andere gegenüber der Subjektivität von Zuschreibungen ›geistiger‹ oder psychologischer Fähigkeiten an Kollektive formulieren. Doch Forster geht es nicht um ein epistemisches Problem der Verhaltensforschung, sondern um eine Analogie mit einem Gleichheitsprinzip, die dessen Robustheit und Flexibilität herausstelle. Um von diesem unsicheren Wissen des Lebens der Insekten zu einem neuen Beschreibungsmodell gesellschaftlicher Wirklichkeiten im Zeichen der französischen Revolution zu gelangen, gelte es, sich zu fragen, was es bedeuten würde, wenn ein solches ›Ganzes‹ von innen her gedacht würde, wenn sich die Teile eines solchen Kollektivs – wie bei Menschen im Gegensatz zu Leuchtkäfern möglich – also selbst eines derartigen gemeinsamen Geistes *bewusst* wären:

> »Ändert das nichts an der Sache? Ist die Erscheinung [...] nur noch ein bloßes Ding der Einbildungskraft, nur ein Insektenschwarm, dem die Furcht oder der Aberglaube Einheit und Seele verleiht? [...] Sie können es nicht in Abrede seyn [sic!], daß der Geist der bürgerlichen Gesellschaft ein wahrer Geist genannt zu werden verdient; denn er ist ja der Vereinigungspunkt aller Intelligenzen, aus denen die Gesellschaft besteht.«[80]

Eine unscharf umrissene, amorphe Gespenstigkeit wandelt sich imaginativ zu einem »wahren Geist« im Falle eines menschlichen Kollektivs. Aus einem nebulösen Unwissen über die Verhältnisse im Leuchtkäfergespenst imaginiert Forster die Wissensgestalt eines Kollektivs mit überlegenem Geist, mit einer summierten Intelligenz aller Einzelnen, die sich über deren individuellen Fähigkeiten erhebe.

Was sich bei Forster andeutet, ist eine Umwertung von ästhetischen und wahrnehmungstechnischen Problemen in Bezug auf ephemere Vielheiten hin zu Fragen einer selbstregulativen Koordination von Einzelteilen. Im Zentrum der diskursiven Verschränkung von Tiervergleichen und Tiermetaphern und der als bedrohlich wahrgenommenen Aktualität (nach-)revolutionärer Massen steht die Frage nach jenem ›Phasenübergang‹, an dem und durch den eine massenhafte Aggregation von Individuen eine gemeinsame Dynamik entwickelt. Das

---

79. Forster: »Parisische Umrisse«, in: *Werke in vier Bänden*, a.a.O., S. 750.
80. Ebd., S. 750.

Problem der aktuellen Massen stellt sich mithin nicht so sehr als ein ästhetisches, sondern als eine Frage der Koordination der Bewegung vieler Elemente. Für die Erklärung derartiger Koordinationsleistungen stehen ausgangs des 19. Jahrhunderts nicht mehr nur Geschichten, sondern auch erste zoologische Beobachtungen »thierischer Gesellschaften« Pate. Dabei ist die Übertragung funktionalen Wissens aus der Zoologie auf menschliche Kollektive immer auch Gegenstand attributiver Umwertungen und Umdeutungen – von Anthropomorphisierungen, von denen sich ethologische Forschungen des beginnenden 20. Jahrhunderts explizit absetzen werden (vgl. den Abschnitt *Formationen*).

Wurm-Werden

Besonders prägnant wird diese Translation und Transformation in den Massenpsychologien der französischen und italienischen Kriminologie und Soziologie um 1900. So interessiert sich Gabriel de Tarde in seiner *Philosophie pénale* von 1890 explizit für jene Umschlagpunkt, in der eine lose Menge zu einer gerichteten Masse werde:

»Une *foule* est un phénomène étrange: c'est un ramassis d'éléments hétérogènes, inconnus les uns aux autres; pourtant dès qu'une étincelle de passion, jaillie de l'un d'eux, électrise ce pêle-mêle, il s'y produit une sorte d'organisation subite, de génération spontanée. Cette incohérence devient cohésion, ce bruit devient voix, et ce millier d'hommes pressés ne forme bientôt plus qu'une seule et unique bête, un fauve innommé et monstrueux, qui marche à son but, avec une finalité irréstible.«[81]

Für Tarde war, wenn man Bruno Latour folgt, eine Dichotomie zwischen Natur und Gesellschaft im Hinblick auf ein Verständnis menschlicher Interaktionen irrelevant[82] – die Grundlage sozialer Interaktion und auch die kulturbildende Kraft der Gesellschaft verortete Tarde in der Wirkung der *Gesetze der Nachahmung*, die er in seinem gleichnamigen Hauptwerk (aus dem Jahr 1890) beschreibt. Ein Sozialverband entstehe laut Tarde als eine kollektive, assimilatorische Umwandlung individuellen Verhaltens und von uni- und multilateralen Einflüssen, von steten Interaktionen. Durch diese erst bildeten sich Konstanten wie Gesetze, Organisationen und Institutionen.[83] Wirke dieser Nachahmungs-Prozess als Komplikation zivilisatorisch, indem er von unten nach oben struktu-

---

81. Tarde, Gabriel de: *La Philosophie Pénale*. Paris 1890, S. 324.
82. Vgl. Latour, Bruno: »Gabriel Tarde and the End of the Social«, in: Joyce, Patrick (Hg.): *The Social in Question. New Bearings in History and the Social Sciences*, London 2001, S. 117–132. Online und in deutscher Übersetzung unter: http://www.bruno-latour.fr/article?page=3 (aufgerufen am 24.02.2012). Vgl. hierzu etwa Tardes Hinweis auf Staatsquallen als »Gesellschaften *par excellence*« in: Tarde, Gabriel de: *Die Gesetze der Nachahmung*, Frankfurt/M. 2003, S. 83ff. Eine ähnliche Dichotomie löst Latour selbst in seiner in den 1980er Jahren entwickelten Actor-Network-Theory (ANT) für das Verhältnis menschlicher und technischer Akteure auf. Vgl. Latour, Bruno: *Reassembling the Social: An Introduction to Actor-Network-Theory*, Oxford 2005.
83. Vgl. Gamper: »Massen als Schwärme«, in: *Kollektive ohne Zentrum*, a.a.O., S. 77.

riert sei – »le supérieur est plus imité par l'inférieur« –, so führe er in seiner reziproken Form in eine Degeneration hin zum Einfachen, hin zu jenem kollektiven, »unbenannten und monströsen Raubtier« der Masse. In dessen Konstitution gehe es um grundlegende »materielle Kontakte« und damit gewissermaßen um ein Tier-Werden, nicht um ein Streben zu intellektuell und zivilisatorisch ›Feingeistigem‹: Aus den physischen Berührungen, aus der in der Masse hergestellten körperlichen Nähe, aus einer derart intensivierten sozialen Interaktion entstehe erst die »psychische Ansteckung« als eine Eigenschaft, die vergleichbar sei nur mit der Konstitution niederer Tiere:

> »Dans les sociétés animales les plus basses, l'association consiste surtout en un agrégat matériel. A mesure qu'on s'élève sur l'arbre de la vie, la relation sociale devient plus spirituelle. Mais si les individus s'éloignent au point de ne plus se voir ou restent éloignés ainsi au-delà d'un certain temps très court, ils ont cessé d'être associés. – Or, la foule, en cela, présente quelque chose d'animal. N'est-elle pas un faisceau de contagions psychiques essentiellement produites par des contacts physiques?«[84]

In einer solchen Analogie formiert sich gewissermaßen ein Kollektivkörper niederster Ordnung: »[L]a foule apparaît comme un organisme social retrograde«,[85] schreibt Tarde erstmals 1892 in seiner Schrift *Les crimes des foules*, und, so setzt er hinzu, mehr noch »toujours une sauvagesse ou une faunesse, moins que cela, une bête impulsive et maniaque, jouet des ses instincts et de ses habitudes machinales, parfois un animal d'ordre inférieur, un invertébré, un ver monstrueux où la sensibilité est diffuse et qui s'agite encore en mouvements désordonnés après la section de sa tête, confusément distincte du corps.«[86] Den Interaktionen innerhalb einer Menschenmasse werden bei Tarde folglich psycho-mechanische Eigenschaften zugeschrieben. Grundlegender Faktor ist dabei eine kritische *Nähe* der interagierenden Individuen zueinander, durch welche die Masse als ein ›organisches‹ Instinkt- und Triebwesen mit verworrener Sensibilität charakterisiert werden kann. Das Gesetz der Nachahmung wirkt hierbei laut Tarde in negativer Richtung, indem sich individuelle Integration zu einer kollektiven Desintegrationsfigur auswirkt.[87] Das Tierische operiert dabei einerseits auf einer Mikro-Ebene gegenseitiger »contagion« und Suggestion innerhalb der Masse, andererseits wird deren Gesamtheit aber als zwar amorphes, aber immer noch gestaltlich umrissenes Monstrum imaginiert – und sei es auch ein kopfloser, zuckender Wurm.

---

84. Tarde, Gabriel de: *L'Opinion et la foule*, Paris 1901, S. 9, zit. n. der elektronischen Version dieser Ausgabe auf: http://classiques.uqac.ca/classiques/tarde_gabriel/opinion_et_la_foule/opinion_et_la_foule.html (aufgerufen am 24.02.2012).
85. Tarde, Gabriel de: »Les Crimes des Foules«, in: ders.: *Essais et mélanges sociologiques*. Paris 1895[1892], S. 53, zit. n. der elektronischen Version dieser Ausgabe auf: http://classiques.uqac.ca/classiques/tarde_gabriel/essais_melanges_sociologiques/essais_melanges.html (aufgerufen am 24.02.2012).
86. Ebd., S. 54.
87. Vgl. Vogl: »Über soziale Fassungslosigkeit«, in: *Kollektive Gespenster*, a.a.O., S. 175.

Tardes Entwurf zirkulärer, dezentraler Reaktionen in Nachahmungsströmen schließt Massen als eine aus Lärm emergierende Stimme, als »voix« aus »bruit« oder, in englischer Übersetzung wortspielerisch reizvoller, als ›voice out of noise‹ zusammen. Nicht individuelles Verhalten, sondern entindividualisierte Übertragungen in Kommunikations- und Affektrelationen stehen im Fokus von Tardes Untersuchungen. Deren Übertragung wird im Massengeschehen optimiert, indem sich die Masse kontinuierlich in einem Zustand höchster Erregbarkeit befinde, einer Erregbarkeit, die erst den Zusammenschluss auf einer gemeinsamen Ebene im Sinne eines – wie Gustave Le Bon schreibt – automatisierten Verhaltens ermöglicht. Die Gesetze der Nachahmung, die laut Tarde in Massen in einer Art positiver Rückkopplung mit negativem (weil degenerierend wirkenden) Effekt wirksam werden, und der daraus hervorgehende Zusammenschluss zu einer dynamisch organisierten Einheit der Masse kann als eine proto-kybernetische Regelungsstruktur gelesen werden: Durch Prozesse des Reflektierens, nicht der Reflexion, innerhalb der Vielheit stelle sich ein »unisson«, ein Einklang, her.[88]

Dieser Einklang ist aber stets gekennzeichnet von eskalatorischen Eigenschaften – der Zusammenschluss der Einzelnen zu einem dynamischen Kollektiv hat additiven Charakter und gleicht daher einer gärenden Mischung. Deutlich wird dies, wenn Tarde – im Kontext eines kriminalanthropologischen Diskurses und als Replik auf den Text *La foule criminelle* des italienischen Kriminologen Scipio Sighele aus dem Jahr 1891 – dessen Anleihen bei Espinas übernimmt und selbst Beschreibungen über den angeblich proportional zu ihrer Anzahl zunehmenden ›Mut‹ von Ameisen anfügt. Diese anthropomorphisierend verwendete ›Charaktereigenschaft‹ wiederum hatte bereits Espinas von Forel übernommen und seiner anekdotischen Aneinanderreihung ›thiergesellschaftlicher‹ Verhaltensweisen beigefügt. Die Dynamiken der Masse erzeugten laut Tarde also durchaus wirksame Effekte, aber gerade dadurch, dass sie ins Tierische, Instinkthafte zurückfielen. Denn es gelte, so Tarde: »[M]oralement et intellectuellement, les hommes en gros, valent moins qu'en detail.«[89] Und damit beziehen sich seine Analogien zum Tierischen nicht nur auf die Eigenschaften und Strukturen des Massenverhaltens, sondern zugleich auch auf die Konstitution des Einzelwesens, das Teil des Kollektivs werde.[90]

---

88. Vgl. Tarde: *L'Opinion et la foule*, a.a.O., S. 19. Zur Diskussion des Begriffs »Proto-Kybernetik« im Zusammenhang mit Massen vgl. Stäheli, Urs: »Protokybernetik in der Massenpsychologie«, in: Hagner, Michael und Hörl, Erich (Hg.): *Transformationen des Humanen. Beiträge zur Kulturgeschichte der Kybernetik*, Frankfurt/M. 2007, S. 299–325. Hierbei ist allerdings zu berücksichtigen, dass Tarde in *L'Opinion et la foule* das vereinigende »s'entre-refléter« sowohl in ›Masse‹ als auch ›Volk‹ (»le public«) am Werke sieht, wobei erstere das untere und letztere das obere Extrem eines Spektrums sozialer Evolution markiere, »mais avec combien plus de force dans le public que dans la foule!«: Tarde: *L'Opinion et la foule*, a.a.O., S. 19.
89. Tarde: »Les crimes des foules«, in: *Essais et mélanges sociologiques*, a.a.O., S. 20.
90. Vgl. Gamper: »Massen als Schwärme«, in: *Kollektive ohne Zentrum*, a.a.O., S. 81.

Stupid Mobs

In Ergänzung, aber in seiner argumentativen Zielrichtung auch komplementär zu Tarde beschreibt Scipio Sighele Massenphänomene nicht nur, wie im vorherigen Abschnitt bereits gesehen, als quasi physikalische Entladungsprozesse, sondern zieht als vielleicht erster ›Massenpsychologe‹ explizit zoologische Quellen heran, um die darin vonstattengehenden Interaktionen zu erklären.[91] Indem er in seiner Schrift *La Foule criminelle* von 1891 in einem ausgedehnten Zitat Alfred Espinas' Schilderung des Abwehrverhaltens von Wespen zu Wort kommen lässt, verschiebt er den bereits bei Tarde angelegten Untersuchungsaspekt zum Kulminationspunkt der Massen-Werdung noch weiter in Richtung systemischer Konstellationen. Sighele betont genau wie Tarde die Bedeutung suggestiver und imitierender Interaktion im Kollektiv der Masse sowie jene der physikalischen Nähe, der materiellen Aggregation, für die Geschwindigkeit der Ansteckung und des Umschlags von einer reinen Menge von Individuen zu jener Gesamtheit der Masse. Sighele subtrahiert jedoch Tardes soziale und kulturalistische Begründung von Imitation und Suggestion, geht es ihm doch um eine positivistisch gefasste Physiologie der Entstehung der Massenseele. Sein Bezug auf Espinas' frühe tierpsychologische Studien ist dabei ein zweischneidiger.[92] Espinas legt dem Abwehrverhalten von Wespen eine Erregungsübertragung zugrunde, die ohne eine identifizierbare ›Sprache‹ wie etwa dem Fühlerkontakt bei Ameisen vonstatten gehe, sondern vielmehr durch das Sehen eines erregten Artgenossen induziert werde:

> »Il suffit, pour l'explication du fait, que nous concevions comment une émotion d'alarme et de colère se communique d'un individu à l'autre. Chaque individu, remué soudain par cette impression rapide, s'élancera au dehors et suivra l'élan général, il se précipitera même sur la première personne venue, de préférence sur celle qui fuit. Tous les animaux sont entraînés par l'aspect du mouvement. Il ne reste donc plus qu'à dire comment les émotions se communiquent à toute la masse. Par le seul spectacle, répondons nous, d'un individu irrité. C'est une loi universelle dans tout le domaine de la vie intelligente, que la représentation d'un état émotionnel provoque la naissance de ce même état chez celui qui en est témoin.«[93]

Dieses »universelle Übertragungsgesetz im Bereich intelligenten Lebens« gelte, so Sigheles Fazit und eigene positivistische Übertragung, eben auch bei Men-

---

91. Die beiden Ansätze sind komplementär im Sinne einer Kriminologie, die Tarde als eine Degeneration von zivilisierten Subjekten in der Masse beschreibt, die sodann ›somnambul‹ angesteckt zu schlimmsten Verbrechen fähig seien, während Sighele betont, dass sich in der Masse lediglich ein schon vorhandenes verbrecherisches Potenzial jedes Einzelnen noch vervielfache.
92. Vgl. hierzu und im Folgenden Gamper: »Massen als Schwärme«, in: *Kollektive ohne Zentrum*, a.a.O., S. 77f.
93. Sighele, Scipio: *La foule criminelle Essai de psychologie criminelle*, 2. Auflage, Paris 1901[1891], S. 59. Seitenangaben zitiert nach: http://classiques.uqac.ca/classiques/sighele_scipio/foule_criminelle/foule_criminelle.html (aufgerufen am 24.02.2012). Sighele zitiert darin Espinas, *Die thierischen Gesellschaften*, a.a.O., S. 343f.

schen, wo sie in jenem Falle durch visuelle und akustische Stimuli weitergegeben würden, und zwar *bevor* sich der Einzelne über deren Anlass oder Ursache klar sei.

»Comme parmi les guêpes, comme parmi les oiseaux, dont une volée entière, au moindre battement d'ailes, est prise d'un panique invincible, ainsi parmi les hommes une émotion se répand suggestivement, au moyen de la vue et de l'ouïe, avant même que les motifs en soient connus; et l'impulsion vient de la représentation même du fait imité, de même que nous ne pouvons jeter un regard au fond d'un précipice sans éprouver le vertige qui nous y attire.«[94]

Sighele beschreibt die Massenbildung als eine Agglomeration von einzelnen Übertragungen, von selbstkoordinierenden Interaktionen, die über die Sinne, aber Sinn-los vonstattengingen. Nicht Bedeutungen oder Nachrichten würden übertragen, wie es etwa beim Fühlerkontakt der bei Espinas beschriebenen Ameisen vorstellbar war, sondern gewissermaßen vor-bewusste, affekthafte Verhaltensweisen in spontaner Reaktion auf externe Gegebenheiten. Damit erübrigte sich für Sighele einerseits der Bezug auf einen irgendwie von außen umrissenen, tierisch-organischen Körper wie bei Tarde. Tierkollektive galten Sighele nicht nur als Veranschaulichungs-, sondern auch als (wenn auch positivistisch geradeheraus und unkritisch übertragene) Wissensquellen für die Frage nach der *Natur* der Interaktionen in menschlichen Kollektiven. Der Rückgriff auf funktionale, systemische Aspekte, auf die *Relationalität* solcher Tierkollektive ersetzt einen Bezug auf die individuellen Eigenschaften der einzelnen Teile von Tierschwarm und Menschenmasse – die Interaktionen treten in den Mittelpunkt, und in diesem Punkt löst sich jede Individualität auf, um die, so Sighele, »Seele der Masse« hervorzubringen. Während bei Tarde also eine kritische Nähe der Individuen das Bild eines zuckenden Wurmes evoziert, entwickelt Sighele ein dynamischeres und ephemereres Relationen-Ensemble.

Doch was hat es mit dieser ›Natur‹ auf sich oder mit jener ›Empirie‹ naturkundlicher Studien, wie sie Sighele bei Espinas findet und positivistisch übertragen wird? Wie in Kapitel I.1 gesehen, ist hier Vorsicht geboten: Faktoren wie »Erregung«, »Mut« oder »Wut« sind gerade auch in der damaligen Tierpsychologie unscharf definiert, da sie selbst erst im Blick auf den Menschen deren Teil geworden waren.[95] Und die physiologischen Erklärungen der Übertragung von z. B. Angst oder Erregung sind nicht Bestandteil eines gesicherten biologischen Wissens, sondern sind, wie gesehen, aus unsystematisch-vergleichenden und auf unterschiedliche Tierkollektive rekurrierenden anekdotischen Methoden entstanden.

---

94. Sighele, Scipio: *Psychologie des Auflaufs und der Massenverbrechen*. Dresden, Leipzig 1897 [Original 1891], S. 45.
95. Man denke hier auch daran, dass Espinas seine Arbeiten explizit als eine Fundierung für die menschliche Soziologie konzipiert hatte. Vgl. Espinas: *Die thierischen Gesellschaften*, a.a.O., S. 496 und 504. Vgl. auch das Kapitel *Arithmetik der Erregung*.

Sighele folgte nicht der Perspektive Espinas', in den Insekten-Kollektiven von Wespen, Bienen oder Ameisen ein Modell höherer sozialer Ordnung zu sehen. Vielmehr beabsichtigte er, gerade die Primitivität und Irrationalität von Massenverhalten im Kontext einer Kriminologie gewalttätiger Pöbelscharen auszustellen.[96] Zwar beschreibt er die Phasentransformation zur Masse auf Basis einer radikalen Relationalität und kommt so der Ungestalt des Schwarms wesentlich näher als einer als Raubtier oder Wurm imaginierten Masse. Doch ist dieses Gespenst keine Intelligenz hervorbringende Lichtgestalt wie bei Forster, sondern ganz im Gegenteil eine ungreifbare, animalische Vielheit, in der sich gerade das Verbrecherische potenziere. Oder, mit einem Satz Armin Schäfers und Joseph Vogls: »Die Entdeckung des Sozialen ist im 19. Jahrhundert weniger mit einem gleichmäßig verteilten Verstand, mit einer Logik vernünftiger Verhaltensweisen verbunden als mit der Beschreibung eines Bandes, das aus Nicht-Personen, aus unbewussten Imitationen, irrationalen Reflexen und Entladungen besteht.«[97] Sigheles Rückgriff auf zoologische Schriften über soziale Insekten dienen also in keinem Fall dem Übertrag einer anderen, tierisch-kollektiven Form von Intelligenz auf das menschliche Kollektiv der Masse, sondern stellt ganz im Gegenteil und in Analogie zu Tardes monströsem Wurm die Zuordnung der Eigenschaften der Masse zu denen niederer Tiere heraus. Ganz ähnlich wie bei Francis Galton steht auch hier das rational und unbeeinflusst handelnde ›exceptional individual‹ im Kontrast zum unzurechnungsfähigen Massenmenschen.

Ansteckende organische Reflexmaschinen

Die bei Tarde und Sighele konstitutive und in Gustave Le Bons klassischer Abhandlung *Psychologie der Massen* aus dem Jahr 1895 noch einmal prominent gemachte Annahme eines vor-bewussten, affektiven Organisationspotenzials aktueller Massen findet nicht nur Entsprechungen in der älteren Tierpsychologie, sondern auch in der russischen Reflexologie. Le Bon schließt damit eher an Tardes organische Betrachtungsweise an. Der neben Iwan Pawlow führende Vertreter dieser Reflexologie, Wladimir von Bechterew, beschreibt die psychische Wirkung der Suggestion als ein direktes Eindringen in die Psyche eines Subjekts unter Umgehung des persönlichen Bewusstseins. Dies käme, so Bechterew, einer Impfung gleich, die unmittelbar und an Unwiderstehlichkeit mit einer Hypnose vergleichbar wirke, da sie eine Beteiligung des Willens des Subjekts ausschließe.[98] Le Bon wendet diese Beschreibung eines unbewussten Vorgangs unmittelbarer Beeinflussung als eine Art wörtlich zu nehmende, bei jedem Einzelnen einer zu *einem* Körper verschmelzenden Menge ablaufenden

---

96. Vgl. Gamper: »Massen als Schwärme«, in: *Kollektive ohne Zentrum*, a.a.O., S. 79.
97. Schäfer und Vogl: »Feuer und Flamme«, in: *Kultur im Experiment*, a.a.O., S. 197.
98. Bechterew, Wladimir von: »Suggestion und ihre soziale Bedeutung«, Rede auf der Jahresversammlung der Kaiserlich Medizinischen Akademie, 18. Dezember 1897. Leipzig 1899, S. 77, zit. n. Günzel, Stephan: »Der Begriff der ›Masse‹ in Philosophie und Kulturtheorie (II)«, in: *Dialektik. Zeitschrift für Kulturphilosophie* 1 (2005), S. 123–140, hier S. 128.

›Massenimpfung‹ an. Hiermit ist einerseits jene für Le Bon wichtige Eigenschaft von Massen angezeigt, nämlich ihr Bedürfnis, als bewusstseinslose Automaten einem Führer zu folgen. Andererseits führt Bechterew jedoch auch eine ›selbstdesorganisierend‹ zu nennende Eigenschaft an, nämlich eine »*psychische* Epidemie« der »Konvulsionäre« im Falle der »*Panik*«, die als eine Ansteckung ohne zentrale Bezugsfigur gelesen werden kann.[99] Massen wird bei Le Bon, Tarde und Sighele ein eigenes Verhalten zugeschrieben, dessen Unberechenbarkeit an ihre Suggestivität geknüpft ist: Alles Mögliche kann einen Effekt mit ungewissem Fortgang in der Masse auslösen.

Obwohl die Verwendung der medizinischen Begriffe der ›Ansteckung‹ einerseits und der ›Impfung‹ andererseits für die gleiche Beschreibung der Reizübertragung in der Masse von heutiger Warte aus widersprüchlich erscheinen mag, betont sie in diesem Zusammenhang jedoch die Direktheit, die imaginierte Unmittelbarkeit und die Herstellung von Gleichheit durch die unbewusste Reizübertragung unter den Einzelnen: Subjekte lösen sich auf und bringen sich durch Impfung, d. h. im Sinne einer direkten Einpflanzung eines Reizes, in denselben Zustand des Masse-Seins. In dieser »unmittelbaren« Ansteckung durch Blickkontakt mit einem erregten Nachbarn oder durch eine direkte »Impfung« der Psyche schwingt die Vorstellung einer ›medialen‹ Übertragung mit, die eher an die parapsychologische Verwendung des Begriffs *Medium* gemahnt. Le Bon geht es jedoch nicht so sehr um interindividuelle Interaktionen innerhalb des Masse-Kollektivs wie Tarde, sondern in erster Linie um eine Analyse ihrer unbestimmten Form auch als aktuelle *massa*, sozusagen als ›Teig in Aktion‹ – und damit in gewisser Weise auch um die Formulierung eines psychologischen Handbuchs zu deren Verständnis. Dies ist nicht gleichbedeutend mit einem Handbuch zu ihrer Kontrolle: Denn ihre Kenntnis sei nicht etwa ein Hilfsmittel »für den Staatsmann«, sie zu beherrschen, sondern »wenigstens nicht allzusehr von ihnen beherrscht« zu werden.[100] Denn Le Bon weiß sehr wohl um den Unterschied von passivem Brotteig und aktueller Masse: Im Gegensatz zum Brotteig, der höchst selten den Bäcker verzehrt, seien Massen vergleichbar mit den Sphinxen antiker Sagen: Scheitere man an der Lösung jener Fragen, welche die Massenpsychologie stelle, müsse man darauf gefasst sein, von den Massen verschlungen zu werden.[101] So gelte es, immerfort die psychische Spontaneität und Beweglichkeit des triebhaften Reiz-Reaktions-Wesens Masse zu bedenken:

---

99. Bechterew: »Suggestion«, a.a.O., S. 72 und 30. Le Bon erwähnt die »suggestibilité« von Massen im Zusammenhang mit Techniken der Hypnose: »Da das Verstandesleben des Hypnotisierten lahmgelegt ist, wird er der Sklave seiner unbewußten Kräfte, die der Hypnotiseur nach seinem Belieben lenkt. Die bewußte Persönlichkeit ist völlig ausgelöscht, Wille und Unterscheidungsvermögen fehlen, alle Gefühle und Gedanken sind in die Sinne verlegt, die durch den Hypnotiseur beeinflußt werden. Ungefähr in diesem Zustand befindet sich der einzelne als Glied einer Masse. Er ist sich seinen Handlungen nicht mehr bewußt.« Le Bon, Gustave: *Psychologie der Massen*, Stuttgart 1982, S. 16.
100. Vgl. Le Bon: *Psychologie der Massen*, a.a.O., S. 6. Zur Etymologie von Masse vgl. z. B. Jammer, Max: »Masse, Massen«, in: *Historisches Wörterbuch der Philosophie*, hg. von Joachim Ritter u.a., Bd. 5, Darmstadt 1980, S. 825–828, hier S. 825.
101. Vgl. Le Bon: *Psychologie der Massen*, a.a.O., S. 71.

»Da die Reize, die auf eine Masse wirken, sehr wechseln und die Massen ihnen immer gehorchen, so sind sie natürlich äußerst wandelbar. [...] Nichts ist also bei den Massen vorbedacht. Sie können unter dem Einfluß von Augenblicksreizen die ganze Folge der entgegengesetzten Gefühle durchlaufen. Sie gleichen den Blättern, die der Sturm aufwirbelt, nach allen Richtungen verstreut und wieder fallen läßt.«[102]

Viel weniger als Tarde und Sighele verwendet Le Bon Anleihen aus der älteren Tierpsychologie oder der entstehenden Ethologie. Seine Perspektive ist gespeist von humanpsychologischen und humanmedizinischen Bezügen, und seine ›massa‹ damit eher am Modell eines – unbestimmt reagierenden – Organismus orientiert. Der unberechenbare Kollektivkörper der Masse wird bei Le Bon zu einer organischen Reflexmaschine, die ›sklavisch‹ den unaufhörlichen Wechsel äußerer Reize in ihrer Massenpsyche widerspiegele. In ihrer »Gemeinschaftsseele« würden dabei die unbewussten Eigenschaften der Einzelnen zutage treten, die Verstandeseigenschaften hingegen verwischten sich. Daher könnten Massen niemals Handlungen ausführen, die besondere Intelligenz verlangten. Nicht ein kollektiver »Geist« im Sinne Forsters bilde sich, sondern bloße »Mittelmäßigkeit«: Die Masse sei niemals so intelligent oder fähig wie ein Individuum, da das Rationale hinter dem Unbewussten, Schlafwandlerischen, Träumerischen und Irrationalen zurücktrete.

Nichtsdestoweniger werde eine Menge im Zusammenschluss zur Masse etwas Anderes, etwas Neues: Diese ›emergente‹ Wirkkraft der Masse ergebe sich gerade aus den primitiven, unbewussten Eigenschaften ihrer Mitglieder: Erstens aus einem Machtgefühl durch die Anwesenheit Vieler, zweitens durch eine hypnotische »contagion mentale«, die sich aufgrund der interindividuellen Ähnlichkeit unbewusster Triebe rasant ausbreiten könne, und drittens durch ihre leichte Beeinflussbarkeit durch äußere Reize. Die psychologische Masse sei mithin ein »unbestimmtes Wesen« aus Bestandteilen, die sich für einen Augenblick verbinden würden und so – wie bei einem »zellulären Organismus« – ein neues Wesen mit ganz anderen Eigenschaften als jenen der Einzelnen bilde.[103] Die Art dieser »riesigen, unbewußten Wirkungskraft« liege jedoch noch im Unklaren und sei »nur zu oft« einer »Untersuchung unzugänglich.«[104] Im Unterschied zu Tarde und Sighele imaginiert Le Bon, seines Zeichens nicht nur Soziologe, sondern auch Arzt, in diesem Zusammenhang auch eine Form der Ansteckung, die mediale und epidemische Komponenten kombiniert und sich von der ›unmittelbaren‹ psychischen Suggestion und Imitation distanziert: Eine ansteckende Übertragung von Ideen, Gefühlen oder Glaubenslehren, die

---

102. Ebd., S. 20.
103. Vgl. ebd., S. 14–21. Le Bons Nähe zum Begriff der Emergenz – der 1875 vom englischen Philosophen George Henry Lewes geprägt wird, um weder additive noch vorhersagbare Chrakteristika zu bezeichnen – wird deutlich in beiden Bezug auf chemische Prozesse. Für Le Bon entsteht mit der Masse nicht nur ein neuer Körper, sondern sogar neue Elemente. Vgl. Stäheli: »Protokybernetik in der Massenpsychologie«, in: *Transformationen des Humanen*, a.a.O., S. 305.
104. Le Bon: *Psychologie der Massen*, a.a.O., S. XLI.

so rasch verlaufe, als werde sie von »Mikroben« übertragen.[105] Diese epidemische Ansteckung durch ein unzugängliches, unfassbar Kleines berge, so Michael Gamper, für Le Bon die wahre Unheimlichkeit der Masse als »auf unendliche Ausdehnung angelegtes amorphes soziales Ding«[106] – die Masse können sich ausdehnen, bis wirklich jedes Individuum ein Teil von ihr geworden sei.

Psycho-Tautologie

Das schwärmende Leuchtkäfergespenst, mit dem Georg Forster eine ephemere, aber rational verankerte nachrevolutionäre Kollektivintelligenz vorstellte, wandelt sich im Diskurs der Massenpsychologie zu veritablen Monstren: bei Gabriel de Tarde zu einem reißenden Raubtier oder einem niederen, zuckenden Wurm, bei Scipio Sighele zu einer Menge, die über Suggestion und Imitation zu übersteigerten Emotionen fähig sei, oder bei Gustave Le Bon zu einer organischen Reflexmaschine, die sich durch Ansteckung endlos ausdehnen könne. In diesen verschiedenen Beschreibungen insistieren jeweils tierpsychologische Momente, mit denen erstens die Interaktionen innerhalb solcher monströser Massenkörper erklärt werden sollen, sowie zweitens die Relationen von Vielheit und Einheit, und drittens auch das plötzliche Umschlagen in Verhaltensweisen, die nur in einem solchen Zusammenschluss ablaufen. Konstitutiv wirkt etwa eine körperliche Nähe der Einzelnen in der Masse auf eine Ebene ›psychologischer Ansteckung‹. Diese wird als Bedingung angesehen für die Bildung einer unteilbaren Masse, eines *Miteinanders*, aus einer Menge, dem bloßen *Nebeneinander* heraus. Dieser Zusammenschluss geschehe an einem ungewissen Transformationspunkt – eine Auslösung, die unvorhersehbar, zufällig daherkommen und unübersehbare Wirkungen entfalten kann, indem sich durch interindividuelle Ansteckung und Übertragung eine Gemeinschaftsseele bilde. Ohne Verantwortung vor einer rationalen Instanz befähige sie die zur Masse zusammengeschlossenen Einzelnen zu Taten, die an Intensität und Furor die Handlungsmöglichkeiten der Einzelnen weit übersteige – um den Preis ihrer »Depravation zum Tier«.[107] In der Masse werde der Einzelne ein anderer seiner selbst, und die Masse damit »jener dramatische Ort, wo sich das Soziale vom Einzelwesen ablöst, unähnlich wird und sich in seiner radikalsten, seiner pursten Gestalt präsentiert: als das Irrationale schlechthin.«[108]

Aktuelle Massen werden als sich spontan zusammenschließende, auf unendlichen Anschluss ausgelegte, aber dennoch zeitlich begrenzt bleibende Kollektive beschrieben. Sie evozieren damit die Vorstellung eines plötzlichen, massiven Überflutens von Räumen, einer Überwindung jeglicher Form von Begrenzung, Rasterung und Ordnung. Sie füllen Räume, um explosionsartig aus ihnen her-

---

105. Le Bon: *Psychologie der Massen*, a.a.O., S. 9.
106. Vgl. Gamper: »Massen als Schwärme«, in: *Kollektive ohne Zentrum*, a.a.O., S. 81.
107. Ebd., S. 81.
108. Vogl: »Über soziale Fassungslosigkeit«, in: *Kollektive Gespenster*, a.a.O., S. 181.

vorzubrechen und jegliche Raumordnung je schon zu suspendieren. Nicht nur im initialen Ereignis des Zusammenschlusses, sondern auch im Prozess ihrer Massenexistenz bleiben sie dabei nervöse, reizbare und konstitutiv unberechenbare Kollektivformen. Dabei bleibt sowohl ihre äußere Form als auch ihre innere Struktur amorph. Le Bon vergleicht die wahrnehmbaren Erscheinungen der Masse mit Wogen auf dem Ozean, die von unterirdischen Erschütterungen kundeten, welche man »nicht kennen« könne. Sichtbar werde eine Macht, deren Wesen unbekannt bleibe, und die darin dem noch unzureichenden Wissen über das Unbewusste gleiche, in dem die Wirkkraft der psychologischen Masse liege:

> »Aber vielleicht ist gerade dies Unbewußte das Geheimnis ihrer Kraft. In der Natur gibt es Wesen, die nur aus Instinkt handeln und Taten vollbringen, die wir anstaunen. [...] Das Unbewußte ist eine Wirkungskraft, die wir noch nicht erkennen können. Wollen wir also in den engen, aber sicheren Grenzen der wissenschaftlich erkennbaren Dinge halten und nicht auf dem Felde unbestimmter Vermutungen und nichtiger Voraussetzungen umherirren, so dürfen wir nur die Erscheinungen feststellen, die uns zugänglich sind, und müssen uns damit begnügen. Jede Folgerung, die wir aus unseren Beobachtungen ziehen, ist meistens voreilig; denn hinter den wahrgenommenen Erscheinungen gibt es solche, die wir undeutlich sehen, und hinter diesen wahrscheinlich noch andere, die wir überhaupt nicht erkennen.«[109]

Diese Unzugänglichkeit, dieses Unwissen über die – in einem soziopsychologischen Diskurs verhandelten – Funktionsweisen der Masse, die einer ›Beherrschung‹ zuwiderläuft, macht ihren Schrecken aus. Formlosigkeit, Strukturlosigkeit, schiere, ausufernde Größe und die Spontaneität ihres (unbewussten) Handelns machen sie als dynamische Figur der Störung sozialer und politischer Ordnung historisch persistent. Revolutionäre Massen konstituieren sich in einer perpetuierenden Enthauptung des Königs, während psychologische Massen in ihrer schlafwandlerischen Charakter nach einer Führerfigur lechzen, die jedoch immer schon Gefahr läuft, selbst wiederum Opfer der Masse zu werden.

Wenn dabei versucht wird, im Zuge eines Vergleichs von Tier und Menschenmenge Massen anhand des Bildes von Schwärmen zu beschreiben – ein belastbarer Begriff oder ein konzises Konzept von *Schwarm* existiert ja noch nicht – steht dies epistemologisch auf wackeligen Füßen. Denn die Massenpsychologie beruft sich dabei auf Konzepte aus der Tierpsychologie, die selbst aus anthropomorphen Übertragungen entstanden sind. Der Beitrag, den ein (seinerzeit rudimentäres) Wissen um tierisches Kollektivverhalten – geschweige

---

109. Le Bon: *Psychologie der Massen*, a.a.O., S. XLIf. Hier könnte sich eine Diskussion der späteren Untersuchungen von Sigmund Freud zur ›libidinösen‹ Massenseele anschließen, die diesen Raum des Nicht-Wissens zu erhellen sucht. Da Freud Massen jedoch stark auf Führerfiguren zugespitzt konzeptualisiert und nicht so sehr spontane und ›flüchtige‹, sondern ›stabile‹ und organisierte Massen im Zentrum seines Interesses stehen, soll diese Linie in diesem Rahmen nicht weiterverfolgt werden. Vgl. Freud, Sigmund: »Massenpsychologie und Ich-Analyse« [1921], in: ders., *Studienausgabe*, hg. von Alexander Mitscherlich, Angela Richards und James Strachey, Bd. 9, Frankfurt/M. 1982, S. 61–134.

denn über mobile Kollektive wie Schwärme im Sinne dieser Arbeit – für die Beschreibung der aktuellen Menschenmassen leisten kann, scheint sich bei näherer Betrachtung aufzulösen in einer Art Tautologie. Wenn die Massenpsychologie auf ein ›ethologisches Wissen‹ zurückgreift, das selbst von frühen anthropomorphistischen und ›humanpsychologischen‹ Begriffen wie ›Muth‹, ›Erregung‹, ›Intelligenz‹, ›Massenseele‹ etc. durchsetzt ist, dann wird lediglich eine Übertragungsschleife geschlossen, die je schon das Tierische im Menschlichen und das Menschliche im Tierischen gesehen hatte; dann kehrt lediglich das Menschliche im Deckmantel des Tierischen in die menschliche Massenpsychologie zurück – mit fraglichem Informationswert. Und auf der anderen Seite kann der massenpsychologische Diskurs dann nur jene eskalatorischen und selbst im Zusammenschluss und unter den Bedingungen einer (nicht näher beschreibbaren) Massenseele als Defizitäres und als Chaotisches angesehenen Dynamiken reproduzieren, die klassischerweise die Perspektive auf Schwärme und (mit Ausnahme der sozialen Insekten) anderer Tierkollektive bestimmte. Kurz gesagt: die Mischung von unscharfen psychologischen Begriffen und Charakterisierungen und das lückenhafte Wissen um interindividuelle Austauschverhältnisse in Kollektiven, die sich im Diskurs zwischen Tier- und Massenpsychologie um 1900 ergibt, impliziert geradezu, nicht nach den Analogien und den Gemeinsamkeiten im Vergleich von Tier- und Menschenkollektiven zu fragen – sondern danach, wie sich Schwarm und Masse unterscheiden.

Bis zu dieser historischen Schwelle lassen sich tierische Kollektive als mehrfache Übergangsfiguren zwischen Massen und Schwärmen lesen. Sie verbinden Ephemeralität mit Ordnung (Forster, Espinas), individuelle Bewegungen mit massenhafter Synchronisation (Galton, Maeterlinck, Forster, Kropotkin), und vorbewusste ›Kommunikation‹ mit einer energetischen Erscheinung (Maeterlinck, Espinas, Sighele, Tarde, Le Bon). Schwärme dienen seinerzeit zwar innerhalb einer diskursiven Konstruktion von Massen als Modelle und Imaginationsobjekte, auf die sich verschiedentlich bezogen wird – mit dem Effekt, dass ihre Tierhaftigkeit in solchen Übertragungen die Menschenmasse zugleich immer auch ›entmenschlicht‹. Doch werden sie *als* Schwärme im Umkehrschluss keinesfalls durch einen massenpsychologischen Diskurs aufschließbar. Das psychologische Moment menschlicher Massen ist in dieser Richtung nicht kompatibel mit zunehmend funktionalistischen Beschreibungen von Schwarmdynamiken innerhalb einer sich gründenden und sich systematisierenden Ethologie in den ersten Jahrzehnten des 20. Jahrhunderts.

Vielleicht könnte man formulieren, dass sich die »Massenseele« in ersterem Kontext aufbaut auf einem Verständnis anthropomorpher affektiver Prozesse, die nicht zu trennen sind von emotionalen Komponenten der Aufstachelung, des ›Entzündens‹ und des ›Outrage‹ der Einzelnen in der Masse: diese dann schlägt um in eine Kollektivbewegung, die zugleich von einem Kollektiv*gefühl* getragen wird. Und vielleicht hebt sich ein Verständnis der Kollektivform des Schwarms gerade dadurch von einem solchen Massen-Konzept ab, dass für sie der Wegfall von Emotionen konstitutiv ist, dass das, was Affiziert-Sein in diesem Kontext bedeutet, sich auf einen anderen Hintergrund, nämlich einen der ›motion‹, der Bewegung, beruft. Massen-hafte Bewegung kann auf einen zeitgenössischen Beobachter natürlich ›schwarmhaft‹ anmuten. Doch hilft hier eine phänomenologische Betrachtung, ein anthropologischer Standpunkt letztlich nicht weiter: Um Schwärme näher zu bestimmen, gilt es, den biologischen und mithin spezifisch schwarm-logischen Dispositionen der Kollektivbewegung nachzugehen, und damit den Blick und das Denken weg vom Menschen und hin auf Schwarmtiere zu lenken. Und damit verschiebt sich ihr Referenzmodell zusehends von einer Kontrastierung mit politischen, mit staatlichen Ordnungen hin zu einer Perspektive, der sie als funktionale *Systemtiere* und funktionalisierte *Zootechnologien* erscheinen. Anstatt das Außen makroskopischer Regelungsvorgänge zu markieren, werden sie unter dieser Perspektive zu biologischen Wissensobjekten, bei denen die internen, mikroskopischen Politiken medientechnisch ›unter die Lupe‹ genommen werden. Und sie werden schließlich weiterentwickelt zu Wissensfiguren, zu Anwendungen, die mit biologisch inspirierten Selbstorganisationsfähigkeiten ausgestatteten sind, und zu Tools, die in intransparenten Problemfeldern einsetzbar sind. Der Genealogie dieser Perspektivierung wird über die folgenden Teile des Buches nachgespürt. Doch zuvor sollen die im unter dem Oberbegriff *Deformationen* untersuchten Positionen noch einmal zusammengeführt werden.

Werden Tierkollektive und Menschenmengen um 1900 miteinander verglichen, dann liegt weder ein Konzept von Schwärmen vor, welches das Problem der Masse informieren könnte, noch eine Massenbeschreibung, die Aufschluss über die Funktionsweise von Schwärmen geben würde. Wir haben es hier eher mit einem rhetorischen, diskursiven und epistemischen Wechselbezug zu tun, in der sich ein bruchstückhaftes tierpsychologisches Wissen mit einem ebenso ansatzweise entwickelten massenpsychologischen Wissen amalgamieren. Dabei können punktuell produktive Erkenntnisse von einem in den anderen Diskurs hinüberwandern – etwa um bei Galton den Begriff der Masse von dem einer Menge zu trennen; wenn Espinas versucht, Erregung zu quantifizieren; wenn Sighele sich auf Espinas' Erregungsweitergabe beruft; wenn auch Le Bon auf die chemiko-physikalischen Ansteckungen zwischen Individuen in Kollektiven rekurriert. Doch gehen die Konzeptionen des Einen nicht in jenes des Anderen auf, da sich immer auch eine Blickverschränkung ergibt – jene eingangs des Abschnitts erwähnte, durch den Blick auf den Menschen bedingte tierpsychologische Informierung, die sich in eine massenpsychologische Informierung einschreibt – und umgekehrt. Das so entstehende Amalgam verfestigt sich ganz im Gegenteil zu einem Erkenntnishindernis, das eine systematische Perspektive auf die Differenzen zwischen verschiedenen Kollektivformen verwischt und damit auch die Herausbildung einer an den Spezifika von Schwärmen interessierten Forschung verunmöglicht.

Diese Amalgamierung erfolgt aufgrund von Regelungsphantasien, von Versuchen der Formulierung politischer und soziologischer Maßgaben (Espinas, Kropotkin, Maeterlinck, Tarde, Le Bon) – und sie kann systematisiert und differenziert werden im Kontext einer *Politischen Zoologie*. Dieses Feld untersucht das Verhältnis des politischen Tiers – des klassischerweise als *zoon politikon* bestimmten Menschen – zu jenem unbestimmten Bereich von Tierheiten, auf den es in einseitiger Abgrenzung hin bezogen ist, und von dessen »aufsteigendem Untergrund« seine politische Form immer wieder heimgesucht wird.[110] Wenn Gilles Deleuze und Félix Guattari in diesem Kontext drei Arten von Tieren aufzählen, die den Rahmen einer politischen Zoologie aufspannten – die ödipalen Haustiere als Vehikel narzisstischer Selbstbetrachtung; die Gattungs-, Klassifikations- und Staatstiere mit ihrer Repräsentationsfunktion; und die dämonischen Tiere in Vielheiten wie Rotten, Meuten und Schwärmen[111] – dann finden sich in der in diesem *Deformationen*-Abschnitt vorgestellten diskursiven Überschneidung von Massen- und Tierpsychologie bereits Hinweise auf eine weitere Kategorie. Dies wären jene Systemtiere (die auch ehemals dämonische Tiere sein können wie Schwärme), welche unter einem neuen Blick auf ihre zugrundeliegenden Funktionen die strukturelle Organisation von Kollektiven regeln helfen können. Dabei steht nicht länger ihr Modellcharakter für politische Dynamiken im Kontext menschlicher Vielheiten im Vordergrund. Eher verschiebt sich dieser auf Zootechnologien, die mit einem technisch implementierten biologischen Wissen als Tools *je nach Lage* in Bereichen eingesetzt werden, in denen die Problemstellung unklar und die Lösungsstrategien nicht festgelegt sind, und wo sich stets verändernde Bedingungen berücksichtigt werden müssen. Um 1900 können diese funktionalen Grundlagen noch nicht formuliert werden – es bedarf weiterer Entwicklungen und Fluchtlinien, um Schwarmtieren und Schwärmen einen systematischen und produktiven Ort im Namen eines spezifischen Regelungswissens zuweisen zu können und um sie als Systemtiere operabel zu machen. Dazu gehört die *Formation* eines biologisch-wissenschaftlichen Diskurses von Tierkollektiven, dem sich der zweite Abschnitt zuwenden wird.

---

110. Vgl. von der Heiden und Vogl: »Vorwort«, in: *Politische Zoologie*, a.a.O., S. 8.
111. Vgl. Deleuze und Guattari: *Tausend Plateaus*, a.a.O., S. 328f.

II. FORMATIONEN

Zoologik: Disciplines of Attention

»Als [Konrad] Lorenz einmal in Seewiesen von einem englischen Kollegen besucht wurde und dieser sich nach dem *lavatory* […] erkundigte, verstand Lorenz *laboratory* und antwortete: ›O, we don't have, we are doing everything outside‹.«[1]
Franz M. Wuketits

Die Entwicklung einer genuin biologischen und ethologischen Perspektive auf Tierkollektive stellt mitnichten einen glatten Bruch dar mit der im ersten Abschnitt beschriebenen Verschränkung von Tier- und Massenpsychologie. Erst nach und nach bildet sich ab etwa 1900 aus ganz verschiedenen Kontexten heraus ein methodisches Arsenal, mit dem das Verhalten von sozialen Insekten oder von Vogel- und Fischschwärmen nicht mehr nur in anekdotischer Zusammenschau und ohne einen Wechselbezug von Tier und Mensch aufbereitet wird. Systematische Ansätze und experimentelle Verfahren halten Einzug in die zoologische Forschungspraxis – erst so werden Forschungsdaten vergleichbar und ›verwissenschaftlicht‹. Denn es geht den Protagonisten der frühen Ethologie insbesondere darum, ein naturwissenschaftliches Fundament für ihre Forschungen auszubilden, das sich gerade in Gegenposition aufstellt zu jenen unscharfen psychologischen Zuschreibungen, jenen unbestimmten und anthropomorphisierenden Instinkt-, Emotions- und Intelligenzbegrifflichkeiten, welche die Beschreibung von Tierkollektiven zuvor ausmachten. Diese älteren Ansätze werden dabei keineswegs einfach abgelöst. Theorien über quasi-metaphysische mentale Verständigungsebenen in Kollektiven und über wundersame Kollektivinstinkte und Massenseelen haben weiterhin und noch lange Zeit Konjunktur. Doch gerade durch die Abgrenzung von diesen Konzepten bildet sich eine Form naturwissenschaftlicher Schwarmforschung heraus, die von ihrer Anlage her Ausgangspunkt dafür ist, Schwarmformationen später überhaupt als produktive Kollektive beschreiben zu können.

Dabei ist lange Zeit keineswegs ein übergreifendes ethologisches Forschungsprogramm auszumachen, geschweige denn eine nachhaltige Institutionalisierung progressiver Forschungsansätze. Vielmehr speisen sich die wissenschaftlichen Bemühungen der Ethologie zwischen 1900 und 1930 sowohl aus universitären Kontexten als auch aus den Pionierleistungen von Amateurforschern, die eigentlich noch eher in der Tradition der Naturforscher des 19. Jahrhunderts stehen. Des Weiteren entwickeln sich neue Institutionen wie etwa Fischereiforschungsanstalten und Forschungsaquarien, an denen die neue Form biologischer

---

1. Wuketits: *Die Entdeckung des Verhaltens*, a.a.O., S. 104 [Hervorhebungen SV]. In Seewiesen bei München befand sich das Max Planck-Institut für Verhaltensphysiologie, das Lorenz gemeinsam mit Erich von Holst 1958 hier einrichtete. 1997 wurde die Einrichtung aufgrund von Budgetkürzungen geschlossen.

Forschung an Tierkollektiven Heimstätten findet und an denen ein produktiver akademischer Diskurs etabliert wird. Mit Lynn K. Nyhart kann man somit von der allmählichen Kultivierung einer Forschungslandschaft sprechen, in der sich verschiedene Diskurse, Methoden, Theoriegebäude und institutionelle Rahmenbedingungen überlagern und miteinander ausgehandelt werden.[2] In dieser sich ausbildenden und immer wieder umformenden Forschungslandschaft mit ›wachsenden‹ methodischen Zugängen, technischen Apparaturen und theoretischen Überlegungen – mit einer eigenen, sich ausbildenden *Zoologik* – werden Tierkollektive nicht als etwas Naturgegebenes aufgefasst und angeschrieben. Sie werden ganz im Gegenteil als Forschungsobjekte selbst erst in spezifischer Weise und unter Verwendung eines besonderen biologischen Vokabulars hervorgebracht. Charakteristisch für die Art und Weise dieser Ausbildung ist dabei ein allmählicher Übergang zu experimentellen Methoden, zu quantifizierbaren und anhand von empirischen Daten bekräftigten physiologischen Beschreibungen, und nicht zuletzt der Einsatz (medien-)technischer Hilfsmittel angesichts der Schwierigkeiten, die eine Erforschung dynamischer Vielheiten mit sich bringt. Was laut Friedrich Kittler für die Anthropologie im Angesicht technischer Schreib-, Speicher-, und Datenverarbeitungsgeräte gilt, kann – unter Hinzunahme bewegungsphysikalischer Überlegungen – auf die Erforschung von Tierkollektiven übertragen werden: »Physiologie, diese hard science, löste eine psychologische Vorstellung vom Menschen ab, die ihm […] garantiert hatte, seine Seele zu finden. […Diese] wurde obsolet, sobald Körper und Seele zum Objekt naturwissenschaftlicher Experimente aufrückten. Die Einheit der Apperzeption zerfiel in eine offene Menge von Subroutinen […].«[3]

Diese sukzessive *Formation* einer Schwarmforschung mit einem naturwissenschaftlichen Selbstverständnis kann als eine grundsätzliche ›Entpsychologisierung‹ in theoretischer und diskursiver Hinsicht beschrieben werden: Von der Vorstellung und dem konzeptuell auch nötigen Rückgriff auf kollektive Instinkte zur Erklärung dynamischer Schwarmverhaltensweisen abrückend, folgen die neuen Ansätze in der Ethologie einem Kurs, der hier als eine Bewegung von (tier-)psychologischen zu bewegungsphysikalischen Konzepten und Modellen gefasst wird. Es lässt sich mithin eine zweite zoo-logische Komponente ausmachen: Sind zuvor »unscharfe Begriffe« an die unscharfen Erscheinungen von Schwärmen gekoppelt, geht es nun dezidiert um eine Präzisierung und Verwissenschaftlichung des Diskurses, der über den Versuch einer Schärfung des Forschungsobjekts angegangen wird – nämlich von experimentellen und laborwissenschaftlichen Überlegungen her. Anthropomorphe Charakterisierungen von Kollektiven im Sinne eines erregbaren, ansteckenden, sich multiplizierenden und eskalatorisch wirkenden Massenverhaltens verschieben sich zu Versuchsanordnungen und Beschreibungsweisen, in denen Agglomerationen nicht

---

2. Vgl. Nyhart, Lynn K.: »Natural history and the ›new‹ biology«, in: Jardine, Nicholas, Secord, J. Anne und Spary, Emma C. (Hg.): *Cultures of Natural History*, Cambridge 1996, S. 426–443.
3. Kittler, Friedrich: *Grammophon, Film, Typewriter*. Berlin 1986.

mehr zu Massen verschmelzen, sondern als interagierende Mengen zwischen Einheit und Vielheit oszillieren. Dieses differenzlogische Prinzip, bei denen beide Seiten – Individuum und Kollektiv – konstitutiv sind für die Dynamiken des Gesamtsystems, öffnet den Blick für eine systematische Untersuchung der zwischen den Teilen des Systems vonstattengehenden *Operationen*. Ohne Rückkopplung an humanpsychologische Begriffe wird hier ein Relationen-Wissen kultiviert, das Einheit und Vielheit in ein neues – physikalisch konnotiertes – Bezugssystem setzt.

In diesem Abschnitt sollen verschiedene Linien in der Kultivierung ethologischer Forschung zwischen 1900 und 1930 gezeichnet werden, die für die Herausbildung biologischer Schwarmforschungen entscheidende Denkfiguren und methodische Herangehensweisen formuliert haben. Dies geschieht in einem kursorischen Rund- und Querflug durch die frühe Verhaltensbiologie anhand verschiedener Zugänge zur Schwarmforschung, in denen sich epistemische Besonderheiten zeigen, die im Sinne einer medientechnischen Formatierung von Schwärmen ab den späten 1920er Jahren virulent werden sollte. Zunächst widmet sich das Kapitel ethologischen Forschungen an sozialen Insekten, die eine weitreichende Umwertung des Organismus-Begriffs evozieren – im Sinne einer Sichtweise, welche dessen Offenheit im Bezug auf Austauschprozesse und die Flexibilität interner Abläufe in den Vordergrund rückt. Zudem wird zweitens ein Dispositiv der Beobachtung virulent, wenn es Verhaltensforscher in zunehmendem Maße hinaus ins Feld zieht. Dort – oder besser gesagt: *über* den Feldern – können nicht nur die Dynamiken großer Vogelschwärme beobachtet und kann nach den Hintergründen ihrer Funktionsweisen gefragt werden. Es lassen sich auch Reaktionen von Tierkollektiven auf äußere Einflüsse, also eine Offenheit gegenüber der Umwelt, anhand von strukturellen Metamorphosen der Schwarmgestalt beobachten. Diese Relation von Tieren und ihrer Umwelt wird in der *Umweltlehre* Jakob von Uexkülls theoretisch aufbereitet und eröffnet die Möglichkeit, Tiere als funktionale Schaltstellen oder Operatoren innerhalb dynamischer Systeme zu denken. Und schließlich weisen Untersuchungen anhand von Fischschwärmen in Aquarien und Labortanks Ende der 1920er Jahre den Weg in eine Experimentalisierung und Mediatisierung von Schwarmforschungen. Hier werden Schwärme als Forschungsobjekte überführt in den Kontext replizierbarer Anordnungen und reduzierter Komplexität – mit dem Ziel, genauere Untersuchungen über ihr Verhalten durchführen zu können, aber auch mit epistemischen Konsequenzen und technischen Problemen, die die *Formatierungen* von Schwärmen (vgl. Abschnitt *Formatierungen*) lange Zeit beschäftigen werden.

Ganz losgelöst von einem Blick auf den Menschen werden Schwärme bis 1930 also für eine Verhaltensbiologie interessant, die versucht, eine eigene Sprache und eine eigene Perspektive auf Tierkollektive zu richten. Sie fasst sie als dynamische Systeme, bei denen weder die Eigenschaften des Kollektivs noch die Beschaffenheit der Individuen, sondern die Art und Konstitution der *Relationen* zwischen den Individuen als entscheidende Funktionen ausgemacht werden.

Nicht das psychische Vermögen zur *Erregbarkeit* oder *Ansteckung* steht in diesem Diskurs schließlich mehr zur Debatte, sondern die messtechnisch nachweisbaren sinnesphysiologischen Potenziale von Individuen und die Art und Weise des *Informationstransfers* zwischen ihnen.

1. Bien und Superorganismus

»When the philosopher has finished all he has to say about Nature and Life,
it is the biologist who is called in by his relations to certify that he is legally dead.«
Lancelot Thomas Hogben

Flaniert man auf den nicht ganz so touristisch ausgetretenen Pfaden Wiens oder fährt einmal durch die Toskana-artigen Hügel des Landkreises Weimar, so ist es nicht unbedingt nahe-, zumindest aber am möglichen Weg liegend, dass man hier wie dort eine unscheinbare Gedenktafel passiert. Die eine befindet sich an der Hauswand eines Nebengebäudes der *Augarten Porzellanmanufaktur* in der Wiener Leopoldstadt und gebührt dem Naturforscher und Bienenzüchter Anton Janscha. Die andere ruht auf einem Gedenkstein im kleinen Ort Oßmannstedt bei Weimar und erinnert an den Pfarrer und Hobbyimker Ferdinand Gerstung. Diese beiden Namen werden sich kaum in gängigen Publikationen zur Geschichte der biologischen Verhaltensforschung finden. Ihr Denken an den Beginn dieses Kapitels über die Anfänge verhaltensbiologischer Schwarmforschungen zu stellen, ist aber weniger abwegig als die Orte ihres Gedenkens.

Sicherlich sind da zunächst die üblichen Personen, die in einer Hinleitung auf Pionierarbeiten der frühen Ethologie und insbesondere auf die Anfänge der Erforschung von tierischem Verhalten im Kollektiv nicht ungenannt bleiben dürfen, und in deren Werken sich seit der Antike tierische und menschliche »Gesellschaften« in verschiedenerlei Hinsicht und mit durchaus unterschiedlich dosiertem Moralin-Gehalt analogisch verschränken: Von Aristoteles zu Plinius, von Charles Butler und John Day zu Johannes Colerus und Ludwig Büchner, von Jan Swammerdam, Charles Bonnet und René de Réaumur über Bernhard Mandeville, Carl Vogt, und Jules Michelet zu Alfred Espinas und Auguste Forel – immer wieder wurden soziale Insekten wie Bienen und Ameisen als Beispiele für in Bezug auf menschliche Gesellschaftsordnungen defizitäre oder überlegene Sozialformen herangezogen. Sie dienten einerseits in anthropomorpher oder zumindest anthropozentrischer Weise als Modelle für die Organisation und Sicherung von Soziabilität, andererseits jedoch auch für die jeweilige Sicherung der Grenze zwischen Mensch und Tier.[4]

---

4. Vgl. Aristoteles: *Die Lehrschriften: Tierkunde*, Paderborn: Schöningh 1949, 488a; Gaius Plinius Secundus: *Naturkunde, lateinisch-deutsch*, Buch XI, München 1973–1996, S. 24–25; Butler, Charles: *The Feminine Monarchy or A Treatise concerning Bees and the due ordering of them*, Reprint der Ausgabe von 1609, Amsterdam, New York 1969; Day, John: *The Parliament of Bees*, London 1641; Colerus, Johannes: »Von der Bienen Policey-Ordnung«, in: ders.: *Oeconomia ruralis et domestica*, Frankfurt/M. 1680; Swammerdam, Jan: *Histoire générale des insectes*, Utrecht 1682; Bonnet, Charles: »Traité d'insectologie, ou Observations sur les pucerons«, in: ders., *Oeuvres de l'histoire naturelle et de philosophie*, Bd 1, Neuchatel 1779–1783 [1745]; Réaumur, René Antoine Ferchault de: *Mémoires pour servir à l'histoir des insectes*, 6 Bde., Paris 1734–42; Mandeville, Bernhard: *The Fable of the Bees*, London 1714; Vogt, Carl: *Untersuchungen über Thierstaaten*, Frankfurt/M. 1851; Forel, Auguste: *Les fourmis de la Suisse*, Zürich 1873; Ders.: *Die psychischen Fähigkeiten der Ameisen und einiger anderer Insekten mit einem Anhang über die Eigentümlichkeiten des Geruchssinns bei jenen Tieren*, München 1901; Espinas, Alfred: *Die thierischen Gesellschaften. Eine vergleichend-psychologische Untersuchung*, 2. erw. Auflage, Braunschweig 1879. Hingewiesen sei

In diesem Kapitel soll es jedoch um eine Umwertung dieser klassischen Perspektive auf Tierkollektive gehen, welche als eine höchst relevante Bedingung angesehen werden kann für ein biologisches Interesse, das sich um eine Integration von Einheit und Einheiten bemüht, indem es diese über ihre *Relationalität* denkt. Dieser theoretische Umbau lässt sich nachzeichnen in jenen Modifikationen, mit denen der amerikanische Zoologe William Morton Wheeler die ›soziologischen‹ Begrifflichkeiten, die Forel in seinen Ameisenstudien benutzt, in eine genuin ›biologische‹ und näherhin in eine explizite *Organismus*-Terminologie überführt. Diese markiert nicht nur den theoretischen Grundstein eines wissenschaftlichen Feldes innerhalb der Biologie, für die Wheeler selbst 1902 die Bezeichnung *Ethologie* vorschlägt. Mit Wheeler emanzipiert sich die biologische Erforschung von Kollektiven von Anthropomorphismen, mit seiner Theorie werden das Eigenleben und die Funktionsweisen von Tierkollektiven neu gefasst. Seine Arbeiten avancieren aufgrund ihres – man könnte sagen: systemischen – Ansatzes nicht ohne Grund zu ›Urtexten‹ jenes Diskurses um Swarm Intelligence in den 1990er Jahren, der die Fluchtlinie dieser Arbeit bildet. Doch vorerst zurück zu den Gedenktafeln und damit zu einem historisch-epistemologischen Bogen, der sich von Imkern und Amateurforschern zu den Anfängen der Ethologie schlagen lässt.

Ein Säugetier ehrenhalber[5]

Anton Janscha, seines Zeichens von Kaiserin Maria Theresia zum k. u. k. Imker und Leiter der weltweit ersten Schule zur Förderung der Bienenzucht ernannt, beschreibt bereits in der zweiten Hälfte des 18. Jahrhunderts – und für seine Zeit durchaus untypisch – das *dynamische* Verhalten von Bienen, insbesondere ihr Schwärmen. Damit zielt er auf jene Phase, in der Bienen-»Völker« aus ihrem durch diese Metapher nahegelegten Rahmen als gesicherte Sozialform fallen, eine Phase, die Wheeler 140 Jahre später als ungeschlechtliche Reproduktion des Kollektivorganismus beschreiben wird. Wenn im Frühsommer die Reproduktionsrate eines Bienenvolkes ihr Maximum erreicht, sucht sich ein Teil davon mit der alten Königin einen neuen Standort, und lässt den anderen Teil mit einer eigens aufgezogenen Jungkönigin zurück. Janscha liefert detaillierte Beobachtungen der verschiedenen »Stimmen« dieser Bienenschwärme, die sich nach dem Ausschwärmen aus dem alten Stock als große Schwarmtraube nieder-

---

hier insbesondere auf die kulturwissenschaftlichen Beiträge von Eva Johach zu den Wechselwirkungen diskursiver Übertragungen zwischen menschlichen Sozialformen und politischen Modellen und den Kollektivstrukturen sozialer Insekten: z. B. Johach, Eva: »Der Bienenstaat. Geschichte eines politisch-moralischen Exempels«, in: *Politische Zoologie*, a.a.O., S. 75–89; Dies.: »Schwarm-Logiken. Genealogien sozialer Organisation in Insektengesellschaften«, in: *Kollektive ohne Zentrum*, a.a.O., S. 203–224.

5. Tautz, Jürgen: »Der Bien – ein Säugetier mit vielen Körpern«, in: *Biologie unserer Zeit* 38/1 (2008), S. 22–29. Tautz nennt (in einem begrifflich recht fragwürdigen Text, der z. B. von »Neuerfindungen« der Natur spricht) Eigenschaften wie eine niedrige Vermehrungsrate, ein spezielles Sekret zur Aufzucht des Nachwuchses, eine exakte, gleichbleibende Temperatur, und eine hohe Lernveranlagung als Parallelen zwischen Säugetier und Bienenkollektiv.

lassen. Diese »Stimmen« bringt er in Zusammenhang mit der seinerzeit geheimnisvollen Entscheidungsfindung für den neuen Standort. Derartige Beobachtungen scheinen für seine Zeit herausragend, betreibt Janscha doch eine Art empirischer Feldforschung. Diese vermag sich jedoch, so wird andernorts und später beklagt, gegen »den Wirrsal der phantastischen, meist auf dem Schreibtisch ausgetüftelten Ansichten und Lehren der Schriftsteller jener Zeit nicht durchzusetzen.«[6] Janschas Klassifizierung der einzelnen Bienentypen und auch ihrer Hierarchisierung liegen demgegenüber ganz auf der Linie des damaligen Mainstreams.[7] So definiert der Bienenzüchter in seinem Werk *Abhandlung vom Schwärmen der Bienen* 1771:

> »§. 1. Ein Bienenschwarm ist eine Abtheilung der Bienen, wodurch einige von dem übrigen zurückbleibenden Volke des Geburts- oder Mutterstockes abgesöndert, in einer neuen Wohnung eine eigene Wirthschaft und Haushaltung machen. [...] §. 3. Der Schwarm in sich betrachtet, ist eine häusliche Gesellschaft, Familie oder Kolonie; dessen Haupt wird insgemein der Weisel [...] genennet, welcher an der Gestalt und Größe von den anderen Bienen unterschieden, mit seinem Eyerlegen das Bienenvolk vermehret durch sein Daseyn alles belebet oder aufmuntert, mit einem Worte, das Haupt des ganzen Schwarmes vorstellet. [...] §. 4. Den übrigen Haufen des Schwarmes machen die gemeinen Arbeitsbienen aus, welche mit ihrem Fleiße alles nothwendige eintragen, in dem Stocke die Arbeit verrichten, und dem Bienenwirthe seinen Nutzen verschaffen. Der Dröhnen will ich hier keine Erwähnung thun, weil sie bey einem Schwarme keinen großen Antheil haben.«[8]

Ein halbes Jahrhundert später stellt Johannes Dzierzon in seiner *Rationellen Bienenzucht* einerseits den mobilen und heute noch geläufigen Bienenstock mit seinen Holzrahmen, andererseits aber auch eine am Einzelwesen orientierte Perspektive vor. Bienenschwärme werden hier vor dem Hintergrund eines Descartes'schen, mechanistischen Weltbildes verstanden, in dem sich aus der Bestimmung und dem Studium der Bestandteile einer Gesamtheit auch ihre Funktionszusammenhänge ergründen ließen. Eine solche atomistische Perspektive lehnen andere Forscher jedoch bereits vehement ab. Ferdinand Gerstung etwa schlägt eine holistische Sichtweise vor. Der bienenbegeisterte Pfarrer, »ein Mann der nichts, aber auch gar nichts auf Äußerlichkeiten gibt«, hatte sich u.a. bei Ernst Haeckel in Jena mit naturwissenschaftlichen und philosophischen Kenntnissen ausgestattet, die »zu einem Universitätsprofessor ebensogut gepasst« hätten – so zumindest formuliert es eine Festschrift zu seinem 25. Todestag.[9] Dieser holistische Ansatz solle nicht von Flügelformen und anderen »untergeordneten Organen« als Unterscheidungs- und Artmerkmalen ausgehen. Viel-

---

6. Vgl. Weippl, Theodor: *Das Schwärmen der Bienen*, Berlin 1932, S. 3.
7. Vgl. hierzu ebenfalls die Texte von Eva Johach.
8. Janscha, Anton: *Abhandlung vom Schwärmen der Bienen*, Neuauflage, hg. von Theodor Weippl, Berlin 1928 [1771], S. 27–28.
9. Vgl. Ludwig, August: *Pfarrer Dr. phil. h.c. Ferdinand Gerstung. Eine Gedenkschrift aus Anlaß seines 25-jährigen Todestages*, Berlin 1950, S. 12.

mehr solle man sich den charakteristischen biologischen und physiologischen Ordnungen, Gesetzen und Merkmalen des gesamten – und hier führt er einen älteren Begriff von Johannes Mehring, einem Vorreiter der modernen Imkerei, neu ein – *Biens* widmen.[10] Mit dem mit einem langen *i* ausgesprochenen Begriff des *Bien* möchte Gerstung damit keinesfalls eine sozial organisierte Gemeinschaft bezeichnen, sondern hat ein »Einwesen« im Blick, das Mehring explizit mit dem Organismus eines Wirbeltieres verglich. Dieser umfasse die verschiedenen Bienentypen innerhalb eines Stocks als auch deren (selbstgebaute) Umwelt aus Vorräten und Waben gleichermaßen. Eine solche organizistische Sicht distanziert sich von den gängigen Bezeichnungen wie ›Bienenstaat‹ und ›Bienenvolk‹, die – so Gerstung – nicht nur auf deren Zusammengesetztheit verwiesen, sondern sie zudem stets auch in einen anthropomorphen Zusammenhang stellten. So heißt es in der Einleitung zu Gerstungs *Wahrheit und Dichtung über die innersten geheimnisvollen Vorgänge des Biens* von 1896:

> »Wir verhehlen uns nicht, daß es dem durch den Einfluß der mechanischen (Dzierzonschen) Auffassung des Biens irregeleiteten Imker der Gegenwart schwer fällt, sich mit uns in das organische Getriebe des Bienlebens hineinzudenken. Er hat ja zumeist völlig verlernt, den Bien als einheitlichen Organismus anzusehen [...]. Er kennt ja nicht mehr die Bienen als Bien, sondern den Bien nur als Bienen, der Blick für das Ganze und seine organischen Leistungen ist leider den meisten Mobilimkern abhanden gekommen.«[11]

Der *Bien* ist somit kein Modell für Gemeinschaft, sondern ein regelrechter Organismus, der in Analogie zu anderen biologischen Organismen betrachtet werden könne. Um seine Funktionsweisen zu verstehen, sei gerade eine Abkehr von Analogieschlüssen zu anderen, vor allem menschlichen Sozietäten nötig, die nur den Blick für die zentralen »Lebensfunktionen« des Biens verstellten:

> »Es ist doch ein ein fundamentaler Unterschied zu machen zwischen dem Zusammenschluß von Individuen zu einem sozialen Gebilde und dem, was im Bien mit diesem Worte bezeichnet ist. Im Bien schließt sich überhaupt nichts zusammen [...], sondern der Bien entwickelt sich von dem Lebenszentrum her durch das harmonische Zusammenwirken aller seiner Glieder [...], welche jeweilig für den Zweck der Erhaltung notwendig sind. Bisher betrachtete die Wissenschaft den Bien stets als das Gebilde, welches von außen nach innen sich zusammensetzt, darum Tierstaat, darum soziale Insekten, während in Wirklichkeit der Bien von innen nach außen sich entwickelt. [...] Es ist doch nur der Rest der anthropomorphistischen (vermenschlichenden) Auffassung des

---

10. Vgl. Koch, Karl: »Der Bien als Organismus«, in: *Deutsche Bienenzucht*, 1931, S. 75. Vgl. Mehring, Johannes: *Das neue Einwesen-System als Grundlage zur Bienenzucht. Auf Selbsterfahrungen gegründet*, Theoretischer Teil neu herausgegeben von Ferdinand Gerstung, Freiburg 1901. Vgl. jüngst: Tautz: »Der Bien – ein Säugetier mit vielen Körpern«, in: *Biologie unserer Zeit*, a.a.O., S. 22–29.
11. Gerstung, Ferdinand: *Wahrheit und Dichtung über die innersten geheimnisvollen Lebensvorgänge des Biens*, 3. Auflage, Freiburg, Leipzig 1896, S. 13.

Bienenlebens, der [...] hindert, die organische Auffassung als allein den Tatsachen des Biens ganz entsprechend anzuerkennen.«[12]

Natürlich sind Gerstung und auch schon Mehring die nicht zu verleugnenden Unterschiede zwischen einem Wirbeltier-Organismus und jenem ›Tier mit vielen Körpern‹ des Bien bewusst. Doch für sie zählen nicht so sehr Homologien als vielmehr Funktionsanalogien, in denen etwa die Königin und die Drohnen als weibliche und männliche Geschlechtsorgane fungieren, die Arbeitsbienen die Erhaltungs- und Verdauungsorgane bilden, und die Koordination der Gesamtstruktur über den sogenannten »Futtersaftstrom« hergestellt und gesichert wird. Dieser Futtersaftstrom wird dabei in Analogie zum Blutkreislauf von Säugetieren gesetzt, als verbindendes und ›kommunikatives‹ Element des Stoffaustauschs von der Nektar- und Pollensammlung bis zur Weitergabe von Nahrungsbestandteilen an noch unentwickelte Generationen im Wabenbau. Es falle deshalb schwer, so Gerstung, sich diesen »Blutstrom des Bien« vorzustellen, da die Vielheit der selbstständig organisierten Einzelwesen den Blick trübe für deren unauflösliche Zusammengehörigkeit. Der Bien weist von dieser Warte aus also allenfalls auf eine nötige Neufassung des Begriffs des Organismus: Gerstung hält die morphologische Einheit, etwa die Entstehung aus einem Ei, als charakteristisches Merkmal für einen Organismus für weit weniger wesentlich, als die funktionell-biologische Einheit: Bei Insektenkollektiven wie dem Bien finden sich mithin Merkmale, die von gängigen Organismus-Definitionen nicht abgedeckt werden. Folglich sei die Wissenschaft gezwungen, »ihren Begriff vom Organismus nach Inhalt und Umfang zu verbessern.«[13] Ausgehend von dieser organizistischen Perspektive lassen sich die älteren, hierarchischen Kategorien jener eben nicht willkürlich gewählten Bezeichnungen wie Bienenvolk, Bienenstaat, Königin oder Arbeitsbiene und mit ihnen die Vorstellung einer idealen, reinen, arbeitsteiligen und perfekt geordneten Gesellschaft konterkarieren.

»Auf diesem Zusammenspiel aller einzelnen Kräfte beruht die Wohlfahrt des Ganzen. Da ist die Königin kein Weisel mehr, der voranfliegt und die anderen führt, sondern das Muttertier. Der Drohn ist kein fauler Fresser, den die fleißigen Arbeiter in kluger Voraussicht des kommenden Winters zu rechter Zeit abschlachten, sondern er ist den Kätzchen am Haselstrauch vergleichbar, die abfallen, wenn sie ihre Aufgabe erfüllt haben. Da errichten die Baubienen nicht die wunderbaren Zellen, weil sie Mathematik verstünden, sondern weil sie gar nicht anders können, und die Nährbienen sind keine Chemikerinnen, die ganz genau den Eiweißgehalt der verschiedenen Pollenkörner kennen, sondern sie erzeugen ihren Futtersaft wie die Kuh ihre Milch [...] erzeugt und dabei doch allezeit ein Rindvieh bleibt.«[14]

---

12. Vgl. Gerstung, zit. n. Ludwig, August: *Ferdinand Gerstung. Eine Gedenkschrift*, a.a.O., S. 22.
13. Ebd., S. 22.
14. Ebd., S. 14–15.

Der Bien ist weder versiert in Mathematik noch in Chemie und ist doch in der Lage, komplexe Organisationsleistungen zu vollbringen, die ihn als Gesamtorganismus *lebensfähig* erhalten. Diese Lebensfähigkeit lässt sich mit Gerstung in den Beziehungen zwischen den Funktionsteilen verorten. Da sich weder die Relationen ohne diese Organe noch diese Organe ohne die zwischen ihnen entstehenden Relationen bestimmen lassen, ist eine mechanizistische Sichtweise abzulehnen, und gleichzeitig öffnet sich der Blick auf ein dynamisches Konzept von Funktionen, das nicht mehr aufgeht in analytischer Zerlegung, sondern nach einer synthetisierenden Sichtweise verlangt. Im Zentrum stehen dabei folglich nicht mehr Modelle und Arten politischer Kontrolle und Regelung, sondern ›das Leben selbst‹, und damit ein spezifisch *bio*-logischer Gegenstand.[15]

Die Aufmerksamkeit des Ameisenreisenden

In ähnlicher Weise wie Gerstung – und damit wechselt die Bühne von der thüringischen Provinz nach Chicago, ins Herz der frühen US-amerikanischen Ethologie – modifiziert auch William Morton Wheeler zu Beginn des 20. Jahrhunderts die Beschreibung sozialer Insekten. Mehr noch als dem Hobbyimker geht es Wheeler um die Formulierung und Etablierung eines eigenen wissenschaftlich begründeten, *biozentrischen Blicks*, der die Erforschung von sozialen Insekten emanzipieren sollte von dem notorischen Vergleich mit der Organisation menschlichen Zusammenlebens. Während Gerstungs Rezeption kaum über die gut organisierten und engagierten deutschen Imkerkreise hinausging, kann die Bedeutung Wheelers für die frühe Ethologie kaum überschätzt werden. Wheeler, 1865 in Milwaukee geboren, arbeitete zunächst u.a. am örtlichen Allis Lake Laboratory von Charles Otis Whitman, einer der seinerzeit innovativsten zoologischen Forschungsanstalten,[16] im Bereich Meeresbiologie und Embryologie von Insekten, bevor er – zunächst als Dozent, dann als Assistenzprofessor für Embryologie – an die University of Chicago wechselte. Doch im Jahr 1900 – Wheeler hatte gerade eine Professur für Zoologie an der University of Texas angetreten – packte ihn das Ameisenfieber.[17]

---

15. Allerdings darf an dieser Stelle der Hinweis nicht fehlen, dass Gerstung – nicht zuletzt als Pfarrer – die Funktionsordnung des Bien als eine Form göttlicher Ordnung beschrieb, die an die Rede der »Eingepasstheit« von Organismen in die »Umwelt« eines göttlichen Weltenplans bei Jakob von Uexküll erinnert. Dessen Organismus-Konzept folgt, ohne freilich auf Gerstung Bezug zu nehmen, einer ähnlichen Denklinie (Vgl. Kapitel II.3).
16. Whitman selbst imaginiert einige Jahre später anstatt traditioneller biologisch-physiologischer Labore eine *biological farm*, auf der »the study of life-histories, habits, instincts and intelligence« parallel zur »experimental investigation of heredity, variation, and evolution« durchgeführt werden sollten. Vgl. Whitman, Charles Otis: »Some of the functions and features of a biological station«, in: *Biological Lectures Delivered at the Marine Biological Laboratory of Wood's Hole, 1896–1897*, Boston 1998, S. 231–242, hier S. 241, zit. n. Burckhardt, Richard W.: *Patterns of Behavior. Konrad Lorenz, Niko Tinbergen and the Founding of Ethology*, Chicago 2005, S. 19.
17. Vgl. Lustig, Abigail J.: »Ants and the Nature of Nature in Forel, Wasmann, and Wheeler«, in: Daston, Lorraine und Vidal, Fernando (Hg.): *The Moral Authority of Nature*, Chicago 2004, S. 282–307, hier S. 299. Es ist zu beachten, dass Ameisen und Bienen in der Naturgeschichtsschreibung und ihrer

Diese Infektion vollzog sich durchaus konträr zum biologischen Zeitgeist um 1900. Obwohl erste Forscher in Europa und den USA seit einigen Jahren von der Wichtigkeit des Studiums lebender Organismen in ihrem Verhältnis zur Umwelt überzeugt waren, zogen die Granden des Fachs zumeist die kontrollierbaren Settings innerhalb ihrer Labore vor. Sie griffen auf die erprobten und gesicherten Ansätze der Vergleichenden Anatomie und der Embryologie zurück. Deren Experimente wurden oft an ›toten‹ Präparaten, an Teilen von Organismen wie z. B. Muskelpräparaten durchgeführt. Oder die Forscher arbeiteten – etwa in der Entwicklungsmechanik – hauptsächlich mit Embryonen, bei denen sie experimentell die Störung bestimmter Funktionen zu eruieren suchten.[18] Der Mediziner, Neurologe und Nobelpreisträger von 1906 Santiago Ramón y Cajal lobt etwa den Nutzen von Zellpräparaten im Zusammenhang mit der Technik der Kontrastfärbung in der Mikroskopie:

> »The histologist can advance in the knowledge of the tissues only by impregnating or tinting them selectively with various hues which are capable of making the cells stand out energetically from an uncoloured background. In this way, the bee-hive of the cells is revealed to us unveiled; it might be said that the swarm of transparent and invisible infusorians is transformed into a flock of painted butterflies.«[19]

Die Verwendung schwärmerischen und dynamisierenden Vokabulars läuft hier insofern ins Leere, als dass die Technologien der Beobachtung doch stets zu einer Stillstellung des Beobachtungsgegenstandes führen. »Butterflies, perhaps, but hard, dead, unmoving butterflies« – so erdet Hannah Landecker diese etwas euphorisch formulierte Stelle Ramón y Cajals.[20] Die Konzentration der Mainstream-Biologie jener Tage auf die Vorgänge in Körpern oder Körperteilen ruft eine Kritik auf Seiten von Zoologen hervor, die ›ganze‹ Organismen in ihren natürlichen Wechselbeziehungen zu erforschen trachteten. Der Zoologe Edward B. Poulton aus Oxford fasst diese Lage 1890 wie folgt: »It is a very remarkable fact that the great impetus given to biological inquiry by the teachings of Darwin has chiefly manifested itself in the domain of Comparative Anatomy, and especially in that of Embryology, rather than in questions which concern the living animal as a whole and its relations to the organic world.«[21] Es war nicht so sehr eine Anerkennung der Relevanz derartiger Forschungsansätze,

---

Anthropomorphisierung oftmals nicht in eine ›Objektklasse‹ wie etwa Soziale Insekten fielen, sondern dass sie durchaus antagonistisch gegenübergestellt wurden – etwa als die ›monarchische Biene‹ vs. die ›demokratische‹ Ameise. Doch diese politische Organisation steht nicht im Zentrum dieses Kapitels, und für Wheeler sind derartige Vereinnahmungen – besonders in seinen frühen Texten – irrelevant. Vgl. zum Thema Werber, Niels: »Schwärme, soziale Insekten, Selbstbeschreibung der Gesellschaft. Eine Ameisenfabel«, in: *Kollektive ohne Zentrum*, a.a.O., S. 183–202.
18. Vgl. Burckhardt: *Patterns of Behavior*, a.a.O., S. 3.
19. Ramón y Cajal, Santiago: *Recollections of My Life*, Cambridge 1996 [1937], S. 526–527.
20. Vgl. Kelty, Christopher; Landecker, Hannah: »Eine Theorie der Animation. Zellen, Film und L-Systeme«, in: Schmidgen, Henning (Hg.): *Lebendige Zeit. Wissenskulturen im Werden*, Berlin 2005, S. 314–348.
21. Poulton, Edward B.: *The Colours of Animals, Their Meaning and Use, Especially considered in the Case of Insects*, New York 1890, S. 286.

sondern eher eine offene Frage, wie diese sich epistemologisch, methodologisch und nicht zuletzt institutionell ins Gebäude der bestehenden Biologie integrieren lassen würden können.[22]

William Morton Wheeler jedenfalls, in Texas seine ersten *Journeys to the Ants* unternehmend,[23] ist überzeugt davon, dass das Studium von tierischen Instinkten, ihrer »habits« und ihrem »habitus« schon in naher Zukunft eine zentrale Rolle spielen würde im Gebäude der Lebenswissenschaften. Die Zoologie, so Wheeler 1902, stehe »on the eve of a renascence«, und er schlägt vor, diese Wiedergeburt unter dem Titel *Ethology* zu fassen: »The only term hitherto suggested which will adequately express the study of animals with a view to elucidating their true character and expressing in their physical and psychical behavior towards their living and inorganic environment is ethology.«[24] Als ein Pionier verhaltenswissenschaftlicher Feldforschung arbeitet er in den folgenden Jahren an einem theoretischen und terminologischen Repertoire, das die Beobachtung tierischen Verhaltens aus der Tradition der allgemeinen und seit der Antike betriebenen *Naturgeschichte* und ihren Verfahren der *description* und *classification* (so Thomas Henry Huxley) lösen und – parallel zu längst etablierten modernen Fachdisziplinen innerhalb der Biologie – ein Fundament für eine eigene Fachdisziplin legen sollte. In der avisionierten Wiedergeburt der Zoologie aus dem Gekrabbel auf Wald- und Steppenboden leben dabei jedoch Elemente der klassischen Naturgeschichte weiter – wie überhaupt der in der Biologie-Historiographie oft thematisierte Bruch zwischen traditioneller Taxonomie und Klassifikation und den modernen, ›besseren‹ Laborwissenschaften der »neuen« Biologie nicht gar so glatt vonstattengeht wie üblicherweise dargestellt.[25]

So kann man in den Forschungen zu sozialen Insekten etwa weiterhin eine ausgeprägte Bewunderung für die Beobachtungsobjekte und eine aufopferungsvolle *Aufmerksamkeit* feststellen, die der Beobachtung im Feld eine besondere Prägung durch »creature love« verleihen.[26] Diese schließt, wie Lorraine Daston gezeigt hat, durchaus an die Arbeitsweisen von Naturforschern zur Zeit der Aufklärung an. Der von ihnen entwickelte »cult of attention« unterschied sie von den vielen Hobbyisten, die Tiere und Pflanzen sammelten und vor dem Hintergrund mangelnden Wissens und unzureichender Fähigkeiten nur oberflächlich beschreiben konnten – und vor allem keine theoretischen Schlüsse aus

---

22. Burckhardt: *Patterns of Behavior*, a.a.O., S. 3.
23. So auch der Titel einer Publikation der Soziobiologen, Ameisenforscher und Pulitzer-Preisträger Edward O. Wilson und Bert Hölldobler aus den 1990er Jahren, in denen die Faszination von Myrmekologen für ihre Forschungsobjekte nicht einen Deut abgenommen zu haben scheint, im Vergleich zu den Pionieren knapp 100 Jahre zuvor.
24. Vgl. Burckhardt: *Patterns of Behavior*, a.a.O., S. 3. Vgl. Wheeler, William M.: »›Natural history‹, ›oecology‹ or ›ethology‹«, in: *Science* 15 (1902), S. 971–976. Franz Wuketits weist darauf hin, dass der Begriff im moderneren Sinne im französischen Sprachraum bereits bei Jean-Henri Fabre, im deutschsprachigen Raum bei Oskar Heinroth verwendet wird. Vgl. Wuketits: *Entdeckung des Verhaltens*, a.a.O., S. 10.
25. Vgl. Nyhart: »Natural history and the ›new‹ biology«, in: *Cultures of Natural History*, a.a.O., S. 426–443.
26. Daston, Lorraine: »Attention and the Values of Nature in the Enlightenment«, in: *The Moral Authority of Nature*, a.a.O., S. 100–126, hier S. 105.

diesen zu ziehen imstande waren. Durch ihn grenzten sie sich explizit von derlei »*amateur*«-Forschern ab.[27] Ihre Aufmerksamkeit wirkte dabei in zwei Richtungen. Forscher wie Espinas oder Forel widmeten sich Bienenstöcken oder Ameisenhaufen über längere Zeiträume, studierten also die Kolonie durchaus als Gesamtheit und in Bezug auf ihre »life-history«[28] – teils sogar, wie bei Réaumur beschrieben, mittels Erfindungen wie verglasten Bienenstöcken. Viel mehr noch jedoch bezog der Aufmerksamkeitskult aber eben Gehalt aus den Möglichkeiten mikroskopischer Studien am toten und zerlegten Objekt unter den kontrollierten Bedingungen zoologischer Labore: »To observe an object attentively meant foremost to observe it distinctly, which the naturalists defined as a kind of mental as well as visual dissection. Microscopes and magnifying glasses were standard tools of the trade [...].«[29] Und auch die Forschungsobjekte der neugeborenen Zoologie mit dem Taufnamen Ethologie stehen über längere Zeiträume in ›freier Wildbahn‹ unter Beobachtung – und diese Beobachtungen müssen *beschrieben* werden.

Hier soll Lynn K. Nyharts Vorschlag gefolgt werden, die (um 1900 sehr expansive) Entwicklung der Biologie nicht als sich ausdifferenzierenden Stammbaum anzusehen, sondern als eine Art Gelände, in dem sich verschiedene Ansätze überlappen, Bereiche eingenommen oder abgegeben werden, und sich Forscher in einem steten Ideenwettbewerb ständiger Selbstkontrollen unterziehen müssen.[30] Der Präsident der *American Society of Naturalists*, Edmund B. Wilson, scherzte zwar im Jahr 1900 noch, es gebe drei Typen von Biologen – »bug-hunters« (Feldforscher), »worm-slicers« (Morphologen) und »egg-shakers« (Experimentalisten im Labor). Tatsächlich sah er das Ziel einer naturwissenschaftlich betriebenen Biologie jedoch in einem Blick auf das Leben, der diese Teilgebiete vereine.[31] In dieser sich kultivierenden Landschaft der Biologie um 1900 begannen sich ethologische Forschungen also irgendwo zwischen Beobachtungen im Freien und deren Deskription, speziellen, kontrollierten *Verhaltensexperimenten*, und einer »worm-slicers«-Perspektive eine Nische einzurichten. Doch nicht nur die eingesetzten Methoden markieren neue Schnittstellenbereiche. Abseits des Fortlebens langwierig-leidenschaftlicher Beobachtungen verschiedener Spezies sozialer Insekten im Freien zeichnete sich die avisierte Wiedergeburt durch ein Interesse an einer neuartigen Beschreibung der interindividuellen *Verhältnisse* dieser Spezies aus. Neue Verbindungen in der Perspektivierung legten somit vielleicht auch eine neue Perspektive *auf* Verbindungen, auf die Ebene der Relationen in Insektenkollektiven nahe: Wheeler bewegte sich, so Lustig, »from straightforward natural history and taxonomy to a fundamental reassessment of

---

27. Ebd., S. 109.
28. Vgl. Nyhart: »Natural history and the ›new‹ biology«, in: *Cultures of Natural History*, a.a.O., S. 426–443.
29. Daston: »Attention and the Values of Nature«, in: *The Moral Authority of Nature*, a.a.O., S. 110.
30. Vgl. Nyhart: »Natural history and the ›new‹ biology«, in: *Cultures of Natural History*, a.a.O., S. 441, und Wuketits, *Die Entdeckung des Verhaltens*, a.a.O., S. 12.
31. Ebd., S. 440, mit Verweis auf Wilson, Edmund B.: »Aims and methods of study in natural history«, in: *Science* 13 (1901), S. 14–23, hier S. 19.

social insect biology.«[32] In den Jahren seiner frühen Ameisenreisen bildete er einen holistischen (und dabei keineswegs vitalistischen) Blick auf Ameisenkolonien aus. Besonderes Augenmerk schenkte er der Bedeutung fortpflanzungsfähiger Weibchen für das Instinktverhalten der Arbeiterinnen, jedoch fernab älterer Vergleiche sozialer Insekten in der Tradition von Charles Butlers ›Feminine Monarchy‹.[33] Diese Neubewertung kulminiert in einer Vorlesung, die Wheeler am 2. August 1910 im *Marine Biological Laboratory* in Woods Hole hält. Ihr Titel lautet *The Ant-Colony as an Organism*, und bereits in den ersten Zeilen wird der Autor nicht nur autobiographisch, sondern vor allem programmatisch:

> »Twenty years ago we were captivated by the morphology of the organism, now its behavior occupies the foreground of our attention. Once we thought we were seriously studying biology when we were scrutinizing paraffine sections of animals and plants or dried specimens mounted on pins or pressed between layers of blotting paper; now we are sure that we were studying merely the exuviae of organisms, the effete residua of the life-process. If the neovitalistic school has done nothing else, it has jolted us out of this delusion which was gradually taking possession of our faculties. It is certain that whatever changes may overtake biology in the future, we must henceforth grapple with the organism as a dynamic agency acting in a very complex and unstable environment.«[34]

Nicht die Arbeit am toten Tier-Exemplar könne als eine Beschäftigung mit Organismen bezeichnet werden, sondern die Erforschung dynamischer *agencies* in Bezug zu ihrer sich ändernden Umwelt. Die Applikation des Begriffs der *Handlungsmacht* spielt dabei bereits auf eine gewisse konzeptuelle Offenheit oder definitorische Öffnung des Organismus-Verständnisses hin, die Wheeler im Weiteren expliziert:

> »An organism is a complex, definitely coordinated and therefore individualized system of activities, which are primarily directed to obtaining and assimilating substances from an environment, to produce other similar systems, known as offspring, and to protecting the system itself and usually also its offspring from disturbances emanating from the environment. The three fundamental activities enumerated in this definition, namely nutrition, reproduction and protection, seem to have their inception in what we know, from exclusively subjective experience, as feelings of hunger, affection and fear respectively.«[35]

Ein Organismus bestimmt sich hier als ein *System koordinierter Aktivitäten* zu dreierlei Zwecken: Ernährung, Reproduktion und Schutz vor Störungen aus der

---

32. Lustig: »Ants and the Nature of Nature«, in: *The Moral Authority of Nature*, a.a.O., S. 299.
33. Vgl. Wheeler, William M.: »On the Founding of Colonies by Queen Ants, with Special Reference to the Parasitic and Slave-Making Species«, in: *Bulletin of the American Museum of Natural History* 22/4 (1906), S. 33–105.
34. Wheeler, William M.: »The Ant-Colony as an Organism«, in: *Journal of Morphology* 21/2 (1911), S. 307–325, hier S. 307–308.
35. Ebd., S. 309.

Umwelt. Mit dieser Definition umschließt Wheeler sowohl individuelle Organismen (als Ansammlung vieler Zellen und daraus hervorgehender Organe) als auch ›Kollektiv-Körper‹ wie jene sozialer Insekten (als Ansammlung vieler Individuen, die Organ-equivalente Funktionen übernehmen). Beide entsprechen seiner *systemischen* Definition. Wichtig ist ihm im Hinblick auf die Entwicklung einer ethologischen Terminologie, sich von einem Denken in Analogien und von den seit dem Altertum immer wieder verwendeten Organizismen zu verabschieden: Gemäß Wheeler, und das ist neu, *ist* eine Ameisenkolonie tatsächlich ein Organismus und eben – wie noch im Konzept des Bien – keine bloße Analogie zu einem solchen: »I believe, nevertheless that all of them are real organisms and not merely conceptual constructions or analogies. One of them, the insect colony, has interested me exceedingly, and […] I have repeatedly found its treatment as an organism to yield fruitful results in my studies […].«[36]

Als Begründung für diese Sichtweise führt Wheeler drei strukturelle Hauptaugenmerke an. Zunächst, so legt er dar, sei die *Individualität* einer Ameisenkolonie Zeichen ihres organismischen Charakters. Wie eine Zelle oder eine Person verhalte sie sich als einheitliche Gesamtheit, »maintaining its identity in space, resisting dissolution and, as a general rule, any fusion with other colonies of the same or alien species.«[37] Zweitens wiesen sie eine Art-typische Größe auf, abhängig von der Anzahl ihrer »component persons. And this stature, like that of personal organisms, varies greatly with the species and is not determined exclusively by the amount of food, but also by the queen mother's fertility, which is constitutional.«[38] Und damit ist bereits auf den dritten und wichtigsten Gesichtspunkt hingewiesen, das Zusammenspiel von Onto- und Phylogenese von Organismen. Die Gestalt und Größe einer Kolonie, so Wheeler, ist nicht konstitutiv durch ihre Versorgungslage bestimmt, sondern festgelegt durch die Reproduktionsrate der Ameisenkönigin, und damit ein vererblicher Faktor. Er appliziert die Lehren des deutschen Evolutionsbiologen und Keimplasmatheoretikers August Weismann. Dieser unterteilt multizelluläre Organismen zum einen in Erbinformation enthaltende Keimzellen, sowie zum anderen in somatische Zellen zur Ausführung der Körperfunktionen:

»One of the most general structural peculiarities of the person is the duality of its composition as expressed in the germ-plasm on the one hand and the soma on the other, and the same is true of the ant-colony, in which the mother queen and the virgin males and females represent the germ-plasm, or, more accurately, the ›Keimbahn‹, while the

---

36. Ebd., S. 309. Wheeler betont, dass er Ameisenkolonien hier als ein paradigmatisches Beispiel verwendet, das für andere Arten sozialer Insekten wie Bienen, Termiten der verschiedener sozialer Wespen ebenso gelte (S. 310). Vgl. hierzu auch Hölldobler, Bert und Wilson, Edward O.: *The Ants*, Harvard 1990, S. 358.
37. Wheeler: »The Ant-Colony as an Organism«, in: *Journal of Morphology*, a.a.O., S. 310.
38. Ebd., S. 311.

normally sterile females, or workers and soldiers, in all their developmental stages, represent the soma.«[39]

Eine solche entwicklungsbiologische Konzeptualisierung kann eine heterarchische Organisationsweise umfassen und sich gleichzeitig von Metaphern entfernen, die Ameisenkolonien, wenn schon nicht mehr als ›Female Monarchy‹, so doch immer noch mit soziopolitisch-anthropomorpher Einfärbung je nach Zeitgeist und gesellschaftlichem Umfeld als perfekte Form des Sozialismus oder als vorbildliche Republik beschrieben. Auch die Frage nach altruistischem Verhalten – spätestens seit Prinz Kropotkin in der Biologie virulent als (wiederum auch gesellschaftspolitisches) Gegenkonzept zu den sozialdarwinistischen Publikationen einiger Evolutionstheoretiker – wird auf ein anderes Level gehoben.[40] Nicht ein seinerzeit und in den folgenden zwei Jahrzehnten vielfach propagierter, aber schwerlich nachweisbarer *social instinct* stand hier mehr zur Debatte.[41] Einzelne Ameisen hatten – wie Körperzellen – nur Relevanz insofern, als dass sie grundlegende Aufgaben ausführten; und dabei konnte es nicht um Freundschaftsverhältnisse oder Hilfeleistungen zwischen den Einzelnen gehen – dies sei geradehin absurd. Denn im Mittelpunkt, so Wheeler, stehe immer der Gesamtorganismus, als dessen Bestandteile diese Einzelnen funktionierten, und die Relationen dieses Organismus mit der Außenwelt.[42] Damit lässt sich ein neuer Begriff prägen: »[…O]ur attention is arrested not so much by the struggle for existence, which used to be painted in such lurid colors, as by the ability of the organism to temporize and compromise with other organisms, to inhibit certain activities of the aequipotential unit in the interests of the unit itself and of other organisms; in a word, to secure survival through a kind of *egoistic altruism*.«[43] Ein solcher »egoistischer Altruismus« wiederum sichert die Lebensfähigkeit und das Überleben des Organismus einer Insektenkolonie in einer dynamischen und veränderlichen Umwelt.

Doch bleibt, so Wheeler, noch immer die Frage nach den Regulationsinstanzen, die den Kollektiv-Organismus in seinem dynamischen Gleichgewicht halten. Er formuliert eine strikte Absage an jene älteren hierarchischen Steuerungskonzepte mit Königen und (seit Swammerdam und Butler) Königinnen an der Spitze. Auch »ultra-biologische« Agenzien, wie Hans Driesch sie mit seinem, so ein Wort Wheelers, »angel-child« *Entelechie* postuliert, oder Maurice Maeterlincks poetisch-mystischen »Geist des Bienenstocks« lehnt er strikt ab – obwohl er letzteren, vielleicht Dank seines Faibles für die schönen Künste, in

---

39. Ebd., S. 311. Das Geschlecht der Ameisenkolonie bestimmt sich dabei – da die virgin males schneller geschlechtsreif werden als die virgin females – eindeutig als ein Protandrischer Hermaphrodit. Zur Keimplasmatheorie vgl. Weismann, August: *Das Keimplasma – Eine Theorie der Vererbung*, Jena 1892. Vgl. Löther, Rolf: *Wegbereiter der Genetik: Gregor Johann Mendel und August Weismann*, Frankfurt/M. 1990.
40. Vgl. Kropotkin: *Mutual Aid*, a.a.O.
41. Vgl. die Einleitung zum Abschnitt *Formationen* und Kapitel II.2.
42. Vgl. Lustig: »Ants and the Nature of Nature«, in: *The Moral Authority of Nature*, a.a.O., S. 301.
43. Wheeler: »The Ant-Colony as an Organism«, in: *Journal of Morphology*, a.a.O., S. 325. [Hervorhebung SV]

seinem Vortrag über zwei Seiten hinweg zitiert.[44] Sie seien genauso vernachlässigenswert für die biologische Theoriebildung wie metaphysische Konzepte der »Seele« bei ›personalen‹ Organismen. Vielmehr wendet er die Perspektive und formuliert diese Frage als allgemeines biologisches Forschungsbestreben, das von der Ethologie angeleitet werden könne: Denn wenn Kolonien sozialer Insekten als Organismen angesehen werden können, dann folge daraus umgekehrt, dass auch *jeder* Organismus als grundlegend »colonial« oder ›sozial‹ begriffen werden müsse. Somit könne die eingehende Untersuchung der heterarchischen Organisation von Insektenkolonien und deren relationaler Verhältnisse und Kommunikationen Aufschlüsse geben z. B. über die Ontogenese ›personaler‹ Organismen, die bei diesen selbst nur sehr schwierig zu untersuchen sei: »[…T]he animal and plant colony are in certain respects more accessible to observation and experiment, because the component individuals bear such loose spatial relations to one another.«[45] Was hier aufscheint, ist eine Orientierung und eine Verschränkung der Erforschung des Verhaltens von Tierkollektiven mit einer originär biologischen Terminologie. Die Organisation sozialer Insekten wird nicht mehr zuerst verglichen und zu verstehen versucht im Hinblick auf andere, vor allem menschliche soziale Organisationsformen und ihre Politiken. Wheeler formuliert stattdessen einen umfassenden Organismus-Begriff, der Organismen als *Relationensysteme* auffasst.

Zeitgestalten

Dies löst aber die Frage nach der Koordination dieser dynamischen Systeme nicht. Wheeler widmet sich – und auch hier kann man durchaus eine gedankliche Fortentwicklung von Gerstungs Konzept des ›Futtersaftstroms‹ im Bien sehen – in diesem Zusammenhang sowohl der Trophallaxe, also der Kommunikation mittels Weitergabe vorverdauter Nahrung, als auch dem Austausch chemischer Signale. Die Erkenntnis, dass einzelne Ameisen durch die Weitergabe bestimmter Sekrete oder durch das Hinterlassen von chemischen Spuren die Aufmerksamkeit anderer Individuen in verstärkender oder hemmender Weise beeinflussen und so deren Bewegungsverhalten ändern können, stellt eine Pionierarbeit dar für spätere Forschungen, die sich der Rolle von Pheromonen bei sozialen Insekten widmen sollten. Und sie bringt belastbare Ergebnisse in einem Forschungsfeld »which had previously been confused and confounded by the postulation of numerous mysterious *ad hoc* instincts and tendencies.«[46] Um diese stoff-kommunikative Interaktion zwischen den Individuen mit den Organisationsleistungen der gesamten Kolonie zu verbinden, greift Wheeler unter dem Eindruck der Schriften von C. Lloyd Morgan, Samuel Alexander,

---

44. Ebd., S. 321–324. Vgl. dazu Maeterlinck, Maurice: *La Vie des Abeilles*, Paris 1903 [1901].
45. Wheeler: »The Ant-Colony as an Organism«, in: *Journal of Morphology*, a.a.O., S. 324.
46. Thorpe, William H: *The Origins and Rise of Ethology*, New York 1979, S. 45.

George Howard Parker, Roy Sellars und Jan Smuts[47] auf den Begriff der *Emergenz* zurück – in dem Sinne, dass der organismische Charakter der Gesamtheit Insektenkolonie sich gerade dadurch auszeichne, dass diese Gesamtheit nicht äquivalent sei zu der Summe ihrer Individuen. Sie repräsentiere einen eigenen und eben »at present inexplicable ›emergent level‹«, der in den Austauschbeziehungen, den Kommunikationen dieser *social media* liege.[48]

Um diesem Level ›höherer Ordnung‹ gerecht zu werden, differenziert Wheeler seinen Organismusbegriff aus und spricht ab 1922 in Bezug auf Insektenkolonien von *Superorganismen*: »[W]e are confronted with a new organic unit, or biological entity – a super-organism, in fact, in which through physiological division of labor the components specialize in diverse ways and become necessary to one another's welfare or very existence«.[49] Und 1928 heißt es in einem anderen Überblickstext: »They may therefore be called superorganisms and constitute a very interesting intermediate state between the solitary Metazoon and human society.«[50] Dabei wird deutlich, dass Wheeler – wie viele seiner Kollegen auch unter dem Eindruck der traumatischen Ereignisse des Ersten Weltkriegs – plötzlich doch wieder anthropomorphe Übertragungen zu erwägen beginnt, wie sich Interaktion in verschiedenen (und unterschiedlich komplexen) Kollektiven im Sinne einer globalen Völkerverständigung typologisieren ließen. Von Zellhaufen über Insektenkolonien zur menschlichen Gesellschaft entsteht dabei eine Komplexitätshierarchie, die sich vom Begriff des Organismus (Zellebene) über den Superorganismus (Insektenkolonie) bis zu »Hyperorganismen« (menschliche Gesellschaft) verdichtet.[51] Die Ebene der Superorganismen scheint – weil sie eben jenen ›intermediate state‹ einnimmt – geeignet, sowohl über den Bereich des ›unsichtbaren‹ und mikroskopisch Kleinen als auch über den des ›unübersehbar‹ und makroskopisch Großen Anhaltspunkte zu geben. Ihre relationale Organisation lässt sich zu diesen in Relation setzen. Dabei ist es jedoch kein anthropozentrischer Blick mehr, der Tierkollektive zu vereinnahmen sucht oder metaphorisch instrumentalisiert, sondern im Gegenteil eine

---

47. Vgl. Morgan: *Emergent Evolution*, a.a.O.; Alexander, Samuel: *Space, Time and Deity*, London 1920; Parker, George Howard: Some Implications of the Evolutinary Hypothesis, in: *Philosophical Review* 33 (1924), S. 593–603; Sellars, Roy Wood: *Evolutionary Naturalism*, Chicago 1922; Smuts, Jan C.: *Holism and Evolution*, New York 1926.
48. Wheeler, William M.: *The Social Insects. Their Origin and Evolution*, New York: Hartcourt, Brace and Co. 1928, S. 24. Zum Begriff »social medium« siehe ebd., S. 225.
49. Wheeler, William M.: *Social Life among the Insects*, London, Bombay, Sydney 1922, S. 10.
50. Wheeler: *The Social Insects*, a.a.O., S. 304.
51. Wheeler, William M.: »Emergent Evolution and the Social«, in: *Science* 44 (1926), S. 433–440. Wheeler räumte bereits 1922 als Motivation für seine Studien auch »a practical interest at the present time« ein: »For if there is a world-wide impulse that more than any other is animating and shaping all our individual lives since the World War, it is that towards ever greater solidarity.« Und weiter (mit einem Zitat des sozialistischen Philosophen Edward Carpenter): »As Edward Carpenter says: ›The sense of organic unity of the common welfare […] or general helpfulness, are things which run in all directions through the very fibre of our individual and social life – just as they do through that of the gregarious animals.« Derselbe Myrmekologe, der Maeterlinck als einen Mystiker abtut, bezieht sich selbst dann doch immer wieder auf politisch motivierte Metaphoriken. Doch es wäre vielleicht auch eine allzu geschmeidige Geschichte, würden solche Widersprüche nicht auftauchen. Vgl. Wheeler: *Social Life Among the Insects*, a.a.O., S. 4–5.

Biologisierung des Blicks, ein *biozentrischer* Blick auf den Menschen: »Now since the anthropocentric actually merge into the biologically sciences through the group of anthropological sciences, and since, moreover, all three groups have a common subject matter so far as man is concerned, it is not surprising to find that any important biological theory rarely remains confined to the field in which it originated but promptly invades the anthropocentric group.«[52] Nicht von ungefähr also wird es die Soziobiologie in den 1970er Jahren sein, in der Wheelers Begriff des Superorganismus wieder en vogue wird.[53]

Die emergenten Fähigkeiten und Koordinationen der Kolonien zeigen sich in deren »life-history«[54] – und daher sind Studien am ›lebenden Kollektiv‹ unerlässlich, die dann – mit einem Wort von Ursula Klein – auf *Paper Tools* notiert werden. Auch wenn in Wheelers Forschungen zwischen 1910 und 1930 noch große Lücken im Hinblick auf die Klärung der Koordinationsvorgänge von Insektenkollektiven zu finden sind, so antizipiert er doch, dass emergenten Phänomenen nur *in actu* nachgegangen werden kann. Nach seinem Verständnis beschäftigt sich die Ethologie mit dieser Ebene kollektiven Verhaltens, indem sie auf die Kommunikationen unter den Individuen fokussiert,[55] die dafür sorgen, dass die gesamte Kolonie lebensfähig, und d. h. in einem dynamischen Gleichgewicht bleibe: »We have seen that the insect colony [...] may be regarded as a super-organism and hence as a living whole bent on preserving its moving equilibrium and integrity.«[56] Emergenz, Lebensfähigkeit, und eine im Begriff des ›moving equilibrium‹ bereits angelegte Idee von Homöostase greifen bei Wheeler durchaus einem kybernetischen Vokabular vor, das zwei Jahrzehnte später das Verhältnis von Mensch, Tier (und Maschine) noch einmal ganz anders justieren wird.[57]

Sein Verständnis von Organismen als soziale Aggregationen, sein sich davon ableitender biozentristischer Blick auf die Lebensfähigkeit von Sozietäten, vor allem aber sein Ansatz, sich Insektenkollektiven als »sozialen Medien« zu nähern, die in einem dynamischen Austauschverhältnis mit Störeinflüssen aus ihrer

---

52. Wheeler, William M.: »Hopes in the Biological Sciences«, in: *Proceedings of the American Philosophical Society* 70 (1931), S. 231–239, hier S. 235.
53. Vgl. Wilson: *Sociobiology*, a.a.O.
54. Vgl. Nyhart: »Natural history and the ›new‹ biology«, in: *Cultures of Natural History*, a.a.O., besonders S. 429 und S. 439–442. Hier weist die Autorin auf die Bedeutung anderer Forschungsstationen – etwa der Fischereiforschung – hin, in denen Langzeituntersuchungen und Verhaltensexperimente an lebenden Objekten wesentlich eingehender unternommen werden als im sich mehr und mehr zu einer Laborwissenschaft entwickelnden Mainstream der Biologie. In Kapitel II.4 und III wird dies noch detaillierter zur Sprache kommen.
55. Vgl. Wheeler: *Social Insects*, a.a.O., S. 230. Kommunikation wird hier nicht als Weitergabe von Bedeutungen durch ein Sprach- oder Zeichensystem gedacht, sondern im Sinne elementarer Interaktionen, durch die Einfluss z.B. auf das Bewegungsverhalten anderer Individuen ausgeübt wird.
56. Vgl. ebd., o.S., zit. n. Hölldobler und Wilson: *The Ants*, a.a.O., S. 358.
57. Der Begriff *Homöostase*, prinzipiell beschrieben schon bei Claude Bernard um 1860, wird erst 1932 von Walter B. Cannon in dessen *The Wisdom of the Body* geprägt. Humberto Maturana und Francisco Varela schlagen später vor, ihn durch den, wie sie meinen, passenderen Begriff *Homöodynamik* zu ersetzen. Homöostase beschreibt die Selbstregulation eines Systems mittels negativer Feedback-Mechanismen.

Umgebung stehen, welche sie mittels interner Dynamiken auspegeln, modifiziert und verwissenschaftlicht Ideen, die bereits die Hobbyisten in Wien, Weimar und anderswo umtrieben. Doch nicht nur das. An Wheelers Organismus-Konzept lässt sich die Transformation der traditionellen Naturgeschichte in eine Verhaltenswissenschaft ebenso ablesen wie die dazu angestrebte Wendung eines anthropozentrischen Blicks auf einen, der ›das Leben‹ als System von Austauschverhältnissen perspektiviert – und der den erstgenannten natürlich umfassen würde. Trotz dieser Transformation fällt auch Wheeler zum Teil in Vergleiche seiner Forschungsobjekte mit der zeitgenössischen Weltlage zurück – obwohl er selbst davor warnt – und auch die Aufmerksamkeit naturgeschichtlichen Forschens ist ihm nicht fremd: Sie dient ihm jedoch zur Deskription einer synthetischen, nicht analytischen Perspektive auf die Relationen, Kommunikationen und emergenten Prozesse in den Kollektiven sozialer Insekten.

Ungeachtet dieser Bemühungen um eine Etablierung der Verhaltenswissenschaften in der Landschaft der modernen US-Biologie gelang es Wheeler und gleichgesinnten Forschern wie Whitman, Wallace Craig und anderen nicht, einen bedeutenden Claim abzustecken. Dies ist zurückzuführen auf ein ganzes Konglomerat prinzipieller, professioneller, methodologischer und konzeptueller Gründe, die möglichen Nachfolgern weder ein konzeptuell ausbaufähiges noch institutionell fundiertes Forschungsprogramm hinterlassen hätte: »Animal behavior became neither an indispensable part of a generalized American biology nor a well-delineated subdiscipline.«[58]

Wenn Wheeler Jahrzehnte später als Advokat der ersten Schwarmforschungen herbeizitiert wird, dann liegt dies nicht so sehr an jenem zwar suggestiven, aber eigentlich erst durch Edward O. Wilson popularisierten (und von Technikaposteln der Neuen Medien gern aufgegriffenen) Schlagwort *Superorganismus*.[59] Sondern es ist vielmehr der dahinterliegende biozentrische Blick, der (Kollektiv-)Körper als sozial organisiert und zugleich Sozietäten jeglicher Art als biologisch, als lebende, dynamische Organismen, anschreiben will. Ein Blick, der sich den Relationen zwischen den Elementen eines Systems und deren Dynamik über die Zeit verschreibt. Wheelers Superorganismen sind »Zeitgestalten«.[60] In ihnen spiegeln sich erste Bruchstücke von Geschichten darüber, warum die Erforschung von Schwärmen nicht nur aufgrund von Faszinationen, sondern als systematische Formulierung einer systemischen Perspektive unternommen worden sein könnte. Wheeler formuliert, dass *Relationalität* diesbezüglich des Pudels Kern sei – und mit einer solchen Formel, die Relationen und deren Zeitlichkeit umfasst, ist die Frage zweitrangig, ob es sich bei sozialen Insekten nun um Schwärme im Sinne einer irgendwie gearteten Definition handelt. Unter der hier vorgestellten Perspektive sind es diese zeitabhängigen dynamischen Interaktionen, die einen Bogen schlagen zur Erforschung anderer Schwarmkollek-

---

58. Burckhardt: *Patterns of Behavior*, a.a.O., v.a. das Kapitel »The Study of Animal Behavior in America«, S. 17–68, hier S. 67.
59. Vgl. z.B. Kelly: *Out of Control*, a.a.O.
60. Wuketits: *Entdeckung des Verhaltens*, a.a.O., S. 4.

tive. Diese, und auch Antwortversuche auf die ungelöste Frage, wie die basalen Regeln zur Koordination derartiger ›sozialer Medien‹ aussehen könnten, sind Teil anderer Geschichten.

2. Schräge Vögel

»Suddenly, as at a signal, they all launch themselves toward the center of the field; the hundred companies unite in one immense flock, and presto! the drill is on. The birds are no longer individuals, but a single-minded myriad, which wheels or veers with such precision that the flash of their thousand wings when they turn is like the flicker of a signal glass in the sun.«[61] *William J. Long*

Am 24. Mai 1984 veröffentlicht die Zeitschrift *Nature* einen kleinen, einspaltigen Artikel des Biologen Wayne K. Potts von der Utah State University. Der Autor befasst sich darin mit der Frage, wie Vogelschwärme koordinierte Richtungswechsel zustande bringen. Potts präsentiert die Auswertung von 16-mm-Filmaufnahmen, die er von Alpenstrandläufer-Schwärmen[62] gemacht hatte, und kommt zu einer Schlussfolgerung, die als »chorus-line hypothesis« in die Schwarmforschung eingehen sollte. Potts weist einen Steuerungsimpuls nach, der von beliebigen und sogar einzelnen Schwarmmitgliedern ausgehen kann: Sobald ein Schwarmindividuum sich vom Rand her in Richtung des relativen Zentrums des Schwarms bewegt, löst es einen Bewegungsreiz bei seinen Nachbarn aus, der sich dann rasch und wie eine konzentrische Welle durch den Schwarm ausbreitet. Solche »maneuver waves«, so Potts, regelten die dynamischen Kollektivbewegungen großer Schwärme in der Luft. Das Eigentümliche an ihnen sei jedoch ihre Geschwindigkeit: Diese liege anfangs unter der individuellen, im Labor festgestellten Reaktionszeit eines einzelnen Vogels der Spezies, beschleunige sich aber alsbald auf das fast Dreifache dieses Reaktionsvermögens. Während sich die *Manoeuver Wave* im Schwarm schließlich mit einem Maximum von rund 14,6 Millisekunden von einem Vogel zu seinem Nachbarn propagiert, benötigt ein Alpenstrandläufer im Labor durchschnittlich 38,3 Millisekunden, um auf einen von einem Blitzlicht aufgeschreckten Nachbarn zu reagieren. Anstatt dass sich, wie naheliegen würde, die Manöverwelle mit einem Standard-Delay von 38,3 ms weitergetragen würde, ergibt sich im Kollektiv also eine sehr viel schnellere Informationsübertragung. Dies, erklärt Potts, geschehe dadurch, dass die Vögel das Ankommen der Welle im Bereich des Schwarms, in dem sie sich befinden, antizipierten – ganz ähnlich wie in einem menschlichen Chor: »Films taken of human chorus lines indicate that rehearsed manoeuvers, initiated without warning, propagate from person to person approximately twice as fast [...] as the 194-ms human visual reaction time.«[63]

---

61. Long, William J.: *How Animals Talk, And Other Pleasant Studies of Birds and Beasts*, Rochester 2005 [1919], S. 104.
62. Der Alpenstrandläufer (*Calidris alpina*) trägt seinen bizarren Namen, obwohl er nicht etwa in den Alpen lebt, sondern sich als Zugvogel in riesigen Schwärmen zwischen Brutrevieren in arktischen Tundren und Sommerquartieren entlang westeuropäischer und -afrikanischer Küsten bewegt.
63. Vgl. Potts, Wayne R.: »The chorus-line hypothesis of manoeuver coordination in avian flocks«, in: *Nature* 309 (1984), S. 344–345, hier S. 345.

Potts' Artikel wird in der Folge von Fachkollegen recht eingehend kritisiert, ist doch nicht unbedingt einsichtig, wie die mangelnde Sicht von Schwarmindividuen in der Mitte eines Schwarms, wo sie von allen Seiten dicht von Nachbarn umgeben sind, es ermöglichen sollte, sich an eine aus einiger Entfernung ankommende Manöverwelle anzupassen. Doch abseits solch detaillierter Überlegungen kann Wayne Potts Hypothese als ein Beispiel dafür dienen, wie lange die genauen Funktions- und Interaktionsweisen in dynamischen, vierdimensionalen Schwärmen für die Biologie noch ungeklärt sind. Zwar identifizieren jüngste Studien ein drucksensibles Sensorium an den Federspitzen von Vögeln, die zusätzlich zum Sehsinn auch sehr schnelle Körperreaktionen auf Änderungen des Luftdrucks hin ermöglichen – ähnlich wie bei Fischen und ihrem wasserdruckempfindlichen Seitenlinienorgan.[64] Doch bis heute gibt es für viele Aspekte des Kollektivverhaltens von Vogelschwärmen keine hinreichenden Erklärungen. So verlassen Stare z. B. ihre Schlafplätze stoßweise in etwa 3-minütigen Intervallen. Dabei wird ein Muster erzeugt, dass etwa auf Radarschirmen eine unverwechselbare Signatur erzeugt, auf der die impulsartigen Aufbrüche als konzentrische Wellen erkennbar sind, die sich vom Schlafplatz aus verbreiten. Große Star-Schwärme können bis zu 20 solcher ringförmigen Aufbruchswellen erzeugen. Weder die Art und Weise der Regulation und des Timings dieses Verhaltens, noch seine Funktion sind bis dato geklärt.[65] Wird heute über die Weitergabe von Information innerhalb von Schwärmen nachgedacht, dann ist dabei schon die in den 1980er Jahren formulierte Chorus-Line-Hypothese ein etwas eigenartiges Erklärungsmuster für die Informationsarchitektur von Vogelschwärmen. In der Zeit der frühen wissenschaftlichen Beobachtung von Vogelschwärmen hingegen ist dieser Bereich der Ornithologie nicht nur ein Tummelplatz recht schräger Theorien zwischen Gedankenübertragung, Kollektivinstinkten und emotionaler Ansteckung. Es gibt auch auf Forscherseite einige durchaus schräge Vögel.

Dabei vereint vor allem eine Person diese beiden Aspekte in sich: Der britische Vogelkundler Edmund Selous, den Potts in seinem Beitrag zitiert, und dessen Theorie der »thought waves« der *New Scientist* 2004 eine historische Rückschau widmet. Selous setzt durch die kompromisslose Leidenschaft für seinen Forschungsgegenstand neue Maßstäbe für die ethologische Feldforschung, ist als wissenschaftlicher *amateur* vor spekulativen Annahmen in Bezug auf das Schwarmverhalten von Vögeln jedoch nicht gefeit. Während also seine methodologischen Neuerungen posthum sehr viel Anerkennung finden, sind Annahmen, die auch seiner Theorie bezüglich des Schwarmverhaltens von Vögeln zugrunde liegen, schon zu Lebzeiten Gegenstand heftiger Debatten.

---

64. Vgl. o.V.: »Intelligenter Schwarm. Wolken aus Vögeln machen es Feinden schwer«, http://www.3sat.de/dynamic/sitegen/bin/sitegen.php?tab=2&source=/nano/cstuecke/120674/index.html (aufgerufen am 25.02.2012).
65. Vgl. Vines, Gail: »Psychic Birds (Or What?)«, in: *New Scientist* 182 (2004, 26. Juni), S. 48–49.

Sportsfreunde ohne Swarm Spirit

»And now, more and faster than the eye can take it in, band grows upon band, the air is heavy with the ceaseless sweep of pinions, till, glinting and gleaming, their weary wayfaring turned to swiftest arrows of triumphant flight – toil become ecstasy, prose an epic song – with rush and roar of wings, with a mighty commotion, all sweep, together, into one enormous cloud. And still they circle; now dense like a polished roof, now disseminated like the meshes of some vast all-heaven-sweeping net, now darkening, now flashing out a million rays of light, wheeling, rending, tearing, darting, crossing, and piercing one another – a madness in the sky.«[66] *Edmund Selous*

Eingedenk Winston Churchills legendärer Antwort auf die Reporterfrage, wie man ein so hohes Alter wie er erreichen könne – »No Sports!« –, irritiert vielleicht etwas weniger, dass in Großbritannien mit der Bezeichnung *sportsmen* nicht zuvorderst diejenigen gemeint sind, die Sport betreiben. Vielmehr sind es jene, die sich auf Sportveranstaltungen *begeben* – etwa um im karierten Anzug von der Savile Row und mit *flat cap* auf dem Kopf aufs richtige Pferd zu setzen – und gegebenenfalls (und daher mag Churchills Bonmot rühren) aufgrund erhöhten Blutdrucks die Infarktgefahr zu vergrößern.[67] Der Begriff umfasst Anfang des 20. Jahrhunderts aber noch mehr, denn auch Großwildjäger werden ihm zugerechnet. Insofern wird die *sportsmanship* in der Familie des englischen Ornithologen Edmund Selous sehr groß geschrieben: Sein Bruder Frederick ist der seinerzeit berühmteste *big-game-hunter* des Vereinten Königreichs, geht mit Theodore Roosevelt auf Safari, verfasst spannende Berichte über seine Jagdabenteuer in Ostafrika, und wird 1894 im *Vanity Fair Album* in ironischer, aber doch vielsagender Weise gefeatured: »[…E]lephant, rhinoceros, lion, hippopotamus, giraffe, zebra, quagga, hyeana, koodoo, hartebeest, duiker, oribi, klipspringer, tsessbe, and antelope of all kinds; many of which animals are now all but extinct, having been killed off by railways, by civilisation and by Selous.«[68] Auch Edmund Selous hatte die Jagd durchaus geschätzt. In einer Passage seines Buches *Bird Watching* von 1901 allerdings bezeichnete er sich im Nachhinein in dieser Hinsicht als recht halbherzigen Stümper und miesen Schützen: »For myself, I must confess that I once belonged to this great, poor army of killers, though happily, a bad shot, a most fatigable collector, and a poor half-hearted bungler, generally.«[69] Und nicht nur das: Selous entwickelt sich zu einem leidenschaftlichen Konvertiten von der Kunst des Jagens zur Kunst der detaillierten Beobachtung:

---

66. Selous, Edmund: *Bird Life Glimpses*, London 1905, S. 141.
67. Ich danke dem Sportsman Thomas Brandstetter für diesen Hinweis.
68. Vgl. o.V.: »Men of the Day: No. 585: Mr Frederic Courtney Selous«, in: *Vanity Fair Album* 24 (1894), zit. n. Burckhardt, *Patterns of Behavior*, a.a.O., S. 77. Heute trägt ironischerweise ausgerechnet eines der größten afrikanischen Tierschutzgebiete seinen Namen.
69. Selous, Edmund: *Bird Watching*, London 1901, S. 335.

»But now that I have watched birds closely, the killing of them seems to me as something monstrous and horrible; and, for every one that I have shot, or even only shot at and missed, I hate myself with an increasing hatred. […F]or the pleasure that belongs to observation and inference is, really, far greater than that which attends any kind of skill or dexterity […]. Let anyone who has an eye and a brain (but especially the latter), lay down the gun and take up the glasses for a week, a day, even for an hour, if he is lucky, and he will never wish to change back again. He will soon come to regard the killing of birds as not only brutal, but dreadfully silly, and his gun and cartridges, once so dear, will be to him, hereafter, as the toys of childhood are to the grown man.«[70]

Im Gegensatz zu den USA, wo Forscher wie Charles O. Whitman und William M. Wheeler um 1900 aus einem universitären Kontext neugegründeter zoologischer Institute heraus begannen, das Verhalten wildlebender Tiere systematisch zu erforschen, sind es im Vereinigten Königreich noch immer jene *amateurs*, die die kreativsten und markantesten Beiträge zur frühen Erforschung tierischen Verhaltens beitragen. Dabei unterscheiden sie sich von Naturforschern früherer Zeiten in erster Linie dadurch, dass sie nicht als Sammler von Exemplaren für die taxonomische Ordnung des Tierreichs in den ›Leichenkammern‹ zeitgenössischer Naturkundemuseen auftreten, sondern das *ungestörte* Verhalten lebender Tiere in nicht dagewesener Genauigkeit zu beschreiben trachteten.[71] Und während die *sportsmen* dieses Verhalten beobachten, um es kurz darauf zu beenden, sammelt der diesen Vergnügungen entwachsene Naturalist neuer Prägung anstelle von Trophäen lieber Beobachtungsdaten. Der Naturforscher ist, so wie Edmund Selous ihn darstellt und selbst prototypisch verkörpert, der intelligentere Jäger: Sein Jagdtrieb hat sich transformiert in ein wissenschaftliches Interesse am Leben, das jedoch weiterhin einer ›abenteuerlichen‹ Herangehensweise bedarf, für die noch kein fachwissenschaftliches Instrumentarium bereitsteht. Für eine derart verstandene Feldforschung liegt auf den britischen Inseln die Forschung im Bereich der Ornithologie nahe.[72]

Selous verbringt Stunden, Tage und Wochen mit der minutiösen Beobachtung des Verhaltens verschiedener wildlebender Vogelspezies. Dabei notiert er – kombiniert mit einer genauen zeitlichen Verortung – alles, was er beobachtet, direkt vor Ort in ein »Observational diary of habits«.[73] Dies ist nicht immer ohne Probleme möglich: »›One has […] often to scribble very fast to keep up with the birds, and so must leave a few things to be added.‹ Back at his lodgings, he would copy out his notes and elaborate upon them. Later he might add something else if it remained fresh in his memory. He prided himself on recording *all* that

---

70. Ebd., S. 335–336.
71. Vgl. Burckhardt: *Patterns of Behavior*, a.a.O., S. 69. Neben Edmund Selous sind hier v.a. Henry E. Howard, Frederick B. Kirkman und Edward Armstrong zu nennen. Als Ausnahmen – weil im akademischen Kontext situiert – und einflussreich über die britische Ethologie hinaus sind zudem der Zoologe Julian Huxley und v.a. C. Lloyd Morgan.
72. Vgl. Selous: *Bird Life Glimpses*, a.a.O., S. v-vi.
73. Vgl. z. B. Selous, Edmund: »An observational diary of the habits – mostly domestic – of the great crested grebe (*Podicipes cristatus*)«, in: *Zoologist* 5 (1901), S. 161–183.

he saw.«⁷⁴ Überdies beschreibt er auch seine sich verbessernden Beobachtungstaktiken: mimetische Verfahren eines camouflierenden Eins-Werdens mit der Umgebung der zu beobachtenden Vögel, ergänzt durch eine ausgeprägte Ausdauer des Verharrens in seinen Verstecken. Nur so ist ein Blick aus der Nähe auf ein auch über längere Zeiträume ungestörtes Verhalten seiner Forschungsobjekte garantiert.

Neben diesem spezifischen ornithologischen Aufschreibesystem, bestehend aus Augen und Fernglas, Papier und Stift, Akribie, Geduld und oftmals auch selbstgebauten »turf-huts« in schottischen Mooren, ging es Selous aber auch um eine Kopplung seiner Beobachtungen an Charles Darwins Evolutionstheorie. Besonders interessiert ihn der Zusammenhang zwischen der Evolution des Verhaltens und natürlicher und sexueller Selektion. Besondere Bewegungsfolgen und ein aufwändiges Balz- und Nistverhalten ließen sich so weniger auf die seinerzeit sowohl vielgeschmähten, aber dennoch oft bemühten tierpsychologischen *ad hoc*-Instinkte oder auf spezielle, unscharf definierte Formen von tierischer Intelligenz zurückführen, als auf einen langen Prozess mit verschiedenen Formen von Selektionsdruck auf physiologisch-nervöse Bewegungspotenziale: »[M]any actions of birds which seem now altogether intelligent and purposive (and, no doubt, are so to a very large extent) will be found to betray traces of a nervous and non-purposive origin.«⁷⁵ Und trotz alldem sind Selous' Texte charakterisiert durch einen nebensatzverschachtelten Prosa-Stil, der ihrer Akzeptanz innerhalb der zoologischen Community keineswegs zuträglich ist – genauso wenig wie dies seine steten verbalen Attacken gegen die ›armchair ornithologists‹ und ›Thanatologen‹ in den Sammlungen Naturhistorischer Museen sind.

So ist auch seine über 200 Seiten starke Abhandlung über das Schwarmverhalten verschiedener Vogelarten nur dank seines Index' halbwegs einer systematischen Lektüre zugänglich. Hier beschreibt der Autor wiederum detailliert Beispiele synchronen, kollektiven Flugverhaltens, kombiniert diese jedoch – gezwungenermaßen – mit recht spekulativen Reflexionen über deren Organisation. Denn, so zeigte bereits das Vorab-Zitat dieses Kapitels: Diese Schwärme sind und bewegen sich »more and faster than the eye can take it in« – sie sind nicht zu fassen mit Selous' Art der Beobachtung. Immerhin erkennt er in seinen Observationen keinerlei übergeordnete ›leader‹ oder ›sentinels‹, also Führungs- und Geleitindividuen, welche die Schwarmdynamiken steuerten, und die – ähnlich früheren Hierarchisierungen bei sozialen Insekten – als Ordnungsinstanzen vorgestellt würden. Vielmehr plädiert er dafür, sich die Struktur netzförmig vorzustellen:

»The whole group acts thus as though it were a single bird. If a fishing-net, stretched on the ground, were to go up and float away, then one has to imagine every knot of every

---

74. Ebd., S. 173, zit. n. Burckhardt: *Patterns of Behavior*, a.a.O., S. 82.
75. Vgl. ebd., S. 173.

mesh to be a bird, and everything between the knots invisible, to have a perfect simile of what has just taken place.«[76]

In Abgrenzung davon kann sich Selous die Rapidität der Bewegungsformationen nur mittels einer sehr schnellen Kommunikationsform herleiten – und mangels besserer Erklärungen fragt er sich, ob diese nicht per Gedankenübertragung vonstattengehen könne. So lautet denn auch der Titel der Publikation *Thought Transference (Or What?) in Birds*:

»What, with us, is rational intercourse, with conversation, which probably weakens emotion, may be with birds in numbers a general transfusion of thought in relation to one another, on the plane of bird mentality – such thought corresponding more to our feeling than to what we call such, for it is out of feeling, surely, and not *vice versa*, that thought has evolved. This, then, may be the great bond between individuals in a species, probably acting through a sensation of well-being in one another's society which, when well developed, leads to gregariousness in rising degree.«[77]

Selous postuliert gewissermaßen eine Kommunikation auf der Ebene emotionaler Affekte, also vorbewusster Prozesse, die evolutionär vor der Ausbildung dessen lägen, was mit Denken bezeichnet würde, und die von einer solchen rationalen Ebene ungestört vonstattengingen. Mit dieser Hypothese steht er nicht allein da. In den USA hatte der Naturforscher William J. Long bereits 1919 eine Textsammlung unter dem Titel *How Animals Talk* veröffentlicht, in der er sich mit den vermeintlich ›telepathischen‹ Fähigkeiten von Tieren auseinandersetzt.[78] Im Kapitel *The Swarm Spirit* beschreibt auch Long eingehend seine Beobachtungen von Schwarmdynamiken bei Staren und Goldregenpfeifern (engl. *plovers*), resultierend aus einem »emotional excitement«, und ebenfalls jenseits der Gepflogenheiten der Jagd:

»That you may visualize our problem before I venture an explanation, here is what you may see if you can forget your gun to observe nature with a deeper interest: [...] Your ›stand‹ is a hole in the earth, hidden by a few berry-bushes [...]. As the day breaks you see against the east a motion as of wings [...]. Those are plover, certainly; no other birds have that perfect unity of movement; and now, since they are looking for the source of

---

76. Selous, Edmund: *Thought Transference (Or What?) in Birds*, London 1931, S. 94.
77. Ebd., S. 115. Die Idee solcher »Gedankenwellen« bei Vögeln – darauf weist Gail Vines hin – muss im Zusammenhang gesehen werden nicht nur mit zeitgenössischen, populären pseudowissenschaftlichen Theorien der Gedankenübertragung zwischen Menschen, sondern auch mit den seinerzeit neuen Medien drahtloser Signalisierung wie Radio oder Radar und verschiedenen, heiß diskutierten physikalischen Wellentheorien. Vgl. Vines: »Psychic birds«, in: *New Scientist*, a.a.O., S. 48.
78. Vgl. Long: *How Animals Talk*, a.a.O., v.a. S. 102–125. Long behauptet in Anlehnung an indianische Vorstellungen, durch das Zusammenspiel aller biologischen Sinne ergebe sich eine Art Über-Sinn, den er *Chumfo* nennt. Vgl. das Kapitel »Chumfo, the Super-sense«, ebd., S. 22–67, hier S. 33: »[E]very atom of him, or every cell, as a biologist might insist, is of itself sentient and has the faculty of perception. Not till you understand that first principle of *chumfo* will your natural history be more than a dry husk, a thing of books or museums or stuffed skins or Latin names, from which all living interest has departed.«

the call they have just heard, you throw your cap in the air or wave a handkerchief to attract their attention. There is an answering flash of white from the under side of their wings as the plover catch your signal and turn all at once to meet it. Here they come, driving in at terrific speed straight at you! [...] On they come, hundreds of quivering lines, which are the thin edges of wings, moving as one to a definite goal. [...] Suddenly, and so instantaneous that it makes you blink, there is a change of some kind in every quivering pair of wings. [...E]very bird in the flock has whirled, as if at command, and now is heading straight away.«[79]

Anders als Selous bleibt Long kein passiver Beobachter, sondern evoziert mittels akustischer und visueller Signale bestimmte Reaktionen seiner Untersuchungsobjekte, um dann die verblüffende Synchronizität ihrer Bewegungen zu bewundern. Im Unterschied zu zeitgenössischen »bird-books«, die von der Annahme ausgehen, dass die Vögel eines Schwarms nicht durch individuelle Entscheidungen, sondern mittels eines kollektiven Impulses oder Instinkts gesteuert würden, der simultan auf alle Individuen gleichzeitig und in gleicher Weise einwirke, und die oftmals Analogien zu Bienenschwärmen und deren *hive mind* nahelegen, lehnt er eine solche externe Instanz strikt ab: »Indeed, I doubt that it ever holds true, or that there is in nature any such mysterious thing as a swarm or flock or herd impulse [...] In other words, the swarm instinct has logically no abiding-place and no reality; it is a castle in the air with no solid foundation to rest on.«[80] Vielmehr müsse der Ursprung synchroner Reaktionen in und zwischen den Schwarm-Individuen selbst gesucht werden – etwa aufgrund von Beobachtungen, dass Warnsignale von einem Schwarm-Individuum am Rande eines Schwarms sich »silently« ausbreiten und zu einer kollektiven Reaktion führen würden. »Silently« bedeutet, dass die Warnung nicht durch ein akustisches Signal hervorgerufen werde, sondern auf anderem, unmittelbarerem Wege transportiert werde – im Sinne etwa eines sogenannten ›blinden Verständnisses‹ von sich vertrauten Menschen. Dieser Impuls könne also derart instantane Synchronisationen zur Folge haben, weil es sich um eine angelernte und geübte Form von Kommunikation handele, die affektiv funktioniere und nicht etwa zeitraubender Interpretationen von akustischen Signalen bedürfe:

»I conclude therefore, naturally, and reasonably, that [...] my incoming plover changed their flight because one of their number detected danger and sent forth a warning impulse, which the others obeyed promptly because they were accustomed to such communications. There was nothing unnatural or mysterious or even new in the experience. So far as I can see or judge, there is no place or need for a collective herd or flock impulse, and the birds [...] have no training or experience by which to interpret such an impulse if it fell upon them out of heaven.«[81]

79. Ebd., S. 106–108.
80. Ebd., S. 109–112. Vgl. zur Idee eines externen »All Mind« z.B. Newland, C. Bingham: *What is Instinct? Thoughts on Telepathy and Subconsciousness in Animals*, London 1916.
81. Ebd., S.116–117.

Vielmehr seien es bestimmte Emotionen wie etwa die Furcht, durch deren Übertragung das koordinierte Verhalten von Schwärmen erklärt werden könne – eine Übertragung von ›Schwingungen‹ sozusagen, die sich – den Lichtwellen im unbekannten Medium Äther ähnlich – in einem ebenfalls unbekannten Medium fortbewegen könnten und sich in die rapiden Bewegungswellen der Vogelschwärme verlängerten.[82]

Während Selous und Long also vitalistische Kräfte und Maeterlinck'sche »swarm spirits« in Abrede stellen, stehen die auf detaillierten Beobachtungen und deren Niederlegung in Tagebüchern beruhenden Hypothesen dieser Naturliebhaber in einem poetologischen Zusammenhang, der zeitgenössische psychologische Überlegungen und Theorien zu Massenpsychologie ebenso involviert wie dem Spiritismus nahe parawissenschaftliche Einflüsse. Sie wenden sich gegen das Postulat ›geistiger‹ Einflüsse eines Agens, das außerhalb der Individuen liegt, plädieren jedoch für die Annahme einer ›mentalen‹ Kommunikationsebene zwischen den Individuen. Da ihnen Begriffe wie *Information* und *Informationsübertragung* fehlen, greifen sie auf die Idee der *Gedankenübertragung* zurück – auf eine Form von Kommunikation unterhalb der Bewusstseinsschwelle, deren Funktionsweise noch nicht klar sei, die aber keineswegs spezifisch sei für eine vom Menschen zu trennende Tierpsychologie. Vielmehr trete im Schwarmverhalten von Tieren eine Organisationsform zutage, deren affektive Kommunikation bei jeder Lebensform – und demnach auch beim Menschen – in gewissen Situationen beobachtet werden könnte. Nicht eine neue Form von »animal psychology« stehe also zur Debatte, sondern eine Kommunikationsebene, welche eine grundlegende Möglichkeitsbedingung für jede Art von sozialem Leben darstelle, und die jede Sonderstellung des Menschen innerhalb der Biologie relativiere.[83] Parapsychologische Begriffe können im Zuge dessen als Bilder angesehen werden, die kommunikationstheoretische Sachverhalte ausdrücken sollen, für die noch kein Vokabular bereitsteht und entwickelt ist.

Die Form der Schwarm-Beschreibungsversuche von Long, besonders aber von Selous führt dabei zu zwei Beobachtungen: *Erstens* lässt sich an der textuellen Form der Beschreibungen ablesen, wie sich die Objekte der Forschung, wie sich die Vogelschwärme einer schriftlichen Fixierung immer wieder und immer weiter entziehen. Trotz einer Akkumulation von immer neuen Begriffen wird das Beobachtungsobjekt nicht schärfer gefasst, sondern bleibt gerade aufgrund dieser Begriffshäufung weiterhin unbestimmt, verschwindet hinter dem Netz von Begriffen, welches das Beschreibungsobjekt nicht einfängt, sondern assoziativ weiter ausdehnt – wie in jener Stelle, die eingangs dieses Kapitels bereits angeführt wurde: »And still they circle; now dense like a polished roof, now disseminated like the meshes of some vast all-heaven-sweeping net, now darkening, now flashing out a million rays of light, wheeling, rending, tearing, darting, crossing, and piercing one another...«[84] Die Sukzession der Ver-

---

82. Ebd., S. 117.
83. Vgl. ebd., S. 121–125.
84. Selous: *Bird Life Glimpses*, a.a.O., S. 141.

ben im Text vermag das parallel ablaufende Schwarmgeschehen nur prosaisch zu umschreiben, bleibt aber weit davon entfernt, wissenschaftlich verwertbares Material zu akkumulieren.

Zweitens zeigen die Arbeiten der Amateurforscher, wie die Beobachtung der Dynamiken von Vogelschwärmen immer auch eine Selbstbeobachtung des Beobachters mit sich bringt: Um eine bestimmte Perspektive auf das Forschungsobjekt entwickeln zu können, gilt es, sich als Beobachter selbst durch Camouflage und ›Umwelt-Werden‹ scheinbar aus dem Beobachtungssystem zu streichen oder (wie bei Long) in spezifischer Weise, z. B. als ›Lockvogel‹, in Erscheinung zu treten. Nichtsdestotrotz wird Selous' Arbeit zur *Thought-Transference* 1932 in der Zeitschrift *Nature* in einer Kurzrezension als haltlos abqualifiziert – eine Kritik, die sich direkt auf die Unzureichlichkeiten der Beobachtung bezieht:

»The crux lies, of course, in the interpretation, and the reader may doubt whether the human eye is not deceived by an appearance of simultaneity that is in fact an extreme rapidity of imitative action: the author, indeed, seems to give part of his case away when he describes instances in which the movement could be seen spreading through the flock.«[85]

Ganz grundsätzlich steht hier mithin das zeitliche und räumliche Auflösungsvermögen des menschlichen Beobachtungsapparats zu Debatte sowie seine mangelnde Fähigkeit, etwa zwischen Simultaneität und rapiden Synchronisierungsprozessen zu unterscheiden. Zur Diskussion steht damit ein ornithologisches Aufschreibesystem, das seinem Wissensobjekt nicht gerecht werden kann.

Confusion Chorus

Bereits ein Jahrzehnt zuvor widersprach der Zoologe Robert C. Miller den Ausführungen William Longs zu einer telepathischen Kommunikationsebene in Vogelschwärmen. Schon seine Überlegungen stellen einen »spread of impulse« in den Mittelpunkt, der sich über die bekannten Sinnesorgane verbreite und so die Koordination des Kollektivs ermögliche. Miller formuliert in seinem Text *The Mind of the Flock* von 1921 einen Rundumschlag gegen Theorien der Gedankenübertragung, der Hypnose und des »swarm spirit« gleichermaßen – und lässt diesen interessanterweise bei Gustave Le Bon beginnen. Expliziter als bei Selous und Long wird hier also eine theoretische Verknüpfung mit der populären Massenpsychologie-Literatur deutlich.[86] Le Bon sucht bekanntlich Analogien in der Chemie, um zu beschreiben, dass kollektive Koordinationsfähigkeiten nicht in einer bloßen Summierung individueller Fähigkeiten auf-

---

85. o.V.: »Thought-Transference (Or What?) in Birds. By Edmund Selous. Short Review«, in: *Nature* 129 (20. Februar 1932), S. 263.
86. Miller, Robert C.: »The Mind of the Flock«, in: *The Condor* 23/6 (1921), S. 183–186.

gehen, sondern dass etwas Neues ins Spiel kommt – ein Spiel der Relationalität: Allein dadurch bereits, dass sich in chemischen Prozessen Elemente verbinden, entstehen neue Stoffe mit teils völlig anderen Eigenschaften als jenen ihrer Basiselemente, so Le Bon.[87] Ein Vergleich, den Miller für wenig aussagekräftig hält: »But this analogy, admirably as it states the case, hardly helps us towards an explanation of it, since the origin of the new properties insisted upon is quite as obscure in the one instance as in the other.«[88] Die Koordination von Kollektiven basiert laut Le Bon auf den drei Faktoren Suggestibilität, Ansteckung, und einer Art Kollektivbewusstsein – und da er selbst Ansteckung als eine Funktion von Suggestibilität beschreibt, sieht Miller überhaupt keinen Grund, diese drei Faktoren gesondert zu betrachten. Eine adäquate Beschreibung jenes »group mind«, dass die Koordination von Schwärmen bewerkstellige, müsse folglich alle drei Bereiche integrieren.

Welchen Beitrag hat die im Entstehen begriffene Erforschung des Verhaltens zu einer solchen Integration zu leisten? Auch Miller wendet sich gegen anthropomorphistische Hypothesen, welche die Organisation von Vogelschwärmen durch Führungsindividuen zu erklären versuchten, die »even vocal commands« zur Befehligung nutzten: »Unfortunately I was unable to profit by this information, as the crows of my acquaintance apparently spoke a different dialect.«[89] Diese seien zwar von kritischen Studien abgelöst worden, die Vögel nicht mehr als »diminuitive human beings with wings and feathers« angesehen hätten, die aber ihrerseits übers Ziel hinausschössen, weil sie in mystische Spekulationen abdrifteten. Seien es Spekulationen über die Kosmogonie eines »All Minds«,[90] das alle fühlenden Lebewesen verbinde, so dass die Schwarmindividuen als seine Bruchteile sich in Bezug auf diese kollektive Intelligenz organisieren würden, oder seien es jene von Long postulierten natürlichen telepathischen Fähigkeiten, ein »supersense«, der die Übertragung von Impulsen zwischen den Individuen ermögliche – für Miller disqualifizieren sie sich als Erklärungsmodelle, weil ihre spekulative Ebene einer Empirie nicht standhalte, noch sich verbinden lasse mit anderen, gesicherten wissenschaftlichen Ergebnissen. Interessant ist dabei, dass er seine Argumentation gerade über die Fehlerhaftigkeit der Koordination von Schwärmen aufzieht:

> »Unfortunately for such views, the group-mind is not at all the perfect instrument that they assume. It often stumbles in a manner unworthy of an All Mind, and hesitates in a fashion inconsistent with the idea of a perfectly functioning natural telepathy. Furthermore, we are able to trace among gregarious forms a progression from a simple to a

---

87. Le Bon: *Psychologie der Massen*, a.a.O., S. 13.
88. Miller: *Mind of the Flock*, a.a.O., S. 183.
89. Ebd., S. 183. Hypothesen über Führungsindividuen in Vogelschwärmen werden angestellt z. B. in Kessel, J. F.: »Flocking habits of the California Valley Quail«, in: *The Condor* 23 (1921), S. 167–168.
90. Vgl. Newland: *What is instinct?*, a.a.O. – eine Position, deren Short Review in *Nature* kurz und schmerzhaft mit den Worten endet: »Mr. Newland is altogether too metaphysical.« Vgl. »Problems of Behaviour«, in: *Nature* 99 (1917), S. 243.

complex type of organization; in the case of the more loosely organized groups we are able to explain behavior in terms of known facts of psychology, and it is logical to suppose that greater complexity is a difference, not of kind, but of degree only.«[91]

Die Störanfälligkeit von Schwärmen lasse darauf schließen, dass ihre kollektiven Bewegungen nicht auf irgendeiner hypothetischen Synthese-Ebene ablaufen, sondern mithilfe der bekannten sensorischen Organe ermöglicht würden. Nicht eine unverstandene mediale Vermittlung sorgt für ein simultanes Reagieren des Bewegungskollektivs, sondern über die bekannten Sinnesorgane synchronisiert es sich prozesshaft – und ist im Zuge dieser Synchronisation immer auch Störmomenten ausgesetzt, sowohl bei der sensorischen Weitergabe innerhalb des Kollektivs, als auch durch Einflüsse von Außen auf diese sensorische Übermittlung: »When the [...][birds, SV] behave all as a unit, it is by the method that I have termed the ›spread of impulse‹. [...T]he impulse spreads, not telepathically, but through the ordinary channels of sight and hearing, and the flock follows suit.« Die Verbreitung dieser Impulse könne beobachtet werden bei lockerer organisierten Kollektiven, da sie dort langsamer vonstattengehe, sei aber – da es sich laut Miller um ein quantitatives Verhältnis handele – übertragbar auch auf die Weitergabe in dichten Schwärmen, wo die Vermittlung für eine genaue Beobachtung zu schnell abläuft, aber dennoch nach demselben Prinzip funktioniere. Stimulanzien dafür seien etwa Hunger oder wahrgenommenen Gefahren. Hierbei zeige sich auch eine mögliche Funktion des Sichzusammenfindens in Schwärmen; denn wenn z. B. ein Räuber selbst nur von einigen wenigen Individuen bemerkt werde, könne durch den »spread of impulse«, den die Nähe im Schwarm ermögliche, das gesamte Kollektiv durch akustische Signale gewarnt werden:

»If an enemy appears, it is sighted perhaps by only one or a few in the flock; from them the impulse spreads, almost instantaneously in this case, but through the medium of sound, to the others, so that those birds who may not have seen the enemy unite in the ›confusion chorus‹. There is nothing in their behavior to suggest telepathy, or any other mysterious type of psychic communication.«[92]

Lebewesen, die sich zu Schwärmen zusammenfinden, seien höchstens besonders sensibel im Hinblick darauf, von ihren Nachbarn Impulse aufzunehmen und selbst instantan umzusetzen, so dass die Impulsweitergabe so extrem schnell vonstattengehen könne. Anstatt also Anleihen an mögliche Über-Sinne zu machen, plädiert Miller für eine Analogie der Weitergabe von Signalen in Schwärmen zur Reizweiterleitung im Nervensystem bestimmter wirbelloser Tiere: »In a medusa, for example, or a sea-urchin, the part of the body immediately stimulated first responds; coordination of action takes place slowly, spreading from part to part, until at least the whole organism is in motion. No part

---

91. Ebd., S. 184.
92. Ebd., S. 184.

controls the rest. No reactions are controlled by the central nervous system.«[93] Wie bei Wheeler die Organisationsleistungen sozialer Insekten, so geraten hier also auch die Koordinationen von Vogelschwärmen unter einen genuin biologischen Blick. Dieser wird über die Anlehnung an eine besondere Form von prozesshafter, *nachbarschaftlicher* organismischer Organisation hergestellt, und er lässt auch die Wechselwirkung von Schwarm-Systemen mit jenem *Umwelt*-Milieu, in dem sie sich bewegen, nicht außer Acht. Miller spricht im letzteren Fall noch von den »circumstances«, denen Schwärme ausgesetzt sind. Dabei bezieht er sich auf die Forschungen des deutschen Biologen Jakob von Uexküll, dessen Organismus-Konzept und dessen von ihm geprägter Begriff der ›Umwelt‹ von Lebewesen in Kapitel II.3 dieser Arbeit vorgestellt wird. »Von Uexküll has called the sea-urchin a ›republic of reflexes‹, and remarks ingeniously that ›the legs (spines) move the animal‹, as contrasted with higher animals, where ›the animal moves the legs‹. Whichever part takes the lead depends upon circumstances, and the rest of the body gradually cooperates. […] The flock behaves as a sort of *primitive organism*.«[94]

Hier findet sich folglich eine Perspektive auf die Organisation von Schwarmkollektiven, die weder auf Hypnose (Le Bon), Telepathie (Long und Selous), noch einen vitalistischen Kollektivgeist oder sozialen Instinkt (Maeterlinck, Kropotkin, Newland) abhebt, sondern die Anleihen bei der – im Wortsinne – nervösen Organisation von Organismen sucht, die auf einem Signalaustausch ohne zentrale Regulierungsebene beruhen. Dabei geht es auch nicht mehr um eine mentale Ebene von tierischer Intelligenz oder eine gesonderte Form von Tierpsychologie, sondern um den bloßen Austausch von Signalen und deren Repräsentation in Bewegungen. Die Entschlüsselung der genauen Art und Weise der Kommunikation in Vogelschwärmen, darin sind sich Selous, Long und Miller einig, ist abhängig von der Detailgenauigkeit der Beobachtung, welche angesichts der Kollektivdynamiken großer und dichter Schwärme an ihre Grenzen stößt.

Wellengeschehen

In gewissem Sinne lässt sich dieses Bestreben auf jene Theorie beziehen, die der österreichische Psychologe Fritz Heider in den 1920er Jahren entwickelt, und die erstmals 1926 unter dem Titel *Ding und Medium* in der Zeitschrift *Symposion* erscheint.[95] Heider beschäftigt sich darin vor allem mit der Frage, welche *physikalischen* Bedingungen der (menschlichen) Wahrnehmung zugrunde liegen – und erweitert damit einen Diskurs, der sich bis dahin vor allem physiologischen,

---

93. Ebd., S. 185.
94. Ebd., S. 185.
95. Heider, Fritz: »Ding und Medium«, in: *Symposion: Philosophische Zeitschrift für Forschung und Aussprache* 1 (1926), hg. von Wilhelm Benary, S. 109–157. Wiederauflage: Heider, Fritz: *Ding und Medium*, Berlin 2005. Die Zitate beziehen sich auf letztere Version.

psychischen und kognitiven Aspekten zuwandte. Wahrnehmung ist für ihn immer schon mit einer Form der Vermittlung verbunden, und sein Text fragt nach den materiellen Konstituenten, die einerseits die Funktion der Vermittlung und andererseits die vermittelten Gegebenheiten miteinander verknüpfbar machen: Erstere bezeichnet Heider als *Medien*, letztere als *Dinge*.

Zentral ist dabei der Begriff des »Wellengeschehens« innerhalb von Medien – also etwa der Übertragung von Schallwellen in der Atmosphäre. Nicht die Schallwellen, schreibt Heider, seien als Medien anzusehen, sondern jene physikalisch beschreibbare materielle Zusammensetzung, die erst die Möglichkeitsbedingung des Entstehens und Ausbreitens von Schallwellen sei: die Luft. Das Wellengeschehen, das sich z. B. im Medium Luft ausbreite, breche sich alsdann an den Dingen und werde dort transformiert, indem es erst durch diese Brechung wahrnehmbar werde. Damit lade er dazu ein, so Dirk Baecker in seiner Einleitung zur Wiederauflage von Heiders Aufsatz, »nicht mehr nur die Dinge und das ›Nichts‹ um sie herum zu unterscheiden, sondern zur Beobachtung dieses Nichts die Idee der losen Kopplung von Elementen einzuführen.«[96] In diesem Sinne beschreibt Heider also Medialität im physikalischen Sinne als ein bestimmtes Vermögen von Formen von Materie: Diese verkoppelten Schwingungsereignisse nicht notwendigerweise *kausal* mit weiteren Schwingungsereignissen, seien aber sensibel dafür, »sich [...] von außen zu Schwingungsereignissen anregen lassen.«[97] Oder mit einem Beispiel Heiders:

> »Innerhalb der Dinge läßt sich also schon ein stärkeres und schwächeres Hervortreten der Mediumeigenschaften feststellen. Wir können dies auch anschaulich erleben. Durch einen weichen Körper können wir einen harten durchfühlen. Der Stoff bedeutet für uns ebenso Medium wie die Luft, durch die wir durchhören und durchsehen.«[98]

Die Unterscheidung von Ding und Medium verortet Heider mithin in deren physikalischer Dichte, in der verschieden engen Kopplung ihrer Elemente – mit *Dingen* als dicht gekoppelten Vielheiten und *Medien* als (relativ) lose gekoppelten. Wobei auch diese Unterscheidung selbst wiederum differenziell bleibt: Denn ein Ding kann in anderem Zusammenhang auch als Medium wirken. So könne etwa eine Wand ein Wahrnehmungsgegenstand sein, der Schall reflektiert, aber auch als Medium der Wahrnehmung dienen, indem es etwa Klopfzeichen als Schallwellen weiterleitet.[99]

Vermittlung und Vermitteltes sind hier differenziert in verschieden konzentrierte Kopplungen von Elementen, die innerlich (bei ›festen‹ Dingen) oder äußerlich bedingt seien und auch in der Art ihrer Beeinflussung (etwa zwischen

---

96. Baecker, Dirk: »Vorwort«, in: *Ding und Medium*, a.a.O., S. 7–20, hier S. 15f.
97. Engell, Lorenz: »Zur Einführung«, in: *Kursbuch Medienkultur*, a.a.O., S. 303.
98. Heider: *Ding und Medium*, a.a.O., S. 43.
99. Vgl. Engell: »Zur Einführung«, a.a.O., S. 303.

punktuell und kontinuierlich) variieren können.[100] Und auch bei Heider steht die unscharfe Figur des Schwarms inmitten dieser Differenzierung:

> »Ein Stuhl besteht aus einer Vielheit von Teilen; wie kommt es, daß diese Vielheit trotzdem eine Einheit ist? Es ist nicht nur subjektiv, daß ich eben diese Vielheit zu einer Einheit vereinige, indem ich sie in bestimmter Weise auffasse. Es geht nicht an, willkürlich etwa ein paar Teilchen des Stuhles und ein paar Teilchen der Luft zu einer Einheit zusammenzufassen. Es käme eine sinnlose Einheit heraus. [... D]er Stuhl ist etwas, das sich von den angrenzenden Dingen wohl unterscheidet, auch rein physikalisch. [...] Es besteht zwischen den Teilchen des Stuhls eine Abhängigkeit, die zwischen den Teilchen der Luft nicht besteht. [...] Sie besteht kurz gesagt darin, daß der feste Körper nicht so leicht ausweicht, seine Teilchen sich nicht gegeneinander verschieben [...] Die Teilchen der Luft trennen sich leicht, es bleiben nicht immer dieselben Gruppen in derselben Anordnung, ein Mückenschwarm verändert diese Anordnung vollkommen.«[101]

Die engen Kopplungen fester Körper unterscheiden sie vom Medium, von dem sie umgeben sind – ein Stuhl würde aber nicht nur die lose Kopplung von Luftteilchen durchschneiden, sondern auch die eines Mückenschwarms. Und doch vermag dieser selbst nicht nur die ›noch losere‹ Kopplung der Luftteilchen zu ändern, sondern aufgrund einer inneren Bedingtheit seiner dynamischen Struktur sich danach auch neu als ephemere Einheit-in-Vielheit anzuordnen.

Um solche losen Kopplungs-Anordnungen in Medien zu erkennen und wahrzunehmen, gilt es laut Heider, das sich in ihnen vollziehende *Wellengeschehen* »physikalisch wirksam« zu machen; jene Ordnung, die in Medien nur latent enthalten ist, muss expliziert werden. Und dazu braucht es geeignete Apparaturen der Analyse:

> »Das Einzelne, das aus dem Geschehenswirrwarr des Mediums herausgelöst werden kann, muß einem dinglich Einheitlichen entsprechen. [...] Die Aufgabe, die Geschehensmannigfaltigkeit zu analysieren, haben nun alle mehr mechanischen Apparate am Eingang der Sinnesorgane [...]. Alle diese Apparate haben die Ähnlichkeit mit Resonatoren, daß sie Geschehensfilter sind [...], alles Störende, Verdeckende wird ferngehalten.«[102]

Die im Vorangegangenen bereits genannten ›primitiven Organismen‹, wie Miller Schwärme bezeichnet, machen jedoch genau diese geforderte Zuordnung eines »dinglich Einheitlichen« schwierig. Denn die natürlichen Geschehensfilter der menschlichen Wahrnehmung sind schlicht zu grob, um als *Resonatoren* sinnvolle Ergebnisse zu produzieren – und die Arbeit mit mechanischen Apparaturen, die als genauere Filter dienen könnten, ist in der verhaltensbiologischen Feld-Erforschung von Schwärmen seinerzeit noch nicht verbreitet.

---

100. Vgl. Heider: *Ding und Medium*, a.a.O., S. 36–40.
101. Ebd., S. 51f.
102. Ebd., S. 98–99.

Mit Heider lässt sich die Frühphase der Schwarmforschung jedoch bereits medientheoretisch verorten, reflektiert eine Verbindung mit dem Konzept der engen oder losen Kopplung von Elementen doch die sich den Schwarmforschern immer wieder stellende Problematisierung und wechselseitige Differenzierung von *Einheiten* und *Vielheiten*. Dieses Konzept lässt sich ganz im Sinne der im Kapitel *Programm* angestellten Vermutung lesen, Schwärme würden nicht nur als Wissensobjekte, also als ›Dinge‹ mit spezifischen Eigenschaften, sondern auch als *Medien* und mithin als Wissensfiguren und Erkenntnistechniken wirksam. In diesem *Medien-Werden* sind es Schwärme, die in ihrem eigenen Wellengeschehen äußere Impulse übertragen und wahrnehmbar machen und damit die Welt der sie umgebenden Dinge informieren. Sie vermitteln zwischen der Welt der Dinge und der Welt der Medien, wobei sie weder der einen noch der anderen zuzuordnen sind. Schwärme problematisieren jenen Raum der Differenz zwischen Kategorien – sie selbst sind *in sich* problematische – und bis hierhin unscharfe – Differenzfiguren, die als Kopplungs*prozesse* jeweilige punktuelle Differenzierungen zwischen *Ding* und *Medium* auf Zeit stellen.

In Bezug auf die frühe biologische Beschäftigung mit Schwärmen sind vorläufig also zumindest vier Punkte festzuhalten. *Erstens* weist Heider – ähnlich wie Wheeler – darauf hin, dass Organismen als Systeme von Kopplungen verstanden werden können. *Zweitens* – und hier deutet sich eine Denkweise an, die in korrespondierender Weise auch bei Jakob von Uexküll zu finden ist – sind Organismen Dinge in der Welt, die mittels einer medialen Ebene von Sensorik und Motorik die Welt, in der sie leben, wahrnehmen und Erkenntnis produzieren, sie selbst erst schaffen.[103] *Drittens* spricht seine Theorie die Problematik an, die den Medien zugrundeliegenden jeweiligen latenten Ordnungen zu extrahieren – Ordnungen, die sich verdinglichen müssen, die wahrnehmbar werden, wenn sich ihr Wellengeschehen in geeigneter Weise apparativ brechen lässt. Und *viertens* schließlich legt Heider Organismen ein physikalisch argumentiertes Austauschverhältnis mit ihrer Umgebung zugrunde – eine Physikalität, die nicht mechanisch, sondern zumindest energetisch (und zwar nicht zwingend mit eindeutiger Kausalität) angelegt ist – die über den Begriff der Kopplung jedoch auch an spätere Diskurse im Kontext des Informationsbegriffs angedockt werden kann.[104] Diese physikalische Verortung geht parallel mit den Ansätzen jener maßgeblichen Biologen und Naturforscher, die in diesem Teil des Buches behandelt werden, und die – auf der Suche nach einer naturwissenschaftlich fundierten Grundlage ihrer Forschungen – Abstand nehmen von psychischen und psychologischen Ansätzen.

★★★

---

103. Vgl. Baecker: »Vorwort«, in: *Ding und Medium*, a.a.O., S. 19.
104. Es ist müßig, aber unabdingbar, darauf hinzuweisen, dass es Niklas Luhmann war, der Heiders *Ding und Medium* in den 1970er Jahren wiederentdeckte und ihn zu seiner Unterscheidung von Form und Medium weiterentwickelte. Vgl. z. B. Luhmann, Niklas: *Die Politik der Gesellschaft*, Frankfurt/M. 2000, S. 30f.

Sind die Hypothesen von Long und Selous auch nicht besonders langlebig, so wird die von ihnen praktizierte Art der Erforschung tierischen Verhaltens durchaus paradigmatisch für die spätere Ethologie. Ihre Aufschreibesysteme können keinen genauen Aufschluss geben über die Funktionsweisen in Schwarmkollektiven, sie tragen jedoch ihren Teil bei zur Etablierung einer spezifischen verhaltensbiologischen Forschungsperspektive innerhalb der Biologie; was ihnen an nachhaltiger Theoriebildung abgeht, wird kontrastiert von methodologischen Innovationen. Hierbei bleibt jedoch immer noch fraglich, wie aus den elegischen Beschreibungen von ›allem, was zu sehen ist‹ (Selous), verwertbare Daten zu destillieren wären, die eine wissenschaftliche Verwertbarkeit jenseits detailliertester ›Vogelgeschichten‹ möglich machten. Wie gewinnt das Erfahrungswissen von Beobachtung und Beschreibung eine wissenschaftliche Qualität jenseits einer ›Taxonomie des Lebendigen‹? Diese Fragen werden von den Feldforschern dieser Zeit noch nicht adressiert, bedürfte es für deren Sagbarmachung doch einer Vermessung und Ermöglichung von Messbarkeit des Sichtbaren – die Untersuchung solcher Bestrebungen werden Gegenstand von Kapitel II.4, vom Abschnitt *Formatierungen*, und von Kapitel IV.2 sein. Und obwohl ihre Hypothesen teils ins Mystische abdriften, verorten sie die Organisationsinstanz dennoch – und ähnlich den Forschern, die sich zur gleichen Zeit mit sozialen Insekten beschäftigen – im Zusammenspiel zwischen den Schwarmindividuen: in der Relationalität von Schwärmen und den Prozessen des Signalaustauschs, die diesen zugrunde liegen.

Miller versucht ähnlich wie Wheeler, bestimmte Erkenntnisse der frühen Ethologie zurückzubinden und zu plausibilisieren an und mit Bezügen zu experimentellen Laborergebnissen hinsichtlich der Organisation nicht zentral gesteuerter Lebewesen. Die Analogie zum Nervensystem ist dabei einerseits und wiederum ähnlich wie bei Wheeler Ausdruck eines systemischen Denkens in physiologischen Reiz-Reaktionsbeziehungen – man könnte sie auch Informationsbeziehungen nennen (ohne dass der Begriff seinerzeit für die Biologie schon existieren würde) – und eines protokybernetischen Diskurses, dem auch Jakob von Uexküll zugerechnet wird.

3. Tiergeschehen: Uexkülls Protokybernetik

»What would Dr. Darwin do under these circumstances? (Survival of the ... *fittest*? Was that the proper word? Had Darwin ever considered the idea of *temporary* unfitness? Like ›temporary insanity.‹ Could the Doctor have made room in his theory for a thing like LSD?) All this was academic, of course.«[105] *Hunter S. Thompson*

Gebaren die Vogelbeobachtungen der ersten Jahrzehnte des 20. Jahrhunderts auch teilweise Theorien, die wissenschaftlich dünne Luft atmeten, so thematisierten sie in ihrem Beobachtungsbemühen doch einen besonderen Sachverhalt: Schwärme problematisieren als Forschungs*objekte* den Forschungs*ansatz* der frühen Verhaltensbiologie, nämlich Lebewesen in ihrem natürlichen Habitat zu erforschen. Denn Schwärme werden als Störungen produzierende und zugleich integrativ wirksame Kollektive aufgefasst, die in ihrer Zeitdimension gleich zwei Raumdimensionen aufspannen. Zum Einen stehen sie in Wechselbeziehung zu einer Umgebung, einem Um-Raum. Dieser übt Einflüsse auf das globale und lokale Verhalten von Schwärmen aus – etwa wenn sie von nahenden Fressfeinden aufgescheucht werden, oder wenn Dunkelheit den visuellen Bewegungsabgleich, also die prozessuale Schwarmorganisation verhindert. Zum Anderen sind Schwärme sich selbst Raum, werden sich selbst Umgebung. Sie schachteln in die äußere *Umwelt des Schwarms* eine zweite *Schwarm-Umwelt* mit weiteren Einflussvariablen. Im globalen Rauschen der Welt werden Schwärme so zu einem lokalen Rauschen, das gerade durch dieses Eigenrauschen Ordnung herstellt. Indem sich der Schwarm selbst Umwelt wird, ist er zu Leistungen in Bezug auf seine äußere Umwelt fähig, die ohne sein Umwelt-Werden nicht erreichbar wären.

Diese aktive Schaffung einer eigenen, spezifischen Umwelt, auf die Vogelkundler wie Robert C. Miller implizit hinweisen, lässt sich im Zeitkolorit zwischen 1900 und 1930 mit Gewinn auf die zeitgleich entwickelte »Umwelt-Lehre« des baltischen Biologen Jakob von Uexküll beziehen – Miller selbst referiert, wie zuvor bereits angeführt, auf Uexküll, um Schwärme als ›primitive Organismen‹ zu beschreiben. Wie die Pioniere der Ethologie, so versucht sich Uexküll an einer neuen Forschungsperspektive auf Lebewesen – wenn auch von anderer Warte aus. Nicht mehr die Oberfläche, die Form, oder die Summe der Teile stellt in seiner Umwelt-Lehre die Grenze von Organismen dar, vielmehr werden diese als Netzwerke von Funktionen zwischen dem Organismus und jenen Aspekten der Umgebung beschrieben, mit denen er in einem Austauschverhältnis steht – der jeweils spezifischen Umwelt des Organismus, seiner »Welt für sich«: »Jedes einzelne Lebewesen schafft sich durch diese Beziehungen eine ihm allein eigentümliche Umwelt, in der sich sein Leben abspielt.«[106] Die Wahr-

---

105. Thompson, Hunter S.: *Fear and Loathing in Las Vegas. A Savage Journey to the Heart of the American Dream*, London, New York, Toronto, Sydney 2005 [1971], S. 117.
106. Uexküll, Jakob von: *Bausteine zu einer biologischen Weltanschauung*, München 1913, S. 21.

nehmung, die Aktivität, seine Bewegungen in Raum und Zeit werden zu den entscheidenden Variablen in der Beschreibung von Organismen – der Organismus *ist* laut Uexküll damit zugleich auch seine Umwelt.

Uexküll verwendet dabei zeitweilig eine Terminologie, die an die musikalischen Versinnbildlichungen des französischen Philosophen und Vitalisten Henri Bergson erinnert. Ähnlich dessen »élan vital«[107] verwendet Uexküll den Begriff der »Planmäßigkeit«, um einen nicht mit den Methoden ›atomistischer‹ Wissenschaften objektivierbaren Grundbestandteil des Lebens zu markieren – eine Planmäßigkeit, die aus dem Zusammenspiel im Gesamtsystem Natur eine wohlklingende Sinfonie macht.[108] Dennoch wäre es zu einfach, Uexküll mit Konrad Lorenz einen »dyed-in-the-wool vitalist«[109] zu nennen, laufen seine wissenschaftlichen Strategien manchen seiner weltanschaulichen Äußerungen doch ziemlich entgegen. Vielleicht kommt die Bezeichnung »Semi-Vitalist«[110] dem theoretisch-epistemologischen Konzept Uexkülls, das im Folgenden näher untersucht wird, noch am nächsten.

Denn obwohl sich Uexküll trotz seiner jahrzehntelangen Forschungen an wirbellosen Meerestieren niemals mit Aggregationen oder Schwärmen von Organismen beschäftigte – das absolute Maximum in seinen Experimenten war die überschaubare Individuenzahl zwei[111] – finden sich bei ihm Wissensfiguren, die für die Analyse biologischer Schwärme auf mindestens vier Ebenen äußerst produktiv scheinen. *Erstens* unternimmt Uexküll seit Mitte der 1890er Jahre den Versuch, durch eine gänzlich neue Terminologie und experimentelle Fundierung die Untersuchung des Verhaltens von Organismen zu objektivieren: Neue Methoden und Bezeichnungen sollen die Verhaltensbiologie radikal abgrenzen von den anthropomorphen und anthropozentrischen Beschreibungen der zeitgenössischen Tierpsychologie. Sie sollen aber auch ein Gegenmodell aufzeigen einerseits zu den teilweise spekulativen Annahmen der damaligen Zoologie, und andererseits zu den mechanizistischen Theorien im Kontext des Darwinismus oder des Behaviorismus.

Zweitens wirkt diese Objektivierung teils wie die Vorwegnahme einer späteren Kybernetisierung biologischer Prinzipien. Lebewesen sind bei Uexküll in gewisser Weise autonom und selbstorganisierend angelegt und stehen über verschiedene »Funktionskreise« mit spezifischen »Umwelten« in Verbindung. Diese Funktionskreise konstituieren sich als eine Abfolge von Feedback-Schleifen zwischen Lebewesen und ›Umwelt‹ und zielen damit auf andere Verhältnisse

---

107. Vgl. Bergson, Henri: »Schöpferische Entwicklung«, in: *Nobelpreis für Literatur 1926–1928*, Lachen 1994, S. 38–375.
108. Vgl. Agamben, Giorgio: *Das Offene. Der Mensch und das Tier*, Frankfurt/M. 2003, S. 51–52.
109. Vgl. Lorenz, Konrad: *Methods of Approach to the Problem of Behavior*, in: ders. (Hg.): *Studies in Animal and Human Behavior*, Bd. 11, Cambridge 1971, S. 246–280. (Reprint des Aufsatzes von 1958), zit. n. Brier, Søren: »Cybersemiotics and *Umweltlehre*«, in: *Semiotica* 134/1 (2001), S. 779–814, hier S. 781.
110. Roepstorff, Andreas: »Brains in scanners: An Umwelt of cognitive neuroscience«, in: *Semiotica* 134/1 (2001), S. 747–765, hier S. 753.
111. Torsten Rüting vom Uexküll-Archiv der Universität Hamburg im Gespräch mit dem Autor, 2. August 2006.

als jene – von Uexküll mit Verve kritisierten – mechanistischen Ansätze in der Biologie. Betrachtete Norbert Wiener die Organisation und Funktionsweise künstlicher Automaten gleichsam als einen Sonderfall physiologischer Prinzipien und Prozesse,[112] so lässt sich eine umgekehrte, jedoch nicht gegensätzliche Perspektive bereits einige Jahrzehnte zuvor bei Uexküll und einigen weiteren Biologen und Physiologen ausmachen.[113] Uexküll setzt Modelle von Feedback-Regelkreisen ein, um die netzwerkartigen, raum-zeitlichen Verbindungen von Organismen mit ihren Umwelten zu beschreiben. Organismen werden somit als informatisch mit ihrer Umwelt verbundene und nicht ohne diese zu denkende raum-zeitliche »Geschehnisse«[114] konzipiert, die sich nicht in einer kohärenten, gemeinsamen Welt, sondern gleichsam in einem *Multiversum* vielfältig ineinandergefalteter Umwelten bewegen.

Diese Perspektive evoziert *drittens* eine geradezu avantgardistische Problematisierung der Beobachterposition des Forschers, versteht Uexküll unter Umweltforschung doch »die Erforschung der Eigenwelten der verschiedenartigen Organismen, [und] nicht – wie allgemein üblich – die Analyse der für den Forscher sichtbaren Umgebung als Kausalfaktor für dessen Verhalten.«[115] Es gilt, die Funktionskreise zu entschlüsseln, mit denen Organismen mit ihren Umwelten in Beziehung stehen. Und somit sind *viertens* aufs Neue der Standpunkt und die Medien der Beobachtung grundlegend für eine Analyse der »Baupläne« und »Funktionen« von Lebewesen als raum-zeitliche, relationale *Verschaltungen*, deren Wesentliches nicht ihre Formen, sondern ihre Umformungen, nicht ihre Strukturen, sondern ihre Prozesse sind.[116]

Maschinalismus

Nicht nur bei medientheoretischen Annäherungen an Schwärme, sondern auch bei ihrer Mediengeschichte gerät das *Dazwischen* auf ganz unterschiedliche Art und Weise in den Blickwinkel. In der Biophilosophie Uexkülls findet sich die Bezeichnung des »Maschinalismus« für einen mittleren Weg biologischer Erkenntnisgewinnung zwischen mechanistischem und vitalistischem Denken. Er identifiziert in der Biologie zu Beginn des 20. Jahrhunderts drei sich gegenüberstehende Denkrichtungen,

»die sich nach ihrer verschiedenen Stellungnahme zum Problem der Planmäßigkeit unterscheiden: 1. Die Anhänger der reinen Kausalität, die nicht allein das Funktionieren

---

112. Wiener, Norbert: *Cybernetics, or Communication and Control in the Animal and the Machine*, Cambridge 1948.
113. Lagerspetz, Kari Y. H.: »Jakob von Uexküll and the origins of cybernetics«, in *Semiotica* 134/1 (2001), S. 643–651, hier S. 643.
114. Vgl. Uexküll, Jakob von: *Bausteine zu einer biologischen Weltanschauung*, München 1913, S. 29.
115. Jahn, Ilse und Sucker, Ulrich: »Die Herausbildung der Verhaltensbiologie«, in: Jahn: *Geschichte der Biologie*, a.a.O., S. 581–600, hier S. 587.
116. Vgl. Uexküll: *Bausteine*, a.a.O., S. 29.

der planmäßig gebauten Organe auf mechanische Gesetze zurückführen wollen, sondern auch den planmäßigen Aufbau der Organismen von mechanischen Gesetzen ableiten (Darwinisten). 2. Die Anhänger der reinen Planmäßigkeit, die nicht bloß den planmäßigen Aufbau der Organismen von einer spezifischen Eigengesetzlichkeit ableiten, sondern auch das Funktionieren der Organe auf eine Eigengesetzlichkeit (Regulation oder Lebenskraft) zurückführen (Jennings und die Vitalisten.) 3. Die Vertreter einer Mittelstellung, die wohl den planmäßigen Aufbau der Organe auf eine Eigengesetzlichkeit der lebendigen Natur zurückführen, das Funktionieren der Organe aber von mechanischen Gesetzen ableiten und in ihm ein Analogon des Funktionierens der Maschinen erblicken (man kann sie darum Maschinalisten nennen).«[117]

Dass Uexküll nicht zu den Darwinisten zu zählen ist, macht er gleich im ersten Satz seiner Aufsatzsammlung *Bausteine einer biologischen Weltanschauung* von 1913 recht unmissverständlich klar: »Wir stehen am Vorabend eines wissenschaftlichen Bankerottes [sic!], dessen Folgen noch unübersehbar sind. Der Darwinismus ist aus der Reihe der wissenschaftlichen Theorien zu streichen«[118] – eine Einschätzung, die Konrad Lorenz mit der scherzhaften Bemerkung kommentiert, Uexküll könne nicht an Darwins Theorie glauben, da baltische Barone nicht vom Affen abstammen dürften.[119]

Wesentlicher Kritikpunkt Uexkülls ist dabei eine dem Darwinismus angeblich inhärente Teleologie, welche die menschliche Welt zum alleinigen Maßstab erhebe und dadurch eine Wertigkeitshierarchie verankere: »Der Darwinismus (nicht Darwin selbst) betrachtete die Leistungen der anatomischen Struktur als ›unwesentlich‹ gegenüber dem einen Problem: wie sich die Struktur der höheren Tiere aus der der niederen entwickelt habe.«[120] Diese evolutionäre Fortschrittsgeschichte einer stufenweisen Vervollkommnung und Komplexitätssteigerung von Organismen als bloß »formale Einheiten« findet in Uexkülls Biologie einen Widerpart, indem sie einen holistischen Blick auf die »funktionelle Einheit« von anatomischer Struktur und physiologischen Leistungen fordert. Denn sie substituiert die *Anpassung* von Organismen in eine aktive *Einpassung* derselben in eine je eigene Umwelt – und tritt sozusagen an zu einer Rehabilitierung der ›primitiven Organismen‹:

»[D]er Bauplan eines jeden Lebewesens drückt sich nicht nur im Gefüge seines Körpers aus, sondern auch in den Beziehungen des Körpers zu der ihn umgebenden Welt. Der Bauplan schafft selbstständig die Umwelt des Tieres. An seine Umwelt ist das einzelne

---

117. Ebd., S. 30
118. Ebd., S. 17.
119. Vgl. Wuketits: *Die Entdeckung des Verhaltens*, a.a.O., S. 110. Inwieweit eine ablehnende Haltung gegenüber dem Darwinismus auch eine dezidierte politische Antipathie des konservativ-nationalistischen Monarchisten Uexküll gegenüber der Kolonialmacht Großbritannien und ihrer freien Marktwirtschaft war, in der er (sozial-)darwinistische Prinzipien verwirklicht sah, diskutiert etwa Torsten Rüting ausführlich: Vgl. Rüting, Torsten: »History and significance of Jakob von Uexküll and of its Institute in Hamburg«, in: *Sign System Studies* 32/1+2 (2004), S. 35–72, hier S. 41–46.
120. .Uexküll, Jakob von: *Umwelt und Innenwelt der Tiere*, 2. Auflage, Berlin 1921 [Original 1909], S. 3.

Tier nicht mehr oder weniger gut angepaßt, sondern alle Tiere sind in ihre Umwelten gleich vollkommen eingepaßt.«[121]

Diese Einpassung in eine neu geartete Umwelt, in der die anthropozentrische Betrachtungsweise zurücktritt und der »Standpunkt des Tieres der allein ausschlaggebende« wird,[122] relativiert auch die Annahme einer einzigen, kohärenten, objektiv erschließbaren Welt und vervielfältigt diese in eine Mannigfaltigkeit gleichberechtigter Welten – eine Weltanschauung transformiert sich hier zu einer theoretisch umgebauten und teilweise recht süffisant argumentierenden ›Welt-Anschauung‹:

»Kein Mensch wird behaupten, daß ein Panzerschiff vollkommener sei als die modernen Ruderboote der internationalen Ruderklubs. Auch würde ein Panzerschiff bei einer Ruderregatta eine klägliche Rolle spielen. Ebenso würde ein Pferd die Rolle eines Regenwurms nur sehr unvollkommen ausfüllen.«[123]

Eine derartige Mannigfaltigkeit von Welten reflektiert in Uexkülls Ansatz bei entsprechender »Anschauung« jedoch nicht etwa ein pures Chaos, eine ultimative Unordnung und Zufälligkeitsmatrix, sondern ganz im Gegenteil eine wunderbar planmäßige Ordnung wechselseitiger Zusammenhänge zwischen Organismen und Umwelten – die Organismen fungieren hier als Ordnungsinstanz des Chaos der anorganischen Welt.[124] Diese Wechselseitigkeit gilt auch für die Beziehung zu anderen Tieren »und zeigt das merkwürdige Phänomen, daß der Verfolger ebensogut zum Verfolgten paßt, wie der Verfolgte zum Verfolger. So ist nicht bloß der Parasit in den Wirt, sondern auch der Wirt in den Parasiten eingepaßt.«[125]

Giorgio Agamben weist auf jene eigenartige Korrespondenz zwischen eigentlich völlig voneinander geschiedenen, geschlossenen Umwelteinheiten am Beispiel des Spinnennetzes hin. Eine Spinne entwickelt ihr Netz nicht infolge eines Maßnehmens an Größe und Kraft eines Fliegenkörpers, und dennoch korrespondiert dessen Struktur genau mit dem Ziel seines Aufspannens:

»Wirklich überraschend ist der Umstand, daß die Fäden des Netzes genau nach der Sehkraft des Fliegenauges bemessen sind, so daß die Fliege sie nicht sehen kann und in den Tod fliegt, ohne es zu merken. Die zwei Wahrnehmungswelten der Fliege und der Spinne kommunizieren auf grundlegende Weise nicht miteinander und sind gleichwohl derart perfekt aufeinander abgestimmt, daß die originale Partitur der Fliege – die man ihr Urbild oder ihren Archetyp nennen kann – so auf diejenige der Spinne wirkt, daß man ihr Netz als ›fliegenhaft‹ bezeichnen könnte. Obwohl die Spinne in keiner Weise die

---

121. Ebd., S. 4.
122. Ebd., S. 5.
123. Uexküll: *Umwelt und Innenwelt*, a.a.O., S. 4.
124. Vgl. ebd., S. 4.
125. Ebd., S. 4.

Umwelt der Fliege sehen kann, drückt das Netz die paradoxe Koinzidenz dieser gegenseitigen Blindheit aus.«[126]

Die ›Fliegenhaftigkeit‹ eines Spinnennetzes als Ausdruck eines paradoxalen Zusammenfalls gegenseitiger Blindheit erinnert an Prinzipien der Organisation, wie sie in Schwärmen in prozessualer Weise und in dynamisierter Form neu aufscheinen: Wie zuvor bereits notiert, steht auch hier am Beginn ein Nicht-Wissen in Bezug auf externe Einflussgrößen und ein fehlendes Vermögen einzelner Schwarm-Individuen, die Gesamtsituation zu überblicken – und dennoch ergibt sich aus dem Zusammenfall lokaler Störereignisse im Bewegungskollektiv ein optimiertes Globalverhalten. Es entsteht eine ›Umwelthaftigkeit‹ des Schwarms, wenn sich dessen interne Dynamiken an die Dynamiken seiner Umgebung anschmiegen.

Allerdings dient Uexküll die Planmäßigkeit eben als globales Ordnungsprinzip jenseits einer Geschichte stochastischer Unfälle und selektiver Verfahren als Prinzip des Lebens, das heißt als eine Art Masterplan. Folglich beschließt er die zweite Auflage seiner Monographie *Umwelt und Innenwelt der Tiere* von 1921 [Original 1909] mit folgender Feststellung:

»Von den Gesetzen, die das Leben schaffen und vernichten, können wir nur sagen, daß eine allumfassende Planmäßigkeit ihnen zugrunde liegt, die sich in der vollkommenen Einpassung eines jeden Lebewesens in seine Umwelt am deutlichsten ausspricht.«[127]

Klingen hier nicht explizit vitalistische Positionen an, indem eine übergeordnete Planmäßigkeit und spezifische Baupläne als treibende Kräfte angeführt werden? Trotz der wohlwollenden Worte, die Uexküll immer wieder für die vitalistische Position findet, ist seine Biologie nicht auf einen irgendwie gearteten Naturmystizismus reduzierbar, der für nicht kausal beschreibbare Lebensphänomene nach der Definition exakter Naturwissenschaften nicht nachweisbare *Lebenskräfte* als »Naturfaktoren« einsetze.[128] Vielmehr zeigt sich anhand der Ausführungen zur Planmäßigkeit die Ambivalenz seiner experimentellen epistemischen Strategie, und diese schlägt sich nieder im Begriff der »Naturtechnik«:

»Besser steht es mit dem Vergleich, den uns die Herstellungsweise unserer Maschinen und Gebrauchsgegenstände liefert. Es entsteht nämlich kein einziger dieser Mechanismen auf rein mechanische Weise. Das Material, das uns bei ihrem Bau zur Verfügung steht, fügt sich nie von selbst durch irgendwelchen mechanischen Zwang zum Mechanismus. […] Wir nennen die Lehre von der Herstellung menschlicher Mechanismen im Unterschied von der Mechanik ›die Technik‹. Sie umfasst außer der Betrachtung der

---

126. Agamben: *Das Offene*, a.a.O., S. 52.
127. Uexküll: *Umwelt und Innenwelt*, a.a.O., S. 219.
128. Uexküll, Jakob von: »Die Bedeutung der Planmäßigkeit für die Fragestellung in der Biologie«, in: ders.: *Kompositionslehre der Natur. Biologie als undogmatische Naturwissenschaft. Ausgewählte Schriften*, hg. von Thure von Uexküll, Frankfurt/M., Berlin, Wien 1980, S. 213–217, hier S. 214. [Original in: *Wilhelm Roux' Archiv für Entwicklungsmechanik der Organismen* 106, (1925), S. 6–10.]

chemischen, physikalischen und mechanischen Faktoren auch noch die Anweisung zur planmäßigen Anwendung von Handgriffen.«[129]

Naturtechnik ruft jene Ambivalenz auf, die Uexküll bei aller Theoretisierung stets noch einen pragmatischen Zugang zu den Forschungsobjekten – oder von seiner Theorie her gedacht, richtiger: den Forschungs*subjekten* – der Biologie erlaubt. Der neovitalistische Begriff der *Entelechie* seines Bekannten Hans Driesch etwa ist ihm »viel zu schwerfällig, sobald man an die praktische Lösung der Lebensfragen herantritt.«[130] Uexküll ist somit wohl am ehesten der »Mittelstellung« zwischen vitalistischen und mechanistischen Positionen zuzuordnen,[131] bleibt für ihn eine irgendwie geartete »Lebenskraft« doch immer in höchstem Maße »unanschaulich.«[132] Sie bleibt eine unbefriedigende Annahme für einen Biologen, der gerade im Verhaltensexperiment stets schon den unabdinglichen Objektivierungsanspruch einer lange Zeit allzu hypothetischen Biologie verortete.

Primitive Organismen

Das irreduzible Unbehagen gegenüber vitalistischen Positionen verwundert nicht, betrachtet man die Forschungen, auf deren Basis Uexküll seine Biologietheorie entwickelt. Nach seinem Studium der Zoologie in Dorpat (der heutigen Hauptstadt Estlands, Tartu) und enttäuscht von den Unzulänglichkeiten und spekulativen Annahmen in den zoologischen Forschungen seines dortigen Lehrers Julius von Kennel, wendet sich Uexküll im Jahr 1890 als ein »Deserteur der Biologie«[133] ersten physiologischen Studien am Heidelberger Laboratorium von Wilhelm Kühne zu. In den bei diesem »Meister der Muskelphysiologie«[134] angewendeten experimentellen Verfahren erkennt er das Potenzial für eine Erneuerung der Biologie und lernt dort »mit dem Froschschenkel umgehen, dessen Muskeln und Nerven lebend herauspräparieren, sie elektrisch reizen und ihre Bewegungen auf dem Myographion zu registrieren.«[135]

Uexküll spezialisiert sich auf die Bereiche Muskeln und Neurophysiologie, und arbeitet unter anderem im damals weltweit modernsten zoologischen Forschungsaquarium von Anton Dohrn in Neapel an einer Übertragung der von

---

129. Uexküll: »Bedeutung der Planmäßigkeit«, a.a.O., S. 216.
130. Uexküll, Jakob von: »Plan und Induktion«, in: ders.: *Kompositionslehre der Natur*, a.a.O., S. 217–225, hier S. 217–218. [Original in: *Wilhelm Roux' Archiv für Entwicklungsmechanik der Organismen* 116 (1929), S. 36–43.]
131. Vgl. Kull, Kalevi: »Jakob von Uexküll: An Introduction«, in: *Semiotica* 134/1 (2001), S. 1–59, hier S. 6.
132. Uexküll: *Bausteine*, a.a.O., S. 31.
133. Vgl. Rüting: »History and Significance«, in: *Sign System Studies*, a.a.O., S. 39.
134. Mislin, Hans: »Jakob Johann von Uexküll. Pionier des verhaltensphysiologischen Experiments«, in: Balmer, Heinrich: *Psychologie des 20. Jahrhunderts. Band VI: Lorenz und die Folgen*, Zürich 1978, S. 46–54, hier S. 47.
135. Uexküll, Gudrun von: *Jakob von Uexküll, seine Welt und seine Umwelt*, Hamburg 1964, S. 39. Das Myographion ist eine Apparatur zur Registrierung und Untersuchung von Muskelzuckungen.

Kühne entwickelten Methoden auf die Untersuchung mariner Invertebraten wie Seeigel, Seestern, Meereswürmer, Pilgermuschel, Blutegel und Oktopus.[136] Die Auswahl der Versuchstiere für die Forschungen in Neapel und in anderen südeuropäischen Aquarien[137] ist dabei nicht etwa Resultat persönlicher Vorlieben, sondern Ergebnis ihres für physiologische Experimente zur Erforschung von Reflexbögen in der muskulären Bewegungskoordination geeigneten Komplexitätsgrads. Einerseits ließe die Betrachtung einzelliger Organismen keine Aussagen über die Koordination von Bewegungen in vielzelligen Organismen zu, da letztere nicht aus freilebenden Zellen, sondern als eine Ganzheit aufgebaut seien. Andererseits seien aber die Nervensysteme etwa von Säugetieren derart komplex, und ihre Funktionsweisen und Mechanismen quasi nicht durchschaubar, so dass sich auch aus deren Untersuchung keine verwertbaren Schlüsse ziehen ließen:[138]

»Die moderne Tierbiologie verdankt ihr Dasein der Einführung des physiologischen Experiments in das Studium der niederen Tiere. Die Erwartungen, die man von physiologischer Seite an die Erweiterung des Forschungsgebietes knüpfte, wurden nicht erfüllt. Man suchte nach Lösung für die Fragen der Physiologie der höheren Tiere und fand statt dessen neue Probleme. [...] Für alle jene Forscher aber, die im Lebensprozeß selbst und nicht in seiner Zurückführung auf Chemie, Physik und Mathematik den ›wesentlichen‹ Inhalt der Biologie sahen, mußte der ungeheure Reichtum an experimentell lösbaren Problemen ein besonderer Ansporn sein, sich den niederen Tieren zuzuwenden.«[139]

Marine Wirbellose wie etwa der Seeigel hingegen seien für eine Untersuchung der Muskel- und Nervenkoordination sehr geeignet, weil bei ihnen hoch differenzierte Sinnes- und Bewegungsorgane mit einem relativ einfach strukturierten Nervensystem zusammenfielen – ins epistemische Zentrum rücken also auch hier Lebewesen aus dem Dazwischen. Dieses Nervensystem – und in diesem Punkt tangieren Uexkülls Experimente das Thema der vorliegenden Untersuchung – funktioniert dabei ohne eine zentrale Steuerungsinstanz, seine Reflexbögen als »gleichwertige Glieder einer Gemeinschaft, die nicht von einer höheren Stelle aus regirt [sic!] wird.«[140] Benjamin Bühler weist auf

---

136. Vgl. Rüting: »History and Significance«, in: *Sign System Studies*, a.a.O.; vgl. Bühler, Benjamin: »Das Tier und die Experimentalisierung des Verhaltens. Zur Rhetorik der Umweltlehre Jakob von Uexkülls«, in: Höcker, Arne, Moser, Jeannie und Weber, Philippe (Hg.): *Wissen. Erzählen. Narrative der Humanwissenschaften*, Bielefeld 2006, S. 41–52, hier S. 45. Bei Anton Dohrn hatte übrigens auch William M. Wheeler 1893–94 einen Forschungsaufenthalt.
137. Nach Uexkülls Rückkehr nach Hamburg und im Kontext der Gründung des dortigen *Instituts für Umweltforschung* regte er auch die Idee eines »Fliegenden Aquariums« an – worunter allerdings kein wundersam mobiles Forschungsaquarium zu verstehen ist, sondern eine vernetzte Nutzung der verschiedenen öffentlichen europäischen Aquarien als Forschungsstationen nicht nur für interessierte Laien, sondern auch für professionelle Biologen.
138. Vgl. Uexküll, Jakob von: »Ueber Reflexe bei den Seeigeln«, in: *Zeitschrift für Biologie* 34 (1896), S. 298–318.
139. Uexküll: *Umwelt und Innenwelt*, a.a.O., S. 2.
140. Uexküll, Jakob von: »Die Physiologie der Pendecellarien«, in: *Zeitschrift für Biologie* 37 (1899), S. 334–401, hier S. 390.

die Organisation, diesen Bauplan des Seeigels als eine »Republik von Reflexen« hin, indem

> »jedes Bewegungsorgan des Seeigels einen in sich geschlossenen Reflexmechanismus bilde, der auch isoliert von den anderen voll funktionsfähig bliebe [...]. Ohne durch ein höheres Nervensystem gesteuert zu sein, werde daher durch das gleichzeitige Ablaufen der einzelnen Reflexe eine einheitliche Aktion vorgetäuscht, die gar nicht existiere: Die Koordination der Bewegungen erweist sich als Resultat der Organisation der einzelnen Reflexbögen. [...] Die Reflexe verlaufen unabhängig voneinander und doch koordiniert, die Koordination ist allein Resultat der Organisation des Tiers.«[141]

Diese Organisation verweise wiederum auf den originären Bauplan des Organismus, der nicht durch eine mechanistische oder atomistische Analyse und Zerlegung hinreichend beschreibbar sei, sondern lediglich in seiner ›sich-verhaltenden‹, raum-zeitlichen Beobachtung. Eine solche Beobachtung stellt den Versuch dar, sich *indirekt* Zugang zu den per se uneinsehbaren Welten anderer Lebewesen zu verschaffen, und sich im Zuge dessen deren jeweils spezifische Umwelten und Umwelt-Beziehungen transparent zu machen.

> »Man kann [...] den Seeigel eine Reflexrepublik nennen und den Unterschied gegenüber den höheren Tieren dadurch anschaulich machen, daß man sagt: Wenn der Hund läuft, so bewegt das Tier seine Beine – wenn der Seeigel läuft, bewegen die Beine das Tier. Es herrscht im Seeigel [...] nicht der einheitliche Impuls, sondern der einheitliche Plan, der die ganze Umgebung des Seeigels mit in seine Organisation hineinzieht.«[142]

Die Beziehung zwischen Organismen und ihrer Umwelt, die Uexküll bereits mit der Fliegenhaftigkeit des Spinnennetzes angesprochen hatte, erhält am Beispiel des Seeigels ein physiologisches und experimentell verifizierbares Korsett. Und mehr noch: Er beschreibt die Organisation des Seeigels nicht nur als eine Summierung von Reflexen, sondern weist auf die Rückwirkungen einzelner Reflexbögen auf andere hin. Uexküll skizziert sozusagen Feedback-Schleifen, die einige Jahrzehnte später in der Kybernetik und deren Beschreibung nervöser Abläufe eine weitreichende Aktualität gewinnen. Und er präsentiert eine dezentrale Organisation, die nur als globale Reaktion oder Aktion des Organismus auf seine und in seiner Umwelt erscheine, die »vorgetäuscht« werde. Ähnlich wie bei Schwärmen gilt es auch den Seeigel in seiner Bewegung als ein zusammengesetztes Ensemble zu betrachten – aus Subelementen, die ohne ›Zentralprozessor‹ auskommen.[143]

---

141. Bühler: »Experimentalisierung des Verhaltens«, in: *Wissen. Erzählen*, a.a.O., S. 45–46.
142. Uexküll: *Umwelt und Innenwelt*, a.a.O., S. 95.
143. Angesichts der Konzeption dieses Bandes, welche den Chiasmus einer Biologisierung der Computertechnik und einer Computerisierung der Biologie beschreibt, sei die natürlich ahistorische und von Lily Kay grundlegend problematisierte Verwendung derartiger Begriffe im biologischen Zusammenhang an dieser Stelle erlaubt. Vgl. Kay, Lily: *Who Wrote the Book of Life?: A History of the Genetic Code*, Stanford 2000.

Ein Forscher muss sich im Fall des Seeigels auf eine ganz andere Welt einstellen – und damit tritt ihm sein Forschungsobjekt eher als ein Forschungs*subjekt* entgegen, das sich selbstständig und perfekt in seine jeweilige Umwelt einpasse und daher nur prozesshaft und zusammen mit dieser Umwelt untersuchbar und beschreibbar sei. Es gehört zu den – jedenfalls auf den ersten Blick: Ungehörigkeiten – in Uexkülls Arbeiten, dass diese ›Subjekt-Werdung‹ des Forschungsgegenstandes der Biologie mit einer dezidierten Objektivierung der Forschungsperspektive einhergeht. Gemeinsam mit seinen Kollegen am Aquarium von Neapel, Albrecht Bethe und Theodor Beer, publiziert Uexküll beispielsweise im Jahr 1899 jenen einflussreichen Artikel im *Biologischen Centralblatt*, in welchem die Autoren sich dezidiert gegen eine anthropomorphe und für eine ›objektive‹ Terminologie in der Biologie aussprechen.[144] An die Stelle einer Tierpsychologie, die menschliche Eigenschaften auf Tiere übertrug, tritt eine experimentell fundierte Physiologie des Verhaltens. Dabei ist zu berücksichtigen, dass bereits in dem relativ frühen Stadium Uexkülls wissenschaftlicher Laufbahn die *Vorschläge zu einer objectivierenden Nomenklatur* ein zwiefältiges Postulat darstellen. Vordergründig geht es natürlich um die Säuberung der biologischen Fachsprache von subjektivistischen Begriffen. Im gleichen Zuge unternehmen die Autoren jedoch auch eine epistemologische Abgrenzung des Begriffes »Objektivität« von objektivistischen Vorstellungen: »Mit der Frage nach den Eigenschaften, die ein Gegenstand als Objekt wissenschaftlicher Forschung aufweisen muß, wird nämlich zugleich die Frage nach dem Subjekt des Forschers und seinen Beziehungen zum Gegenstand gestellt«[145] – wie sich also Objektivität überhaupt einstellen kann. Oder wie Andreas Roepstorff schreibt:

>»Although inherently subjective, and therefore closed to the outside human observer, he specified how an independent human observer could attempt to reconstruct these inherently subjective Umwelten. This is not done through an introspection that will the researcher to see metaphorically the world through the eyes of that species. An attempt at psychological introspection might lead to an attribution of soul like qualities to the Innenwelt of another species and this *ist keine Beschäftigung ernsthafter Forscher*.[146] It is rather a matter of objective research: an attempt to examine the physiology and Bauplan of a given species and through experimental manipulations reconstruct carefully which aspects of the Umwelt of the observer enter into the perception and action of that particular species. The content of the conciousness in another species is, in other words,

---

144. Beer, Theodor, Bethe, Albrecht und Uexküll, Jakob von: »Vorschläge zu einer objectivierenden Nomenklatur in der Physiologie des Nervensystems«, in: *Biologisches Centralblatt* 19 (1899), S. 517–521. Torsten Rüting nennt als Beispiele auch die Ersetzung des Begriffs »Sehen« durch »Photorezeption« oder von »Riechen« durch »Stiborezeption«. Vgl. Rüting: »History and Significance«, in: *Sign System Studies*, a.a.O., S. 40.
145. Uexküll, Thure von: »Die Entwicklung einer eigenen Terminologie. Vorbemerkung«, in: Uexküll, Jakob von: *Kompositionslehre der Natur*, a.a.O., S. 86–92, hier S. 89.
146. Uexküll: *Umwelt und Innenwelt*, a.a.O., S. 7.

fundamentally off limits; but the reconstruction, from the outside, of the point of view and action of a given species, is accessible.«[147]

Diese objektivierte Subjektivierung als hybride epistemologische Strategie einer ›Neuen Biologie‹ beschreibt Thure von Uexküll kurz und prägnant: »The epistemological premise of Jakob von Uexküll's theory is neither objectivistic nor subjectivist but – as one would describe it today – ›systemic‹.«[148]

Ferner versucht Uexküll, durch eine Bezugnahme auf technische Begriffe ein möglichst adäquates Vokabular für eine Biologie mit funktional-dynamischen Prozessen zu finden – als »Wissenschaft der Anschauung« müsse sie auch eine anschauliche Sprache verwenden. Bei der Nervenerregung benutzt er Begriffe wie »Fluidum«, »Druck«, oder »Reservoir«, im Zusammenhang mit manchen Tierarten spricht er von »Kraftmaschinen« oder »Bremsmaschinen«,[149] um gewisse Ordnungszusammenhänge zu unterstreichen – und schlägt auch vor, den statischen Begriff der *Zelle* durch den dynamischeren des »Autonoms« zu ersetzen. Hans Mislin sieht in Letzterem die Eigengesetzlichkeit und Regelabhängigkeit von Zellen betont und verortet hierin »einen ausgesprochen kybernetischen Denkansatz« und »ein erstes Gefühl für die Bedeutung rückgekoppelter Regelkreise und kybernetischer Wechselwirkungen.«[150] Zumindest unterstreicht der Begriff des Autonoms die Perspektive Uexkülls, auch die elementaren Bestandteile von Lebewesen immer schon als informationsverarbeitende Filtermechanismen in Bezug auf die Objekte einer spezifischen Umwelt zu denken, und nicht als jene Elemente, bis auf die man einen Organismus ›herunterbrechen‹ kann.

Und in seiner einige Jahre später veröffentlichten Aufsatzsammlung *Bausteine zu einer biologischen Weltanschauung* thematisiert Uexküll die »zwecklosen« Analogieschlüsse von biologischen Prinzipien auf politisch-soziale Phänomene:

»So manche Historiker, Nationalökonomen, Soziologen, Religionsforscher reden von sogenannten biologischen Naturgesetzen. Wenn man die Unsumme an zwecklosen Analogieschlüssen an sich vorübergleiten lässt, kann man zur Ansicht kommen, die Biologie sei gar keine Wissenschaft, sondern nur ein bequemes Hilfsmittel, um alles zu beweisen.«[151]

Um das Leben in actu und jenseits der bloßen Chemie und Physik von Organismen zu studieren, erscheint es naheliegend, dass Uexküll sich im Jahr 1899

---

147. Roepstorff: »Brains in scanners«, a.a.O., S. 756.
148. Uexküll, Thure von: »Jakob von Uexküll's Umwelt-theory«, in: Sebeok, Thomas A. und Umiker-Sebeok, Jean (Hg.): *The Semiotic Web 1988*, Berlin 1989, S. 129–158, hier S. 129.
149. Mislin: »Uexküll. Pionier des verhaltensphysiologischen Experiments«, in: *Psychologie des 20. Jahrhunderts*, a.a.O., S. 46.
150. Ebd., S. 46–47.
151. Uexküll: *Bausteine*, a.a.O., S. 67. Umso mehr verwundert die dezidierte Übertragung biologischer Organisationsmuster auf eine (rechtskonservativ-monarchistische) staatliche Ordnung in Uexkülls *Staatsbiologie. Anatomie – Physiologie – Pathologie des Staates* von 1920 [Neuauflage 1933] [sic!]. Vgl. hierzu Bühler und Rieger: *Vom Übertier*, a.a.O., S. 257–258.

nach Paris begibt, um beim Physiologen Étienne-Jules Marey dessen Verfahren der Aufnahme von Körperbewegungen mittels chronophotographischer Methoden zu studieren. Er wird die Chronophotographie später selbst für die Beobachtung der Bewegung von Schlangensternen und von Flugbahnen von Libellen und Schmetterlingen anwenden und somit in die Biologie einzuführen.[152] Denn die Nutzung avancierter medientechnischer Beobachtungsverfahren ist nicht weniger als die Möglichkeitsbedingung der Umweltlehre:

> »Die Chronophotographie war deshalb für Uexküll von Bedeutung, weil die Steuerung, von Bewegungen des Schlangensterns wie Gehen, Fressen und Umdrehen nicht allein anatomisch zu erklären war. Da die steuernden und regulierenden Vorgänge im Nervensystem aber nicht direkt beobachtet werden konnten, musste über die Aufzeichnung der Bewegungen, die sich wegen ihrer Geschwindigkeit und Komplexität ebenfalls dem bloßen Auge entzogen, auf diese geschlossen werden.«[153]

Medientechniken wird in Uexkülls Beobachtungsanordnung mithin eine zentrale Position zu eigen, die zusammenhängt mit der Bio-Logik einer Objektivität, die um die Ecke funktioniert, die nur mit indirekten Zugängen zu den jeweiligen Organismus-Umweltrelationen arbeiten kann.

Funktionskreise

Uexküll vertrat die Überzeugung, dass jedes Lebewesen mit einer ihm eigenen Bauart in ganz spezifischer Weise mit seiner Umwelt in Beziehung stehe, eine Beziehung, die er als *Funktionskreis* eines Lebewesens bezeichnete.[154] Diese »Welt für sich« führe dazu, dass ein vollständiges Wissen über die einzelnen Vorgänge innerhalb dieser Welt für einen Beobachter als Lebewesen aus einer anderen »Welt für sich« gar nicht erlangt werden könne. Dennoch seien die *Umwelt* und die Beziehung des Lebewesens zu ihr von entscheidender Tragweite. Sie sei der Anteil der Umgebung eines Organismus, mit dem dieser im Austausch stehe, und spiegele sich in der Innenwelt des Organismus. Diese Innenwelt teile sich in zwei Instanzen, die über den Funktionskreis im Austausch miteinander stünden: die *Wirkwelt* als das, was ein Lebewesen zu tun imstande sei und die *Merkwelt* als das, was ein Organismus wahrnehmen könne.[155]

Der Bauplan eines Lebewesens beschreibt demnach nicht nur die räumliche Organisation seines Körpers, sondern auch die Vernetzung mit seiner spezifischen Umwelt: Er legt fest, was der Organismus wahrnimmt und wie er agiert, wie er eine ihm allein eigene Welt konstruiert. Die Umwelt formt also nicht

---

152. Vgl. Mislin: »Uexküll. Pionier des verhaltensphysiologischen Experiments«, in: *Psychologie des 20. Jahrhunderts* a.a.O., S. 53.
153. Bühler: »Experimentalisierung des Verhaltens«, in: *Wissen. Erzählen*, a.a.O., S. 49.
154. Vgl. Uexküll, Jakob von: *Theoretische Biologie*, Berlin 1920, S. 96.
155. Vgl. z. B. Uexküll: *Bausteine zu einer biologischen Weltanschauung*, a.a.O.,, S. 72.

etwa das Subjekt als Quasi-Objekt, sondern das Subjekt integriert sich aktiv in eine komplexe Umwelt. Darwinistischen Evolutionstheorien liegt eine gewisse Passivität der Lebewesen gegenüber ihren Umwelten zugrunde, insofern die Vorgaben von der Umwelt gesetzt werden, und die Lebewesen sich daran anpassen (und das durch *zufällige* Vorgänge etwa der Selektion), wohingegen in Uexkülls Biologie die Lebewesen-als-Subjekte ihre Umweltbezüge selbst *planmäßig* ausbilden und diese Umwelt für sich einrichten. Uexküll beschreibt diese nicht vom jeweiligen Lebewesen zu trennende Umwelt mit der einer es umgebenden »Seifenblase«[156] oder als ein »festes, aber unsichtbares Glashaus.«[157] Innerhalb dieser umfassenden Planmäßigkeit sind Zufallsprozesse wie in darwinistischen Evolutionstheorien vollkommen ausgeschlossen – Lebewesen sind perfekt in ihre spezifischen Umwelten eingepasst. Dabei entwickelt Uexküll aber keinerlei hierarchische Ordnung von Lebenswelten:

»Stellt man sich [...] vor, daß ein Subjekt durch mehrere Funktionskreise an das gleiche oder an verschiedene Objekte gebunden ist, so erhält man einen Einblick in den ersten Fundamentalsatz der Umweltlehre: Alle Tiersubjekte, die einfachsten wie die vielgestaltigsten, sind mit der gleichen Vollkommenheit in ihre Umwelten eingepaßt. Dem einfachen Tiere entspricht eine einfache Umwelt, dem vielgestaltigen eine ebenso reichgegliederte Umwelt.«[158]

Die Umwelt beinhalte folglich spezifische Indikatoren, welche in einem Austauschverhältnis stünden zu den spezifischen Rezeptoren und Effektoren des Lebewesens. Dabei zielt Uexküll nicht auf die Details einzelner Organe, die dieses Austauschverhältnis bewerkstelligen, sondern auf die *Funktionen* oder *Funktionskreise*, die die Organe oder Organ-Teile und die spezifischen Indikatoren als Feedback-Kreise zusammenschließen. Der US-amerikanische Architekturtheoretiker Sanford Kwinter fasst die Beziehungen wie folgt zusammen:

»The organism, according to von Uexküll, does not [...] exist outside of this manifold function-nexus. Von Uexküll thus distinguishes between the animal conceived as an ›object‹ (which it isn't) and as a ›framework‹ (which it is). For the framework refers to the animal's capacities to organize and dispose functions (select indications), or, more simply, its capacities to impart and receive affects to and from its surroundings. [...] The Umwelt, then, is a part informal, part affective space; it contains no preexisting biological units, only fragments built up into chains and gathered and made whole under a function [...].«[159]

---

156. Uexküll: *Theoretische Biologie*, a.a.O., S. 62.
157. Ebd., S. 58.
158. Uexküll: *Streifzüge*, a.a.O., S. 27.
159. Kwinter, Sanford: *Architectures of Time. Toward a Theory of the Event in Modernist Culture*, Cambridge 2001, S. 135f.

Dieses avancierte Modell von Lebewesen und Umwelt als netzwerkartig angelegte Verschaltung in Feedback-Kreisen und mit *Funktionsrelationen*, nicht Formen, welche die Gesamtheit eines Organismus erst herstellen, steht in Opposition zur an vielen Stellen offenkundigen Physik- und Mechanistikfeindlichkeit Uexkülls. Sein Modell mutet geradezu proto-kybernetisch an, wenn er unterstreicht, dass das Wesentliche am Tier seine *Informationen* seien – Einpassungs- und Filterprozesse im Austausch mit der Umwelt, die auf dessen Konstitution zurückwirkten: »Das Tier ist ein [...] Geschehnis.«[160]

★★★

Uexküll öffnet somit eine Perspektive auf jene Affekte, die jedes Lebewesen in Bezug auf seine Umwelt (und damit auch auf andere Lebewesen) erst erschaffen, und darauf, dass dynamische, funktionsbedingte Prozesse den Formen und Formwerdungen in der Biologie zugrunde liegen. Eine solche – mit Kwinter gesprochen – »Biology of Events«, die affektive Funktionen und Funktionsbeziehungen betont, formuliert Uexküll mittels einer Fokussierung auf Verschaltungsprozesse. Und diese Zuspritzung wiederum ist für die Entwicklung eines Wissens von Schwärmen in mehrfacher Hinsicht wirksam. *Erstens* kann sie – obschon aus dem Kontext des Vitalismus entstanden – in einer epistemologischen und kybernetischen Umwidmung als konzeptioneller Vorreiter für eine nachfolgende Informatisierung und ›Physikalisierung‹ des Wissens der Biologie und auch von Schwärmen gesehen werden. Die Frage, wie *Systeme* sich selbst aktiv organisieren und akiv-reaktiv mit ihrer Umgebung in wechselhaften Beziehungen stehen, stellt sich bei Uexküll als eine Art ›Austreibung des Geistes aus den biologischen Wissenschaften‹ dar.

Zweitens taugt ein *Tier als Geschehnis* nicht mehr für eine hergebrachte zoologische Klassifikation, da es sich um kein isolierbares *Objekt* handelt, sondern um einen *Rahmen* verschiedener Funktionsrelationen. Auch hier wird – wie bei den Untersuchungen, die in vorherigen Kapiteln vorgestellt wurden – eine Verhaltensbiologie propagiert, die sich nicht mehr auf taxonomische, präparatorische oder physiologische Studien am toten Objekt beschränken mag. Uexkülls Beobachtungen und Versuche von und an ›primitiven Organismen‹ weisen hin auf das Möglichkeitsspektrum dezentraler Organisation. Das Verhalten autonomer Subeinheiten verschaltet sich durch elektrische Nervenimpulse, aus dem sich erst das Globalverhalten des Organismus ergibt. Auch bei Uexküll findet sich demnach ein modifizierter Begriff des Organismus, der – ähnlich wie bei Wheeler – als zusammengesetztes Ensemble begriffen wird. Sowohl die systemische Perspektive als auch der modifizierte Organismus-Begriff können wiederum –

---

160. Uexküll: *Bausteine*, a.a.O., S. 29. Nicht von ungefähr beschäftigen sich denn auch die Teilnehmer der Macy-Konferenzen nach dem Zweiten Weltkrieg mit der »Communication Between Animals«, speziell bei Bienen und Fischen. Heinz von Foerster wird mit dem *Biological Computing Lab* in Illinois und einer Veranstaltungs- und Publikationsreihe die Erforschung von *Self-Organization* in den 1960er und 1970er Jahren forcieren.

so ja auch die These dieses Kapitels – in einer Linie gesehen werden, in der sich biologische Forschungen zunehmend weniger mit unscharfen Begriffen, Kategorien und Analogien abgeben: in der eine Psychologisierung von einer Physikalisierung abgelöst wird, die nicht auf mechanische Prinzipien, sondern auf bewegungsphysikalische Phänomene oder Schaltimpulse zwischen vielen ›Teilchen‹ abhebt, welche als relationale Ensembles verstanden werden.[161]

Drittens, und auch dieser Punkt steht im Zusammenhang mit den vorangegangenen Kapiteln, ordnet Uexküll Tiere nicht mehr zuerst in zoologische Klassen und evolutorische Entwicklungslinien von niederen hin zu höheren Organismen ein – mit dem Menschen als Spitze, Ende und Referenzpunkt dieser Entwicklung. Vielmehr werden sie zu Wissensobjekten mit unklaren Rändern, mit multiplen Kopplungen an ihre Umwelten. Sie zwingen dem menschlichen Beobachter eine nicht-anthropozentrische Perspektive auf und wirken somit als Durchgang für das Denken eines Außen jenseits der Politiken klarer Klassifikationen und Grenzziehungen. Wenn, wie Uexküll schreibt, »nicht bloß der Parasit in den Wirt, sondern auch der Wirt in den Parasiten eingepaßt«[162] ist, dann ergeben sich neue, unwahrscheinliche Informationsrelationen – wie der Fall der ›Fliegenhaftigkeit des Spinnennetzes‹ und der Reflexrepublik des Seeigels zeigen.

Und *viertens* schließlich lässt sich mit Uexküll auch die Wechselbeziehung von Schwarm-Raum und Schwarm-Umwelt adressieren, indem seine Arbeit hinweist auf die Oszillation zwischen dem aktiven, selbstorganisierten Potenzial innerhalb von Schwärmen und den Umwelteffekten, auf die sie reagieren – das eine ist ohne das andere nicht zu denken. Statischen, analytischen Herangehensweisen wird damit von vornherein und ganz wörtlich der Prozess gemacht.

---

161. Ein solcher Perspektivwechsel lässt sich auch in der Systemtheorie Ludwig von Bertalanffys (dieser führt 1932 in seiner *Theoretischen Biologie* den Begriff ›offenes System‹ für Organismen ein) und in den Überlegungen zum Ganzheitsbegriff in der Gestaltpsychologie erkennen. Vgl. Bertalanffy, Ludwig von: *Theoretische Biologie*, Berlin 1932.
162. Uexküll: *Umwelt und Innenwelt*, a.a.O., S. 4.

4. Randerscheinungen

»[A]n der Küstenlinie zwischen Land und Meer vollziehen sich [...] Prozesse, die unsere primären Probleme darstellen. Die Ordnung verfällt in Unordnung, und gelegentlich geht sie daraus hervor. Der Ozean zerreißt die Küste, er formt die Strände. Sanfte Skulptur des Cape Cod. Wässriges Chaos, von den zeitweiligen Rhythmen geschaffen, die sich zerstreuen. Ordnung entsteht, verschwindet, kehrt zurück, verschwindet wieder, dort, hier, einst, morgen, eben erst, wie die Küste der Bretagne in Millionen von Jahren.«[163] *Michel Serres*

Liegen die in den vorangegangenen Kapiteln untersuchten frühen Forschungsbestrebungen einer sich herausbildenden Ethologie oder biologischen Verhaltenswissenschaft neben dem Mainstream der zeitgenössischen biologischen Forschungsschwerpunkte, so kommen – wie gesehen – die ersten Impulse für eine biologische Schwarmforschung aus den Außenbereichen oder gar aus dem Off disziplinärer Bereiche oder Methoden. Schwarmforschung, die sich – wie im Folgenden noch gezeigt wird – explizit mit der funktionalen Tragweite des Randes von Kollektiven auseinandersetzt, handelt somit nicht nur von dieser räumlichen Grenzregion und von der apparativen und medientechnischen Begrenzung unscharfer und dynamischer Aggregationen, sondern bewegt sich als biologischer Forschungsbereich selbst im Randbereich der sich ausdifferenzierenden Disziplin. Es darf also nicht verwundern, wenn eine ›wissenschaftliche‹ Beschäftigung mit biologischen Kollektiven – und damit ist eine von akademischer Seite initiierte Forschung gemeint, welche die genannten und seinerzeit bereits bestehenden ›Amateur‹-Beobachtungen nicht unbedingt goutierte – nicht an den großen universitären Instituten und den ihnen angeschlossenen Laboratorien stattfindet. Sie entwickelt sich ebenfalls an einer Grenze: Nämlich dort, wo glatter und gekerbter Raum sich treffen, wo kartiertes Wissen auf die Dynamiken ständiger Bewegung trifft, wo das Land aufs Meer trifft: in meeresbiologischen Forschungsstationen.

Doch auch in diesen (forschungs-)geographischen Randbereichen gibt es naturgemäß Zentren. Eines davon ist über Jahrzehnte das *Marine Biological Laboratory* im kleinen Küstenstädtchen Woods Hole auf der Halbinsel Cape Cod an der US-amerikanischen Ostküste. Es gründet sich auf ein Diktum des schweizerisch-amerikanischen Zoologen Louis Agassiz: »Study nature, not books.«[164] Abseits der Universitäten wurde Woods Hole in den Sommermonaten zum »seaside magnet« für die brillantesten Biologen der USA, und Charles Otis Whitman, der Pionier der amerikanischen Verhaltensbiologie, hielt an dieser Stelle nicht nur seine bahnbrechenden Vorlesungen über »Animal Behavior«,

---

163. Serres, Michel: *Hermes V: Die Nordwest-Passage*, Berlin 1994, S. 82–83.
164. So lässt es die Homepage des MBL wissen unter: http://www.mbl.edu/about/discovery/index.html (aufgerufen am 25.02.2012). Agassiz gründete in der Nähe von Woods Hole bereits in den 1870er Jahren eine Art Vorläuferinstitution des MBL, die dem Studium marinen Lebens gewidmet war.

sondern fungierte von 1888 bis 1908 auch als Gründungsdirektor.[165] William Morton Wheeler verbrachte die Sommer der Jahre 1891 und 1892 dort, bevor er zu einem Forschungsaufenthalt an die Zoologische Station von Anton Dohrn nach Neapel wechselte – denn ehe er mit seinen Ameisenstudien reüssierte, stellte die Beschäftigung mit den *primitiven Organismen* mariner Wirbelloser auch für Wheeler einen essentiellen Bereich seiner zoologischen Ausbildung dar.[166] Nicht zuletzt arbeitete mit Warder Clyde Allee, einem der ersten Zoologen, die sich später unter dem Label ›Ecology‹ auf die Wechselwirkungen von Organismen und ihrer Umwelt konzentrierten, ein weiterer maßgeblicher Pionier der US-amerikanischen Verhaltensforschung über Jahre an der Atlantikküste von Cape Cod. Allee leitete von 1918 bis 1921 das örtliche Seminar über wirbellose Organismen und stieß hier auf Fragen nach Verteilungsmustern mariner Lebewesen im Meer. Die Untersuchung solcher Fragen konnte in Woods Hole in einer Kombination aus Freilandforschungen und Laboraquariumsexperimenten angegangen werden. So war es möglich, einerseits in der Natur vorgefundene Settings experimentellen Analysen zu unterwerfen und andererseits Ansätze aus dem Labor anhand des breiten evolutionären Panoramas marinen Lebens zu verifizieren. Diese Forschungen bilden denn auch eine wesentliche Basis für Allees Arbeiten über »Animal Aggregations«, denen sich dieses Kapitel noch zuwenden wird.

Woods Hole kann damit als ein ›Leuchtturmprojekt‹ bezeichnet werden innerhalb einer historischen und historiographischen Konstellation, in der sich die klassische naturgeschichtliche Forschung in neue biologisch-wissenschaftliche Forschungszweige teilte. Die Ethologie und langfristige »life-history studies« lebender Organismen erhielten nach und nach Heimstätten durch die Gründung einer großen Zahl neuer Forschungslaboratorien für zoologische Studien.[167] Und wenn es um die Erforschung des Verhaltens höherentwickelter Lebewesen ging, dann kamen eben jene marinen Forschungsstationen ins Spiel, die oftmals nicht ohne ökonomische Hintergedanken gegründet wurden. Denn die Erforschung von Lebewesen-Umwelt-Beziehungen, die man heute als ökologische Ansätze bezeichnen würde, und eine detaillierte Kenntnis des Migrationsverhaltens und der Lebens- und Fortpflanzungsbedingungen ökonomisch verwertbarer (Schwarm-)Fische wie Hering oder Makrele wurde von staatlicher Seite oftmals massiv gefördert. Dabei standen jedoch – wie bei der 1892 gegründeten Station auf Helgoland (und auch andere europäische Staaten eröffneten ähnliche Stationen) – von den Interessen der Fischerei-Industrie geleitete Forschungsprojekte neben einer gleichberechtigten biologischen Grundlagenforschung: »In

---

165. Vgl. Burkhardt: *Patterns of Behavior*, a.a.O., S. 19, mit Bezug auf Whitman, Charles: »Animal Behavior«, in: *Biological Lectures*, a.a.O., S. 285–338.
166. Vgl. Parker, George Howard: »Biographical Memoir of William Morton Wheeler 1865–1937«, in: *National Academy of Sciences of the USA Biographical Memoirs* Vol. XIX, 6th Memoir, 1938, S. 201–241.
167. Nyhart warnt jedoch davor, dies als einseitige Fortschrittsgeschichte zu sehen. Vielmehr änderte sich das Feld zoologischer Forschung, und in der neuen Konstellation übernahmen ältere Institutionen, z. B. naturgeschichtliche Museen und ihre Sammlungen, neue Funktionen. Vgl. Nyhart: *»Natural History and the ›new‹ biology*, in: *Cultures of Natural History*, a.a.O., S. 436–438.

Germany«, so Nyhart, »a surprising number of zoologists ended up working for the fisheries industry in the decades around the turn of the century.«[168] Die dabei ebenso wie in Woods Hole mögliche Kombination und Kontrastierung von Beobachtungen ›in der freien Natur‹ und von Experimenten im Laboraquarium stellte einen nicht zu unterschätzenden methodologischen und epistemischen Sprung dar im Vergleich zu den Schwarmbeobachtungen von Ornithologen. Mit Fischschwärmen konnte – verbunden mit einem nicht unerheblichen Aufwand und mit zahlreichen Problemen, von denen im Abschnitt *Formatierungen* noch zu sprechen sein wird – auch unter mehr oder weniger kontrollierten Bedingungen in geschlossenen und größenmäßig überschaubaren Aquarien-Tanks gearbeitet werden; eine solche Beschränkung und Perspektivierung war im Fall von Vogelschwärmen nicht möglich.

Fische sehen. Zwischen Beobachtung und Experiment

Der Beginn einer detaillierten Erforschung der Organisation *von* und der Interaktion *in* Fischschwärmen lässt sich – vor dem Hintergrund der bereits skizzierten Kultivierungen innerhalb der Landschaft biologischer Forschungen und Forschungsrichtungen – um 1930 datieren.[169] Doch im zuvor beschriebenen Zusammenhang mit der Gründung mariner Forschungsstationen werden bereits Ende des 19. Jahrhunderts Studien durchgeführt, die sich – wie etwa im Fall des britischen Biologen William Bateson – nicht nur mit der Optimierung von Ködern, sondern auch mit dem »shoaling« von Meeräschen befasst.[170] Sein Aufsatz *The Sense-organs and Perceptions of Fishes; with Remarks on the Supply of Bait* sei hier exemplarisch gewählt, ist er doch gleichzeitig in Bezug auf die Reflexion der Methoden und auf ein Problembewusstsein gegenüber der Generierung von Wissen aus ›unscharfen‹ Phänomenen maßgebend. Diese explizite Beschäftigung mit dem komplexen System Fischschwarm mag im Rahmen dessen gesehen werden, was Williams Sohn Gregory Bateson später über seinen Vater festhalten wird, nämlich dass dieser »gewiß schon 1894 bereit war, die kybernetischen Ideen aufzugreifen«.[171] Wechselwirkungen zwischen Schwarmindividuen, wie sie sein Sohn auf den Macy-Konferenzen sechzig Jahre später diskutieren sollte, und vor allem deren sensorische Grundlagen, interessieren William Bateson bereits in seiner Schwarmstudie Ende des 19. Jahrhunderts.

---

168. Ebd., S. 436.
169. Siehe hierzu das anschließende Kapitel *Die Psychomechanik des Randes*.
170. Bateson, William: »The Sense-organs and Perceptions of Fishes; with Remarks on the Supply of Bait«, in: *Journal of the Marine Biology Association of the United Kingdom* 1/3 (April 1890), S. 225–258, hier S. 249ff. Bateson trug ferner (oder eher: näherliegender) wesentlich zur Wiederentdeckung und Popularisierung der Vererbungslehren Gregor Mendels bei und prägte 1906 den Terminus »Genetics«. Mit ›schoal‹ wird in der späteren englischsprachigen Fachliteratur eine disperse und lockere Fischschwarmformation bezeichnet, im Gegensatz zur geordneten und parallel ausgerichteten ›school‹. In Abschnitt III wird auf die verschiedenen Schwarm-Begriffe im Englischen noch eingegangen.
171. Bateson, Gregory: *Ökologie des Geistes. Anthropologische, psychologische, biologische und epistemologische Perspektiven*, Frankfurt/M. 1981, S. 14.

Schon hier, so wie auch in Generationen von Texten und Versuchsbeschreibungen zur Fischschwarmforschung danach, wird jene epistemische Kluft beschrieben, die bereits den Ornithologen bei ihren Beobachtungen aufgeht, und die sich jahrzehntelang nicht schließen lassen wird: Ganz abgesehen davon, dass sich die Sinnesorgane aquatischer Lebensformen schlecht mit denen von terrestrischen vergleichen ließen, da sie anderen ›Lebensbedingungen‹ unterlägen[172], spricht Bateson das Grundproblem einer Annäherung an Fischschwärme an: »From the nature of the case, moreover, satisfactory evidence as to their conduct in the wild state is scarcely to be had, so that it is necessary to depend largely on observations made upon them while living in tanks.«[173] Daher sei zu beachten, dass seine Ausführungen streng genommen nur für jenes Verhalten Gültigkeit besäßen, das seine Fische unter den künstlichen Laborbedingungen zeigten – auch wenn dabei größter Wert auf die Herstellung möglichst genau angenäherter Lebensbedingungen ihres natürlichen Umfelds gelegt werde.[174]

Er führte seine Untersuchungen im genau wie Woods Hole im Jahr 1888 eröffneten Labor der *Marine Biology Association* in Plymouth durch. Eine möglichst weitreichende Approximierung an die natürlichen Lebensbedingungen der Versuchstiere wird hier erreicht durch die Umsetzung der seinerzeit avanciertesten Erkenntnisse der Aquaristik für die Unterhaltung der Beobachtungstanks und physiologischen Labore.[175] Als Berater steht der Einrichtung zum wiederholten Male auch Anton Dohrn vom Forschungsaquarium in Neapel zur Seite.[176] Bateson nutzt für seine Schwarmbeobachtungen den längsten der drei quaderförmigen Tanks im Erdgeschoss (Abb. 4), scheint aber keine technischen Beobachtungsmedien für seine Forschungen einzusetzen. Stattdessen beschreibt er en détail, was er *sehen* kann:

»By day the whole shoal of about fifty little ones stays together more or less. [...] At night they lie *on the surface* of the water, and seem not to swim about as a body, nor are their heads all pointing one way as they generally are by day. The shoal seems at no time to have any leader, but will sometimes follow the front fish until one of those that are behind makes a dart elsewhere, when the whole shoal turns round and follows. They certainly have no tendency to follow the largest fish in the shoal, or indeed any fish in particular.«[177]

---

172. Bateson: »Sense-organs and Perceptions of Fishes«, in: *Journal of the Marine Biology Association*, a.a.O., S. 225: »To interpret their behaviour by comparison with our own is even more clearly an inadequate treatment than it is in the case of the other lower animals.«
173. Ebd., S. 225.
174. Vgl. ebd., S. 226.
175. Vgl. Allen, E. J. und Harvey, H. W.: »The Laboratory of the Marine Biological Association at Plymouth«, in: *Journal of the Marine Biology Association of the United Kingdom* 15/3 (1928), S. 734–751.
176. Vgl. Southward, A. J. und Roberts, E. K.: »The Marine Biological Association 1884–1984. One Hundred Years of Marine Research«, in: *Rep. Trans. Devon. Ass. Advmt. Sci.* 116 (Dezember 1984), S. 155–199, hier S. 162.
177. Bateson: »Sense-organs and Perceptions of Fishes«, in: *Journal of the Marine Biology Association*, a.a.O., S. 249–250. [Hervorheb. i. Orig.]

Formationen 153

Abb. 4: Aquarientanks im Forschungsaquarium von Plymouth, um 1900.

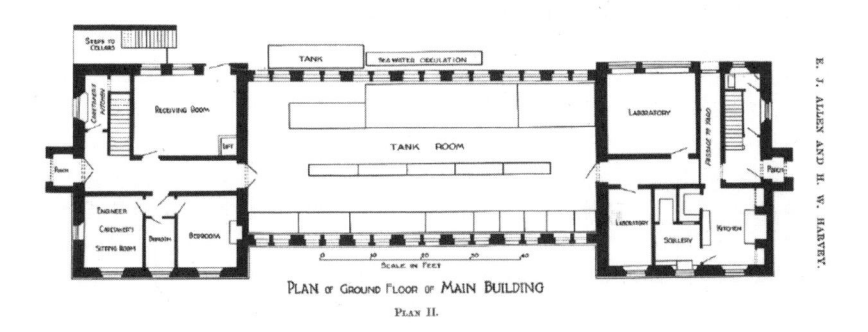

Es sind drei zentrale Beobachtungen, die Bateson macht: Erstens betont er den Eindruck, es beim Schwarm mit einem einzelnen *body* zu tun zu haben, der sich entlang einer Rand-›Linie‹ von seiner direkten Umwelt abgrenzt. Zweitens funktioniert dieser Körper ohne Führer, schon gar nicht folgen die Schwarm-Individuen dem körperlich größten oder stärksten Individuum – es gebe keinen ›Leitwolf‹ im Schwarm, wie er von der Tiermeute her bekannt ist. Und drittens zeichnet sich der Schwarm-Körper durch eine Gerichtetheit der Individuen aus, die sich parallel anordnen. All diese Beobachtungen macht Bateson jedoch nur bei Tageslicht – sie scheinen im Falle der Meeräschen also sehr stark abhängig vom Sehsinn zu sein.[178] Bei Nacht legen sich seine Fische lieber gemütlich auf der Wasseroberfläche schlafen, anstatt zu schwärmen. Diese Schlussfolgerung wird jedoch nicht auf andere schwärmende Fischspezies übertragen, vielmehr stellt der Autor Vermutungen an, dass Arten wie der Hering auch des Nachts als Schwarm verbunden blieben.[179]

Batesons Notizen zum Schwarmverhalten der Meeräsche sind eine Sammlung einzelner ›augenscheinlicher‹ Beobachtungen durch die Glasscheibe eines großen Aquariums, seine Hypothese ist die Relevanz des Sehsinns für eine erfolgreiche Schwarmbildung. Sein Vorgehen deutet zugleich auf einen zweiten ›Sehsinn‹

178. Ebd., S. 250.
179. Ebd., S. 250.

hin, auf einen spezifischen »biological gaze«. Evelyn Fox Keller erinnert an die nicht zu unterschätzende Bedeutung der Beobachtung in der Geschichte der Biologie, die der kanadische Biologe N. J. Berill eine »eminently and inherently visual science« nennt.[180] Das gesamte 19. Jahrhundert wird durchzogen von der Frage, ob die Beobachtung oder das Experiment die adäquatere Methode biologischer Forschung sei.[181] (Medien-)Technologien spielen dabei insofern eine entscheidende Rolle, als dass sie den Bereich des Beobachtbaren ausdehnen und selbst stets neue Weisen der Beobachtung mit sich bringen. Dies gilt besonders für die Tierphysiologie, in der das Primat der Beobachtung gegenüber der Methode des Experiments viel länger Bestand hatte als etwa in der Botanik, wo experimentelle Ansätze bereits im 18. Jahrhundert genutzt werden.

Gegen Ende des Jahrhunderts, als Bateson seine Forschungen in Plymouth durchführt, ist dieser Methodenstreit zumindest in Deutschland noch immer nicht ausgefochten, obwohl wichtige Physiologen wie Emil Du Bois-Reymond oder Hermann Helmholtz schon in den 1860er Jahren ganz selbstverständlich mit experimentellen Methoden arbeiten. Oskar Hertwig etwa beruft sich in seiner Schrift *Mechanik und Biologie*, die sich gegen Wilhelm Roux' *Entwicklungsmechanik* richtete, noch 1897 auf Johannes Müllers Vergleich von Beobachtung und Experiment. Dieser hatte 1824 notiert: »Der Umgang mit der lebenden Natur geschieht durch Beobachtung und Versuch. Die Beobachtung, schlicht, unverdrossen, fleißig, aufrichtig, ohne vorgefaßte Meinung; – der Versuch künstlich, ungeduldig, emsig, abspringend, leidenschaftlich, unzuverlässig […].«[182] Für Roux hingegen seien ganz im Gegenteil »[m]it den deskriptiven Forschungsmethoden […] überhaupt keine sicheren Beweise für ursächliche Zusammenhänge zu erbringen«[183] – eine Aussage, die anschließt an den französischen Mediziner Claude Bernard, der 1865 die Biologie in Richtung einer ›harten‹ Naturwissenschaft definiert: »Die Bedingungen für das Auftreten der Naturvorgänge sind absolut determiniert. […] Um zum Determinismus der Vorgänge in den biologischen Wissenschaften wie in den physikalisch-chemischen zu gelangen, muß man die Vorgänge auf definierte und möglichst einfache Versuchsbedingungen zurückführen.«[184]

---

180. Keller, Evelyn Fox: *Making Sense of Life Explaining Biological Development with Models, Metaphors, and Machines*, Harvard 2002, S. 211, mit Verweis auf Berill, N. J.: »The Pearls of Wisdom: An Exposition«, in: *Perspectives in Biology and Medicine* 28/1 (1984), S. 1–16, hier S. 4.
181. Vgl. Querner, Hans: »Die Methodenfrage in der Biologie des 19. Jahrhunderts: Beobachtung oder Experiment?«, in: *Geschichte der Biologie*, a.a.O., S. 420–430. Diese Diskussion kann hier leider nur sehr verkürzt dargestellt werden.
182. Müller, Johannes: »Von dem Bedürfnis der Physiologie nach einer philosophischen Naturbetrachtung«, Vorlesung, Bonn 1924 (Nachdruck 1949), S. 269–270, zit. n. Querner, »Methodenfrage«, in: *Geschichte der Biologie*, a.a.O., S. 420.
183. Roux, Wilhelm: »Aufgaben der Entwicklungsmechanik der Organismen«, in: *Aufgaben für Entwicklungsmechanik* 1 (1895), S. 75, zit. n. Querner, »Methodenfrage«, in: *Geschichte der Biologie*, a.a.O., S. 420.
184. Bernard, Claude: *Introduction à l'étude de la médicine expérimentale*, Paris: Garnier-Flammarion 1865, S. 101–106, zit. n. Querner: »Methodenfrage«, in: *Geschichte der Biologie*, a.a.O., S. 427, i.d. dt. Übersetzung von Paul Szendrö, Leipzig 1961.

Batesons Untersuchungen finden genau auf der Schnittfläche dieser beiden methodologischen Verfahrensweisen statt. Einleitend schreibt er in seinem Text, er sei beauftragt worden, »to make observations on the perceptions of fishes«, doch nur ein paar Zeilen später heißt es auch: »In addition to this I have also made some experiments«[185] – und seine bereits angesprochene Problematisierung der artifiziellen Laborsituation rückt die Beobachtungen per se schon in die Nähe von Johannes Müllers ›künstlichen Versuchen‹. Überhaupt ist eine konzeptuelle Scheidung der beiden Verfahren schwierig, sind Beobachtungen doch stets auch Teil experimenteller Prozesse. Bereits klassische Empiristen wie John Stuart Mill oder eben Claude Bernard sehen im Experiment lediglich eine spezielle Form der Beobachtung natürlicher Vorgänge – *induzierte* Beobachtung, wie Bernard schreibt. Im Experiment werde durch die Variation von Parametern, welche in der Natur so nicht ablaufen, Beobachtungsmöglichkeiten für Tatsachen *hervorgerufen*.[186] Diese Strategie des *Entdeckens* einer im Verborgenen schlummernden, vermeintlichen Realität kann etwa dahingehend radikalisiert werden, jedwede ›Tatsache‹ als sozial konstruiert (Bruno Latour) anzuschreiben, oder sie als rein technische Effekte von Experimentalanordnungen zu begreifen – mithin als die *Erfindung* von Realität.[187] Experimentelle Beobachtung geht also nicht rein deskriptiv vor, sondern befragt natürliche Phänomene im Rahmen bestimmter, leitender Ideen oder Theorien: »Experimente reiben sich an der von ihnen befragten Realität«, wie Michel Serres und Nayla Farouki festhalten.[188] Dabei haben einige zusätzliche Kriterien zu gelten: Die Versuchsbedingungen müssen kontrolliert sein, so dass ein Experiment reproduzierbar ist und in der Wiederholung überprüft werden kann. Kurz, wie Allan Franklin in der *Stanford Encyclopedia of Philosophy* definiert:

»One of its important roles is to test theories and to provide the basis for scientific knowledge. It can also call for a new theory, either by showing that an accepted theory is incorrect, or by exhibiting a new phenomenon that is in need of explanation. Experiment can provide hints toward the structure or mathematical form of a theory and it can provide evidence for the existence of the entities involved in our theories. Finally, it may also have a life of its own, independent of theory. Scientists may investigate a

---

185. Bateson: »Sense-organs and Perceptions of Fishes«, in: *Journal of the Marine Biology Association*, a.a.O., S. 225.
186. Vgl. McLaughlin, Peter: »Der neue Experimentalismus in der Wissenschaftstheorie«, in: Rheinberger, Hans-Jörg und Hagner, Michael (Hg.): *Die Experimentalisierung des Lebens. Experimentalsysteme in den biologischen Wissenschaften 1850/1950*, Berlin 1993, S. 207–218, hier 211f. Eine tiefergehende Diskussion der Beziehungen von Theorie, Beobachtung und Experiment findet sich bei Hacking, Ian: *Einführung in die Philosophie der Naturwissenschaften*, Stuttgart 1996, besonders S. 249–308. Hier wird auch auf die Bedeutung von *Beobachtungsaussagen* eingegangen, also vom Reden/Schreiben über Beobachtungen, die eine vermeintliche ›Unmittelbarkeit‹ je schon konterkarieren.
187. Vgl. McLaughlin, *Experimentalismus*, in: *Experimentalisierung des Lebens*, a.a.O., S. 214.
188. Serres, Michel und Farouki, Nayla (Hg.): *Thesaurus der Exakten Wissenschaften*, 3. Auflage, Frankfurt/M. 2004, S. 252.

phenomenon just because it looks interesting. Such experiments may provide evidence for a future theory to explain.«[189]

In seiner Monographie *Unter Beobachtung* hat Christoph Hoffmann die in der Wissenschaftsgeschichte verkannte Bedeutung des Beobachters rehabilitiert. So wird das »Beobachten und Berichterstatten«, wie es William Bateson pflegt, etwa bei Ian Hacking als nachrangig abgetan gegenüber der Fähigkeit, »daß man es schafft, einem bestimmten Gerät die Fähigkeit abzugewinnen, Phänomene in zuverlässiger Weise aufzuzeigen«[190], dass also der Aufbau eines funktionierenden Experimentalsystems mit reproduzierbaren Ergebnissen gelingt. Nicht mehr die untersuchten Objekte stehen als Quelle von Erkenntnis im Mittelpunkt der Beobachtung. Denn »[n]icht nur ist die Arbeit der Beobachtung sehr weitgehend externalisiert worden«, schreibt Hoffmann, »unter diesen Bedingungen kann Beobachten auch gar nicht mehr das primäre, sinnliche Registrieren und Fixieren eines Phänomens meinen. Vielmehr definiert sich Beobachten [...] als das Betrachten, Inspizieren und Beurteilen eines technisch eingelagerten, apparativ angezeigten Geschehens.«[191] An die Stelle von Wahrnehmungen treten Informationen, die über die technischen Apparate vermittelt werden, und ein »achtsam-sein« in Bezug auf diese: Beobachten als Tätigkeit wird zu einer Fertigkeit.[192]

Diese Entwicklung ist bei Fischschwarmforschungen unabdingbar, tritt doch in ihrer sinnlichen Beobachtung stets eine Überforderung des menschlichen Wahrnehmungsapparats ein, mit dem sich auch die zuvor genannten Ornithologen auseinandersetzen mussten. Dieses unsinnliche Rauschen ruft förmlich nach einer ›Informatisierung‹ und achtsamen Analyse von – in diesem Falle – technischen Bildern. Dabei greift jene Verschränkung, die Hoffmann in der Schrift *Die Kunst zu beobachten* von Jean Senebier findet: »Die Sinne sind zu eingeschränkt, um alles gewahr zu werden, und zu wenig genau, um alles richtig abzumessen; sie haben eben so viele Hülfsmittel nöthig, um die Infusionsthierchen zu entdecken, als um die Trabanten Saturns zu sehen.«[193] Technische Beobachtungsapparate lagern sich an die Fähigkeiten der menschlichen Sinne an, sie werden, so Hoffmann, zu »Werkzeugen zweiter Ordnung, die von den Sinnen als Werkzeugen erster Ordnung her verstanden werden. Der logischen Nachordnung der Werkzeuge hinter die Sinne steht dabei in der Praxis des Beobachtens die Nachordnung der Sinne hinter die Werkzeuge gegenüber.«[194]

---

189. Franklin, Allan: »Experiment in Physics«, in: *Stanford Encyclopedia of Philosophy*. Eingetragen 1998, überarbeitet 2007, http://plato.stanford.edu/entries/physics-experiment/#PDA (aufgerufen am 25.02.2012).
190. Vgl. Hacking, *Einführung in die Philosophie der Naturwissenschaften*, a.a.O., S. 278, zit. n. Hoffmann, Christoph: *Unter Beobachtung. Naturforschung in der Zeit der Sinnesapparate*, Göttingen 2006, S. 23.
191. Hoffmann: *Unter Beobachtung*, a.a.O., S. 25.
192. Ebd., S. 26.
193. Senebier, Jean: *Die Kunst zu beobachten*, Leipzig 1776, S. 117, zit. n. Hoffmann, *Unter Beobachtung*, a.a.O., S. 43.
194. Hoffmann: *Unter Beobachtung*, a.a.O., S. 43.

Formationen 157

In dieser zweiseitigen Ver-Ordnung verschwimmen Beobachtung, technische Apparate sowie Überlegungen und Planungen zur Form des Experiments zu einem epistemologischen Amalgam, welches nie ganz aushärtet. *Experimentalsysteme*, wie sie hier als zwar ahistorisch verwendeter, aber eben auf Fischschwarmforschungen präzise applizierbarer Begriff verwendet werden, verfolgen nicht das Ziel einer bloßen empirischen Bestätigung theoretischer Hypothesen, wie es Karl Popper formuliert.[195] Vielmehr zeichnen sie sich, wie Hans-Jörg Rheinberger in Rekurs auf Ludwik Fleck festhält, durch ihre irreduzible Unschärfe aus. Denn »[w]äre ein Forschungsexperiment klar, so wäre es überhaupt unnötig: denn um ein Experiment klar zu gestalten, muß man sein Ergebnis von vorneherein wissen, sonst kann man es nicht begrenzen und zielbewußt machen.«[196] Nur in einem solchen unklaren Rahmen werden sie zu einer »Maschinerie zur Herstellung von Zukunft«,[197] die dem Schreiben ›synthetischer Geschichten‹ bereits recht nahe kommt.

Doch das grundlegende Problem selbst bei einer solchen unscharfen Ausrichtung des Experimentalsystems ist der per se ungeklärte Status von Schwärmen: Sie sind nicht einfach nur eine Aggregation von Individuen, was gleichzeitig bedeuten würde, dass sie in elementare Bestandteile zerlegbar wären. Sie funktionieren eben nicht nach den Regeln einer multiplizierbaren interindividuellen Mechanik, auch wenn ihr Verhalten stereotyp und auf wenige Regeln reduzierbar erscheint. Im Moment der Schwarmbildung schlägt eine solche Quantifizierung um in neue Qualitäten des Gesamtsystems, die nicht kausal aus der Ebene der Individuen herleitbar sind. Der Schwarm als Gesamtsystem ist weder dividuell, noch wird er zu einer neuen Form von Individuum, sondern ist beides zur gleichen Zeit, *in* der Zeit.

Die Erzeugung möglichst einfacher Versuchsbedingungen im Sinne Claude Bernards ist bereits bei Bateson und in der späteren systematischen biologischen Fischschwarmforschung eine Triebfeder der Wissensproduktion. Um der Komplexität des Gesamtsystems beizukommen, bietet sich scheinbar die Annahme einer kausal beschreibbaren Mechanik an, die ein Herunterbrechen der Interaktionsbedingungen der einzelnen Schwarm-Individuen auf grundlegende, isolierbare Vorgänge ermöglichen würde. Bei der Erforschung von Schwärmen fallen dabei Fragen von einfachen Versuchs- und guten Beobachtungsbedingungen in eins – Beobachtung und Experiment scheinen 1890 eine produktive Beziehung einzugehen. Diese wird Anfang des 20. Jahrhunderts von jener weiter zunehmenden Forderung nach ›objektivierten‹ Forschungsmethoden erfasst, welche die zuvor bereits beschriebene Tierpsychologie mehr und mehr zu einer

---

195. Vgl. Popper, Karl: *Logik der Forschung*, 6. verbesserte Auflage, Tübingen 1976, S. 72. Rheinberger verweist auf die Herkunft des Begriffs »Experimentalsystem« aus der Biochemie und Molekularbiologie. Hier wird er im Sinne Rheinbergers verwendet als die Gesamtheit von epistemischen und technischen Dingen. Vgl. Rheinberger: *Experimentalsysteme und epistemische Dinge*, a.a.O., S. 21–30.
196. Fleck, Ludwik: *Entstehung und Entwicklung einer wissenschaftlichen Tatsache*, Frankfurt/M.1980, S. 114, zit. n. Rheinberger: *Experimentalsysteme und epistemische Dinge*, a.a.O., S. 22.
197. Jacob, François: *Die innere Statue. Autobiographie des Genbiologen und Nobelpreisträgers*, Zürich 1988, S. 12.

vergleichenden Verhaltensforschung oder Ethologie transformiert. Eine Veränderung, die im Falle von Fischschwarm-Forschungen eben essenziell von den Labor- und Beobachtungsmedien abhängt, in denen der jeweils unterschiedliche Schein des Schwarms sein Sein bestimmt.

Das Spannungsfeld zwischen Beobachtung und Experiment in der Biologie verdoppelt sich später in der ebenfalls nicht unproblematischen Beziehung von Experiment und (mathematischem) Modell, jeweils in Bezug auf die Relevanz visueller Evidenz:

> »In fact, its particular reliance on visual evidence may shed some light on the troubled history of mathematics in biological science [...which] is rather a tension between imagining and seeing – that is, an opposition between what may be imagined with the help of mathematical and mechanical models and what can actually be seen with one's own eyes.«[198]

Diese Spannungen entladen sich eben an der methodologischen Unterscheidung dessen, was mit den eigenen Augen gesehen werden kann, von dem, was mithilfe von experimentellen Methoden und mechanischen und mathematischen Modellen imaginiert werden kann: Eine Spannung zwischen Vorstellung und Beobachtung,[199] bei der – wiederum mit Bernard gesprochen – das Imaginieren zur Erforschung der Naturvorgänge unerlässlich sei. Ein Imaginieren, kühn und frei, dem Gefühle folgend, ohne Furcht vor Widersprüchen zu bestehenden Theorien – Durchdringung durch den ›experimentellen Geist‹.[200]

Die Psychomechanik des Randes

William Bateson verlässt sich auf seinen ›biologischen Sehsinn‹, um eben diesem *seeing-in-time* zu entsprechen. Und es wird mehr als 30 Jahre dauern, bis sich an seine Forschungen eine weitere »Arbeitshypothese«[201] anschließt, die Schwärme »im Lichte kalter Vernunft«[202] von einem ähnlichen Ausgangspunkt aus untersucht, diesen jedoch epistemisch schließlich mehr in Richtung einer Modellierungsstrategie orientiert. Ihr Verfasser, der norwegische Meeresbiologe Albert Eide Parr, von 1927 an Kurator für die Fischsammlung des New Yorker Geschäftsmanns, Wissenschafts- und Kulturmäzens Harry Payne Bingham, und

---

198. Keller: *Making Sense of Life*, a.a.O., S. 211.
199. Ebd., S. 211.
200. Vgl. Bernard: *Introduction*, a.a.O., S. 65, zit. n. Querner: »Methodenfrage«, in: *Geschichte der Biologie*, a.a.O., S. 427.
201. Parr, Albert Eide: »A Contribution to the theoretical analysis of the schooling behavior of fishes«, in: *Occasional Papers of the Bingham Oceanographic Collection* 1 (1929), S. 1–32, hier S. 1 [Übersetzung SV].
202. Spooner, Guy M.: »Some Observations on Schooling in Fish«, in: *Journal of the Marine Biological Association of the United Kingdom* 17/2 (Juni 1931), S. 421–448, hier S. 422.

zuvor Mitarbeiter am *New York Aquarium*, formuliert eine Vermutung, die auch er beim Betrachten von Fischen im Aquariumtank entwickelte:

»While watching the movements, especially the milling of a small school of chub mackerel [...], in capitvity in the tanks of the New York Aquarium, the author perceived the possibility of a comparatively very simple set of reactions, which would explain the apparently complicated and mysterious behavior of the fishes in question [...], in the hope that it may arouse the interest of those who by good fortune or occupation will be able to gather further information concerning the very interesting phenomenon of schooling among fishes.«[203]

Parr formuliert, ausgehend von seinem »watching«, genau jenes Prinzip ›chaotischer‹ oder sich selbst organisierender Systeme, nämlich das Entstehen komplexer Strukturen oder Verhaltensmuster mit einem Basissatz von wenigen, einfachen Regeln, die er in physiologischer Tradition »reactions« nennt. Auch er bedauert dabei einige Faktoren, welche die Erforschung von Fischschwärmen mühevoll machen:

»It is most unfortunate that the species showing the schooling performances most clearly, as for instance herrings, sprats and mackerels, usually are of such delicate nature that it is practically impossible to keep them alive for any great length of time or in any numbers in capitivity, and the opportunities to make observations in the field, though not infrequent, are too dependent upon chance to be especially pursued by a single student.«[204]

Ausgerechnet jene Spezies können schwerlich im Labor untersucht werden, die ein stabiles »schooling« im Sinne einer gegenseitigen Attraktion der Schwarm-Individuen über einen längeren Zeitraum auch ohne Umwelteinflüsse zeigen, und die jene Eigenschaft eines stetigen Bewegtseins, eines ›Ziehens‹ aufweisen, welches an anderer Stelle bereits thematisiert wurde (Kapitel *Einleitung* und *Programm*).[205] Es ist aber genau diese Art von Schwärmen, die Parr interessiert, und die medientheoretisch auch im Fokus dieser Arbeit steht: Schwärme, die sich sozusagen selbst zur Umwelt werden, deren »independent character« in Bezug auf die Schwarmbildung forcierende, externe Faktoren darauf hinweist, dass ihr Sein nur ein *relationales Sein* sein kann, und zwar abhängig von internen Faktoren zwischen den Schwarm-Individuen und im Schwarm als Ganzem.[206] Parrs Verdacht, dass die mysteriöse Schwarmbildung heruntergebrochen werden könne auf einige simple Mechanismen der *Communication between Animals*, wendet sich gegen jene seinerzeit noch immer populären, aus

---

203. Parr: »Schooling Behavior«, in: *Occasional Papers*, S. 1.
204. Ebd., S. 1.
205. Vgl. ebd., S. 1, und Spooner: »Schooling in Fish«, in: *Journal of the Marine Biological Association*, a.a.O., S. 422. Heute ist etwa das Schauaquarium des Kieler Leibniz-Instituts für Meereswissenschaften eines der wenigen Aquarien, in denen ein Heringsschwarm in Gefangenschaft gehalten wird. Vgl. http://www.aquarium-kiel.de/rundgang/rundgang.html (aufgerufen am 14.02.2011).
206. Vgl. Parr: »Schooling Behavior«, in: *Occasional Papers*, a.a.O., S. 2.

der Tierpsychologie stammenden Anthropomorphisierungstendenzen tierischen Verhaltens, welche die Bildung von Schwärmen als Effekte eines ›sozialen Instinkts‹ zu erklären versuchten: »The internal factor keeping together a herd of animals of any type is generally referred to as a social instinct [...]. The term, however, seems void of any logical definition or analytical description, and the meaning it conveys is therefore very vague.«[207]

Eine solche ›bewusste‹ Aktivität der Individuen, sich etwa zum Schutz zu einem Schwarm zu formieren, könne nicht die »exquisite harmony« erklären, mit der sich ein Fischschwarm in Bezug auf Geschwindigkeit, Richtung und beim Vollführen von Manövern als Ganzes fortbewege: Dafür fehle sowohl Zeit als auch Platz. Ferner beobachtet Parr »unter gewissen Umständen«, nämlich bei Richtungswechseln des Schwarms von mehr als 180 Grad, etwa beim Auftreffen auf ein Hindernis (im Falle der Beobachtung an Land in der Regel der Wand des Aquariums),[208] die Bildung einer torusförmigen Struktur, die ebenfalls gegen ›bewusste‹ Schwarmbildung spreche. In diesem Fall schwämmen die Schwarm-Individuen konstant im Kreis, scheinbar unfähig, diese zirkuläre Bewegung zu abzubrechen, es sei denn unter Einfluss genügend starker Stimuli von Außen – gemeinhin also durch die ›Injektion‹ des Faktors *fear* ins System. Dieses stereotype Verhalten scheint Parrs Verdacht zu erhärten, es beim Geheimnis der Schwarmbildung nur scheinbar mit einem sozialen Verhalten zu tun zu haben. Die scheinbare Sozietät sei vielmehr *Ergebnis* mechanisch integrierter, automatisch ablaufender Reaktionen.[209]

Wenn in diesem Zusammenhang mit dem Begriff ›Angst‹ wiederum ein psychologischer und an besagter Stelle unzureichend definierter Faktor ins Spiel gebracht wird, so muss festgehalten werden, dass bei Parr bereits jener Sachverhalt sichtbar wird, den Ethologen wie Wheeler und später auch Konrad Lorenz oder Nikolaus Tinbergen Jahre später starkmachen. Diese distanzieren sich von jenen subjektiven Interpretationen tierischen Verhaltens, die im Abschnitt *Deformationen* bereits untersucht wurden und die zum Teil noch bis in die 1960er Jahre hinein von der Psyche des Menschen auf jene des Tieres schlossen und dabei gleiche Affekte am Werke sahen.[210] Oder eben nicht sahen, sondern nur erdachten – denn das war für die genannten Protagonisten der Ethologie ja gerade der Kritikpunkt an einer Psychologie der Tiere: Was sich objektiv nicht beobachten lasse, könne man in streng naturwissenschaftlichem Sinne auch nicht als Ursache von Verhalten einsetzen. Diese Faktoren müssten vielmehr mit naturwissenschaftlichen Methoden erfassbar sein.

Mit Parrs Hinweis auf relevante externe Einflüsse wie ›fear‹ verschiebt sich jedoch die Konzeption dieser Einflüsse: Hier geht es nicht darum, wie ein solcher Faktor en détail bestimmt sein könnte, sondern wie er wirksam wird, wie

---

207. Ebd., S. 2–3.
208. Die Probleme, die quaderförmige Aquarien für die kontinuierlichen Bewegungen von Fischschwärmen bedeuten, werden im Kapitel III.1 noch detaillierter ausgeführt.
209. Parr: »Schooling Behavior«, in: *Occasional Papers*, a.a.O., S. 3.
210. Vgl. Wuketits: *Die Entdeckung des Verhaltens*, a.a.O., S. 4–31.

er die Raumstruktur des Schwarms moduliert. ›Fear‹ wird sichtbar und lesbar in charakteristischen kollektiven Bewegungen. In Schwarmstudien zeigen sich folglich bestimmte Verhaltensprogramme in Bezug auf die sichtbare Bedrohung eines vermeintlichen Räubers – Schwärme visualisieren jene Mikrodynamiken als dynamische Modulation der Globalstruktur des Fischschwarms, als ein Verhaltensprogramm, das die Störungen durch Räuber, das eine ›Furcht‹ vor Räubern in produktiver Weise zu regeln versteht.[211]

Die Basiseinheit von Parrs Schwarmuntersuchung ist dabei ein Paar nicht näher spezifizierter Fische »of a species which habitually live in schools«, bei dem er drei Verhaltensweisen identifiziert: Eine sofortige Attraktion der Individuen bei Sichtkontakt, das parallele Ausrichten und die Einnahme eines bestimmten Abstands zueinander. Dieses basale »psycho-mechanical equilibrium« von Attraktions- und Abstoßungskräften könne ›hochgerechnet‹ werden zu Kongregationen[212] mit vielen Schwarm-Individuen – welche sich dann gleichmäßig dicht über einen entsprechend großen Raum verteilen würden, indem sich ihre jeweiligen Anziehungskräfte zu den Nachbarn auf allen Seiten gegenseitig aufheben würden. Parr fokussiert hier also auf die Bedeutung einer nachbarschaftlichen, *lokalen* Psychomechanik für die Dynamiken des gesamten Schwarms. Allerdings bemerkt er auch, dass aus einer solchen Struktur allein noch kein dichter, differenzierbarer Schwarm-Körper entsteht. Vielmehr würden die Schwarm-Individuen einfach den gesamten Aquariumraum ausfüllen. Um die Bildung einer verdichteten Kongregation zu erklären, thematisiert er die zentrale Rolle des Randes der Kongregation:

»In any number of specimens, however, some will always have to be at the side of the columns. These periphal specimens certainly are under constant stimulation from one side only i.e. from the next specimen towards the centre of the school, as they have no companions on the other side. In the peripheral files on the two sides of a school one should therefore expect to find a constant tendency to seek towards the centre. [...T]he reactions caused by this tendency may serve to explain the condensation of the school as a whole and the subsequent maintenance of a constant density of the individuals in space.«[213]

---

211. Vgl. zum Zusammenhang von Schwärmen und den psychologischen Begriffen von Angst und Furcht detaillierter Vehlken, Sebastian: »Angsthasen. Schwärme als Transformationsungestalten zwischen Tierpsychologie und Bewegungsphysik«, in: *Zeitschrift für Kultur- und Medienforschung* 1 (2009), S. 133–147.
212. Der Begriff ›Kongregation‹ beschreibt eine *aktive* Aggregation von Individuen, bei der die Aggregation selbst die Quelle der gegenseitigen Attraktion ist. Dies ist in Schwärmen der Fall, weswegen der Ausdruck im Folgenden anstelle des weniger präzisen Begriffs ›Ansammlung‹ oder ›Aggregation‹ verwendet wird. Dieser bezeichnet eine Ansammlung von Individuen, die entweder passiv, z. B. durch Strömungen, oder aktiv, z. B. angezogen durch eine Futterquelle, zustande kommen, und die i.d.R. keine längere Kohäsion bewahren. Vgl. Parrish, Hamner und Prewitt: »Introduction«, in: *Animal Groups in Three Dimensions*, a.a.O., S. 4ff.
213. Parr: »Schooling Behavior«, in: *Occasional Papers*, a.a.O, S. 5–6.

Formationen

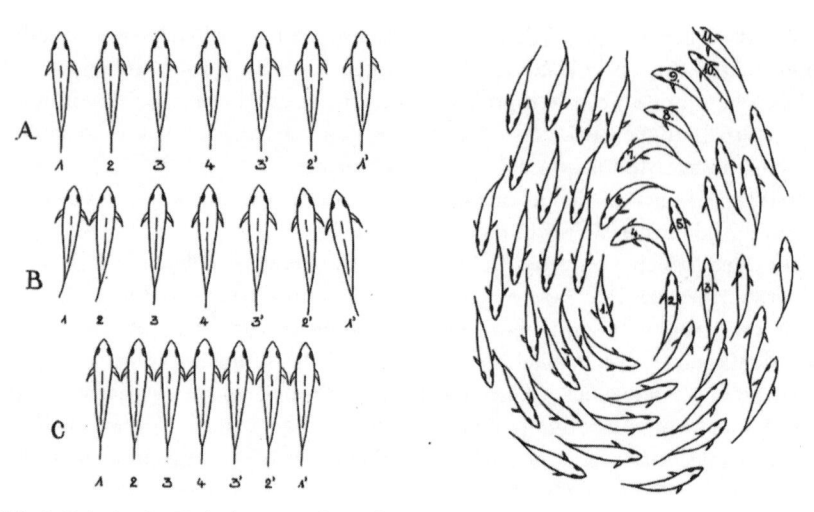

Abb. 5: Kohäsion im Fischschwarm und torusförmige Schwarmstruktur (›milling‹) nach Albert Parr.

Man mag als Leser stocken, wenn von den »two sides« des Schwarms die Rede ist, doch ist diese Zählung einem Reduktionismus zuzuschreiben, mit dem Parr seine Beobachtungen im Aquarium in einen zweidimensionalen, papiernen »simple theoretical case« überführt, der die Verdichtungstendenz als Effekt des Randes plausibilisieren soll (Abb. 5). Die einseitige Attraktion der randständigen Individuen zum Zentrum hin führe mittels einer Art Kettenreaktion schließlich zu einem neuen psychomechanischen Equilibrium mit verkleinerten Abständen zwischen den Schwarm-Individuen, indem die einseitige Abstandsverkleinerung jeweils in einer ausgleichenden Abstandsverkleinerung auch auf der anderen Seite jedes Individuums resultiere. Parr nennt diesen Faktor »an automatically transmitted tendency to turn inwards«[214], bei der er der Einfachheit halber jeweils nur von der Orientierung der Schwarm-Individuen an je *einem* Nachbarn links und rechts ausgeht. Der Rand wirke dabei geradezu als Wand, die für Schwarm-Individuen der inneren Bereiche schwer zu durchbrechen sei – auch, weil ein temporäres tangentiales Wegbewegen vom Zentrum »aus rein geometrischen Gründen« dazu führen würde, die äußeren ›Reihen‹ von Fischen mit wachsendem Abweichwinkel zu durchschwimmen, was den Stimulus, sich parallel an den Nachbarn auszurichten, je vergrößern würde. Parr verweist hier auf das mathematische Gerüst seiner Psychomechanik, das durch die möglichen Beobachtungen gestützt werde.[215]

Parrs idealisiertes Modell visualisiert somit einen möglichen Faktor, der die Entstehung der spezifischen, gleichmäßig dichten Struktur eines Fischschwarms erklären würde – allerdings in dessen Zerlegung in eine Folge von Einzelschritten, die, wie er selbst auch erwähnt, in realiter simultan und kontinuierlich

---

214. Ebd., S. 16.
215. Vgl. ebd., S. 20–22.

Formationen 163

abliefen. Dieser Faktor einer »automatic attraction« macht die Annahme eines diffusen ›sozialen‹ oder gar ›altruistischen‹ Instinkts überflüssig:[216] Fischschwärme werden bei Parr zu cartesischen Tiermaschinen, zu Automaten, in denen auf lokaler Basis Informationen verarbeitet und in eine Gesamtmechanik überführt werden. Der Biologe Charles M. Breder wird zu Beginn der 1950er Jahre an Parrs Konzepte anknüpfen und sie mathematisch formalisieren. Allerdings legt er seiner Formel nicht empirisches Datenmaterial zugrunde, sondern ändert nach dem Zufallsprinzip die Werte in seiner Formel, bis er eine Familie von Kurven erhält, die, wie er postuliert, dazu verwendet werden können, die verschiedenen Formen von Schwarm-Aggregationen zu beschreiben (Kapitel III.4).[217]

Innerhalb des Beobachtungs-›Gegenstands‹ der Schwarmmaschinen spielt das Visuelle schon bei Parr eine entscheidende Rolle, denn die mechanische Kopplung der Elemente geschieht in Abhängigkeit vom Sehsinn. In einem weiteren Teil seines Textes beschreibt Parr Experimentreihen, mit denen er diesen Zusammenhang testet.

> »Some specimens were taken out of the tank and, after the eyes had been dried with clean cotton and then covered with a layer of vaseline mixed with lamp-black, they were again returned into the tank wherein the rest of the school was constantly milling. [...] 3 specimens lost the vaseline-cover within 2 minutes and joined the mill, but in 4 other specimens the cover adhered for a long time and these gave very convincing results. These individuals did not at any moment join the milling activities of the school, but kept moving seperately around in all direction over the entire tank, striking its walls, even in spite of the fact that they would very often pass directly through the mill, sometimes even colliding with the milling specimens but always without showing traces of a tendency to join them. [...] As a control 10 other specimens were taken out of the water, were submitted to the same treatment, except the covering of the eyes and were then returned. [...] 9 of the ten had joined the mill within 1 minute, while the tenth had in some way become hurt and quickly died.«[218]

Als Ergebnis solcherart Experimente hält Parr fest, dass es visuelle Stimuli seien, die das Verhalten der Schwarm-Individuen untereinander *kontrollierten*. Selbst die Funktion der Augen für die Einnahme des Gleichgewichts-Abstands könne, etwa über ihren Schärfebereich, erklärt werden – es könne einen definierten Bereich im Fokus geben, der den ›richtigen‹ Abstand determiniere. Parr weist jedoch auch auf eine weitere Möglichkeit hin, die die Forschungen und Experimente von George Howard Parker und J. T. Cunningham nahelegten: Der Sehsinn könne für die Kommunikation über größere Distanzen entscheidend sein, während für Nahdistanzen das Seitenlinienorgan der Fische ins Spiel

---

216. Ebd., S. 9. Der Begriff eines »altruistic instinct« findet sich bei Jordan, David Starr: *Fishes*, New York 1925, S. 41.
217. Vgl. Radakov, Dimitrij: *Schooling in the Ecology of Fish*, New York, Toronto 1973, S. 26.
218. Parr: »Schooling Behavior«, in: *Occasional Papers*, a.a.O., S. 22–23.

komme. Die Blindversuche mit Makrelen zeigten jedoch keinen Orientierungseffekt, selbst nicht beim Durchschwimmen des Schwarms.[219]

Bereits zwei Jahre später schließt Guy Malcolm Spooner an Parrs Arbeiten an und erweitert die experimentelle Seite der Fischschwarm-Erforschung. Mittels verschiedener Trennscheiben- und Spiegel-Experimente in kleinen Labor-Tanks weist auch er die Bedeutung des Sehsinns bei der Schwarmbildung nach – und vermerkt die Abhängigkeit des Verhaltens seiner Versuchsfische (Barsche) von ihrem Behälter: Während sie im großen Aquarium von Plymouth »considerable activity« zeigten, den gesamten Aquarienbereich durchschwammen und von Bewegungen außerhalb des Wassers eher angezogen wurden, zeigten sie in den kleineren Tanks (Wasservolumen ca. 1,5 x 0,8 x 0,35 m, Vorderseite Glas, die anderen drei Wände beklebt mir schwarzem Karton, um Umwelteinflüsse zu minimieren) ein von Furcht geprägtes Verhalten, reagierten eher auf Störeinflüsse als selbst zu agieren, und suchten Schutz in den hinteren unteren Ecken des Tanks.[220]

Spooner testete, ob die Fische auch durch Glas hindurch miteinander kommunizierten, und ob sie sich an ihrem Spiegelbild wie an einem Nachbarn orientierten – beide Fragen konnte er bejahen, was wiederum auf eine ausgeprägte Abhängigkeit des Schwarmverhaltens vom Sehsinn hindeutete (Abb. 6). Doch auch Spooners Experimentreihen bleiben lediglich orientiert an einer ungefähren, approximativen Bestimmung relevanter Faktoren der Schwarmbildung. Mehr noch, er nimmt Abstand von strikten Determiniertheiten im Verhalten der Schwarm-Individuen, wie sie noch in Parrs Text explizit werden, und betont den nur stochastischen Charakter möglicher Aussagen auf der Basis der zugrundegelegten Experimente: »Unfortunately the reactions of the fish to each other and to a mirror are not sufficiently cut-and-dried to provide a basis on which accurate comparisons can be drawn. [...] For any given fish it is impossible to predict definitely how it will behave, but it is possible to say how it will most probably behave [...]. But it is not possible to measure this probability [...] accurately«[221], denn was Spooner fehlt, sind eindeutige Korrelationen von Fisch-Reaktionen und Experimentalsystem, etwa was die Intensitätsänderung einer Reaktion bei schlechteren Sichtverhältnissen (z.B. durch kleinere oder zersplitterte Spiegel) angeht, aus denen eine Mess-Skala abgeleitet werden könnte.

Eine unscharfe Bestimmung relevanter Faktoren für die Schwarmbildung fällt hier zusammen mit einer Aussagbarkeit, die je nur noch auf wahrscheinliche Zusammenhänge verweisen kann und Abstand nimmt von determinierten, linearen Annahmen von Ursache und Wirkung. Nicht nur die Unschärfen sehender Beobachtung, sondern auch die eines experimentellen Herantastens, Imaginierens, aber besonders wohl *Aufbereitens* gewonnenen Datenmaterials scheinen ihre Fallstricke mit sich zu bringen. In der frühen Fischschwarm-

---

219. Ebd., S. 24, mit Verweis auf Parker, George Howard: »The functions of the lateral-line organ in fishes«, in: *Bulletin of the U.S. Bureau of Fisheries* 24 (1904).
220. Spooner, »Schooling in Fish«, in: *Journal of the Marine Biological Association*, a.a.O., S. 426ff.
221. Ebd., S. 444.

Formationen 165

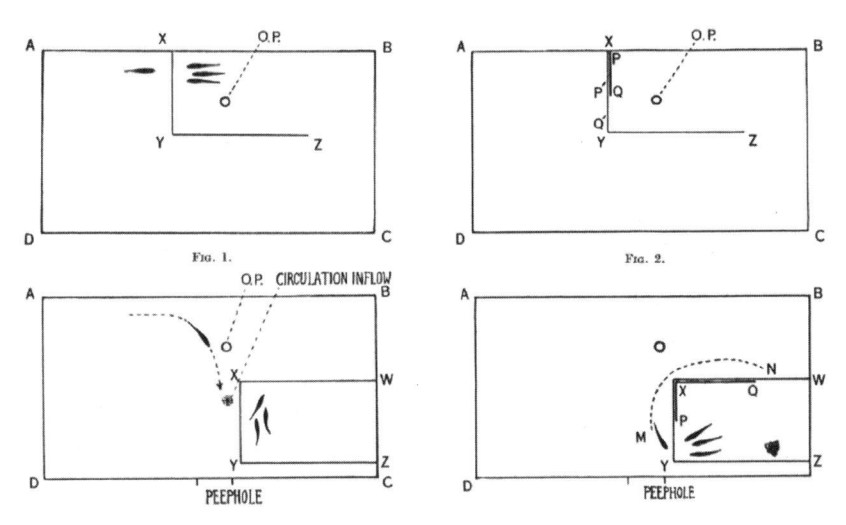

Abb. 6: Experimente zur Evaluierung der Relevanz des Sehsinns für die Schwarmbildung nach Guy Malcolm Spooner.

Verhaltensforschung jedenfalls wird Wilhelm Roux' »kausale Forschungsmethode«[222] mehrdeutig und unbestimmt. Das Spannungsverhältnis von visueller Unbestimmtheit einerseits und statistischer Bestimmung, zum Rechnen mit Nicht-Wissen andererseits, zieht eine konstitutive epistemologische Fragelinie durch die Schwarmforschung, die im Folgenden immer wieder zur Sprache kommen wird.

Während Karl von Frisch in seiner angeführten Studie zur Psychologie des Fischschwarms im Jahr 1938 die ›sichtbaren‹ Vorteile von Laborexperimenten in Aquarien rühmt und in detaillierten Verhaltenstabellen einige auch in der freien Wildbahn zu beobachtender Verhaltensmuster von Elritzen mit empirischem Datenmaterial unterlegt, ergeben sich bei den Studien Spooners Probleme, die eine valide Quantifizierung unmöglich machen. Forschungsaquarien wie Frisch als Anstalten objektiver Verfahren der Schwarmforschung zu charakterisieren, scheint – auch in Anbetracht weiterer medientechnischer Probleme, denen im Abschnitt *Formatierungen* nachgegangen wird – ein wenig voreilig.

Animal Aggregations

Während im *New York Aquarium* und in den Laboratorien in Plymouth erste systematische Fischschwarmforschungen initiiert werden, fasst Warder C. Allee im Jahr 1931 seine Arbeiten zu Phänomenen von *Animal Aggregations* zusammen; beginnend mit einem Papier von 1923 und fortgesetzt durch eine Reihe

---

222. Roux: »Entwicklungsmechanik der Organismen«, a.a.O., S. 10, zit. n. Querner, »Methodenfrage«, in: *Geschichte der Biologie*, a.a.O., S. 420.

von Veröffentlichungen unter dem Header »Studies in Animal Aggregations« umreißen sie ein Forschungsprogramm, das sich dem Nachweis eines generellen, unbewussten Bedürfnisses nach der Nähe zu Individuen der gleichen Spezies und seinen evolutionären Implikationen widmete.[223]

> »[T]here is, in effect, a deleterious effect from *under-crowding* as well as the more familiar one of *over-crowding*. The phenomenon of a better group survival, as contrasted with individual survival, was tested against [...] artificial environmental factors. More important was the demonstration of the reality of an unconscious cooperation, which he referred to as *proto-cooperation*, in a wide diversity of animal forms.«[224]

Allees Programm zur Erforschung der Physiologie von Aggregaten von Organismen entwickelte sich dabei von einer zunächst von physischen Umwelt-Gegebenheiten ausgehenden zu jenen die Parameter interindividuellen Verhaltens bestimmenden physiologisch-sensuellen und chemischen ›Kopplungen‹ von Individuen. »In the end«, schreibt sein Biograph Karl P. Schmidt, »he was obviously more interested in principles than in practice«.[225] *Proto-Kooperation* bedeutete für Allee eine Form positiven Einflusses einer Gruppe auf ihre Individuen – ein Einfluss, der bei einfacheren Lebensformen eben nicht im Sinne psychologischer (wie z. B. in der Massenpsychologie bei Menschen – Allee nennt hier Gabriel Tardes *Gesetze der Nachahmung*), sondern gruppenphysiologischer Faktoren zu untersuchen sei, deren Funktionen physiko-chemisch und deren Funktionalität quantitativ beschrieben werden könnten:[226]

> »In contrast to the more or less automatic aggregation in response to odors, light or shade, moisture, favorable niches, and other environmental factors, there are the much more definitely social situations in which animals collect as a result of positive reaction to the presence of others like themselves. The aggregation of male midges ›dancing‹ in the quiet atmosphere, or the formation of schools of fishes or flocks of birds illustrates this widespread phenomenon.«[227]

In seiner Aufsatzreihe widmet sich Allee verschiedenen marinen Lebewesen, beschäftigt sich aber nicht selbst mit ›sozialen‹ Organismen (von denen schwarm-

---

223. Vgl. Allee, Warder C.: »Animal Aggregations. A Request for Information«, in: *The Condor* 25 (1923), S. 129–131. Vgl. ders.: »Studies in Animal Aggregations«, Aufsatzreihe, veröffentlicht in verschiedenen wiss. Journals zwischen 1923 und 1933; vgl. ders.: »Cooperation Among Animals«, in: *American Journal of Sociology* 37 (1931), S. 386–398; vgl. das Kapitel »Animal Aggregations«, in: ders., Emerson, Alfred E., Park, Orlando, Park, Thomas und Schmidt, Karl Patterson: *Principles of Animal Ecology*, Philadelphia, London 1950, S. 393–419. Allee erläutert stets, ob er mit Aggregation eine aktive, also durch die aggregierenden Individuen selbst initiierte Versammlung meint, oder eine passive, durch äußere Faktoren bedingte. Die erste und in diesem Abschnitt durchweg gemeinte Form der Aggregation kann damit im Sinne des stringenteren Begriffs der *Kongregation* verstanden werden.
224. Schmidt, Karl Patterson: »Biographical Memoir of Warder Clyde Allee 1885–1965«, in: *National Academy of Sciences of the USA Biographical Memoirs* 1957, S. 1–40, hier S. 10.
225. Vgl. ebd., S. 16.
226. Vgl. Allee u.a.: *Principles of Animal Ecology*, a.a.O., S. 410 u. 395–397.
227. Ebd., S. 394.

bildende Fische noch einmal einen Spezialfall bilden) – er bezieht sich jedoch auf Prinzipien interindividueller Kopplung wie z. B. die Beschreibung der Interaktion durch Trophallaxe zwischen Ameisen bei William M. Wheeler und später bei Theodore Schneirla.[228] Was ihn als frühen Ökologen umtreibt, sind eher Fragen nach dem *Warum?*, nach dem evolutionären Vorteil, der hinter einer Aggregation von Organismen stehen könnte, nicht so sehr nach dem *Wie?*, nach den konkreten interindividuellen Interaktionen zwischen den Organismen einer aggregierenden Spezies. Im Geiste Kropotkins betont Allee mithin den Aspekt der Kooperation in Kontrast zu einer nur auf den individuellen Vorteil im Huxley'schen ›Kampf ums Dasein‹ bezogenen Konkurrenz,[229] kombiniert diesen aber mit quantitativen Überlegungen: Dabei geht es jedoch nicht um einen mehr oder weniger bewussten Altruismus oder sozialen Instinkt um der anderen Individuen willen, sondern um eine Faktorenkombination, die ein individuelles Überleben aufgrund spezifischer Gruppenprozesse wahrscheinlicher macht – eine Perspektive, die er mit dem Physiologen Ralph W. Gerard teilt.[230]

Hierbei sind besonders zwei *principles* interessant. Zum einen bestehe ein geometrischer Zusammenhang zwischen der Größe der Oberfläche eines Körpers, der eine vorteilhafte *surface-to-mass ratio* im Sinne eines besseren Schutzes vor Einflüssen von Außen nach sich ziehe – und dies könne nicht nur jener eines individuellen Organismus, sondern auch der ›Körper‹ einer (relativ dichten) Aggregation von Lebewesen sein. So vergrößert sich die Oberfläche einer Kugel bekanntlich mit dem Exponenten 2, während sich ihr Volumen zugleich mit dem Exponenten 3 erhöht. Aggregation wird mithin auch bei Allee zu einem Rand-Problem:

»Each cell in a temporary or permanent aggregation or in a multicellular organism presents less surface to the outside world than does one that leads an independent existence. As a result, the danger of harmful exposure to environmental effects is decreased, and, on the other hand, the difficulty of respiration, of individual food getting, and of receiving external stimuli is increased.«[231]

Aggregationen bilden dabei, so Allee, eine Art »presocial equilibrium« aus, das sich zwischen den Polen von *under*- und *overcrowding* einpendele.

---

228. Vgl. ebd., S. 410.
229. Thomas Henry Huxley, aka »Darwin's Bulldog«, propagierte mit seiner Schrift *The Struggle for Existence and Its Bearing upon Man* eine extreme Zuspitzung des eher metaphorisch und in Bezug auf einen »struggle against the environment« zu verstehenden Begriffs Darwins: »From the point of view of the moralist, the animal world is on about the same level as a gladiator's show. The creatures are fairly well treated, and set to fight; whereby the strongest, the swiftest and the cunningest live to fight another day.« Vgl. Huxley, Thomas: »The Struggle for Existence and its Bearing upon Man«, in: *Nineteenth Century* 23 (1888), S. 161–180, zit. n. Dugatkin, Lee Alan: *Cooperation among Animals. An Evolutionary Perspective*, Oxford 1997, S. 6.
230. Vgl. Schmidt: »Biographical Memoir«, in: *National Academy of Sciences USA*, a.a.O., S. 24. Ralph W. Gerard wird einige Jahre später auf den Macy-Konferenzen die Relevanz der Erforschung der *Communication between Animals* für die Kybernetik herausstellen. Dieser Band wird noch verschiedentlich auf diesen Zusammenhang zu sprechen kommen.
231. Allee u.a.: *Principles of Animal Ecology*, a.a.O., S. 397.

Zum zweiten beschäftigen ihn Skalierungsprobleme. So werden Untersuchungen angeführt, bei denen eine bestimmte Untergrenze an Individuen in Aggregationen vonnöten ist, um vorteilhafte Eigenschaften nach sich zu ziehen. Dies könne im Fall von einfachen Organismen (wie etwa Schwämmen) eine bestimmte Anzahl von Zellen sein, die eine komplette Wiederherstellung verletzter Stellen ermögliche; ist diese Anzahl nicht erreicht, unterbleibt die Wiederherstellung.[232] Allee spielt aber auch auf Gruppeneffekte etwa bei der Nahrungssuche höherer Lebewesen an. So vergleicht er das Jagdverhalten kleiner Gruppen und großer Schwärme von Kormoranen:

»The food-procuring behavior of many different kinds of animals changes, depending on the number present. The group fishing of the double-crested cormorants near San Francisco gives an example of elaborate and flexible group cooperation. These cormorants may fish singly, in small coordinated flocks of from ten to twelve, or in larger flocks that may contain as many as 2000 birds. Fishing usually begins before the larger flocks are fully formed. The basic pattern in small flocks consists of a circle with all birds facing the same direction. This pattern changes with the large flocks; then, a long, narrow, well-packed line moves forward, fishing as it goes. Some cormorants swim at the surface, others dive and swim at the same rate; those left behind by the rapid advance take to the air and fly forward again to become members of the line of fishers. The large flocks swim decidedly faster than do small fishing groups – an example of another kind of social facilitation; they also pursue a given school of fish until the hunger of the cormorants is satiated, or until the school escapes. Thus the persistence of a large flock is greater than that of a small one.«[233]

Diese Beobachtungen des Phänomens einer nicht linear verlaufenden Skalierbarkeit, die einmal mehr nur unter den bekannten Schwierigkeiten, Unschärfen und Ungenauigkeiten in freier Wildbahn gemacht werden können, ziehen wiederum zumindest zweierlei Konsequenzen nach sich. Erstens werfen sie eine epistemologische Frage auf, die wiederum ins Zentrum des biologischen Methodenstreits zwischen Beobachtung und Experiment zielt. Denn inwieweit sind unter diesen Bedingungen Experimente mit kleinen Gruppen oder gar mit Individuen einer aggregierenden Spezies in Laboratorien überhaupt übertragbar auf die Verhaltensweisen derselben Individuen in meist viel größeren Kollektiven innerhalb ihrer natürlichen Lebensräume? Und zweitens tragen sie einmal mehr zu den Schwierigkeiten einer näheren Bestimmung der Konstituenten solcher Vielheiten und den Kopplungen ihrer Einheiten bei, wenn eine Erhöhung der Quantität einer Aggregation qualitative Veränderungen nach sich zieht.

★★★

---

232. Vgl. ebd., S. 397.
233. Ebd., S. 411. Die Autoren beziehen sich hier auf die Studie von Bartholomew, George A.: »The Fishing Activities of Double-Crested Cormorants on San Francisco Bay«, in: *The Condor* 44/1 (1942), S. 13–21.

Formationen 169

Die vorangegangenen Seiten handelten in mehrfacher Hinsicht von Randerscheinungen. An den Rändern universitärer zoologischer Forschung in den ersten Jahrzehnten des 20. Jahrhunderts, in neugegründeten und in Küstennähe gelegenen marinen Forschungsinstitutionen, werden Ränder zu einer Problemstellung und zu einer operativen Funktion, die aus der Beschäftigung mit Schwarmphänomenen, mit Aggregationen oder Kongregationen von Lebewesen hervorgehen.

In einer neuartigen Kombination von beobachtender Feldforschung und experimentellem Vorgehen wird versucht, Schwärme in ihrem Oszillieren zwischen Einheit und Vielheit perspektivisch mit neuen Rändern, mit Begrenzungen zu versehen: Schwärme werden zum Objekt der Forschung innerhalb der kadrierenden Ränder mariner Forschungsaquarien – mit fragwürdigen Reduktionismen angesichts von differierenden qualitativen Effekten auf verschiedenen Ebenen der Aggregation. Zugleich weisen einige der genannten Forschungsansätze jedoch auch hin auf eine für die Bildung von Schwärmen und anderen Kollektiven konstitutive Funktion des Randes. Erst durch die Tendenz randständiger Individuen, sich an ihren innenliegenden Artgenossen zu orientieren, erreichen Schwärme ein psychomechanisches Equilibrium – und prinzipiell betrachtet ist es die Verkleinerung eben dieses Randes einer Kongregation im Verhältnis zu ihrer Größe, die als Schutz-Faktor und damit als Eigenschaft einer evolutionären Herausbildung von Tierkollektiven geltend gemacht werden kann. Doch auch diese frühen marinen Forschungen charakterisieren Schwärme und andere Vielheiten als grundlegend dynamische, zeitbasierte, nicht mit statischen Methoden fassbare Objekte. Hier erscheinen Schwärme bereits als Wissensobjekte, für die Rheinbergers Begriff des *epistemischen Dings* nicht passgerecht erscheint, und für die in diesem Band der Begriff *epistemische Häufungen* vorgeschlagen wird (vgl. Kapitel III und IV.2).

★★★

Die angeführte Beschäftigung mit Rändern verweist damit wiederum auf Versuche, jener bestimmenden Bewegung Herr zu werden, deren Entwicklung im Laufe des Abschnitts *Formationen* nachgegangen wurde: der Herausbildung einer biologischen Perspektive auf die Dynamiken von Kollektiven, welche diese – basierend auf durch wissenschaftliche *hard facts* erklärbaren Kopplungsprinzipien – im Sinne systemischer Ansätze operationalisierte. Damit *formiert* sich ein spezifischer Blick, für den die Beschäftigung mit Schwärmen, für den Schwärme als *Objekte* interessant wurden. Dessen Formation wurde als ein Übergang von der Tier- und Massenpsychologie zu einer Form von *Relationalität* skizziert, für die Bewegungsphysik und Informationsübertragungsprozesse Pate stehen. Der neue zoo-logische Blick auf Schwärme und andere Vielheiten etabliert ein Denken in sensuellen, physiologischen Kopplungen; in Informationsprozessen, die zu Phänomenen der Selbstregulierung und Selbstorganisation eines dynamischen Equilibriums führen. Am Beispiel von Schwärmen wird damit auch die von Michel Serres beschriebene Schwelle deutlich zwischen einer Episteme des

Transformationsmotors der Thermodynamik und einer des *Informationsmotors* eines Wissensfeldes, das später Kybernetik genannt werden wird.[234] Denn an diesen Blick, der bis 1930 größtenteils noch auf Beobachtungen beruht und nur einfache technische Experimentalanordnungen verwendet, lassen sich tiefgreifende medientechnische *Formatierungen* anschließen.

---

234. Vgl. Serres: *Hermes IV: Verteilung*, a.a.O., S. 45ff und 58ff.

III. FORMATIERUNGEN

Fishy Business

»What is a fish? – A fish is a back-boned animal which lives in the water and cannot ever live very long anywhere else. Its ancestors have always dwelt in the water, and most likely its descendents will forever follow their example.«[1] *David Starr Jordan*

Die Erforschung von Fischschwärmen als komplexe Systeme ist noch vergleichsweise jung. Erst Ende der 1920er und zu Beginn der 1930er Jahre tauchen erste Studien auf, die sich mit Fragen nach den möglichen Rahmenbedingungen und Beobachtungsmedien, nach den Zugängen zu einem Wissen *über* Fischschwärme und mithin auch zu einem Wissen *von* Fischschwärmen auseinanderzusetzen beginnen. Guy Malcolm Spooner hält 1931 in seiner Schwarm-Studie fest: »The phenomenon of schooling has received surprisingly little attention either from fishery investigators or from those studying animal behaviour.«[2] Und mit dem sowjetischen Biologen Dimitrij Radakov lässt sich ergänzen: »The phenomenon of schooling has undoubtedly been known since ancient times, at any rate since our ancestors began to catch fish. But it was not until comparatively recently that special investigations of fish were launched: at the end of the 1920s«.[3]

Die Untersuchung der Form und Struktur von Schwärmen unter Wasser ist dabei anfangs weniger jener Faszination geschuldet, wie sie immer wieder im Literarischen ihren Ausdruck findet – etwa im bereits zitieren Werk *Das Meer* von Jules Michelet, oder auch bei John Steinbeck in seinem Bericht *Logbuch des Lebens*. In Zusammenarbeit mit dem Meeresbiologen Ed Ricketts beschreibt Steinbeck darin eine sechswöchige Expeditionsfahrt von März und April des Jahres 1940 im Golf von Kalifornien, die vor allem der Sammlung und Katalogisierung mariner Lebewesen gilt. Steinbeck gerät hier ins Schwärmen angesichts der Fülle des Lebens unter Wasser, und imaginiert Schwärme als funktionale Zwischenstufe innerhalb eines holistischen »Meer-Alls«:

»Die Bucht wimmelt von Fischchen […], und immer wieder schießt eine Schule etwas größerer Fische (ca. 15 bis 25 cm lang) in das Gedränge der Kleinen (von 3 bis 5 cm) und ist so zahlreich und schnell, daß dadurch das scharfe Gezisch entsteht, das uns aufgefallen war. […] Die ganze Nacht über währt der zischende Ansturm der jagenden und gejagten großen, kleinen und mittleren Fische. Wir waren noch nie in so dicht bevölkertem Wasser. Der Lichtstrahl dringt durch die Oberfläche in dichte wimmelnde Unersättlichkeiten. Geordnet, geleitet schwimmen die Schulen, wenden als Einheit, tauchen als Einheit. Ihre Millionenscharen folgen einem genauen Zeit-, Tiefen- und Richtungsplan.

---

1. Jordan: *Fishes*, a.a.O., S. 1.
2. Spooner: »Some Observations on Schooling in Fish«, in: *Journal of the Marine Biological Association*, a.a.O., S. 422.
3. Radakov: *Schooling in the Ecology of Fish*, a.a.O., S. 8.

Unsere Vorstellung von diesen Tieren als Individuen muss auf einem Irrtum beruhen. Ihre Funktionen im Schulverband sind auf eine bisher unbekannte Weise so reguliert, als bilde die Schule eine Einheit. Sie ist es. Ohne diese Annahme (denn es bleibt bis auf weiteres eine Annahme, daß die Schule ein einziges Tier sei) lässt es sich nicht erklären, daß sie mit ihren Zellen (Fischen) auf Reize reagiert, die den einzelnen Fisch (die Zelle) vielleicht gar nicht beeinflussen würden. Das Großtier, die Schule, hat sein eigenes Wesen, Streben und Ziel. Es ist mehr als die Summe seiner Einheiten und von ihr verschieden. Sobald wir dies durchdacht haben, finden wir es nicht mehr unglaublich, daß alle Fischköpfe in derselben Richtung weisen [sic!]; daß der Zwischenraum von Fisch zu Fisch überall der gleiche ist; daß eine Schul-Intelligenz alles lenkt. [...W]o viele Schulen mehrerer Spezies schwimmen, hat man das Gefühl (ich gebrauche das Wort mit Absicht!), das Gefühl einer noch höheren Einheit, eines zonalen Verbandes der Arten, [...] ein Großtier, das in sich selbst fortlebt [...].«[4]

Denn über diese Faszination und Ehrfurcht vor dem – wie man mit Uexküll sagen könnte – ›höheren Bauplan der Natur‹ hinaus sind es ökonomische Interessen, die eine Erforschung von Fischschwärmen interessant machen – und dies wird in den Veröffentlichungen vieler Forschungsprojekte über Fischschwärme oft explizit als Ziel der Bemühungen vermerkt: Ein Wissen über Schwärme solle zunächst vor allem von Nutzen sein für die kommerzielle Fischerei. Von daher nimmt es – wie zuvor bereits erwähnt – nicht wunder, dass die für die Experimente genutzten Laboratorien und Aquarien zumeist an Instituten situiert sind, die sich zuvorderst mit der Rationalisierung von Fangmethoden beschäftigten, oder die mit dem ausdrücklichen Ziel gegründet wurden, Wissenschaft und Industrie produktiv miteinander zu koppeln.[5] So rechtfertigt Albert Parr seine Schwarmforschungen etwa in folgender Weise:

»The problems involved are of special interest to human society because several of the most typically schooling species are also among the economically most important ones, partly gaining their economic importance through the very schooling habit itself, which is the necessary basis for most of the fishing methods adopted for the exploitation of the species in question.«[6]

Bevor die Verbindung von *Fish & Chips* im Abschnitt *Transformationen* also Schritt für Schritt als eine Verschränkung von biologischen Forschungen und Konzepten einerseits mit computergestützten Medientechniken andererseits expli-

---

4. Steinbeck, John: *Logbuch des Lebens. Im Golf von Kalifornien. Mit einer Vita Ed Ricketts*, Zürich 1953, S. 334–336.
5. Zu nennen sind hier neben vielen anderen marinen Forschungsinstitutionen das *Laboratory of the Marine Biology Association of the UK* in Plymouth, diverse Zentren der damals sowjetischen Schwarmforschung, wie sie Dimitrij Radakov beschreibt, das gern genutzte Forschungsaquarium des *Departments of Agriculture and Fisheries for Scotland* in Aberdeen oder das *Marine Biological Laboratory* in Woods Hole, USA.
6. Parr: »The schooling behavior of fishes«, in: *Occasional Papers*, a.a.O., S. 1.

ziert wird, liest sie sich an dieser Stelle durchaus auch in ihrem herkömmlichen Kontext: nämlich jenem einer Kulinarik mit überwiegend zweifelhaftem Ruf.

Fischschwärme eignen sich aus mehreren Gründen ganz besonders für eine Problematisierung der Fragestellungen, denen diese Publikation nachgeht: So existiert *erstens* und ganz pragmatisch eine Vielzahl an wissenschaftlichen, meist biologischen Untersuchungen des Phänomens der Schwarmbildung bei Fischen – diese darf als recht gut erforscht gelten. *Zweitens* bilden viele Fischarten sehr stabile Kongregationen aus. Diese im Englischen mit dem Begriff *school*[7] bezeichneten Vielheiten bestechen durch eine sehr regelmäßige, synchronisierte Art der Fortbewegung in drei Dimensionen, die ihnen – aus einiger Entfernung betrachtet – den Anschein gibt, sich als Gesamtheit, als *ein* Körper zu bewegen. Zugleich sind sie jedoch auch fähig zu äußerst dynamischen Manövern. In bestimmten Situationen, etwa wenn sie von Räubern angegriffen werden, verwirrt das Bewegungs-Rauschen der Schwarm-Individuen die Angreifer, erzeugen sie ein Flirren, das ein Zielnehmen erschwert. Regelgeleitetes Verhalten und die Zufälligkeiten individueller Abweichungen und Reaktionen auf lokale Einflüsse integrieren Schwärme zu heterogenen Gesamtheiten, in denen ›der Schwarm‹ als unifizierendes Konzept und ›das Schwärmen‹ als frei flottierende, sich jeder Repräsentation entziehende Bewegungsform ineinanderfallen. Diese Dichotomie ruft spezielle Formen von nachbarschaftlicher Organisation und auch Kommunikation hervor, z. B. so genannte »waves of agitation«, die aus den individuellen Interaktionen emergieren. *Drittens* sind sie ein Beispiel für *ortlose* Schwärme – der Grund für ihr Entstehen ist nicht allein eine Reaktion auf Umweltfaktoren wie Futter- oder Partnersuche und fände daher nur in Bezug auf bestimmte Orte statt (wie etwa bei manchen Riff-Fischen). Und sie stehen nicht in Bezug auf ein Zentrum wie der Bienenstock, der Ameisenbau, oder der Termitenhügel samt ihren jeweiligen Königinnen.[8]

Viertens schließlich lassen sich anhand einer Ent- und Verwicklung von Fischschwarmforschungen exemplarisch Verschiebungen epistemischer Strategien

---

7. Etymologisch geht dieses Wort auf das Mittelholländische Wort ›shole‹ zurück, was als *Schar* oder *Gruppe* zu übersetzen wäre. Dies entstammt dem prähistorischen westgermanischen Wort *skulo*, Wortstamm *skal-, skel-, skul-*: Teilung, Aufteilung. Der Bezug auf eine ›geordnete‹ Vielheit differenziert den Fischschwarm demnach schon etymologisch vom ›swarm‹/›Schwarm‹, das im Deutschen wie im Englischen auf dasselbe ebenfalls westgermanische Wort *sveam* zurückgeht. Dieser ist eine »bildung zu einer wurzel auf lautmalerischem grunde, der auch *schwirren* und das […] spätnordische *svarra* rauschen, wimmeln, schwärmen angehört.« Dieses Wort bezieht sich in seiner ursprünglichen Verwendung auf das Geräusch eines Bienenschwarms. Vgl. Ayto, John: *Dictionary of Word Origins*, London 1990, S. 461 u. 514; vgl. Grimm: *Deutsches Wörterbuch*, a.a.O., S. 2283f.
8. Es wäre auch denkbar, eine Mediengeschichte der Schwarmforschung anhand von Studien zu Vogelschwärmen aufzuziehen. Doch noch mehr als bei Fischschwärmen sind diese abhängig von avancierten medientechnischen Verfahren und Apparaten. Denn Vogelschwärme lassen sich kaum im Laborkontext untersuchen, und auch in freier Wildbahn sind ihre Dynamiken mindestens so schwer zu verfolgen wie jene von Fischschwärmen. Systematische Forschungen datieren hier eigentlich erst auf die 1970er Jahre. Entscheidend ist, dass die grundlegenden Interaktionsmodelle für die Erklärung der Regelung des »traffic« (Julia Parrish) in Schwärmen sowohl für Vogel- als auch für Fischschwärme applizierbar sind. In Kapitel IV.2 wird diese Arbeit aber noch auf den Aspekt des computerisierten Trackings bei Vogelschwärmen eingehen und dies im Zusammenhang auch mit neueren Fischschwarm-Analyseverfahren diskutieren.

nachzeichnen, die bis Ende der 1920er Jahre noch wesentlich aus augenscheinlichen Beobachtungen bestehen. Nach und nach rücken vermehrt experimentelle Ansätze in den Vordergrund, die auch in mathematische Modelle überführt werden, deren Raumstrukturen mit geometrischen Beziehungen beschrieben und deren Dynamiken im Sinne physikalischer Gesetze im Modell nachvollzogen werden sollen. Hier lässt sich eine Bewegung »from measurement to models« festmachen,[9] bei der stets eine *fünfte* Frage im Mittelpunkt steht: jene nach der Sichtbarkeit und Visualisierbarkeit von Schwärmen, und dies in zweifacher Hinsicht. Zum einen im Hinblick auf Versuche einer visuellen Abtastung und Rasterung, die vom menschlichen Augenschein über verschiedene optische und akustische Medien (bis hin zu späteren computergestützten Verfahren) reicht. Diese Versuche möchten einem »seeing-in-time«[10] Rechnung tragen, das die Bewegungen von Schwärmen in Raum und Zeit ›einfangen‹ soll, wobei sich das Datenmaterial zur Beschreibung von Schwarmdynamiken aus einer Analyse von *Bildern* ergibt. Und zum anderen steht diese Frage nach der Sichtbarkeit in Bezug zu einer ›realistischen‹ Darstellung (und später auch wortsinnlichen *Animation*) mathematischer Schwarm-Modelle. Diese sollte die (relativ einfachen) Grundregeln als dynamische Prozesse und als Bewegungsverhältnisse nachvollziehbar machen, eine selbsttätige Organisation des Kollektives erlauben (und damit später die synthetischen Bildfolgen eines Simulationsmodells mit den Bildern technischer Beobachtungsmedien abgleichbar machen, vgl. Abschnitt *Transformationen*). Die Schwarmforschungsansätze, die in diesem Kapitel behandelt werden, beruhen damit essentiell auf einer möglichst vollständigen Subtraktion des Rauschens, auf einem nachhaltigen Ausschluss von Störmomenten aus den medialen Anordnungen der Beobachtungs- und Experimentalsysteme oder Modelle. *Schwarmforschung erscheint hier als Rauschunterdrückung und Entstörung.* Von Schwärmen wird, so könnte man auch formulieren, in diesen medientechnischen Anordnungen auf verschiedene Weise ihre ›Natürlichkeit‹ subtrahiert, um sie als Wissensobjekte anschreiben zu können.

Sie sollen dabei idealiter jeweils sozusagen möglichst genau aufgelöst und atomisiert analysierbar und damit als Menge bestimmbar gemacht werden – als zusammengesetzte Menge, die in ihren Globalstrukturen das nicht-repräsentierbare ›Schwärmen‹ einfasst. Doch in beiden Fällen stellen sich Fischschwärme als grundlegendes mediales Problem dar: zum einen als Problem des *Erkennens*, zum anderen als Problem des *Darstellens* eines ›Objekts‹, das sich in der Dichotomie von globaler, dynamischer Einheit und lokaler, chaotischer Vielheit einer Feststellung und Objektivierung immer wieder entzieht. Schwärme verweisen als derartige ›Objekte‹ zurück auf jene originären Probleme, die mit der Entwicklung perspektivischer Darstellungen in der Renaissance in Bezug auf »Nicht- oder Halbdinge« (Leonardo da Vinci) aufgekommen sind. Diese Verschiebung des geometrischen Horizonts, diese Öffnung der Raumwahrnehmung hin auf

---

9. Parrish, Hamner und Prewitt: »Introduction«, in: *Animal Groups in Three Dimensions*, a.a.O., S. 9.
10. Wilson, E. B.: *The Cell in Development and Heredity*, 3. Auflage, New York 1925, S. 77.

Bewegungen in drei Dimensionen, die Möglichkeiten und Reize, selbst Teil des beobachteten Geschehens zu werden, etwa ›wie Fische im Reich der Fische‹ (Hans Hass) zu leben (Kapitel III.2), eröffnet auch ganz neue epistemische Horizonte.

Die Probleme einer perspektivischen Rasterung von Schwärmen als Körper ohne Oberfläche werden in einer Biologie relevant, die sich der Erforschung der Komplexität von Schwarm-Wesen zuwendet. Angefangen bei augenscheinlicher Beobachtung, weiter über analoge Verfahren wie Chronophotographie, Film und Sonar, über mathematische Modelle bis hin zu dem von Peter Galison bezeichneten Übergang eines »computer-as-tool« zu einem »computer-as-nature«[11] im Zuge der Entwicklung von Computersimulationsverfahren, bringen die jeweils dabei zum Einsatz gebrachten Medientechnologien spezifische Probleme und jeweils neue und andere Zugangsweisen zum Wissensobjekt Schwarm mit sich, die sich mehrdimensional an die Begriffe Unschärfe und Intransparenz anlagern lassen.

Anhand einer medienwissenschaftlich informierten und den medientechnischen Materialitäten, Beobachtungsanordnungen, Modellen und schließlich Computersimulationssystemen Rechnung tragenden historischen Epistemologie biologischer Schwarmforschung kann somit ein Forschungsfeld aufgezogen werden, in dem sich jenes Programm einer Geschichtsschreibung der Biologie widerspiegelt, das François Jacob 1970 in seiner *Logique du vivant* vorgeschlagen hat. Dieses Programm wurden nicht von ungefähr von Michel Foucault in einer Rezension in der Tageszeitung *Le Monde* »die bemerkenswerteste Geschichte der Biologie, die je geschrieben wurde« genannt, welche zu einer »fundamentalen Neuordnung des Denkens« einlade.[12] Diese Neuordnung einer kontinuierlichen, an einem roten Faden aufgezogenen Geschichte aufeinanderfolgender Ideen, die sich von der Gegenwart in die Vergangenheit hinein extrapolieren lasse, formuliert Jacob folgendermaßen:

»Es gibt jedoch eine andere Möglichkeit, die Geschichte der Biologie zu betrachten. Sie erforscht die Art und Weise, auf welche Objekte der Analyse zugänglich geworden sind und somit neuen Gebieten der Wissenschaften zum Durchbruch verhalfen. In diesem Falle müssen die Natur dieser Objekte, die Haltung der Forscher und ihre Beobachtungsweise, schließlich die Hindernisse, die ihnen ihre eigene zeitbedingte Bildung in den Weg stellt, geklärt werden. Die Bedeutung einer Aufgabe hängt von ihrem operativen Wert ab, von der Aufgabe, die sie für die Ausrichtung von Beobachtung und Experiment hat. Eine mehr oder weniger lineare Folge von Ideen, in der die eine die andere Idee erzeugt, wird dann unmöglich. Dafür gibt es einen ganzen Bereich, um dessen Erforschung sich das Denken bemüht. Es versucht darin eine Ordnung aufzustellen und eine Welt abstrakter Relationen zu schaffen, die nicht nur mit den Beobachtungen und

---

11. Galison, Peter: *Image and Logic: A Material Culture of Microphysics*, Chicago 1997, S. 692.
12. Vgl. Rheinberger, Hans-Jörg: »Nachwort«, in: Jacob, François: *Die Logik des Lebendigen. Eine Geschichte der Vererbung*, Frankfurt/M. 2002, S. 345–354, hier S. 345.

Techniken, sondern auch mit den geltenden Gebräuchen, Werten und Interpretationen übereinstimmen.«[13]

Nicht mehr breit ausgetretene und teleologisch gerichtete wissenschaftliche Königswege geraten so in den Fokus einer neuartigen Historiographie, sondern eine kursorische Suche nach jenen »Etappen des Wissens«, die Foucault theoretisch unter dem Begriff des *Dispositivs* präzisiert hat; eine genaue Beschreibung der Wandlungen und der Bedingungen, die bestimmte Wissensobjekte und Sichtweisen wahrscheinlicher (und damit in diesem Sinne »wahrer«) machten als andere.[14]

»Es ist [...] das Vage, das Unbekannte, das die Welt bewegt«, schreibt Claude Bernard.[15] Abraham Moles sucht in *Les sciences de l'imprécis* systematisch nach der Funktionalität von Unschärfephänomenen in den Wissenschaften. Und der Wissenschaftshistoriker Hans-Jörg Rheinberger beschreibt – ausgehend von diesen Autoren – mit seinem Begriff des *epistemischen Dings* jene Diskurs-Objekte, die sich in Wechselwirkung der technischen Dinge eines Experimentalsystems mit den steten (medien-)archäologischen Neu- und Überschreibungen von (geschichteten und ineinandergreifenden) Geschichten und ihren jeweiligen Strategien des Vorantastens ausbilden. Er definiert genauer: »Epistemische Dinge sind die Dinge, denen die Anstrengung des Wissens gilt – nicht unbedingt Objekte im engeren Sinn, es können auch Strukturen, Reaktionen, Funktionen sein. Als epistemische präsentieren sich diese Dinge in einer für sie charakteristischen, irreduziblen Verschwommenheit und Vagheit.«[16] Über seinen Begriff richtet Rheinberger die Aufmerksamkeit einer historisch reflektierenden Epistemologie auf die »Entdeckungszusammenhänge«[17] einer »im Werden befindlichen wissenschaftlichen Erfahrung«. Für diese sei eine begriffliche Unbestimmtheit und Unschärfe nicht etwa nachteilig, sondern nachgerade produktiv und handlungsleitend.

Indem sie Wissen als grundsätzlich *vorläufig* kennzeichnen – denn epistemische Dinge verkörpern, so Rheinberger, gerade »das, was man noch nicht weiß« – verweisen sie darauf, dass die Zeit in der Geschichte der Wissenschaft am Werk sei, und diese Wissenschaft sich nicht einfach in der Zeit entfalte. Jedes Experimentalsystem könne somit mit François Jacob als eine »Maschinerie zur Herstellung von Zukunft« bezeichnet werden.[18] Michel Serres und Bruno Latour dienen Rheinberger als Advokaten dieser Perspektive einer historischen Epistemologie. Während Serres betont, dass Forschen nicht Wissen, sondern

---

13. Jacob: *Die Logik des Lebendigen*, a.a.O., S. 19f.
14. Vgl. ebd., S. 20f.
15. Bernard, Claude: *Philosophie. Manuscrit inédit*, hg. von Jaques Chevalier, Paris 1954, S. 26, zit. n. Rheinberger: *Experimentalsysteme und epistemische Dinge*, a.a.O., S. 27.
16. Rheinberger: *Experimentalsysteme und epistemische Dinge*, a.a.O., S. 27.
17. Ebd., S. 27. Der Begriff ›Entdeckungszusammenhang‹ stammt aus Reichenbach, Hans: *Erfahrung und Prognose. Gesammelte Werke*, Bd. 4, Braunschweig 1983, S. 3.
18. Jacob, François: *Die innere Statue*, a.a.O., S. 12, zit. n. Rheinberger: *Experimentalsysteme und epistemische Dinge*, a.a.O., S. 25.

ein stetes Sich-Vorantasten, Basteln und Zögern bedeutet, unterstreicht Latour die Veränderlichkeit von Wissensobjekten. Diese existierten nur als »Liste« von Aktivitäten und Eigenschaften, so dass der Gegenstand mit jedem weiteren ›Listeneintrag‹, also mit jedem Zuwachs an Wissen über das betreffende Objekt, umdefiniert werde und eine veränderte Gestalt erhalte. Damit ist die Frage nach epistemischen Dingen immer schon mit einem historischen Index versehen, und sie vollzieht sich im gleichberechtigten Wechselwirken von menschlichen und nicht-menschlichen Akteuren.[19] Neue Wissensobjekte werden, so Rheinberger, also keinesfalls einfach entdeckt oder entschleiert und ›ans Licht gebracht‹, sondern nach und nach innerhalb technischer Anordnungen hergestellt und gestaltet. Und mit Latour zeichnen sich Forschungsprozesse durch eine Streichung eindeutig bestimmbarer, medialen Repräsentationsverfahren vorgängiger Referenten aus. Wissensobjekte werden erst in einer Folge von Referenzialisierungsakten wie Ordnen, Unterscheiden, Aufzeichnen, Übertragen, Markieren oder Filtern hergestellt.

Die Anstrengungen der Schwarmforscher gelten einem Wissen um die Strukturen und Funktionen, die aus einer reinen Aggregation ein qualitativ anderes Gebilde mit neuen Eigenschaften und Operationspotenzialen entstehen lassen. Schwärme erscheinen daher auf den ersten Blick vielleicht als epistemische Dinge par excellence in ihrer Hybridhaftigkeit zwischen lokalen Relationen und globaler Struktur. Sie siedeln sowohl als materielle ›Objekte‹ wie auch als Wissensobjekte in einem Bereich der optischen Unschärfe und strukturellen Intransparenz und werden mit Methoden und Techniken der Scharfstellung und Verunschärfung bearbeitet: Die Trennlinie zwischen Schärfung und Verunschärfung verläuft dabei entlang der eingesetzten medientechnologischen Verfahren. Grundsätzlich ist nämlich die *Entstehung* von Unschärfephänomenen bei der *Verarbeitung* von Unschärfephänomenen in analogen Medien wahrscheinlich. In digitalen Medien hingegen wird eine andere Form von Unschärfe bewusst eingesetzt, um die Genauigkeit der Berechnung zu erhöhen. Das Einrechnen etwa statistischer Varianz eines Phänomens führt zu einem Abnehmen derselben im technischen Bild. Und Filteralgorithmen glätten die Visualisierungen gestörter und störender Objekte (vgl. Kapitel III.3, IV.1 und IV.2). Zu fragen wird ausgangs dieses und des vierten Abschnitts dieser Arbeit jedoch sein, ob Schwärme nicht über die Definition hinausgehen, die Rheinberger für epistemische Dinge anbietet, respektive ob sie letzthin eine Kritik derselben erlauben: Zu fragen steht, ob wir es hier mit dynamischen Systemen zu tun haben, die nur mittels einer Epistemologie zu erforschen sind, die ganz neue epistemische und technische Ansätze zu verknüpfen imstande ist: einer Epistemologie biologisch inspirierter Computersimulationen.

Die im Falle von Fischschwärmen wörtlich zu verstehende ›Verschwommenheit‹ des Wissensobjekts steht jedoch stets auch in Bezug zu einer Organisation,

---

19. Vgl. Serres, Michel: »Vorwort«, in: *Elemente einer Geschichte der Wissenschaften*. a.a.O., S. 35, zit. n. Rheinberger: *Experimentalsysteme und epistemische Dinge*, a.a.O., S. 28; vgl. Latour, Bruno: *Science in Action*, Cambridge 1987, S. 87–88.

die Schwärme als zwar flexible, aber kohärente und dynamisch-stabile Globalstrukturen zusammenhält. An Schwärmen zeichnet sich eine visuelle und perspektivische Paradoxie ab. Stellt man sich einen großen Sardinenschwarm in kristallblauem Wasser vor, so ist aus der Ferne die faszinierende Koordination des Schwarm-Kollektivs bei Wendemanövern oder dem Ausweichen vor Feinden gut zu beobachten. Es scheint sogar, wie schon Steinbeck und Michelet berichten, als habe dieses Schwarm-Kollektiv eine eigene Form von Leben oder Lebendigkeit, so geschmeidig sind seine Bewegungen. Doch je näher man diesem Nicht-Objekt kommt, umso stärker wird der Blick gestört, umso mehr stellt sich das Gesehene als Flirren, als Bildrauschen, als scheinbar chaotisches Durcheinanderfliegen, als ein über das Sichtbare Hinausgehende dar. Die Wechselbeziehung von lokalem Verhalten der Schwarm-Individuen und dem globalen Verhalten des Schwarm-Kollektivs steht dabei im Mittelpunkt des Interesses: An welchem Punkt und unter welchen Bedingungen schlägt eine reine Quantifizierung gleichartiger Elemente um in qualitativ andere und aus den Eigenschaften der einzelnen Teile nicht einfach ableitbare neue Eigenschaften? Sind diese globalen Strukturen und Muster reine Epiphänomene von biologischen Aggregationen und Kongregationen, oder haben sie adaptive Funktionen, d.h. sind sie an externe Phänomene aus der Umwelt gekoppelt? Kann man also von Formen der Selbstorganisation sprechen, und ist dieses jeweils zweckhaft codiert – eine Frage, die Eugene Thacker auf die Formel ›Pattern or Purpose?‹ gebracht hat.[20]

All diese Fragen sind virulent, wenn es um die Entscheidung geht, welche Perspektive gegenüber dem Nicht-Objekt Schwarm eingenommen wird: Sollte ein mikroperspektivischer, individuenbasierter Ansatz gewählt werden, der sich erst einmal mit dem Verhalten der Schwarm-Individuen befasst? Welche Aussagen kann ein makroperspektivischer Blick über die Morphologie und Struktur von Schwärmen möglich machen? Die Frage nach der Perspektivierung ist dabei stets auch eine Frage nach ihren eigenen Bedingungen, seien diese medientechnischer Art oder durch Umwelteigenschaften mitdeterminiert. So können etwa, wie auf den nächsten Seiten ersichtlich wird, Aquarienexperimente immer nur eine sehr beschränkte Anzahl von Schwarm-Individuen im Blick haben, während beispielsweise die Auflösung akustischer Scanning-Technologien im freien Ozean lange Zeit nur einen Übersichtsblick erlaubt. Mit Michel Foucault kann man sagen, dass den verschiedenen medialen Durchmusterungsverfahren dabei je unterschiedliche diagrammatische Operationen zugrunde liegen. Diese reichen von den ins Dispositiv der *Disziplinarität* fallenden räumlichen und zeitlichen Rasterungen visueller Verfahren bis hin zu jenen ins Dispositiv der *Sicherheitstechnologien* fallenden stochastischen Bestimmungen und der statistischen Bestimmtheit der digitalen Visualisierungen akustischer Rohdaten.[21]

Die Ebene der Visualisierung von Messergebnissen, experimentell erzeugten Daten und Modellen ist dabei essentiell. Die Unschärfen und Intransparenzen

---

20. Vgl. Thacker: »Networks, Swarms, Multitudes«, in: *CTheory*, a.a.O., o.S.
21. Vgl. Deleuze, Gilles: *Foucault*, Frankfurt/M. 1992, S. 118, mit Bezug auf: Foucault, Michel: *Der Wille zum Wissen*, Frankfurt/M. 1977.

der sinnlichen oder senso-technischen ›Wahrnehmung‹ von Schwärmen und die Statik mathematischer und geometrischer Modelle, die Gegenstand dieses Abschnitts sind, treffen schließlich auf Strategien der computergestützten Simulation und Visualisierung (Abschnitt *Transformationen*). Das Wissensobjekt Schwarm erscheint in verschiedentlichen, sich dynamisch ändernden *epistemischen Häufungen*, wie die hier betrachteten *ortlosen* Kollektive in Anlehnung an und in Erweiterung von Rheinbergers Begriff genannt werden sollen. Im Zuge dieser Mediengeschichte geht es sicherlich nicht um eine Teleologie immer genauerer und ›besserer‹ Technologien, die die Geheimnisse und Regeln der Schwarmbildung nach und nach transparent erscheinen lassen und die Perspektive auf ihre Strukturen immer weiter schärfen würden. Es soll vielmehr gezeigt werden, wie Schwärme als Wissensobjekte je anders und neu unter den Perspektiven verschiedener Medientechnologien und Experimentalsysteme erscheinen. Es geht darum, wie sie als Objekte im Sinne Bruno Latours »umdefiniert« werden, »eine neue Gestalt« bekommen.[22] Und dies ist eine Frage, die in den Kern dessen zielt, was man *Mediale Historiographie* nennen mag. Im Zuge dieser Redefinitionen werden Modelle, empirische Beobachtungsdaten und Experimentalergebnisse naturgemäß immer wieder miteinander verglichen und rückgekoppelt.

Die medialen Beobachtungsensembles und -dispositive *vor* der Implementierung von Computersimulationsverfahren sind vor dem Hintergrund der jüngeren, maßgeblich von Latour und Rheinberger angeregten »material culture« produktiv zu untersuchen. Beide Autoren prozedualisieren naturwissenschaftliche Erkenntnisse, sie rücken historisch kontingente Kombinationen von Materialitäten wie Apparate, Architekturen, Aufschreibesysteme und Speicher als sowohl Widerständigkeiten wie auch Möglichkeitsbedingungen von Erkenntnisproduktion in den Fokus. Die Frage nach Schwärmen als Wissensfiguren stellt sich demnach als Frage auch nach dem Verhältnis zu ihren Beobachtungs- und Darstellungsformen:

»Aus epistemologischer Sicht ist vielmehr entscheidend, ob in solchen Experimentalsystemen eine Unterscheidung zwischen dem Untersuchungsgegenstand und den Mitteln seiner Darstellung überhaupt gemacht werden kann. Überspitzt gefragt: Wird eine Pflanze nicht erst in einem botanischen Garten zu einer taxonomischen Kategorie? Wird eine Zellorganelle nicht erst im Schwerefeld der Ultrazentrifuge zu einer handhabbaren und damit wissenschaftsrelevanten Entität? Damit steht das, was Bachelard das ›Wissenschaftswirkliche‹ genannt hat, in einem grundlegenden Sinn zur Debatte. Historisch stellt sich die Frage, wie die Graphismen beschaffen sind, mit denen diese Wirklichkeit sich zur Darstellung bringt. Sie implizieren eine technologische Semantik, die keinesfalls in dem aufgeht, was man gewöhnlich eine Materialisierung nennt.«[23]

---

22. Latour: *Science in Action*, a.a.O., 1987, S. 131f.
23. Rheinberger und Hagner: »Experimentalsysteme«, in: *Die Experimentalisierung des Lebens*, a.a.O., S. 20f.

Insofern ist zu vermuten, dass Schwärme im Durchlauf durch verschiedene Experimentalsysteme, technische Medien und mathematische Modelle jeweils zu etwas anderem werden. Das, was dabei verschiedentlich in den Blick gerät, leitet anschließend seinerseits wiederum den Blick: das »Wissenschaftswirkliche« von Schwärmen ist aus mediengeschichtlicher Perspektive somit verschiedenen *Formatierungen* ausgesetzt und *transformiert* sich infolge dessen – von einer Figur des Chaotischen oder Wunderbaren, von einer Metapher für irrationales Denken und Handeln zu einem auf unterschiedliche Weise problematischen Objekt wissenschaftlicher Forschung. Es soll im Folgenden gezeigt werden, wie durch einen medientechnisch induzierten *Entzug von Natürlichkeit* das ›Wunderbare‹ schwarmhafter Strukturbildung und ältere Anthropo- und Soziomorphismen im Lichte neuer Konzepte perspektiviert werden können. Kurz gesagt: dass Prozesse der Selbstorganisation[24] beschrieben werden können. Diese entwerfen die Komplexität des Schwarm-Gesamtverhaltens aus den nichtlinearen Verschaltungen von Schwarm-Individuen, die mit nur wenigen einfachen Grundattributen und Fähigkeiten ausgestattet sind. Im Anschluss an die am Ende des vorangegangenen Abschnitts *Formationen* angeführten ersten Laborstudien zu Schwärmen sollen nun die Versuche einer systematischen biologischen Erforschung von Schwärmen zwischen 1930 und 1980, also *vor* der Ära eines weitreichenden Einsatzes digitaler Medien, betrachtet werden. Dennoch wird dabei auch untersucht, warum und in welcher Weise Schwarmforschungen interessant werden für die sich ab den späten 1940er Jahren als neue Wissenschaft etablierende Kybernetik (Kapitel III.4). Denn hier schließt sich über den Begriff des *Informationstransfers* erstmals die biologische Annäherung an Schwärme mit informationstheoretischen und computertechnischen Überlegungen kurz. Geometrische und mathematisch formalisierbare Modelle werden entworfen, um die Funktionsregeln von Schwärmen zu rekonstruieren. Und dies geschieht lange bevor sie sich ab den 1980er Jahren nochmals produktiv zu überschneiden beginnen.

Eine Hauptthese dieses Buches lässt sich entlang dieser Mediengeschichte entwickeln: dass nämlich Schwärme erst durch den Einsatz computergestützten Simulationen zu sich finden und damit als veränderte Wissensfiguren offen werden konnten für die Anlagerung neuer Diskurse um einen ›intelligenten‹ Schwarm-Begriff. Denn zuvor muss die Mediengeschichte der Schwarmforschung über weite Strecken als eine Geschichte des Scheiterns verschiedener medientechnischer Versuche erzählt werden, Schwärme als Wissensobjekte zu konstituieren. So schreiben etwa Julia Parrish und ihre Kollegen rückblickend in der Einleitung ihres Bandes *Animal Groups in three Dimensions* von 1997, dass »[m]ethod sections in several fish schooling papers from the 1960s and 1970s are full of agonizing descriptions of the number of frames analyzed«.[25] Die ›Wahr-

---

24. Dieser Begriff wird zwar erst im Kontext kybernetischer Konzepte in den 1960er Jahren etabliert, doch die dynamische Organisationsstruktur von Schwärmen ist bereits seit den späten 1920er Jahren Gegenstand systematischer biologischer Forschungen.
25. Parrish, Hamner und Prewitt: »Introduction«, in: *Animal Groups in Three Dimensions*, a.a.O., S. 10.

heit‹ der Schwarm-Organisation bleibt bei diesen Versuchen im »technological morass«[26] der Beobachtungsmedien und Experimentalanordnungen stecken. Im Folgenden wird diesen mehrfachen Formatierungsversuchen und Szenarien des Scheiterns und ihren Gründen nachgegangen.

Der Navigations-Tauchgang der *Formatierungen* wird sich also um jene spezifischen Grenzflächen herum organisieren, die in fünf beispielhaften Forschungsperspektiven mit jeweils spezifischen Fragestellungen sowie deren – jedenfalls partiellen – Problemlösungen virulent werden. Diese Perspektiven skizzieren, wie Schwärme auf ganz unterschiedliche Art und mit ganz verschiedenen medialen Mitteln zu *formatieren* versucht wurden. Die beiden ersten epistemischen Strategien widmen sich einer optischen Zerlegung von Schwärmen in die Partikularität einzelner Schwarm-Individuen – zum einen (und damit im Anschluss an Kapitel II.4) in Forschungsaquarien, zum anderen im Freiwasser der offenen Meere und Ozeane. Die dritte Art bemüht akustische Verfahren, um Schwärme in einer Umkehrung dieser Perspektive – nämlich von außen nach innen – festzustellen. Diesen drei Ansätzen gemein ist eine jeweilige Anpassung an das Umgebungs-Medium Meer respektive Wasser, und damit sind auch drei anhängige Problemstellungen benannt. Eine *erste* betrifft die Frage das *Standpunkts*: Taucher und Wissenschaftler begeben sich unter die Meeresoberfläche, um wie ein ›Fisch unter Fischen‹ das Leben unter Wasser beobachten zu können. *Zweitens* stellt sich die Frage nach *Klarsichtigkeit* durch die rigiden Glas-Grenzen von Forschungsaquarien. Und eine *dritte* Frage wäre jene nach einer grundsätzlichen Ausblendung visueller ›Unsichtbarkeiten‹ durch den Einsatz ganz anderer, nämlich akustischer Augen. Allen drei Verfahren ist dabei gemeinsam, dass jeweils auch die technischen Aufschreibesysteme und Arten der Datenerhebung, Prozessierung und Archivierung zur Debatte stehen und naturgemäß auch Teil dieser Untersuchung sein werden.

Darüber hinaus geht es *viertens* um die Frage, auf welche Weise die Relationalität von Schwärmen in *Modelle* überführt wird, und darum, welchen epistemischen Wert derartige Modelle in Ergänzung zu anderen Formen biologischer Wissensproduktion haben oder annehmen können (Kapitel III.4). Wie also gestaltet sich die spezifische Medialität von Modellen? Wie werden Schwärme zu modellieren versucht? Was sind die zentralen Funktionen, die in den Modellen abgebildet werden sollen? Und schließlich wird *fünftens* der Frage nachgegangen, warum erste *Simulationsmodelle*, die ab Mitte der 1970er Jahre im Kontext japanischer Fischereiforschungen entwickelt werden, weitgehend folgenlos bleiben für die biologische Schwarmforschung.

---

26. Ebd., S. 10.

1. Sprung ins kalte Wasser

Medientheorie, das wusste Marshall McLuhan nur allzu gut, ist mitunter ein ›fishy business‹. Nicht von ungefähr schickte er, selbst aufgewachsen im ›backwater‹ der kanadischen Provinz (so der McLuhan-Biograph Philip Marchant), im Jahr 1968 eine *Message to the Fish*, die mit einer in dieser Hinsicht folgenschweren Bemerkung beginnt: »One thing about which fish know exactly nothing is water.«[27] McLuhans Botschaft in diesem Text ist eine des Mediums. Analog zu Fischen in Bezug auf ihr natürliches Umgebungsmedium tendiere auch das Bewusstsein der Menschen gegen Null, wenn es um Umgebungen gehe, die mittels neuer Technologien erzeugt wurden. Der entscheidende Unterschied, so McLuhan weiter, sei jedoch, dass Fische sich im Gegensatz zu Menschen eben wie die sprichwörtlichen Fische im Wasser bewegten: »[T]he fish has an essential built-in potential which eliminates all problems from its universe. It is always a fish and always manages to continue to be a fish while it exists at all. Such is not, by any means, the case with man«.[28] Denn unter (medien-)technischen Bedingungen definiere sich dessen Beziehung zur Umwelt eben längst nicht mehr über eine perfekte Eingepasstheit. Vielmehr sei sie charakterisiert durch Prozesse des *Herstellens* eben dieser Welt und des *Sich-Herstellens in* dieser Welt. Um diese Prozesse wiederum fassen zu können, bedürfe es der Schaffung von »Anti-Environments«,[29] der Schaffung von rationalen Distanzen zur eigenen Lage. Als Beispiel dient McLuhan hier jener Matrose in Edgar Allen Poes Story *Ein Sturz in den Malstrom*. Dieser versuchte – obwohl selbst schon trudelnd – dennoch die »Wirkungsweise des Wasserwirbels zu verstehen«, um sich sozusagen am eigenen Schopfe aus dem Strudel zu ziehen.[30] Durch eine solche Position erst richte sich der Mensch quasi aus dem Wasser auf und könne als Surfer auf der Meeres- (und das meint hier Medien-)Oberfläche die Gesetze der neuen Medien-Welten beherrschen – von nun an auf der Suche nach der perfekten (elektromagnetischen) Welle.

Die folgenden Ausführungen werden zusätzlichen Aspekten eines Verhältnisses von Fischen, Menschen und Wassern nachgehen – einem Bezugssystem, in dem es weniger um Analogien mit epistemischem Wert geht als vielmehr um medientechnische Analysen eines in seiner visuellen wie konzeptuellen Unschärfe exemplarischen Wissensobjekts. Startpunkt ist dabei folgende Frage: Was geschieht, wenn Medienwissenschaft nicht mehr von der Oberfläche aus operiert, sondern vom Surfboard hinab ins kalte Wasser springt und unterhalb der Wasseroberfläche Schwärmen von Fischen begegnet? Was geschieht, wenn der surfende *Überblick* ihres analytischen Anti-Environments also *innerhalb* dieser

---

27. McLuhan, Marshall: *War and Peace in the Global Village*, Corte Madera 2001, S. 174–190, hier: S. 175.
28. Ebd., S. 175.
29. Ebd., S. 177.
30. McLuhan, Marshall: *Das Medium ist Massage*, Frankfurt/M., Berlin, Wien 1984, S. 150.

Umwelt wirksam werden soll? Im Mittelpunkt dieser Fragestellung soll eine Untersuchung der spezifischen medialen Verhältnisse stehen, die entstehen, die *dazwischenkommen* und die wirksam werden, wenn biologische Schwarmforschungen Fischschwärme in ihrem dynamischen Flirren als Wissensobjekte zu fassen versuchen. Wie konstituiert sich ein Verständnis dieser Schwarm-Dynamiken in Relation zu den eingesetzten medientechnischen Umgrenzungen je neu und anders? Wie begrenzt das (Zer-)Störerische, das Widerspenstige und Opake jener nach McLuhan ›unmittelbaren‹ Wasser-Umwelt der Fische die Applizierbarkeit medientechnischer Beobachtungssysteme? Und wie erscheinen mithin jenseits der Grenzfläche des Meeres neue Oberflächen der Reflexion oder Undurchdringlichkeit, die in jener vermeintlichen Unmittelbarkeit Medialität geradewegs erscheinen lassen?

Nautische Begrifflichkeiten dienen zwar je schon dazu, die Größe von Wissensräumen zu umreißen. Doch Ozeane rufen zugleich auch einen Horror vor dem Unergründlichen auf. Sie führen eine neue Ebene einer wörtlich zu nehmenden ›Verschwommenheit‹ ein. Dieser Horror schlägt sich, wie Bernhard Siegert anmerkt, exemplarisch in »Platons Meeresfeindschaft« nieder. Siegert, der in seinen Arbeiten nicht nur die Wasser des Mississippi, sondern auch den Raum des Meeres und insbesondere die diesen durchmessenden Schiffe würdigt, stellt Platons tiefes Misstrauen gegenüber dem Wasser und dem Meer überhaupt heraus. Dieses Misstrauen sei wesentlich mit einem Argwohn gegenüber der Schrift verbunden, welcher im *Phaidros*-Dialog formuliert ist. In diesem Urtext medienkritischen Denkens heißt es: »Das Wasser ist das Element einer vaterlosen, vom Logos abgefallenen Schrift. Sokrates' Worten zufolge heißt, die Erkenntnis vom Gerechten, Schönen und Guten ›mit Tinte durch das Rohr‹ auszusäen, ›ins Wasser schreiben‹ [...]. Schreiben heißt, sich ins Nomoslose begeben.«[31] Biologische Schwarmforschungen zielen nun dahin, durch verschiedene mediale Technologien des Ins-Wasser-Schreibens den Demarkationstendenzen ihrer ›Nicht-Objekte‹ gewisse Gesetzmäßigkeiten abzugewinnen, indem sie diese in Bezug zu ihrer Umwelt zu fixieren versuchen.

Über das Nicht-Objekt von Fischschwärmen lassen sich dabei zwei interessante Aspekte verdoppeln und anbinden an eine Mediengeschichte der Fischschwarmforschung unter Wasser. Dies wäre in epistemologischer Sicht zum einen die Verdopplung von Phänomenen der Störung: Zum visuellen und akustischen Rauschen des Umweltmediums Wasser addieren sich die Bewegungsdynamiken, gesellt sich das Schwärmen und Flirren der Schwärme. Das Wissensobjekt ›Schwarm‹ verschwimmt mithin in einer zweifachen Intransparenz. Hinzu kommt eine konzeptuelle Verdopplung: Denn mit Fischschwärmen, jenen sich in drei Raumdimensionen und in der Zeit formierenden und transformierenden Vielheiten zwischen Kollektivität und Individualität,[32] addiert sich zum in

---

31. Siegert, Bernhard: »Der Nomos der Meeres«, in: Gethmann, Daniel und Stauff, Markus (Hg.): *Politiken der Medien*, Zürich, Berlin 2005, S. 39–56, hier S. 45, mit Verweis auf Platon: »Phaidros«, in: ders., *Werke*, Band 3,4, übersetzt und kommentiert von Ernst Heitsch, Göttingen 1993, 276b-276c.
32. Vgl. hierzu Thacker: »Networks, Swarms, Multitudes«, in: *CTheory*, a.a.O.

Medientheorie und Philosophie oftmals als ›nomadisch‹ beschriebenen Raum des Meeres und seiner topologischen Verfasstheit ein zweiter, ebenso strukturierter Raum. Schwarm-Räume demarkieren in ihrer steten Veränderung, ihrem unablässigen Ziehen die geometrisierende Ordnung euklidischer Raster. Sie sind Beispiele für momentane, spontane Adaptionen an innere und äußere Faktoren. Schwärme organisieren sich sozusagen als *opportune* Raumstrukturen. Sie schaffen auf Basis lokaler Interaktionen einen spezifischen Schwarm-Raum – eine zweite Umwelt innerhalb ihres Umwelt-Mediums Meer. Und damit werden sie zu einem zweiten glatten Raum innerhalb des glatten Raumes des Meeres, den Gilles Deleuze und Félix Guattari an gernzitierter Stelle wie folgt definieren:

»Im gekerbten Raum werden Linien oder Bahnen tendenziell Punkten untergeordnet. Man geht von einem Punkt zum nächsten. Im glatten Raum ist es umgekehrt: die Punkte sind den Bahnen untergeordnet. […] Im glatten Raum ist die Linie also ein Vektor, eine Richtung und keine Dimension oder metrische Bestimmung. […D]er glatte Raum ist direktional [und] wird viel mehr von Ereignissen als von geformten oder wahrgenommenen Dingen besetzt.«[33]

Doch das Meer als der glatte Raum par excellence ist, so Deleuze und Guattari weiter, zugleich auch »zum Archetypen für alle Einkerbungen des glatten Raumes geworden«, für eine Zähmung, in der »das Glatte selber von teuflischen *Organisations*-Kräften umrissen und besetzt werden kann […] [und] es zwei nicht symmetrische Bewegungen gibt, eine, die das Glatte einkerbt, und eine andere, die ausgehend vom Eingekerbten wieder zum Glatten führt.«[34] Eine Mediengeschichte der Fischschwarmforschung rekurriert auf genau diesen Wechselbezug von glattem und gekerbtem Raum, auf ein Pendeln zwischen euklidischen Rastern und Riemann'schen, nicht-euklidischen, anexakten, morphologischen Geometrien.[35] Diese Beziehung beruht auf der topologischen Struktur des glatten Raumes, innerhalb der von jedem Punkt aus jeweils weitere Punkte in dessen unmittelbarer Nachbarschaft ausgemacht werden können. Jede dieser Nachbarschaften bildet somit eine Art lokalen euklidischen Raum, doch die Verbindungen der Nachbarschaften untereinander sind nicht festgelegt und können auf verschiedenste Weisen geschehen. »Der allgemeinste Riemannsche Raum stellt sich somit als eine amorphe Ansammlung von Teilen dar, die nebeneinanderstehen, ohne dass sie aneinandergrenzen«, schreibt der Mathematiker Albert Lautmann.[36] Dieses Ins-Verhältnis-Setzen spiegelt sich wider in der komplexen Beziehung von lokalen, auf einfachen Parametern beruhenden Mikrodynami-

---

33. Deleuze und Guattari: *Tausend Plateaus*, a.a.O., S. 663–664.
34. Ebd., S. 665–666 [Hervorhebung im Original].
35. Vgl. Riemann, Bernhard: *Über die Hypothesen, welche der Geometrie zugrunde liegen*, neu hg. von Hermann Weyl, Berlin 1919 [1854]; vgl. Husserl, Edmund: »Die Frage nach dem Ursprung der Geometrie als intentional-historisches Problem«, in: *Research in Phenomenology* 1 (1939), S. 203–225.
36. Lautmann, Albert: *Les schémas de structure*. Paris 1938, S. 34–35, zit. n. Deleuze und Guattari: *Tausend Plateaus*, a.a.O., S. 672.

ken im Schwarm, die als nichtlineare Verschaltungsprozesse Globaldynamiken hervorbringen, welche nicht auf die lokalen Eigenschaften reduzierbar sind. Um diesen glatten Raum des Schwarms beschreiben zu können, wird versucht, den glatten Raum des Meeres zu kerben, ihm das Wasser sozusagen vorzuschreiben. Es wird versucht, Schwärme metrisch zu umhüllen, oder anders gesagt: sie mit Grenzflächen zu versehen. Deleuze und Guattari ergänzen:

>»Als amorpher […] Raum ist der glatte Raum heterogen und in kontinuierlicher Variation. Wir definieren also einen doppelten positiven Charakter des glatten Raumes im allgemeinen: einerseits, wenn die Bestimmungen, die den einen [Riemannschen Raum, SV] zum Teil des anderen [metrischen Raums, SV] machen, unabhängig von der Größe auf umhüllte Abstände oder auf geordnete Differenzen verweisen; andererseits, wenn Bestimmungen auftauchen, die nicht beiden angehören können und sich unabhängig von der Metrik durch Prozesse der Frequenz oder der Häufung verbinden. Das sind die beiden Aspekte des *Nomos* des glatten Raumes.«[37]

Diese konzeptuelle Eingrenzung des glatten Raumes soll als Ausgangspunkt für eine Annäherung an Schwärme als *epistemische Häufungen* dienen – als Ergebnisse, wie Deleuze und Guattari schreiben, von Prozessen der Frequenz oder der Häufung. Doch die Beobachtung der Zugbewegungen von Fischschwärmen als nachbarschaftlich organisierte, topologische Struktur im ebenfalls topologischen Raum des offenen Meeres kommt oftmals einem Fischen im Trüben gleich. Freiwasserbeobachtungen scheitern eben gerade an der Glattheit des ozeanischen Raumes, welcher sich in vielfältiger Weise eher als ein Ort des Nicht-Wissens als des Wissens entpuppt. Ein Raum, der durch seine pure Größe, seine Unwirtlichkeit, die schlechten Lichtverhältnisse unter Wasser oder die visuell wie Artefakte wirkenden Schaumkronen auf Wellen ab einer »mäßigen Brise« von Windstärke 4 Beaufort eine fruchtbare Ergebnisproduktion sabotiert. Die Biologin Julia Parrish verweist auf dieses Problem:

>»Following individual animals (or units of anything within a moving aggregation) in space and time turns out to be very difficult. Tracking requires a known frame of reference within which the object moves. If an object moves very fast, the rate at which its position is sampled must also be fast to accurately record changes in speed and direction. For confined objects, such as fish in a tank, this is relatively easy. However, tracking a fish in the ocean is more difficult, as it is likely to swim away.«[38]

Nicht nur ist es schwierig, im ›open water‹ überhaupt Referenzrahmen zu definieren, den Raum zu kerben – mit ein bisschen Pech schwimmen die ›Objekte‹ der Untersuchung einfach davon. Bevor also Technologien zur Verfügung stehen, die diesen Unwirtlichkeiten der natürlichen Umgebung von Fischschwärmen wenigstens in Ansätzen Rechnung tragen, findet die Erfor-

---

37. Deleuze und Guattari, *Tausend Plateaus*, a.a.O., S. 673 [Hervorhebung im Original].
38. Parrish, Hamner und Prewitt: »Introduction«, in: *Animal Groups in Three Dimensions*, a.a.O., S. 7.

schung von Schwärmen weitgehend an Land statt: in den Tanks und Aquarien meeresbiologischer Institute. In diesem ersten Teil des Abschnitts *Formatierungen* soll den damit zusammenhängenden Beobachtungen und Experimenten nachgegangen werden, bevor in Kapitel III.2 die Freiwasserforschung thematisiert wird. Hinter den Glasflächen von Laboranordnungen ergeben sich bemerkenswerte Konsequenzen: Genau jene Eingrenzung des glatten Raumes des Meeres in Forschungsaquarien und die daran anschließenden Vermessungen von Schwärmen in Raum und Zeit, durch die auch der glatte Raum des Schwarms objektiviert werden sollte, evoziert erst dessen Status als glatten Raum. Die medialen Durchmusterungen bringen die Ereignishaftigkeit und die Intensitäten dieses Nicht-Objekts erst hervor, erzeugen eine Vektorisierung seiner Bewegungen gerade *durch* Rasterung. Entlang dieser Metriken, die immer wieder neu ›inspiriert‹ sind vom glatten Raum des Schwarms, werden Häufungen und Frequenzen erst lesbar. Glatter Raum aus gekerbtem: Trajektorien, denen nachzugehen sein wird.

Ins Wasser schreiben

»Assuming structure is advantageous, how is it maintained? Laboratory and field attempts to address this question in fish schools have been limited, in part because obtaining three-dimensional trajectories on specific individuals for a relevant period of time is difficult. Data that do exist are typically from highly artificial conditions (e.g., relatively small schools in highly lit still-water tanks). Three-dimensional tracking techniques have not yet advanced to the stage where it is feasible to observe large schools (i.e., over 10), in three dimensions, over long times (i.e., for more than seconds).«[39] Wenn in biologischen Schwarmstudien um das Jahr 2000 herum solche Vermerke zu finden sind, so weist dies auf die Persistenz von Problemen hin, die Schwärme für medientechnische Durchmusterungsverfahren aufwerfen. Dabei hatte alles so hoffnungsfroh begonnen, als nach dem Zweiten Weltkrieg technische Medien der Beobachtung – mit einiger Verspätung – Einzug auch in die biologische Fischschwarmforschung halten, und zugleich daran gearbeitet wird, die Unschärfen in Beobachtung und Experimentaufbau zu minimieren, um zu genauen Messungen gelangen zu können. Die Mechanisierung und Automatisierung der lokalen Vorgänge in Fischschwärmen findet hier zusammen mit einer Mechanisierung von Aufzeichnungstechniken, in denen sich – einem Wort von Étienne-Jules Marey zufolge – die Phänomene in Bildern ausdrückten, die in ihrer eigenen Sprache formuliert seien: als »Bilder der Objektivität« im Sinne von Lorraine Daston und Peter Galison.[40]

---

39. Parrish, Julia K., Viscido, Steven V., Grünbaum, Daniel: »Self-Organized Fish Schools: An Examination of Emergent Properties«, in: *Biological Bulletin* 202 (2002), S. 296–305, hier S. 297.
40. Marey, Étienne-Jules: *La Méthode graphique dans les sciences expérimentales et particulièrement en physiologie et en médecine*, Paris 1878, S. III-VI, zit. n. Daston, Lorraine und Galison, Peter: »Das Bild der

So verwenden etwa sowjetische Fischschwarmforscher ein neues System zu Durchmusterung von Fischschwärmen (Abb. 7). Dabei wird eine Kamera orthogonal über dem Beobachtungstank angebracht, so dass ihr Sichtraum zu einer zweidimensionalen, vogelperspektivischen Ansicht wird. Dieses Sichtfeld ist nun in quadratische, identisch große Parzellen aufgeteilt, welche praktischerweise durch die Auslegung des Aquariumbodens mit zehn mal zehn Zentimeter großen Kacheln gegeben ist.[41] Ein Netz aus Nasszellen-Messfeldern durchzieht somit den Boden des Aquariums – ein Koordinatensystem, um die Dynamiken von Fischschwärmen besser einfangen zu können. Die Kamera, die nun anstelle des menschlichen Beobachters, wie er bei Albert Parr und Guy Malcolm Spooner als Beobachter installiert ist, an neuem Orte Stellung bezieht, wird dadurch in zweifacher Weise diskretisiert. Zum einen erlaubt dieses ins Wasser geschriebene Raster eine genauere Orientierung der Schwarm-Individuen im Raum, zum anderen zerlegen die Filmaufnahmen die Schwarmbewegungen in eine exakt getaktete Abfolge von Einzelbildern. Was in solchen Bildfolgen zum Ausdruck kommt, ist eine ihnen inhärente Uhr – ein Chronometer, der erst eine Genauigkeit von Entdeckungen ermöglicht. Michel de Certeau weist darauf hin, dass der Chronometer spätestens seit James Cook jene Instanz ist, die »autonom, von keiner Veränderung zu durchdringen, unverletzlich« eine Orientierung im Raum des Meeres ermöglicht. Sie versöhne den Kreis einer Umrundung der Erdkugel mit der Linearität einer solchen Reise, und damit, so könnte man anschließen, den glatten und den gekerbten Raum. Beispiel einer solchen Orientierung im Raum ist Phileas Fogg: »Dieser Gentleman […] reiste nicht, er beschrieb eine Kreislinie«, schreibt Jules Verne in *Around the World in Eighty Days*. Fogg selbst funktioniert als Chronometer, der jedwede Veränderung auf eine Referenzzeit zurückführen und damit kontrollieren kann.[42] Es ist also weder die Bewegungsillusion, die das Abspielen eines solchen Filmstreifens hervorruft, noch das Faszinosum der immer hochgradig hypnotisch wirkenden Schönheit des Anblicks eines Fischschwarms in Bewegung, die die Schwarmforscher bei diesen Aufnahmen interessieren, sondern ihre Analyse und Zerlegung in differenzielle Einzelaufnahmen. Worauf es ankommt, ist das Verhältnis der Einzelbilder zueinander. Interessant sind die Zustandsänderungen des Schwarms, die mit ihnen eingefangen und am Raster ausgemessen werden sollen.

In jenem Moment, wenn Bilder und Bildträger zu Messinstrumenten werden, welche die Unschärfen im Bild und die Ungenauigkeiten einer Messung einander annähern, wiederholt sich ein epistemisches Grundproblem in Bezug auf die Analyse von Bewegungen, welches seit den Versuchen und der Erfindung der chronophotographischen Methode durch Marey virulent ist. Denn Marey

---

Objektivität«, in: Geimer, Peter (Hg.): *Ordnungen der Sichtbarkeit. Fotografie in Wissenschaft, Kunst und Technologie*, Frankfurt/M. 2002, S. 29–99, hier S. 29.
41. Vgl. Radakov: *Schooling in the Ecology of Fish*, a.a.O., S. 96.
42. Vgl. Certeau, Michel de: »Die See schreiben«, in: Stockhammer, Robert (Hg.): *TopoGraphien der Moderne. Medien zur Repräsentation und Konstruktion von Räumen*, München 2005, S. 127–144, hier S. 140f., mit Verweis auf Verne, Jules: *Around the World in Eighty Days*, Ammonite 2005, Kap. 11 und 2.

Formatierungen 189

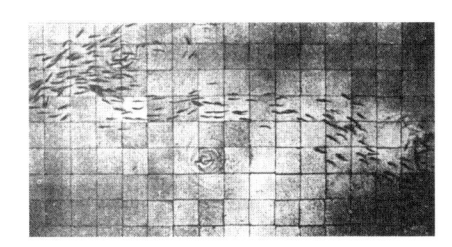

Abb. 7: Aufsicht auf ein Aquarium mit gerastertem Fußboden nach Dimitrij Radakov.

sprach den ›motion pictures‹ des Films eine wissenschaftliche Relevanz von vorneherein ab.

> »In the final analysis they show what the eye sees directly; they add nothing to the power of our sight, remove none of its illusions. But the true character of a scientific method is to supplement the weakness of our senses or to correct their errors.«[43]

Marey war wohl auch nicht so sehr daran interessiert, wie bewegte Körper *aussehen*. Viel entscheidender war für ihn die *genaue Analyse* der Bewegung von Körpern, die nur in ihrer möglichst kleinteiligen Zerlegung möglich sei. Die Platzierung von technischen Medien der Beobachtung anstelle von menschlichen Beobachtern induziert dabei, Joel Snyder folgend, kein bloßes Konkurrenzverhältnis zwischen diesen. Vielmehr betone Marey, dass die Zerlegung von Bewegungsabläufen in genau spezifizierte Zeiteinheiten eine völlig neue Analyseebene, einen ganz eigenen Wirklichkeitsbereich eröffne:

> »Diese Apparate sind nicht allein dazu bestimmt, den Beobachter manchmal zu ersetzen und ihre Aufgabe in diesen Fällen mit einer unbestreitbaren Überlegenheit zu erfüllen; sie haben darüber hinaus auch ihre ganz eigene Domäne, wo niemand sie ersetzen kann. Wenn das Auge aufhört zu sehen, das Ohr zu hören und der Tastsinn zu fühlen oder wenn unsere Sinne uns trügerische Eindrücke vermitteln, dann sind diese Apparate wie neue Sinne von erstaunlicher Präzision.«[44]

Sie produzierten Daten, so Snyder weiter, die nicht jenseits der jeweiligen graphischen Verfahren existierten, denen sie ihre Existenz erst verdanken. Die graphischen Verfahren und auch die Chronophotographie *erzeugen* die Daten der Bewegungs-Phänomene zuvorderst: Letztere zeigt Bewegung als Beziehung zwischen Wegstrecke und benötigter Zeit zu jedem gegebenen Zeitpunkt in einer Photographie, die im Kontext ›benachbarter‹ Bilder zu einem Messbild wird. Diese Bilder sind keine Repräsentationen einer Bewegung, die so

---

43. Marey, Etienne-Jules: »Vorwort«, in: Trutat, Eugene: *La photographie animée*, Paris 1899, zit. n. Gunning, Tom: *Time Stands Still. Muybridge and the Instantaneous Photography Movement*, Oxford 2003.
44. Marey: *La Méthode Graphique*, a.a.O., S. 108, zit. n.: Snyder, Joel: »Sichtbarmachung und Sichtbarkeit«, in: *Ordnungen der Sichtbarkeit*, a.a.O., S. 142–170, hier S. 144.

schon einmal gesehen worden wäre, da sie die Möglichkeiten des menschlichen Sehens um ein Vielfaches übersteigen: Mit ihren Verschlusszeiten von weniger als 1/1000 Sekunde lagen sie Ende des 19. Jahrhunderts bereits weit unter der Empfindlichkeit jedes ›biologischen Blicks‹ und durchmaßen die »unendlichen Kleinigkeiten der Zeit.«[45] Das Phänomen selbst, die *Bewegung* eines Pferdes, Läufers oder Vogels, machen sie jedoch nicht sichtbar.[46] Vielmehr überführt die *Méthode Graphique* die komplexen Bewegungen von Lebewesen mittels geeigneter Geräte in Kurven: als Verbindung der vielen Einzelpunkte in einem xy-Koordinatensystem, in dem die y-Achse als Maß für die räumliche Bewegung dient, und die x-Achse die fortlaufende Zeit angibt. Die graphischen Linien der Kurven visualisieren und quantifizieren die komplexe Bewegung von Körpern in der Zeit und machen sie zugänglich für die mathematische Analyse.[47]

Sollen Motion Pictures von Film oder Video in der Schwarmforschung ausgewertet werden, geht es ebenfalls erst einmal essentiell darum, die Bewegung aus den Bildern zu subtrahieren, Bewegungsunschärfen durch eine hohe Anzahl von Frames pro Sekunde auszuschließen, die Bewegungen der Individuen in diskrete Raum-Zeit-Einheiten zu zerschießen. Motion Pictures erhalten ihr epistemisches Surplus also erst in dem Augenblick, wo sie erstarren. Erst dadurch, dass sie sich von der sinnlichen Wahrnehmung des Menschen differenzieren, erhalten sie ihren wissenschaftlichen Wert – im Gegensatz zu einem ablaufenden Film, der diese Wahrnehmung nur bedient und die Konventionen der Wahrnehmung nachahmt.

Nun unterscheiden sich die Messungen bewegter Körper jedoch nicht unwesentlich von den Bild-Messungen von Schwarm-›Körpern‹: Gegenstand der Analysebemühungen sind nicht – wie bei Marey – festgelegte Bewegungssequenzen mit ursächlich zusammenhängenden Bewegungsabfolgen, die auf der Zeit*strecke* ihres Durchlaufs zerlegt werden können. Schließlich gibt etwa die Flügelschlagbewegung eines einzelnen Vogels den Zeitrahmen der Analyse dadurch vor, dass er sich nach einer bestimmten Zeit wiederholt. Zudem stehen die im dynamischen Prozess interagierenden Teile der Objekte und Körper der Chronophotographie in relativ festen Beziehungen zueinander, etwa indem sie an fixen Gelenkpunkten miteinander verbunden sind. Sie erzeugen somit, wenn man so will, regelmäßige Kurven im Aufschreibesystem. Dem entgegen sind die Kopplungen der interagierenden ›Teilchen‹ im Schwarm-Körper lose und ändern sich ständig, und auch die Pfade der einzelnen Schwarm-Individuen beschreiben eher Trajektorien ähnlich der Brown'schen Bewegung anstatt sich wiederholende Prozesse. Zusätzlich zum regelhaften, interindividuellen Verhalten im Fischschwarm gibt es aufgrund der Rasanz ständiger Situationsänderungen und der Vielzahl an interagierenden Elementen auch ständige

---

45. Marey: *La Méthode graphique*, a.a.O., S. III.
46. Vgl. Vagt, Christina: »Zeitkritische Bilder. Bergson zwischen Topologie und Fernsehen«, in: Volmar, Axel (Hg.): *Zeitkritische Medien*, Berlin 2009, S. 105–126.
47. Vgl. Brain, Robert: *The Graphic Method. Inscription, Vizualisation, and Measurement in Nineteenth-Century Science and Culture*. Los Angeles 1996 (Diss.), zit.n. Kelty und Landecker: »Eine Theorie der Animation«, in: *Lebendige Zeit*, a.a.O., S. 316.

Abweichungen von typischem Verhalten, was die Vereinnahmung der Menge der Einzelpfade für die Erklärung typischer Globalbewegungsfolgen durch eine Zerlegung in Standbildfolgen geradezu verunmöglicht. Vor allem, wenn die Auflösung nur maximal 1/24 Sekunde beträgt. Neu gegenüber den Überlegungen Mareys ist folglich, dass nicht eine in Bewegungsschritte *gegliederte* ›animal locomotion‹ Gegenstand medientechnisch gestützter Untersuchungen ist, sondern eine *gekoppelte* ›school motion‹. Es handelt sich dabei um einen anderen, nicht linearen Typus von Bewegung, bei der sich die Gestalt des zu beobachtenden Objekts insgesamt verändert. Ins Spiel kommt eine bestimmte Art von Kinematik, die von Marey nicht betrachtet wurde. Und nicht zuletzt vollzieht sich diese Kinematik nur loser und sich immer wieder lösender und wieder neu zusammenschließender Kopplungen im *dreidimensionalen* Raum. Den zweidimensionalen Beobachtungsmedien Chronophotographie oder Film entgeht damit von vornherein eine Bewegungsrichtung, was allein schon Störungen für die Analyse der Messbilder produziert.

Im Fall von Schwärmen geht es nach dem detaillierten Zerschießen der Bewegungsunschärfen jedoch auch wieder darum, die Einzelframes zu neuen, sozusagen geschärften Bildfolgen zusammenzusetzen, die das zuvor im gefilmten Bewegungsbild nicht oder nur unscharf Repräsentierte, etwa die (auflösungs-)genauen Trajektorien der Schwarm-Individuen, in neuer Form visualisieren oder, wie man vielleicht treffender sagen sollte, zu *animieren*. Diese Visualisierungsversuche werden noch zu thematisieren sein; zuvor jedoch zurück zu den Schwierigkeiten der Beobachtung von Fischschwärmen.

Dimitrij Radakov, der in den 1950er und 1960er Jahren jene gerasterten Aquarien zur Vermessung von Schwärmen einsetzt, weist in der Sektion zu Laborexperimenten in seiner Monographie *Schooling in the Ecology of Fish* darauf hin, dass es auch unter artifiziellen Laborbedingungen essenziell sei, eine große Anzahl von Schwarm-Individuen zu beobachten, um jenen Umschlag nachzuvollziehen von reiner Quantität zu einer neuen Qualität, einer Anzahl von Einzelindividuen zu einem Schwarm als »a certain biological category«, wie sein Landsmann Mesyatzev bereits 1937 schreibt:[48]

> »[A]n investigation of schooling behavior demands that we study not only the interrelations of two or a few specimens, but the general regularities inherent in a fairly large school as a unit, in which quantity goes over to quality. [...W]e generally experimented with schools composed of several scores or hundreds of specimens, even though this made it very difficult to set up the experiments and to evaluate their results.«[49]

Radakov untersucht Schwärme von kleineren Spezies wie etwa Elritzen. Damit möchte er das Problem umgehen, dass ihm keine Aquarien von ausreichender Größe für Schwärme von ausgewachsenen Heringen oder Makrelen

---

48. Mesyatzev, I. I.: » Structure of Shoals of Shooling fish«, in: *Izvestiya AN SSSR, Seria Biologicheskaya* 3 (1937), S. 737.
49. Radakov: *Schooling in the Ecology of Fish*, a.a.O., S. 54.

zur Verfügung stehen. Auch er betont die Wichtigkeit der Herstellung möglichst natürlicher Bedingungen, obwohl dies oftmals technische Probleme bereite.[50] Eine Folge seien Gewöhnungseffekte, welche die Forschungsergebnisse verzerren könnten – so verlangsamen sich etwa die Reaktionsgeschwindigkeiten von länger im Aquarium lebenden Schwarmfischen, so dass sie durch frische Fische ersetzt werden müssen. Mit der Verwendung kleinerer Arten bleibt in den Forschungstanks jedoch zumindest genug Raum, um das Vollführen kollektiver Manöver von Schwärmen mit einigen Hundert Individuen zu beobachten. Die quantitative Auswertung der Experimente geschieht, wie oben erwähnt, mithilfe von »motion picture photography«:

>»Filming makes it possible to see repeatedly on the screen fish performing actions which we wish to study, and this is often very important in view of the multitude of fish in a school and the speed of their movement. Moreover, this technique allows us to show the film in ›slow motion‹, as is often done in the case of sports events. In addition, knowing the rate at which the film is channeled in the camera during shooting and the scale of the image, we can determine the speed and path of movement of fish and other objects whose image appears on the film.«[51]

Schwärme werden hier zu Medien-Ereignissen, deren Ereignishaftigkeit sich ähnlich dem Sportevent erst nachträglich in der Zeitlupe herstellt. Sie werden zu Ereignissen, die außerhalb von Medien nicht zu denken sind.[52] Die Filmbelichtung von 24 Bildern pro Sekunde wird zum Taktgeber und gleichzeitig zum Raster der Vermessung in Zeit und Raum – sie erreicht damit aber naturgemäß in keinster Weise die Detailgenauigkeit von Mareys Chronophotographien. Entwickelt und frame-by-frame projiziert, werden die Berechnungen der Bewegungen der Schwarm-Individuen durchgeführt, indem die Veränderungen ihrer Positionen von Bild zu Bild (in diesem oder auch einem gröberen Takt, also etwa unter Berücksichtigung nur jedes x-ten Bildes) an projizierten Bildern oder anhand von Foto-Prints derselben unter Berücksichtigung der Maßstabswechsel nachgemessen werden.

Mit dieser Kombination einer Echtzeit-Aufzeichnung und dem anschließenden Wechsel in die andere Zeitzone der Stillstellung in Standbilder über einem durchmessenen, zonierten Aquarienboden erstellt Radakov Kartierungen von Bewegungsmustern von Fischschwärmen in zwei Dimensionen plus Zeit. In seinen Experimenten kann er einige typische Formen von Fischschwarm-Manövern nicht nur beobachten, sondern auch graphisch aufschreiben. Und zwar nicht nur aktual im Filmbild, sondern auch kumulativ als Bewegungsvektoren innerhalb seines Kachel-Rasters. Die nachgemessenen Bewegungen der Schwarm-Individuen in einer bestimmten Zone des Rasters können aggregiert

50. Vgl. ebd., S. 54.
51. Ebd., S. 56–57.
52. Vgl. hierzu auch Engell, Lorenz: »Das Amedium. Grundbegriffe des Fernsehens in Auflösung: Ereignis und Erwartung«, in: *montage/av* (1996, 5. Januar).

Formatierungen 193

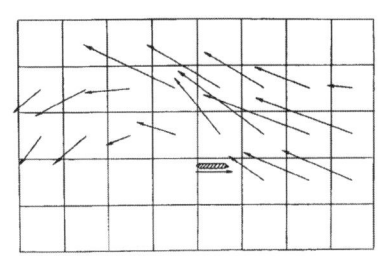

Abb. 8: »Directional Diagram of Action« mit Bewegungsintensitäten pro Messfeld.

und statistisch zu einer Art Bewegungsintensität dieses Planquadrats gemittelt werden.

»A school of ›verkhovka‹ was put in an aquarium (1 x 2 x 0.4 m). A small cigar-shaped object (rough model of a predator) was trailed along on a string beneath the water surface. Upon this development, the school split into two parts which merged again after the object had passed. We filmed this process […]. The method we proposed for a quantitative evaluation of the school's movement is as follows. […] Any elementary part of a space to be investigated is characterized by a vector the modulus of which is equal to the density of the school (that is, the number of fish in a given square), while the direction is determined by the predominant (average) direction of movement of the first fish in that square. A circle was arbitrarily divided into 12 sectors, so that the orientation of the fish was estimated to within 30°.«[53]

Zu jedem Filmbild ensteht somit ein korrespondierendes Vektorfeld des gefilmten Schwarms. Diese Vektorfelder können konsekutiv zu einem zeitabhängigen »directional diagram of action« zusammengefasst werden (Abb. 8). Daraus ergeben sich für jede Zone ganz bestimmte Intensitäten, entwickeln sich aus dem gekerbten Raum des Kachelfußbodens die Dynamiken eines glatten Raumes. Zutage gefördert werden seine Direktionalität, seine Ereignisse in der Zeit, sein stetiges *Werden* – Eigenschaften, die Deleuze und Guattari als Gegenmodell des Rasters beschreiben, und die wegführen von einer topographischen Anordnung und hin zu einer topologischen Struktur. Direktionalität entsteht hierbei aus Zonierung, aus einer determinierten Ortung – die Zeit läuft innerhalb dieses Raumes und in Abhängigkeit von diesem Raum ab, und zwar in diskreten Schritten. Sie ist eingerichtet durch den Takt der Frequenz des Filmbildes, auf das sich die Vektorbilder beziehen: »Each of the squares in which vectors are present may give rise to a function which is dependent on time and which offers an independent value for analysis«.[54]

---

53. Radakov: *Schooling in the Ecology of Fish*, a.a.O., S. 96. *Verkhovka* sind kleine Schwarmfische, für die der Übersetzer keinen englischen Artnamen gefunden zu haben scheint.
54. Ebd., S. 96.

Und doch stellt sich eine kategoriale Transformation ein: Der gleichförmige, absolute Raum des Rasters, der euklidisch-Newton'sche Bühnenraum bringt eine dynamisierte, verzeitlichte Menge von Kacheln hervor – einen Schwarm von Kacheln, die sich durch ihre Trajektorien, durch ihre Linien und Lagebeziehungen charakterisieren. Messbar am Raster, aber doch lösgelöst davon, definieren sie untereinander, in ihrer Menge, einen neuen, topologischen Raum. Einen Raum, der sich erst aus den jeweiligen Lage- und Bewegungsrelationen der Elemente der Menge ergibt. Der lokale Informationswert, der jedem Feld eingeschrieben ist, macht die Relationen jeder einzelnen Zone (z. B. wie in Abb. 7 und 8 zu sehen, in Reaktion auf den Stimulus einer zigarrenförmigen Bedrohung hin) recht simpel mathematisierbar und abstrahiert somit von der filmischen Beobachtung zu einer abstrakten, komplexitätsreduzierenden Modellierung. An diese ist die Hoffnung geknüpft, »dass unser Ansatz, eine solche Methode zu finden, für die weitere Arbeit an mathematischen Modellen von Schwarm-Manövern nützlich sein wird – eine Methode, die offensichtliche Vorteile bietet.«[55] Das Prinzip einer *Intensivierung* lokaler Parameter durch nachbarschaftliche Lagebeziehungen, die Entstehung komplexer Geometrien auf der Basis einfacher Strukturen und Regeln, wird später noch von einer anderen ›Blickrichtung‹ her interessant – im Kontext von Zellulären Automaten (Kapitel IV.1).

Radakovs gerasterte Aquarien und seine Übersetzung von Filmstills in Vektorbilder ermöglichen die Aufzeichnung und Operationalisierung von 2D-Bildern plus Zeit. Wenig später wird eine ganz anders implementierte Zeitdimension und eine weitere Raumdimension in einem Experimentalsystem aufgespannt, das die Biologen J. Michael Cullen und Evelyn Shaw in den 1960er Jahren beschreiben.

Die Linearität des Doughnut: Mit dem Strom schwimmen

Aquarienwände sind nicht nur Grenzflächen für Messungen und Sichtflächen für die Beobachtung, sondern ebenfalls Störflächen. Sowohl Albert Parr als auch Dimitrij Radakov erwähnen das Problem, dass bei Laboruntersuchungen von Schwärmen im Aquarium die Schwarmstruktur oftmals gestört werde. Dies geschieht meist dann, wenn der untersuchte Schwarm gezwungen ist, beim Ankommen an einer der Aquarienwände eine abrupte Richtungsänderung vorzunehmen. Dies kann, wie bei Parr gesehen, zu völlig anderen Strukturen wie etwa der »mill« führen, oder bei einigen Spezies sogar zu einem Zusammenbruch der Schwarmstruktur, wenn dieser in einer der Ecken eines herkömmlichen Aquariums wendet und es plötzlich mit zwei Wänden zu tun bekommt. Um dieses Problem zu antizipieren, verwendet Evelyn Shaw einen »doughnut-shaped tank«,[56] der rundherum abgeschirmt ist, um Außeneinflüsse

---

55. Ebd., S. 99 [Übersetzung SV].
56. Shaw, Evelyn: »The Schooling of Fishes«, in: *Science* 206 (1962), S. 128–138, hier S. 130.

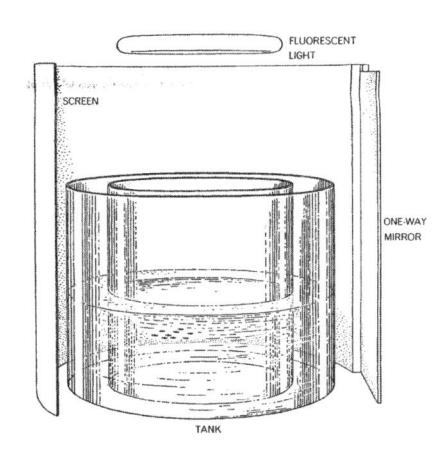

Abb. 9: Doughnut-Shaped Tank nach Cullen/ Shaw/Baldwin.

zu minimieren. Beobachtungen finden entweder von oben oder seitlich durch einen Einweg-Spiegel statt (Abb. 9). Diese Form des Aquariums führt dazu, dass die Schwarm-Individuen polarisiert in einer konstanten Vorwärtsbewegung schwimmen können, ohne immer wieder wenden zu müssen. Die zuvor mit de Certeau angesprochene Versöhnung von Kreis und Linie feiert Urständ in der Aquariumkonstruktion. Durch eine Berücksichtigung des Ziehens, der Ortlosigkeit von Schwärmen werden somit Störungen im Experimentalsystem reduziert und die unhintergehbare Zeitdimension bei der Selbstorganisation von Schwärmen auch architektonisch reflektiert. Im Mittelpunkt stehen dabei explizit die internen Prozesse, die zur Bildung und zum Zusammenhalt von Schwärmen führen. Externe Einflüsse hingegen werden minimiert, um die Beobachtungsergebnisse nicht zu verzerren.

Zusätzlich beschreibt Shaw zusammen mit J. Michael Cullen und Howard Baldwin im Jahr 1965 zwei Systeme, mit denen ein dreidimensionaler Beobachtungsraum aufgespannt werden kann.[57] In beiden Verfahren werden Photos in der Aufsicht auf das Aquarium aufgenommen, jeweils auch vor einem gerasterten Hintergrund wie bei Radakov. In diesem Fall besteht dieser aus einer weißen Styrol-Platte, auf der durch schwarze Linien ebenfalls 10 mal 10 Zentimeter große Zonen aufgetragen sind. Eines dieser Systeme ist ein stereophotographisches Verfahren, bei dem die relative Position der beiden gleichzeitig ausgelösten Kameras ein räumliches Sehen ermöglicht, das bei Bekanntheit der Abstände und Winkel eine genaue photogrammatische Vermessung der Abstände und relativen Positionen der einzelnen Schwarm-Individuen zueinander ermöglicht.

Die zweite Methode ist in den 1970er Jahren eingesetzte sogenannte *shadow method*, bei der nur eine Kamera eingesetzt wird, die jedoch von einem Spotlight flankiert wird, welches in einem bestimmten Winkel zur Kamera ausge-

---

57. Vgl. Cullen, J. Michael, Shaw, Evelyn und Baldwin, Howard A: »Methods for measuring the three-dimensional structure of fish schools«, in: *Animal Behavior* 13/4 (Oktober 1965), S. 534–543.

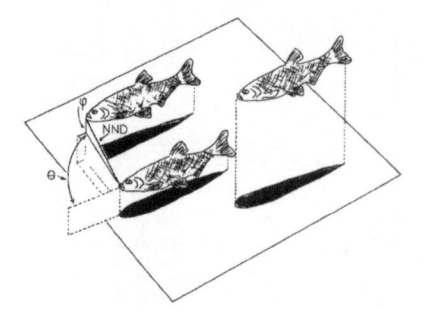

Abb. 10: ›Shadow method‹ zur Bestimmung der 3D-Positionen von Schwarmfischen.

richtet ist. Dadurch wirft jeder der beobachteten Fische einen klaren Schatten auf den Aquarienboden. Je nach Größe des Schattens im Verhältnis zur Größe des entsprechenden Fisches kann – bei bekanntem Lichteinfallwinkel und Wassertiefe – ebenfalls die 3D-Position der Schwarm-Individuen ermittelt werden (Abb. 10). Der Vorteil gegenüber der Stereo-Methode besteht darin, dass durch das schräg einfallende Licht und die Aufsicht weniger Individuen von anderen verdeckt werden.

Die Ringform des Aquariums und das kontinuierliche Schwimmen des Schwarms darin erlauben es auch, diesen mit der Kamera zu begleiten, so dass sich die Positionen der Schwarm-Individuen in Relation zum Kamerastandpunkt nicht verändern. Diese Weiterentwicklung beschreiben Brian L. Partridge, Cullen u. a.: Um eine detaillierte Analyse der Struktur und Dynamik zu erreichen, wird die Kamera an einem Ausleger befestigt, der über dem Aquariumring rotiert. Sein Tempo wird von einer Beobachtungskabine aus kontrolliert, während ein »zweiter Beobachter direkt vom Auslegerarm aus einen unablässigen Rennstrecken-Kommentar der Positionen jedes Fisches im Verhältnis zu den übrigen abgab. Dies wurde auf Video festgehalten, und in einem späteren Arbeitsgang wurden die einzelnen Fische in jeder Filmsequenz identifiziert.«[58] So sind Aufnahmen eines ziehenden Schwarms von 20 bis 30 Individuen über längere Zeiträume möglich, bei denen sich der Referenzrahmen stets mitbewegt. Nicht der Raster-Raum umschließt nun die Schwarm-Bewegung, vielmehr geht er sozusagen mit der Zeit. Damit kann dem Beobachtungssystem von Radakov eine weitere Raumdimension hinzugefügt werden, und Schwärme können unter Einschluss jenes konstitutiven Faktors des *Ziehens*, des *Nicht-am-Ort-Seins* betrachtet werden.

Für die Analyse der Aufnahmen leisten Partridge und seine Kollegen Erstaunliches. Lange Zeit bleiben ihre 4D-Vermessungen, die zeitlich in die Mitte der 1970er Jahre fallen, diejenigen mit der weitaus höchsten Datendichte und bieten

---

58. Partridge, Brian L., Pitcher, Tony, Cullen, J. Michael und Wilson, John: »The Three-Dimensional Structure of Fish Schools«, in: *Behavioral Ecology and Sociobiology* 6 (1980), S. 277–288, hier S. 278–279 [Übersetzung SV]. Die Fische werden dazu trainiert, sich am Spotlight zu orientieren und somit innerhalb des Referenzrahmens der Kamera zu bleiben.

bis ins neue Jahrtausend hinein, so Julia Parrish, eine Metrik von Schwärmen, an der Simulationsergebnisse abgeglichen werden konnten.[59] Denn bis in die 1980er Jahre hinein, also vor der Möglichkeit automatischer Datenerhebung, »researchers interested in collecting four-dimensional data sets had to repeatedly digitize hundreds, if not thousands, of points. Method sections from several fish schooling papers [...] are full of agonizing descriptions of the number of frames analyzed (e.g. Partridge et al. hand digitized over 1.2 million points). The endless hours of data collection were enough to turn anyone away.«[60] Anyone, mit Ausnahme von Partridge und einigen wenigen Kollegen. Dazu werden zunächst Videosequenzen ausgewählt, die auf 35-Millimeterfilm mit einer Frequenz von 30 Frames pro Sekunde umkopiert werden:

> »In all, nearly 12.000 frames of film were made for the experiments in 1975 and 18.000 were made for those in 1976. This corresponds to 184 and 214 separate film sequences, respectively. Once the films were made, the position of each fish's snout and its shadow in each frame of each sequence [...] was determined using an inexpensive online interactive coordinate plotter developed for the purpose.«[61]

Das Plotter-Programm wird derart eingestellt, dass Linsenabweichung, »nonlinearity of the video system, and so on«, also optische Fehler und Unschärfen, herausgerechnet werden: »Final coordinates were accurate to +/- 0.25 cm.«[62] Das endlose Im-Kreis-Schwimmen im Spezialtank führt also zu einem Input und zur digitalen Speicherung riesiger Punktmengen und zu einem Output von Bergen von Pen-Writer-Trajektorien. Sokrates' ›Ins-Wasser-Schreiben‹, das Aussähen von Tinte durch das Rohr, wird hier teilautomatisiert: Das Schreiben als Erkenntnis vom Gerechten, Schönen und Guten wird an die Maschinen delegiert, an Computer, Potentiometer, A-D-Wandler, und Programmierhochsprachen. Der aus dem Raster hervorgegangene glatte Raum des Schwarms zerfällt in seiner vierdimensionalen Analyse in ein Bündel von Trajektorien, von teils parallel verlaufenden und sich dann und wann wieder überschneidenden Linien, und manifestiert sich auf den Plots der Papiermaschinen somit wiederum in einer dimensionalen Reduzierung in 2D plus Zeit.

Wo sich zuvor Zonen mit Intensitäten aufluden, ergießen sich diese nun direkt in Zeit-Bewegungs-Strahlen, die an einzelne Schwarm-Individuen gekoppelt sind. Im Doughnut-Tank geschieht also ein Zirkelschluss hin zu einer erneuten Zerlegung von Intensitäten in individuelle Linearitäten, bei ihrer gleichzeitigen Ausdehnung auf der Zeitachse. Die Häufungen dieser Linearitäten, der

---

59. Vgl. Parrish, Julia K. und Viscido, Steven V.: »Traffic rules of fish schools: a review of agent-based approaches«, in: Hemelrijk, Charlotte (Hg.): *Self-Organisation and Evolution of Social Systems*, Cambridge 2005, S. 50–80, hier S. 67.
60. Parrish, Hamner und Prewitt: »Introduction«, in: *Animal Groups in Three Dimensions*, a.a.O., S. 10.
61. Partridge, Pitcher, Cullen und Wilson, »Structure of Fish Schools«, in: *Behavioral Ecology*, a.a.O., S. 279.
62. Ebd., S. 279.

in Pfaden stillgestellte, rekonstruierte Lauf der Zeit, die sich bündelnden, sich aneinanderschmiegenden und sich relativ orientierenden Bewegungslinien sind dabei jene epistemischen Häufungen, aus denen die basalen Funktionsparameter der Interaktion von Schwarm-Individuen abgelesen und quantifiziert werden sollen. Die Synchronisierung von interindividuellen Abständen oder Geschwindigkeiten oder die Bildung bestimmter adaptiver Bewegungsmuster soll somit nachvollzogen und Ordnung ins Datengestöber gebracht werden.

Hand Digitizing: Data Tablets

Diese Ausdehnung ist nur durch eine geeignete Zusammensetzung der zerlegten Positionsdaten möglich. Der dazu bei Partridge eingesetzte »low-cost interactive plotter«[63] besitzt den Charme einer Garagenbastelei aus dem Silicon Valley der 1970er, auch wenn er in einem Büro an der Oxford University in England aufgebaut wird: »Provided a user has access to a computer running ALGOL or FORTRAN (such as PDP-8, Digital Equipment Corporation) which is equipped with analog-digital (A-D) conversion, he can build the entire system for under $50, which is about 1/200 the cost of most commercially available plotters.« Der Plotter besteht aus einer auf einem Tisch befestigten Plexiglasplatte, auf die mittels Rückprojektion von unten die Filmstills geworfen werden. Links und rechts von der Platte ist jeweils ein Potentiometer angebracht, welche sich in einem definierten Abstand zueinander befinden. An jedem von ihnen ist ein Draht befestigt, die wiederum beide mit ihren anderen Enden an einen »Cursor« montiert sind. Dieser soll die jeweiligen x,y-Koordinaten eines Punktes festlegen. Die Drähte werden mit Gegengewichten gestrafft gehalten, so dass sich für jeden zu bezeichnenden Punkt ein eigenes Dreieck P_1, P_2, C ergibt (Abb. 11). Somit lassen sich aus den beiden in der Abbildung gegebenen, gestrichelt gezeichneten Dreiecken die Werte für x und y errechnen.[64]

Da die Position der Potentiometer festgelegt ist und sich die Länge der Drähte in einer entsprechenden Spannungsverteilung niederschlägt, können die zwei Potentiometersignale in einen Multiplexer eingespeist werden, der daraus ein Signal generiert, welches wiederum per A-D-Wandler an den Computer weitergegeben wird. Mittels eines Controlpanels – in diesem Fall eines Boards mit zehn Druckknöpfen (ganz unten in Abb. 11), von denen zumindest fünf mit einem eigenen Befehl belegt sind – werden verschiedene Ein- und Ausgabemodi kalibriert. Die Zuordnungen sind wie folgt definiert:

> »(1) Scales: calibrates the voltages across the potentiometers to distance moved by the cursor, scales the coordinates to correct for the size of the projected image, and initiates a dialogue to define various parameters. (2) Point: determines the current cursor

---

63. Partridge, Brian L. und Cullen, J. Michael: »Computer Technology: A low-cost interactive coordinate plotter«, in: *Behavior Research Methods & Instrumentation* 9/5 (1977), S. 473–479, hier S. 473.
64. Vgl. ebd., S. 474.

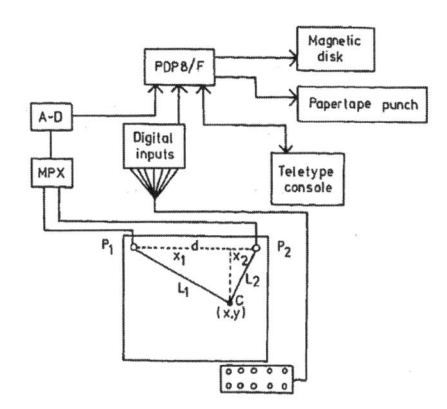

Abb. 11: Funktionsdiagramm des ›Interactive Plotters‹ nach Partridge.

position and substracts the coordinates from a reference point in the picture, since no projector positions each frame in exactly the same place. (3) Error: deletes the previous point plotted by decrementing the counters. (4) Missing: outputs characteristic x,y coordinates for missing data [...] so that the coordinates are left out to further analysis. (5) Frame: outputs the current frame of data to magnetic disk or paper tape, writes the frame number and current time (calibrated to original film speed), advances the projector, and increments the frame counter.«[65]

Der Computer und seine Interfaces gehen bei Partridge und Cullen genau jene »Man-Computer-Symbiosis« ein, die J.C.R. Licklider schon 1960 konzipiert.[66] So kann der User des Plotters unter ›Menüpunkt‹ *(1) Scales* beispielsweise Grenzwerte festlegen für die zu erwartende Anzahl der Koordinaten, die Reihenfolge ihres Eintrags, d.h. ihre Zuordnung zu einem Schwarm-Individuum, oder für die Distanz, die ein ›Punkt-Fisch‹ bis zum nächsten Bild höchstens zurückgelegt haben wird können, um auch hier Verwechslungen zu vermeiden. Das Programm gibt ihm alsdann stets Fehlermeldungen aus, sollten diese Grenzwerte über- oder unterschritten werden. Dies sorgt bei den Fischschwarmforschern dann doch für ein latentes Unbehagen: »Maddeningly, the computer is usually right when it suggests, on the basis of these criteria, that points have been plotted out of order.«[67] Und, um bei der Wahrheit zu bleiben: Die Mensch-Maschine-Interaktion wird dann doch wieder zur *Woman-Machine-Symbiosis*: Eniac-Girls und Ivan Sutherlands Sekretärin[68] lassen grüßen und werfen die Frage auf, wer

---

65. Ebd., S. 475.
66. Vgl. Licklider, J.C.R.: »Man-Computer Symbiosis«, in: *IRE Transactions on Human Factors in Electronics*, HFE-1 (März 1960), S. 4–11.
67. Partridge und Cullen: »Low-cost plotter«, in: *Behavior Research Methods*, a.a.O., S. 475–476.
68. Sutherland berichtet vom Nutzen interaktiver Grafikschnittstellen für computer-illiterate User: Sogar eine Sekretärin könne damit am Computer arbeiten, ohne diesen verstehen zu müssen. Vgl. Pias, Claus: *Computer Spiel Welten*, Zürich, Berlin 2002, S. 90, mit Verweis auf Sutherland, Ivan: *Sketchpad. A Man-Machine Graphical Communication System*, Boston (Diss.) 1963, S. 33.

sich am Ende tatsächlich mit der »agonizing« Beschäftigung der Dateneingabe abzugeben hatte.

Sutherland selbst beschreibt in einem Papier von 1974, also einige Jahre vor Partridges Basteleien, ein eigenes, wesentliches avanciertes System, bei dem mit bis zu sieben Cursors gleich dreidimensionale Koordinaten digitalisiert werden können. Dabei werden Bezüge definiert zwischen x,y-Koordinaten etwa aus einer Aufsichtsperspektive und einer dritten z-Koordinate auf einer Seitenansicht und somit drei Koordinaten direkt miteinander gekoppelt. In Partridges und Cullens System sind dafür zwei Eingabeschritte nötig – die Fixierung der x,y-Koordinate und die anschließende Vermessung der Position dieses Punktes im Verhältnis zum Schatten, jeweils abgetragen an der Schnauze der Individuen. Sutherlands Beispiel zeigt Aufrisszeichnungen von Schiffen und Burgen, die als maßstabsgetreu vermessene *Körper mit Oberfläche* naturgemäß wesentlich einfacher in Computergrafik zu übertragen sind als etwa Fischkoordinaten, und die einen wesentlich besser reproduzierbaren Referenzrahmen bieten. Doch er unterstreicht auch den Nutzen seines Systems für den Vergleich von »perspective views« und Photographien, besonders im Zusammenhang mit der automatischen Korrektur einer nicht exakt rechtwinkligen Ausrichtung der Vorlagen in Bezug auf die spezifizierte »view area« des Tisches, die eine solche Arbeit wesentlich weniger qualvoll machen sollte.[69]

In einem Papier von 1981 stellen zwei Chicagoer Forscher einen »computerized film analyzer« namens *Galatea* vor, der ursprünglich schon 1973 entworfen und nun für die Fischschwarmforschung spezifiziert wird. Dieses System erweitert die von Partridge eingesetzten *Data Tablets*, indem es z. B. eine *Digitizing Area* als Grafikdisplay nutzt, auf das Filmbilder eines zu untersuchenden Prozesses durch einen per Projektorkonsole angesteuerten Projektor aufgeblendet werden. Mittels eines Lightpens kann der User auf diesem Grafikboard Punkte markieren, die durch einen *PDP-11/40*-Minicomputer mit Grafikausgabe zu einem ›Kinegram‹ verarbeitet werden, das mithilfe eines weiteren Kinescopes mit den projizierten Filmbildern überblendet und mittels einer Systemuhr mit diesen synchronisiert wird. Damit wird eine annähernd in Echtzeit stattfindende Markierung von Objekten ›auf dem Filmbild‹ möglich, die als digitalisierte Markerverteilungen dann einer eingehenden Analyse der entstehenden Kinegramme zugeführt werden kann – eine Analyse durch Synthese:[70]

> »The resulting set of projected points, overlaid directly on the source image, provides all the advantages of tracing paper in verifying entries and avoiding omission and duplication of points. [...] With such a system, it is possible to record accurately the x, y positions of hundreds of points in an hour [...] and the various moving points can be

---

69. Sutherland, Ivan E.: »Three-Dimensional Data Input by Tablet«, in: *Proceedings of the IEEE* 62/4 (1974, 4. April), S. 453–461, hier S. 453–454.
70. Potel, Michael J. und Sayre, R. E.: »Interacting with the GALATEA film analysis system«, in: *SIGGRAPH Proceedings of the 3rd annual conference on Computer graphics and interactive techniques*, Philadelphia 1976, S. 52–59, hier S. 52.

connected with lines to create animated stick figure representations of the objects under study.«[71]

Galatea wird von den Entwicklern als ein System beschrieben, das wie ein »dynamic tracing paper for film« in biologischen und biophysischen Laboren einsetzbar sei, wobei der Beobachter als Mustererkennungstechnologie mit einer interaktiven Schnittstelle zur Bildanalyse gekoppelt wird: »[T]he user directly transcribes the features he discerns using his own sophisticated interpretive pattern recognition capabilites.«[72] Zudem soll das System – sobald ein Raster von mindestens sechs koplanaren Referenzpunkten in einem Objektraum konstruiert werden kann – dazu befähigen, aus zwei nicht unbedingt stereo-photogrammetrisch vermessenen 2-D-Bildern eine 3D-Rekonstruktion zu berechnen. Das Referenzraster mache es möglich, eine bestimmte Situation sogar mit beweglichen Kameras zu filmen, solange alle Referenzpunkte in der Sequenz zu sehen seien – die Position der Objekte im Verhältnis zur Kamera könne später für jedes Einzelbild berechnet werden. »Perhaps the most important feature of the system is that it does not require persistent fixed reference surfaces, as in the shadow method or methods involving mirrors. The system is unique in providing an arbitrary perspective of the final data on the video screen.«[73] Dies sei besonders interessant, wenn es um die Analyse von Studien im offenen Meer gehe, bei der die kontrollierten Bedingungen von Forschungsaquarien nicht gegeben seien. Indes: Der Einsatz des Systems bleibt mangels umfangreicher Studien in der Schwarmforschung in den Folgejahren aus, und unter dem Eindruck immer leistungsfähigerer Computerprogramme und einem allgemeinen Interesse an Selbstorganisationsprozessen im Zuge von Chaosforschung und *Complexity Studies* wenden sich computertechnisch versierte Biologen bald eher der Programmierung verschiedener Simulationsverfahren zu (Abschnitt *Transformationen*).

Doch immerhin: Die mittels solcher Tablet-Digitizing- und Bildanalyseverfahren in Computergrafik transformierten Daten, die die Magnetspeicherbänder und Plots von Partridge und Cullen mit dreidimensionalen Positionsdaten füllen, erhärten folgenden Verdacht: Wenn bei dieser computerunterstützten Feststellung von relativen Positionen – immer nur über kurze Zeiträume und mit sehr wenigen Schwarm-Individuen – schon so viele Daten und Datenänderungen anfallen, dass es sehr zeitintensiv ist, diese miteinander zu verrechnen, dann spricht dies sehr stark dafür, dass die einzelnen Schwarmindividuen selbst kaum fähig sein dürften, sich mit solch zeit- und rechenintensiven Prozessen (respektive: der Verarbeitung von derart vielen sensorischen Wahrnehmungen) abzugeben. Die Schwarm-Individuen können somit wohl nur in sehr eingeschränktem Maße ein Wissen über den Schwarm als Globalstruktur haben. Viel-

---

71. Potel, Michael J. und Wassersug, Richard J.: »Computer Tools for the Analysis of Schooling«, in: *Environmental Biology and Fisheries* 6/1 (1981), S. 15–19, hier S. 16f.
72. Potel und Sayre: »Interacting with GALATEA«, in: *SIGGRAPH 1976*, a.a.O., S. 52.
73. Potel und Wassersug: »Computer Tools«, in: *Environmental Biology*, a.a.O., S. 17.

mehr sprechen auch diese ersten Nebenwirkungen computergestützter epistemischer Strategien in Bezug auf Schwärme für ein dynamisches Interagieren jeweils relativ weniger Schwarm-Individuen in lokalen Nachbarschaften. In der Übertragung des biologischen Systems Fischschwarm in computerunterstützte Aufschreibesysteme gibt hier die medientechnische Funktionsweise des Digitalisierungsverfahrens Hinweise auf wahrscheinliche Beschränkungen des umzurechnenden Systems. Werden beide als informationsverarbeitende Systeme betrachtet, kann die technische Anordnung hier über eine Quantifizierung von Rechenkapazität die dezentrale Organisation des biologischen Systems Fischschwarm nahelegen.

Der Einsatz von Data Tablets und anderen seinerzeit zugänglichen computergestützten Analysetools in der biologischen Schwarmforschung weist darüber hinaus darauf hin, dass die Relevanz visueller Technologien auch und gerade in Zeiten elektronischer Datenverarbeitung und mathematischer Schwarm-Modellbildung (Kapitel III.3) auch in der Biologie ungebrochen bleibt. Vielmehr *kann erst* mit derartigen Verfahren der Schritt gemacht werden hin zu einer umfassenden visuellen Analyse von Schwarmbewegungen in vier Dimensionen. Dieser Schritt bedeutet zudem eine erste direkte Kopplung der Erforschung von Schwärmen mit den computergrafischen Verfahren eines konzeptuell neuartigen Grafikdesigns – eine Kopplung, die einige Jahre später vonseiten des Designs her mit eigenen Modellen und einschneidendem Effekt in die biologische Schwarmforschung zurückwirken wird (vgl. Kapitel IV.1).

2. Fischmenschen[74]

»The most important limiting factor, for any in site study on marine population, is the fact that water is an environment that can be considered as opaque.«[75]
François Gerlotto

Was in Fall der Laboraquarien unter dem Eindruck artifizieller Bedingungen einerseits vorteilhaft ist, namentlich für Durchmusterungsversuche der internen Prozesse der Schwarmorganisation, kann zugleich auch als Limitierung angesehen werden. Es bleibt unter diesen Umständen fraglich, inwieweit derartige Beobachtungen übertragbar sind auf das Verhalten von sehr viel größeren Schwärmen in ihrem natürlichen Environment. Zudem könnte es möglich sein, dass sich gewisse Adaptationsfähigkeiten erst in Wechselwirkung mit den vielfältigen externen Einflüssen dieser Umwelt – wie Strömungsverhältnissen, Nahrungsbedingungen oder Raubfischen – ausbilden. Wie bereits die Myrmekologen und Ornithologen, die im Abschnitt *Formationen* erwähnt wurden, zieht es auch Fischschwarmforscher ins Habitat ihrer Untersuchungs-›Objekte‹ – nicht zuletzt auch im Hinblick auf die kommerzielle Verwertbarkeit eines für die Fischerei-Industrie interessanten Wissens.

Die Beobachtung von Fischschwärmen *in situ*, also im offenen Ozean, kann als eine zu den Aquarienforschungen komplementäre Strategie bezeichnet werden, welche die Forscher ihrerseits vor diverse Probleme stellt. Nähert man sich Schwärmen etwa aus der Vogelperspektive, werden sie nur als unscharfe, amöboide *Flächen* sichtbar. Zwar werden seit den späten 1940er Jahren und bis heute Luftaufnahmen dazu genutzt, Schwärme auf ihren Zugrouten zu verfolgen oder ihre Verteilung in einem bestimmten Gebiet festzustellen. Auch dieser Aufwand ist wohl in erster Linie auf die Generierung ökonomisch interessanter Ergebnisse zurückzuführen. Denn Aufschluss über die internen Strukturen, die Identifikation einzelner Individuen oder auch nur die dreidimensionale Form eines Schwarms und deren Veränderung in Abhängigkeit von externen oder internen Faktoren geben diese Aufnahmen kaum. Was auf derartigen Bildern sichtbar oder eben nicht sichtbar wird, sind lediglich jene oberflächennahen circa 15–20 Zentimeter des betreffenden Schwarms. Zudem hängt der Grad der Sichtbarkeit ab von der Opazität des Wassers und seiner Oberflächenstruktur. Schon bei wenig Wind reichen die Wellenbewegungen der Wasseroberfläche aus, einen Teppich aus Störungen zu erzeugen, die der Intransparenz des Schwarms noch vorausgeht. Hinzu kommt die Notwendigkeit einer genügend starken Lichtintensität und die Reaktion der Beobachtungs-›Objekte‹ auf den

---

74. So eine einleitende Kapitelüberschrift in Cousteau, Jacques-Yves: *Die schweigende Welt*. Berlin 1953.
75. Gerlotto, Francois: »Gregariousness and school behaviour of pelagic fish: Impact of the acoustics evaluation and fisheries«, in: Petit, Didier, Cotel, Pascal und Nugroho, D. (Hg.): *Proceedings of acoustics seminar AKUSTIKAN 2*, Luxemburg, Jakarta, Paris 1997, S. 233–252, hier S. 239.

Lärm der Fluggeräte. Aus der Luft können somit nur die ungefähre Größe und die Schwimmgeschwindigkeit gemessen werden.[76] Ganz anders als im Fall der Beobachtungssysteme in den Laboraquarien mariner Forschungseinrichtungen an Land, ist auf See ein Blick von Außen auf das Treiben unter der Wasseroberfläche nur sehr eingeschränkt möglich. Der glatte Raum des Meeres bietet nur im seltensten Fall auch eine glatte, gut durchsichtige Oberfläche.

Ähnliches gilt sehr lange auch für die Unterwasserbeobachtung auf offener See, etwa mittels Tauchern, automatischen Kameras oder von U-Booten aus. Hier können nur wenige, den Aufzeichnungsmedien sehr nahe Schwarm-Individuen photographiert und gefilmt werden. Die Größe, die Form und das Verhalten von großen Schwärmen können nur in Ausnahmefällen festgehalten werden, da die Sichtweite in Meerwasser nicht mehr als 50 Meter beträgt, und ein »effizientes« Sehen über nicht mehr als 20 Meter Distanz möglich ist. Zudem ist das technische Equipment teuer, gerade gemessen an dem eingeschränkten Zugang zum ›Objekt‹.[77] Auch trägt die Farbgebung der meisten Schwarmfische dazu bei, sich vor einem dunklen Hintergrund möglichst wenig abzuheben und sich so durch Tarnung der visuellen Beobachtung zu entziehen. Und nicht zuletzt kommt ein Faktor hinzu, den ein Kieler Meeresbiologe mit dem passenden Namen Wolfgang Fischer in einem Artikel von 1973 zu bedenken gibt:

> »Besonders wichtig scheint es nach eigenen Erfahrungen zu sein, die gewonnenen Daten so schnell wie möglich zu registrieren. Der Informationsverlust durch *Vergessen* ist bei Unterwasserarbeiten besonders groß. Als Ideallösung bietet sich bei solchen Arbeiten eine drahtlose Verbindung des Tauchers über Sprechfunk zur Oberfläche sowie die Verwendung eines TV-Recorders an. Dabei kann die akustische Information des Tauchers und die entsprechende optische Information synchron mitgeschnitten werden.«[78]

Ähnlich wie bei Partridges Studien im torusförmigen Tank werden auch unter Wasser mithin Rennstrecken-Kommentare eingesetzt, um die visuellen Daten aus Gründen der Kontextualisierung mit einer weiteren Datenebene anzureichern. Und Dimitrij Radakov ergänzt noch einen besonders für den prototypischen Wissenschaftler wichtigen Punkt: »For short-sighted persons it is very important that the mask be made with depressions in the viewing part (made of plastic) to correspond in curvature to the lenses of the glasses worn (account being taken of the refraction of rays with the transition from one medium to the other).«[79] Trotz derartiger Schwächen spielt die Freiwasserbeobachtung von Fischschwärmen eine wichtige Rolle innerhalb der biologischen Schwarmforschung, können doch zumindest die abiotischen Einflussfaktoren der Laborstudien und -experimente in Aquarien und Tanks umgangen werden. Da Taucher,

---

76. Vgl. Radakov: *Schooling in the Ecology of Fish*, a.a.O., S. 46.
77. Gerlotto: »Gregariousness«, in: *Proceedings of AKUSTIKAN*, a.a.O., S. 239.
78. Fischer, Wolfgang: »Methodik und Ergebnisse der Erforschung des Schwarmverhaltens von Fischen mit der Tauchmethode«, in: *Helgoländer wissenschaftliche Meeresuntersuchungen* 24 (1973), S. 391–400, hier S. 393 [Hervorhebung SV].
79. Radakov: *Schooling in the Ecology of Fish*, a.a.O., S. 49.

solange sie einen ausreichenden Abstand zu den Schwarm-Individuen einhalten, diese in ihrem Verhalten nicht beeinflussen, versprechen Beobachtungen mit der »leichten Tauchmethode« eine Art teilnehmende Beobachtung der Schwärme in ihrem natürlichen Lebensraum.[80] Die Benutzung möglichst leichter Ausrüstung soll dabei eine Bewegungsfreiheit garantieren, die dem Taucher ermöglicht, »wie ein Fisch im Reich der Fische zu leben und durch so engen Kontakt das mannigfache Leben im Meer weit besser erforschen zu können, als es bisher möglich war.«[81] Nicht der Surfer ist damit wie bei Marshall McLuhan jene Instanz, welche die Gesetze der Gegenumwelt beherrscht und elegant an der Wasseroberfläche operiert. Vielmehr wird dies der Taucher, der einer Mediengeschichte der Fischschwarmforschung durch sein Eintauchen unter die Wasseroberfläche auf seine Weise neue Tiefe zu geben vermag, indem er dort mit neuen Medientechniken seinen Wissensobjekten nachspürt.

★★★

Am Anfang der Produktion von Bildern des Lebens unter der Wasseroberfläche gehören – wie schon in der Kultivierung der frühen Verhaltensforschung auf dem Land – nicht so sehr universitär oder institutionell verankerte Zoologen und Verhaltensforscher zur Avantgarde der Entwickler medientechnischer Verfahren. Auch hier sind es Amateure mit unterschiedlichem Hintergrund und verschiedenen Zielsetzungen, die versuchen, mittels technischer Apparaturen und mittels neuer Verfahren der Beobachtung einen neuen Blickwinkel auf das Verhalten von Organismen unter Wasser zu werfen – Techniken der Beobachtung, die sie zugleich testen und optimieren. Das Leben unter Wasser fasziniert dabei nicht mehr nur als geradezu klassisches Sujet die Science-Fiction-Literatur oder, wie bereits seit Georges Méliès' 20.000 LIEUES SOUS LES MERS von 1907, das frühe Kino. Unter den Spiegelungen der Wasseroberfläche wird der Film Ende der 1920er Jahre vor allem selbstreflexiv: Die Relationen von Science, Fiction und Film werden neu verhandelt, als die Unterwasserfilm-Pioniere Jean Painlevé, Hans Hass und Jacques-Yves Cousteau beginnen, mit einem an möglichst realitätsnaher Aufzeichnung orientierten Blick in Unterwasserwelten einzutauchen. Ihre Versuche, zuvor ungesehenes Leben zu filmen, bedeuten nicht weniger, als selbst die nötigen Technologien zu entwickeln, um sich mitsamt der Film-Apparatur unter Wasser bewegen zu können (Abb. 12). Die drei Unterwasserfilmer entwickeln nicht nur revolutionäre Kameratechniken, sondern sind gleichzeitig Protagonisten einer Revolution der Tauchtechnik. Während Painlevé auch in den Aquarien seines *Institute in the Cellar* (Léo Sauvage) arbeitet und dabei von einem kompletten Unterwasserstudio träumt, zieht es die

---

80. Fischer: »Erforschung des Schwarmverhaltens von Fischen«, in: *Helgoländer Meeresuntersuchungen*, a.a.O., S. 392.
81. Hass, Hans: PIRSCH UNTER WASSER, 1942, 16 min., s/w. In: *Hans Hass Klassik Edition*, Polar Film DVD, 2007, Timecode 15:30 min; ebenso: Hass, Hans: *Fotojagd am Meeresgrund*, Harzburg 1942, S. 11.

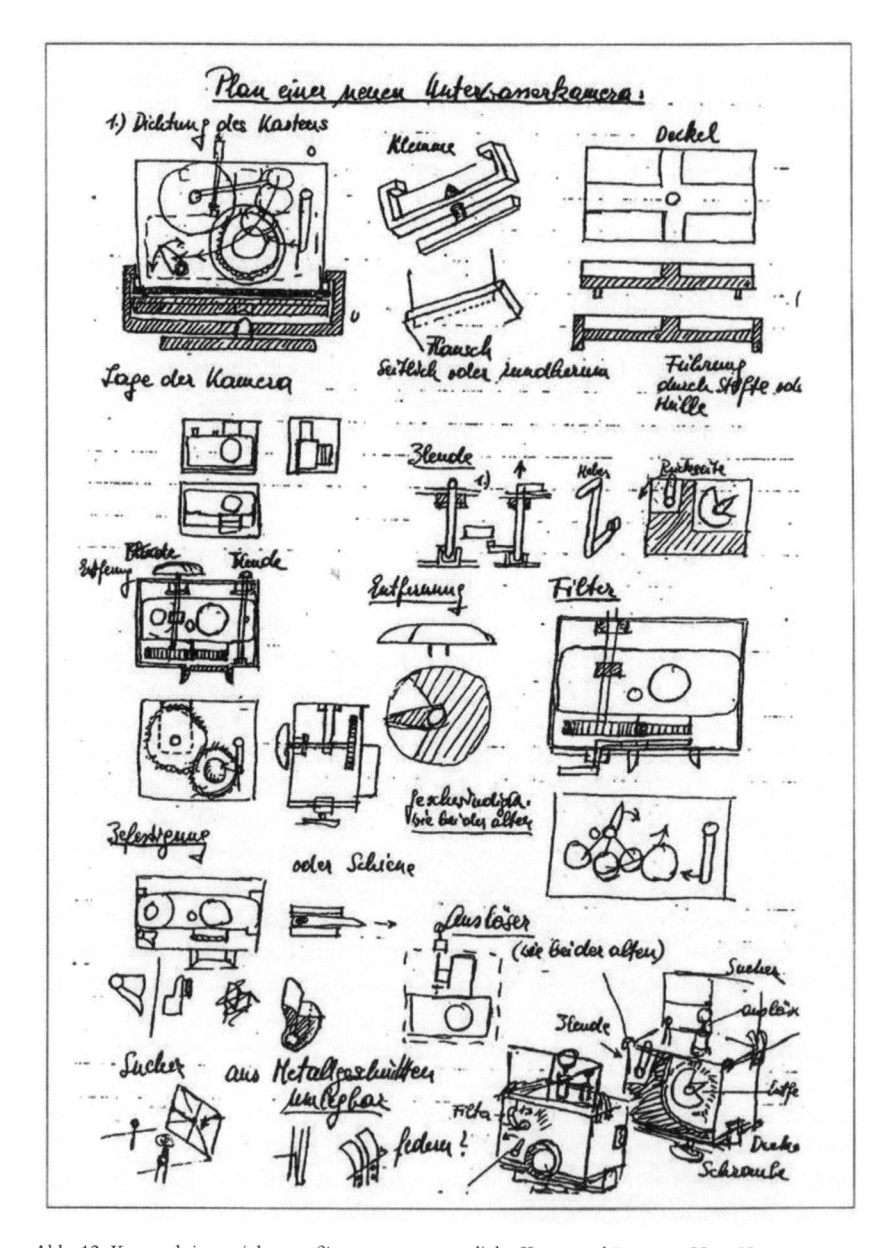

Abb. 12: Konstruktionszeichnung für unterwassertaugliche Kameragehäuse von Hans Hass.

selbsternannten Abenteurer Hass und Cousteau aufs offene Meer. Hass erkundet mit Männerfreunden und später mit seiner Frau Lotte Haie und Korallenriffe, während der »subaquatic astronaut«[82] Cousteau nach dem Krieg teils futuristisch anmutendes High-Tech-Gerät für immer spektakulärere Unterwasserexpeditionen einsetzt.

Alle drei Filmemacher lassen sich einem 1947 von André Bazin in einem Essay vorläufig als *Science Film* bezeichneten Genre zuordnen, in denen sich biologisches Leben und kinematographischer Apparat ästhetisch verbinden und sich die Ausgangsszene filmischer Bewegungsbilder wiederholt:

> »When Muybridge and Marey made the first scientific research films, they not only invented the technology of cinema but also created its purest aesthetic. For this is the miracle of the science film, its inexhaustible paradox. At the far extreme of inquisitive, utilitarian research, in the most absolute proscription of aesthetic intentions, cinematic beauty develops as an additional, supernatural gift. [...] The camera alone possesses the secret key to this universe where supreme beauty is identified at once with nature and chance [...].«[83]

In diesem Sinne ruft das Verhältnis von Film, Technologie und Aquatic Life zwischen den 1930er und den 1950er Jahren mindestens drei Aspekte auf: *Erstens* steht im Science Film der Status des Films als wissenschaftliche Zugangsweise zu biologischen Phänomenen und mithin zur Beobachtung von ›Leben‹ zur Debatte. Dabei scheint der Unterwasserfilm im Besonderen im Verdacht zu stehen, mit Tricks und Täuschungen zu arbeiten, lediglich als ›Unterhaltung für die Ungebildeten‹ zu dienen: So reagieren Wissenschaftler der *Académie des Sciences* 1928 skeptisch bis entrüstet auf eine Vorführung von Painlevés *The Stickleback's Egg*.[84] Hans Hass legt immer wieder großen Wert darauf, die Authentizität seiner Freiwasseraufnahmen ›im Bild‹ zu beweisen. Das epistemische Potential des Science Film läuft permanent Gefahr, hinter dem Illusionspotential des »cinema of imagination« (André Bazin) zu verschwimmen. *Zweitens* reflektiert der Science Film seine Medialität. In den Versuchen, die Illusion eines unmittelbaren Zugangs zu den unter Wasser lebenden und sich bewegenden Objekten herzustellen, muss sich der Unterwasserfilmer der Medialität seiner Apparatur und der Besonderheiten des Umgebungsmediums, in dem er seine Aufnahmen macht, bewusst werden. Unterwasserfilm bedeutet ein Arbeiten als Ausschaltung von Störungen. Science Film führt in ganz plastischer Weise eine Medientheorie vor, die Übertragung erst als Negationen eines den Übertragungswegen immer schon vorgängigem parasitären Rauschens begreift. *Drittens* findet im Science Film das Kino einen Zugang zu einer ›apparativen Ästhetik‹ in einem Spiel

---

82. McDougall, Marina: »Introduction: Hybrid Roots«, in: Bellows, Andy Masaki, dies. und Berg, Brigitte (Hg.): *Science is Fiction. The Films of Jean Painlevé*, Cambridge 2000, S. xiv-xviii: hier S. xvii.
83. Bazin, André: »Science Film: Accidental Beauty«, in: *Science is Fiction*, a.a.O., S. 144–147, hier S. 146.
84. Vgl. biographisch den instruktiven Artikel von Berg, Brigitte: »Contradictory Forces: Jean Painlevé 1902–1989«, in: *Science is Fiction*, a.a.O., S. 2–57, hier S. 17.

zwischen Anthropomorphismen und deren Bruch an den unheimlichen Metamorphosen des Lebens unter Wasser. In den ungesehenen und unvorhersehbaren biologischen Lebens-*Prozessen*, die mittels Film sichtbar gemacht werden, tritt dessen technische Ästhetik im Bezug auf zufällige und mögliche Ereignisse hervor: Leben muss in dieser medialen Anordnung *durch* Bewegung nochmals Zeugnis seiner Lebendigkeit ablegen. Dieses filmische Denken von der Bewegung unter Wasser her konterkariert einen Begriff der Stasis, die einen klaren Blick ermögliche. Spätestens wenn sich im Schlussbild von Painlevés Film *Sea Urchins* (1954) die Seeigel zu den Buchstaben FIN anordnen, wird klar: »When movement ceases, in other words, the show is over«.[85]

Schon hier sind es mithin Innovationen aus dem – im weiteren Sinne – Entertainment-Bereich, welche die Applizierbarkeit technischer Medien auch in biologischen Kontexten aufzeigen und präformieren – eine Übertragung technischen Wissens, die sich im Zusammenhang mit der Computer Graphic Imagery bei Multiagentensystemen Ende der 1980er Jahre in ähnlicher Weise wiederholen sollte (Abschnitt *Transformationen*). Diese Innovationen geben auch für die Bildproduktion von Fischschwärmen unter Wasser wichtige Impulse.

Vom Institut im Keller ins offene Meer

Der französische Surrealist und Bugatti-Fahrer Jean Painlevé, der als »chief ant handler«[86] z. B. bei den in Luis Buñuel und Salvador Dalis Kurzfilm *Un Chien Andalou* (F 1929) gezeigten Ameisen-Sequenzen mitwirkte, ist vielleicht der erste Amateur, der Foto- und Filmtechnik mit wissenschaftlichem Interesse für eine Analyse subaquatischen Lebens einzusetzen versucht und in dieser Hinsicht auch technisch entwickelt. Painlevé hatte – nach abgebrochenen Studien der Mathematik und Medizin – seit 1923 Zoologie an der Sorbonne studiert und dabei auch Kurse an der an diese angegliederten *Roscoff Marine Biological Station* an der bretonischen Küste belegt. Dort lernte er nicht nur seine spätere Lebensgefährtin und stete wissenschaftliche Mitarbeiterin Geneviève Hanon kennen, sondern auch einen experimentalbiologischen Zugang zu marinem Leben.[87] Seit den späten 1920er Jahren beschäftigte er sich zusammen mit Hanon und dem Kameramann André Raymond in einem Pariser Keller im eigenen *Institute of Scientific Cinema* damit, möglichst realitätsnahe Filmaufnahmen von Unterwasserorganismen in Aquarien herzustellen. Der Journalist Léo Sauvage besucht 1935 für die Zeitschrift *Regards* Painlevés privates Institut und ist geradezu überwältigt davon, wie *sophisticated* im Vergleich zu traditionellen Forschungsinstitutionen dessen Herangehensweise ist:

---

85. Rugoff, Ralph: »Fluid Mechanics«, in: *Science is Fiction*, a.a.O., S. 48–57, hier S. 56.
86. Winter, Philipp: »Science is Fiction: The Films of Jean Painlevé«, in: *Electric Sheep Magazine* (2007, 30. August), http://www.electricsheepmagazine.co.uk/reviews/2007/08/30/science-is-fiction-the-films-of-jean-painleve (aufgerufen am 25.02.2012).
87. Vgl. Berg, »Contradictory Forces«, in: *Science is Fiction*, a.a.O., S. 9.

»The filming room offers a spectacle as colorful as it is diverse. There is something bohemian about Jean Painlevés Institute, something fresh, youthful, spirited, bustling and unconventional that challenges the mummified sciences of the Academy in the most insolent way. The walls are white, covered with buttons, switches, levers, meters. How do they know what's what? And of these countless, inextricable wires that go in every direction, come back, entangle and separate, which goes to a projector, which to a camera, which to a socket? [...] I am stopped in my tracks, stunned, before a new apparatus for filming in slow motion [...]. Painlevé explains how everything is made out of old things, refurbished and transformed. Thus one of the elements in the camera is a mechanism from a clock, bought somewhere at a discount. But it has been modified, a system of spare cogs adapted to it, allowing the recording speed to be changed at will. The camera is completely automatic.«[88]

Doch gerade diese Hightech-Apparaturen bringen auch ihre Probleme mit sich. Nicht nur, dass dann und wann die Glaswände von Painlevés Seewasser-Laboraquarien aufgrund der durch sechs bis sieben Scheinwerfer erzeugten Hitze zersplittern. Sie haben es auch mit widerständigen Beobachtungsobjekten zu tun. Painlevé berichtet: »These animals are mobile, capricious, and completely unconcerned with the way you wish to film them. So you must simply yield to them, bow to their whims, and then, be patient.«[89] Dabei sind seine Objekte z.B. Fadenwürmer, Seeigel, Krabben, Oktopusse und Seepferdchen – im Vergleich zu Fischschwärmen noch recht wenig dynamische (und vor allem individuell zu beobachtende) Organismen. Doch manchmal kommt es eben lediglich auf den richtigen Augenblick an: Um die Geburt eines Seepferdchens nicht zu verpassen, installiert Painlevé etwa ein kleines Elektroschock-Gerät am Schirm seiner Mütze, das ausgelöst wurde, sobald sein Kopf im Zuge des ermüdenden Wartens an der Filmkamera auf das Gerät sank.[90] Diese Integration des Forschers in die medientechnische Anordnung als Reflexion und technische Lösung der Beobachtungsbedingung führt tatsächlich dazu, dass er den entscheidenden Moment nicht verschläft und die Kamera das nie zuvor gefilmte Ereignis aufnimmt.

Zu Beginn der 1930er Jahre unternimmt Painlevé auch erste Versuche, *in situ* zu filmen. Dazu verwendet er eine *Debrie Sept*-Kamera mit einem eigens dafür konstruierten wasserdichten Gehäuse, in das vorne eine Glasscheibe eingebaut war, durch die hindurch gefilmt wurde. Diese Kamera kann allerdings mit Platz für maximal 7 Meter 35mm-Film nur wenige Sekunden aufnehmen. Painlevé musste also immer wieder auftauchen, um den Film zu wechseln.[91] Darüber hinaus hat er mit den Unzulänglichkeiten der Tauchausrüstung zu kämpfen – bei der ihm die Luft noch durch einen Schlauch von der Oberfläche aus mittels

---

88. Sauvage, Léo: »The Institute in the Cellar«, in: *Science is Fiction*, a.a.O., S. 124–128, hier S. 126f.
89. Ebd., S. 128.
90. Vgl. Berg, »Contradictory Forces«, in: *Science is Fiction*, a.a.O., S. 25.
91. Vgl. ebd., S. 23 und 25.

einer mechanischen Pumpe zugeführt wird. Augenzwinkernd gibt er zu Protokoll:

> »The goggles were pressing against my eyes, which, at a given depth, triggers an acceleration of the heart by oculo-cardiac reflex. But what bothered me most was that at one point I was no longer getting any air. I rose hurriedly up to the surface only to find the two seamen quarreling over the pace at which the wheel should be turned.«[92]

1933 stellt der Marinekapitän Yves Le Prieur eine Tauchausrüstung vor, die ein freies Tauchen unabhängig von Schlauchverbindungen ermöglicht, »a self-contained underwater breathing apparatus that combined a high-pressure air tank with a specially designed demand valve«.[93] Die Drucklufttanks stammen von der französischen Reifenfirma Michelin. Hinzu kommen Schwimmflossen, zur selben Zeit entwickelt und als »swimming propellers« vermarktet von Louis de Corlieu. Painlevé – begeistert von Le Prieurs Invention, gründet gemeinsam mit diesem den Tauchclub *Club de sous-l'eau*, der für seine schließlich rund 50 Mitglieder im Mittelmeer Tauchübungen veranstaltet und in einem Pariser Schwimmbad extraordinäre Partys feiert.[94] Für Painlevé tut sich eine neue Welt auf: »Indeed, he dreamed of one day creating a studio – complete with film equipment, scientific apparatus, and technicans – entirely underwater«.[95] Doch im Schatten des nahenden Krieges stehen die Zeichen nicht so sehr auf Unterwasserutopien mit wissenschaftlicher Komponente – und die Tauchgeräte Le Prieurs dienen wenig später allererst der französischen Marine und keinen Hobby-Freitauchpionieren.[96]

Wie ernsthaft Painlevé mit seinen medientechnischen Bebachtungsensembles ein wissenschaftliches Interesse verfolgt, wie wichtig ihm der Einsatz von *cutting edge technology* ist, und wie schwierig diese Ensembles einzurichten und handzuhaben sind, notiert er 1935 in einem Text mit dem Titel *Feet in the Water*:

> »In choosing the aquatic world as a field of investigation, we have encountered two problems, nonexistent elsewhere: 1. Establishing the basis for the study of aquatic animals which, unlike that of land and air animals, has so far been conducted in a summary and backward fashion. 2. Obtaining photographs that are as clear and illustrative as possible under the most realistic conditions.«[97]

Eigentlich bedeute dies, so Painlevé, dass mit jedem weiteren zu filmenden Lebewesen auch das Beobachtungsensemble immer weiter modifiziert werden müsse – quasi als Adaption an die Bedingungen des Wissensobjekts. Im Zwischenbereich von epistemischen und technischen Dingen muss der Forscher hier

---

92. Ebd., S. 25, zit. n. einem nicht publizierten Dokument Painlevés.
93. Ebd., S. 27.
94. Vgl. ebd., S. 27.
95. Ebd., S. 29.
96. Vgl. ebd., S. 29.
97. Painlevé, Jean: »Feet in the Water«, in: *Science is Fiction*, a.a.O., S. 130–139, hier S. 131.

solange justieren, bis er eine Anordnung gefunden hat, in der sich Unvorhergesehenes und Neues ereignen kann und – in diesem Fall entscheidend: gesehen (und aufgezeichnet) werden kann:

> »Whether shooting in freshwater or saltwater, light poses a delicate problem. As in all studios, various light sources – ambient and spot – are necessary to illuminate the specific area. After compensating for the reflections and refractions through the water of the aquarium's glass, the correct amount of light must be determined: there must be enough light to be visible on film without, however, bathing the animal in so much light as to affect its behavior. […] When the lighting is changed – increased or decreased – some animals will switch directions, for example, descend when they had been climbing. Or a shrimp might vomit in front of the lens just when one expected the most ethereal ballet from it. […] Or an octopus who constantly lifts everything that is around it, clouding the water with its groping tentacles, might, when one's back is turned, escape from the tank, flatten itself out, slip under the studio door and tumble out the window onto the embankment below to the surprise of bathers.«[98]

Doch nicht nur der Ausschluss abiotischer Faktoren ist für die Verhaltensstudien problematisch, sondern bereits das Verhalten vieler Lebewesen selbst: Sie bewegen sich entweder kaum oder aber so abrupt, dass Fokussieren sehr schwierig ist. Und das Filmen mit einer Hochgeschwindigkeitskamera, z. B. um schnelle Körperbewegungen im Bild zu verlangsamen, funktioniert eigentlich nur bei fixierten Lebewesen; ein Mitziehen der Kamera in die nicht vorherzusehende Schwimmrichtung des Objekts ist kaum realistisch.

Bei *in situ*-Aufnahmen sind es die erwähnten Unzulänglichkeiten technischer Geräte für die Arbeit unter Wasser, sowohl was die Film- als auch die Tauchtechnik angeht. Die Arbeit an der Küste macht aber noch etwas anderes deutlich. Gespräche mit Fischern vor Ort fördern oft eine überholte Mythologisierung tierischen Verhaltens zutage, welches in jener traditionell anthropomorphistischen Perspektive begründet ist, von der sich die Ethologie abgrenzt: »There are so many myths to shatter!«, schreibt Painlevé. »The most preposterous anthropomorphism reigns in this field: everything has been made for Man and in the image of Man and can only be explained in the terms of Man, otherwise ›What's the use?‹ This leads to observations that are inaccurate.«[99] Seine Filmbilder hingegen machen aufgrund ihres vorsichtigen und bio-logisch durchdachten Arrangements ein genaueres Hinsehen möglich. Dieses ist nicht mehr von einer anthropomorphen Perspektive geprägt, sondern profitiert, ist aber auch eingeschränkt durch die technischen Dinge des Beobachtungsensembles. Was Painlevé anstrebt, ist eine Symbiose von biologischem Forschungsobjekt und technischer Apparatur – oder vielleicht eher eine Koevolution, in der sich das Beobachtungssetting an die Wissensobjekte anschmiegt und damit Prozesse und Verhaltensweisen sichtbar macht, die dann diese Wissensobjekte, diese

---

98. Ebd., S. 131f.
99. Ebd., S. 136.

marinen Lebewesen, in veränderter Weise erscheinen lassen. Diese Koevolution funktioniert als ein Wechselspiel von Störung, Antizipation und Entstörung zwischen Wissensobjekt und technischem System, oder, in Painlevés zukunftsfrohen Worten:

> »So, in sum, just when you think you have finally perfected a technique, you are forced to change it. We now use color in some of our documentaries, just as cartoons do. And we now bring spotlights into the water with us. Through it all, however, we have kept the pioneers of film in mind: they exemplify the desire to press on, regardless.«[100]

In der Weise, wie neuartige Verfahren und ihre technischen Spezifika also die von ihnen in den Blick genommenen Wissensobjekte verändern, transformieren diese auch wieder die technischen Spezifizierungen. Biologisches und technisches Wissen, oder pointierter: Das Verhalten von Lebewesen und das Verhalten medientechnischer Apparaturen verschränken sich in avancierten Verfahren der Produktion bewegter Bilder des bewegten Lebens unter Wasser. Das Rauschen der Beobachtungsobjekte induziert eine Beschäftigung mit technischen Apparaten und deren ständige Modifikation. Dies stellt die Möglichkeitsbedingung einer Kopplung des Forscherblicks an die dynamischen Vorgänge tierischen Verhaltens unter Wasser dar. Medientechniken sind keine einfachen Extensionen menschlicher Sinne; sie verweisen – indem sie mit ihnen der Ausschluss von Störungen in Bezug auf ihre Beobachtungsobjekte betrieben wird – vielmehr auf die Bedingungen, Leistungen und Grenzen optischer Wahrnehmungsfähigkeiten. Der Forscher schließlich erweist sich als Bricoleur, der zwischen biologischem Objekt, technischen Medien und seiner menschlichen Wahrnehmung hantiert und experimentiert.

Keine Grotte ohne Lotte

Ein zweiter Pionier des Unterwasserfilms und Innovator auf dem Gebiet der Entwicklung von Unterwasserkameras und geeignetem Atemgerät ist seit den späten 1930er Jahren der Österreicher Hans Hass, der in seinem Film MENSCHEN UNTER HAIEN aus dem Jahr 1947 die Bedeutung leichten Geräts beschreibt: »Diesem rätselvollen Land [unter Wasser, SV] haben wir uns mit Leib und Seele verschrieben und wir sind dabei fast selbst zu fischartigen Wesen geworden. Unter den Wellen fühlen wir uns richtig zu Hause, und nur dann und wann erscheint lautlos ein Kopf an der Oberfläche, wir schöpfen Luft und gleiten wieder hinab in die unergründliche Tiefe, immer neuen Wundern und Abenteuern entgegen.«[101] Die Leichtigkeit der Bewegung im Element Wasser beim freien Tauchen wird einige Szenen später kontrastiert mit der Behäbigkeit der damals

---

100. Ebd., S. 139.
101. Hass, Hans: MENSCHEN UNTER HAIEN, 1947, 83 min, s/w. In: *Hans Hass Klassik Edition*, Polar Film DVD, 2007, Timecode 2:55 min.

für Taucharbeiten gemeinhin verwendeten Helmtaucheranzügen, in denen eine Verfolgung von oder ein In-Kontakt-Treten mit Meerestieren kaum möglich war. Initialzündung für Hass' Beschäftigung mit der Verbesserung von Tauchgerätschaften war ein Treffen mit dem amerikanischen Schriftsteller Guy Gilpatric an der französischen Riviera, wo Hass nach dem Abitur im Urlaub weilte. Gilpatric infizierte den 18-jährigen zunächst mit seiner Begeisterung fürs Speerfischen, bevor sich die Jagd mit der Harpune wenig später in eine mit Foto- und Filmkameras verwandeln sollte. Gilpatric hatte dazu bereits eine wasserdichte Brille konstruiert – er verkittete die Luftlöcher einer alten Fliegerbrille – was es erst ermöglichte, unter Wasser klar zu sehen. Zudem verfasste er eine Art Tauchratgeber, der 1938 unter dem Titel *The Compleat Goggler* erscheint.[102] Enthusiastisch beschreibt Gilpatric darin einen ersten (wörtlich zu nehmenden) Tauchaus*flug*: »Darauf war ich nicht vorbereitet: atemberaubend das Gefühl des freien Unterwasser-Fluges mit der Taucherbrille [...]. Bis zum Grund waren es 15 Fuß, aber jeden Kieselstein und Grashalm sah ich so klar, als wäre nur Luft dazwischen. Ein weich-bläuliches Grün gesellte sich friedlich zur nahezu quälenden Stille über sanft wiegenden Matten.«[103]

Da Wien geografisch bekanntlich der See nicht gerade nahe liegt, erprobt Hass – jedenfalls wird es zu Beginn seines ersten Films PIRSCH UNTER WASSER (Hans Hass, D 1942) so inszeniert – im Krapfenwaldbad des 19. Wiener Gemeindebezirks sein Tauchgerät, bevor es auf Expeditionsreise geht – recht augenzwinkernd und mit weiblichen Badenixen als interessierten Zuhörerinnen. Und im Laufe der nächsten Jahre entwickelt und testet Hass verschiedene Tauchgeräte, die ein Tauchen als ›Froschmann‹ ermöglichen – etwa mittels eines umgebauten Tauchrettungsgeräts für U-Boot-Besatzungen. Aufgrund seiner diesbezüglichen Erfahrungen wird Hass zwischen 1943–45 den Kampfschwimmerverbänden der Wehrmacht zugeteilt.

Da Hass keine adäquaten Vorrichtungen für ein Fotografieren und Filmen unter Wasser findet, konstruiert er eigenhändig wasserdichte Gehäuse für Kameras und weist auf seine Pionierleistungen auch auf diesem Gebiet in subtiler Art und Weise hin:

»Aus Prospekten habe ich zwar entnommen, dass es in Amerika schon einige Spezialkameras für den Gebrauch unter Wasser geben soll, doch scheinen sie sich nicht besonders bewährt zu haben, sonst hätte man doch einmal in Veröffentlichungen gute und zugleich echte Unterwasserfotos sehen müssen. Das ist aber nicht der Fall, was ich hier ausdrücklich betonen will. Was bisher unter der Marke ›Unterwasserfoto‹ oder ›Unterwasserfilm‹ dem Publikum vorgesetzt wurde, ist in der Überzahl der Fälle in Aquarien oder Schwimmbecken aufgenommen oder bestenfalls aus Taucherglocken in klaren Seen. Vielfach waren es auch in Ateliers gestellte Trickaufnahmen.«[104]

---

102. Hannah, Nick und Mustard, Alex: *Tauchen Ultimativ*, Köln 2006, S. 25.
103. Gilpatric, Guy: *The Compleat Goggler*, London 1938, zit. n. Hannah und Mustard: *Tauchen Ultimativ*, a.a.O., S. 26.
104. Hass: *Fotojagd*, a.a.O., S. 70.

Seine Publikation *Fotojagd am Meeresgrund* von 1942 enthält einige ›Beweisfotos‹ für derartige Fälschungen. Hass selbst achtet penibel darauf, Aufnahmen zu erzeugen, die durch die Inklusion bestimmter Bildelemente unzweifelhaft als ›authentisch‹ und als auf offenem Meer entstanden eingeschätzt werden müssen. Er möchte von vorneherein jeglichen Vorwürfen der Trickserei den Wind aus den Segeln nehmen und beschreibt und zeigt detailliert die Konstruktion seiner technischen Apparaturen. Um Kameras unterwassertauglich zu machen, verwendet er zunächst Gehäuse aus Messing, später arbeitet er mit Plexiglas, jenem »elastischen und unzerbrechlichen Glas, aus dem die durchsichtigen Kanzeln unserer Bomber angefertigt werden«[105] – militärisches Know-How ist also auch für die Verbesserung von Unterwasser-Medientechniken von Bedeutung. Als Fotokamera verwendet Hass anfangs eine automatische *Robot II* nebst Rahmensucher mit Fadenkreuz, um den Ausschnitt der Bilder genau festlegen zu können, als Filmkamera eine 16-Millimeter-*Movikon K 16*. Er führt auch eigene Testreihen zu Belichtungseinstellungen und Schärfebereichwahl durch, um die ein Gefühl für die richtigen Einstellungen zu bekommen und die Ergebnisse seiner Arbeit zu optimieren. Seine Experimente mit fototechnischem Equipment resultieren bereits 1949 im von der Firma *Franke & Heidecke* in Serie produzierten *Rolleimarin*-Unterwasserkameragehäuse, das jahrelang zum Standardequipment für Unterwasserfotografen avanciert und an die *Rolleiflex*-Kamera desselben Herstellers angepasst ist. Das 5,3 Kilogramm schwere Gehäuse macht Aufnahmen bis in 100 Meter Wassertiefe möglich.[106] Immer wieder notiert Hass in seinen Publikationen seine Erfahrungen mit Unterwasserfotografie und -film. Er beschreibt optische Effekte bei Verwendung verschiedener Brennweiten und Blitzlichtarten und Verzerrungen durch das Umgebungsmedium Wasser. *Der Hans Hass Tauchführer* fasst sie zusammen – Hass ist, wie der Titel zeigt, bei Erscheinen des Buchs Mitte der 1970er Jahre längst selbst zu einer Marke geworden. Er betont auch den wissenschaftlich interessanten Aspekt von Unterwasseraufnahmen: »Und nicht zuletzt: auch für die Wissenschaft kann der Unterwasserfotograf wertvolle Dienste leisten. […] Solche Bilddokumente sind aber nur dann wirklich wertvoll, wenn alle Begleitumstände der Beobachtung sofort notiert werden. Dazu zählen: Dauer des Vorgangs, Tageszeit, Lokalität sowie die Tiefe, um nur einige zu nennen.«[107] Und um eine genaue Vermessung von Schwärmen, etwa von Individuenabständen, vornehmen zu können, wäre es genau wie auch im Forschungsaquarium zudem nötig, einen Referenzrahmen als Orientierungsmatrix zu installieren. In der Freiwasserbeobachtung wird die Installation eines solchen Referenzrahmens erschwert durch den meist mobilen Status der Kamera und den Wechsel der Messfelder: Ein im offenen Ozean schwimmender Schwarm zieht eben äußerst selten an rasterför-

---

105. Ebd., S. 74.
106. Vgl. Firmenbroschüre *90 Jahre Rollei – 90 Jahre Fotogeschichte*, S. 3. Abrufbar unter http://www.rcp-technik.com/typo3/fileadmin/downloads/pressemeldungen/de/2010/90_Jahre_Rollei.pdf (aufgerufen am 25.02.2012).
107. Hass, Hans und Katzmann, Werner: *Der Hans Hass Tauchführer. Das Mittelmeer. Ein Ratgeber für Sporttaucher und Schnorchler*, Wien, München, Zürich 1976, S. 39.

Formatierungen 215

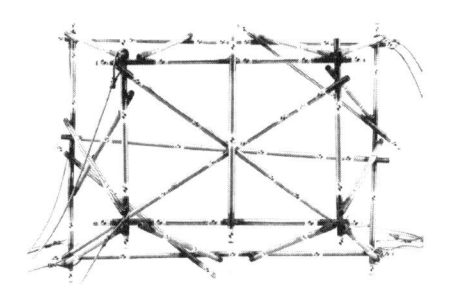

Abb. 13: Kalibrierungsrahmen für Unterwasserfotografie.

migen Hintergrundstrukturen vorbei. Daher wird in späteren Studien z. B. ein ebenfalls mobiler Messpunktrahmen mitgeführt werden, an dem die Kamera(s) relativ zueinander und absolut im Verhältnis zu herausstechenden Merkmalen der Umwelt (z. B. Felsstrukturen) orientiert werden (Abb. 13): »The control frame photography is used to calculate the interior, relative, and one component (scale) of the absolute orientation of the two cameras.«[108] Für jede Einstellung muss dieser Kontrollrahmen neu festgelegt werden – schwimmen die zu beobachtenden Schwarm-Individuen aus dem Objektraum heraus, war die Arbeit der Kalibrierung vergebens.

Auch im filmischen Bereich leistet Hass grundlegende Versuchs- und Entwicklungsarbeit und bringt ab den 1940 Jahren nie zuvor gesehene Bewegtbilder aus der Unterwasserwelt des Meeres nach Europa. Schließlich treibt in abendfüllenden Filmen, die Elemente von Tierdokumentationen und Spielfilmelemente verbinden, seine »Frau und Assistentin« Lotte ab den 1950ern als chaotisches Moment die Handlung voran. Dies gab einem Fernsehkritiker des *Spiegel* die schöne Wendung »Keine Grotte ohne Lotte« ein, während die *Hessischen Nachrichten* in einer gemeinsamen Forschungsfahrt im Roten Meer gar eine »Pin-Up-Expedition« sahen.[109] Im filmischen, auf Unterhaltung getrimmten Kontext werden die mühselige Dateneingabe unter Wasser, die normalerweise über beschreibbare Kunststofftafeln geschieht, und die in Naturdokumentationen schon seit Jean Painlevés *Science Films* gewöhnlichen Off-Kommentare zu den Bildern ersetzt durch muntere Konversationen auf dem Meeresgrund. Bei diesen dienen die eingesetzten Mundstücke nicht nur als Atemgeräte, sondern auch als Mikrofone. Science fact und Science fiction treten dabei eindrucksvoll und von heutiger Warte betrachtet mit sehr launigem Effekt nebeneinander: Ein »Datenverlust durch Vergessen«, wie er bei Wolfgang Fischer beschrieben wird, wäre unter solch paradiesischen Bedingungen jedenfalls kein Thema.

Hass weist jedoch auch auf typische Probleme des Unterwasserfilmens hin. Dazu gehören etwa die Schwierigkeiten einer korrekten Abstandsbestimmung

---

108. Osborn, Jon: »Analytical and Digital Photogrammetry«, in: *Animal Groups in Three Dimensions*, a.a.O., S. 36–60, hier S. 54f.
109. Telemann, in: *Der Spiegel* (1959, 9. Dezember), zit. n. Bülow: »Halb Tarzan, halb Grzimek«, in: *Spiegel Online*, a.a.O., o. S.; Vgl. *Hessische Nachrichten*, Kassel, 20. Dezember 1950.

Abb. 14: Schwarmfotografie von Hans Hass.

und die Herausforderung, Fische in Bewegung wackelfrei zu verfolgen. Er entwickelt mit der Zeit eine spezielle Schwimmtechnik, um freihand unter Wasser ruhige Sequenzen zu filmen – »schwerelos« sind unter Wasser Kamerafahrten möglich, »die auch das beste Hollywoodatelier nicht bieten kann.«[110] Wolfgang Fischer weist aber darauf hin, dass bei der Registrierung der Verhaltensweisen von Schwarm-Individuen auf einen möglichst fixen Standpunkt der Kamera geachtet werden müsse. Schon Hass, der nicht unbedingt an konkreten Schwarmforschungen interessiert ist, sondern auf möglichst unterhaltsame Weise einem breiten Publikum die Flora und Fauna bis dahin ungesehener Unterwasserwelten nahebringen will, verwendet für bestimmte Einstellungen z. B. ein Stativ, das er auf dem Meeresboden aufpflanzt, oder filmt stehend oder sitzend vom Grund aus. Hass promoviert zwar 1944 an der Berliner Humboldt-Universität in Zoologie und arbeitet auf seinen zahlreichen Expeditionen mehrfach eng mit Forschern (etwa mit dem Verhaltensforscher Irenäus Eibl-Eibesfeld) zusammen. Die genaue Analyse des Verhaltens von Fischschwärmen steht bei diesen Forschungsreisen jedoch nicht auf der Agenda, auch wenn erste Fotografien von Schwärmen im offenen Meer entstehen (Abb. 14).

Der *Subaquatic Astronaut*

Der letzte und bekannteste hier zu nennende Pionier der Erforschung und Visualisierung marinen Lebens unter Wasser ist der französische Taucher, Meeresforscher, vor allem aber – so seine favorisierte Selbstbeschreibung – ›Abenteurer‹ Jacques-Yves Cousteau. Mit mehr als 100 Filmen und 50 Publikationen prägt er maßgeblich die Bilder und die Faszination für die »schweigende Welt« unter der Oberfläche der Meere und Ozeane, und wie bei Painlevé und Hass geht

---

110. Hass und Katzmann: *Der Hans Hass Tauchführer*, a.a.O., S. 39.

damit auch bei Cousteau eine rege Entwicklungstätigkeit im Bereich medientechnischer Apparate einher. Als junger Marinesoldat und Extremschwimmer war Cousteau Mitte der 1930er Jahre ebenfalls an der französischen Mittelmeerküste stationiert. Um sein Schwimmen (seinen »Crawlstil«) zu optimieren und seine Augen dabei vor Salzwasser zu schützen, hatte er sich eine moderne Fernez-Tauchbrille angeschafft.[111] Maurice Fernez' Brillen waren seit den 1920er Jahren bereits bei Schwammtauchern im Mittelmeer sehr beliebt, und im Falle Cousteaus änderte der Blick durch besagte Brille auch dessen weiteren Lebensweg unwiderruflich. In seinem Buch *Die schweigende Welt* von 1953 beschreibt Cousteau sein erstes Taucherlebnis wie folgt:

»Im Jahre 1936 watete ich bei Le Mourillon in der Nähe von Toulon eines Sonntagsmorgens ins Mittelmeer hinaus und blickte durch die Fernez-Brille hinab. […] Nun war ich erstaunt, was alles ich in der seichten Bucht von Le Mourillon erblickte: Felsen, die mit grünen, braunen und silbernen Wäldern von Algen bedeckt waren, und bis dahin unbekannte Fische, die im kristallklaren Wasser umherschwammen. Ich richtete mich auf, um zu atmen, und sah am Ufer einen Omnibus, Leute, Laternenpfähle. Wieder tauchte ich meinen Kopf unter, und die ganze Zivilisation schwand mit dieser einen Bewegung dahin. Ich war in einem Dschungel, der noch nie von allen denen erblickt worden war, die sich auf der undurchsichtigen Erdoberfläche bewegten.«[112]

Während der zwei folgenden Jahre schnorchelt Cousteau an der Küste und erforscht die Physiologie des Tauchens, vor allem im Hinblick auf die Erhaltung von Körperwärme. Nach vergeblichen Experimenten mit auf die Haut aufgetragenen Fettschichten schneidert er vulkanisierte Gummianzüge, die sich zum Teil auch mit einer isolierenden Luftschicht füllen lassen – auch dies mit einigen Problemen: Nicht nur hat Cousteau mit dem dadurch erzeugten Auftrieb zu kämpfen – »[e]in anderer Nachteil […] bestand darin, daß die in ihm befindliche Luft in die Fußteile strömte, so daß ich alsbald senkrecht auf dem Kopf stehen musste«.[113] Erst 1946 ist der Tauchanzug ausgereift. Und ab Beginn der 1940er Jahre geht Cousteau mit dem Pariser Ingenieur Emile Gagnan daran, Le Prieurs Pressluft-Tauchgerät zu verbessern. Gagnan hatte – eigentlich für die Regelung von Holzvergasern für Motoren – ein Bedarfsventil entwickelt, das nun auch für die automatische Regelung der Pressluftzufuhr beim Tauchen eingesetzt wird.[114]

Genau wie bei Hass ist es zunächst die Skepsis des Publikums, die auch Cousteau dazu veranlasst, technische Bilder seiner Unterwassererlebnisse anzufertigen: »Unsere Freunde am Ufer hörten sich unsere Unterwasserberichte mit einer Ungerührtheit an, die mich zur Verzweiflung brachte. Wir sahen uns genötigt, durch Fotos unsere Erlebnisse zu beweisen, und da es sich bei unserem Tauchen

---

111. Vgl. Cousteau: *Die schweigende Welt*, a.a.O., S. 22.
112. Ebd., S. 22.
113. Ebd., S. 46.
114. Ebd., S. 31f.

immer um bewegte Szenen handelte, fingen wir sogleich mit Filmaufnahmen an«[115] – er ist genötigt, wie eingangs dieses Kapitels formuliert, durch Bewegtbilder Zeugnis abzulegen vom Leben der Wesen unter Wasser. Cousteau und sein Team benutzen anfangs eine »kümmerliche« *Kinamo I*-Kamera, für die der Maschinist Léon Veche ein wasserdichtes Gehäuse konstruiert. Da während des Kriegs keine 35mm-Filme zu bekommen sind, behilft man sich mit Zwanzig-Meter-Leicafilmrollen, die nach der Entwicklung aneinandergefügt werden.[116] Später wird mit dem *Bathygraph* gefilmt, an dessen pistolenförmigem Haltegriff Blende und Brennweite relativ bequem eingestellt werden können. Im Laufe der Jahre werden Cousteaus Expeditionen unter Wasser immer spektakulärer, und die dabei eingesetzten Technologien selbst zu Bestandteilen der Inszenierung. Unterwassergefährte wie der für die Marine entwickelte Tauchscooter, kleine U-Boote mit teils spektakulärem Design wie die Tauchuntertasse *SP-350 Denise* (Abb. 15) aus dem Jahr 1959, und automatisiert arbeitende Tauchroboter sind in den folgenden Jahrzehnten Begleiter immer neuer und sensationeller Bilder unter der Wasseroberfläche. Das mit technischen Medien beobachtete Leben unter Wasser geht mit einem durch technische Apparate unterstützen menschlichen submarinen Leben einher, und sei es als ›subaquatic astronaut‹ in der Tauchuntertasse. Nur wer sich »als Fisch unter Fischen« (Hass) bewegen kann und sich – egal ob mithilfe einfacher Gummiflossen und Aqualungen oder avancierter Mini-U-Boote mit integrierten Kameras und Scheinwerferarrays – den Gegebenheiten der opaken Unterwasserumwelt anzupassen vermag, kann einen Zugang herstellen zur Beobachtung des Verhaltens der dort ansässigen, oft noch unbekannten Lebewesen. Nur ›subaquatic astronauts‹ können als Mischung aus Abenteurern und Forschern den ›Outer Space‹ der Meere und Ozeane entdecken.

Bis ins 21. Jahrhundert hinein werden derartige Beobachtungstechniken weiterentwickelt, und resultieren in jenen faszinierenden Filmaufnahmen von Fischschwärmen, wie sie aus jüngeren Produktionen bekannt sind. Man denke etwa an die einigermaßen phantastisch anmutenden Sequenzen aus den BBC-Produktionen THE BLUE PLANET (Alistair Fothergill, GB 2001) und dem daraus folgenden Kinofilm DEEP BLUE (Alistair Fothergill, GB 2003), oder an deren Wiederauflage in der französischen Produktion OCEANS (Jacques Perrin und Jacques Cluzaud, F 2010). Und der ebenfalls von der BBC produzierte Zweiteiler SWARMS – NATURE'S INCREDIBLE INVASIONS (GB 2009) präsentiert gar Bilder aus der Mitte z. B. eines fliegenden Heuschreckenschwarms, bei dem die Grenzen zwischen Kamerabildern und Computeranimationen zunehmenden verschwimmen. Eines ist diesen in der Tradition von Hass oder Cousteau stehenden Naturdokumentationen jedoch gemeinsam: Sie geben dem Rezipienten zwar eine plastische *Idee* davon, wie sich Schwarm-Individuen in Bezug zueinander und ganze Schwärme in Bezug auf z. B. Räuber verhalten. Doch für eine hinreichend *genaue* Vermessung und valide Aussagen darüber, wie sich

---

115. Ebd., S. 34.
116. Ebd., S. 34.

Formatierungen 219

Abb. 15: Cousteaus ›Tauchuntertasse‹ SP-350 *Denise*.

die Schwarm-Individuen dabei *exakt* zueinander verhalten, lässt ein derartiges Material wenig Rückschlüsse zu. Sie erneuern und verstärken jedoch je die Faszination der intransparenten Organisation von Schwarmkollektiven in immer eindrucksvolleren Bildern – die Intransparenz und Dynamik von Schwärmen stellt sich in Beobachtungsmedien ein, welche die Opazität des Umweltmediums Wasser transparent haben werden lassen.

Für die biologische Feldforschung unter Wasser in Bezug auf Schwärme sind zusätzliche Faktoren zu berücksichtigen, aufgrund derer erst quantifizierbare und vergleichbare Beobachtungsergebnisse erzeugt werden können. Einer wissenschaftlichen Bewertung der freien Tauchmethode muss daher gesondert nachgegangen werden.

Schwarmforschung im Open Water

Während die initialen Impulse für den Einsatz von Tauchgeräten und für den Umweltbedingungen entsprechend entwickelte technische Aufnahme- und Beobachtungsverfahren wiederum nicht von originär wissenschaftlicher Seite herrühren, wird der Einsatz derartiger Medientechniken für wissenschaftliche Zwecke in den 1960er Jahren durchaus diskutiert. In einem überblickartigen Artikel beschäftigt sich etwa der Wiener Meeresbiologe Rupert Riedl mit den Potenzialen der »Taucherei« und reagiert damit auf eine Verbreitung auch des wissenschaftlichen Tauchens seit den 1950er Jahren. Laut Riedl gehe es bei diesen submarinen Feldstudien »um das Gewinnen von Anschauung, um die koordinierte Gewinnung komplexer Nachrichten«, die besonders für die Subdisziplinen Verhaltensforschung und Ökologie von Relevanz seien. Denn hier sei es unabdingbar, sich im Vorfeld einer Kausalanalyse zunächst mit der »Korrelation zusammengesetzter Erscheinungen« zu befassen.[117] Eine ›Gewinnung von Anschauung‹ heißt in diesem Zusammenhang die Speicherung von Bewegtbild-

---

[117]. Riedl, Rupert: »Die Tauchmethode, ihre Aufgaben und Leistungen bei der Erforschung des Litorals; eine kritische Untersuchung«, in: *Helgoländer wissenschaftliche Meeresuntersuchungen* 15/1–4 (Juli 1967), S. 295–352.

daten der dynamischen Verhaltensprozesse im natürlichen Habitat, die danach der Analyse zugänglich sind – und dabei stehen (medien-)technische Apparaturen im Mittelpunkt: »Jenseits jener engen Grenzen«, so Riedl, »die dem Taucher zeitlich-örtlich gesetzt sind, kann das Gebiet der Anschauung apparativ geradezu beliebig erweitert werden, wenn das Tauchen zur propaedeutischen Disziplin wird und man auf dieser Grundlage konsequent weiterbaut.« Bevor eine Übertragung in experimentelle Anordnungen vorgenommen werden könne, gelte es, die interessierenden Erscheinungen »am Ort ihres Wirkens« aufzusuchen.[118]

Riedl erwähnt den noch pionierhaften Zustand der Forschung unter Wasser, der durch eine Kombination mit »Experiment und Kausalanalyse« wissenschaftlich unterfüttert werden müsse. Anfang der 1970 Jahre bespricht Wolfgang Fischer dann dezidert die Potenziale und Probleme der Freitauchmethode für Schwarmforschungen und geht damit auf die bei Riedl formulierten Forderungen und Ansprüche ein. Er betont, dass in diesem Fall darauf geachtet werden müsse, sich bei einem »Mitziehen« nur in einer Ebene parallel zum Schwarm zu bewegen, um später in den aufgenommenen Bildern Ortsveränderungen der Fische nachverfolgen zu können. Für einigermaßen präzise Messungen ist es überdies naturgemäß ebenso wie bei fotografischen Verfahren im Labor notwendig, einen stabilen Referenzrahmen zu installieren, um die gefilmten Bewegungen von Schwarm-Individuen in Relation setzen zu können zu einem – geometrisch vermessenen – Raster.[119] Fischer notiert zum Ablauf der Datenauswertung, dass um die 1000 Meter Film und 700 Fotografien genutzt worden seien. Mit einem speziellen Projektionsgerät wurden die Filme in Form einer Einzelbildauswertung bearbeitet, wozu jedes Einzelbild auf einer durchsichtigen Folie nachgezeichnet wurde. »Durch Übereinanderlegen der nachgezeichneten Einzelbilder konnte der Reaktionsablauf innerhalb einer Fischgruppierung genau verfolgt und in Millisekunden (msec) gemessen werden, da die zeitlichen Abstände der Einzelbilder zueinander genau bekannt sind. Die Verwendung hoher Aufnahmegeschwindigkeiten erlaubte die genaue Vermessung und Feststellung der Reaktionsarten innerhalb einer sozialen Fischgruppierung.«[120] Im Fall der Fotografien geschieht die Auswertung teilweise bereits anhand der Negative, die durch Projektion oder als Vergrößerung im Format 18 x 24 cm ausgewertet werden. Dabei stehen, analog zur Auswertung der Filme, vor allem die folgenden Faktoren im Mittelpunkt des Interesses: »Abstände der Individuen, Fische in der Schwarmspitze und ihre Verweildauer, Schwarmform, Abmessungen des Schwarmes, Individuenzahl, Beginn der Reaktion, Ausbreitungsart der sog. Reaktionswelle, Artenzusammensetzung des Schwarmes, Zugehörigkeit zu verschiedenen Gruppierungsformen, Verstärkerwirkung«.[121]

---

118. Ebd., o. S. (Zusammenfassung).
119. Vgl. Fischer: »Erforschung des Schwarmverhaltens von Fischen«, in: *Helgoländer Meeresuntersuchungen*, a.a.O., S. 393.
120. Ebd., S. 393.
121. Ebd., S. 393.

Formatierungen 221

Genau wie in den Studien von Partridge und seinem Team gehen auch die Meeresbiologen in Kiel an eine Einzelbildauswertung der technischen Bilder per Hand – die jeweiligen Positionen der Schwarmfische werden im projizierten Bild markiert, und im Vergleich zu benachbarten Frames vermessen. Anhand dieses visualisierten Datenmaterials können auch hier die bereits in anderen Studien verfolgten Reaktionswellen und Ausweichmanöver von Schwärmen in Bezug auf Umweltfaktoren mittels eines neuen Beobachtungsstandorts und unabhängig von abiotischen Störfaktoren analysiert werden (Abb. 16). Die Reaktionsgeschwindigkeit eines Gesamtschwarms wird hier mit Werten zwischen 600 und 1500 Millisekunden beziffert. In anderen Experimenten verfolgen die Forscher auch das Vereinigungsverhalten mehrerer Schwärme und das Verhalten einzelner Individuen in Bezug auf Kongregationen. Es wird festgestellt, dass sich die getesteten Fische in der Regel an Individuen gleicher Größe anschließen und größere Schwärme eine ›Anziehungskraft‹ auf kleinere Schwärme gleicher Art ausüben, die tendenziell von der Seite her zu den größeren Strukturen dazustoßen. Bei all diesen Untersuchungen verhindern im Wasser installierte Begrenzungsnetze ein Davonschwimmen der Schwärme aus dem Beobachtungsbereich, so dass Fischer nach Abschluss der Untersuchungen folgende Ergebnisse festhalten kann:

»1. Die marinen Schwarmfische kommen ausschließlich als echter Schwarmverband vor, solange sie sich im pelagischen Raum aufhalten. Bei der Nahrungsaufnahme und in der Nacht wird der Schwarmverband aufgelöst.
2. Die Reaktionen innerhalb eines Schwarmes breiten sich nach bestimmten Gesetzmäßigkeiten aus und sind zeitlich messbar.
3. Eine Reaktion innerhalb eines Schwarmes kann von verschiedenen Stellen aus ausgelöst werden.
4. Leitfische im Schwarm existieren nicht.
5. Die echten Schwarmfische des Süßwassers entsprechen in ihren Reaktionen den Schwarmfischen des Meerwassers. Im Süßwasser treten außerdem noch andere Sozietätsformen auf.
6. Die Süßwasserart *Alburnus alburnus* eignet sich als Modellfisch für Untersuchungen der Reaktionen von Schwärmen auf Fanggeräte und für die weitere Erforschung der Schwarmgesetzmäßigkeiten.«[122]

Neben einem weiteren Nachweis, dass in Schwärmen keine Führungsindividuen existieren – eine Frage, die im Zuge der Entwicklung biologischer Schwarmforschungen immer wieder diskutiert wird –, haben Fischers Untersuchungen vor allem ein interessantes Ergebnis: Er weist nach, dass das Verhalten eines Süßwasserfischs modellhaft für weitere Untersuchungen der Prinzipien des Schwarmverhaltens auch anderer Schwarmfische genutzt werden kann. Wegen der schwierigen Haltungs- und Untersuchungsbedingungen von Meerfischen

---
122. Ebd., S. 400.

222   **Formatierungen**

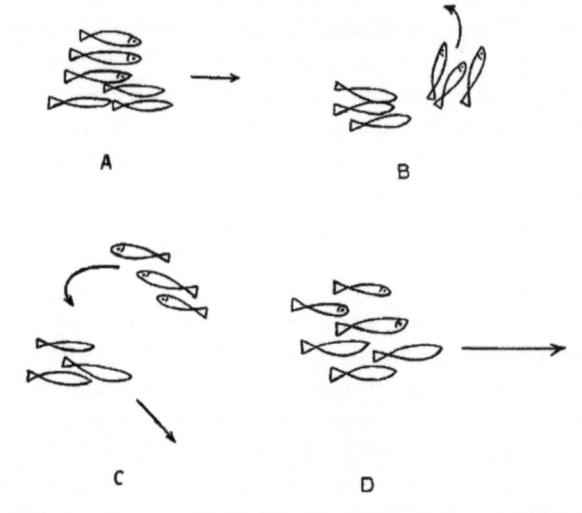

Abb. 1: Teilung und erneute Vereinigung eines Heringsschwarmes. (Vereinfacht nach Einzelbildauswertung)

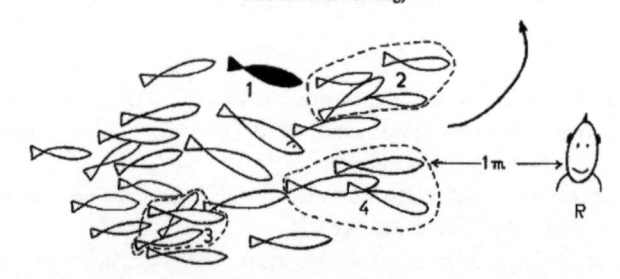

Abb. 2: Reaktion der Schwarmspitze eines Heringsschwarmes auf einen Räuber. (Vereinfacht nach Einzelbildauswertung). R = Räuber; 1 = Reihenfolge der Reaktion

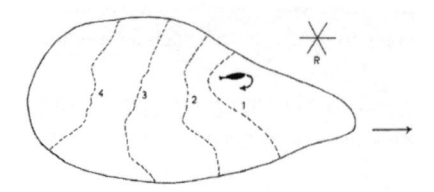

Abb. 16: Grafisch aufbereitete Verhaltensreaktionen in Experimenten nach Wolfgang Fischer.

verspricht dies eine deutliche Erleichterung anschließender Forschungen, die auch für die Hochseefischerei nutzbar sein können. Denn auch bei Fischer steht, wie erwähnt, das Fischen im Vordergrund, und er notiert hoffnungsvoll eine Möglichkeit, in Zukunft ganze Schwärme verhaltensmäßig zu beeinflussen und damit ihren Fang zu optimieren:

> »Von besonderem fischereilichen Wert scheint die den Fischen eines Schwarmes eigene Verstärkerwirkung, besonders die qualitative Verstärkerwirkung zu sein. Die qualitative Verstärkerwirkung tritt dann auf, wenn innerhalb eines Schwarmes auf einen Reiz nur die Individuen mit den dafür besonders ausgeprägt empfindlichen Sinnesorganen reagieren können. Dazu wäre auch die durch eine Positiv- bzw. Negativdressur bedingte Reaktion auf einen Reiz zu rechnen. Da bei vorliegenden Untersuchungen gezeigt werden konnte, daß vom Schwarm getrennte Individuen auf Grund des ihnen eigenen Schwarmverhaltens Kontakte zu anderen Schwärmen mit gleichgroßen Individuen suchen, wäre es durchaus möglich, positiv dressierte Fische auszusetzen, die eine Schwarmreaktion auf das Fanggerät hin auslösen könnten. Die bei den Untersuchungen gemessenen Reaktionszeiten der Schwärme wären unter Berücksichtigung der Schwimmgeschwindigkeiten der Fische, die zum Teil bereits bekannt sind, von der Fischereitaktik und -Technik zu berücksichtigen. Daß die Reaktion innerhalb eines Schwarmes von jeder beliebigen Stelle des Schwarmes aus begonnen werden kann, sollte bei der Schleppnetzfischerei Berücksichtigung finden.«[123]

Hier schlägt sich mithin ein Denken nieder, dass bereits geprägt ist von systemisch-systematischen Ansätzen. Im Sinne der Erleichterung experimenteller Settings wird – so wie es in biologischen Forschungen in anderen Bereichen üblich ist – nach einem Modellorganismus gesucht, mit dem sich das relationale System Fischschwarm allgemeingültig untersuchen lässt.[124] Und die Nutzung ›dressierter‹ Exemplare für die Beeinflussung ganzer Schwärme wird unter veränderten technischen Bedingungen einige Jahrzehnte später nochmals virulent (vgl. Kapitel IV.2). Doch inzwischen bleibt die genaue Vermessung und Quantifizierung von Schwarmstrukturen im natürlichen Habitat problembehaftet und wenig störungsresistent.

Der US-amerikanische Biologe John Graves beschäftigt sich in einer Studie aus dem Jahr 1977 mit der fotografischen Fixierung von Individuenabstand und Dichte frei im Ozean ziehender Schwärme, die methodologisch im Gegensatz zum Laborverfahren noch immer unterentwickelt seien.[125] Das dazu eingesetzte

---

123. Ebd., S. 399.
124. Zu denken ist hier etwa an die Fruchtfliege *Drosophila*, die von 1909 an z. B. von Thomas Hunt Morgan bereits im Zuge der Wiederentdeckung der Mendelschen Vererbungsregeln als Modellorganismus genutzt wurde, ab den 1930ern in der Klamottenkiste der Biologie verschwindet, schließlich mit der Konjunktur der Genetik in den 1970er Jahren aber als Modellorganismus wiederentdeckt wird. Vgl. Jacob, François: *Die Maus, die Fliege und der Mensch. Über die moderne Genforschung*, 2. Auflage, Berlin 1998.
125. Graves, John: »Photographic Method for Measuring Spacing and Density within Pelagic Fish Schools at Sea«, in: *Fishery Bulletin* 75/1 (1977), S. 230–239.

Kamerasystem wird langsam von der Oberfläche aus durch einen zu beobachtenden Schwarm hindurch abgesenkt, während die Kamera automatisch in bestimmten Intervallen auslöst. Es besteht aus einer Kleinbildkamera, die mittels Unterdruck in einem Gehäuse aus Plexiglas und Aluminium wasserdicht verpackt ist. Daran werden Senkgewichte, Schwimmer und ein Fähnchen befestigt. Sobald das System ins Wasser hinabgelassen wurde, richtet sich die Kamera senkrecht auf und schließt einen Schaltkreis, der einen elektrischen Timer in Gang setzt, welcher bei einer Sinkgeschwindigkeit von 10 m/s im Abstand von 24 oder 48 Sekunden gleichzeitig Kameraverschluss und Blitzlicht auslöst. Die Schwarm-Individuen zeigten sich, so Graves, wenig gestört vom Blitzlicht, hielten aber circa zwei Meter Abstand vom System (Abb. 17).

Bei der Auswertung wird ordentlich gefiltert: Mittels eines *X-Y-Coordinate Reader* – wohl einem ähnlichen Gerät wie den von Partridge und Kollegen bekannten *Data Tablets* – werden von vergrößerten Abzügen der Fotografien die Längen der von der Kamera eingefangenen Fische gemessen. Dabei werden nur die zentrumsnahen Individuen berücksichtigt, um optische Verzerrungen auszuschließen und die Berechnungszeiten im Rahmen zu halten. Auch für die Abstandsbestimmung wird das Procedere vereinfacht, indem einfach für alle Individuen eine »standard fish size« von 12 Zentimetern angenommen wird und davon ausgegangen wird, dass diese rechtwinklig zur Kamera ausgerichtet sind. Damit werden die Größenunterschiede der Schwarm-Individuen im Bild direkt abhängig allein vom Abstand in Relation zur Kameralinse. Der interindividuelle Abstand berechnet sich dann als Quotient aus Standardgröße und Bildgröße, der nur noch in die Unterwasser-Kalibrierungs-Gleichung der Kamera eingesetzt werden muss.[126] Dies funktioniert allerdings nur bis zu einer bestimmten Entfernung von der Kamera, von der an eine optische Auflösung einzelner Fische durch zunehmende Überlappungen, die Undurchsichtigkeit des Wassers und mangelnde Beleuchtung nicht mehr möglich ist. Schließlich wird unter Hinzunahme einer dritten Koordinate (auch diese evaluiert in Abhängigkeit von Kameraentfernung und Standard- und Bildgröße) ein dreidimensionales Modell der Fotos konstruiert, mithilfe dessen die Dichte des Fischschwarms in der Einheit Individuen pro Kubikmeter angegeben werden kann.

Und ein beiläufiger Satz dann betrifft den Umfang des ausgewerteten Materials: »Anchovy schools appeared on 16 of the 230 photographs taken. For the 10 photographs in which the fish seemed perpendicular to the camera, the mean density of the school was 114.8 fish/m^3 […] and the mean distance was 1.2 body lengths […].«[127] Die empirische Basis solcher Versuche ist mithin relativ dünn und basiert auf idealisierten Modellannahmen, die höchstens mit stereofotografischen Verfahren ausgeschlossen werden könnten, so Jules S. Jaffe in einem zusammenfassenden Artikel über die optische Aufzeichnung dreidimensionaler Kongregationen Mitte der 1990er Jahre. In Bezug auf Schwärme sei der Hauptnachteil optischer Verfahren, in der Regel nur die Außenseite einer Kon-

---

126. Ebd., S. 231f.
127. Ebd., S. 232.

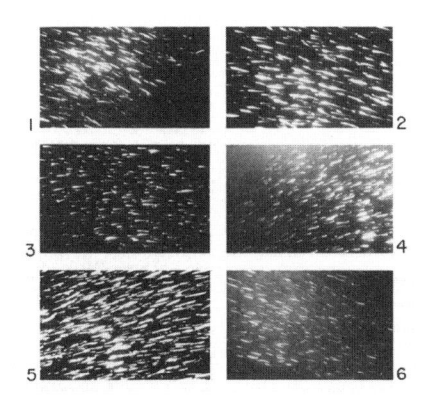

Abb. 17: Fischschwärme im offenen Ozean, fotografiert mit Graves' ›Drop Camera‹-System.

gregation erfassen zu können, denn die Schwarm-Individuen überdecken sich gegenseitig[128] – ein Problem, das auch durch Stereofotografie nicht zu umgehen ist, sondern nur mit akustischen Verfahren gelöst werden kann (Kapitel III.3). Dennoch sind optische Daten unverzichtbar, weil sie z. B. auch als Referenz für das Tuning akustischer Systeme herangezogen werden. Wie delikat die Einstellung eines Stereo-Kamerasystems ist, das eine verlässlichere Bestimmung der z-Koordinate erlaubt, beschreibt Jon Osborn in seinem Artikel *Analytical and Digital Photogrammetry* anhand eines Systems des neuseeländischen Fischereiministeriums. Es verwendet zwei *Lobsiger DS 3000* Kameras mit 28-mm *Nikkor* Unterwasserobjektiven, die hinter einem flachen Acrylglas montiert sind, und die jeweils ein Réseaugitter auf der Fokalebene eingebaut haben. Der relative Abstand der Kameras ist variabel, und vor und nach jedem Einsatz werden mittels eines *control frame* Kontrollbilder erstellt, um Störungen der Positionen auszuschließen, die beim Einsatz auf See entstanden sein könnten. Der *control frame* selbst wird mitgeführt, um das System gegebenenfalls auf See rekalibrieren zu können. Er definiert sechzig Kontrollpunkte, die zuvor mit einer Genauigkeit im Submillimeterbereich eingerichtet wurden. Zur Kalibrierung der Kameras werden auf beiden Kontrollfotos die Eckkreuze des Réseaugitters mittels eines Stereo-Komparators ausgemessen.[129] Und an derselben Stelle hält Osborn fest, dass es eine höchst schwierige Angelegenheit sei, eine große Menge gleichzeitig ablaufender Bewegungen nachzuvollziehen und in ein vermessenes 3D-Modell zu überführen.

»Much of the current research in object recognition and matching relies on defining targets in terms of generalized geometric objects, such as lines, planes, and cylinders. While this is appropriate for industrial applications such as quality assurance for manu-

---

128. Jaffe, Jules S.: »Methods for three-dimensional sensing of animals«, in: *Animal Groups in three Dimensions*, a.a.O., S. 17–35, hier S. 26.
129. Vgl. Osborn: »Analytical and Digital Photogrammetry«, in: *Animal Groups in Three Dimensions*, a.a.O., S. 54.

factured parts, this methods are less well suited to biological tasks where animals move and their shape changes as a function of animal distance and orientation with respect to the cameras.«[130]

Denn in den 1990ern stecken automatisierte Digitalisierungsverfahren noch in den Kinderschuhen:

»Accurate and reliable fully automated target recognition, correlation and tracking is still in the developmental state. [...] Most commercial automatic recognition systems rely on feature recognition for binary images (e.g. a high-contrast edge recognized as black and white). Therefore, image recognition of aggregating ants filmed against a high-contrast background is relatively simple. But automatic identification of every fish in a school, let alone recognition of the head and tail of every individual, becomes a problem of difficulty.«[131]

Im Fokus solcher Beobachtungsformen stehen somit bis zur Entwicklung avancierterer Systeme und damit bis zum Ende der 1990er Jahre nicht so sehr die interindividuellen Verschaltungen und Kommunikationen, sondern z.B. ökologische Parameter – etwa Reaktionen auf Nahrungsangebot, Fressfeinde und andere externe Stimuli. Eine Öffnung der Ergebnisse von Laborexperimenten *hin zu* beziehungsweise ihr Vergleich *mit* Studien aus der Feldforschung stellte sich als nicht unproblematisch dar. Dennoch sei es, so betont der französische Biologe François Gerlotto, seit den 1990er Jahren möglich geworden, Schwärme mit nennenswerten Ergebnissen innerhalb ihres natürlichen Habitats zu beobachten und zu analysieren.[132] Allerdings beruft er sich dabei auf ein mediales Verfahren, das zunächst eine ganz andere Technologie einsetzt, um die doppelte Intransparenz unter Wasser zu umgehen, die aber mithilfe entsprechender digitaler Technologien imstande ist, in einem zweiten Schritt eine spezifisch neue Sichtbarkeit von Schwärmen zu generieren: durch den Einsatz von Schall.

---

130. Ebd., S. 50.
131. Ebd., S. 51f.
132. Gerlotto: »Gregariousness and School Behaviour«, in: *Proceedings of AKUSTIKAN*, a.a.O., S. 234.

3. Acoustic Visualization[133]

»Despite their several shortcomings, these devices are justifiably regarded as ›eyes‹ by those who are engaged in exploratory fishing and who are studying the distribution and behavior of fish (particulary schooling forms) in natural conditions, especially in the sea. […] In accordance with their usefulness in these investigations, hydrostatic devices are rightly compared to a microscope, used to study the most important biological questions.«[134] *Dimitrij Radakov*

Als am 14. April 1912 das seinerzeit größte Passagierschiff *HMS Titanic* der britischen *White Star Line* nach einer Kollision mit einem Eisberg im nördlichen Atlantik sinkt, bedeutet dies nicht nur einen veritablen Schock für die technologie- und fortschrittsgläubigen Gesellschaften auf beiden Seiten des Atlantiks. Die Katastrophe ist auch Anlass für weitgehende Maßnahmen zur Verbesserung von Sichertechnologien auf See. So demonstriert der kanadische Rundfunkpionier und Erfinder Reginald A. Fessenden, stimuliert von diesem Ereignis, im März 1914 den Nutzen seines zwei Jahre zuvor konstruierten *Fessenden-Oszillators* als *echo ranging device*, also als akustischen Entfernungsmesser. Vom US-Coast-Guard-Schiff *Miami* aus testet er den Oszillator bei den Grand Banks vor der Küste Neufundlands mit Erfolg zur Messung des Abstands zu einem 3200 Meter entfernten Eisberg und zur Tiefenmessung der Gewässer. Im Januar 1914 hatte er dieses erste aktive elektromechanische Sonar-Gerät (das Akronym *Sonar* steht für nichts Anderes als *SOund Navigation And Ranging*), »a 540-Hz air-backed electrodynamically driven clamped-edge circular plate«, als Angestellter der Firma *Submarine Signal Company* in Boston im dortigen Hafen bereits als Unterwasser-Kommunikationsgerät für U-Boote vorgeführt. Ein Morsegerät war an den Oszillator angeschlossen worden und auf diese Weise Morsecode mit Sonarpulsen durch das Wasser übertragen worden.[135]

Wenn unter Wasser etwa seit Mitte des 20. Jahrhunderts – mit Vorläufern in den 1930er Jahren[136] – also noch eine ganz andere Form medialer Abtastung von Fischschwärmen als die beschriebenen optischen Beobachtungs-, Quantifizierungs- und Tracking-Versuche zum Einsatz kommen, geht diese prinzipiell auf Fessendens Sonar-Verfahren zurück. Die Geschichte der Erforschung der

---

133. Zu diesem Begriff vgl. Greene, Charles H. und Wiebe, Peter H.: »Acoustic visualization of three dimensional animal aggregations in the ocean«, in: *Animal Groups in three Dimensions*, a.a.O., S. 61–67, hier S. 62.
134. Radakov: *Schooling in the Ecology of Fish*, a.a.O., S. 12.
135. Vgl. Riley, Dave: »Reginald Aubrey Fessenden (1866–1932). Some Biographical Notes«, in: *Soundscapes* 2 (1999), o.S., http://www.icce.rug.nl/~soundscapes/VOLUME02/Reginald_Aubrey_Fessenden.shtml (aufgerufen am 25.02.2012). Der britische Ingenieur L. F. Richardson ließ bereits fünf Tage nach dem Untergang der *HMS Titanic* ein ähnliches System patentieren, brachte es jedoch nicht bis zur Marktreife. Vgl. Burdic, William S.: *Underwater Acoustics Systems Analysis*, 2. Auflage, Englewood Cliffs 2003, S. 3 (FN).
136. Vgl. z. B. Sund, Oscar: »Echo sounding in Fishery Research«, in: *Nature* 135 (1935, 8. Juni), S. 935.

Schallübertragung unter Wasser kann zwar schon bei Leonardo da Vinci begonnen werden, der in einem Notizbuch aus dem Jahr 1490 die Möglichkeit des passiven Fern-Hörens weit entfernter Schiffe festhält: »If you cause your ship to stop, and place the head of a long tube in the water and place the outer extremity to your ear, you will hear ships at a great distance from you«.[137] Sie wird die Versuche von Daniel Colladon und Charles Sturm einschließen, die 1826 auf dem Genfer See die Geschwindigkeit von Schall unter Wasser messen, und Lord Rayleighs *Theory of Sound* von 1877 zu bearbeiten haben. Und sie wird die vielfältigen elektrotechnischen Innovationen und die diesen zugrundeliegenden Theorien des Elektromagnetismus berücksichtigen, die den Bau eines Fessenden-Oszillators erst denkbar machten, und die wenig später auch Basis für den Einsatz der piezo-elektronischen Schallgeber des französischen Physikers Paul Langevin oder für die Konstruktion des Echolots des deutschen Physikers Alexander Behm sein werden.[138] Doch obwohl ein vielversprechendes und dabei medientheoretisch und mediengeschichtlich bisher wenig aufbereitetes Unterfangen, ist diese Geschichte nicht Gegenstand dieses Kapitels. Vielmehr sollen – ohne selbstredend die seit dem Ersten Weltkrieg auch stark militärisch geprägte Technikgeschichte des Sonars zu unterschlagen – hier Anwendungen im Mittelpunkt stehen, die sich mit den spezifischen technischen Herausforderungen einer Echo-Ortung und Durchmusterung von Fischschwärmen auseinandersetzen. Diese akustischen Verfahren sind dabei je schon mit Visualisierungstechniken gekoppelt – mit akustischen Bildern, die auf besondere Art dechiffriert und gelesen werden müssen.

Da Schallwellen das Medium Wasser sehr viel besser durchdringen als Licht, und sich dabei mit einer Geschwindigkeit von ca. $1450\ ms^{-1}$ schnell ausbreiten, werden seit 1929 Echogramme mit vertikaler Impulsrichtung und später (Multibeam-)Sonare mit horizontaler, vertikaler oder omnidirektionaler Impulsrichtung dazu herangezogen, aus akustischen Reflexionen auch Daten und Bilder von Fischschwärmen unter Wasser zu generieren. Derartige akustische Ortungs- und Visualisierungsverfahren können unter dem Oberbegriff der Echo-Ortung (*echolocation*) zusammengefasst werden. Diese Methode adressiert die Frage nach der Organisation und Steuerung von Schwärmen als dynamische Strukturen in Gegenrichtung der bisher betrachteten optischen Verfahren. Hier soll aus einer Abtastung der Globalstruktur (und teilweise in Kombination mit visuellen Verfahren) auf die lokalen Strukturen rückgeschlossen werden (Abb. 18). Indem Schwärme nun in ihrer natürlichen Umwelt durchmustert werden, erweitert sich dabei auch hier die Untersuchungsperspektive von der Isolation interner hin zur Beachtung auch externer Faktoren bei der Analyse der Schwarm-Struktur und -Morphologie. Maßgabe für Versuche einer Durchmusterung von Fischschwärmen mittels Sonartechnologien ist die bis weit in die 1980er Jahre

---

137. MacCurdy, E.: *The Notebooks of Leonardo da Vinci*, Garden City 1942, Kap. X, zit. n. Burdic: *Underwater Acoustics Systems Analysis*, a.a.O., S. 1.
138. Vgl. z. B. Simmonds, John und MacLennan, David: *Fisheries Acoustics: Theory and Practice*, 2. Ausgabe, Oxford 2005, S. 2.

Formatierungen 229

Abb. 18: Schematische Darstellung eines Multibeam-Fischschwarm-Sonarsystems.

hinein mangelhafte empirische Datenbasis vor allem bezüglich ihres Verhaltens in Freiheit. Hinzu kommt – ähnlich wie bei optischen Analyseversuchen im Freiwasser – die Frage nach der Validität im Laboraquarium zu beobachtenden Verhaltens, mithin nach dem Ausschluss abiotischer Faktoren, die das Verhalten und die Strukturbildung von Schwärmen beeinflussen könnten. Im Falle der akustischen Visualisierung schlagen sich ihre dynamischen, adaptiven Formveränderungen und strukturellen Modifikationen dabei in neuartigen Visualisierungsverfahren nieder.

Anstatt wie im Labor zu versuchen, durch Rennstrecken-Kommentar, Schattenwurf, Stereoskopie und die Zerlegung von Bildabfolgen per Data Tablets die Individuen eines Schwarms zu identifizieren und als mechanische oder informationsübertragende Schaltelemente in ihrer Funktion für die Gesamtstruktur des Schwarms zu situieren, werden hier ›akustische Augen‹ von Außen auf Schwärme geworfen. Der Einsatz hydroakustischer Verfahren kann dabei charakterisiert werden als eine weitere Anpassung medialer Durchmusterungsstrategien an die Beschränkungen, die die Beobachtungsumwelt des *Open Water* und die Bedingungen unter Wasser optischen Verfahren auferlegt. Doch infolge dieser akustischen Technologien ergeben sich auch neue Implikationen für das Zusammendenken von Einheit und Vielheit in Schwärmen. Diese resultieren sowohl aus den genuin technischen Gegebenheiten der Systeme als auch aus dem spezifischen Status der Bilder, welche die an die akustischen Geräte angeschlossenen, zunächst analogen und später digitalen Bildgeber generieren.

Im Laboraquarium und in den optischen Annäherungen an Fischschwärme *in situ* verstellt ihr Organisationsprinzip stets den Blick aufs Ganze. Ihre dynamischen Ordnungen erzeugen lange Zeit eine nur in Ansätzen und mit hohem Datenverarbeitungsaufwand aufzulösende *visuelle* Intransparenz, die eine Analyse ihrer *steuerungstechnischen* Intransparenz vereitelt. Die Perspektive auf Schwärme wird durch den Einsatz akustischer Verfahren neu justiert und folgt einer anderen Logik der Auflösung. Anstatt Schwärme als kollektive Strukturen zu konzeptualisieren, die aus der Summe der Relationen zwischen den einzelnen Schwarm-Individuen entspringen, widmen sich hydroakustische Verfahren hauptsächlich den spezifischen Eigenschaften eines gesamten Schwarms in Relation zu seinem natürlichen Lebensraum. Hier wird die Gesamtstruktur abgetastet, und Einzelindividuen als solche zumeist überhaupt nicht erkannt, sondern erst a posteriori durch statistische Verfahren implementiert. Eine auf Sonartechnologien basierende Schwarm-Morphologie kann daher nicht eine Psychomechanik interindividueller Kommunikationen untersuchen, sondern denkt sie von einer ganz eigenen Form von Rand her, die das Beziehungsgefüge von Partikularem und Globalem neu und anders anspricht als die bereits präsentierten Verfahren. François Gerlotto und seine Kollegen definieren Fischschwärme denn auch als eine mannigfaltige Aggregation akustisch nicht aufgelöster Individuen:

> »In this case, the definition of school relies more on the geometric properties of the fish aggregation, the existence, for example, of clear edges around a group of thousands or up to millions of fish concentrated in a reduced volume. In the same sense, an acoustic school is defined as ›a multiple aggregation of acoustically unresolved fish‹«.[139]

Im Kontext eines akustischen Trackings von Schwärmen rücken somit auch andere Untersuchungsvariablen in den Vordergrund: Nicht die Details der internen Selbstorganisation und das Verhalten einzelner Schwarm-Individuen werden adressierbar, sondern die Veränderungen von Dichte und größeren Strukturen innerhalb des Schwarms werden approximierbar. Seine Dynamiken der Kontraktion und Diffusion in Relation zur natürlichen Umwelt können untersucht werden. Die äußere Morphologie wird dabei ebenso gescannt wie die grobe innere (Dichte-)Struktur. Dieser Doppelblick perspektiviert Schwärme folglich eher als *Interfaces* zwischen Schwarm-Individuen und Umwelt, indem sie sich auf deren Formationen und Manöver in Hinblick auf externe Einflüsse, auf ihre Adaptionsleistungen, konzentriert: »Fish will adopt the most favorable shape of aggregation depending on the local environment.«[140] In diesem Sinne verweisen sie als sich selbst organisierender »manifold function-nexus« (Sanford Kwinter) auf eine Relation zwischen Umwelt und Schwarm-›Körper‹, die nurmehr in Bezug aufeinander und miteinander zu denken sind (vgl. Kapitel II.3), und deren Störpotenziale miteinander interferieren.

Rauschende Ziele: Kopulierende Shrimps und flatulente Heringe

Mitte der 1980er Jahre trifft der britische Physiker und Autor Mark Denny auf einer Sonartechnik-Konferenz einen französischen Wissenschaftler, der sich für Sonare zum Aufspüren von Fischen interessiert. Denny ist von diesem Anliegen ziemlich überrascht. Denn selbst zu dieser Zeit noch ist ein biologischer Einsatz

---

139. Gerlotto, Francois, Bertrand, Sophie, Bez, Nicholas und Guiterrez, Mariano: »Waves of agitation inside anchovy schools observed with multibeam sonar: a way to transmit information in response to predation«, in: *ICES Journal of Marine Science* 63 (2006), S. 1405–1417, hier S. 1405, mit Verweis auf Kieser, R., Mulligan, T., Richards, L. J. und Leaman, B. M.: »Bias correction of rockfish school cross-section widths from digitized echosounder data«, in: *Canadian Journal of Fisheries and Aquatic Sciences* 50 (1993), S. 1801–1811.
140. Paramo, Jorge, Bertrand, Sophie, Villalobos, Héctor, Gerlotto, Francois: »A three-dimensional approach to school typology using vertical scanning multibeam sonar«, in: *Fisheries Research* 84 (2007), S. 171–179, hier S. 171f.

von Sonaren im Gegensatz zur militärischen Verwendung relativ selten, und der interessierte französische Forscher müsse sich gefühlt haben wie, so Denny, »well, a fish out of water«. Was diesen Wissenschaftler als *Ziel* interessierte – also die Detektion von Fischschwärmen – war für die Experten auf Seiten des Militärs das genaue Gegenteil. Sie kannten Schwärme als akustische *Stördaten*, welche die Identifikation der für ihre Zwecke interessanten Ziele – also in der Regel U-Boote – je schon erschwerten. Anstatt als Daten aufbereitet zu werden, wurden Schwärme also stets herausgerechnet und -gefiltert.[141] Fischschwärme gehören damit – neben anderen Stördaten wie kopulierenden Shrimps, die Denny in seiner Publikation ebenfalls nicht unterschlägt – zum *external noise* des Ozeans.[142] Das intransparente Forschungsobjekt Fischschwarm stellt hier im Kontext anderer Beobachtungs- und Ortungsversuche eine ganz konkrete Störinstanz dar, deren Definition als eigentliches *Ziel* des Einsatzes von Sonartechnologien für Entwickler aus der militärischen Forschung zunächst einmal kontraintuitiv klingen muss. Bei hydroakustischen Systemen werden in der Regel Schallwellen mit einer Frequenz zwischen 12 bis 500 kHz von einem akustischen Signalgeber in diskreten Impulsen ausgesendet. Die elektrischen Oszillationen des Impulsgebers werden via eine vibrierende Membran mechanisch in Druckoszillationen umgewandelt, die sich dann im Wasser ausbreiten. Jedes Objekt innerhalb der Reichweite dieses akustischen Signals reflektiert einen Teil des Schalls zurück zum Impulsgeber, der nun umgekehrt die eingehenden Schallwellen in elektrische Signale wandelt. Anwesende Objekte führen zu einer hohen anliegenden Spannung im Receiver, so dass sie sich deutlich vom Hintergrundrauschen des Systems, dem *self-noise*, abheben. Und je nach Größe der Objekte führen die unterschiedlich starken akustischen Reflexionen zu unterschiedlich hohen elektrischen Spannungen im Receiver. Diese werden nun verstärkt und in mehr oder weniger geeigneter Form auf mehr oder weniger detaillierten optischen Displays angezeigt. Aus der Stärke des reflektierten Schalls und dem Zeitintervall zwischen Aussenden und Eingehen der Schallsignale lassen sich also der Abstand zum reflektierenden Objekt und – annäherungsweise – dessen Dichte bestimmen.[143]

Wenn die Störinstanz, die Fischschwärme *in sich* darstellen, zum Ziel sonartechnischer akustisch-optischer Auflösungen wird, fällt neben dem *self-noise* wie auch für militärische Anwendungen eine Vielzahl weiterer Komponenten von *external noise* ins Gewicht. Denn die Ausgangsgleichung (und damit die korrekte

---

141. Vgl. Denny, Mark: *Blip, Ping & Buzz. Making Sense of Radar and Sonar*, Baltimore 2007, S. 164.
142. Denny hält fest, dass riesige Massen sich paarender Shrimps zu bestimmten Jahreszeiten tatsächlich Probleme für U-Boot-Operationen darstellen, und dass verdächtige Geräusche, die von der Schwedischen Marine als möglicher Indikator für sich bewegende sowjetische U-Boote eingestuft wurden, sich als die millionenfache Flatulenz von Heringsschwärmen entpuppten. Vgl. ebd., S. 6 und 57.
143. Vgl. Bazigos, G. P.: »A Manual on Acoustic Surveys: Sampling Methods for Acoustic Surveys«, in: Food and Agriculture Organization of the United Nations (Hg.): *CECAF/ECAF Series 80/17*, Rom 1981, http://www.fao.org/docrep/003/X6602E/x6602e00.htm (aufgerufen am 25.02.2012). Sowohl Echogramme als auch Multibeam-Technologien werden hier aber, falls nicht anders gekennzeichnet, unter dem Begriff »Sonar« zusammengefasst.

Bestimmung von Distanzen, Geschwindigkeiten und Bewegungen von Objekten unter Wasser) für die Geschwindigkeit der Ausbreitung von Schall unter Wasser,

$$c = \sqrt{\frac{B}{p}}$$

ist eine Gleichung, die nicht konstant, sondern stets abhängig ist von sich ändernden Variablen, die hier mit der Elastizität B und der Dichte p angegeben sind. Die Schallgeschwindigkeit ist abhängig von Temperatur, Tiefe und Salzgehalt. Die Temperatur des Wassers selbst wiederum ist eine Funktion aus Tiefe, Zeit, Ort, und Wetterbedingungen. Auch die Struktur der Wasseroberfläche variiert sehr stark und reflektiert Schall, je nachdem ob sie ruhig oder aufgewühlt ist, auf sehr verschiedene und zufällige Arten. Und der Meeresgrund wiederum trägt mit seiner unregelmäßigen Beschaffenheit, Unebenheit und seinen Quergefällen zur Beeinflussung der Schallübertragung bei.[144] Eine typische Annäherung an die Schallgeschwindigkeit unter Wasser kombiniert theoretische Überlegungen mit empirischen Ergebnissen und sieht demgemäß etwa folgendermaßen aus:

$$c = 1449 + 4.6T - 0.055T^2 + 0.0003T^3 + (1.39 - 0.012T)(S - 35) + 0.017z$$

mit c=Schallgeschwindigkeit in m/s, T=Temperatur in °C, S=Salzgehalt in Promille, und z=Tiefe in Metern. *Echo ranging* und *locating* unter Wasser kann somit selbst in einem Meer aus Rauschen bestimmte Muster identifizieren. Allerdings wird dabei ein Wissen generiert, das in hohem Maße abhängig ist sowohl von Erfahrungswerten als auch von umfassenden theoretischen Überlegungen bezüglich der beteiligten Störfaktoren. William S. Burdic scheibt:

> »In spite of this rich variety of detailed characteristics, it is possible to recognize predictable patterns related to environmental conditions and geographic locations. Thus typical sound speed profiles are often available for a given geographical location and season. Acoustic loss data for the boundaries, derived from a combination of experience and theoretical considerations, cover the expected ranges of wind speeds, grazing angles, bottom characteristics, and frequencies. Using this type of information, propagation prediction routines based on ray acoustics or more rigorous techniques are available to produce the average, or expected, transmission characteristics for a given situation. […] However, if accurate detailed results are required, it is neccessary to measure the sound speed profile carefully and establish the surface and bottom conditions at the actual location and time of the acoustic test.«[145]

Vielleicht um diese Schwierigkeiten beim Tuning eines Sonar-Systems in Bezug auf das *external noise* erst einmal auszuschließen – denn mit dem Rau-

---

144. Vgl. Burlic: *Underwater Acoustics Systems Analysis*, a.a.O., S. 11.
145. Ebd., S. 11.

schen des Systems Fischschwarm hat man erst einmal genug zu tun – wird das erste akustische Ortungssystem in diesem Bereich in einem künstlich angelegten Teich erprobt. Wie später auch im Fall von Simulationssystemen (vgl. Kapitel III.4) ist die japanische Fischerei-Industrie Vorreiter bei der Entwicklung von Schallortungssystemen. K. Kimura präsentiert 1929 das erste erfolgreiche Experiment.[146] In einem Fischaufzuchtbecken installierte Kimura in einer Ecke einen Soundtransmitter und in einer anderen Ecke einen separaten Receiver. Der Transmitter sendete einen 20°-Strahl mit einer Frequenz von 200 kHz und einer modulierten und hörbaren Amplitude von 1 kHz, der von der gegenüberliegenden Wand des Beckens zum Receiver reflektiert wurde. Wenn nun die 25 Individuen eines im Becken umherziehenden Schwarms 40–50 Zentimeter langer *Pagrosomus major* durch den Schallstrahl schwammen, begann die Amplitude des empfangenen Signals deutlich zu fluktuieren – Kimura zeichnete die Störungen auf, indem er die Anzeige der Schallwellen auf dem am Receiver angeschlossenen Oszilloskop abfotografierte.[147]

Gut fünf Jahre später verbessern A. B. Wood und seine Kollegen derartige Schwarm-Ortungsgeräte zu einem *Echosounder* weiter, der Echogramme auf Papier ausgibt.[148] Mit derartigen Geräten experimentieren einige *early adopters* unter Fischern wie der Brite Ronnie Balls und der Norweger Reinert Bokn. Während Balls erst nach dem Zweiten Weltkrieg seine Versuche mit einem »Echometre« beschreibt, mit dem er Heringsschwärme in der Nordsee zu entdecken trachtete, wird Bokn als Urheber des ersten Echogramms auf Papier geführt.[149] Ebenfalls 1935 veröffentlicht der Norweger Oscar Sund einen *Letter to the Editor* in *Nature* unter dem Titel *Echo Sounding in Fishery Research*. Sund präsentiert dabei fotografische Reproduktionen von vier Auszügen seiner Papier-Echogramme in einer Zusammenschau (Abb. 19). Basierend auf einem 16 kHz-Echosounder zeigen sie die unvermutete Tatsache, dass der beobachtete Kabeljau Schwärme von lediglich zehn bis zwölf Metern Dicke bildete und während des Untersuchungszeitraums eine konstante Tauchtiefe einhielt. Sund legt im Laufe folgender Untersuchungen auch Kartierungen über die Verteilung von Kabeljau im Meer an.[150] Sie lassen aber auch eine weitere Störquelle erkennen: »The bottom right-hand record is somewhat disfigured by the oscillations set up by excessive shaking of ship's motor«, notiert Sund[151] – eine Bemerkung, die verdeutlicht, dass nicht nur Schwärme eine Störquelle für akustisches Scanning darstellen, die operationalisiert werden muss, sondern dass zum *self-noise* des Sonars und *external noise* des Ozeans noch andere technische Störquellen hinzu-

---

146. Kimura, K.: »On the detection of fish-groups by an acoustic method«, in: *Journal of the Imperial Fisheries Institute Tokyo* 24 (1929), S. 41–45.
147. Vgl. Simmonds und MacLennan: *Fisheries Acoustics*, a.a.O., S. 3.
148. Wood, A.B., Smith, F. D. und McGeachy, J.A.: »A magnetostriction echo depth-recorder«, in: *Journal of the Institution of Electrical Engineers* 76 /461 (Mai 1935), S. 550–566.
149. Vgl. Simmonds und MacLennan: *Fisheries Acoustics*, a.a.O., S. 3.
150. Runnstrøm, S.: »A Review of the Norwegian Herring Investigations in Recent Years«, in: *ICES Journal of Marine Science* 12 (1937), S. 123–143.
151. Sund, Oscar: »Echo sounding in Fishery Research«, in: *Nature* 135 (1935, 8. Juni), S. 935.

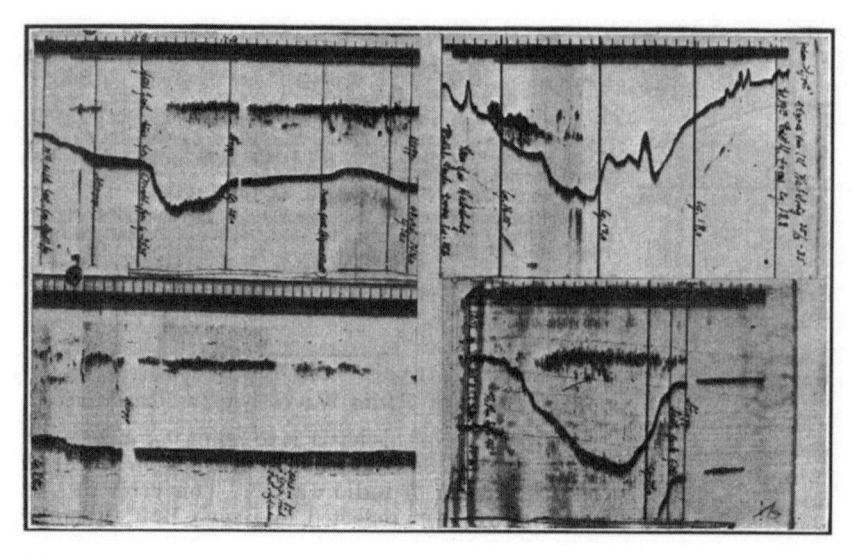

Abb. 19: Echogramme aus dem *Echosounder*-System nach Oscar Sund, 1935.

kommen. Dies sind etwa Schiffsmotoren, Schraubengeräusche und die bei der Fahrt erzeugten Turbulenzen – um nur einige zu nennen.

Die sprunghafte militärische Weiterentwicklung von Echosoundern zur U-Boot-Bekämpfung im Laufe des Zweiten Weltkriegs, namentlich im Rahmen der intensivierten *ASDIC*-Programme in den USA und Großbritannien, resultierte in Systemen, die zu Beginn der 1950er Jahre auch für die Fischerei und Fischschwarmforschung adaptiert werden konnten.[152] Obwohl durch die mittlerweile technisch ausgefeilteren und finanziell erschwinglichen, industriell gefertigten Sonar-Systeme nun auch Wissenschaftlern das Aufspüren von Fischen mittels Echosoundern möglich war, konnten sie die Schallreflexionen jedoch noch nicht quantifizieren. So war eine Berechnung der Gesamtheit der akustisch getrackten Fische nicht möglich. Erst im Jahr 1957 entwickelten L. Middtun und G. Saetersdal erste Berechnungen der Gesamtmenge von Fischen, indem sie die individuellen Reflexionen von einzelnen Fischen summierten, die sie mittels eines Papier-Echogramms scannten.[153] Zwei Jahre später verbesserten Richardson und seine Mitarbeiter diese Methode, indem sie per Visualisierung auf einer Kathodenstrahlröhre die Amplitude der Reflexion vergleichenden

---

152. Vgl. zu *ASDIC* (dem Vorläuferakroym zu Sonar, das sich aus dem ursprünglichen Anwendungskontext ableitet und für *a*nti-*s*ubmarine *d*ivision – plus die Endung *-ics* wie in *Physics* steht) z. B. Hackmann, Willem: »ASDICs at War«, in: *IEE Review* 46/3 (Mai 2000), S. 15–19. Neil Stephenson schreibt in seinem Roman *Cryptonomicon*, es sei angesichts der unvorteilhaften Assoziation beim Aussprechen der britischen Abkürzung beileibe kein Wunder, dass sich schnell das amerikanische Akronym durchgesetzt habe. Vgl. Stephenson, Neil: *Cryptonomicon*, München 2003.
153. Vgl. Middtun, L. und Saetersdal, G.: »On the use of echo sounder observations for estimating fish abundance«, in: *Special Publication of the International Commission of North West Atlantic Fisheries* 2 (1957), S. 4ff., zit. n. Simmonds und MacLennan: *Fisheries Acoustics*, a.a.O., S. 402.

Messungen unterzogen und sie so mit der Größe der Fische korrelierten. In den 1960er Jahren wird mit automatisierten Systemen experimentiert, bei denen sogenannte *Echo Counting Devices* an einen Transducer gekoppelt wurden: Zum einen mit dem *Impulse Counter*, zum anderen mit dem *Cycle Counter*.[154] Mit diesen können allerdings nur die Signale einzelner Fische mit genügend großen Abständen voneinander summiert werden. Ab 1965 konnte schließlich mit einem neuentwickelten Gerät, dem sogenannten *Echo Integrator*, mittels des quadrierten Spannungswertes der elektrifizierten Echos im Receiver auch auf die Dichte gescannter Aggregationen rückgeschlossen werden. Diese Technologie wird ab den 1980er Jahren sehr intensiv eingesetzt. Mit den heute weithin verwendeten Multi- und Split-Beam-Technologien werden schließlich auch eine präzisere Positionsbestimmung von Einzelfischen im Schallstrahl, die Verfolgung ihrer Trajektorien und die Beobachtung der Bewegung ganzer Schwärme in 3D-Visualisierungsmodellen ermöglicht.[155]

Pings

Leider sprengt es den Rahmen dieses Buches, der medienhistorischen Beschreibung und Analyse hydroakustischer Verfahren en détail nachzugehen – eine umfassende Mediengeschichte des Sonars steht damit weiterhin aus.[156] An dieser Stelle sollen daher nur exemplarisch einige hydroakustische medientechnische Systeme untersucht werden, die für Schwarmforschungen eingesetzt werden. Im Mittelpunkt stehen dabei die Implikationen und Komplikationen, die ihre bereits angedeutete, im Vergleich mit optischen Systemen verschobene Perspektive mit sich bringt. Unter diesem Blickwinkel wird versucht, von globalen Strukturen und Morphologien auf ein mutmaßlich ebenfalls anderes »Wesen« von Schwärmen im Vergleich zu den bisher beschriebenen Systemen rückzuschließen.

Bei Fischen ist die Schwimmblase zu 90 bis 95 Prozent verantwortlich für die Rückstreuung des Schalls – Arten ohne dieses Organ wie etwa Makrelen werfen daher nur etwa ein Zehntel an akustischen Signalen zurück. Für verschiedene Fischarten können aufgrund ihres biologischen Bauplans daher spezifische Signaturen festgelegt werden, indem ihre jeweilige *target strength*, d.h. das Rückstreuungspotenzial einzelner Fische einer Art, gemessen und in Relation zu den Reflexionen eines artgleichen Schwarms gesetzt werden. Oder die Reflexionen werden korreliert in Bezug auf eine Art Eichmaß, in der Regel

---

154. Vgl. Mitson, R. B. und Wood, R. J.: »An automatic method for counting fish«, in: *ICES Journal du Conseil* 26/3 (1961), S. 281–291.
155. Vgl. Levenez, Jean-Jacques, Josse, Erwan und Lebourges Dhaussy, Anne: »Acoustics in Halieutic Research«, in: *Les dossiers thématiques de l'IRD*, o.D., http://www.mpl.ird.fr/suds-en-ligne/ecosys/ang_ecosys/pdf/acoustic.pdf (aufgerufen am 25.02.2012).
156. Für eine umfassende technische Einführung siehe Simmonds und MacLennan: *Fisheries Acoustics*, a.a.O., und Kalikhman, Igor L. und Yudanov, K. I.: *Acoustic Fish Reconnaissance*, Boca Raton, London, New York 2006.

eine massive Kugel eines Materials definierter Dichte. Mit beiden Verfahren lassen sich approximativ die Dichte und damit näherungsweise die Individuenanzahl eines Schwarms bestimmen.[157] Der ursprüngliche Einsatzkontext dieser Methode ist wiederum ökonomisch konnotiert. Mithilfe von Sonaren werden Fischschwärme von Fischerbooten aufgespürt, ihre Form abgetastet, ihre Dichte approximativ berechnet, und ihre Reaktion als Globalstruktur etwa auf ein nahendes Fischernetz erforscht, um den jeweiligen Fangerfolg zu maximieren und die Fangmethoden zu optimieren. Sonartechnologie ermöglicht somit einen genuin anderen Blick auf Schwärme gemäß der ›fisher's characterization‹:

»As congregation is, in many aspects, a most attractive and familiar animal behaviour, descriptions and definitions have been given by many authors since the pioneer works of Radakov. In much of the literature, schools are seen as groups of fish that are characterized by polarized, equally spaced individuals swimming synchronously, where the inter-individual distance is usually less than one body length. Partridge defines a school as a group of three or more fish in which each member constantly adjusts its speed and direction according to the actions of the other school members. In contrast, we may note that fishers have a different notion of school, which is for them a large aggregation of fish […] in a small area, allowing their capture with appropriate gear […]. As we can see, there is a difference in definitions between what a fisher considers a school to be, and that of the ethologist.«[158]

Herkömmliche *Single-beam Echosounder*, die ursprünglich für Tiefenmessungen eingesetzt werden, arbeiten mit *Pings*, die fast senkrecht unter dem Schiff abgestrahlt werden, und deren relativ langsame Intervalle dazu führen, im Vertikalen zwar ein kontinuierliches, im Horizontalen aber ein diskontinuierliches akustisches 2D-›Bild‹ eines Objekts zu erzeugen – ähnlich einer Aneinanderreihung von Schnitt-Bildern. Kurz gesagt: Hier werden ›Fish as Chips‹ dargestellt. Der Signalabstrahlwinkel liegt zwischen 5 und 10 Grad, so dass der angepingte Bereich schon über eine kurze Distanz recht groß und die Auflösung entsprechend klein wird. Diese Probleme in Bezug auf die Visualisierungsmöglichkeiten von 2D-Sonardaten, die in den 1960er Jahren oftmals auch keinen Vorteil gegenüber optischen Beobachtungsdaten bringen, spricht Radakov an:

»[H]ydroacoustic devices […] give imprecise images of […] fish schools, merely symbols which have to be deciphered (and this can be sufficiently done only up to a certain point); these instruments are incapable of characterizing the relative positions of the fish in space or their movements in the school at the time of performing a particular maneu-

---

157. Vgl. Misund, Ole Arve: »Underwater acoustics in marine fisheries and fisheries research«, in: *Reviews in Fish Biology and Fisheries* 7 (1997), S. 1–34, hier S. 8–12.
158. Paramo, Bertrand, Villalobos und Gerlotto, »A three-dimensional approach to school typology«, in: *Fisheries Research*, a.a.O., S. 178.

ver [...], thus] the most important regularities of schooling behaviour have still not been rendered accessible for study.«[159]

Die akustisch erzeugten Bilder sind nur schwerlich abzugleichen mit entsprechenden optischen Beobachtungen und lassen nur sehr unvollkommene Schlüsse auf die Ereignisse innerhalb der Globalstruktur zu. Denn akustische Signale breiten sich kegelförmig aus. Die akustischen Bilder sind dadurch verzerrt, dass die Reflexionsflächen größer werden, je weiter weg vom Signalwandler sich ein Teil des ›Objekts‹ befindet[160] und die Stärke des ausgesendeten und dann reflektierten Schalls mit zunehmender Entfernung invers abnimmt. Derartige Effekte müssen zunächst wieder herausgerechnet werden, um das Datenmaterial einheitlich und verzerrungsfrei zu gestalten, d.h. zu glätten (*smoothing*). Bevor Multibeam-Sonare, die seit den frühen 1970er Jahren in militärischem Einsatz sind, gegen Ende des Jahrzehnts auch für Fischschwarm-Forschungen genutzt werden, werden Echosounder nach dem Zweiten Weltkrieg sukzessive weiterentwickelt »from primitive instruments that could barely discern a faint echo from the seafloor to sophisticated systems with complex signal-to-noise ratios and target resolution«.[161] Allerdings geht eine höhere Auflösung stets einher mit einem begrenzteren Abtast-Feld. Erst durch die Kombination vieler Beams mit engen Abstrahlwinkeln in Multibeam-Sonaren lassen sich hohe Auflösung mit großem Erfassungswinkel verbinden. Die Möglichkeiten einer solchen Glättung sind dabei abhängig von den Kapazitäten, die für die Verarbeitung der eingehenden Rohdaten zur Verfügung stehen. Der Anstieg in der Datendichte, der den Übergang von Single- zu Multibeam-Sonaren begleitet, fordert demnach zwingend einen Anstieg der Datenverarbeitungskapazitäten, um aus den Rohdaten überhaupt auf relevante Informationen schließen zu können. Avancierte Computersoft- und -hardware ist also die Möglichkeitsbedingung der Schärfung akustischer Schwarmanalysemethoden. Zugleich eröffnen sie einen Raum für neue Verfahren der wissenschaftlichen Datenvisualisierung als Hilfe für die Analyse und Interpretation der Daten.

Aktuelle Visualisierungen von Multibeam-Sonaren lassen mit ihrer Präsentation der dreidimensionalen Struktur von Fischschwärmen deren Form folglich wesentlich detaillierter erscheinen als die frühen Echogramme. Gerlotto u. a. halten in einer Studie, die sich mit den Vorteilen dreidimensionaler Scanning-Technologien gegenüber zweidimensionalen Verfahren auseinandersetzt, folgende relevante Faktoren für einen realitätsnahen 3D-Scan fest: Eine große Anzahl in schmalem Winkel (weniger als 2 Grad) abgehender Sendestrahlen, die insgesamt am besten 180 Grad, mindestens jedoch 90 Grad Winkelgröße abdecken sollten, eine sehr kurze Impulslänge, und gleichzeitig eine hohe Ping-

---

159. Radakov: *Schooling in the Ecology of Fish*, a.a.O., S. 41.
160. Vgl. Gerlotto: »Gregariousness and School Behaviour«, in: *Proceedings of AKUSTIKAN*, a.a.O., S. 242.
161. Mayer, Larry, Li, Yanchao und Melvin, Gary: ›3D visualization for pelagic fisheries research and assessment«, in: *ICES Journal of Marine Science* 59 (2002), S. 216–225, hier S. 217.

Rate. Negativer Nebeneffekt: Durch den Einsatz hoher Frequenzen von über 200 kHz verringert sich die ›Sichtweite‹ des Sonars auf einige hundert Meter. Bei einer Impulslänge von 0.06 Millisekunden ergeben sich in ihrem System sieben simultane Updates der 60 einzelnen Sendestrahlen pro Sekunde. Diese werden zum einen analog auf Video aufgezeichnet, zum anderen als digitale Graphik ausgegeben, wobei ein Bild stets aus denen von zwei bis vier Pings zusammengestellt wird.[162]

Die Nachbearbeitung der Videos wird dann entweder per Augenschein vorgenommen, oder es wird eine Bildanalyse-Software eingesetzt. Die Studien, auf die sich hier bezogen wird, nutzen dazu die vom *Institut français de recherche pour l'exploitation de la mer* (IFREMER) entwickelte *MOVIES-B*-Software. Für Letztere ist es jedoch nötig, die *acoustic visualization* in eine Matrix von (im Fall der zitierten Untersuchung) 240 mal 320 Pixeln Größe zu überführen, um dann die wichtigsten geometrischen Daten zu extrahieren. Der zweite Output eines solchen Systems sind die digitalen Daten des Multibeam-Sonars. Für jeden Ping wird eine Matrix aus 60 Spalten (eine pro Strahl) und 2040 Zeilen generiert, was eine wesentlich bessere Auflösung verspricht als etwa die der Videobilder. Zur Zeit der zitierten Studie im Jahr 1999 stellte eine solch hohe Auflösung die Forscher noch vor immense Speicherprobleme, fallen doch pro Minute etwa 50 MB an Daten an.[163] Die Qualität der Visualisierungen akustischer Daten steht also in direktem Zusammenhang mit dem Datenverarbeitungs- und Datenspeicherungsvermögen des zur Verfügung stehenden Computer-Equipments: Je leistungsfähiger die Hardware, desto genauer sind die Approximationen an die beobachtete Schwarmstruktur, desto höher die optische Auflösung, desto näher am Real-Time-Processing das Display der digitalen Bilder – und desto präziser die Schlüsse, die erst nach der Überführung der Rohdaten in dreidimensionale digitale Bilder gezogen werden können (Abb. 20). So halten Mayer u. a. fest: »[D]ie Kombination aus digitalen Rohdaten, einer umfassenden Gebietsabdeckung und hoher Auflösung wird es uns erlauben, Tracking-Algorithmen zu entwickeln, die quantitativ Änderungen im Verhalten [von Schwärmen, SV] beobachten können.«[164] Ohne Visualisierungstools scheint die schiere Menge an Daten nicht zu bewältigen zu sein.

Die quantitativen und qualitativen Unterschiede zwischen 2D-Sonar und 3D-Multibeam-Sonar sind eklatant, wie Jorge Paramo u.a. in ihrer Studie feststellen. Anhand eines Vergleichs von akustischen 2D- und 3D-Beobachtungen stellen sich nicht nur einige in 2D-Ansicht als getrennt visualisierte Schwärme in der 3D-Ansicht als ein einziger Schwarm heraus. Auch die Dimensionen sind in den verschiedenen Versionen vollkommen unterschiedlich, mit oft doppelt so

---

162. Vgl. Gerlotto, François, Soria, Marc und Fréon, Pierre: »From two dimensions to three: the use of multibeam sonars for a new approach in fisheries acoustics«, in: *Canadian Journal of Fishery Aquatic Sciences* 56 (1999), S. 6–12, hier S. 7.
163. Ebd., S. 7.
164. Mayer, Li und Melvin, »3D Visualization«, in: *ICES Marine Science*, a.a.O., S. 223f. [Übersetzung SV].

Formatierungen 239

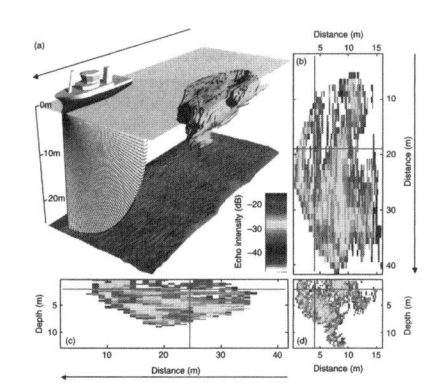

Abb. 20: 3D-Multibeam-Scan mit Dichteverteilung nach Simmonds/MacLennan.

großen Abmessungen in der 3D-Ansicht.[165] Und während zweidimensionale Grafiken noch im Kopf zu ›lebensechten‹ Ansichten verarbeitet werden müssen, erlauben dreidimensionale Visualisierungen einen naturgemäßeren und intuitiven Umgang. Die graphische Aufbereitung erlaubt einen Zugang zum Verhalten der Fische, den Dynamiken des Schwarms und möglichen Störeinflüssen. Und sie ermöglicht die Anpassung von Experimentalanordnungen und den Abgleich von Verhaltensmodellen: »With such an approach, researchers would be able to quickly determine if their experimental strategy is appropriate for a given set of circumstances.«[166]

Die angesprochene Notwendigkeit der Glättung des Datenmaterials, aus denen diese amorphen zwei- und dreidimensionalen digitalen Bilder hervorgehen, verweist dabei notwendigerweise stets auf das zu Glättende, auf mehrfache Störinstanzen, die Schwärme auch für hydroakustische Methoden bedeuten: Schallsignale werden zum einen oftmals von so vielen Schwarm-Individuen hin- und her reflektiert, dass ihre verspätet zurückkommenden Echos auf einen viel größeren Durchmesser des Schwarms schließen lassen müssen, als es aktuell der Fall ist – dies wird visuell dann als »downward tail« dargestellt.[167] Zum anderen können Bereiche eines Schwarms mit besonders großer Dichte Teile der Umgebung oder des Schwarms verdecken. Dieses *acoustic shadowing* kann zum Unterschätzen der tatsächlichen Schwarmgröße um bis zu 50 Prozent führen.[168]

Des Weiteren erzeugen jedoch auch die Beobachtungssysteme selbst Störungen, etwa durch die Befestigung der Geräte am Schiffsrumpf und die akustische Form des Abtast-Signals. Die Folge ist ein gegenseitiges ›Be-Rauschen‹: Auf der

---

165. Vgl. Paramo, Bertrand, Villalobos und Gerlotto, »A three-dimensional approach to school typology«, in: *Fisheries Research*, a.a.O., S. 172f.
166. Mayer, Li und Melvin: »3D Visualization«, in: *ICES Marine Science*, a.a.O., S. 220.
167. Vgl. Weill, Alan, Scalabrin, Carla und Diner, Noël: »MOVIES-B: an acoustic detection description software. Application to shoal species' classification«, in: *Aquatic Living Resources* 6 (1993), S. 255–267, hier S. 262.
168. Vgl. Misund: »Underwater acoustics«, in: *Reviews in Fish Biology*, a.a.O., S. 13.

einen Seite stellen die Bewegungen des zu scannenden Fischschwarms eine ständige Quelle von Störungen dar. Und das *acoustic shadowing* kann auch in Gegenrichtung wirken, wenn Reflexionen von anderen Unterwasserstrukturen wie Meeresgrund oder Felsen als Reflexionsquellen die Signale, die vom Schwarm zurückfallen, überdecken. Auf der anderen Seite des Beobachtungssystems beeinflusst das sich fortbewegende Schiff das Verhalten und die Struktur der zu beobachtenden Schwärme im Nahbereich.[169] Und nicht zuletzt führt vor allem das Schallsignal selbst zu einer Vermeidungsreaktion der Schwarm-Individuen: Sobald es auf eine – vereinfacht gesagt: kugelförmige – Schwarmstruktur trifft, fliehen die Individuen auf den Linien der maximalen Geräuschvermeidung, d.h. in der genauen Gegenrichtung des sich trichterförmig ausbreitenden Sonar-Signals. Dadurch dehnt sich der Schwarm auf das Maximum seines Volumens aus, die Schwarm-Individuen entfernen sich bis zur maximalen *Nearest Neighbor Distance* (NND) voneinander, d. h. bis zum Maximum jenes Abstands zwischen Schwarm-Individuen, der gerade noch eine Interaktion zwischen ihnen erlaubt. Es kann sogar so weit kommen, dass der Schwarm in Teile zerfällt. Das Schallsignal, das eigentlich die ursprüngliche Kugelform der Kongregation scannen sollte, zieht eine signifikante Verformung des Schwarms nach sich. Das *Self-Noise* des Gesamtsystems vervielfacht sich und die Beobachtung extrahiert nicht mehr nur ein Objekt aus Störungen, sondern lässt es im selben Moment wieder diffundieren.[170] Dabei wird in einer paradoxen Operation folglich jene Abtasttechnologie, der Schwärme flatulenter Heringe als *Acoustic Clutter* einst Störung waren, diesem *Clutter* selbst zur Störung.

All diese Parameter müssen in der Wandlung der Schallsignale auf optische Displays berücksichtigt und berechnet werden. An der medialen Schnittstelle zwischen akustischen und optischen Medien zeigt sich, wie die Unschärfen digitaler Technologien, ihre Filter- und Komprimierungsalgorithmen, zu einer größeren Scharfstellung ihrer Beobachtungsobjekte beitragen; wie sie ein hinreichend scharf umrissenes Objekt erst zu konstituieren vermögen, wenn analoge Verfahren unzureichend sind. Hierbei werden meist automatische Bild-Filter-Algorithmen mit manuellen Verfahren der Grenzwertsetzung kombiniert, um die Rückstreuung der Schallsignale optimal aufzubereiten: »Following thresholding, a single morphological filter pass was used to eliminate all small objects and smooth the outline of larger ones. Previous experience has shown that this combination best preserved school morphology and biomass. The remaining detected objects are identified as schools«.[171]

---

169. Vgl. Gerlotto, Soria, Fréon, »From two dimensions to three«, in: *Canadian Journal of Fishery Science*, a.a.O., S. 6–7.
170. Soria, Marc, Bahri, Tarub und Gerlotto, Francois: »Effects of external factors (environment and survey vessel) on fish school characteristics observed by echosounder and multibeam sonar in the Mediterranean Sea«, in: *Aquatic Living Resources* 16 (2003), S. 145–157, hier S. 154.
171. Beare, D.J., Reid, D.G. und Petitgas, P.: »Spatio-temporal patterns in herring (*Clupea harengus* L.) school abundance and size in the northwest North Sea: modelling space-time dependencies to allow examination of the impact of local school abundance on school size«, in: *ICES Journal of Marine Science* 59 (2002), S. 469–479, hier S. 470.

Blobs

Im Zuge dieser akustischen-computergraphischen Verfahren werden Schwärme, jene Prototypen von Nicht-Objekten ohne Oberfläche, jedoch als Körper *mit* Oberflächen generiert. Die Unschärfen und Intransparenzen des flirrenden, aber dennoch stabilen Randes der Schwarmoberfläche werden hier nur approximativ visualisiert. Denn die Schallreflexionen von einer auch *in sich* stetig in Bewegung befindlichen Kongregation sind stets schon eine Quelle von Störungen. Der Rand, dieses gleichzeitig permeable, dynamische und stabile ›Zentrum‹ von Schwärmen, erscheint als akustische Verpackung, als reflektierende und gleichzeitig die Kongregation umhüllende, approximierte Oberfläche. In den wissenschaftlichen Visualisierungsverfahren von akustischen Daten machen diese angenäherten Oberflächen die Form von Schwärmen erst sichtbar, ziehen eine Grenzfläche ein, die den Schwarm vom Rauschen der Umwelt separiert und das Rauschen des Schwarms glättet. Als Konsequenz jedoch muss in Kauf genommen werden, dass auch die Verfahren des *smoothing* das Untersuchungsobjekt Schwarm in dieser ›Scharfstellung‹ zugleich verzerren: Dabei gehen zum einen Informationen über einzelne Schwarm-Individuen verloren, und zum anderen ist die Berechnung der zugehörigen Algorithmen nicht unkompliziert und erfordert die Implementierung vereinfachender Annahmen bezüglich der Rohdaten, was wiederum zum Auftreten von Artefakten bzw. zur Verschleierung relevanter Unstimmigkeiten in den Originaldaten führen kann.[172]

Doch diese künstlich generierte Oberfläche ist mehr als nur Hülle – sie ist Nur-Hülle: Durch Verfahren der *echo integration*, mittels der aus den empfangenen Echos relativ präzise auf die Dichte des Schwarms rückgeschlossen werden kann,[173] dehnt sich die akustisch gescannte Oberfläche in die Tiefe aus. Dies geschieht als statistische Methode des Schätzens von durchschnittlicher Individuenanzahl pro Volumeneinheit, nicht etwa als Zusammensetzung von x gescannten Individuen. Bilder von Multibeam-Sonaren differenzieren nicht die ›Außenhaut‹ eines Schwarms von dessen ›Inhalt‹, vielmehr resultiert die ›Schall-Oberfläche‹ des Sonars in einer Form von *All-Oberfläche*, in der die Partikularität des Schwarms nicht darstellbar ist.

Die Verfahren einer akustischen Scharfstellung, der Reduktionismus der Visualisierungstools von Multibeam-Sonaren und die computergraphische Darstellung von Schwärmen als Dichteverteilungen erschweren ihre geometrische Beschreibung: »In general, the schools had an amoeboid shape which are not well described with standard geometric volumetrics like spheres or ellipsoids.«[174] Hydroakustisch gescannte Schwärme rücken damit in die Nähe einer aus dem

---

172. Vgl. Li, Yanchao: *Oriented Particles for Scientific Visualization*, New Brunswick 1997, S. 2 u. 38. Li entwickelt in diesem Artikel ein orientiertes *Particle System* für Fischschwärme, das die approximative Berechnung von künstlichen Schwarm-Oberflächen für die akustische Visualisierung vermeidet.
173. Vgl. Gerlotto: »Gregariousness and Schooling behaviour«, in: *Proceedings of AKUSTIKAN*, a.a.O., S. 239.
174. Paramo, Bertrand, Villalobos und Gerlotto, »A three-dimensional approach to school typology«, in: *Fisheries Research*, a.a.O., S. 175.

Abb. 21: Kinoplakat des Films *The Blob*, 1958.

B-Horrormovie-Regal gegriffenen Ungestalt: Eine solche formlose Form wurde auf dem Plakat zum Film von 1958 ganz in der Tradition da Vincis als »indescribable« bezeichnet (Abb. 21) und ging, auch dank des Remakes von 1988, als THE BLOB (Irvin S. Yeaworth Jr, USA 1958; Chuck Russell, USA 1988) in die Filmgeschichte ein. Die Idee ist simpel: Durch einen Meteoriteneinschlag gelangt eine gelartige extraterrestrische Masse auf die Erde und entwickelt ein recht aktives Eigenleben, in dessen Fortgang sie das Leben von absorptionsfähigem irdischen (und das heißt vor allem Menschen-) Material beendet, indem sie es durch ihre Oberfläche inkorporiert. Interessant ist die Rezeption des Blobs in der sogenannten Postmoderne – so nimmt etwa Greg Lynn diese Figur Mitte der 1990er als Metapher auf, um eine neue Art von Architekturtheorie auf der Basis nicht-euklidischer Geometrien daran ›festzumachen‹. Darin unterstreicht er genau jenes Oszillieren zwischen Einheit und Vielheit, das auch den Status von Schwärmen so prekär macht: »The term blob connotes a thing which is neither singular nor multiple but an intelligence that behaves as if it were singular and networked but in its form can become virtually infinitely multiplied and distributed.«[175]

Auch der Blob wird dabei vom Rand, von seiner Oberfläche her gedacht. Etwas flapsig formuliert ist hier etwas, wie es isst: Blobs können, so Lynn, als topologisch invertiert bezeichnet werden[176] – sie schlucken keine Dinge in

---

175. Lynn, Greg: »Why tectonics is square and topology is groovy«, in: ders., *Folds, Bodies & Blobs. Collected Essays*, Brüssel 1998, S. 169–186, hier S. 172.
176. Ebd., S. 170.

einen inneren Hohlraum hinein, sondern heften sich an Material, das sie dann amöbenhaft inkorporieren. Der Blob benötigt kein Maul, denn praktischerweise ist sein Verdauungsapparat einfach nach außen gestülpt. Er ist

> »all surface, not pictoral or flat, but sticky, thick and mutable. In virtually every instance, a B-film blob is a gelantinous surface with no depth per se; its interior and exterior are continuous. [...] These blobs are neither singular nor multiple since they have no discrete envelope. Essentially, a blob is a surface so massive that it becomes a proto-object. [...] Blobs possess the ability to move through space as if space were aqueous. Blob form is determined not only by the environment, but also by movement. [... They] are defined not as static but as trajectories.«[177]

Die gelartige, formbare und sich ständig verformende Blob-Masse steht in Beziehung zu ihrer dynamischen Umwelt – ein Blob besitzt keine ideale statische Form, die losgelöst wäre von den spezifischen Bedingungen, in denen er sich befindet. Doch nicht nur die Umwelt, sondern auch die Eigenbewegung, seine Trajektorien, beeinflussen seine Form. Blobs sind also mindestens in doppelter Hinsicht mit den hydroakustischen Schwarmvisualisierungen verbunden. Zum einen besteht diese Verbindung in der Ununterscheidbarkeit von Innen und Außen in ihrer jeweiligen All-Oberfläche, in ihren Oberflächen-Kontinua. Auch Schwärme reflektieren Schall als ›massive‹ Schallflächen zurück zum Receiver, die in ihrer Visualisierung als dreidimensionale Proto-Objekte ausgegeben werden. Dabei scheint die Dimension des Partikularen zunächst zugegossen – doch Lynn zufolge verweisen blob-ähnliche All-Oberflächen auf neue, flexible Relationen zwischen Homogenität und Heterogenität:

> »[B]lobs intervene on the level of form, but they promise to seep into those gaps in representation where the particular and the general have been forced to reconcile – not to suture those gaps with their sticky surfaces, but to call attention to the necessary strategies of structural organization and construction that provide intricate and complex new ways of relating the homogeneous or general to the heterogeneous and particular.«[178]

Tatsächlich lassen die Daten akustischer Schwarmbeobachtung Schlüsse darauf zu, dass Schwärme in ihrer natürlichen Umgebung sehr viel flexiblere Strukturen darstellen als im Labor. Das Postulat der rigiden Einhaltung einer ›idealen‹ NND bei der Fortbewegung etwa kann nicht aufrecht erhalten werden. Via Echo Integration generierte Bilder von Dichteverteilungen innerhalb großer Schwärme zeigen z. B. immer wieder große Freiräume innerhalb der Struktur. Für diese sogenannten Vakuolen liefern eine starre Psychomechanik (vgl. Kapitel II.4) oder unflexible Modelle (vgl. das noch folgende Kapitel über die *Raumgitter und Kristallschwärme* des Schwarmforschers Charles M. Breder) keine

---

177. Ebd., S. 171.
178. Ebd., S. 169.

Erklärung.[179] Es mutet daher geradezu ironisch an, dass es ausgerechnet dieser Charles Breder ist, der in seinem Aufsatz *Fish Schools as Operational Structures* schreibt: »Theoretically at least, fish schools could take any shape. Considered as three dimensional ›blobs‹, they have been described and photographed in a wide variety of shapes.«[180]

Für eine Visualisierung mittels Echo Integration werden die digitalisierten Daten jedes Pings aufgezeichnet und, nachdem ein Schwarm komplett gescannt wurde, dafür verwendet, eine 3D-Darstellung seiner Struktur zu erstellen, sowie deren Größenverhältnisse zu berechnen. Die von Paramo und seiner Forschergruppe verwendete Software extrahiert alle *volumetric pixels* oder ›Voxels‹ aus der All-Oberfläche und gibt sie als vierspaltiges Datenset aus, das den drei Raumkoordinaten für jeden Voxel jeweils den Wert der für ihn gemessenen Dichte zuordnet. Somit lassen sich die Eigenschaften des Schwarminneren in 2D- oder 3D-Ansichten berechnen. Besitzt ein Voxel eine Dichte, die geringer ist als die zuvor definierten Mindestgrenzwerte, wird er als leerer Raum aufgefasst und dargestellt. Sogenannte Vakuolen, also größere leere Räume innerhalb der Globalstruktur, ergeben sich damit aus vielen benachbarten ›leeren‹ Voxeln. Grundsätzlich wird die Dichte kalkuliert als der quadrierte Wert der Spannung für den jeweiligen Voxel, abgetragen auf einer relativen Skala mit 256 Schritten, von 0 (für eine Dichte kleiner als der Grenzwert) bis 255 für die maximal messbare Dichte.[181]

Blobs und Schwärme konterkarieren einen Vergleich mit Modell-Formen, die eine eidetische Beziehung von Körpern zu bestimmten Symmetrien und Proportionen zwischen ihren Teilen idealisieren, wie sie schon Vitruv in den *Ten Books of Architecture* zugrunde legt:

> »The design of a temple depends on symmetry, the principles of which must be most carefully observed by the architect. They are due to proportion […]. Proportion is a correspondence among the measures of the members of an entire work, and of the whole to a certain part selected as standard. From this result the principles of symmetry. Whithout symmetry or proportion there can be no principles in the design of any temple; that is, if there is no precise relation between its members, as in the case of a well shaped man.«[182]

Römische Tempel mögen auf den ersten Blick herzlich wenig zu tun haben mit Schwärmen, doch die Verhandlung von Teilen und Ganzem mittels sym-

---

179. Vgl. Gerlotto: »Gregariousness and School Behavior«, in: *Proceedings of AKUSTIKAN*, a.a.O., S. 234–236.
180. Breder, Charles M.: »Fish Schools as operational structures«, in: *Fishery Bulletin* 74/3 (1976), S. 471–502, hier S. 483.
181. Vgl. Paramo, Bertrand, Villalobos, Gerlotto, »A three-dimensional approach to school typology«, in: *Fisheries Research*, a.a.O., S. 173.
182. Vitruv: *The Ten Books of Architecture*, New York 1960, S. 72; vgl. auch Wittkower, Rudolf: *Architectural Principles in the Age of Humanism*, New York 1962. Wittkower beschäftigt sich darin mit einer systematischen *Theorie harmonischer Proportionen* im Rekurs auf das universale *nine-square-grid* der Villen von Andreas Palladio.

metrischer Modelle wird in Kapitel III.4 noch prominent zu behandeln sein. Eine »Morphologie des Amorphen« (Benoît Mandelbrot) führt aber genau dahin, einen diesen klassischen Konzepten genau entgegengesetzten und doch flexiblen Standpunkt einzunehmen: Blobs und viel mehr noch Schwärme stellen nicht einfach einen höheren Grad von Komplexität dar gegenüber der euklidischen »Standardgeometrie«, sondern beschreiben ein ganz anderes Niveau von Formen, die mit Euklid, Vitruv und da Vinci eben als ganz und gar formlos ausgeklammert werden.[183]

> »Because of its desire for a holistic model of the body – one that is essentially static – only bodies that can be ideally reduced through a process of division to whole numbers are acknowledged in architecture. The proportional correspondence between a temple and a *well shaped man* are based first on a single organization regulating all parts to the whole and second on the presence of a common module. This formulation of the body as a closed system in which all parts are regulated by the whole is organized from the top down. Proportional orders impose the global order of the whole on the particular parts. This whole architectural concept ignores the intricate local behaviors of matter and their contribution to the composition of bodies.«[184]

An der Figur des Blob lässt sich dieses Diktum von Ganzheit und von globalen Modellen mittels produktiver, *integrativer* Differenzen umdenken – von Differenzen, die von einer lokalen Ebene aus Körper in Bottom-up-Richtung emergieren lassen.

Blob und hydroakustisch gescannte Schwärme besitzen aber noch eine weitere Gemeinsamkeit. Beide sind mittels einer unklaren, verschwommenen Trennlinie zwischen sich und der Umwelt mit eben dieser Umwelt gekoppelt. Dies bedeutet eine stete Neubestimmung der Grenzen von Innen und Außen eines ›Körpers‹, indem interne Bereiche intensiv von externen und außerhalb ihrer Kontrolle liegenden Kräften beeinflusst werden, während sie selbst sich nach außen kehren, um sich als Bereiche auszudehnen und zu rekonfigurieren. Eine solche Deterritorialisierung im Sinne von Deleuze und Guattari bedeutet also nicht nur eine Nach-Außen-Kehrung des Inneren, sondern eine gleichzeitige Begrenzung eines sich ständig verändernden Inneren durch die Internalisierung äußerer Kräfte. Kurzum: Sie kombiniert Involution mit Evolution.[185]

Diese Bewegungen stehen stets unter der Maßgabe, einen Körper nicht als geschlossene, stabile Entität zu sehen, sondern als Vielheit, als Mannigfaltigkeit. Solche ›Körper‹ entwickeln neue Qualitäten – Blobs gehen nicht additiv in der Gesamtheit ihrer Elemente auf. Sie sind damit stets weniger als ein Ganzes, da sie offen bleiben für Außeneinflüsse. Zudem widersetzen sie sich als topologisches *Sowohl-als-auch* der euklidischen Geometrie und einem dualistischen

---

183. Vgl. Mandelbrot, Benoît: *Die fraktale Geometrie der Natur*, Basel, Boston, Berlin 1991, S. 13.
184. Vgl. Lynn, Greg: »Body Matters«, in: ders.: *Folds, Bodies & Blobs*, a.a.O., S. 135–153, hier S. 143.
185. Ebd., S. 135.

Descarte'schen Weltbild. Allerdings, so bleibt hinzufügen, sind sie eine Mannigfaltigkeit ohne sichtbare Partikularität, ein dynamisches Gelee. Ein geräuschvolles Gelee, das sich konzeptuell ausdehnen lässt in jener Blobwerdung von Schwärmen, die sich im Rahmen akustischer Visualisierungsverfahren in Form von Oberflächen-Kontinua und der Ineinanderfaltung von Innen und Außen niederschlägt.

Die Operationalisierung des Blicks in der ›fisher's characterization‹ via statistischer Verfahren und reduktiver Filterungsprozesse deutet hin auf jene konstitutive wissenschaftliche Schicht, jenes im Vergleich zum experimentalwissenschaftlichen Labor noch fundamentaleren Dispositiv des Wissens der Datenproduktion: Diese statistische ›Glättung‹ und Analyse von Daten beruft sich auf eine seit dem 18. Jahrhundert die Wissenschaften mehr und mehr bestimmende Bürokratisierung, die sich um die Einhegung des nicht mehr positivistisch Bestimmbaren, um die Mittelung und damit statistische *Er*-mittelung des Unscharfen bemüht: Das Daten-Processing der akustischen Signale ist ein Fall von »epistemologischer Buchhaltung«.[186] Schwärme werden somit zwar immer noch räumlich, aber nicht mehr territorial bestimmt: Die numerische Analyse ihrer Morphologie und Struktur beschreibt keine topographische Form, sondern eine Datenmenge, die mit einer dynamischen Zeitfunktion durchsetzt ist und so einen »neutralen Raum von Ereignissen« generiert.[187] In ihrer Ausrichtung auf eine dynamische Zeit werden – mit Stefan Rieger gesprochen – die Zukünfte des Wissensobjekts Schwarm kybernetisch operationalisiert. Zukunft als ein Ineinanderspielen von Wahrscheinlichkeiten, Abfolgen und Umgebungen betreffe sowohl die Struktur wahrnehmbarer Gegenstände als auch die Akte technischer und menschlicher Wahrnehmung. Damit rücken die Bedingungen und Modalitäten der Verarbeitung dieser Daten in den Fokus. Denn ganz egal, ob es um Probleme der Bestimmung von Informationen oder ihrer Speicherung und Übertragung geht – erst wenn Daten ›entworfen‹ werden, gestatten sie ein mathematisches und seit Claude E. Shannon auch ein informationstheoretisches Wissen ihrer Datenereignisse.

»Erst dieses konjekturale Wissen über den Entwurf der Daten erlaubt, was in technischen Kontexten Glättung von Daten (*smoothing*) heißt und was einer ihrer vielleicht folgenreichsten Applikationen zugrundeliegt: ihre Kompression. Spätestens ab diesem Punkt verlieren Informationstheorie, Wahrscheinlichkeitsrechnung und Datenkalkül ihren spezialistischen Status und adressieren als Phänomen eine aktuelle Lebenswelt in ihre Gesamtheit, d. h. weil in den Grundfesten ihrer datenmäßigen Verfasstheit.«[188]

---

186. Schäffner, Wolfgang: »Nicht-Wissen um 1800. Buchführung und Statistik«, in: Vogl, Joseph (Hg.): *Poetologien des Wissens*, München 1999, S. 123–144, hier S. 124.
187. Ebd., S. 128.
188. Rieger, Stefan: *Kybernetische Anthropologie. Eine Geschichte der Virtualität*, Frankfurt/M. 2003, S. 42f.

Eine akustische Durchmusterung nebst ihrer Datenaufbereitungsverfahren moduliert Schwärme als amöboide All-Oberflächen. Ihr Datengestöber wird hier noch einmal anders als in Laborexperimenten zu epistemischen Häufungen verrechnet, die – gar mit detaillierter Dichteverteilung – bereits optimal vorbereitet sind für die Netze der Fischerei. Dem sich von einem Moment zum anderen verformenden »Sieb« des Sonars, dessen »Maschen von einem Punkt zum anderen variieren«, wie man mit Deleuze sagen könnte, folgt das engmaschige Fischernetz.[189] Technologien ›staatlicher‹ Kontrolle machen sich hier das Nicht-Objekt Schwarm zuhanden, indem sie auf genau jene Verfahren zurückgreifen, die Staaten selbst von Territorien zu Datenmengen hatten werden lassen. Dies verweist auf eine allgemeine politische und näherhin zoopolitische Dimension in der Beschäftigung mit der Wissensfigur Schwarm, eine neuartige begriffliche Aufladung, die nicht zuletzt eine Fluchtlinie dieses Buches darstellt.

Pseudopodium: *Oriented Particles*

Die Visualisierung akustisch gewonnener Daten über Fischschwärme ist von entscheidender Bedeutung für ihre Operationalität. Ihre mediengeschichtliche Abkunft aus der Objektverfolgung im Sonarbereich bildet überdies auch eine technikgeschichtliche Fluchtlinie hin zu computergrafischen Bildgebungsverfahren.[190] Dafür bietet es sich an, Schwärme als dreidimensionale Objekte mit einer Oberfläche zu versehen, um ihre Morphologie evident zu machen. Doch mit dieser Operation geht auch eine gewisse Oberflächlichkeit einher, da in den Verfahren des *smoothing* der Beobachtungsdaten nicht nur die originären Daten und damit auch ein durchaus relevanter Informationsanteil verloren gehen können, sondern darüber hinaus auch Artefakte einfließen können:

> »Fischschwärme können als zusammenhängende geschlossene Oberfläche visualisiert werden, damit ihre Gestalt sichtbar wird. Doch diese Methode birgt zwei offensichtliche Nachteile. Erstens geht die Information über einzelne Fische verloren. Zweitens können die Algorithmen zur Generierung einer geschlossenen Oberfläche sehr kompliziert sein. Solche Oberflächen-Approximations-Algorithmen implizieren die Annahme von reduktionistischen Vereinfachungen. Sie tendieren auch dahin, aus der Beobachtungsmethode resultierende Artefakte zu verschleiern.«[191]

---

189. Deleuze, Gilles: »Postskriptum über die Kontrollgesellschaften«, in: ders., *Unterhandlungen 1972–1990*, Frankfurt/M. 1993, S. 254–262, hier S. 256.
190. Friedrich Kittler z. B. verweist auf die medienhistorische Genealogie von Computergrafik aus der visuellen Radarverfolgung von Flugzeugen – eine Linie, mit der sich auch Sonar-Abtastungen von Fischschwärmen mit ihrer Präsentation in Computervisualisierungen verknüpfen lassen. Vgl. Kittler, Friedrich: »Computergrafik. Eine halbtechnische Einführung«, in: Wolf, Herta (Hg.): *Paradigma Fotografie. Fotokritik am Ende des fotografischen Zeitalters*, Frankfurt/M. 2002, S. 178–194.
191. Li: *Oriented Particles*, a.a.O., S. 38. [Übers. SV]

Mitte der 1990er Jahre, als die Bildverarbeitungs- und Speicherkapazitäten von einigermaßen erschwinglicher Computer-Hardware gerade ausreichen, mit den großen Datenmengen von Multibeam-Sonaren rechnen und diese auch in Echtzeit visualisieren zu können (zuvor wurden die Daten zunächst im Open Water gewonnen und dann an Land prozessiert), stellt sich die Frage, wie mit weniger Aufwand eine Darstellung erreicht werden könnte, die dem gescannten Nicht-Objekt zugleich visuell näher kommen würde. Ziel eines Projekts an der University of New Brunswick war es denn auch, ein Visualisierungstool zu entwickeln, das die Daten von Multibeam-Sonaren einlesen und zugleich Navigationsdaten einbeziehen sollte, um zugehörige geographische Koordinaten zu implementieren. Diese sollten dann in einer »animated 3D representation« ausgeben werden.[192] Statt einen relativ statischen, kartoffelförmigen Blob herkömmlicher 3D-Grafiken zu generieren, sollte eine dynamische Partikelmenge den gescannten Schwarm *präsentieren*. Diese besitzt darüber hinaus den Vorteil, einerseits auf der Ebene einer Gesamtansicht die Gestalt des ganzen Schwarms zu umzeichnen, andererseits aber die Möglichkeit zum Zooming zu eröffnen und individuelle Positionen von Schwarm-Individuen im Close Up anzusteuern.

Der Mathematiker und Informatiker Yanchao Li greift dazu auf Konzepte aus dem digitalen Grafikdesign zurück, die seit Beginn der 1980er Jahre zur Visualisierung von »Körpern ohne Oberfläche« wie Rauch, Feuer oder Staub *Particle Systems* und *Oriented Particle Systems* entwickelten.[193] Diese erzeugen mittels des definierten Verhaltens von vielen einzelnen virtuellen Teilchen dynamische Objekte und nehmen mit diesem *Distributed Behavioral Model*[194] teils explizit Bezug auf Ergebnisse biologischer Schwarmforschung. Sie werden zugleich als computergrafisch überzeugende Computersimulationsmodelle für natürliches Schwarmverhalten auch in fast jedem Aufsatz von Fischschwarmforschern und ihren Simulationsmodellen als Referenz genannt – ein Chiasmus, der diesen Band in Kapitel IV.1 und IV.2 noch ausführlich beschäftigen wird.

Li benutzt Quadrate, um einzelne Fische zu präsentieren. Es sollte betont werden, dass diese nicht notwendigerweise und aufgrund der Störeinflüsse auch nur in unwahrscheinlichen Fällen die genauen realen Positionen gescannter Schwarm-Individuen visualisieren. Vielmehr stellen sie eine grafisch generierte Auflösung z. B. der per Echo Integration ermittelten Dichte von Fischen innerhalb eines bestimmten Wasservolumens in einzelne Partikel dar. Nicht mehr der akustisch gescannte Rand, die Oberfläche, dehnt sich in die Tiefe aus – eher bekommt man es mit einer erneuten Schwarm-Werdung des Blob zu tun: Auf Basis dessen stochastisch bestimmter und algorithmisch geglätteter Form werden

---

192. Ebd., S. 38.
193. Vgl. Reeves, William T.: »Particle Systems – A Technique for Modeling a Class of Fuzzy Objects«, in: *ACM Transactions on Graphics* 2/2 (1983), S. 91–108.
194. Vgl. Reynolds, Craig W.: »Flocks, Herds, and Schools: A Distributed Behavioral Model«, in: *Computer Graphics* 21 (1987), S. 25–34. Anders als Reynolds orientiert Li seine Partikel jedoch nicht durch ein je eigenes lokales Koordinatensystem, was die Berechnung der Bilder wieder um einiges verkomplizieren würde.

deren Dichteparameter wieder in (virtuelle) Teilchen aufgelöst. Die entstehende Form wird nun auch nicht mehr vom Rand aus nach innen gedacht. Im Partikelsystem erhalten alle Teilchen, egal ob randständig oder im Zentrum, die gleichen Orientierungsparameter:

»Es wurden zwei Methoden zur Spezifizierung der Partikelorientierung untersucht. Der erste ist eine direkte Übernahme von Newtons Gesetz der Gravitationskraft. Wir nehmen an, dass Fische sich gegenseitig anziehen, als ob [Masse-]Kräfte zwischen ihnen wirken würden. Wir verwenden den unter Berücksichtigung aller Fische im Schwarm errechneten Vektor der kombinierten Kräfte, um die Partikelorientierung für einen einzelnen Fisch zu bestimmen. […] Die zweite Methode testeten wir unter Verwendung einer Funktion für die Kraft, welche die Anziehungskraft zwischen den Fischen auf den Kehrwert der Distanz zwischen ihnen festlegte.«[195]

Interessant ist, was Li im Nachsatz festhält, denn in Kapitel III.4 werden im Kontext von Charles M. Breders ersten mathematischen Modellen der Schwarmbildung in den 1950er Jahren sehr ähnliche Formeln erneut erscheinen: »Note this is not intended as a model of fish behavior. It is simply a visualization method«[196] – ein Nachsatz, der bereits jene Verschränkung von *Fish & Chips* erahnen lässt, die im Abschnitt *Transformationen* noch untersucht wird: Einerseits schlägt sich diese Verschränkung in ›realistischen‹ Animationen für den *Special Effects*- und Filmbereich nieder, andererseits in biologischen Forschungen, die sich solcher Visualisierungen bedienen, um anhand der zugrundeliegenden Programmierstruktur auf mögliche biologische Strukturen rückzuschließen. Beide Seiten rekurrieren dabei auf ein Set simpler Regeln, aus denen komplexe Globalstrukturen hervorgehen – die einen, um Rechenzeit und Programmieraufwand zu minimieren, die anderen, weil sie es mit relativ einfach gestrickten Schwarm-Individuen zu tun haben, die in großer Zahl animiert werden können.

Mit dem Einsatz orientierter Partikelsysteme für wissenschaftliche Visualisierungen wird die Darstellung des biologischen Fischschwarms ›realistischer‹ gemacht. Der in der Datenmenge stochastisch geglättete Rand wird somit wieder als Teilchen-Rand aus stochastisch bestimmten Schwarm-Individuen visualisiert. Die ›realistische‹ Darstellung der ›real‹ gescannten Daten funktioniert dabei, kurz gesagt, nur über eine Computersimulation, der die biologischen Grundlagen des Nicht-Objekts, zu dessen Darstellung sie dienen, bereits im eigenen Visualisierungsmodell inhärent sind. Die Kombination avancierter Methoden der akustischen Durchmusterung von Fischschwärmen im offenen Ozean und objektorientierter digitaler Modellierung wird seither weiter forciert. Dabei geht es jedoch nicht nur darum, anhand dreidimensionaler Visualisierungen die Fülle an aufbereiteten Daten noch besser interpretierbar zu machen. 3D-Modelle werden auch zum Tuning der akustischen Geräte angewendet. Eine Studie der University of Washington aus dem Jahr 2003 hält fest: »Through

---

195. Li: *Oriented Particles*, a.a.O., S. 39 [Übersetzung SV].
196. Ebd., S. 39.

the visualization of empirical and simulated data, our goal is to understand how fish anatomy and behavior influence acoustic backscatter and to incorporate this information in acoustic data analyses.«[197] Die visuelle Aufbereitung von Sonardaten dient also nicht nur dazu, eine plastischere Vorstellung des dynamischen Verhaltens von Schwärmen auf der Basis akustischer Daten zu erhalten. Sie werden umgekehrt auch dazu genutzt, im Simulationsmodell zu eruieren, wie ihr Verhalten und ihre Bewegungen sich in Änderungen individueller *target strengths* und Schallreflexionen niederschlagen. Darauf aufbauend lassen sich die akustischen Filter- und Analysetechniken modifizieren. Die Autoren beziehen sich dabei auf die grundlegenden Arbeiten zum Design quantitativer Daten des Informationswissenschaftlers Edward R. Tufte:

> »One approach used to examine how biological factors influence echo amplitudes integrates modeling of organism behavior with acoustic measurements of fish distributions in computer visualizations. These visualizations should present large data sets in a coherent and comprehensive manner; reveal several levels of detail within data sets; avoid distortion of measurements; prompt the viewer to think about mechanisms that cause observed patterns; and encourage comparisons among data sets.«[198]

Dazu fassen sie drei Komponenten in einer objektorientierten Programmumgebung zusammen und weisen ihnen je eine Objektklasse zu: »Our goal is to integrate echosounder properties with fish anatomy, backscatter model predictions, and fish trajectories to visualize factors that influence patterns in backscatter data.«[199] Die *Echosounder Class* beschreibt alle Eigenschaften des Echosounders und Transducers, also seine Position, Richtung, Strahlbreite und Frequenz. Die hier verarbeiteten Daten beziehen sich auf die Bestimmung der *target strengths* und der Orientierung der beobachteten Fische. Die *Echofish Class* beinhaltet anatomische Daten über Fische einer Spezies und über ihre physikalischen Eigenschaften, etwa ihre Schwimmgeschwindigkeit. Diese Daten werden genutzt, um ein 3D-Modell einzelner Schwarmfische zu erstellen, das plastisch vorführt, wie etwa eine geänderte Körperposition in Relation zum Transducer auch eine veränderte Rückstreuung der akustischen Signale nach sich zieht. In der dritten *Trajectory Class* schließlich wird das Verhaltensrepertoire der Fische mittels eines agentenbasierten Schwarmmodells beschrieben und kann – mit je angepassten Parametereinstellungen – der *Echofish Class* zugewiesen werden. Mit diesem Modell können nun Szenarien erstellt werden, welche die dynamischen Änderungen der Rückstreuung von Schwarm-Individuen je nach deren Bewegungsverhalten in Relation zum Sonarsystem visualisieren. Somit kann etwa das fluktuierende Verhältnis von ›akustischer Größe‹ und realer Länge

---

197. Towler, Richard H., Jech, J. Michael und Horne, John K.: »Visualizing fish movement, behavior, and acoustic backscatter«, in: *Aquatic Living Resources* 16 (2003), S. 277–282, hier S. 277.
198. Ebd., S. 277–278.
199. Ebd., S. 278.

eines Fischs über einen längeren Zeitraum dynamischer Bewegung hinweg verfolgt werden.

Auch in diesem Fall verschränken sich somit bildgebende Verfahren mit einem erst durch diese Bilder gegebenen Möglichkeitshorizont technischer Optimierung. Erst durch die Kombination mit den operativen Bildern agentenbasierter Computersimulationen werden die Dynamiken von Schwärmen sowohl auf globaler als auch auf individueller Ebene beschreibbar. Somit werden akustische Untersuchungen neben der Gewinnung von Daten zum Globalverhalten und zu den Bewegungen ganzer Schwärme im Meer auch interessant für eine Kombination dieser Perspektive mit der Ebene individuellen Verhaltens. Und zugleich ist den Visualisierungen von Computersimulationen noch ein weiterer operativer Aspekt inhärent: Sie wirken als Feedback-Mechanismus auf die Generierung genauerer empirischer Daten zurück, schärfen den instrumentellen Blick der akustischen Sonaraugen. Wiederum – und dies ist auch wieder ein Vorgriff auf den Abschnitt *Transformationen* – treten Verfahren des Beschreibens mit Verfahren des Schreibens in Wechselwirkung: Der Output an generierten Daten-Bildern wird selbst als Input rückgespeist in den Prozess der Generierung von Daten-Bildern.

★★★

Wie die hier aufgeführten Untersuchungen zeigen, sind auch akustische Visualisierungsverfahren von Fischschwärmen einem mehrfachen Rauschen, einer Vielzahl von Störinstanzen unterworfen. Im Spiel zwischen dem *Self-Noise* des Sonarsystems, dem mannigfachen *External Noise* des Meeres und jenem Noise, das Schwärme selbst – als jener im Militärbereich stets herausgerechnete *Clutter* – erzeugen, sind adäquate Verfahren der Datenverarbeitung das A und O. Denn ohne geeignete Filter- und Smoothingverfahren sind aus der Menge komplexer akustischer Daten, die über Sonarsysteme gescannt werden, keine relevanten Informationen über das Verhalten von Schwärmen zu extrahieren. Schwärme werden damit Gegenstand statistischer Operationen, sie werden zu Datenmengen, in denen die Ränder der Aggregation und die Individuen jeweils nur als Annäherungen oder Mittelwerte, jedenfalls als stochastisch bestimmte Bereiche eines visuell Unbestimmbaren existieren. Sie fallen in den Bereich einer bürokratischen Epistemologie, die mit einem Nicht-Wissen rechnen kann. Diese macht nicht Halt vor der Intransparenz der Schwarmorganisation, sondern operationalisiert sie durch Annäherungen, ohne freilich die interindividuellen Verschaltungen detailliert auflösen zu können. Akustische Verfahren sind jedoch imstande, Schwärme über längere Zeit zu verfolgen und machen auf der Basis avancierter Visualisierungsverfahren des Geschehens unter Wasser ein Studium typischer globaler Aktionen und Reaktionen auch sehr großer Schwärme möglich. Jenseits einer ontologischen, repräsentativen Deckungsgleichheit von dem, was ein Schwarm sein könnte und dem, was im digitalen Bild visualisiert wird, geht es um die Operationalität dieser Visualisierungen. Dem operationalen

Wissen der »fisher's characterization« von Schwärmen genügen Ähnlichkeiten, genügt eine formale Deckung.

Doch diese neue operative epistemische Strategie kann sich – und dies wurde vorgreifend bereits angedeutet – eben nur in Abhängigkeit von digitalen Bildgebungsverfahren ausbilden. Diese überführen die unpräzisen Bilder älterer Sonarsysteme in eine Welt dreidimensionaler, mit einer Zeitfunktion versehener Messbilder, in denen sich die komplexe akustische Datenlage prozessural nachverfolgen lässt. Erkennbar wird dabei schließlich bereits jene Verschränkung, die eine Fluchtlinie dieses Buches darstellt: nämlich die Verwendung biologisch inspirierter Verfahren der Computersimulation und der dazugehörigen Visualisierungstools in einer informationstechnisch inspirierten Biologie, in der diese Tools in die Schwarmforschung zurückkehren. Unter diesen Bedingungen wandeln sich Schwärme von wundersamen Nicht-Dingen zu datenmäßig verfassten Wissensobjekten, zu *epistemischen Häufungen* einer technisch informierten Mediengeschichte.

4. Synchronisierungsprojekte

Wie in den vorangegangenen Kapiteln gezeigt wurde, muss man Charles Breder Recht geben, wenn dieser Fischschwärme ein »notoriously difficult laboratory material« nennt – eine Charakterisierung, die vielleicht mehr noch auch für die Erforschung in freier Wildbahn zu gelten hat.[200] Es liegt nicht fern, parallel zu den Bemühungen um eine Gewinnung empirischer Daten bezüglich der Steuerungslogik und der intransparenten Organisation von Schwärmen durch verschiedene Beobachtungs- und Durchmusterungssysteme auch formale Modelle zu bilden, um für die Schwarmbildung relevante Funktionen zu beschreiben. Denn Modelle bieten die Möglichkeit, Verbindungen herzustellen zwischen unterschiedlichen Beobachtungsmaßstäben und zwischen verschiedenen Einflussgrößen. Sie bieten Zugang zu Ebenen, die mit technischen Verfahren der visuellen oder akustischen Durchmusterung nicht zugänglich sind und verbinden theoretische Überlegungen mit empirischen Daten. Gerade die Frage nach Skalierungsproblemen ist in der Schwarmforschung von großem Interesse, existieren Schwärme doch weder auf der Ebene der Individuen, noch auf der des Kollektivs, sondern auf einer dritten Ebene, wo sich Vielzahl und Relationalität überschneiden.[201] Das Gesamtverhalten des Schwarms ergibt sich eben nicht als die Summe des Verhaltens seiner Teile, vielmehr sind bestimmte Bewegungsstrukturen und Eigenschaften nur auf der Ebene des Gesamtsystems zu beobachten. Die Messbarkeit und die Wahrnehmung dieser Muster und Strukturen wird beeinflusst durch die Perspektiven, die sich aus der Wahl eines bestimmten Auflösungsmaßstabs ergeben. Dabei ist anzunehmen, dass nicht jedes kleinste Detail auf einer mikroskopischen Ebene entscheidend für die Vorgänge auf einer weniger detaillierten Ebene ist. Es stellt sich also ständig die Frage, *welche* Faktoren im Perspektivwechsel auf eine andere Auflösungsebene eine Rolle spielen.

> »The problem of how information is transferred across scales cannot be addressed without modeling. In relating behaviors on one scale to those on others, one is often dealing with processes operating on radically different time scales, in which much of the detail on faster and finer scales must be irrelevant to those on slower or broader scales. Because decisions about what one can ignore require a quantitative evaluation of the manifestations of processes across scales, a quantitative approach is both unavoidable and powerful.«[202]

Wie in den vorangegangenen Kapiteln klar wurde, ist gerade die detaillierte optisch-akustische Durchmusterung von Schwärmen mit einer großen Individuenanzahl sehr problematisch – ein quantitativer Ansatz ist in diesem Regime

---

200. Breder: »Structure of the fish school«, in: *American Museum of Natural History*, a.a.O., S. 7.
201. Vgl. Thacker: »Networks, Swarms, Multitudes«, in: *CTheory*, a.a.O., o.S.
202. Levin, Simon A.: »Conceptual and methodological issues in the modeling of biological aggregations«, in: *Animal Groups in Three Dimensions*, a.a.O., S. 245–256, hier S. 245.

nur eingeschränkt möglich. Modelle bieten hier die Möglichkeit, diesen Ansätzen nicht zugängliche Untersuchungsebenen anzusprechen.

Modelle können, wenn man dem – gerade auch unter medienwissenschaftlichen Gesichtspunkten interessanten – Ansatz von Margaret Morrison und Mary S. Morgan folgen möchte, als autonome wissenschaftliche Instrumente betrachtet werden, die in zwei Richtungen Wissen generieren: Einmal im Hinblick auf wissenschaftliche Theorien und zum anderen in Bezug auf die empirische Welt. Schaut man auf Modelle als »mediating instruments« zwischen diesen Bereichen, emanzipieren sie sich von bloßen Hilfsstellungen für die Theoriebildung, als die sie lange Zeit zu gelten hatten, und entfalten aus dieser Autonomisierung heraus eine eigene, spezifische Operationalität als Forschungsinstrumente.[203] Worin, so eine erste Frage, liegt diese Autonomie begründet? Morrison und Morgan weisen darauf hin, dass Modelle nicht bloße Ableitungen von entweder Theorie oder Datenmaterial sind, sondern dass sie Elemente aus beiden Bereichen verbinden, »elements of theories and empirical evidence, as well as stories and objects which could form the basis for modelling decisions.«[204] Diese Elemente werden in einem gemeinsamen formalen (mathematisierten) System integriert, welches die grundlegenden Beziehungen zwischen den interessierenden Variablen auszudrücken vermag. Dieses Ineinanderspielen läuft nicht zwangsweise derart ab, dass empirisches Material *mittels Theorie* mathematisch repräsentiert wird, vielmehr machen Modelle durchaus Repräsentationen denkbar, die innerhalb bestehender Theorien nicht denkbar wären. Aus Modellen ergibt sich dann ein neues theoretisches Verständnis der untersuchten Phänomene.[205] Theorie sei demnach kein Algorithmus zur Konstruktion von Modellen, da letztere stets Simplifikationen und Approximationen beinhalteten, über die je nach Datenlage entschieden werde. Darüber hinaus komme durch die Verwendung von Analogien ein weiteres kreatives Element in die Konstruktion von Modellen hinein, die nicht immer nur neutrale Eigenschaften mit sich brächten, sondern in der Übertragung durchaus auch neue Bezüge zu erschließen oder Modifikationen zu implizieren imstande seien. Modelle seien demnach nicht in der hierarchischen Mitte zwischen Theorie und Welt zu verorten, sondern sozusagen *auf dem Weg* zu den epistemischen Strategien der Computersimulation, in der sich die genannten Sphären im Zuge der Modellbildung zu je unterschiedlichen Anteilen überschneiden.

Ist eine solche Teilautonomie gegeben, stellt sich *zweitens* die Frage nach dem Eigenleben von Modellen als Forschungsinstrumenten bei der Wissensproduktion. Wie werden sie wirksam? Es liegt nahe, sie als Hilfsmittel bei der Theoriebildung zu betrachten, wenn bestimmte Theorien keine stichhaltigen Erklärungen für zu beschreibende Phänomene bieten. Oft dienen sie dazu, bestehende Theorien zu testen oder mit ihnen innerhalb eines bestimmten theoretischen

---

203. Vgl. Morrison, Margaret und Morgan, Mary S.: »Models as mediating instruments«, in: dies. (Hg.): *Models as Mediators. Perspectives on Natural and Social Science*, Cambridge 1999, S. 10–38.
204. Ebd., S. 13.
205. Ebd., S. 13.

Rahmens zu experimentieren. Sie werden eingesetzt, um die Implikationen von Theorien in konkreten Situationen zu erforschen. Und besonders interessant ist ihre Verwendung für das Testen von Theorien, die anderweitig nicht anwendbar sind. Modelle können jedoch auch einen direkten Link zwischen dem Instrument und dem Objekt eines Experiments herstellen, indem Manipulationen am Modell in direkt äquivalente Beziehungen gesetzt werden zu den z. B. physikalischen Eigenschaften, die sie repräsentieren sollen. Wenn etwa physikalische Gravitationsgesetze als Modell für die Bildung von Fischschwärmen eingesetzt werden, können deren Parameter z. B. als Quantifizierung eines psychomechanischen Anziehungs-Impulses von Schwarm-Individuen übertragen werden. Diese Quantifizierungen ermöglichen auch eine Messung im Modell, die am Untersuchungsobjekt selbst nicht möglich wäre.[206]

Doch ›Teilautonomie‹ muss zusätzlich auch auf der ersten Silbe betont werden, gilt es doch, Modellen stets auch ihren repräsentativen Status zu sichern, d.h. bestenfalls sowohl zum Theorie- als auch zum Weltbereich signifikante Bindungen zu unterhalten. Dabei wird Repräsentation nicht als exakte Spiegelung von Phänomenen verstanden, sondern sie, so Morrison und Morgan, »is seen as a kind of rendering – a partial representation that either abstracts from, or translates into another from, the real nature of the system or theory, or one that is capable of embodying only a portion of a system.«[207] Im Bewusstsein dieser Beschränktheit können jedoch sehr wohl jeweils Teilaspekte von systematischen Zusammenhängen modelliert werden, oder verschiedene Modelle zur Repräsentation eines Systems kombiniert werden. Im Erstellen, Verändern, Anpassen und Benutzen von Modellen – ganz gleich ob sie als mathematische Gleichungen, Diagramme, Computerprogramme oder anderes erstellt werden – kann somit Wissen generiert werden *erstens* über einen theoretischen Rahmen, *zweitens* über die vorhandenen empirischen Daten, und *drittens* über die Modelle selbst.

Im Folgenden sollen beispielhaft einige Modellierungsansätze der Organisation von Fischschwärmen untersucht werden, die sich einerseits auf den bereits bei den frühen Labor- und Aquariumstudien formulierten Verdacht beziehen, dass sich Schwärme gemäß weniger simpler Regeln konstituieren, die aber andererseits Mathematisierungen einführen, welche Anschlussmöglichkeiten herstellen für spätere Simulationsverfahren. Als derartige Nahtstellen-Technologien zwischen visuellen Durchmusterungsverfahren und visualisierten und in die Zeit geworfenen Computersimulationsszenarien wird mit ihrer Hilfe jedoch bereits versucht, Erklärungsmodule für Schwarm-Kollektive jenseits des Beobachtbaren und jenseits rein biologischer Konzepte zu entwickeln. Dabei stehen Ansätze im Vordergrund, die schon recht früh auf eine mathematische Unterfütterung von Beobachtungs- und Experimentaldaten abzielten und diese mit basalen formalen Parametern zu ergänzen suchten. Seit den späten 1970er fällt hierbei die Abgrenzung zwischen Modellen, Simulationen und »Computer-

---

206. Vgl. ebd., S. 19–23.
207. Ebd., S. 27.

experimenten« zunehmend schwer – viele (mathematische) Modelle werden mithilfe des Computers verzeitlicht und simulatorisch getestet, so dass sich die Grenzen zwischen diesen epistemischen Strategien mehr und mehr verflüssigen. Dieses Kapitel wird demgemäß auch mit zwei frühen Computersimulationsmodellen enden, die – wie sich zeigen wird – einfach *zu früh* entwickelt und somit seinerzeit kaum rezipiert wurden. Sie konnten nicht jenes Momentum agentenbasierter Computersimulationen nutzen, das diese infolge einer Kombination mit avancierten graphischen Visualisierungen erhielten – ein Momentum, das erst Ende der 1980er Jahre zum tragen kommen sollte. In dessen Vorfeld wurde das epistemische Potenzial von Computersimulationen für die Schwarmforschung kaum explizit.

Sowohl Modellierungen als auch Computersimulationen von Schwärmen verschieben den Fokus einer medienwissenschaftlichen Analyse weg von den Problematiken ihrer medientechnischen Abtastung, Rasterung und Durchmusterung und ein Stück weiter hin zu Fragen ihrer visuellen Darstellung. Das folgende Kapitel wendet sich mithin Fischschwarm-Modellen zu, die die ihnen zugrundeliegenden mathematischen Strukturen immer auch (geometrisch) vorstellbar machen, und die über diese grafischen Repräsentationen auch die Dynamiken von Schwarmsystemen zumindest ansatzweise zugänglich zu machen beabsichtigen. Im Unterschied zu den Versuchsanordnungen experimenteller und empirischer Forschungen geht es hier jedoch darum, eine Geometrie zu beschreiben, die aus der Schwarm-Ordnung selbst abgeleitet wird. Während erstere Verfahren dahin zielen, das Nicht-Objekt Schwarm zu geometrisieren und innerhalb eines vorgegebenen Koordinatensystems räumlich und zeitlich zu orten und zu ordnen, stellen die im Folgenden vorgestellten Modellierungen Ansätze dar, die fragen, welche Geometrien Schwärme selbst produzieren. Damit weisen sie – obwohl noch diesseits der technischen Schwelle hin zu performativen, dynamischen Visualisierungsverfahren der Computersimulation – doch schon auf eine andere Konzeptualisierung und Formalisierung biologischer Schwärme. Sie sind Teil einer schrittweisen Streichung der *Natur* des Nicht-Objekts Schwarm – eine Streichung seiner (immer nur unzulänglich) beobachtbaren ›Natürlichkeit‹ zugunsten einer formal beschreibbaren Berechenbarkeit, die schließlich im operativen Einsatz von Swarm Intelligence als technische Verfahren resultieren wird (Abschnitt *Transformationen*).

Die vielfältigen Versuche einer modellhaften Bestimmung von Schwärmen fokussieren meist je auf Teilaspekte von Schwarmbildung und Schwarmverhalten, so dass Schwarm-Kollektive parallel beispielsweise als magnetisierte Eisenspäne, als geometrische Raumgitter, als egoistische Herden oder als integrierte Sensor-Systeme konzeptualisiert werden können. Sie bedeuten ihrerseits eine Abkehr von ontologischen Bestimmungen und prominieren Ähnlichkeitsbeziehungen jenseits optisch-akustisch sichtbarer Phänomene. Kurzum: Sie (be-)schreiben formale Relationen.

Elementare Operationen

»Imagine a space alien looking at rush hour traffic on the L.A. freeway. It thinks the cars are organisms and wonders how they are moving in a polarized way without collisions. The reason is that there is a set of rules everyone knows. We are the space aliens looking at fish, and we don't have the driver's manual.«[208] *Julia K. Parrish*

Die Unzulänglichkeiten optischer und akustischer Beobachtungs-, Durchmusterungs- und Messverfahren von Schwärmen in der Labor- und Feldforschung – wobei letztere natürlich die ›Feuchtwiese‹ des offenen Meeres meint – lassen spätestens in den 1960er und 1970er Jahren eine Hinwendung zur epistemischen Strategie der Modellbildung erkennen. Schwarmforscher versuchen, durch den Import von Modellen aus anderen wissenschaftlichen Disziplinen die Entstehung bestimmter Parametern zu erklären: die Einnahme einer spezifischen Nearest Neighbor Distance, eine polarisierte Ausrichtung, die Ausbildung eines deutlichen Randes und die Genese bestimmter Formen und koordinierter Globalbewegungen. Modelle werden dabei als Medien der Wissensgenerierung eingesetzt, indem sie mit den unzulänglichen empirischen Daten der Beobachtung und Durchmusterung von Schwärmen rückgekoppelt werden. Die meisten dieser Modelle gehen dabei von einem individuenbasierten Ansatz aus (»Individual Based Modelling« oder IBM)[209] und berufen sich auf die frühen Studien von Albert Parr und Charles Breder (Kapitel II.4), die erste Überlegungen zu einer mathematisch fundierten Beschreibung der (geometrischen) Struktur der von ihnen im Labor beobachteten Schwärme anstellen. Laborarbeit und Modellierung schließen sich nicht aus, sondern bedingen sich vielmehr. Zu recht kritisiert Evelyn Fox Keller also einen Bericht des *Institute for Advanced Studies* in Princeton, das noch Ende der 1990er Jahre schreibt:

> »While the physical sciences have had this mathematical/theoretical tradition from their beginnings, biology has had a different history [... It] has been more focussed on laboratory work. However, several areas of biology have gradually developed an understanding of the important role that mathematical approaches can play.«[210]

Weniger als auf eine angeblich defizitäre Verwendung mathematischer Ansätze in der Biologie verweisen diese Zeilen eher auf ein überkommenes Konzept der strikten Trennung von Theorie und Experiment gemäß der epistemologischen Hierarchisierung Karl Poppers. Ganz im Gegenteil lässt sich im Bereich der Schwarmforschung eine frühe Hinwendung zu mathematischen und physikalischen Modellen feststellen, die keinesfalls die profunde Beschäftigung mit

---

208. Julia Parrish, zit. n. Klarreich, Erica: »The Mind of the Swarm. Math explains how group behavior is more than the sum of its parts«, in: *Science News Online* 170/22 (November 2006), S. 347–349..
209. Gerlotto, Bertrand, Bez und Guiterrez: »Waves of agitation«, in: *ICES Journal of Marine Science*, a.a.O., S. 1405.
210. Zit. n. Keller: *Making Sense of Life*, a.a.O., S. 254.

Experimentalsystemen ausschließt. Dabei unterstützt eine fortgesetzte Computerisierung nicht nur die Möglichkeiten der Datenerhebung, -eingabe und -speicherung. Bedienerfreundliche Software und steigende Computerliteralität ermöglichen auch die Verarbeitung dieser Daten und die Entwicklung eigener Modelle ohne ›professionelle‹ Hilfe: »The net effect is the beginning of a new culture in biology, at once theoretical and experimental, and growing directly out of the efforts of workers who Dearden and Akam describe as ›a breed of biologist-mathematicians as familiar with handling differential equations as with the limitations of messy experimental data‹.«[211] Diese Forschergeneration praktiziert den von Galison für die Wissenschaftsgeschichte der Physik formulierten dritten epistemologischen Weg auch in der Biologie, denn teils schlichtweg chaotische oder redundante Experimental- und Feldforschungsdaten allein sind für sie nicht mehr zufriedenstellend.

Julia Parrish and William Hamner widmen ihre Publikation *Animal Groups in three Dimensions* dezidiert dem Versuch, interdisziplinär neue Ansätze in das Studium von Schwärmen zu integrieren. Sie schreiben, es bedürfe eben mehr als eines rein biologisch motivierten Ansatzes, oder man könne sich eben nicht aus jenem ›technological morass‹ befreien, den die bisher erprobten Verfahren der Labor- und Freiwasseruntersuchung mit sich brächten. Ihre Versammlung interdisziplinärer Ansätze solle als Sprungbrett zukünftigen kreativen wissenschaftlichen Outputs dienen.

> »Furthermore, we are neophytes. Our measuring devices, our computers, our words, and our graphics may never let us adequately describe the aesthetic beauty of a turning flock of starlings or a school of anchovies exploding away from an oncoming tuna. What we see as apparent simplicity we now know is a complex layering of physiology and behavior, both mechanistically and functionally. It is our sincere belief that an interactive, multidisciplinary approach will take us farther in understanding how and why animals aggregate than merely pursuing a strictly biological investigation. It is also more fun.«[212]

Schwarmforscher wie Parr und Breder können also durchaus auch als frühe Vertreter eines Zweiges mathematischer Biologie angesehen werden, deren wissenschaftsgeschichtliche Aufarbeitung sich üblicherweise auf die Molekularbiologie konzentriert. Ihre Schwarm-Maschinen konzeptualisieren dabei vor allem deren intrinsische Prozesse, fragen nach den psycho-physikalischen Funktionsweisen der Schwarmbildung, weniger nach ihrer biologischen Funktionalität. Mehr noch: Breder unternimmt den Versuch, physikalische von biologischen Parametern zu separieren. Ihm geht es um mechanistische Epiphänomene, die unabhängig von biologisch-adaptiven Funktionen auftreten. Schwärme werden

---

211. Ebd., S. 258, mit Verweis auf Dearden, Peter und Akam, Michael: »Segmentation *in silico*«, in: *Nature* 406 (2000), S. 304–305.
212. Parrish, Hamner und Prewitt: »Introduction«, in: *Animal Groups in Three Dimensions*, a.a.O., S. 13.

somit betrachtet als die algebraische Summe verschiedener Verhaltens-Einheiten, die auf komplexe Weise interagieren und das soziale Verhalten des Schwarms determinieren. Schwärme werden hier also geradehin geschaltet.[213]

Da jedoch die experimentelle Prüfung mathematischer Modelle im Fall von Schwärmen problematisch ist, und simulatorische Testläufe erst Jahre später durch computergestützte Prozesse möglich werden (vgl. den letzten Teil dieses Kapitels und IV.2), schlägt Breder eine Verbindung mit physikalischen Phänomenen vor, die zu ähnlichen Strukturen und Dynamiken führen. Mathematische Theorien der Physik gehen somit als »models *for* the construction of objects« im Sinne Kellers in die Schwarmforschung ein.[214] In seiner Untersuchung der Struktur von Fischschwärmen aus dem Jahr 1951 beschreibt Breder u. a. die Verbindung von mehreren Schwärmen zu einem großen Schwarm. Gelegentliche Beobachtungen hätten gezeigt, dass einzelne Fischschwärme Einflüsse aufeinander ausübten. Dies schlage sich nieder in ihrer Tendenz, miteinander zu verschmelzen, wobei kleinere Schwärme ihre Geschwindigkeit steigern, also verstärkt von größeren Schwärmen angezogen würden. Breder bedauert, dass es noch keine quantitativen Untersuchungen zu diesem Phänomen gebe, und da diese auch noch nicht absehbar seien, schlägt er einen theoretischen Ansatz vor, den er für sehr produktiv hält, wenn es darum geht, die rein biologischen von den rein physikalischen Aspekten dieses Phänomens zu trennen: Die Berechnung von verschieden stark ausgeprägtem Aggregationsverhalten mittels der Newton'schen Gravitationsgesetze: »The above remarks naturally suggest at once the possible applicability of the common gravitational formula, which in addition is equally useful in studies of magnetism and electrostatics as well as a variety of other less well known fields.«[215]

Eine grundlegende Legitimation der Bezugnahme auf Gravitationsgesetze im Zusammenhang mit der interindividuellen Anziehung von Fischschwarm-Individuen sei deren pure *applicability*: Da eine gleichmäßige Verteilung sich gegenseitig anziehender Elemente im Raum physikalisch instabil sei, sollte daraus eben auch folgen, dass eine gleichmäßige Verteilung von Fischen in einem bestimmten Wasservolumen in einer Massierung in dichten Anordnungen resultiert. Wo Albert Parr auf die Funktion randständiger Schwarm-Individuen abhebt, die Schwarm-Kollektivstruktur zu komprimieren, sind deren Dichte, Zusammenhalt und Stabilität in Breders Modell abhängig von der Größe der

---

213. Breder: »Structure of the Fish School«, in: *American Museum of Natural History*, a.a.O., S. 24.
214. Vgl. Keller, Evelyn Fox: »Models of and models for: Theory and practice in contemporary biology«, in: *Philosophy of Science* 67 (2000), S. 72–82. Hierin unterscheidet Keller die Rolle von »models for« als Werkzeuge verschiedenartiger wissenschaftlicher Tätigkeiten wie Neuerungen bei Materialien oder der Entwicklung neuer Konzepte und Theorien in Ergänzung zur repräsentatorischen Funktion von »models of« bereits existierender Dinge. Modelle stehen also nicht nur für etwas anderes, sondern werden als »autonomous agents« selbst aktiv in Prozessen der Generierung von Wissen. Vgl. auch Griesemer, James: »Three-Dimensional Models in Philosophical Perspective«, in: Chadarevian, Soraya de und Hopwood, Nick (Hg.): *Models. The Third Dimension of Science*, Stanford 2004, S. 433–442, hier S. 435.
215. Breder, Charles M.: »Studies on the Structure of the Fish School«, in: *Bulletin of the American Museum of Natural History* 98 (1951), S.1–28, hier S. 22.

zwischen allen Schwarm-Individuen wirkenden Anziehungskraft. Und diese Charakteristika seien auch im Fall von Fischen nicht automatisch ›biologische‹ Eigenschaften, sondern vielmehr äquivalent zu jeder ähnlichen physikalischen Situation. Erst daran anschließend würden genuin biologische Selektionsverfahren ins Spiel kommen:

> »Selection would then operate on the elements (fishes in this case), modifying the basic homotropic attitude in a manner concordant with the survival of the groups of elements. As can be observed and should be expected on such a basis, many ›answers‹ that are obviously adequate to long-continued survival have been made by differing social groups of fishes.«[216]

Aufbauend auf diesem Ansatz könnten Schwärme gar in Analogie zu Clustern von Eisenspänen innerhalb eines dynamischen Magnetfeldes modelliert werden – ihre Windungen und unterschiedlichen Orientierungen repräsentierten dann den Einfluss externer Umweltfaktoren. Die algebraische Summe eines solchen Magnetfeldes solle per Vektoranalyse zugänglich sein, sobald alle Größen und deren Werte verstanden seien. Bis dahin jedoch deuteten sie auch als unverstandene, unscharfe Einflüsse auf die Uneinheitlichkeit der externen Größen hin, die einen Schwarm formen.[217]

Die Mechanizismen und Analogiebildungen der doppelsinnig so genannten »Parr-Breder School«[218] werden seinerzeit von der Fraktion biologistisch-empiristisch motivierter Schwarmforscher scharf als wenig substanziell kritisiert. Ein Grund dafür war, dass sie etwa sehr verschiedene belebte und unbelebte Rotationsphänomene, etwa Hurrikane, Tornados, Strudel, Haarlocken und das »milling« von Schwarmfischen in einem Zusammenhang brachten, ohne auf spezifische Umweltfaktoren und Materialitäten Rücksicht zu nehmen.[219] Ihre Herangehensweise erweitert aber das methodische Repertoire der biologischen Fischschwarmforschung, indem sie sich nicht auf spezifische und spezialistische biologische und ökologische Gegebenheiten beschränkt, sondern nach grundlegenden Prinzipien der Aggregation fahndet, deren interdisziplinäre Anwendung die *Möglichkeit*, nicht etwa den *Anspruch*, eines Erkenntnisgewinns in Bezug auf das Wissensobjekt Schwarm in sich trägt. Denn der Vergleich des Verhaltens von Fischen mit jenem unbelebter Objekte werde naturgemäß gemacht in dem vollen Bewusstsein, dass diese vollkommen unterschiedlich sind: »That is, the notation describes the observed schooling without postulating the precise nature of the attractive forces.«[220]

In den Folgejahren entwickelt Breder seine physikalischen, auf Ähnlichkeiten im Aggregationsverhalten basierenden Forschungen in Richtung einer detail-

---

216. Ebd., S. 23.
217. Ebd., S. 22.
218. Radakov: *Schooling in the Ecology of Fish*, a.a.O., S. 18f.
219. Ebd., S. 27.
220. Breder, Charles M.: »Equations Descripive of Fish Schools and other Animal Aggregations«, in: *Ecology* 35/3 (1954), S. 361–370, hier S. 362.

lierteren mathematischen Modellierung von Fischschwärmen weiter. Sein Text *Equations Descriptive of Fish Schools and other Animal Aggregations* von 1954 präsentiert ein System algebraischer Gleichungen zur Bestimmung der Kohäsion von Schwärmen, die er dann mit Beobachtungsdaten aus der empirischen Fischschwarmforschung abgleicht.[221] Breder Gleichungssystem modelliert ein dynamisches Equilibrium aus Anziehungs- und Abstoßungskräften in Abhängigkeit zum Abstand zwischen den Schwarm-Individuen, wie es schon Albert Parr nahelegte. Die für eine Fischart typische Schwarmstruktur stellt sich ein, wenn ein Gleichgewicht dieser Kräfte erreicht und ein Standard-Abstand zwischen den Schwarm-Individuen hergestellt ist. Dazu steigt im Nahbereich die Variable *Abstoßung* bis zu einer Schwelle exponential an, so dass Körperkontakt verhindert wird, auf größere Entfernungen ist die Variable *Anziehung* maßgebend, um eine Schwarmbildung zuerst möglich zu machen.

Da Breder keine adäquaten empirischen Daten als Grundlage für sein Modell zur Verfügung stehen, ändert er nach dem Zufallsprinzip die Werte in seiner Formel so lange, bis er eine Familie von Kurven erhält, die – so postuliert er zumindest – dazu verwendet werden könne, die verschiedenen Formen von Schwarm-Aggregationen zu beschreiben. Egal ob lose und diffuse Strukturen oder gerichtet schwimmende, dichte Schwärme – beide Formen ließen sich durch die Variation der beiden Variablen erzeugen. Problematisch wird das Modell, da in einem Schwarm nicht alle Individuen für jedes Schwarm-Individuum sichtbar sind. Die Schwarm-Elemente können also eigentlich nicht als Masseteilchen aufgefasst werden, die alle eine identische Wirkung aufeinander haben. Sie seien besser als Elemente einer Oberfläche konzipiert, so Breder: als Teile einer Oberflächenstruktur mit der Tiefe von sechs Reihen Fischen. Über diese Tiefe hinaus sei es irrelevant, ob sich dahinter noch tausende oder gar keine weiteren Schwarm-Individuen befinden, denn diese liegen außerhalb des modellierten Sichtraums der jeweiligen Schwarm-Individuen.

Breder versucht, die interindividuellen Beziehungen in Fischschwärmen auf eine simple Formel zu bringen, ganz unabhängig von der Einbeziehung etwaiger Umwelteinflüsse oder Störungen. Dabei ist bezeichnend, dass er sich direkt auf eine abstrakte Ebene nurmehr mathematischer Operationen begibt und auf dieser Ebene solange operiert, bis seine Graphismen (seine Kurven) Ähnlichkeiten mit den lückenhaft vorliegenden empirischen Daten aufweisen – bis das mathematische Modell sozusagen der nicht hinlänglich beobachtbaren Wirklichkeit ähnelt. Der Abgleich mit Photographien mit von oben aufgenommenen Fischschwärmen führt dann zu zweierlei Feststellungen: Erstens wird jenes auch aus anderen Freiwasserforschungen bekannte Referenzrahmen- respektive Maßstabsproblem virulent. Abstände zwischen den Schwarm-Individuen können nicht absolut an einem metrischen Raster, sondern nur relativ in Bezug auf die durchschnittliche Körperlänge der Fische im Bild angegeben werden. Und zweitens müssten, »since we are here not dealing with mathematical models, but

221. Ebd., S. 361.

with actual physical and biological imperfection«, Mittelwerte sowie erlaubte Streubereiche und Abweichungen eingerichtet werden.[222]

Es ist das Ziel des mathematisch formalisierbaren Modells Breders, nicht nur auf einer phänomenologischen Ebene Ähnlichkeiten zwischen physikalischen und biologischen Kollektiv-Phänomenen zu konstatieren, sondern über die mathematische Formalisierung eine Beschreibungsebene einzuziehen, die so etwas wie Funktionsweisen einer Selbstorganisation *avant la lettre* prinzipiell aufscheinen lässt. Die Übertragung physikalischer Gesetze in die Schwarmforschung mag dabei in dem Verdacht begründet sein, allgemeine Aussagen über das Verhalten von Aggregationen treffen zu können, die sich nicht um den ontologischen Status der diese Ansammlungen bildenden Teilchen sorgen müssen. Schwarmverhalten wird, ganz unökologisch, formal als pures Epiphänomen von Konzentration gedacht.

★★★

Darüber hinaus ist zumindest interessant, dass Breder das Phänomen einer schockwellenartig vonstattengehenden Informationsübertragung in Schwärmen erwähnt, und in deren Folge einen Forschungshorizont aufreißt, der von einer mechanischen Modellierung von Schwärmen geradewegs zu einer informationstheoretischen Modellierung führt. In Schwärmen werde, so schreibt er, Information derart schnell weitergegeben, dass ihre Transmission per Bewegungsverhalten der Schwarm-Individuen als explosionsartig beschrieben werden müsse. Anders als im Falle der ›explosiven Kollektive‹ der Massenpsychologie führt dies aber nicht zu einem unkontrollierten und unkontrollierbaren Bewegungsverhalten, sondern hat einen geradezu optimierenden und neu ordnenden Charakter. Es sei besonders bemerkenswert, dass die Schwarm-Individuen zu keinem Zeitpunkt Zugang zu einem *vollständigen* Wissen über das Gesamtverhalten des Schwarms hätten, sondern dass dieses begrenzte Wissen geradezu Funktionsbedingung eines solchen Verhaltens sei:

> »[R]emarks [...] on imitate behavior and information transmission are clearly related to these considerations on the size of a school necessary to prevent each individual from being completely informed about the behavior of every other individual. Relating such matters to the study of the nature of fish schools and other animal groupings connects this work clearly with modern theories of communication through both animate and inanimate systems. See Shannon and Weaver for a pertinent exposition of the trends of current communication theories.«[223]

Dem quantitativen Verständnis von Information des Kommunikationsmodells von Claude Shannon und Warren Weaver liegt ein Umdenken zugrunde, das nicht am *Inhalt* einer übertragenen Botschaft interessiert ist, sondern an einer

---

222. Breder: »Equations Descripive of Fish Schools«, in: *Ecology*, a.a.O., S. 364.
223. Ebd., S. 368.

möglichst verlustfreien Übertragung von Daten. »Die Informationstheorie Shannons ist somit eine Kommunikationstheorie in jenem weitesten Sinn, dass sie Wort, Schrift, Musik oder Malerei auf der gleichen logischen Ebene behandelt wie die Kommunikation zwischen mehreren Geräten und zwischen Menschen und Geräten«, wie Claus Pias festhält.[224] Oder, in Shannons und Weavers eigenen Worten:

> »In communication engineering we regard information perhaps a little differently than some of the rest of you do. In particular, we are not at all interested in semantics or the meaning implications of information. Information for the communication engineer is something he transmits from one point to another as it is given to him, and it may not have meaning at all. It might, for example, be a random sequence of digits, or it might be information for a guided missile or a television signal.«[225]

Die technische Informationstheorie ist damit, so Shannon und Weaver wörtlich, »gerade so gut wie eine gute und diskrete Postangestellte«,[226] aber vielleicht gerade deswegen interessant im Kontext von Fischschwärmen. Denn hier wird eine quantifizierte Informationstransmission geradewegs *sichtbar* – das Zusammenfallen von Bewegung und Informationsweitergabe und gewissermaßen von Kanal und Botschaft schlägt sich in globalen Bewegungen und Strukturänderungen des Schwarms nieder. Des Weiteren wird die effiziente, rasante Übertragung von Information unter der Bedingung sehr eingeschränkten Wissens in Fischschwärmen spätestens ab hier zu einem Problem, das einerseits die mathematische Informationstheorie interessieren sollte, und für das andererseits auch selbige interessant wird. Biologische Schwarmforschung und die sich formierende neue Wissenschaft der Kybernetik nähern sich über das epistemische Verfahren mathematischer Modellbildung aneinander an.[227]

Synchronschwimmen

Im März 1951 geht es hoch her auf der achten Konferenz der Josiah Macy, Jr. Foundation in New York. Auf der Agenda steht das Thema »Communication between Animals«, und als Referent geladen ist Herbert G. Birch, ein Psychologe des örtlichen City Colleges. Birch dekliniert verschiedene Versuchs- und

---

224. Pias, Claus: »Zeit der Kybernetik. Zur Einführung«, in: *Kursbuch Medienkultur*, a.a.O., S. 428.
225. Shannon, Claude E.: »The Redundancy of English«, in: Pias, Claus (Hg.): *Cybernetics/Kybernetik. The Macy-Conferences 1946–1953*. Band 1: *Transactions/Protokolle*, Zürich, Berlin 2003, S. 248–272, hier S. 248.
226. Vgl. Shannon: »A Mathematical Theory of Communication«, in: *Bell Systems Technical Journal*, a.a.O.
227. Zu berücksichtigen ist hierbei, dass Shannon und Weaver in erster Linie eine lineare Kommunikation zwischen einem Sender und einem Empfänger im Sinn hatten, die beide als relativ geschlossene Entitäten gedacht werden. Dies verhält sich in Schwärmen, bei denen sehr viele Schwarm-Individuen gleichzeitig miteinander interagieren und jeweils auch noch in Verbindung zu einer externen Umwelt und deren (Stör-)Einflüssen stehen, naturgemäß anders.

Modelltiere durch. Er beschreibt nicht nur das Verhalten von Kaliumperman-
ganat fressenden Amöben und muschelverzehrenden Seesternen. Detaillierter
noch setzt er sich mit Karl von Frischs bahnbrechenden Forschungen über die
Spezifika der Symbolverarbeitung in der ›Bienensprache‹ auseinander,[228] und
behandelt Theodore Schneirlas Experimente zum komplexen Kollektivverhalten von Wanderameisen.[229] Dabei steht für ihn immer die Frage im Raum, ob
die beschriebenen Verhaltensweisen als *Kommunikation* bezeichnet werden können, oder vorsichtiger eher unter den Begriff *Interrelations* gefasst werden sollten.
Plötzlich jedoch beginnt sich die Diskussion um den Begriff der Synchronisation
herum zuzuspitzen – und in diesem Zusammenhang kommen auch die Fischschwarmforschungen von Charles Breder zur Sprache. Zur Debatte stehen die
Auslösemechanismen kollektiven Verhaltens und die Weitergabe von Bewegungsinformationen:

> »[I]sn't it true that if you fired off a gun in this room, everybody would jump within a
> millisecond? – We wouldn't within a millisecond. I doubt if we should all jump. – There
> would be an appropriate electrical pickup on every person. – Perhaps within a millisec-
> ond of each other, not within a millisecond of the gunshot. – Yes, within a millisecond
> of each other. That is just what I doubt. – How long does it take a man to respond to a
> shot like that? How long from the gunshot to his response? – Two-fifths of a second. –
> Well, a couple of hundred milliseconds, so it implies a synchronization of a half per cent
> or so. – That is so, and that is an extremely abrupt and vigorous stimulus […].«[230]

Was in der Diskussion rund um diesen Ausschnitt verhandelt wird, ist natürlich
nicht die Frage nach Mitteln, in Gesprächsrunden einem letzten Wort Nachdruck zu verleihen, indem man eine Waffe zieht – nicht jene nach möglichen
Totschlag- oder in diesem Fall besser Tot*schieß*-Argumenten. Vielmehr geht es
darum, wie kollektive Reaktionen von gleichartigen Akteuren zeitlich synchronisiert werden und räumlich synchron ablaufen können. Und dabei schwingt
ebenfalls die Frage mit, inwieweit die beobachtete Gleichzeitigkeit wirklich auf
systemische Prozesse zurückzuführen ist, oder ob nur eine mangelhafte Wahrnehmung von Prozessen den Eindruck synchronen Operierens evoziert. Synchronisation wird dabei weniger verstanden als ein rhythmischer Abgleich der
Taktraten verschiedener Systeme, sondern erstens als ein Prozess der raum-zeitlichen Kopplung spezifischer Ereignisstrukturen eines Umweltsystems mit jenen
eines darin befindlichen Kollektivs, und zweitens als die Frage nach den Synchronisationsphänomenen *innerhalb* dieses Kollektivs, die eine Adaption an das
externe System erst ermöglichen.

---

228. Vgl. Frisch, Karl von: *Bees*, Ithaca 1950.
229. Vgl. Schneirla, Theodore C.: »Social organization in insects, as related to individual function«,
in: *Psychological Review* 48 (1941), S. 465, und Maier, N. R. F. und Schneirla, Theodore C.: *Principles
of Animal Psychology*, New York 1935.
230. Birch, Herbert G.: »Communications in Animals«, in: *Cybernetics/Kybernetik*, a.a.O., S. 446–528,
hier S. 468.

Die Diskussion gründet in Birchs Statement, dass für das Schwarmverhalten von Fischen und Vögeln die Bezeichnung *Kommunikation* sehr treffend sei und dass diese Norbert Wieners Charakterisierung der Kybernetik als die Wissenschaft von *Communication and Control in the Animal and the Machine* herausstellt.[231] In diesem Zusammenhang rücken sehr schnell theoretische Überlegungen darüber in den Fokus, welche Art von kommunikativen Rückkopplungsmechanismen in Schwärmen wirksam werden müssen, um deren kollektive Manöver zu erklären. Der Mediziner Ralph W. Gerard etwa berichtet von Beobachtungen, die er am Pier der Fischereiforschungsbasis Woods Hole südlich von Boston bei Fischschwärmen gemacht hat. Am meisten fasziniert sei er gewesen von den involvierten Signalen und dem Timing, welche die charakteristischen, blitzschnellen Richtungswechsel dieser Schwärme ermöglichen – und das ganz ohne führende Individuen und Gruppenhierarchien: »As far as I could tell from observing them visually, there was no wave of change from a leader or any other fish. They all moved simultaneously.«[232] Zudem entstehen diese Phänomene bei Spezies, deren individuelles Verhalten in höchstem Maße determiniert ist, wie Herbert Birch ausführt.[233]

Die Synchronisation innerhalb eines Schwarm-Kollektivs, so der Ansatz dieses kybernetischen Fragens, gründet sich mithin auf ein ›Verfahren‹, auf eine »Kommunikation« und mithin einen Signalaustausch. Und damit lassen sich die in der Macy-Diskussion nicht trennscharf verwendeten Begriffe Synchronisation und Simultaneität unterscheiden: Denn mit der Forderung nach der Beschreibung eines *Verfahrens* zur Feststellung von Gleichzeitigkeit und seinem Relativitätspostulat löste Albert Einstein die absolute Zeit des Newton'schen Weltbildes in viele verschiedene Zeiten auf. Die moderne Physik kann Simultaneität, kann Gleichzeitigkeit also nur noch eingeschränkt verstehen als Prozess der Synchronisation verschiedener ›Uhren‹ an unterschiedlichen Orten. Die Stunde der Synchronisation schlägt also, wenn Gleichzeitigkeit als Verfahrensprozess definiert werden soll.[234] Kurz: Synchronisation ist die Herstellung von Gleichzeitigkeit oder »Gleichlauf« im Prozess eines relativen und relationalen Abgleichs von Ereignissen an verschiedenen Orten.[235]

Bei Schwärmen deutet sich von der Warte des damaligen Forschungsstands ein Skalensprung an zwischen dem Level individuellen Vermögens einerseits und der Ebene des kollektiven Verhaltens andererseits – gleichsam evoziert durch die Kombination dieser individuellen Vermögen, die auf Verfahren des Signalaustauschs zwischen den Individuen eines Schwarms beruht. Damit aus einem individuellen, ungeordneten Schwärmen einer zusammenhanglosen blo-

---

231. Ebd., S. 461.
232. Ebd., S. 468.
233. Ebd., S. 461.
234. Vgl. Galison, Peter: *Einsteins Uhren, Poincarés Karten. Die Arbeit an der Ordnung der Zeit*, Frankfurt/M. 2003, S. 7–44.
235. Vgl. *Meyers Lexikon der Technik und der exakten Naturwissenschaften*. Bd. 3. Mannheim 1970, S. 2496, und zum Begriff der Simultaneität detaillierter Jammer, Max: *Concepts of Simultaneity. From Antiquity to Einstein and Beyond*, Baltimore 2006.

ßen Vielheit ein Schwarm wird – »a spatial relation of a neat, orderly, a repetitive kind«[236] –, müssen Relationen wirksam werden, welche die Individualbewegungen der Einzelnen derart synchronisieren, dass daraus eine Globalbewegung des Schwarms hervorgeht. Schwärme können mithin als niemals abgeschlossene *Synchronisationsprojekte* angesehen werden, in denen eine Vielzahl asynchroner Individualbewegungen zu synchronen Bewegungen zusammengeschlossen werden, ohne dass auf einen zentralen Taktgeber oder eine *Master Clock* Bezug genommen würde. Diese Globalbewegungen wiederum synchronisieren das interne Prozessieren des Schwarms mit Ereignissen aus seiner Umwelt und ermöglichen so ein adaptives Verhalten, das instantan in der Morphologie der Raumstruktur des Schwarms sichtbar wird.

In diesem Synchronisationsprozess, so eine *erste* These, treten ›Schwarm-Raum‹ und ›Schwarm-Zeit‹ in eine nicht voneinander zu trennende Wechselwirkung. Interne und externe Stimuli, die auf einen Schwarm als Gesamtheit einwirken, werden in nachbarschaftlichen Verschaltungen synchronisiert auf eine Art, die sich wiederum in spezifischen Bewegungsmustern ausdrückt. Bewegung – dies wissen auch schon die Teilnehmer der Macy-Konferenz des Jahres 1951 – bedeutet in Schwärmen auch immer schon die Weitergabe von ›Information‹. Die von Gerard angesprochene Signalgebung und ihr Timing fallen somit in eins in demselben dynamischen Prozess. Schwärme modifizieren damit *zweitens* jene abwertende Kategorisierung von Kollektiven aus ›einfachen‹ Individuen, wie sie Norbert Wiener in *Mensch und Menschmaschine* vornimmt.[237] Denn über die Frage nach den Modi der Synchronisation lässt sich ihr Verhalten koppeln an jene eigenartige Konnotation von Intelligenz, die Wiener selbst anhand von Überlegungen zum Alpha-Rhythmus von Gehirnen anstellt: Die Fähigkeit zu denken basiert bei ihm quasi auf Synchronisationsphänomenen.[238] Lassen sich hier Fluchtlinien herstellen zu jenem diffusen Begriff der Swarm Intelligence, wie er seit Ende der 1990er Jahre in verschiedensten Disziplinen diskursmächtig wird und computertechnisch implementiert wird? *Drittens* schließlich können Schwärme als Systeme konzeptualisiert werden, die im Hinblick auf vielfältige eingehende Umwelteinflüsse stets eine robuste und flexible Globalstruktur hervorbringen. Sie befinden sich im prozessualen Status eines dynamischen Equilibriums. Jüngere Schwarmforschungen beschreiben diesen Bezug unter dem Label *Sensory Integration Systems*[239] und erinnern damit an das Konzept des Homöostaten, an jene »machina sopora« (Grey Walter), die der britische Kybernetiker W. Ross Ashby in den 1950er Jahren entwickelt.[240] Beide Anordnungen können in dieser Perspektive und mit einem Wort von

---

236. Birch: »Communication between animals«, in: *Cybernetics/Kybernetik*, a.a.O., S. 461.
237. Wiener, Norbert: *Mensch und Menschmaschine*, Frankfurt/M. 1958, S. 47–68.
238. Wiener, Norbert: *Kybernetik. Regelung und Nachrichtenübertragung im Lebewesen und in der Maschine*, 2. Auflage, Düsseldorf, Wien 1963, S. 257–284.
239. Schilt, Carl R. und Norris, Kenneth S.: »Perspectives on sensory integration systems: Problems, opportunities, and predictions«, in: *Animal Groups in Three Dimensions*, a.a.O., S. 225–244, hier S. 229.
240. Ashby, W. Ross: *Design for a Brain: The Origin of Adaptive Behaviour*, 2. Auflage, London 1960.

Andrew Pickering als *philosophische Maschinen* betrachtet werden, die in ihrem Prozessieren schwierige Problemstellungen sichtbar und damit nachvollziehbar machen.[241]

Über den Begriff der Synchronisation lässt sich der epistemische Blick auf Schwärme und ihre Erforschung somit in mehrfacher Weise mit seiner durch die Kybernetik geprägten Genealogie verbinden: Erst bestimmte Kulturtechniken ermöglichen eine Analyse der Synchronisierungsphänomene in biologischen Schwärmen. Daran lassen sich wiederum heutige Verfahren der Swarm Intelligence anschließen, in denen die raum-zeitlichen Operationsweisen biologischer Kollektive selbst in mediale Verfahren transformiert werden, um bestimmte Regelungs- und Steuerungsprobleme zu adressieren. Und damit wiederum steht zur Frage, inwieweit ein z. B. informatisches Denken von Schwärmen synchron läuft zu seinen biologischen Vorbildern.

Leuchtkäfer *revisited*

In einer Vielzahl von Reiseberichten wird bereits seit dem 16. Jahrhundert immer wieder von wundersamen, ja verstörenden Kollektiverscheinungen berichtet. So findet sich beispielsweise im Logbuch der Expeditions- und Kaperfahrt von Francis Drake aus den Jahren 1577–1580 ein Bericht über einen riesigen Schwarm fliegender »glühender Würmchen«:

»Our General [...] sayled to the certain little Island to the Southwards of Celebes [...] thoroughly grown with wood of a large and high growth [...]. Among these trees night by night, through the whole land, did shew themselves an infinite swarme of fiery worms flying in the ayre, whose bodies being no bigger than our common English flies, make such a shew of light, as if every twigge or tree had been a burning candle.«[242]

Die Faszination einer solchen ›gespenstischen‹ Erscheinung multipliziert sich noch, wenn diese ›Schwärme‹ eine kollektive Einheitlichkeit zeigen. So bemerkt der holländische Arzt Engelbert Kaempfer während einer Flussfahrt in Thailand eine eindrucksvolle Synchronizität, ein kollektives, rhythmisches Leuchten, das ihn an die Kontraktions- und Entspannungsbewegungen des menschlichen Herzens erinnert:

»The Glowworms [...] represent another shew, which settle on some Trees, like a fiery cloud, with this surprising circumstance, that a whole swarm of these insects, having taken posession of one Tree, and spread themselves over its branches, sometimes hide

---

241. Vgl. Pickering, Andrew: *Kybernetik und Neue Ontologien*, Berlin 2007, S. 145.
242. Hakluyt, Richard: *A Selection of the Principal Voyages, Traffiques and Discoveries of the English Nation*, hg. von Laurence Irving, New York 1926 [1589], S. 151, zit. n. Strogatz, Steven: *SYNC. How Order emerges from Chaos in the Universe, Nature, and Daily Life*, New York 2003, S. 11 (FN).

their Light all at once, and a moment after make it appear again with the utmost regularity and exactness, as if they were in perpetual Systole and Diastole.«[243]

Unendliche Schwärme, feurige Wolken, rhythmisch blinkend: Derartige »Leuchtkäfergespenster« (um noch einmal den Begriff von Michael Gamper und Peter Schnyder zu verwenden) zeigen als naturgeschichtlich und später biologisch wahrgenommene Aggregationen Verhaltensweisen, die eine geheimnisvolle Organisationsinstanz vermuten lassen, durch die sie koordiniert werden. Zwischen 1915 und 1935 lässt sich ein wahrer Boom an wissenschaftlichen Veröffentlichungen zur Synchronizität von Leuchtkäfern verzeichnen – teils zurückgreifend auf Beobachtungen, die bereits um die Jahrhundertwende gemacht wurden. Vermutungen über einen zentralen Führer und Taktgeber werden erwogen, oder die Synchronizität wird einfach als ein Beobachtereffekt disqualifiziert. So schreibt etwa der Biologe Philip Laurent im Journal *Science*, zuversichtlich, des Rätsels Lösung zu präsentieren: »The apparent phenomenon was caused by the twitching or sudden lowering or raising of my eyelids. The insects had nothing whatsoever to do with it.«[244] Laurents Statement sollte eine Einzelmeinung bleiben. Doch erst in den 1960er Jahren und damit bereits in einer anderen, kybernetischen und informationstheoretischen Episteme, wird dieses synchrone, rhythmische Aufleuchten als Prozess der Selbstorganisation simpler Einzelwesen benennbar, in welchem die Leuchtkäfer wie einstellbare Oszillatoren den Blinkrhythmus ihrer Signale in wechselseitigem Abgleich an die von ihnen wahrgenommenen Signale anderer Leuchtkäfer anpassen.[245]

Kein geringerer als Norbert Wiener tritt dabei als Advokat einer Sichtweise auf, die Synchronizität und Synchronisierungsphänomene als grundlegend für jegliche Form von Selbstorganisation perspektiviert. Im Kapitel *Gehirnwellen und Selbstorganisierende Systeme* seines *Kybernetik*-Bandes treten die rhythmischen Oszillationen von Leuchtkäfern beispielhaft neben die Organisationsfunktion von Gehirnwellen für die Taktung von Neuronenaktivität im menschlichen Gehirn. Seit den Experimenten von Alessandro Volta und Luigi Galvani im 18. Jahrhundert schon war in der Physiologie das Phänomen bekannt, dass zwischen zwei Elektroden, die an unterschiedlichen Stellen des Kopfes fixiert wurden, eine schwache elektrische Spannung auftritt, die auf der Zeitachse fluktuiert. Mittels Elektroenzephalogrammen ließen sich im 20. Jahrhundert diese Spannungsschwankungen als Kurven aufschreiben, welche dem geübten Beobachter Rückschlüsse auf die Gehirnaktivität ermöglichen. Eine charakteristische Kurve ist dabei der sogenannte Alpha-Rhythmus – ein Muster mit einer

---

243. Kaempfer, Engelbert: *The History of Japan (With a Description of the Kingdom of Siam)*, Bd. 1, London 1727, S. 45, zit. n. Strogatz: *Sync*, a.a.O., S. 11 (FN).
244. Laurent, Philip: »The supposed synchronal flashing of fireflies«, in: *Science* 45 (1917), S. 44, zit. n. Strogatz: *Sync*, a.a.O., S. 11 (FN).
245. Vgl. Buck, John und Buck, Elisabeth: »Mechanism of rhythmic synchronous flashing of fireflies«, in: *Science* 159 (1968), S. 1319–1327. Vgl. die Ausführungen zur Computersimulation derartiger Prozesse in Strogatz: *Sync*, a.a.O., S. 12–39.

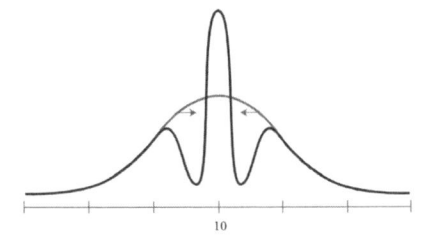

Abb. 22: Synchronisation der Taktrate neuronaler Aktivität nach Norbert Wiener.

Oszillation von ungefähr 10 Hz. Dieser tritt bei Menschen auf, die sich in einem entspannten Wachzustand mit geschlossenen Augen befinden.[246]
Wiener ging nun daran, den Alpha-Rhythmus eingehender zu untersuchen. Er folgte dabei einem Verdacht, hierin so etwas wie den Schrittmacher der Gehirnfunktion vorliegen zu haben; ein Schrittmacher, der nicht von einem zentralen ›Uhrwerk‹ getaktet sein konnte – denn es war bekannt, dass Neuronen recht unpräzise Oszillatoren sind. Vielmehr vermutete er einen raffinierten Synchronisationsprozess hinter dieser Taktung, der aus einer riesigen Zahl von unpräzisen Neuronen eine kollektive Taktrate emergieren lässt. Neuronen mit einem schnelleren Rhythmus würden sich an langsamere anpassen und umgekehrt, bis sich dieser bei eben 10 Wiederholungen pro Sekunde einpendele. Gemäß dieser Hypothese müsste sich eine charakteristische Signatur ergeben: Angenommen, die Taktraten der Neuronen wiesen eine Gauß'sche Normalverteilung auf mit dem Gros der Neuronen bei 10 Hz und jeweils kleiner werdenden Mengen in Abhängigkeit von ihrer – zunehmend langsameren oder schnelleren – Taktfrequenz. Stimme nun die Hypothese, dass die Neuronen imstande sind, sich bezüglich ihrer Taktrate zu beeinflussen, so würde sich die Glockenkurve signifikant verändern, da eine große Zahl von Neuronen nahe des Maximums sich an die Mehrzahl jener Neuronen, die mit einer Frequenz von 10 Hz oszillieren, anpassen würden. Es würde jedoch die Möglichkeiten von Neuronen mit großen Abweichungen von dieser Mehrzahl übersteigen, ebenfalls diesen Rhythmus anzunehmen. Ergebnis wäre eine doppelt eingedrückte Verteilungskurve mit einem extrem großen Maximum in deren Mitte (Abb. 22).[247]
Mithilfe von Arthur Rosenblueth und einem von ihm entwickelten Verfahren der elektronischen Aufzeichnung von Gehirnwellen sollte diese Hypothese experimentell mit größtmöglicher Genauigkeit überprüft werden. Wiener kündigte die Ergebnisse in seinem Text *Nonlinear Problems in Random Theory* an, ohne sie jedoch umfassend offenzulegen. Auch spätere experimentelle Versuche bezüglich des Alpha-Rhythmus im Gehirn verifizierten seine Hypothese nicht. Dennoch ist sein Ansatz bahnbrechend für die Untersuchung von Synchronisationsphänomen bei großen Kollektiven. Steven Strogatz schreibt etwas lobhud-

---

246. Vgl. Strogatz: *Sync*, a.a.O., S. 41–42.
247. Ebd., S. 43–44.

lerisch: »Whereas earlier mathematicians had been content to work on problems involving two coupled oscillators, Wiener tackled problems involving millions of them. Perhaps even more important, he was the first to point out the pervasiveness of sync[hronicity, SV] in the universe.«[248] Denn die gegenseitige Anpassung von rhythmischen Oszillationen wird im Anschluss an Wieners Hypothese tatsächlich in verschiedenen Bereichen nachgewiesen, unter anderem eben auch in der Biologie und im Fall von Leuchtkäferkollektiven, die Wiener selbst auf die Forschungsagenda gesetzt hatte:

> »Es ist oft vermutet worden, daß die Leuchtkäfer auf einem Baum im Takt miteinander aufleuchten, und dieses augenscheinliche Phänomen wurde als eine optische menschliche Täuschung dargestellt. Ich habe es bestätigt gehört, daß bei einigen Leuchtkäfern Südostasiens dies Phänomen so deutlich ist, daß es kaum als Täuschung bezeichnet werden kann. Nun hat der Leuchtkäfer eine doppelte Aktivität. Auf der einen Seite ist er Sender von mehr oder weniger periodischen Impulsen, auf der anderen Seite besitzt er Empfänger für diese Impulse. Kann nicht das gleiche vermutete Phänomen der Frequenzzusammenziehung stattfinden? Für diese Arbeit sind genaue Aufzeichnungen des Aufleuchtens nötig, die gut genug sind, sie einer genauen harmonischen Analyse zu unterwerfen. […] Wenn dies der Fall ist, sollte man […] [sie] einer Autokorrelationsanalyse unterwerfen; ähnlich jener, die wir bei den Gehirnwellen gemacht haben.«[249]

Norbert Wiener rückt Synchronisierungsphänomene ins Zentrum jeglicher Prozesse von Selbstorganisation. Diese benötigen keinen externen oder übergeordneten Taktgeber. Sie konstituieren sich vielmehr durch ständigen relationalen Abgleich der Aktivitäten ihrer Elemente, seien sie nun technischer oder biologischer ›Natur‹.[250] Wieners Idee, dass die selbstorganisierte Synchronisation von Neuronen erst ein Gehirn dahingehend ordne, dass Denken möglich werde, lässt sich damit ausweiten auf andere biologische Kollektive, in denen Selbstorganisation eine Rolle spielt – nicht zuletzt also auf Schwärme. Eine zeitliche Organisation schlägt damit um etwa in die visuellen Anordnungen von Käfer-Leuchten oder die Raumstrukturen von Fisch- und Vogelschwärmen. Seine Idee ist aber vor allem auch übertragbar auf technische Umsetzungen und lässt eine Maschine in den Fokus rücken, die W. Ross Ashby bereits Anfang der 1950er Jahre als *Homöostaten* vorstellt.[251] Nicht nur setzt auch Ashby mit diesem Apparat zu *gebauten* Überlegungen in Bezug auf die Selbstorganisation von Gehirnen (und darüber hinaus kompletten Organismen) an. Er widmet sich auch einem zweiten Augenmerk, welches wiederum für die zeit-räumliche Organisation von Schwärmen von großer Bedeutung ist: der Adaption eines Systems an externe Störungen und Umwelteinflüsse.

---

248. Ebd., S. 41.
249. Wiener: *Kybernetik*, a.a.O., S. 280.
250. Ebd., S. 281–284.
251. Ashby: *Design for a Brain*, a.a.O., S. 100–121.

Wettentspannen

»Wer sich schneller entspannt / ist besser als jemand / der sich nicht so schnell entspannt / der aber immer noch besser ist als jemand der sich überhaupt nicht entspannt / und eigentlich ja schon tot ist / da kann man nichts machen.«[252] *PeterLicht*

W. Ross Ashby nähert sich in seinem Buch *Design for a Brain* dem Thema der Adaption von Seiten der Neurophysiologie an, und beginnt die Beschreibung der Zielsetzung seines Homöostaten mit einem Rekurs auf recht grausige Experimente:

> »A remarkable property of the nervous system is its ability to adapt itself to surgical alterations. [...] Over forty years ago, Marina severed the attachments of the internal and external recti muscles of a monkey's eyeball and re-attached them in crossed position so that a contraction of the external rectus would cause the eyeball to turn not outwards but inwards. When the wound had healed, he was surprised to discover that the two eyeballs still moved together, so that binocular vision was preserved. [...] The nervous system provides many illustrations of such a series of events: first the established reaction, then an alteration made in the environment by the experimenter, and finally a reorganisation within the nervous system, compensating for the experimental alteration. The Homeostat can thus show, in elementary form, this power of self-reorganisation.«[253]

Ashbys Homöostat dient als Maschinenmodell einer solcherart selbsttätigen Adaption an veränderte Umweltbedingungen. Er verfolgt nur einen einzigen Zweck: seinen Zustand zu bewahren, während er elektrische Inputs in Outputs verwandelt. Ashbys Apparat besteht aus vier identischen Einheiten, die über elektrische Leitungen miteinander verbunden sind. Auf jeder Einheit ist ein drehbarer Elektromagnet angebracht, und auf ihm eine Nadel, die seine Stellung anzeigt. In jeder Subeinheit erzeugt nun der von den drei anderen Subeinheiten eingespeiste Eingangsstrom (Input) am Elektromagneten ein Magnetfeld, das die Nadel zum Ausschlag bringt. Jeder Elektromagnet wiederum ist Teil eines weiteren, internen Stromkreises der jeweiligen Subeinheit. Er steht durch einen Draht mit einem halbkreisförmigen Wasserreservoir in Verbindung, dessen Inhalt mittels einer Batterie unter konstanter Spannung gehalten wird. Die veränderliche Position der Magnetnadel steuert nun die Stromstärke, die durch den Draht fließt – denn diese ist abhängig davon, an welcher Stelle der Draht in die Flüssigkeit eintaucht. Diese individuelle Stromstärke ist der Ausgangsstrom (Output) der jeweiligen Subeinheit des Homöostaten. Dieser Ausgangsstrom von jeder der vier Einheiten des Homöostaten ist damit proportional zum Ausschlag der Magnetnadel – »the angular deviations of the four magnets form the central position provide the four main variables«, wie Ashby festhält.[254] Und

---

252. PeterLicht: »Wettentspannen«, in: *Lieder vom Ende des Kapitalismus*. Motor Music 2006.
253. Ashby: *Design for a Brain*, a.a.O., S. 104 u. 107.
254. Ebd., S. 100. Vgl. auch Pickering: *Kybernetik und Neue Ontologien*, a.a.O., S. 141.

darüber hinaus wird er in jede der Einheiten selbst und in die drei anderen übertragen. Jede Einheit hat somit vier synchrone Inputs, die über die jeweiligen Spulen auf die Magnetnadeln einwirken und für entsprechende Nadelausschläge sorgen: »As soon as the system is switched on, the magnets are moved by the currents from the other units, but these movements change the currents, which modify the movements, and so on.«[255] Diese Anordnung nun kann zwei grundlegende Modi einnehmen, je nachdem, wie die Inputparameter, also die anliegenden Ströme, manipuliert werden: Sie kann stabil oder instabil werden.

> »If the field is stable, the four magnets move to the central position, where they actively resist any attempt to displace them. If displaced, a *co-ordinated* activity brings them back to the centre. Other parameter settings may, however, give instability; in which case a ›runaway‹ occurs and the magnets diverge from the central positions with high increasing velocity – till they hit the ends of the troughs.«[256]

Im Falle der Instabilität würde sich der Homöostat bis hierher jedoch eben nicht adaptiv verhalten, sondern starr in jenem Zustand verharren, den seine Zeiger – an den Endpositionen ihrer Skalen anschlagend – als instabil indizieren. Daher implementiert Ashby eine weitere interne Feedback-Instanz. Überschreitet der Ausgangsstrom aus einer der Einheiten einen bestimmten Grenzwert, wird über ein Relais ein Vorgang ausgelöst, der in diskreten Schritten und mit einer wählbaren Taktung die internen Parameter der Einheit verändert – also etwa das Vorzeichen des anliegenden Stroms oder seine Stärke. Diese Veränderungen erfolgen nach dem Zufallsprinzip, »deliberately randomised by taking the actual numerical values from Fisher and Yates' Table of Random Numbers.«[257] Damit kann sich die Maschine durch einen Prozess des sukzessiven Resettings so lange selbst neu konfigurieren, bis sie wieder einen stabilen Status erreicht und ihre Nadelausschläge um deren Mittellage zur Ruhe kommen. Der Homöostat ist, so Andrew Pickering, »eine Maschine, die dieselbe bleiben sollte: was immer man den Magnetnadeln antat, oder wie immer man mit seinen inneren Verbindungen herumpfuschte, er würde sie selbst rekonfigurieren, um Stabilität zu erreichen.«[258] Aus diesem Grund bezeichnete William Grey Walter ihn bekanntlich auch als *machina sopora*, als Schlafmaschine – ihr einziger Zweck sei, zur Ruhe zu kommen.

Pickering hält in seiner Untersuchung einige wesentliche Implikationen dieser Maschine fest, die auch für die Betrachtung von Schwärmen von großem Interesse sind. Zunächst ist der Homöostat eine selbstorganisierende Maschine, die sich selbstständig auf externe Störungen hin einstellt. Zweitens bildet er Funktionen lebendiger Organismen in einem elektromechanischen System ab. »Dies war die Bedeutung, in der Ashby den Homöostaten sich als Gehirn vor-

---

255. Ashby: *Design for a Brain*, a.a.O., S. 102.
256. Ebd., S. 103.
257. Ebd., S. 103.
258. Pickering: *Kybernetik und Neue Ontologien*, a.a.O., S. 143.

stellen konnte und auch vorstellte – wenn auch ein behavioristisches Gehirn, zu dem keine internen Repräsentationen gehörten«, so Pickering weiter.[259] Drittens konnte man anhand des Homöostaten so etwas wie Selbstorganisation in Aktion beobachten und ihn Tests unterziehen, die man am lebenden Gehirn nicht machen konnte. Er sei »eine wundervolle Maschine, um mit ihr zu denken [...] ohne dass man die Komplexität biologischer Morphogenesen oder von Gehirnen aus dem wirklichen Leben zu berücksichtigen hatte.«[260] Des Pudels Kern sei jedoch seine spezifische Zeitlichkeit. Denn der Homöostat ist eine Maschine, die in ›Echtzeit‹ operiert, sie reagiert auf Ereignisse, während sie passieren, und synchronisiert damit die internen Zustände seiner vier Organisationseinheiten mit den Einflussvariablen externer Störungen in ein und demselben zeitlichen Prozess.

»Wenn ein Zeiger *jetzt* in diese Richtung zum Ausschlag gebracht wurde, wurden die Drehwähler entweder *jetzt* ausgelöst oder gar nicht. [...] [Der Homöostat] gehorchte [...] dem Befehl: ›Schau niemals zurück!‹ [... Er] lebte genau hier in der Gegenwart und, so könnte man sagen, *sah der Zukunft ins Gesicht*. [...] Der Trick war das *Zufallsprinzip*. Der Homöostat konnte nicht wissen, was auf ihn in der Zukunft zukam – die Zukunft war selbst zufällig, was den Homöostaten betraf –, und er antwortete darauf, indem er nach dem Zufallsprinzip [...] auf das reagierte, was jeweils kam. Er rekonfigurierte und organisierte sich selbst, bis er gelernt hatte, mit den Wechselfällen der Echtzeit fertig zu werden. Die Überschneidung zweier Zufallsreihen – die sich entfaltenden äußeren Ereignisse und die inneren Rekonfigurationen des Apparats – produzierte Ordnung [...]. Mehr als ein Gerät, mit dem man denken konnte, war der Homöostat eine wahrhaft *philosophische Maschine* – wenn man seine Arbeitsweise und Leistung betrachtet, werden Lösungen von sehr schwierigen konzeptuellen Rätseln buchstäblich sichtbar.«[261]

Allerdings führt diese Form zeitlichen Abgleichs nicht zu einer regelmäßigen Oszillation des Homöostaten in Abhängigkeit von seinem Umweltsystem. Vielmehr reagiert hier eine maschinelle Eigenlogik gemäß bestimmter interner Parameter auf ein Umweltsystem mit ebenfalls eigenen Regeln, und dies nur *fallweise*. Beide laufen nicht etwa im Einklang, sondern der Homöostat ist lediglich in der Lage, aufgrund seiner Bauweise jeglichen ›Missklang‹ instantan und autoregulativ auszugleichen, indem seine Einheiten synchron und damit zeitlich koordiniert auf diese Ruhestörung reagieren.

Diese Synchronisation interner Einheiten zum Zweck einer Adaption an externe Einflussgrößen und -ereignisse verbindet den Homöostaten mit der Operationsweise von Schwärmen. Fisch- und Vogelschwärme reagieren auf Basis spezifischer individueller Interaktionsregeln auf Umweltereignisse, die sich in synchronisierten Globalbewegungen niederschlagen. So bleiben diese sich in vier Dimensionen – drei Raumdimensionen plus Zeit – organisierenden Kol-

---

259. Ebd., S. 144.
260. Ebd., S. 144.
261. Ebd., S. 144–145

lektive ähnlich wie Ashbys Maschine in einem dynamischen Equilibrium, das ihren Fortbestand über die Zeit sichert. Natürlich bewegen sie sich damit fern des Verdachts auf Verschlafenheit; denn die Interaktion ihrer Einheiten basiert nicht auf Stromstärken, sondern auf der Intensität von Bewegungen – wo der Homöostat die Ruhe sucht und findet, transformiert sich die Globalform von Schwärmen ständig über die Zeit hinweg. Zudem rekombinieren sie sich intern nicht im Rückgriff auf eine Auswahl von Zufallswerten, sondern auf Basis sehr einfacher, determinierter Regeln. Doch es gelingt beiden Systemen, sich *in* der Zeit und *für* die Zeit mit ihrer Umwelt abzugleichen und ›lebensfähig‹ zu bleiben. Die Frage, die bei Schwärmen hinzukommt, ist jene nach der rapiden Informationsweitergabe, welche erst ein Synchronschwimmen oder -fliegen möglich macht. Und obwohl Ralph Gerard bei seinen Beobachtungen in Woods keine »wave of change« erkennen hatte können, legen neuere Schwarmforschungen genau solche Informationswellen nahe, die eine dezentrale, synchronisierte und koordinierte Bewegungsreaktion organisieren.

In Formation bringen

Die moderne Geschichte der Informationstheorie und eines technisch beschriebenen Informationsbegriffs beginnt bekanntlich 1948 bei den *Bell Labs*, als Claude Shannon sein Papier *A Mathematical Theory of Communication* publiziert.[262] Ohne diese Geschichte hier zu sehr zu strapazieren, soll an dieser Stelle kurz festgehalten werden, was diesen Informationsbegriff ausmacht und wie er im Sinne kybernetischer Ansätze als neuer Zugang zur Beschreibung von Schwarmphänomenen wirksam werden kann. Shannon subtrahiert in seiner Theorie jedwede Semantik aus dem, was mit zu übermittelnden Nachrichten oder ›Botschaften‹ gemeint ist, denn diese seien irrelevant für das technische Problem der Kommunikation: nämlich eine Nachricht an einer Stelle genau oder annähernd genau so wiederzugeben, wie sie an einer anderen Stelle ausgewählt wurde. Auf rein syntaktischer Ebene soll dabei ein Nachrichtenfluss messbar gemacht werden – in Anlehnung an Ralph V. L. Hartley, der bereits 1928 gefordert hatte, alle psychologischen Faktoren zu eliminieren, die in einem Kommunikationsprozess eine Rolle spielen könnten, mit dem Ziel »to establish a measure of information in terms of purely physical quantities.«[263] Diese Quantitäten, so Michel Serres und Nayla Farouki, würden basal und als nicht weiter zerlegbar konzeptualisiert: »Eine Information ist nicht weiter zerlegbar und beschränkt sich auf das elementarste Zeichen, das man sich vorstellen kann: auf Ja oder Nein, Anwesenheit oder Abwesenheit. Kurz, sie ist das einfachste Element, das

---

262. Shannon: »A Mathematical Theory of Communication«, in: *Bell Systems Technical Journal*, a.a.O.
263. Hartley, Ralph V.L.: »Transmission of Information«, in: *The Bell Technical Journal* 7 (1928), S. 535–563. Vgl. zum Informationsbegriff einführend auch Münker, Stefan: »Information«, in: Roesler, Alexander und Stiegler, Bernd (Hg.): *Grundbegriffe der Medientheorie*, München 2005, S. 95–105.

sich übertragen lässt.«[264] Mit einem solchen binären Logarithmus lässt sich Information also als Binärziffer, als *binary digit* oder kurz: als *bit* messen.

Von jeder Bedeutung und Substanz befreit, bedarf Information zu ihrer Übertragung jedoch immer noch eines physischen Substrats, auch wenn sie von diesem unabhängig sei, und darüber hinaus einer Interpretation, um irgendwo ›ankommen‹ und einen Nutzen haben zu können.[265] Und die Übertragung von Information – auch dies kommt in Shannons Modell zum Tragen – steht unter dem Einfluss möglicher Störungen. Kommunikation heißt damit nicht nur die Reproduktion eines selektiven Vorgangs, der zunächst auf Senderseite aus einer Menge von möglichen Zeichen eine Zeichenfolge codiert, und alsdann auf Seiten des Empfängers eine syntaktisch hinreichend ähnliche Zeichenfolge erstellt. Sie muss sich auch mit dem *Rauschen* auseinandersetzen, das in jener grundsätzlichen Ungewissheit besteht, ob das empfangene Signal überhaupt dem gesendeten entspricht. »Auf der syntaktischen Ebene erscheint die Informationsübertragung damit als ein potenziell zufälliger Prozeß, der sich aber […] mit Mitteln der statistischen Wahrscheinlichkeitsrechnung bestimmen lässt. Ein Signal, dessen Übermittlung wahrscheinlich ist, besitzt demnach einen geringeren Informationsgehalt als ein Signal, dessen Auftreten unwahrscheinlich ist […].«[266] Was sich an Shannons Informationskonzept anschließen lässt, sind etwa Codierungsweisen aller Arten von Objekten, Tönen, Texten oder Bildern sowie Fragen nach der Steigerung der Geschwindigkeit von Kommunikationen, also von Datenübertragung, und nach einem effektiven Umgang mit Störeinflüssen und der Korrektur von Fehlern im Übertragungsvorgang. Zudem werden Daten, binär codiert und derart in »Informationssequenzen« umgewandelt, nicht nur übertragbar, sondern auch mit Computern bearbeitbar und umformbar.[267] Darüber hinaus ist es Norbert Wiener, der das Prinzip der Selektivität von Kommunikationsprozessen zwischen Systemen und deren Umwelt beschreibt – und dies sowohl im Bereich biologischer Systeme und lebender Organismen als auch im Falle der Steuerung von technischen Apparaten und Maschinen. Seine Verwendung des Informationsbegriffs kulminiert in jenem berühmten Diktum, das Information als eine eigene Kategorie neben Materie und Energie stellt.[268]

Ausgehend von einem derartigen Konzept von Information kann auch anders von Schwärmen gesprochen und können ihre Dynamiken auf neue Art beschrieben werden. Mit dem Informationsbegriff aus Nachrichtentechnik und Kybernetik treten die Relationen, die Übertragungsprozesse und Störpotenziale zwischen den Schwarm-Individuen, als wahrscheinlichkeitstheoretisch und physikalisch quantifizierbare Größen in den Vordergrund. Nicht mehr die Substanz eines gesamten Schwarmkörpers oder die materielle Ebene der einzelnen Schwarmindividuen und ihre Summierung stehen zur Debatte, und auch ener-

---

264. Serres und Farouki: *Thesaurus der exakten Wissenschaften*, a.a.O., S. 412.
265. Ebd., S. 412.
266. Münker: »Information«, in: *Grundbegriffe der Medientheorie*, a.a.O., S. 97.
267. Vgl. Serres und Farouki: *Thesaurus der exakten Wissenschaften*, a.a.O., S. 413.
268. Vgl. Wiener: *Cybernetics*, a.a.O., S. 132.

getische Analogien, wie sie etwa im Kontext des Massediskurses für Kollektive verwendet wurden (vgl. Kapitel I.2), verlieren an Schlagkraft. Wenn Schwärme als Informationsmaschinen konzipiert werden, verwirklicht sich dabei eine biologische Perspektive, die Kommunikation (oder Interaktion) zwischen Individuen ohne Rekurs auf psychologische Ansteckungstheorien, soziologische Nachahmungsgesetze oder nicht messbare Über-Sinne und Gedankenwellen erklären kann – und zwar im Durchgang durch eine Theorie, die auf technisch formalisierbaren Begriffen basiert. Indem Informationstheorie und Kybernetik Schwärme als biologische Systeme fassen, deren Schwarm-Individuen sich selbst mit Rücksicht auf dynamische Umweltfaktoren organisieren und ihre Bewegungen synchronisieren, können diese nicht nur technisch konzipiert werden. Das Verständnis von ihnen transformiert sich dabei auch in einer Art und Weise, die sie – einige Jahrzehnte später und basierend auf entsprechenden Rechenkapazitäten – selbst als computerisierte Anwendungen für technische Problemstellungen operabel macht (Abschnitt *Transformationen*).

Anchovy ex machina

Sollen Schwärme als philosophische Maschinen im Sinne Pickerings beschrieben werden, so steht zu fragen, in welcher Form sie sich als maschinelle Anordnung beschreiben lassen, und damit auch, *wie genau* sie sich organisieren. Die Teilnehmer der 8. Macy-Konferenz stellen die Bedeutung des Sehsinns in den Mittelpunkt der Diskussion; über diesen ließe sich die Ausbildung der typischen Schwarmstrukturen und die Weitergabe von (Bewegungs-)Information innerhalb des Schwarms erklären:

> »In the schooling behavior of fish, the investigations [...] primarily have indicated that this behavior is related to the visual system of the fish, as such; that it is related to the kind of visual angle which the fish has, and to its directly determined responses to certain kinds of visual stimuli. There is a certain optimal position of the visual fixation on objects between Fish A and Fish B and Fish C, such that a change in the distance between them produces a distortion of image, and the fish then tend to maintain relative positions of relative optimal fixation.«[269]

Bewegung wird somit gekoppelt mit visueller Stimulation, die sich wiederum in Bewegung niederschlägt. Fischschwärme seien also sensuell determinierte, repetitive Strukturen, die durch kontinuierliche, visuell stimulierte Rückkopplungsmechanismen ihr dynamisches Equilibrium aufrechterhielten, und nicht etwa durch ihre soziale Vorliebe für andere Fische. Die Anordnung geschehe dabei in jenem Abstand, bei dem die Nachbarn (einen pro Auge) eines Schwarm-Individuums scharf auf dessen Retina abgebildet würden.[270]

---

269. Birch: »Communication between Animals«, in: *Cybernetics/Kybernetik*, a.a.O., S. 461.
270. Ebd., S. 461. Vgl. hierzu auch Parr: »Schooling behavior of fishes«, in: *Occasional Papers*, a.a.O.

Doch wie kann eine solche Struktur der Informationsweitergabe in derart rapiden Koordinationsleistungen resultieren, wie sie bei Fisch- und Vogelschwärmen zu beobachten sind? Ralph Gerard berichtet von einem Versuch, den simultanen Richtungswechsel eines Vogelschwarms zu messen, indem er sein Auto mit diesem synchronisierte:

> »I was once able to check that in case of birds. A flight of birds was going along parallel to my car, so I could time them. I happened to be watching them as they veered away, and I would certainly have seen one bird go forward or drop back relative to the others if its timing was off. As I remember, I calculated there was less than five milliseconds possible time for cueing from one to another.«[271]

Wie kann diese Geschwindigkeit der Informationsweitergabe über die Richtungsänderung innerhalb des Schwarms erklärt werden? Herbert Birch bietet einen gemeinsamen Stimulus aus der Umwelt als Lösung an. Auf diesen reagierten die Schwarm-Individuen dann einzeln, aber in gleicher Weise: Synchronizität als Funktion einer gegebenen Veränderung der Umwelt. Da hierbei eine statistische Streuung der Reaktionszeiten angenommen werden muss, aber jedes Individuum gleichzeitig auch noch mit kontinuierlichem Feedback all seiner Nachbarn konfrontiert ist, würde auch jede Verzögerung sehr bald rückgekoppelt und durch eine solche »lag-correcting operation« (Julian Bigelow) ausgeglichen werden. Doch dies klingt für Gerard nicht sehr wahrscheinlich. Selbst bei einer abgerichteten Gruppe ähnlicher Organismen erreiche man keine derart schöne Synchronisation – wenn schon zu bezweifeln sei, dass alle Macy-Teilnehmer von einem Schuss absolut synchron stimuliert würden.

Der Physiker Donald M. MacKay spitzt diese Frage zu, indem er die Relevanz der Quantität der dazu benötigten Datenmenge anspricht. MacKays Formulierung schließt dabei das biologische mit einem möglichen technischen Schwarm-System kurz: »In a nonlinear system of this sort the rate of change is the important thing. It is really a question of how many bits of information you need, and how fast.«[272] Über den Informationsbegriff aus Kybernetik und mathematischer Kommunikationstheorie ergibt sich hier mithin eine quantifizierbare ›Währung‹, die in den Austausch- und Interaktionsprozessen zwischen den Individuen eines Schwarms ›gehandelt‹ wird. Was zuvor als physiologisch erörterte biologische Sinnesreize, ihre sensorische Wahrnehmung in Körperorganen von Fischen und Vögeln und ihrer Verarbeitung im Gehirn verhandelt wurde, wird hier auf einen mathematisch formalisierbaren und (unter gegebenen Bedingungen) sogar technisch realisierbaren Begriff gebracht. Wenn die Steuerungslogik von Schwärmen also beschrieben werden kann als ein lokal organisierter, aber umfassender (nämlich den gesamten Schwarm strukturierender) Informationsaustauschprozess, dann können damit gleichzeitig auch die Grenzen dieser Austauschkapazitäten beschrieben werden. Wieviel Information wird zur dynami-

---

271. Birch: »Communication between Animals«, in: *Cybernetics/Kybernetik*, a.a.O., S. 468.
272. Ebd., S. 469.

schen Steuerung benötigt, und wie schnell und an welcher Stelle muss diese vorliegen? Und vor allem: Wie viel Information, etwa über Positionen und Bewegungen von Nachbarn, über externe Umwelteinflüsse, und mithin über die Struktur des Gesamtschwarms kann ein Schwarm-Individuum besitzen?

Auf dem Verdacht, dass diese Kapazitäten sehr beschränkt sind, und dass es gerade ein Nicht-Wissen um die Struktur des Gesamtsystems ist, das eine effektive, adaptive und robuste Adaptation von Schwärmen an sich ändernde Situationen und eine ständige, schnelle Synchronisierung innerhalb des Schwarms ermöglicht, werden spätere agentenbasierte Computersimulationen aufbauen. Die Interaktion von biologischen Schwarmforschungen und kybernetischen Ideen hilft somit spätere Ideen für dynamische Modelle zu formulieren, obwohl der konkreten Beantwortung von MacKays Frage weder auf der besagten noch auf Folgekonferenzen weiter nachgegangen wird. Oder in den Worten Birchs: »All we are doing today, probably, is opening up areas for investigation more than we are answering questions.«[273] Weitere Forschungsbemühungen werden delegiert an kybernetisch-informationstechnisch aufgeklärte biologische Schwarmforschungen. Und derartige Forschungen werden Ende des 20. Jahrhunderts von den Biologen Carl R. Schilt und Kenneth S. Norris probehalber zusammengefasst unter dem biophysikalischen Begriff des *Sensory Integration Systems* (SIS).

Schilt und Norris folgen dem kybernetischen Paradigma, indem sie Schwärme als spezifische Informationsinfrastrukturen *in process* definieren. Um innerhalb eines fluiden oder ephemeren dreidimensionalen Mediums wie Wasser oder Luft über einen längeren Zeitraum hinweg zusammenzubleiben, müssen die Schwarm-Individuen Pfaden folgen, die über die Zeit mehr oder weniger parallel verlaufen. Die Wahrung dieses Zusammenhalts stellt also ein Synchronisationsproblem dar, in dem Bewegungen über die Zeit hinweg koordiniert werden den. SIS weisen dabei grundsätzlich drei Aspekte auf:

> »The fundamental tenets of sensory integration systems are: 1. transduction of environmental stimuli external to the group via the sensory capacities of many individuals; 2. propagation of resulting social signals across the group, possibly with attenuation or amplification or other signal conditioning; 3. coordinated group response based on a summation of these social signals from various sources in various directions *at any moment*.«[274]

Ganz explizit wird hier die Synchronisation einer viel-seitigen Informationsweitergabe als Basis der Generierung von Schwarmstrukturen angelegt. Darüber hinaus wird jedoch weitergehend nach möglichen Weisen der von dieser spezifischen Schwarmstruktur abhängigen Signalmanipulation gefragt: Als ein »interacting array of sensors and effectors« können Schwärme nicht nur wesentlich

---

273. Ebd., S. 468.
274. Schilt und Norris: »Sensory integration systems«, in: *Animal Groups in Three Dimensions*, a.a.O., S. 229 [Hervorhebung SV].

mehr Umweltinformationen aufnehmen und verarbeiten, sondern sind in der Lage, in einem Wechselspiel von Wissen und Nicht-Wissen ihre Raumstruktur auf diese Umweltinformationen hin zu synchronisieren. Fundamental ist dabei zum einen die Zwischenschaltung von Bewegungssignalen (»social signals«), die fehlende Sichtbarkeiten etwa in Bezug auf Predatoren ausgleicht: »Like a nerve cell in which more distal inputs are weighted less than those nearer the decision making ›trigger zone‹ of the neuron, an individual can weigh the alarm of the other members in its group by their proximity. Individual error by oversight or overreaction can be damped by the group«[275] – womit nichts anderes beschrieben wäre als die ›lag-correcting operation‹, die Julian Bigelow ins Spiel brachte, nur mit einer Vielzahl gleichzeitiger Auslösemechanismen.

Zum zweiten formuliert der Begriff der *Sensory Integration Systems* – Schilt und Norris nennen es scherzhaft auch »anchovy ex machina«[276] – ein Verbundsystem verschiedener Sinne und die Summierung und Filterung der durch sie ins Schwarm-Kollektiv eingehenden Daten. Bei Fischen addieren sich zum Sehsinn spezielle Sinnesorgane für akustische und hydrodynamische Informationen hinzu – etwa der ›Ferntastsinn‹ des Seitenlinienorgans. Anders als beim Homöostaten werden demnach ganz unterschiedliche Informationen über ganz verschiedene »Eingänge« synchronisiert, indem sie sich in Bewegungsmotivationen niederschlagen, die im Schwarm präzise und koordiniert ›verschwimmen‹:

> »In sensory integration systems, individuals receive, process, and respond to stimuli from the environment. Their responses may influence (change) other near neighbors, which may in turn influence still others. The signal thereby generated may die out or may, by propagation and summation, change the greater group's behavior. Group members may also generate social signals (i.e. internally derived) that propagate through the group. We use the word ›integration‹ in the sense of combining or blinding into a unified response. The functional result of such a process is that the individuals in the group can respond in a coordinated manner to stimuli to which most of them have no direct access.«[277]

Die Entstehung von ›social signals‹ ist dabei von besonderem Interesse. Durch die über lokale Nachbarschaften laufende Weitergabe von Bewegungsinformationen entstehen »discrete pulses of change«,[278] die sich durch das SIS propagieren. Diese ›Verhaltenswellen‹ breiten sich in ähnlicher Weise aus wie physikalische Wellen – eine Beobachtung, die bereits in den 1950er und 1960er Jahren gemacht wird. Dimitrij Radakov beschreibt diese »waves of agitation« als »a rapidly shifting zone in which the fish react to the actions of their neighbors by changing their position [...]. The speed of propagation [...] is much higher than the maximum (spurt) speed of forward movement of individual specimens.«[279]

---

275. Ebd., S. 228.
276. Ebd., S. 230.
277. Ebd., S. 229.
278. Ebd., S. 231.
279. Radakov: *Schooling in the Ecology of Fish*, a.a.O., S. 82.

Im Zuge der individuellen Bewegungen erzeugen die silbrigen Unterseiten der beteiligten Fische eine Lichtreflexion, die von allen Nachbarindividuen imitiert wird, so dass eine »flash frontline« durch den Schwarm läuft. Die Rapidität der Positionsänderungen übersteigt damals noch die zeitliche Auflösung der zur Beobachtung eingesetzten Filmbilder. Das mediale Analyseverfahren ist nicht mit dem Forschungsobjekt synchronisierbar, und so kann die Transmission der Welle nicht lückenlos verfolgt werden. Erst gut 50 Jahre später lassen sich Agitationswellen durch hydroakustische Verfahren und deren computergraphische Visualisierungsverfahren geostatistisch quantifizieren. Ein französisch-peruanisches Forscherteam schreibt 2006:

> »The main process of information transfer we could observe was that of waves of agitation crossing large anchovy schools. The average speed of these waves (7.45 m/s) was much greater than the average 0.3 m/s school speeds measured during this experiment. The internal organization of each school modified dramatically after the waves of agitation had crossed them. Changes in school external morphology and internal structure were described and measured using geostatistics. Our results show that information transfer is a crucial process for the cohesion and plasticity of schools. As such, it allows efficient reactions of schools of pelagic fish to variations in their immediate environment [...].«[280]

Wichtig ist in diesem Prozess, dass dieselbe Information potenziell verlustfrei an alle Individuen gleichermaßen weitergegeben werden kann – unabhängig davon, wie weit sie sich vom Ausgangspunkt der Welle befinden. Ihre Richtung und Geschwindigkeit indiziert präzise die Wirkrichtung des auslösenden Umwelteinflusses, und mittels Variogrammen weist das Forscherteam nach, dass die interne Struktur sich im Anschluss an den Durchlauf einer Agitationswelle signifikant verändert hin zu einer sehr viel größeren Regularität, Homogenität und Synchronizität.[281] Zudem müssen SIS zu einem schnellen ›reset‹ fähig sein, um neue Stimuli verarbeiten zu können, und ihre Reaktivität darf sich mit zunehmender Zahl verarbeiteter Stimuli nicht abschwächen.

In der Oszillation zwischen asynchronen Reaktionen der einzelnen Schwarm-Individuen auf je wahrgenommene Umweltreize und ihrer selbstorganisierten Synchronisation zu globalen Manövern des Schwarms spielen die Agitationswellen eine entscheidende Rolle. Sie formieren den Schwarm zu einer effizienteren Kollektivstruktur, indem sie als eine Art selbstgegebene Meta-Taktung die Bewegungen des Schwarms zeitlich und räumlich koordinieren. Sie dienen mithin dazu, aus Schwärmen erfolgreiche Synchronisationsprojekte zu machen, in denen die zeitlichen Synchronisierungsprozesse sich in einer Modifikation und Koordination räumlicher Bewegungen und Strukturen niederschlagen und damit messbar und zugänglich werden. Schwarm-Zeit und Schwarm-Raum

---

280. Gerlotto, Bertrand, Bez und Gutierrez: »Waves of agitation«, in: *ICES Journal of Marine Science*, a.a.O., S. 1405.
281. Ebd., S. 1415.

treten dabei in den untrennbaren Zusammenhang einer »rhythmic cadence of signals, [...] related to locomotory movements, that keep the mutual monitoring system engaged and operating.«[282]

Schwärme werden hier mithin erstens aufgefasst als *Informationsmaschinen* im Sinne von Michel Serres. Abstrahiert auf ihre Funktionen und Operationsketten sind sie handhabbar als Organisationsmodelle für die Koordination multimodaler Prozesse. Darüber hinaus kann der für diese Koordination untrennbare Zusammenhang von Schwarm-Raum und Schwarm-Zeit zweitens auch perspektiviert werden in einem weitergreifenden Kontext, in dem eine Orientierung des Denkens und Modellierens ›relationalen Seins‹ anhand von Kräften und Impulsen den Konzepten von physikalischen *Feldern* weicht. So schlägt Charles Breder, auf dessen Forschungen Herbert Birch auf der 8. Macy-Konferenz verweist, wie bereits erwähnt eine Modellierung von Fischschwarm-Dynamiken mittels Eisenspänen in einem Magnetfeld vor.

In Analogie zu zeitlich veränderlichen (elektro-)magnetischen Feldern und der durch die Maxwellschen Gleichungen beschriebenen Fortpflanzung elektromagnetischer Vorgänge von einem Raumgebiet zum nächsten können auch die Agitationswellen in Schwärmen gedacht werden: Denn wie in solchen physikalischen Feldern gilt auch hier: »Was sich an einem bestimmten Ort zu bestimmter Zeit abspielt, ist durch das Geschehen in unmittelbarer örtlicher und zeitlicher Nachbarschaft eindeutig bestimmt.«[283]

Der Charakter von Schwärmen als selbstorganisierende Synchronisationsprojekte macht sie als biologische Vorbilder attraktiv nicht nur für die Übertragung auf technische Applikationen zur Koordination von Verkehrsflüssen und logistischen Problemen aller Art oder für die computersimulatorische Optimierung von menschlichem Gruppenverhalten – etwa im Zusammenhang mit Massenpaniken und darauf abgestimmten Architekturen (vgl. Kapitel IV.3). Der in diesem Kontext geprägte Ausdruck *Swarm Intelligence*, der sich in den letzten Jahren als Metapher epidemisch auch auf soziokulturelle Praktiken und Phänomene mobiler Vernetzung ausweitete, gründet sogar ursprünglich in Forschungen zur Koordination von Roboterkollektiven. Dieser Zusammenhang wird im letzten Kapitel der Arbeit näher untersucht. Bis hierher können Schwärme jedoch bereits in zweifacher Weise als Synchronisationsprojekte angesehen werden: einmal in ihrem adaptiven Verhalten in Bezug auf ihre Umwelt, und zum zweiten in den lokalen Synchronisierungsprozessen, die erst jene Globalreaktion auf äußere Einflüsse erlauben, welche Schwärme als Kollektivstrukturen überlebensfähig machen. Die Frage nach ihrem adaptiven Verhalten aufgrund von Synchronisation verknüpft sie mit einer Geschichte kybernetischer Konzepte und Modellierungen. Dabei visualisieren sie ihr Funktionieren in einer irreduziblen Bezüglichkeit von Schwarm-Raum und Schwarm-Zeit. Während der Homöostat Ashbys, jene im Jetzt operierende Schlafmaschine, durch die Kom-

---

282. Schilt und Norris: »Sensory Integration Systems, in: *Animal Groups in Three Dimensions*, a.a.O., S. 242.
283. Vgl. *dtv-Lexikon der Physik*, Bd. 3, München 1970, S. 110.

bination von internen Zufallsreihen mit den akzidentellen Ereignissen seiner Umwelt Stabilität erlangt, modifizieren biologische Schwärme durch mobile Schwarm-Individuen ihre Kollektivanordnung; sie passen ihre Anordnung an den Raum und seine Ereignisse zeitkritisch an. Synchronisationsprozesse schlagen hier in Strukturänderungen um, deren Beobachtung abhängig ist von einer weiteren Synchronisationsrelation – jener zwischen dem Beobachtungs- oder Forschungsobjekt Schwarm und den Medientechniken, die auf ihn angelegt werden. Synchronisation bei Schwärmen lässt sich somit vielleicht mit folgendem Chiasmus auf den Punkt bringen: Ihre Formation wird produziert durch Information, während sie selbst Information durch Formation erzeugen, indem sie Synchronisationsprozesse als Struktur sichtbar machen. Synchronisation ist also nicht nur ein Zeit-, sondern zugleich ein Raumprojekt.

Raumgitter und Kristallschwärme

Es sind nicht nur die Gründungsgestalten der Kybernetik, die sich für die intransparenten Organisationsstrukturen biologischer Kollektive begeistern, sie thematisieren und näher zu beschreiben versuchen. Auch in Gegenrichtung werden in der biologischen Schwarmforschung kybernetische Ideen durchaus rezipiert. Zumindest jener auf besagter Macy-Konferenz zitierte Charles Breder zeigt sich diesbezüglich informiert, findet sich doch in jenem Text, in dem ein geometrisches Raumgittermodell (*space lattice*) für die nachbarschaftliche Anordnung in Fischschwärmen vorgeschlagen wird, ein Verweis auf W. Ross Ashbys *Introduction to Cybernetics*. Breders Modell steht im Kontext einer in den 1970er Jahren zu verzeichnenden Hinwendung verschiedener Modellbildungen von Fischschwärmen. Diese zielen nicht nur auf mögliche Formalisierungen der Entstehung von Aggregationen, sondern vor allem auf die geometrische Gestalt, die daraus hervorgeht.[284] Sein Text *Fish Schools as Operational Structures* aus dem Jahr 1976 stellt ein dreidimensionales Raumgittermodell vor – ein Modell, das auf jene modellierte »third dimension of science« verweist, deren Bedeutung für die Wissensproduktion seit der Aufklärung Soraya de Chadarevian und Nick Hopwood unterstrichen haben.[285] Anschließend an vorherige Studien, die bereits eine nur stochastisch beschriebene Verteilung von Schwarm-Individuen innerhalb eines bestimmten Umwelt-Volumens kritisierten, formuliert auch Breder seine Zweifel daran, dass Lebewesen mit gut ausgeprägten Bewegungsmöglichkeiten und komplexen Sinnessystemen jemals vollkommen zufällig verteilt seien. Viel eher begegnete man in Systemen in der Natur grundlegenden

---

284. Zu nennen sind hier wiederum Breder, »Fish Schools as Operational Structures«, a.a.O.; Pitcher, Tony J.: »The three-dimensional structure of schools in the minnow«, in: *Animal Behaviour* 21 (1973), S. 673–686; Weihs, Daniel: »A hydrodynamical analysis of fish turning maneouvers«, in: *Proceedings of the Royal Society of London. Series B, Biological Sciences* 182 (1972), S. 59–72.
285. Vgl. Chadarevian und Hopwood: *Models*, a.a.O.

Ordnungen, die ihrerseits von verschiedensten Faktoren gestört wurden. Man könne also zwischen zwei Alternativen wählen:

»One approach to the structure of a fish school, the empirical, can be made by measuring the distance, angle, or other parameter between a given fish and the other members of the school. The mathematical measurement can establish values that may serve as an index to the school's organization. One's imagination alone limits the selection of data.«[286]

Breder selbst hatte im Anschluss an die Überlegungen Albert Parrs zu Beginn der 1950er Jahre extensive Beobachtungsreihen durchgeführt und die Beschränktheiten empirischer Verfahren in Bezug auf das Nicht-Objekt Schwarm erlebt[287] – seine bereits frühe Hinwendung zu Modellverfahren mag als persönliche Strategie gelesen werden, diese Hindernisse zu umgehen. Anstatt sich bei der Wahl relevanter Daten auf seine Imagination verlassen zu müssen, ist es für ihn genauso legitim, erstmals auf einen Vergleich mit mathematisch organisierten Mustern zurückzugreifen, zumal damit eben auch die dritte Dimension in Betracht gezogen werden könne. Es gelte jedoch, aus der unendlichen Menge solcher Modelle jene herauszugreifen, die »some conceivable application« in Relation zu Fischschwärmen aufwiesen.[288] Eine basale Definition fällt zunächst einmal nicht schwer: »The establishment of a geometrical model of a fish school is relatively simple, for whatever else a fish school may be, it is essentially a closely packed group of very similar individuals united by their uniformity of orientation«, schreibt Breder – und hinzuzufügen bleibt ihm noch, dass ihre Aktivitäten mit einem hohen Maß an Synchronizität vonstattengingen.[289] Die Anordnung von Schwarm-Individuen zu einer Kongregation wird mit diesem Ansatz zu einem Problem der Packung und damit der möglichst idealen Ausnutzung des Raumes.

Die Basis-»Unit« seines Modellschwarms bildet aufgrund der Notwendigkeit eines jeweils genügend großen Umraums für Schwimmbewegungen einen Fisch samt eines kugelförmigen ›Gehäuses‹ aus Wasser; ein Schwarm ist folglich die gepackte Anordnung dieser identischen Einheiten. Breder beginnt mit einer Raumgitter-Transformation vom geometrisch naheliegendsten, quadratischen zu einem rhomboedrischen Modell, da dieses nicht nur den empirisch beobachteten Schwarm-Strukturen näher komme, sondern zudem eine größere Dichte aufweist: Die Anzahl der im Verhältnis zu einem zentralen Punkt gleich weit entfernten Nachbarpunkte erhöht sich von vier auf sechs (Abb. 23) Die hexageometrische Anordnung ist in zweidimensionaler Perspektive in Bezug auf die Raumnutzung optimal. Zweidimensionale, also kreisförmige Schwarm-Units,

---

286. Breder: »Fish Schools as Operational Structures«, in: *Fishery Bulletin*, a.a.O., S. 472.
287. Vgl. Breder: »Structure of the Fish School«, in: *American Museum of Natural History*, a.a.O.
288. Vgl. Breder: »Fish Schools as Operational Structures«, in: *Fishery Bulletin*, a.a.O., S. 472.
289. Ebd., S. 472, mit Verweis auf Olst, J. C. van und Hunter, J. R.: »Some aspects of the organization of fish schools«, in: *Journal of the Fisheries Reseach Board of Canada* 27 (1970), S. 1225–1238.

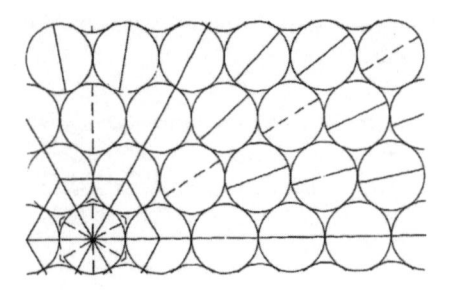

Abb. 23: Raumgittermodell nach Charles M. Breder: Packung.

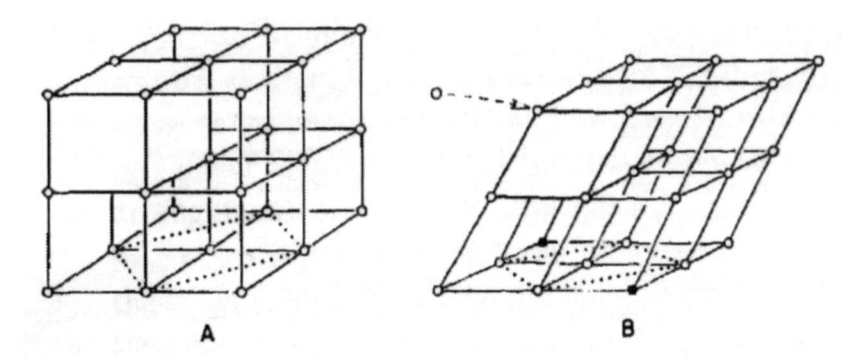

A B

Abb. 24: Raumgittermodell nach Charles M. Breder: Transformation.

ausgerichtet auf einem sechseckigen Raster, besitzen die für Kreise optimale Raumnutzung.[290]

Stellt man sich dieses System als eine Ebene mit Kugeln vor, kann man es zu einem dreidimensionalen System mit mehreren Lagen erweitern. Schichtet man mehrere dieser Lagen so aufeinander, dass die Mittelpunkte der Schwarm-Units der nächsten Reihe im Mittelpunkt eines gleichseitigen Dreiecks liegen, welches man zwischen drei Mittelpunkten der ursprünglichen Ebene aufspannt, lassen sich die Schwarm-Unit-Kugeln der zweiten Ebene in den Leerräumen zwischen drei Kugeln der ersten Lage einsenken und so eine für Kugeln optimale dreidimensionale Raumnutzung erzeugen (Abb. 24). Jede Schwarm-Unit – abgesehen von jenen an den Rändern und den äußersten Lagen der Raumform – grenzt in diesem Modell somit an zwölf Nachbar-Units, ihre »nearest neighbors.«[291]

Breder beruft sich auf das empirische 3D-Datenmaterial aus Tony Pitchers Aufsatz *The three-dimensional Structure of Schools in the Minnow* von 1973 als Referenz für sein geometrisches Modell: Die Elritzen, welche Pitcher als Ver-

---

290. Eine eingehende kulturwissenschaftliche Analyse der hexagonalen Geometrie am Beispiel der Bienenwabe findet sich bei Berz, Peter: »Die Wabe«, in: ders., Bitsch, Annette und Siegert, Bernhard: *FAKtisch. Festschrift für Friedrich Kittler zum 60. Geburtstag*, München 2003, S. 65–81.
291. Breder: »Fish Schools as Operational Structures«, in: *Fishery Bulletin*, a.a.O., S. 474–476.

suchsfische nutzte, richteten sich in einem Gewässer mit starker Strömung in einer dem Breder'schen Modell sehr ähnlicher Weise aus.[292] Mit einer weiteren Modifikation nähert Breder sein geometrisches Konzept einer realistischeren Darstellung weiter an:

> »Schooling fishes should not be expected to space themselves exactly as spheres and they do not so in precise detail [...], but a basic resemblance exists. If the rigid sphere of geometry be mentally replaced by a soft rubber ball, the approximation comes closer to that of a fish embedded in a school of its fellows.«[293]

Krafteinwirkungen auf die zu Gummibällen flexibilisierten Kugeln machen Breders Schwarm-Geometrie formbar, indem sich die Nachbarschaften räumlich ausdehnen oder zusammenziehen, ohne die grundlegende hexageometrische Form zu verlieren. Mit diesem geometrischen Raummodell kann der Zusammenhang von individueller und kollektiver Bewegung einer aus verformbaren Schwarm-Units zusammengesetzten Raumform vorgestellt werden. Die Freiheit der Schwarm-Individuen, sich innerhalb der Kongregation bewegen zu können, ist eingeschränkt durch die Position ihrer Nachbarn – jede Eigenbewegung beeinflusst auch die Bewegungen der nächsten Nachbarn und vice versa. Durch die Verformung einzelner Schwarm-Units ändert sich demnach jeweils auch die Globalform: Da die modellierte geometrische Grundstruktur beibehalten wird und ihre Nachbarschaften nicht den Kontakt verlieren, ergibt sich diese als ein »three-dimensional blob«, der theoretisch fast jede Form annehmen« könne.[294] Die von Breder beschriebene Schwarm-Blob-Geometrie samt ihrer Bewegungs-Restriktionen könne auch das Verhalten von Fischschwärmen bei plötzlichen, scharfen Richtungsänderungen modellieren: ›Verbotene Zonen‹ und maximale Abweichwinkel, die sich aus der Modell-Geometrie ergeben, da sich ansonsten die Bereiche der Schwarm-Units überschneiden würden, lassen sich auch in empirischen Daten nachweisen:

> »The turns made by real fish schools, measured by motion picture analysis [...] indicate the absence of intrusion into the enclosed areas. This examination of the sharp turnings of fish schools would not have shown these features if they had been organized on some pattern other than that of the hexagonal lattice.«[295]

Doch selbst gedanklich verformbare Gummibälle vermögen es nicht, den möglichen und ständig ablaufenden Positionswechseln der Schwarm-Indi-

---

292. Vgl. Pitcher: »Three-dimensional structure of schools in the minnow«, in: *Animal Behavior*, a.a.O. Breder hebt seinerseits auf die möglichen unterschiedlichen Dynamiken in stationären Schwärmen in fließendem Wasser gegenüber sich fortbewegenden Schwärmen in ruhigem Wasser ab. Vgl. Breder: »Fish Schools as Operational Structures«, in: *Fishery Bulletin*, a.a.O., S. 476.
293. Ebd., S. 476.
294. Ebd., S. 482f. Woher Breder den Begriff ›blob‹ nimmt, wird aus seinen Texten leider nicht klar. Möglich ist jedoch, dass er sich auf den in Kapitel III.3 genannten Film von 1958 bezieht.
295. Ebd., S. 485.

viduen innerhalb des Schwarms Rechnung zu tragen, oder ein – in anderen Studien bereits beobachtetes – individuell abweichendes Verhalten einzelner Schwarm-Individuen zu integrieren.[296] Breders Modell befasst sich essentiell nur mit einem Aspekt aus dem Bewegungsrepertoire von Schwärmen, dem Fall eines ›geordneten‹ Dahinschwimmens und Änderns der Richtung. Sein hexagonales, dreidimensionales Raster definiert die Bewegungsmöglichkeiten der Schwarm-Units, indem es sie zueinander in feste Relationen setzt. Das Raster des Raumgitter-Schwarms ist dadurch als Strukturmodell für die Schwarm-Individuen sehr rigide begrenzt durch seine Enge und seine dichte Gepacktheit. Es klebt individuelle Trajektorien zusammen zu relativ statischen Nachbarschafts-Clustern, die die Entstehung flexibler Globalstrukturen und ganz anderer Muster als dynamische Adaptionen an Umwelt-Stimuli *in der Zeit* nicht mitdenkt. Ein Schwarm bleibt hier gerasterter, gar kristalliner Raum – ganz im Gegensatz zu einem weiteren Modell, in dem Nachbarschaften als Auslöser hochdynamischer Prozesse modellierbar werden; ein Modell, das im folgenden Kapitel untersucht wird.

SelFish Behavior

»A frog hunts on land by vision. He escapes enemies mainly by seeing them.
His eyes do not move, as do ours, to follow prey, attend suspicious events, or search for things of interest. If his body changes its position with respect to gravity or the whole visual world is rotated about him, then he shows compensatory eye movements.«[297]
Jerôme Lettvin u. a.

Frösche sind, man muss es so sagen, traditionell arme Schweine innerhalb naturwissenschaftlicher Forschung. Eingespannt in verschiedenste Versuche, sei es, um nur zwei Beispiele zu nennen, schenkelweise im Kontext von Experimentalanordnungen in der Elektrizitätsforschung oder mit invertiert verbundenen Sehnerven in biokybernetischen Experimenten zur Wahrnehmung, fungieren sie weithin als ›Medien-Materialitäten‹.[298] Interessant für die Fischschwarmforschung werden Frösche jedoch ganz ohne experimentelle Schnippelei mit einem vielzitierten Aufsatz von William D. Hamilton aus dem Jahr 1971, und zwar als Modell für die Entstehung von Aggregationsphänomenen aufgrund egoistischen Verhaltens.[299] Ansätze aus den ersten drei Jahrzehnten des 20. Jahrhunderts, die

---

296. Vgl. Hunter, John R.: »Procedure for analysis of schooling behavior«, in: *Journal of the Fisheries Research Board of Canada* 23 (1966), S. 547–562.
297. Lettvin, Jerôme Y., Maturana, Humberto R., McCulloch, Warren S. und Pitts, Walter H.: »What the frog's eye tells the frog's brain«, in: Corning, William C. und Balaban, Martin (Hg.): *The Mind: Biological Approaches to its functions*, New York 1968, S. 233–258, hier S. 233.
298. Vgl. z. B. Rieger, Stefan: »Der Frosch – ein Medium?«, in: Münker, Stefan und Roesler, Alexander (Hg.): *Was ist ein Medium?*, Frankfurt/M. 2008.
299. Hamilton, William D.: »Geometry for the Selfish Herd«, in: *Journal of Theoretical Biology* 31 (1971), S. 295–311.

von verschiedenen sozialen Instinkten oder vitalistischen Kräften als Erklärungsmodi ausgingen, werden somit auf den Kopf gestellt. In diesem Modell wird die Wissensfigur Frosch für das Wissensobjekt Schwarm relevant, weil Hamilton die Genese von dichten Ansammlungen wiederum geometrisch entwirft und dabei zum wiederholten Male der Rand im Zentrum der Überlegungen steht. Die mathematischen Modelle Breders ergänzt Hamilton um eine Perspektive, die das *Wie?* von Aggregationen mit einem Versuch der Beantwortung ihres *Warum?* kombiniert. Sein Ansatz steht damit auch nicht in Konkurrenz zu dessen nur wenig später veröffentlichten *Fish Schools as Operational Structures*, sondern vielmehr komplementär dazu.

Mit Blick auf das Eingangszitat dieses Kapitels ist der Ausgangspunkt in Hamiltons Konstellation nicht, wie der Frosch *sieht*, sondern vielmehr, wie er selbst *gesehen wird*. Stillhalten ist in diesem Fall, wie in Kürze klar werden wird, keine Option mehr, und genau dies wird zum wörtlich genommen springenden Punkt des Modells. Hamilton beginnt seinen Text im Stil eines bösen Märchens:

»Imagine a circular lily pond. Imagine that the pond shelters a colony of frogs and a water snake. The snake preys on the frogs but only does so at a certain time of day – up to this time it sleeps on the bottom of the pond. Shortly before the snake is due to wake up all the frogs climb out onto the rim of the pond. This is because the snake prefers to catch frogs in the water. If it can't find any, however, it rears its head out of the water and surveys the disconsolate line sitting on the rim – it is supposed that fear of terrestrial predators prevents the frogs from going back from the rim – the snake surveys this line and snatches *the nearest one*.«[300]

Diese Ausgangssituation ist Auslöser für eine recht dynamische Kettenreaktion. Denn unter dem gegebenen Fall, dass sich die hypothetischen Frösche Hamiltons frei auf dem Rand des Tümpels bewegen können, werden sie sich nicht mit der zufällig eingenommenen Position begnügen, auf die sie beim Verlassen des Tümpels geklettert sind. Vielmehr sind sich die hypothetischen Frösche darüber im Klaren, dass die Gefahr, der Schlange bei deren Auftauchen am nächsten zu sein, geringer ist, wenn sie nah zwischen zwei weiteren Fröschen sitzen. Die Reduktion der »Domain of Danger«, also die Summe der jeweils halben Abstände zu seinen beiden Nachbarn, ist das Ziel jedes Frosches. Diese Gefahrenzone wird umso kleiner, je näher ihm die Nachbarn sind. Doch naturgemäß versuchen auch die Nachbarn, ihre jeweiligen Positionen zu optimieren: »[O]ne can imagine a confused toing-and-froing in which the desirable narrow gaps are as elusive as the croquet hoops in Alice's game in Wonderland« (Abb. 25), wie Hamilton schreibt.[301]

Dieses Modell wird mit 100 hypothetischen Fröschen durchgespielt, die zu Beginn zufallsverteilt entlang eines in Zehn-Grad-Abschnitte unterteilten Teichrandes sitzen. In jeder ›Runde‹ springen die Frösche in die kleinere der

300. Ebd., S. 295.
301. Ebd., S. 296.

Abb. 25: ›Confused Toing-and-froing‹ am Teichrand nach William Hamilton.

beiden benachbarten Lücken, wobei sie ihre Nachbarfrösche um ein Drittel der Lückenbreite überspringen. Nur wenn der Abstand zu ihren Nachbarn kleiner ist als die benachbarten Lücken, bleiben sie sitzen. Bereits nach wenigen Durchläufen bilden sich einige wenige große Agglomerationen heraus, von denen nur die größte am Ende noch wächst. Ganz ohne eine Zuhilfenahme physikalischer Anziehungskräfte führt hier allein schon das egoistische Meiden eines Fressfeindes zu Aggregationen – und dies in einem Linienuniversum ohne Seitenränder, in dem der eindimensionale Rand des Teiches zu einem Kreis geschlossen ist.[302]

Im dreidimensionalen Universum von Schwärmen scheinen die Dinge noch einfacher zu liegen, schließlich sehen sie sich Angriffen von Außen und nicht aus ihrer Mitte heraus ausgesetzt, so dass eine enge Zusammenballung bei Gefahr noch viel plausibler erscheint als im Frosch-Modell. Schwarmbildung bekommt hier eine ökologisch sinnhafte Funktion: Mangels Möglichkeiten, sich im offenen Wasser vor Fressfeinden zu verstecken, suchen die einzelnen Fische Schutz im Schwarm, verstecken sich sozusagen gegenseitig ineinander. Die Vermeidung einer randständigen Position innerhalb dieser Aggregation ist der Motor unablässiger dynamischer Positionswechsel der Schwarm-Individuen und der Kohäsion des Gesamtsystems. Im zweidimensionalen Raum ergibt sich die Aggregation von Individuen mit ihren jeweiligen DODs als Anordnung von Polygonen in einer zufallsmäßig in einem definierten Raum verteilten Voronoi-Tesselation[303] – je größer das individuelle Polygon im Vergleich zu den benachbarten Polygonen, desto größer die Gefahr, Beute zu werden. Eine simple lokale Regel – suche Schutz durch Annäherung an den nächsten Nachbarn – führt zu einer Verdichtung der Polygon-Struktur.

In Hamiltons Modell gibt es jedoch ein Problem in Bezug auf den Rand: Im Zuge der Verdichtung der Polygonstruktur werden die DODs der randständigen Individuen immer größer, füllt die Tesselation den Raum doch bis zu den definierten Grenzen hin aus. Dies hätte zur Folge, dass das Motiv zur

---

302. Ebd., S. 297.
303. Als eine *Voronoi-Tesselation* oder *ein Voronoi-Diagramm* wird eine Zerlegung des Raumes in Regionen bezeichnet, die durch eine vorgegebene Menge an Punkten im Raum bestimmt werden. Jede Region wird durch einen Punkt im Zentrum genau definiert und umfasst jene Teile des Raumes, die in Bezug auf die euklidische Metrik näher am Zentrum dieser Region als an jenen aller angrenzenden Regionen liegt. All jene Punkte, die exakt gleich weit entfernt von mehr als einem Regionen-Zentrum entfernt liegen, bilden die Grenzen im Voronoi-Diagramm.

Aggregation wesentlich geschwächt würde, besonders für kleinere Ansammlungen – doch »even for larger aggregations peripheral animals may still play an important role in the aggregation process.«[304] Spätere Modelle modifizieren Hamiltons Überlegungen also dahingehend, dass sie eine empirisch informierte *Limited Domain of Danger* (LDOD) definieren: Nicht der gesamte Raum wird nun durch Voronoi-Polygone beschrieben, sondern eine definierte Anzahl von Individuen wird mit jeweils einer kreisförmigen LDOD versehen, die durch die maximale »Reichweite« eines Fressfeindes begrenzt ist. Dadurch ergeben sich auch für randständige Individuen realistische Verringerungen der Gefahr, Beute zu werden.[305]

Die Relevanz von Hamiltons Modell für spätere Forschungen ergibt sich aus der Perspektive seines Modells, die Entstehung globaler Muster als Ergebnis individueller, lokaler Verhaltensprozesse mathematisch-geometrisch zu beschreiben. Damit ist ein Ansatz vorgedacht, der im Dispositiv agentenbasierter Simulationsmodelle weiterverfolgt wird, und der im Folgenden ausführlich diskutiert wird. Zudem scheint auch die konstitutive Bedeutung des Randes von Schwärmen (Kapitel II.2 und III.3) in der Modellierung der *Selfish Herd* auf. Der Rand ist hier nicht die äußerste, schützende Position einer sozialen, altruistischen Ansammlung, sondern Durchgangsbereich, permeable Grenze im egoistischen Bestreben jedes Schwarm-Individuums, weiter nach innen zu gelangen. Der Rand, jene Zone, an der Dichte unvermittelt in Leere umschlägt, ist der Bereich, an dem es bezeichnet werden, mit Serres gesprochen, ›individualisiert‹ werden könnte. Es ist der Bereich, den es zu meiden gilt, und der aus diesem Grund gleichsam als ein Motor von Schwarm-Dynamiken wirksam wird.

✱✱✱

Modelle dienen in der Schwarmforschung zwischen den 1950er und 1980er Jahren dazu, verschiedene Aspekte auf formaler Ebene und in Bezug auf wenige grundlegende Gesetzmäßigkeiten oder Regeln zu definieren. Die Modellierungen versuchen somit basale Faktoren für die Entstehung von Konglomerationen (Hamilton), von bestimmten Globalformen und von den klar umrissenen Rändern von Schwärmen zu beschreiben (Breder, Hamilton). Dabei entstehen geometrisch vorstellbare und berechenbare Raummodelle, die aus einer Bestimmung von Eigenschaften für die *Relationen* zwischen den individuellen Bestandteilen von Schwärmen hervorgehen. Dies führt einerseits zu Modellierungen, die sich mit einem Rekurs auf mathematisch-physikalische Gesetze einer Geometrisierung von Schwarmstrukturen annähern. Zum anderen ist der Fokus auf die *Interaktionen* zwischen den Schwarm-Individuen jedoch auch jener Adressraum, an dem neue informationstheoretische Überlegungen an die Schwarmforschung andocken und in sie einfließen. Mit dem kybernetischen Vokabular, das seit den

---

304. James, R., Bennett, P. G. und Krause, J.: »Geometry for mutualistic and selfish herds: the limited domain of danger«, in: *Journal of Theoretical Biology* 228 (2004), S. 107–113, hier S. 108.
305. Ebd., S. 109.

späten 1940er Jahren entwickelt und zu Beginn der 1950er auch konkret auf die Kommunikation oder Interaktion in Tierkollektiven angewendet wird, können Schwärme jedoch parallel auch noch auf eine zweite Art und Weise modelliert werden. Sie sind nun – mehr oder weniger – bestimmt als ›Netzwerke aus integrierten Sensoren‹ (Schilt/Norris), als informationsverarbeitende Anordnungen. In derartigen *social media* sind es nicht mehr ›soziale Instinkte‹, die als bestimmend angesehen werden für die Globaldynamiken von Schwärmen. Vielmehr ist das ›Soziale‹ selbst bestimmt als Funktion verschiedener Informationsinputs, *time-lags* und ›lag-correcting operations‹. Schwärme werden auf dieser Ebene mit ›dem Schwärmen‹ integriert, indem ihre ebenso grundlegende ›Zeitlichkeit‹ für die Modellierung zu berücksichtigen versucht wird. Sie können als *Synchronisierungsprojekte* beschrieben werden, in denen Schwarm-Raum und Schwarm-Zeit in einen informellen und über den Austausch von Information strukturierten Zeit-Raum verbunden werden.

Pseudopodium: Ausweitung der Schwarmzone

In den vorangegangenen Kapiteln tauchten mit Yanchao Lis Visualisierungen akustischer Durchmusterungen, mit Carl R. Schilts und Kenneth S. Norris' *Sensory Integration Systems* und Hamiltons *Selfish Herd* bereits historische Vorgriffe auf, welche eine Fluchtlinie der Dynamisierung und Animation von Modellbildungen im Rahmen biologischer Schwarmforschungen aufspannen. Auf dieser historiographischen Linie müssen auch zwei Ansätze situiert werden, die ganz paradigmatisch einen Schwellenbereich markieren innerhalb der eingangs dieses dritten Abschnitts des Buches erwähnten schwierigen Abgrenzung zwischen (mathematischen) Modellen und Computersimulationen. Beide Ansätze entstehen im Rahmen der japanischen Fischfangforschung und erproben agentenbasierte Modellierungsansätze, die mit Unterstützung digitaler Computer in verschiedenen Szenarien durchgespielt, also verzeitlicht werden. Beiden ist jedoch gemeinsam, dass sie ohne avancierte Visualisierungssoftware auskommen müssen und deshalb gegenüber früheren Modellbildungen nur einen sehr eingeschränkten anschaulichen und operativen Mehrwert bieten. Sehr wahrscheinlich ist auch dies ein Grund dafür, dass ihr epistemisches Potenzial seinerzeit kaum von der Schwarmforschungs-Community rezipiert wurde, wie der Biologe Iain C. Couzin von der Universität Princeton in einem Interview bestätigt.[306] Zwar wird detailliert die Bildung unterschiedlicher Schwarmformationen in Abhängigkeit von nur wenigen physikalisch beschreibbaren Basis-Variablen (Anziehung, Abstoßung, Geschwindigkeitsangleichung) beschrieben, doch die Computermodelle bleiben eine dynamische Visualisierung schuldig, mit der diese Szenarien zugleich ›getestet‹ hätten werden können.

---

306. Vgl. Iain C. Couzin im Interview mit dem Autor, Princeton, 04.11.2008. Private Tonaufzeichnung.

In einer leider nur auf Japanisch erschienenen Studie (deren Reichweite daher recht beschränkt blieb) modelliert Sumiko Sakai im Jahr 1973 auf einem *PDP-12*-Computer der *Digital Equipment Corporation* das Bewegungsverhalten einzelner Schwarm-Individuen in Bezug zueinander, sowie das Verhalten ganzer Schwärme, das sich aus einer Vervielfachung dieser interindividuellen Relationen ergibt.[307] Medienhistorisch deutlich früher als der übrige Schwarmforschungskontext formuliert Sakai – wahrscheinlich im Umfeld der avancierten japanischen Fischerei-Industrie – ein nach jenen Prinzipien, die später ›agentenbasierte Verfahren‹ genannt werden sollten, funktionierendes Simulationsmodell. Für die interindividuellen Relationen definiert sie – ähnlich wie Charles Breder in den 1950er Jahren – Attraktions- und Abstoßungskräfte, aus deren Kombination relative Richtungsänderungen und -anpassungen der Schwarm-Individuen resultieren (Abb. 26). Eine Änderung dieser richtungsweisenden oder deviativen Kräfte führt nicht nur zu ganz unterschiedlichen individuellen Bewegungspfaden (Abb. 27) – durch ihre Modulation lassen sich auch Strukturänderungen auf Globalebene nachvollziehen, etwa das Aufbrechen jener signifikanten torusförmigen ›mill‹ in kleinere Teilschwärme, die sich schließlich wiederum am größten Teilschwarm orientieren und – nun in gerichteter Bewegung – vereinigen (Abb. 28).

Es ist festzuhalten, dass auch bei Sakai vollkommen von verhaltensbiologischen oder psychologischen Einflussgrößen abstrahiert wird. Das ›natürliche Verhalten‹ von Schwärmen zeigt sich nurmehr als Funktion physikalischer, quantifizierter Variablen. Schwarmverhalten stellt sich auch hier dar als ein Systemverhalten, das sich zuvorderst nicht an ›natürlichen‹, biologischen Faktoren orientiert, sondern an eindeutig bestimmbaren und analog verwendeten Parametern. Schwärme werden dabei also wiederum modelliert als ein technisches System multipler Teilchen mit jeweils bestimmten lokalen Eigenschaften. Im Zuge derartiger Modellbildungen können sich biologische Schwarmforschungen zu einer produktiven und viel allgemeineren Forschungsrichtung für die Beschreibung von Mannigfaltigkeiten aus gleichartigen Elementen ausweiten, und dabei wird es schließlich zweitrangig sein, welcher ›Natur‹ diese Vielteilchensysteme sind. Sakais Modell wird Referenzpunkt für nachfolgende Studien, jedenfalls im Bereich der – hier außerordentlich wichtigen – japanischen Fischereiforschung.

Aufbauend auf Sakais Studie beschäftigen sich etwa Tadashi Inagaki und Kollegen 1976 mit der Kohärenz von Fischschwärmen über längere Zeiträume hinweg. Dazu seien zwei Strategien gangbar, welche die Forscher in etwas holprigem Englisch formulieren:

»For the purpose to investigate the mechanism, the sure and long time recording method of tracking of fish school is needed, which will enable us to analyze the fish schooling.

---

307. Sakai, Sumiko: »A model for group structure and its behavior«, in: *Biophysics (Japan)* 13/2 (1973), S. 82–90. Vgl. auch Sakai, Sumiko und Suzuki, R.: *Paper of Technical Group on Medical Electronics and Biological Engineering* 73/4 (1973), S. 1–12.

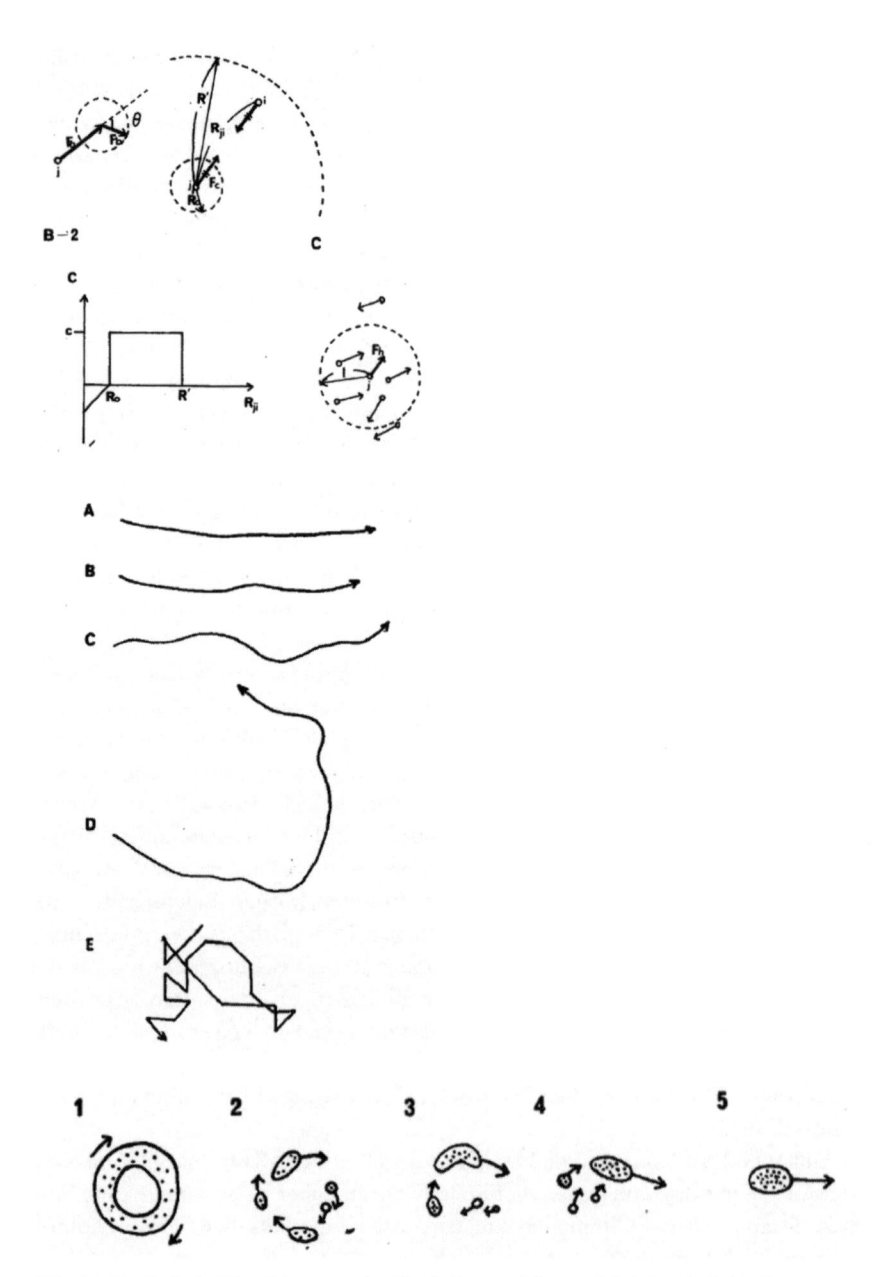

Abb. 26–28: Grafische Visualisierungen des Simulationsmodells von Sakai: Interindividuelles Verhalten, Trajektorien von Schwärmen, und Strukturänderung.

But such bio-telemetry system does not yet be developed. The other method to estimate the relationship between mutual force and schooling form varying the combination of forces which are considered to exist in a school.«[308]

Die Autoren entwickeln ein mathematisches Modell mit fünf Variablen und variieren diese: »mutual attractive or repulsive force, mean swimming force, random force, force exerted by the change of circumstances and frictional force of swimming motion«.[309] Nur unter bestimmten Kombinationen der einzelnen Parameter bleibt ein Zusammenhalt der gerichteten Schwarmformation über einen längeren Zeitraum bestehen.

Und dezidiert auf den simulatorischen Charakter ihrer Studie zu sprechen kommen im Jahr 1978 Ko Matuda und Nobuo Sannomiya, die Sakais Modell erweitern und damit handhabbar machen für eine Applikation in Relation zu Fangnetzen. Ihre Überlegungen, die 1980 in ihrem Papier *Computer Simulation of Fish Behavior in Relation to Fishing Gear* gedruckt werden, heißt es:

»Schooling behavior to a fishing gear has been studied by making use of such techniques as underwater visual observations, underwater cameras, hydroacoustic measurements, underwater television. However, all of these observation techniques are subject to restrictions caused by illumination, underwater visibility, underwater transparency and sea conditions. In addition, these techniques give only a partial information under a specific condition, and then may be difficult and laborious to describe the general behavior of fish school to fishing gear under various conditions. Under the same circumstances as our cases, a computer simulation technique has been used as an effective means in many fields of science. However, there are few studies on the computer simulation in the fisheries science. This study is directed to a development of a new method of approach in the fishing techniques and tactics in addition to the traditional methods.«[310]

Dieses Zitat liest sich mithin fast wie eine Zusammenfassung auch des Abschnitts *Formatierungen* und weist auf jenen epistemischen Neuschritt computersimulatorischer Verfahren, der in den folgenden *Transformationen* umrissen wird. Was die zugrunde gelegten Parameter angeht, ist die Studie ungleich komplizierter als jene von Sakai oder Inagaki und seinen Mitarbeitern:

»The fundamental equations of motion are described by regarding the motion of a fish as that of a particle. The equations of motion contain the fundamental elements of fish behavior such as mass, drag coefficient and external forces acting on the fishes. As exter-

---

308. Inagaki, Tadashi, Sakamoto, Wataru und Kuroki, Toshiro: »Studies on the Schooling Behavior of Fish. Mathematical Modeling of Schooling Form depending on the Intensity of Mutual Forces between Individuals«, in: *Bulletin of the Japanese Society of Scientific Fisheries* 42/3 (1976), S. 265–270, hier S. 265.
309. Ebd., S. 265.
310. Matuda, Ko und Sannomiya, Nobuo: »Computer Simulation of Fish Behavior in Relation to Fishing Gear. Mathematical Model of Fish Behavior«, in: *Bulletin of the Japanese Society of Scientific Fisheries* 46/6 (1980), S. 689–697, hier S. 689.

nal forces, the following six forces are introduced: propulsive force, interactive force, schooling force, repulsive force against wall, directional force and random force. The computer simulation is carried out by solving a system of the nonlinear difference equations by means of TSS (TimeSharingSystem). The position of each individual is plotted as a result of the computer experiment in order to check the propriety of the model. The moving patterns of fishes obtained by the simulation are quite similar to actual behavior of fish school [sic!].«[311]

Das Schwärmen von Fischen wird hier explizit formalisiert zu Bewegungen viel allgemeinerer ›Partikel‹, denen bestimmte Bewegungsregeln und Partikeleigenschaften wie Masse, Strömungsverhalten und die genannten sechs externen Einflusskräfte zugrunde liegen. Dann wird in verschiedenen ›Computerexperimenten‹,[312] ausgeführt auf dem *FACOM M200*-Computer der Universität von Kyoto, das Verhalten einzelner oder einer Gruppe von Individuen in Bezug z. B. auf Hindernisse (»walls«, also simulierte Netze) durchgespielt – der Reduktion von Rechenaufwand und Komplexität wegen in lediglich zwei Dimensionen. So zeigt sich etwa, dass mehrere Schwarm-Individuen wesentlich schneller den Durchgang von einem teilweise abgetrennten Bereich eines virtuellen Aquariums in einen zweiten finden – eine Eigenschaft, die sich aus den Interaktionen ergibt, ohne irgendwo ›festgeschrieben‹ oder programmiert zu sein. Doch auch für dieses Simulationsmodell gibt es noch keine Animation des Schwarmverhaltens durch Visualisierungsverfahren. Unterschiedliche Geschwindigkeiten von Schwarm-Individuen werden in den Grafiken zum Text immerhin als verschieden lange Richtungspfeile angegeben (Abb. 29).

Trotz dieser Vorarbeiten wird in der biologischen Literatur gemeinhin ein anderer Text als erste Simulationsstudie zum Schwarmverhalten von Fischen zitiert: *A Simulation Study on the Schooling Mechanism in Fish* des japanischen Meeresbiologen Ichiro Aoki aus dem Jahr 1982.[313] Immer wieder rekurrieren Forschungsartikel in den 1990er Jahren auf diese Veröffentlichung. Zunächst wird allerdings auch dieser bei seinem Erscheinen aufgrund der eingangs erwähnten, beschränkten dynamischen Qualitäten kaum wahrgenommen. Aoki selbst verweist auf die genannten früheren Computersimulationsstudien im Kontext der japanischen Fischereiforschung. Seine Arbeit unterscheidet sich von diesen jedoch insofern, als dass es erstmals dezidiert um die intransparenten Selbstorganisationsmechanismen von Fischschwärmen geht – um jenen Umschlagbereich zwischen vielfachem, zeitgleichem, relativem Individualverhalten und dem Globalverhalten des Schwarms. Ihm geht es nicht nur darum, wie sich Schwärme bilden, sondern wie sie gemeinsame Bewegungen vollführen, wie sie sich zu Bewegungskollektiven synchronisieren: »In other words, given the group exists,

---

311. Ebd., S. 689.
312. Vgl. ebd., S. 689.
313. Aoki, Ichiro: »A Simulation Study on the Schooling Mechanism in Fish«, in: *Bulletin of the Japanese Society of Scientific Fisheries* 48/8 (1982), S. 1081–1088.

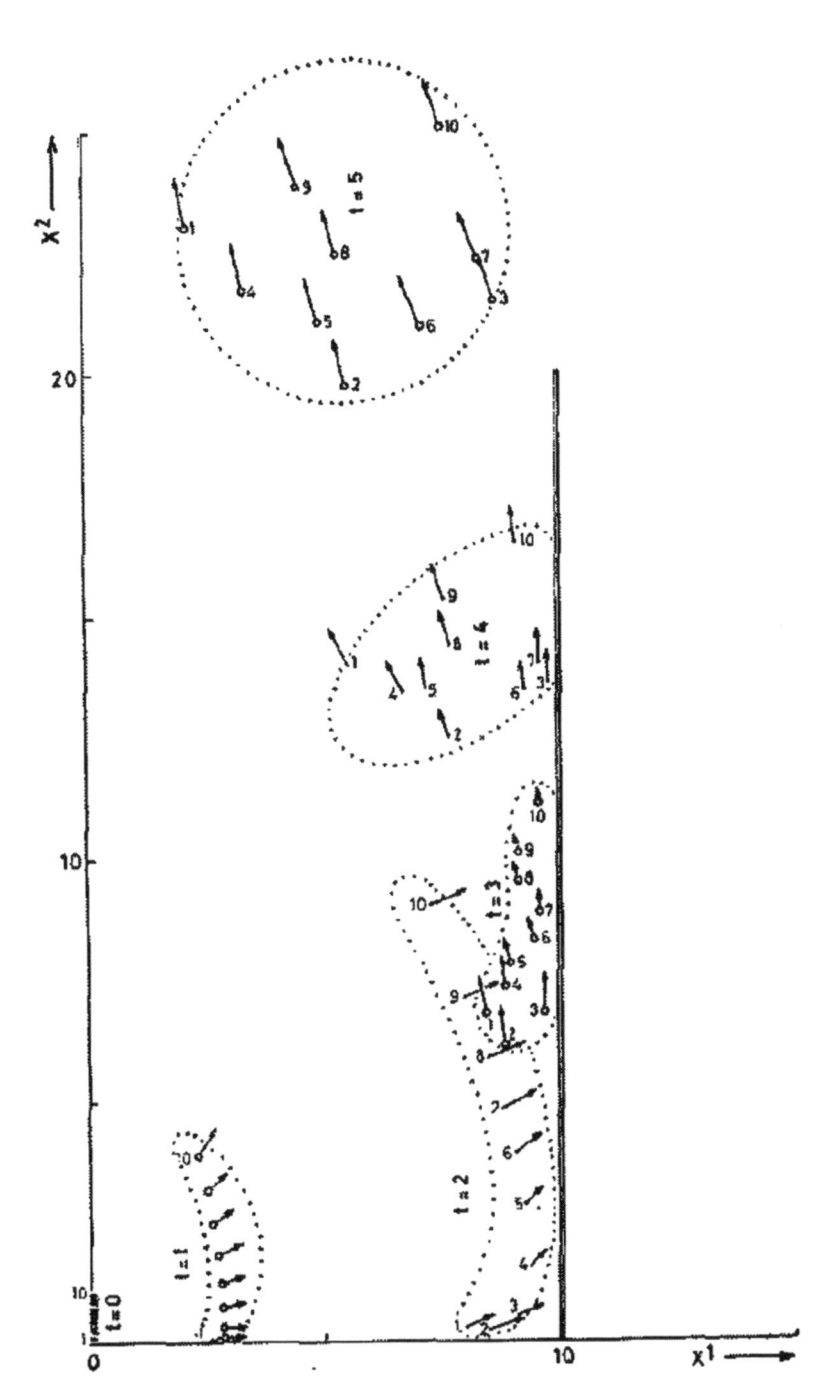

Abb. 29: Grafische Darstellung von Geschwindigkeitsänderungen nach Auftreffen auf eine Barriere nach Matuda.

under what conditions will it react as a whole?«[314] Und, um gleich zu Beginn die Pointe vorwegzunehmen – der Text endet ziemlich desillusioniert, wenn Aoki schreibt: »The Simulation method is limited in ability to clarify actual complex biological systems. However, results provide a useful guide in the conduct of further biological research.«[315] Vielleicht gründet sich diese Skepsis gegenüber der Methode der Computersimulation noch in der Unbewegtheit der agentenbasierten mathematischen Modelle.

Ausgangspunkt ist, ganz ähnlich wie bei Matuda und Sannomiya, ein numerisches, wahrscheinlichkeitstheoretisches Modell, hier mit den folgenden Spezifikationen: Die Zeit t ist zu diskreten Schritten gequantelt, wobei die Bewegungen in einem Zeitschritt unabhängig vom vorangegangen sind. »Hypothetische« Organismen bewegen sich in zwei Dimensionen. *Bewegung* setzt sich zusammen aus Geschwindigkeit und Richtung, zwei mittels einer Wahrscheinlichkeitsverteilung charakterisierten, voneinander abhängigen stochastischen Variablen. Diese werden in jedem Zeitschritt mittels einer Monte-Carlo-Simulation durch jeweils generierte Pseudo-Zufallszahlen bestimmt. Die grundlegend stochastische Struktur realweltlicher Phänomene soll dadurch ins Simulationsmodell integriert werden und eine »Artificial Reality« generieren, von deren homomorphischer Bildlichkeit in Bezug auf ›die Welt‹ laut Peter Galison schon John von Neumann und Stanislaw Ulam, zwei Väter der Monte-Carlo-Methode, träumten.[316] Kurz: Es soll ›Leben‹ ins System induziert werden. Interaktionen beschränken sich dabei auf die Variable ›Richtung‹, um das Simulationsmodell einfach zu halten.

Zu Beginn werden die Individuen statistisch normalverteilt in einer definierten, quadratischen und somit in gewissem Sinne wiederum aquariatischen Umwelt ausgesetzt. In dieser virtuellen Umwelt wirken nun bestimmte Parameter auf das Interaktionsverhalten der Schwarm-Individuen ein, die sich an die drei bereits in Laborstudien unter Verdacht stehenden *schooling parameters* ausrichten: Gegenseitige Anziehung, Ausweichen, und parallele Orientierung (Abb. 30). Für diese definiert Aoki bestimmte Einflussbereiche: D_1 umschließt die *Avoidance Area*, D_2 den Bereich paralleler Ausrichtung, und AR den relevanten Interaktionsradius. Der Winkel RDR gibt die relative Richtung im Verhältnis zu einem benachbarten Individuum an. Diese Variablen stehen nun über gewichtete Faktoren in Verhältnis zueinander, die sich auf empirisches Datenmaterial berufen. So sind die verschiedenen Interaktionsschwellen definiert durch das Vorwärtsschwimmen, die Größe des Sichtfeldes (daher der tote Winkel hinter dem Fisch) und die Tendenz, sich stärker an einem voranschwimmenden denn an einem seitlich schwimmenden Nachbarn zu orientieren. Befindet sich kein Nachbar in D_2,

---

314. Parrish und Viscido, »Traffic rules in fish schools«, in: *Self-Organisation and Evolution*, a.a.O., S. 57.
315. Aoki: »Simulation Study«, in: *Japanese Society of Scientific Fisheries*, a.a.O., S. 1088.
316. Vgl. Galison, Peter: »Computer Simulations and the Trading Zone«, in: ders. und Stump, D. J. (Hg.): *The Disunity of Science. Boundaries, Contexts, and Power*, Stanford 1996, S. 118–157, hier S. 144.

Formatierungen 297

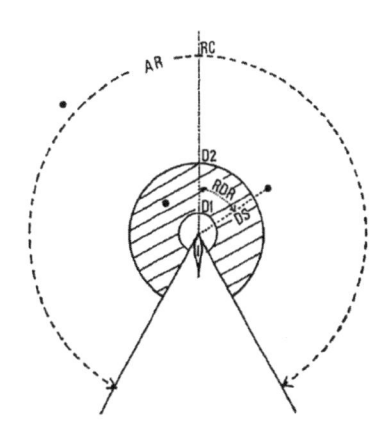

Abb. 30: Schooling-Parameter eines Schwarms nach Aoki.

nähert sich der hypothetische Fisch dem nächsten Nachbarn in *AR* an. Ist auch dort keiner, wird seine Richtung wieder zufällig bestimmt.[317]

Die Struktur des gesamten Simulationsmodells lässt sich mithilfe eines Flussdiagramms darstellen (Abb. 31). Dieses Modell konnte nun mit verschiedenen Parameterwerten durchgespielt werden, jeweils über 2000 Zeitschritte und unter Verwendung eines *FACOM-M160*-Computers mit angeschlossenem Plotter und Nadeldrucker für den grafischen Output. Zur computergrafischen Darstellung wird zeitweise ein *Apple II* mit angeschlossenem TV-Gerät benutzt, doch werden auch hier nur statische »movement patterns« angezeigt. Der Output der Einstellungen des *standard run* (Abb. 32) zeigt das Bewegungsverhalten und die Ausrichtung der Schwarm-Individuen in verschiedenen Zeitschritten. Das Simulations-Szenario bestätigt nicht nur die gängige Theorie von Schwarmbildung: »We found that group movement in unity occured despite each individual lacking knowledge of the movement of the entire school, and in the absence of a consistent leader.«[318] Auch eine Skalierbarkeit von den standardmäßigen 8 auf 32 virtuelle Fische wird nachgewiesen, sowie die Relevanz aller drei beteiligten Einfluss-Parameter. Werden z. B. Attraktion und Avoidance auf Null gesetzt und es bleibt nur die Parallelausrichtung wirksam, so löst sich die Schwarmstruktur umgehend auf.

Als Vorteil der Simulationsmethode wird die Einfachheit des Hinzufügens, Ausschließens und Änderns der Parameter für die individuellen Bewegungen genannt – in dieser Anwendung ist die Fischschwarm-Computersimulation also nicht viel mehr als ein Durchrechnen und schließlich Bestätigen einer schon lange bestehenden Theorie zur Schwarmbildung unter Verweis auf empirische Werte für charakteristische und ›realitätsnahe‹ Attraktions- und Vermeidungszonengrößen (daher finden sich auch Referenzen auf die fast zeitgleich unter-

---

317. Vgl. Aoki: »Simulation Study«, in: *Japanese Society of Scientific Fisheries*, a.a.O., S. 1081–1082.
318. Ebd., S. 1085.

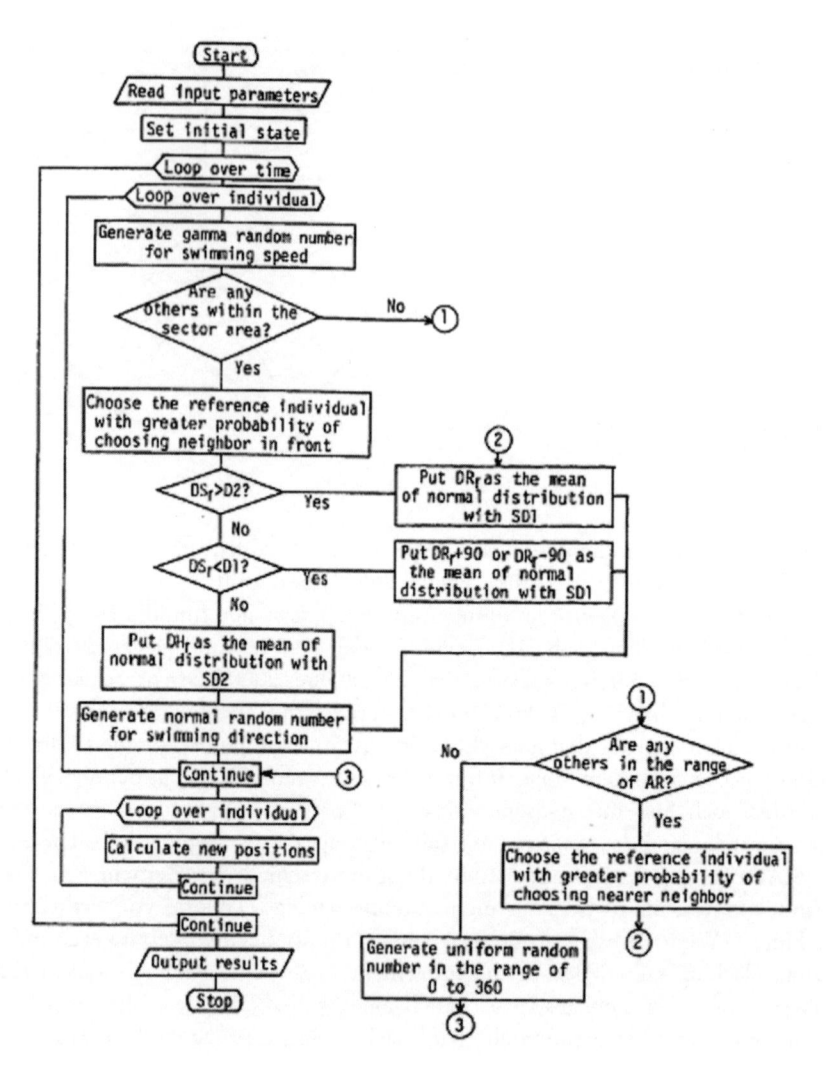

Abb. 31: Flowchart des Simulationsmodells eines Schwarms nach Aoki.

nommenen empirischen Studien Partridges).[319] Die Outputs der Computersimulation ähneln recht präzise jenen der *Data Tablets* um dieselbe Zeit, mit denen Beobachtungsdaten grafisch repräsentiert wurden (vgl. Kapitel III.1), und auch sie funktionieren – komplexitätsreduzierend – lediglich in zwei Dimensionen plus Zeit.

***

319. Ebd., S. 1081.

Formatierungen 299

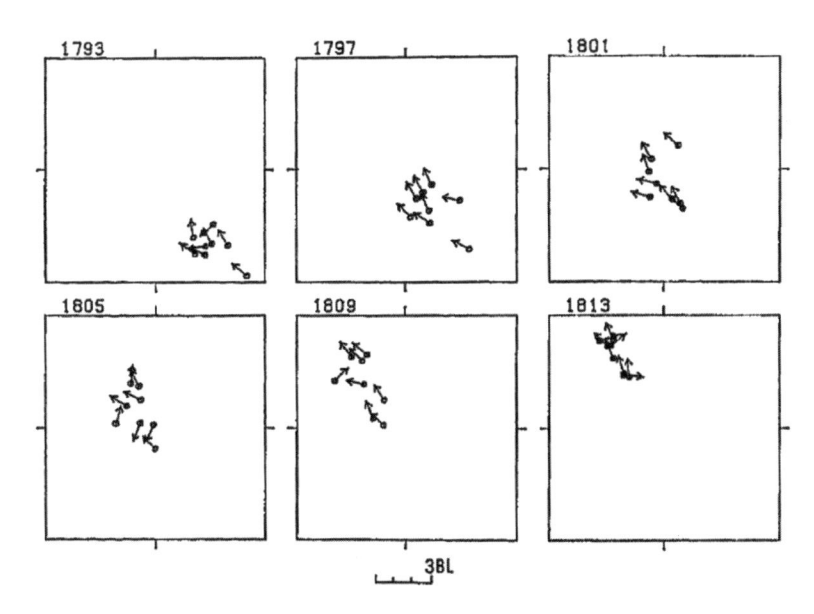

Abb. 32: ›Moving pattern‹ eines Schwarms über konsekutive Zeitschritte hinweg in der Einzelbildanalyse nach Aoki.

In diesen ersten Computersimulationsmodellen von Schwärmen schlägt sich die vollständige Transformation der ›Natur‹ von Schwärmen als biologische Objekte in die mathematisch-physikalisch-technischen Parameter ganz allgemein nurmehr ›Partikelsysteme‹ genannter Kollektive nieder, die aus gleichartigen ›Agenten‹ mit spezifischen Eigenschaften bestehen. Schwärme erscheinen hier nicht mehr als eine besondere biologische Sozialform, sondern als ein relationales, zentrumsloses Ordnungsprinzip von Vielteilchensystemen. Das – noch immer nicht zureichend transparente – Ordnungswissen von Schwärmen löst sich damit aus dem exklusiven Zusammenhang biologischer Kollektive und wird geöffnet für eine Übertragung auf andere Vielheiten, etwa auf virtuelle Agenten in Computerprogrammen. Doch wie bereits erwähnt, wird diese Öffnung um 1980 noch kaum erkannt oder operativ umgesetzt. Das Wissen um die Organisation von Schwarmdynamiken, das biologische Forschungen bis dahin produzieren, bleibt vorerst ohne Übertrag in andere Disziplinen. Was zu diesem Übertrag fehlt (der Ende der 1980er Jahre schließlich mit Verve einsetzt), ist ein weiteres Medien-Werden von Schwärmen. Woran es mangelt, ist jene Bewegung hin zu animierten und auf Schwarmprinzipien beruhenden Visualisierungsverfahren, in der Schwärme schließlich noch einmal ganz neu und anders als *written in their own medium* erscheinen.

IV. TRANSFORMATIONEN

Fish & Chips

Eine Publikation, die Schwärme im Schnittbereich von Biologie und Computerwissenschaften untersucht, kann sich die Überschrift *Fish & Chips* schwerlich verkneifen – auch wenn dieses Wortspiel nicht neu ist. So setzte bereits Simon Schaffer für seinen Aufsatz *Fish and Ships*, in dem es um Schiffsmodelle innerhalb einer Technikgeschichte der Strömungsforschung geht, diese Anleihe an die kulinarische Essenz britischer Seebadkultur ein. Und laut Eigenwerbung ist das Buch *The Computational Beauty of Nature* von Gary William Flake, das sich mit Computersimulationsverfahren im Rahmen der *Complexity Theory* und *Chaos Theory* beschäftigt und so ziemlich alle anhängigen Buzzwords der 1990er Jahre versammelt, aufgrund seines Cover-Artworks mit fliegenden Fischen und einer Computerplatine (sic!) auch »affectionately known as ›The Fish and Chips Book««.[1] Abseits der Imbissbudendimension (für welche Schwarmforschungen im Dienste der Fischerei-Industrie stets schon gute Dienste leisteten) ist es die besondere operative und performative Funktion der agentenbasierten Computersimulation von Schwärmen, die in diesem Teil des Buches – und anknüpfend an die im vorherigen Abschnitt *Formatierungen* genannten frühen Simulationsmodelle aus der japanischen Schwarmforschung – untersucht wird.

Wenn zuvor das *Fishy Business* experimenteller und empirischer Studien, ihrer optischen und akustischen Beobachtungsverfahren, und ihrer physiko-mathematischen Modellierung im Vordergrund stand, mit dem sich eine schrittweise Subtraktion der Natürlichkeit von Schwärmen hin zu formalen Funktionsprinzipien ankündigte, so wird im Folgenden der Vollzug dieser Subtraktion zu beleuchten sein. Im Anschluss daran aber muss eine historiographische und epistemologische Rekursionsbewegung[2] in den Fokus rücken, die eine Transformation im Wissen von Schwarmkollektiven markiert: Vor dem Hintergrund einer Epistemologie der Computersimulation überschneidet sich eine Biologisierung von Computerwissenschaft und Informatik mit einer Computerisierung und Informatisierung der (Schwarm-)Biologie.

Im Folgenden also soll ein Schwellenbereich zwischen Fish und Chips betrachtet werden, innerhalb dessen sich Biologie und *Computer Science* überlagern. Die Technologie der Computersimulation erweitert den Bereich der adressierbaren Probleme dadurch, dass sie die Applizierbarkeit quantitativer Analysen vergrößert. Simulationen machen eine Vielzahl von Variablen gleichzeitig und in der Zeit handhabbar. Sie schreiben im Zuge dieser Laufzeit direkt das Verhalten

---

1. Flake, Gary William: *The Computational Beauty of Nature. Computer Explorations of Fractals, Chaos, Complex Systems, and Adaptation*, Cambridge 2000. Vgl. auch: http://mitpress.mit.edu/books/FLAOH/cbnhtml/home.html (aufgerufen am 26.02.2012).
2. Vgl. zu diesem Begriff in genannter doppelter Perspektive jüngst Ofak und Hilgers: *Rekursionen*, a.a.O. Der Begriff der *Rekursion* als historiographischer Schreib- und Erkenntnisakt wird im weiteren Verlauf des Kapitels spezifiziert.

komplexer *Systeme* an, ohne eine konkrete Analogie zu empirischen Daten zugrunde zu legen. Sie können daher als Extensionen mathematischer Modellbildung betrachtet werden, deren Wissen in einer Umkehrperspektive erzeugt wird: Im Durchlauf, also erst im Prozessieren eines Simulations-Szenarios mit bestimmten Ergebnissen und in im Wortsinne *gezeitigten* Phänomenen lassen sich Ähnlichkeiten im Systemverhalten erkennen, die sich auf eine bestimmte Parameterkonfiguration gründen, deren Ähnlichkeit mit empirischen Daten *anschließend* festgestellt werden kann – oder eben nicht. Eine Iteration von Simulationsdurchläufen mit je veränderten Parametereinstellungen ist der Modus dieser Art computergestützter Wissensproduktion. *Trial and Error* dient hier als Prinzip von ›Computerexperimenten‹.

Die Basisfunktion dieses Wissens ist ein ›seeing in time‹. Simulationen können in ihrer Zeitgeworfenheit oder besser: Zeit*entworfenheit* mathematische Modelle animieren, mit ›Leben‹ in Laufzeit füllen. Komplementär zu dem Eindruck, es im Globalsystem Schwarm mit einer Art fragwürdigem Eigenleben zu tun zu haben, stellen sich auch mit der Simulation von biologischen Prozessen und der Animation von Modellen Fragen nach dem Lebendigen und dem Leben noch einmal neu (vgl. Kapitel IV.1). Dabei erschöpfen sie sich jedoch nicht in einer bloßen Erweiterung bestehender epistemischer Strategien, nicht nur in einer Verbesserung numerischer Berechnungsverfahren durch die *calculating power* von Computern. Computersimulationen kann ein ganz eigener epistemischer Status eines Experimentierens mit Theorien zugeschrieben werden, in der eine pragmatische Operationalität eine genaue theoretische Fundierung ablöst, kurz: »performance beats theoretical accuracy.«[3] Anders als im Falle von Theorien geht es nicht um ihre Wahrheit oder Falschheit, sondern um Fragen von Brauchbarkeit.[4] Losgelöst von konkreten Materialisierungen, aber immer unter der Maxime einer Mitreflexion ihrer eigenen Materialität, eröffnen Computersimulationen Möglichkeitsräume, erlauben das Durchspielen von Szenarien, ermöglichen einen rekursiven Abgleich mit aus Beobachtung und Experiment gewonnenen empirischen Daten. Sie erlauben aber auch das Schreiben »synthetischer Geschichte«.[5] Zwischenstufen und Zwischenräume für epistemische Dinge oder Modellorganismen, wie sie in Rheinbergers und Latours Arbeiten immer wieder vorkommen, schrumpfen damit zusammen auf die Raumzeit virtueller Szenarien, oder anders: Der Einsatz von Computersimulationen führt zu einer simultanen Explosion und Implosion epistemischer Dinge. Eine Explosion deswegen, da sie sich in immer neuen Szenarien multiplizieren lassen, und eine Implosion aus dem Grunde, dass sie damit ihren widerständigen Charakter verlieren, fluide oder besser: prozessierbar werden.[6] Auch Rhein-

---

3. Küppers, Günter und Lenhard, Johannes: »The Controversial Status of Simulations«, in: *Proceedings of the 18th European Simulation Multiconference SCS Europe*, 2004, o.S.
4. Vgl. Sigismundo, Sergio: »Models, Simulations, and their objects«, in: *Science in Context*, 12 (1999), S. 247–260, hier S. 247.
5. Pias: »Synthetic History«, in: *Mediale Historiographien*, a.a.O., S. 176.
6. Zwar behandelt Rheinberger in seinem Text *Alles, was überhaupt zu einer Inskription führen kann* die Bedeutung von »Iterationen«, also die zielgerichtete Wiedereinsetzung von Zwischenergebnissen

bergers eigene Frage, ob epistemische und technische Dinge überhaupt sinnvoll voneinander abgrenzbar seien,[7] muss damit im Angesicht von Computersimulationen neu gestellt werden. Der Gradient zwischen diesen beiden Ding-Arten, der Rheinberger hilft, »das Spiel der Hervorbringung des Neuen zu verstehen«,[8] verschwimmt in Computersimulations-Szenarien. Epistemische und technische ›Dinge‹ verschmelzen, wenn – wie im Fall der Schwarmforschung – das epistemische ›Ding‹ Schwarm zugleich auch das technische Analyseinstrument ist: Schwärme werden mit Swarm Intelligence-Systemen erforscht, die von biologischen Schwarmprinzipien inspiriert sind. Technische Entwicklungen oder Verfeinerungen der Simulationssoftware und -hardware laufen damit auf der gleichen Ebene und sind somit zugleich immer auch schon eine Arbeit am epistemischen ›Ding‹.

Zudem werden Simulationssysteme, ihre Programmierung und ihre Algorithmen oftmals nurmehr differentiell mit anderen Simulationen oder alternativen Parametrisierungen desselben Systems verglichen und validiert. Denn sie werden gerade in Fällen eingesetzt, in denen empirisches Datenmaterial wie im Fall von Schwärmen nur sehr spärlich und von prekärem Status ist. »[S]chooling behavior remains largely an enigma, primarily because of the difficulty to obtain such data experimentally. As a result, simulations […] continue to be based more on the presumptions of their authors than on actual data.«[9] Es ist eben nicht ohne Weiteres möglich, die Prozesse von Schwarm-Simulationen mit den Prozessen in biologischen Schwärmen zu vergleichen und so ihre Repräsentationalität zu überprüfen. Vielmehr müssen sie sich quasi intern verifizieren:

> »Since simulations are used to generate representations of systems for which data are sparse, the transformations they make use of need to be justified internally; that is, the transformations need to be considered well motivated based on their own internal form, and not solely on the basis of what they produce. Simulation requires an epistemology that will guide us in evaluating the trustworthiness of an approximation qua technique, in advance of being able to compare the results with the broad range of the phenomena we wish to study. In general, the inferential moves made in simulations are evaluated on a variety of fronts, and they can be justified based on considerations coming from theory, from empirical generalizations, from data, or from experience in modeling similar phenomena in other contexts.«[10]

---

in nicht geschlossen berechenbare (Gleichungs-, Text-, Experimental-)Systeme, aber diese sind doch eher zu verstehen als lineare Problemlösungsverfahren, wohingegen sich Computersimulationsverfahren und ihre Szenarien als *Parallelverarbeitung* kennzeichnen lassen, in denen multiple Wiedereinsetzungen verschiedener Variablen vorgenommen werden. Vgl. Rheinberger, Hans-Jörg: *Iterationen*, Berlin 1994, S. 9–29, hier besonders S. 17ff.
7. Rheinberger: *Experimentalsysteme und epistemische Dinge*, a.a.O., S. 31
8. Ebd, S. 31.
9. Viscido, Steven V., Parrish, Julia K. und Grünbaum, Daniel: »The effect of population size and number of influential neighbors on the emergent properties of fish schools«, in: *Ecological Modelling* 183/2–3 (2005), S. 347–363, hier S. 361.
10. Winsberg, Eric: »Simulations, Models, and Theories: Complex Physical Systems and their Representations«, in: *Philosophy of Science* 68 (2001), S. 442–454, hier S. 447.

Computersimulationen von Schwärmen implizieren jedoch nicht nur epistemologische, sondern vor allem auch medientheoretische und mediengeschichtliche Fragestellungen. Ganz wesentlich ist dabei einerseits die Ablösung analytischer durch numerische Rechenverfahren, die eine approximative Lösung mittels Computern möglich macht. Diese medientechnische Geschichte der Computersimulation wird im Laufe des Abschnitts näher untersucht. Vor allem aber ermöglichen Computersimulationen die dynamische Visualisierung der untersuchten Phänomene. Eine neue Form von Bildproduktion eröffnet damit auch den Zugang zu einem Wissen, das vollständig im Symbolischen operiert, aber gerade und nur deshalb operative Zugänge zu komplexen Realwelt-Phänomenen bereithält. Computersimulationen von Schwärmen sind demgemäß erst in einer medienwissenschaftlichen Analyse ihrer doppelten epistemologischen Funktion zu entkleiden: Zum einen werden sie als technisches Werkzeug herangezogen, um die Unzulänglichkeiten einer optisch-akustischen Durchmusterung von Schwärmen zu überwinden. Zum anderen erweitern sie die Darstellungsmodi der doch recht statischen dynamischen Modellierungen von Schwärmen, die am Ende des vorangegangenen Kapitels untersucht wurden. Kurzum: Computersimulationen bedienen sich unter den Bedingungen von Computergrafik und digitalen Bildern in allen Fächern des epistemischen Werkzeugkastens, bricolagieren mit Experiment-, Theorie- und Modellbauteilen. Dabei entwerfen sie nicht nur alternative Welten und Szenarien, sondern auch alternative Zeiten.

Was mit Computersimulationen – sehr viel mehr noch als bei den zuvor betrachteten Modellformen – in den Mittelpunkt des Interesses tritt, sind demzufolge *Relationen* innerhalb von Systemen; Relationen, die nur mit einem Zeitpfeil gedacht werden können. In diesem Punkt treffen sich das Wissensobjekt Schwarm und die Episteme der Simulation: Das relationale Sein von Schwärmen in seiner Durchkreuzung von mikroskopischem und makroskopischem Blick kann nur in einer Technologie adäquat erscheinen, die selbst die Unterscheidung zwischen epistemischem und technischem Ding durchkreuzt, die *Erkenntnisrelationen* fokussiert. Im Gegensatz zu anderen je durch Schwarmdynamiken gestörten medientechnischen Verfahren bringen Computersimulationen die visuelle Unschärfe und die steuerungslogische Intransparenz von Schwärmen mit ihrer eigenen epistemologischen Unschärfe zur Deckung, die jedoch – und das ist der springende Punkt – ihrerseits genau programmiert und ›festgeschrieben‹ ist (Kapitel IV.1). Die Informationsprozesse, die in den Bewegungen der Schwarm-Individuen und des Schwarm-Kollektivs vermutet werden, die sich aber einer Durchmusterung entziehen, können in Simulations-Szenarien als prozessierte und prozessuale Form im Sinne Fritz Heiders in Erscheinung treten.[11] Was *in vivo* und *in vitro* nicht hinreichend anschreibbar ist, lässt sich *in silico* schreiben.

Die Informationstransmission in Schwärmen ist nicht zu trennen von der Ebene der Form, in der sie sich manifestiert. Sie ist nicht zu trennen von den

---

11. Vgl. Heider: *Ding und Medium*, a.a.O.

lokalen und globalen Formen und Bewegungsmustern, die sich in drei Dimensionen plus Zeit ergeben. Der Architekturtheoretiker Stan Allen, der Ende der 1990er Jahre gemeinsam etwa mit Jeffrey Kipnis nach architektonischen Konzepten jenseits der Dichotomie von Objekten und Räumen sucht (Kipnis zog ausdrücklich Fischschwärme als Analogie herbei), formuliert diesbezüglich treffend: »Form matters, but not so much the form of things, but the form between things«,[12] wobei man im Hinblick auf die Dynamik von Schwärmen natürlich richtiger von einem Prozess der beständigen *Formation* und *Deformation* sprechen muss.[13] Computersimulationen synthetisieren diese dynamische Formgebung biologischer Schwärme mittels künstlicher Modellparameter und machen diese Prozesse anhand von Visualisierungen in Computergrafik-Sequenzen nachvollziehbar. Wenn biologische Schwärme also mittels Computersimulationen erforscht werden, die selbst auf ganz ähnlichen Regeln basieren, muss neben den Entsprechungen auf den Ebenen der Relationalität und Performativität auch ein historischer Index beachtet werden. Denn wie Claus Pias unterstreicht, existieren »keine Daten ohne Datenträger. Es gibt keine Bilder ohne Bildschirme. Alle Information ist an materielle Technologien und historisch wandelbare Verfahren geknüpft.«[14] Verknüpft sich das epistemische Verfahren der Computersimulation mit der Information in Schwärmen, verbinden sich mathematische Modelle mit Computergrafik zu einem Amalgam, das die Trennung von Bild, Schrift und Zahl unterläuft und ein neues Wissen ermöglicht.

Erst im digitalen Bild, ›das es nicht gibt‹, kann eine Medientheorie von Schwärmen zu sich finden. Erst mit computergrafischen Visualisierungen und den ihnen zugrundeliegenden Algorithmen erscheint Ende der 1980er Jahre eine Synthese der Relationen in Schwarm-Kollektiven in vier Dimensionen am Horizont des Wissens.[15] In Schwärmen konzentrieren sich gewissermaßen

---

12. Vgl. Allen, Stan: »From Objects to Fields«, in: *AD Profile 127: After Geometry. Architectural Design* 67/5–6 (1997), S. 24–31.
13. Jeffrey Kipnis schreibt über Fischschwarmdynamiken, sie seien »always *in* form, but always *changing* form.« Vgl. Kipnis, Jeffrey: »(Architecture) After Geometry – An Anthology of Mysteries. Case Notes to the Mystery of the School of Fish«, in: *AD Profile 127: After Geometry. Architectural Design* 67/5–6 (1997), S. 43–47.
14. Pias, Claus: »Das digitale Bild gibt es nicht. Über das (Nicht-)Wissen der Bilder und die informatische Illusion«, in: *zeitenblicke* 2/1 (2003), S. 19, http://www.zeitenblicke.de/2003/01/pias/pias.pdf (aufgerufen am 26.02.2012).
15. Der Begriff *Visualisierung* wird hier verwendet in Anlehnung an Hans-Jörg Rheinberger. Dieser problematisiert die Referenz von Repräsentationen in der Wissenschaftspraxis. Arbeitet man mit einer Repräsentationstechnik, z. B. einem Elektronenmikroskop, so kann man deren Bilder nicht mit einem Blick auf das Objekt an der Repräsentationstechnik vorbei überprüfen – ansonsten bräuchte man ja diese Technik nicht. Das »Wissenschaftswirkliche«, so Rheinberger mit Bezug auf Bachelard, zeigt sich lediglich in Repräsentationen, die nur mit anderen Repräsentationen vergleichbar sind, nicht mit dem Repräsentierten selbst. Der Bezug zum Referenzobjekt wird gegenstandslos, und daher spricht Rheinberger anstatt von ›Bild‹ und ›Abbild‹ lieber von *Sichtbarmachung* und *Visualisierung*: »Mit Visualisierung in der Wissenschaft meinen wir in der Regel einen Vorgang, der auf graphisch-bildnerische Mittel zurückgreift anstatt auf verbale Beschreibungen und auf Formeln.« Im Fall von Computersimulationen wird diese Trennung von Bildproduktion und Code natürlich hinfällig – der gegenstandslose Bezug zum Repräsentierten lässt sich am Beispiel von Schwärmen jedoch gut zeigen. Daher wird diese Arbeit im Zusammenhang von bildgenerierenden Verfahren von *Visualisierungen* und *Präsentationen* sprechen. Die grafische *Präsentation* in Computersimulationen gewinnt ihre episte-

jene Problemfelder, die durch die epistemischen Strategien der Computersimulation adressiert werden, deren allgemeine Verbreitung in verschiedenen Wissenschaften man als eine Medienkultur der Intransparenz bezeichnen kann. Computergrafik macht dabei einen visuellen Abgleich verschiedener Globalstrukturen möglich. Sowohl veränderte Parametereinstellungen im Regelwerk der agentenbasierten Simulationsmodelle, als auch die sporadischen empirischen Daten von Open Water- und Laborstudien von Fischschwärmen können mithilfe animierter digitaler Visualisierungsverfahren miteinander kombiniert und in ›virtuellen Verhaltensexperimenten‹ erprobt werden. Erst in diesen Verfahren der Animation von Schwarm-Modellen kann entschieden werden, ob die gewählte Parameterkombination ein Ergebnis produziert, das dem Verhalten eines biologischen Fischschwarms ähnlich ist. Der Überlagerungsbereich von *Fish & Chips* in der Schwarmforschung generiert eine spezifische Form und wird dabei zugleich generiert von einer bestimmten Form von Computersimulation, die hier gleichberechtigt und wie in der einschlägigen Literatur üblich als *Agentenbasierte Modellierung* (ABM) resp. *Agentenbasierte (Computer-)Modellierung und Simulation* (ABMS) bezeichnet wird.[16] Es sind vor allem drei Gründe, die diese Art der Computersimulation auf Schwärme applizierbar macht, und die zugleich von einem biologischen Wissen über Schwärme informiert wird:

Erstens tragen sie einem fundamentalen *Nicht-Wissen* Rechnung: ABMS gründen in einem Modellierungsparadigma des *Bottom-Up*, das Vorteile bietet gegenüber anderen Formen der Computersimulation wie *System Dynamics* oder *Discrete Events*. Während Letztere in *Top-Down*-Manier bestimmte Vorannahmen über die Konstituenten eines Systems und deren Beziehungen untereinander machen müssen, arbeiten ABMS distribuiert und ohne solche Definitionen des systemischen Globalverhaltens. Das Verhalten des zu beschreibenden Systems emergiert eben nur aus jenen einfachen und lokal (nämlich auf der Ebene der individuellen Agenten resp. Teilchen) implementierten Einstellungen. Wie Andrei Borshev und Alexei Filippov schreiben, sind ABMS daher besser geeignet für den Entwurf von *»models in the absence of the knowledge about the global*

---

mische Freiheit gerade dadurch, dass sie ohne ein direktes ›Re-‹, ohne einen Rekurs auf einen realen Vorgang auskommt. Prozesse und Szenarien in Computersimulation verifizieren sich zunächst intern, und auch im Vergleich mit Daten ›aus der Realwelt‹ sind sie konfrontiert mit *gemachten* Daten, mit den Outputs medientechnischer Verfahren. Dazu später mehr, und vgl. hierzu Rheinberger, Hans-Jörg: »Objekt und Repräsentation«, in: Heintz, Bettina und Huber, Jörg (Hg.): *Mit dem Auge Denken. Strategien der Sichtbarmachung in wissenschaftlichen und virtuellen Welten*, Wien, New York 2001, S. 55–61, hier S. 57.

16. Auch andere Akronyme wie ABS (Agent-Based Systems), IBM (Individual-Based Modeling) oder das v.a. in der Robotik gebrauchte MAS (Multi-Agent Systems) sind gängig. Diese Arbeit wird vornehmlich die Abkürzung ABMS verwenden. James Kennedy und Russell C. Eberhart weisen auf die problematische Verwendung des Begriffs ›agent‹ in Bezug auf Schwärme hin, würden dabei doch individuelle Qualitäten wie *Autonomie* und *Spezialisierung* mitschwingen. Aus medienhistorischer Perspektive liegt dieser Bezug jedoch nahe, und die auch technologisch induzierten Wechselwirkungen zwischen Systemen mit mehr der weniger autonomen Agenten werden Gegenstand dieses Kapitels sein. Schwarmindividuen können als ein Sonderfall von Agentensystemen angesehen werden, in denen Agenten mit weitgehend homogenen Eigenschaften interagieren und diese Interaktion ihre Autonomie einschränkt. Vgl. Kennedy, James und Eberhart, Russell C.: *Swarm Intelligence*, San Francisco 2001, S. XIX.

interdependencies: you may know nothing or very little about how things affect each other at the aggregate level, or what is the global sequence of operations, etc., but if you have some perception of how the individual participants of the process behave, you can construct the AB model and then obtain the global behavior.«[17]

Zweitens zeichnen sie sich durch eine *Autonomie* im Sinne der Modelldefinition von Evelyn Fox Keller aus. Diese charakterisierte Zelluläre Automaten als das paradigmatische Beispiel für Computersimulationen, die als eigenständige Forschungsinstrumente mit einer besonderen epistemischen Strategie wirksam werden. Sie unterstreicht dabei eigens die Rolle und Relevanz von Visualisierungen: »In actual practice, the presentation – and, I argue, the persuasiveness – of CA models of biological systems depends on translating formal similitude into visual similitude. In other words, a good part of the appeal of CA models […] derives from the exhibition of computational results in forms that exhibit a compelling visual resemblance to the processes they are said to represent.« [18]

Drittens schließlich tragen ABMS in beispielhaft interdisziplinärer Manier zu einem Verwischen von Objekt- und Kontextgrenzen bei – ein Verwischen, dass anhand einer Mediengeschichte der Schwarmforschung explizit wird: Etwa dann, wenn ein fragmentarisches biologisches Wissen von Schwärmen Programmierer im Bereich der Computer Graphic Imagery (CGI) inspiriert, die mit ABMS-Methoden Animationssysteme bauen, welche wiederum Biologen dazu inspirieren, ähnliche ABMS für ihre – nun computergestützten – Schwarmforschungen einzusetzen.

In diesem durch Computersimulationen aufgespannten Möglichkeitsraum zwischen Biologie und Computer Science werden Schwärme unter Umgehung der Unterscheidung, ja letztlich unter Löschung der Unterscheidbarkeit von epistemischen und technischen Dingen entworfen. Dies geschieht ganz exemplarisch in einer Oszillation zwischen zwei Polen, in denen sie je als »noch Objekt und schon Zeichen, noch Zeichen und schon Objekt« gefasst werden müssen.[19] Die Ebene der Visualisierung von Daten wird essentiell für die Wissensproduktion, und die Reversibilität, Flexibilität und Adaptabilität der – zumindest auf der für diese Eigenschaften relevanten Ebene der Simulationssoftware – *immaterial culture* der Computersimulation entgeht den Beschreibungsrastern und Terminologien, die für die *material culture* der wissenschaftsgeschichtlichen Laboratory Studies so produktiv geworden sind.[20] Die Fokussierung auf die Performativität dieser grafischen Verfahren in der biologischen Fischschwarmsimulation und die Beschreibung komplexer globaler Dynamiken durch ein simples lokales

---

17. Borshchev, A. und Filippov, A.: »From System Dynamics and Discrete Event to Practical Agent Based Modeling: Reasons, Techniques, Tools«, in: *The 22nd International Conference of the System Dynamics Society,* July 25–29, 2004, Oxford, England. [Hervorheb. im Original]
18. Keller: *Making Sense of Life,* a.a.O., S. 272.
19. Serres, Michel: *Statues,* Paris 1987, S. 191, zit. n. Rheinberger: *Experimentalsysteme und epistemische Dinge,* a.a.O., S. 25.
20. Vgl. Pias, Claus: »Details Zählen. Zur Epistemologie der Computersimulation«, Wien, unveröffentlichtes Manuskript 2009, S. 15.

Set von Vorschriften plus massenhafter, simultaner Interaktionen auf Basis dieses Regelsets lässt sich darüber hinaus kurzschließen mit einer Medientheorie der Animation: Denn quasi zeitgleich entstehen im Bereich des Grafikdesigns Anwendungen, um mit möglichst wenig Programmieraufwand realistisch aussehende *fuzzy objects* zu erzeugen, die auf ganz ähnliche Modellierungsparameter zurückgreifen.

★★★

Der hier zur Bearbeitung anstehende Zusammenfall von Fish und Chips und damit die Integration von Entwicklungen im CGI mit einer Geschichte von ABMS im Zuge des Medien-Werdens von Schwärmen, ihre Anwendung in biologischen Schwarmforschungen und schließlich die Mitte der 1990er Jahre anhebenden Konjunktur von – dann auch explizit so genannten Swarm Intelligence-Tools und dem dazugehörigen Diskurs – könnten auf ganz verschiedene Weise angegangen werden. Durch die konkrete Fragestellung des Kapitels – wie informieren sich Schwarmforschung und ABMS gegenseitig, welche Rolle spielen dabei digitale Visualisierungsverfahren, und welche Rolle spielen diese allgemein in einer abzusteckenden Epistemologie der Computersimulation? – sollen jedoch einige mögliche Teilbereiche und Fluchtlinien begrenzt und verkürzt werden. Dies betrifft etwa eine detaillierte Geschichte agentenbasierter Verfahren, die in vielgestaltiger Ausprägung und in verschiedenen wissenschaftlichen Disziplinen virulent geworden sind. In diesem Band liegt die Konzentration auf jenen Computermodellen, die für biologische Schwarmforschungen relevant werden. Die Betrachtung etwa Zellulärer Automaten reflektiert dabei mithin zwar die mannigfaltigen, bereits existierenden Versionen von deren Technik- und Mediengeschichte, wird sich aber knapp halten. Ähnliches gilt für das Feld des *Artificial Life* (AL), in dessen Kontext z.B. die Animationen des Grafikdesigners Craig Reynolds situiert werden müssen. Die grundsätzlichen und ontologisierenden AL-Fragen nach dem Leben und ›wie es sein könnte‹ (Christopher Langton) übersteigen jedoch den Fokus der Verhandlung von *Fish & Chips* weit.[21] Zudem ist hier die Geschichte bereits (mehrfach) geschrieben und die Historiographie eingehend kritisiert worden.[22] Die Integration von Fish & Chips wird sich in diesem Fall epistemologisch und medienhistorisch in einem

---

21. Vgl. Langton, Christopher G.: »Life at the Edge of Chaos«, in: ders., Taylor, C., Farmer, J.D. und Rasmussen, S. (Hg.): *Artificial Life II. Santa Fe Institute Studies in the Sciences of Complexity, Proceedings Volume X*, Redwood 1992, S. 41–91. Jüngst versuchte Eva Horn einen Kurzschluss zwischen der Frage nach ›dem Leben‹ und Schwärmen über deren Darstellung in populären Thrillern wie Frank Schätzings *Der Schwarm*, Michael Crichtons *Prey* oder Stanislaw Lems *Der Unbesiegbare*. Vgl. Horn, Eva: »Das Leben ein Schwarm. Emergenz und Evolution in moderner Science Fiction«, in: *Kollektive ohne Zentrum*, a.a.O., S. 101–124.

22. Vgl. z.B. Langton, Christopher G.: *Artificial Life: An Overview*, Cambridge 1995; Levy, Steven: *KL – Künstliches Leben aus dem Computer*, München 1993; Emmeche, Claus: *The Garden in the Machine. The emergening Science of Artificial Life*, Princeton 1994; Hayles, N. Catherine: *How We Became Posthuman. Virtual Bodies in Cybernetics, Literature and Informatics*, 4. Auflage, Chicago 2002; Forbes, Nancy: *Imitation of Life. How Biology is Inspiring Computing*, Cambridge 2004; Helmreich, Stefan: *Silicon Second Nature. Culturing Artificial Life in a Digital World*, Los Angeles 1998; Metzger, Hans-Joachim: »Genesis

Wissensfeld organisieren, das man ein *Dispositiv der Selbstorganisation* nennen könnte. Denn der rekursive Zusammenfall von Schwärmen als Wissensobjekt und als Wissensfigur organisiert sich um die basalen Prinzipien selbstorganisierender Systeme, die wie folgt gefasst werden können:

»The first component is a positive feedback that results from the execution of simple behavioral ›rules of thumb‹ that promote the creation of structures. […] Then we have a negative feedback that counterbalances positive feedback and that leads to the stabilization of the collective pattern. […] Self-organization also relies on the amplification of fluctuations by positive feedbacks […], actions that can be described as stochastic. […] Finally, self-organization requires multiple direct or stigmergic interactions among individuals.«[23]

Hinzu kommen einige weitere charakteristische Eigenschaften:

»Self-organized systems are dynamic. As stated before, the production of structures as well as their persistence requires permanent interactions […] Self-organized systems exhibit emergent properties. They display properties that are more complex than the simple contribution of each agent. These properties arise from the nonlinear combination of the interactions […]. [N]onlinear interactions lead self-organized systems to bifurcations. A bifurcation is the appearance of a new stable solution when some of the system's parameters change. This corresponds to a qualitative change in the collective behavior. Last, self-organized systems can be multi-stable. Multi-stability means that, for a given set of parameters, the system can reach different stable states depending on the initial conditions and on the random fluctuations.«[24]

Folglich beschränkt sich der Abschnitt *Transformationen* auf einen Dreischritt: Zunächst werden in Kapitel IV.1 von biologischen Schwarmforschungen inspirierte CGI-Verfahren mit einer Epistemologie von ABMS verknüpft. Kapitel IV.2 untersucht danach die andere Wirkrichtung der Kopplung von *Fish & Chips*, nämlich deren Wirksam-Werden in der biologischen Schwarmforschung. Schließlich thematisiert Kapitel IV.3, angelehnt an den Software-Entwickler und Informatiker Frederick Brooks, die konkrete Wandlung informatischer Programmierparadigmen (»Writing, Building, Growing«) anhand von ›schwarmlogischen‹ Software-Environments und Tools. Es geht darüber hinaus auch dem diskursiven Zusammenfall von *Fish & Chips* unter dem Buzzword *Swarm Intelligence* (SI) nach – einem Agglomerat disparater Forschungen, die sich jedoch unter dem Übertrag ›from natural to artificial systems‹ sammeln. Dazu

---

in Silico. Zur digitalen Biosynthese«, in: Warnke, Martin, Coy, Wolfgang und Tholen, Georg-Christoph (Hg.): *HyperKult. Geschichte, Theorie und Kontext digitaler Medien*, Basel 1997, S. 461–510.

23. Garnier, Simon, Gautrais, Jacques und Theraulaz, Guy: »The biological principles of swarm intelligence«, in: *Swarm Intelligence* 1 (2007), S. 3–31, hier S. 10. Vgl. ausführlicher auch Camazine, Scott, Deneubourg, Jean-Louis, Franks, Nigel R., Sneyd, James, Theraulaz, Guy und Bonabeau, Eric: *Self-Organisation in Biological Systems*, Princeton 2001.

24. Ebd., S. 10.

gehören auch ingenieurstechnische Anwendungen, mit denen Schwarmprinzipien als operationale Medien (und mit einer spezifischen und näher zu bestimmenden ›Intelligenz‹ ausgestattet) in neuen Bereichen wirksam werden.

1. ABMS: The Only Game in Town

»Vielleicht ist ›Selbstorganisation‹ nicht der treffende Ausdruck für das neue interdiskursive Dispositiv. Charakteristisch für diese Denkfigur ist die Verlagerung von einer strukturellen top-down Analyse abgeschlossener Problemfelder zur bottom-up Synthese verteilter Wissensfragmente. Man kann dies auch als Verdrängung von Wissenschaft durch Design deuten.«[25] *Jörg Pflüger*

Partikelsysteme

In Schwärmen als ›Körpern ohne Oberfläche‹, als fragwürdigen ›boundary objects‹ mit unscharfen Rändern verbindet sich eine ästhetische mit einer epistemologischen Grenzerfahrung. Das Problem der Darstellung von ›fuzzy objects‹[26] wie z.B. Wolken, Rauch, Staub oder Feuer beschäftigt – wie im Kapitel *Programm* thematisiert – nicht nur die Maler der Renaissance, sondern einige Jahrhunderte später auch – sowohl geographisch meist in der neuen Welt als auch thematisch oft in neuen Welten (›where no man has gone before‹) heimische – Entwickler im digitalen Grafik- und Animationsdesign. Seit den frühen 1980er Jahren, also während japanische Schwarmforscher sich an ersten agentenbasierten Computersimulationen versuchen und Brian Partridge und seine Forschergruppe per Standbildanalyse ihre Fischschwarm-Filmsequenzen quantifizieren und analysieren, parallel also zu jenem bereits zitierten »technological morass«, in dem die biologische Schwarmforschung laut Julia Parrish und William H. Hamner zu dieser Zeit steckt, werden in diesem Bereich sogenannte *Partikelsysteme* entwickelt.[27] Partikelsysteme ermöglichen mittels des definierten Verhaltens vieler einzelner virtueller Teilchen Visualisierungen von genau solchen dynamischen relationalen Objekten wie Feuer, Wasser, Staub oder Wolken.[28]

Der Grafikdesigner William T. Reeves, der den Begriff *Particle System* in einem Aufsatz von 1983 einführt, bewegt sich seinerzeit damit tatsächlich in zweifacher Hinsicht in neuen Welten.[29] Nicht nur stellt sein Verfahren einen Ansatz dar,

---

25. Pflüger, Jörg: »Writing, Building, Growing. Leitbilder der Programmiergeschichte«, in: Hellige, Hans-Dieter (Hg.): *Geschichten der Informatik. Visionen, Paradigmen, Leitmotive*, Berlin, Heidelberg, New York 2004, S. 275–319, hier S. 279, FN 9.
26. Reeves: »Particle Systems«, in: *ACM Transactions on Graphics*, a.a.O., S. 91.
27. Der Begriff *Partikel* bezeichnet in diesem Zusammenhang masse- und volumenlose mathematische Abstraktionen im Sinne von sich bewegenden *Punkten*.
28. Vgl. ebd., S. 91.
29. Zwar führt Reeves selbst Belege dafür an, dass es keine neue Idee sei, Objekte als »collections of particles« zu modellieren. Diese waren jedoch wesentlich weniger detailliert (und wurden etwa eingesetzt für explodierende Raumschiffe in den ersten Computerspielen wie *Space Invaders*, aber auch in Flugsimulatoren von Ivan Sutherland und David Evans in den 1970er Jahren) und berücksichtigten keine Zufallsprozesse. Wissenschaftliche Verwendung fanden sie z.B. für die ersten computergestützten Modellierungen in der Strömungslehre. Vgl. ebd., S. 92, und exemplarisch Harlow, F. H. und Meixner, B. D.: *The Particle-And-Force Computing Method for Fluid Dynamics*, Los Alamos Scientific Laboratory Report LA-2567-MS, 1961, zit. n. Reynolds, Craig: »Big Fast Crowds on PS3«,

der deutlich von der üblichen Vorgehensweise in der Frühphase computergenerierter Special Effects (SFX) abweicht. Auch geht sein Aufsatz zurück auf ein Projekt, an dem er kurz zuvor im Auftrag der damals in diesem Bereich führenden und bis heute neben anderen Unternehmen etablierten SFX-Firma *Lucas Arts* arbeitet. Es geht um die Realisierung einer Animationssequenz für den Film STAR TREK II: THE WRATH OF KHAN (Nicholas Meyer, USA 1982). Unter dem Namen ›Genesis-Demo‹[30] bekannt geworden, ist sie die erste CGI-Animation überhaupt, die den *Big Screen* des Kinos füllte. In der Szene wird Kirk, Scottie und Spock im Film anhand einer Simulation vorgeführt, wie ein Planet von einer Partikelsystem-Feuerwalze überrollt und anschließend ›terraformed‹ wird – eine Sequenz, die zugleich eine als Science-Fiction-Technologie präsentierte Visualisierung mit der Produktionsweise der Filmsequenz rückkoppelt.[31]

Partikelsysteme werden von Reeves als prozedurale stochastische Darstellungen definiert, die durch einige globale Parameter kontrolliert werden.[32] Der Aufbau eines Partikelsystems differiert auf drei wesentliche Arten von der üblichen Darstellung in der computergraphischen Bildsynthese. *Erstens* wird ein Objekt hier nicht durch eine Menge einfacher Oberflächenelemente (Polygone) konstituiert, die seine Begrenzungen, seine *Ränder* definieren, sondern durch Wolken rudimentärer Partikel, die ihr *Volumen* beschreiben. In Reeves' System wird jeder Partikel durch sieben Parameter beschrieben: (1) initial position, (2) initial velocity (also die physikalische Geschwindigkeitsdefinition, welche den Betrag und die Richtung der Geschwindigkeit umfasst), (3) initial size, (4) initial color, (5) initial transparency, (6) shape, (7) lifetime.[33] Auch in diesem Fall deutet sich ein Bruch mit klassischen Verfahren der Bestimmung von Räumen an – eine Abkehr von starren Koordinatensystemen, die jeden Punkt im Raum orten und festschreiben. Wie schon am Beispiel des Blob und diverser Synchronisationsprojekte erkennbar wurde, wird *erstens* nach Systemen gesucht, die sich ihren Raum selbst geben, die selbst eine Geometrie hervorbringen und nicht in Relation zu einem gerasterten, durchmessenen Raum bestimmt werden. *Zweitens* sind Partikelsysteme jedoch keine statischen Entitäten. Ihre Partikel ändern ihre Form und bewegen sich über die Zeit hinweg. Und *drittens* verhält sich ein durch ein Partikelsystem definiertes Objekt nicht deterministisch, denn seine Gestalt und Form sind nicht vollständig spezifiziert. Stattdessen werden stochastische Prozesse eingesetzt, um die Gestalt und das Aussehen eines Objekts zu erstellen und zu verändern.[34]

Dadurch ergeben sich signifikante Vorteile gegenüber klassischen, oberflächenorientierten Ansätzen: Zunächst ist ein Partikel – vorgestellt als ein Punkt

---

in: *Proceedings of the 2006 Sandbox Symposion,* http://www.research.scea.com/pscrowd/PSCrowdSandbox2006.pdf (aufgerufen am 26.02.2012).
30. Reeves: »Particle Systems«, in: *ACM Transactions on Graphics,* a.a.O., S. 97.
31. Vgl. hierzu auch Kelty und Landecker: »Theorie der Animation«, in: *Lebendige Zeit,* a.a.O., S. 314–348.
32. Vgl. Reeves: »Particle Systems«, in: *ACM Transactions on Graphics,* a.a.O., S. 107.
33. Ebd., S. 94.
34. Vgl. ebd., S. 92.

im dreidimensionalen Raum – eine sehr viel einfachere geometrische Grundform als etwa ein Polygon als das einfachste Element der Oberflächendarstellung. Daher können mit derselben Rechenkapazität eine wesentlich größere Zahl solcher basaler Formelemente berechnet und so ein komplexeres Bild erzeugt werden. Aufgrund seiner Simplizität ist auch die Darstellung von Bewegungsunschärfen recht einfach, so Reeves. Darüber hinaus kann ein Partikelsystem seinen Auflösungslevel durch Zooming – also durch eine Verlängerung der ›Brennweite‹ der simulierten Kamera, mit der das Systemgeschehen beobachtet wird – an jeweils spezifizierte Ansichtseinstellungen anpassen. Ein zentraler Vorteil liegt jedoch in der prozeduralen Modelldefinition, die von Zufallszahlen kontrolliert ist und den Arbeitsaufwand für die Erstellung sehr detailauflösender Modelle reduziert: »[…O]btaining a highly detailed model does not necessarily require a great deal of human design time as is often the case with existing surface-based systems« – die Komplizierung der Computersimulation wird entkoppelt von der Komplizierung des Programmierprozesses, indem ein gewisses Maß an Kontrolle vom Designer an das Simulations-Environment abgegeben wird und stattdessen eine im Programm implementierte ›Verhaltensintelligenz‹ zum Tragen kommt.[35] Nicht zuletzt können so »lebendige« Systeme modelliert werden, die ihre Form über die Zeit hinweg ändern – ein Vorgang, der mit oberflächenbasierten Verfahren sehr aufwendig ist.[36] Kurz gefasst, können Partikelsysteme mit Reeves folgendermaßen definiert werden: »A particle system is a collection of many minute particles that together represent a fuzzy object. Over a period of time, particles are generated into a system, move and change from within the system, and die from the system« – die Mischung von Eigenschaften von ›bio‹- und ›tech‹-Elementen ist dabei geradehin Programm.[37]

Für die Feuerwalze der ›Genesis-Demo‹ kombiniert Reeves zwei Hierarchie-Ebenen von Partikelsystemen. Zunächst wird mittels des Top-Level-Systems der Einschlag der zum Terraforming genutzten Bombe generiert. Ein Partikelsystem am Einschlagpunkt verteilt dabei weitere Partikelsysteme ringartig über die Oberfläche des simulierten Planeten, wobei ihre Anzahl abhängig von der Länge des Rings und ihre Verteilung entlang der Ringe durch ein *density parameter* bestimmt werden, während neu generierte Partikelsysteme per Zufall dazugesetzt werden.[38] Die Second-Level-Systeme wurden zugleich eingesetzt, um die explosionshafte Erscheinung, das *spraying* der Feuerwalze zu generieren, und sind wiederum durch die Implementierung von Zufallsereignissen voneinander differenziert:

»Their average color and the rate at which colors changed were inherited from the parent particle system, but varied stochastically. The initial mean velocity, generation circle radius, ejection angle, mean particle size, mean lifetime, mean particle generation rate,

---

35. Ebd., S. 92.
36. Vgl. ebd., S. 91–92.
37. Ebd., S. 92.
38. Ebd., S. 98.

and mean particle transparency parameters were also based on their parent's parameters, but varied stochastically. Varying the mean velocity parameter caused the explosions to be on different heights.«[39]

In verschiedenen Phasen der ›Genesis-Demo‹-Sequenz kommen dabei recht hohe Partikelzahlen zum Einsatz: Der Einschlag wird mittels einem großen und 20 kleineren Systemen mit etwa 25.000 Partikeln realisiert, die sich ausbreitende Feuerwalze mittels 200 Partikelsystemen mit 85.000 Partikeln, und die »wall of fire« schließlich mit 400 Partikelsystemen mit insgesamt ca. 750.000 Partikeln.[40]

Begriffe wie ›generation‹, ›parent‹ oder ›lifetime‹ sind dabei die biologischen Analogien, durch welche die virtuellen Partikel aufgeladen werden – auch wenn sie in der Animation lediglich unbelebte Materieteilchen abbilden sollen. Hier wird geradehin nicht mehr nach mimetischen Verfahren gesucht oder nach solchen vorgegangen. Vielmehr schlägt sich die metaphorische *Belebung* konkret in der programmgemäßen ›Veranlagung‹ zu nicht genau vorab definierten und mit zufälligen Ereignismöglichkeiten gekoppelten Bewegungsprozessen nieder und kann als ein charakteristisches Merkmal derartiger Animation- und Simulationsverfahren bezeichnet werden. Und mit ihrer (Selbst-)Steuerungslogik können diese ›belebten‹ Partikelsysteme als Medien eingesetzt werden, um verschiedenste ›fuzzy objects‹ nachzubilden. Oder, wie Reeves schreibt: »The most important aspect of particle systems is that they move: good dynamics are quite often the key to making objects look real.«[41]

Bei aller Affinität zur Darstellung dynamischer Prozesse und dem Potenzial für ein ›temporal anti-aliasing‹ (also einer Verringerung unerwünschter Effekte in den Bewegungen der animierten Objekte), das Reeves im Partikelsystem-Verfahren im Vergleich zu flächenbasierten Animationsansätzen sieht, eignen sich diese jedoch nicht für die Darstellung von Schwärmen.[42] Denn die Partikel beeinflussen sich im Zeitverlauf nicht gegenseitig, und auch denkbare externe Zufallseinflüsse auf ein bereits laufendes Partikelsystem sind nicht modellierbar – alle Zufallsentscheide werden den Partikeln nämlich schon bei ihrer Generierung mitgegeben; danach ist ihr Verhalten deterministisch.[43] Es bedarf *Interactive Particle Systems*, die auch die Dynamiken biologischer Kollektive im digitalen Computersimulationsmodell visualisierbar machen. Einige Jahre später werden diese softwaretechnisch angegangen und kurz darauf auch schon auf entsprechender Hardware implementiert, die ihre Programmlogik bautechnisch mitvollzieht, indem Parallelrechner wie z. B. die von W. Daniel Hillis konstruierten *Connection Machines* verwendet werden.[44]

---

39. Ebd., S. 98–99.
40. Vgl. ebd., S. 100.
41. Ebd., S. 107.
42. Vgl. ebd., S. 107.
43. Ebd., S. 103.
44. Vgl. Hillis, W. Daniel: *The Connection Machine*, Cambridge 1985; vgl. Sims, Karl: »Particle animation and rendering using data parallel computation«, in: *Proceedings of the 17th Annual Conference on*

Bats und Boids

Mitte der 1980er Jahre entwickelt Craig Reynolds ein solches interaktives Partikelsystem, nennt es aber – und in noch viel stärkerer Anlehnung an biologische Systeme – ganz anders. Reynolds ist ebenfalls Grafikdesigner und seinerzeit tätig für die Grafikabteilung der Firma *Symbolics*. Sein Schwarm-Animationsmodell, das er unter dem Titel *Flocks, Herds, and Schools: A distributed behavioral model* veröffentlicht, klingt nicht nur wie ein Text aus dem Kontext der Verhaltensbiologie. Er wird auch in fast jedem Papier der späteren, computergestützten biologischen Schwarmforschung als eine Art ›Urtext‹ zitiert. Zwar war Reynolds gar nicht an der Übernahme realistischer Verhaltensvariablen in Bezug auf biologische Schwärme interessiert – und da wäre die Datenbasis, wie im Abschnitt *Formatierungen* gezeigt, auch relativ schmal gewesen. Ihm ging es um den *Anschein einer naturgetreuen Performance* seiner »bird-oid objects« oder kurz »boids«, wie er die, sich nun noch viel ›belebter‹ als bei Reeves verhaltenden, Partikel nennt (Abb. 33).[45] Oberstes Gebot ist demnach auch in diesem Fall ein *temporal anti-aliasing*. Ein unrealistisch erscheinendes Bewegungsverhalten der virtuellen Schwärme wird nicht akzeptiert, denn auch bei Reynolds geht es um SFX. Sein Modell wird z.B. für die Animation von Fledermausschwärmen im Film BATMAN RETURNS (Tim Burton, USA 1992) und für die ausgedehnte Stampede-Sequenz in THE LION KING (Roger Allers/Rob Minkoff, USA 1994) eingesetzt. Doch, so Reynolds einleitend: »The aggregate motion of a flock of birds, a herd of land animals, or a school of fish is a beautiful and familiar part of the natural world. But this type of complex motion is rarely seen in computer animation.«[46] Und daher verfolgt er eine Modellierungsstrategie, die sich eng an jenen möglichen Grundregeln orientiert, die von biologischen Schwarmforschungen nahegelegt werden. Reynolds verweist im Text nicht nur auf ein Kompendium zur Verhaltensbiologie von Vögeln, sondern auch auf die Fischschwarmstudien von Evelyn Shaw und Brian Partridge aus den 1970er Jahren, Wayne Potts' Chorus-Line-Hypothese und sogar auf Edmund Selous' Theorie der *Thought-Transference* bei Vögeln. Ausgehend davon beschreibt auch er als

---

Computer Graphics and interactive Techniques (Dallas). SIGGRAPH 1990, New York: ACM Press, S. 405–413.
45. Vgl. Parrish und Viscido, »Traffic rules of fish schools«, in: *Self-Organisation and Evolution*, a.a.O., S. 66; vgl. Reynolds: »Flocks, Herds, and Schools«, in: *Computer Graphics*, a.a.O. Diese Boids könnten laut Reynolds ebenso Fische oder andere Bewegungskollektive simulieren. Reynolds erwähnt, dass seine Arbeit nicht die erste sei, die Schwärme im Bereich des CGI simuliere. Vor ihm wurden bereits von Forschern der Ohio State University mittels einer Animationstechnik eine Filmszene generiert, die durch simulierte Kräftefelder den ›Flugweg‹ von – mit rhythmischen Flügelbewegungen als ›Vögel‹ dargestellten – Partikeln im Raum beeinflussen. Dieser Ansatz unterscheidet sich damit jedoch von Reynolds' Modell. Vgl. ebd., S. 26. Zudem entwickeln die Ornithologen Frank Heppner und Ulf Grenader kurze Zeit später – und angeblich, ohne von Reynolds' Modell Kenntnis zu haben – ein ähnliches Simulationsmodell in der Biologie. Dieses arbeitet aber ebenfalls eher wie ein Partikelsystem mit einer zentralen Kraftquelle, die das Verhalten der simulierten Vögel dynamisiert. Und Heppner gibt zu: »In essence, the model worked, but it was not altogether clear why.« Vgl. Heppner, Frank und Grenader, Ulf: »A stochastic nonlinear model for coordinated bird flocks«, in: Krasner, Saul (Hg.): *The Ubiquity of Chaos*, Washington 1990, S. 233–238.
46. Reynolds: »Flocks, Herds, and Schools«, in: *Computer Graphics*, a.a.O., S. 25.

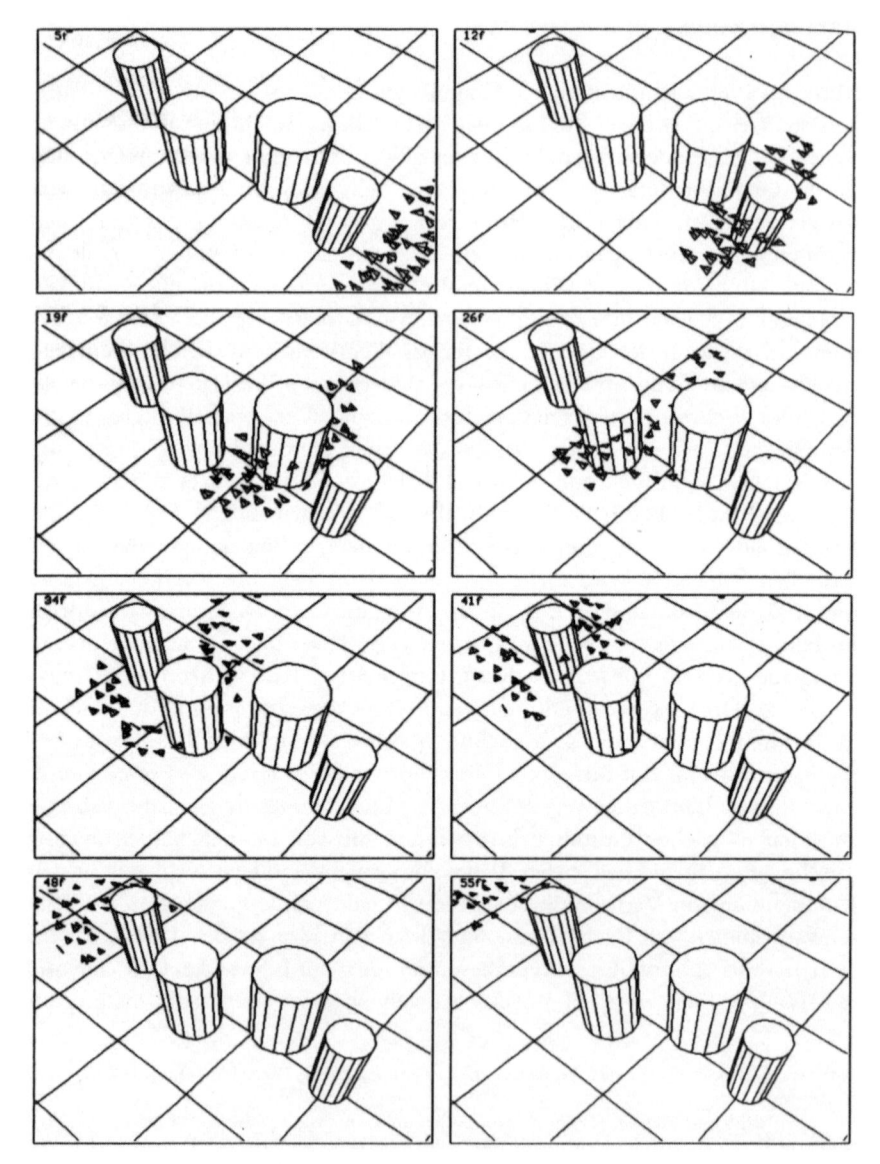

Abb. 33: Sequenz aus Craig Reynolds' Boid-Simulationsprogramm – automatisches Umfliegen von Hindernissen.

Grundzug seines Ansatzes eine Abgabe von Kontrolle an das Layout, an die Relationalität, die seine Programmierung erlaubt:

> »The simulated flock is an elaboration of a particle system, with the simulated birds being the particles. The aggregate motion of the simulated flock is created by a distributed behavioral model like that at work in a natural flock; the birds choose their own course. [...] The aggregate motion of the simulated flock is the result of the dense interaction of the relatively simple behaviors of the individual simulated birds.«[47]

Nicht nur sind nun also analogische Beziehungen zwischen Biologie und Computergrafik zu konstatieren, die zur Generierung beliebiger ›fuzzy objects‹ dienen. Das Reynolds-Modell beansprucht für sich, prinzipiell *genauso* zu funktionieren wie natürliche Schwärme – nicht unbedingt auf der Detailebene individueller Abstände, Beschleunigungsvermögen oder Interaktionspotenziale bestimmter Fisch- oder Vogelspezies, aber sicherlich auf der Ebene jener Prozesse, die aus einer Vielzahl individueller Bewegungen die globalen Bewegungsmuster ganzer Schwärme hervorbringen.

Ihren Ausgangspunkt nimmt die ABMS des Reynolds-Modells an jener alten Frage nach der Führerschaft in Schwärmen. Wie können derart komplexe Dynamiken ohne eine rigide zentrale Kontrolle entstehen? Die Antwort, die das Modell schließlich nahelegt, wird sein: Sie sind *nur* ohne eine solche zentrale Kontrolle möglich! Und diese Antwort beginnt mit ganz pragmatischen Überlegungen zur Effizienzsteigerung der CGI-Programmierarbeit. Für die realistische Animation eines Schwarms, so Reynolds, sei es eine fehleranfällige und ermattende Sisyphos-Arbeit, die Pfade jedes einzelnen Boids in einer großen Anzahl von Partikeln separat zu programmieren. Denn dabei sei immer zu garantieren, dass in allen Frames etwa Kollisionen verhindert und gleichzeitig eine kohärente Formation aufrechterhalten werde. Zudem sei eine solche Programmierung unflexibel, denn schon die Änderung einer einzigen Flugbahn betreffe auch jene der anderen Schwarm-Individuen: »It is not impossible to script flock motion, but a better approach is needed for efficient, robust, and believable animation of flocks and related group motions.«[48] Indem das Reynolds-Modell der Annahme folgt, dass globale Schwarmdynamiken ausschließlich auf die Interaktion einfach definierter Schwarm-Individuen zurückzuführen sind, kann das Simulationsmodell wesentlich vereinfacht werden. Er spielt dies am Beispiel Vogelschwarm vor: Benötigt werde für jeden Boid lediglich eine *control structure* jener Verhaltensmerkmale, die eine Teilnahme am Schwarm ermöglichen, gestützt auf eine Simulation von »portions of the bird's perceptual mechanisms and aspects of the physics of aerodynamic flight.« Fertig sei das Schwarm-Modell, denn alles Weitere ergebe sich in der *Runtime* der Simulation: »If this simulated bird model has the correct flock-member behavior, all that should be required to create a simulated flock is to create some instances of the simulated bird model and allow

---

47. Ebd., S. 25.
48. Vgl. ebd., S. 25.

them to interact.«[49] Die Pointe dabei ist, dass sich letztendlich auch die Spezifikation des »correct flock-member behaviors« rückwirkend aus der Interaktion und dem Verhalten des gesamten Schwarms modifizieren lässt – wobei »correct« korrekt im Sinne der im Simulationsmodell angestrebten Grafik-Performance meint, denn der Erfolg und die Validität für objektive Messungen, so Reynolds, sei schwer zu bestimmen. Immerhin: Viele Zuschauer fänden die simulierten und computergrafisch visualisierten Schwärme »similarly delightful to watch.«[50]

Das Verhalten dieser simplifizierten, universellen, oder besser: *prinzipiellen* Schwarm-Individuen sei weniger komplex als jenes realer Vorbilder, da bewusst nur ein Ausschnitt aus dem Verhaltensrepertoire biologischer Schwarm-Individuen modelliert werde; aber dies sei ein Unterschied »of degree, not of kind.«[51] Das Modell simuliere zwar nicht direkt die Sinne, die von realen Schwarm-Individuen genützt würden (Sehsinn, Gehör und Seitenlinienorgan bei Fischen): »Rather the perception model tries to make available to the behavior model approximately the same information that is available to a real animal as the end result of its perceptual and cognitive processes.«[52] Man sieht, wie erst die kybernetische Grundlegung eines neuen Informationsbegriffs einen solchen Übertrag zwischen Tieren und digitalen Maschinen denkbar hat werden lassen. So können hier biologisches System und Computermodell auf Basis ihres Systemverhaltens über die Zeit und multiple relationale Austauschprozesse zwischen Nachbar-›Einheiten‹ bestimmt werden. Im Hinblick auf die dynamische Relationalität von Schwärmen geht es eben nicht mehr um das substanzielle *Was?*, sondern nur um die Austauschprozesse, die Organisations- und Steuerungsweisen, um die Frage nach dem *Wie?* des Verhaltens des Gesamtsystems. Oder, wie der US-amerikanische Computerwissenschaftler und AL-Advokat Christopher Langton schreibt:

> »It is important to distinguish the ontological status of the various levels of behavior in such systems. At the level of the individiual behaviors we have a clear difference in kind: Boids are *not* birds, they are not even remotely like birds, they have no cohesive physical structure, but rather exist as information structures – processes – within a computer. But – and this is the critical ›But‹ – at the level of behaviors, *flocking Boids and flocking birds are two instances of the same phenomenon:* flocking.«[53]

Boids verhalten sich jedoch komplexer als etwa Reeves' Partikel. Während in Partikelsystemen die Einzelteile nicht miteinander interagieren, ist die Funktionsweise des Reynolds-Modells *abhängig* von der Interaktion der Boids. Reynolds definiert jeden Punkt des Partikelsystems als ein je eigenes Subsystem mit vollständigem lokalen Koordinatensystem und einem geometrischen Bezugs-

---

49. Ebd., S. 25.
50. Ebd., S. 26.
51. Ebd., S. 26.
52. Ebd., S. 29.
53. Langton, Christopher G.: »Artificial Life«, in: ders.: *Artificial Life. The Proceedings of an International Workshop on the Synthesis and Simulation of Living Systems, Los Alamos 1987*, Redwood 1989.

rahmen. Dadurch generiert er für jeden Boid eine geometrische Orientierung. Das Verhaltensrepertoire und den Status eines Boids definiert er im Sinne Objektorientierter Programmierung (OOP) als *Instanzen* eines *Objekts*. Für jede Instanz, also jedes Boid-Exemplar, werden über eine *Methode*, also einen standardisierten Programmprozess, seine jeweiligen internen Zustände mit den festgelegten Verhaltensregeln kombiniert. Heraus kommt ein »actor, [...] essentially a virtual computer that communicates with other virtual computers by *passing messages*.« Eine solche Implementierung liege darüber hinaus besonders nahe, um biologisches Verhalten zu simulieren, wenn umgekehrt gerade Schwärme in der Literatur zu parallelverarbeitenden und distribuierten Computersystemen als Paradebeispiele für robuste, selbstorganisierende distribuierte Systeme angeführt würden.[54] Reynolds verwendet die Programmiersprache Lisp, führt seine Berechnungen aber an einem sequentiellen Von-Neumann-Computer, einer *Symbolics 3600*-Workstation durch, und nicht an einem Parallelrechner.[55]

Im Unterschied zu den stochastischen Diffusionsprozessen der Particle Systems sind die Einheiten bei Reynolds nun fähig, sich gemäß einem einfachen Algorithmus aus drei definierten ›Traffic Rules‹ in Relation zueinander anzuordnen: (1) *Collision Avoidance*, also die Wahrung eines Mindestabstands zu umgebenden Schwarmmitgliedern, (2) *Velocity Matching*, also die Anpassung von Richtung und Geschwindigkeit an die nächsten Nachbarn, und (3) *Flock Centering*, also die Orientierung auf das, von der Position des jeweils einzelnen Schwarmmitglieds als die Mitte der nächsten Nachbarn wahrgenommene, relative Zentrum des Schwarms.[56] Der Animator werde im Zuge dessen zu einer Art ›Meta-Animator‹, der nicht mehr direkt die Bewegungen seiner Animation festlegt, sondern nur noch Verhaltensparameter, die dann in der *Runtime* des Programms zu Bewegungen führen – seien es die gewünschten oder auch ganz unerwartete: »One of the charming aspects of the work reported here is not knowing how a simulation is going to proceed from the specified behaviors and initial conditions. [...] On the other hand, this charm starts to wear thin as deadlines approach and the unexpected annoyances pop up. This author has spent a lot of time recently trying to get uncooperative flocks to move as intended [...]«.[57] In Testläufen mit verschiedenen Werten für diese Parameter stellt sich heraus, dass sich eine realitätsnahe Schwarmbewegung nur einstellt, wenn sich die Boids an ihrem je eigenen relativen Zentrum des Schwarms orientieren:

> »Before the current implementation of localized flock centering behavior was implemented, the flocks used a central force model. This leads to unusual effects such as causing all members of a widely scattered flock to simultaneously converge toward the flock's centroid. An interesting result of the experiments reported in this paper is that

---

54. Ebd., S. 26 [Hervorhebung im Original], mit Verweis auf Kleinrock, Leonard: »Distributed Systems«, in: *Communications of the ACM* 28/11 (1985), S. 1200–1213. Mehr zum Thema OOP im Folgenden.
55. Vgl. ebd., S. 32.
56. Ebd, S. 28.
57. Ebd., S. 27.

the aggregate motion that we intuitively recognize as ›flocking‹ (or schooling or herding) *depends* upon a limited, localized view of the world.«[58]

Schwärme tauchen damit ein in jenes »Zentrum des Prinzips der Unsichtbarkeit«, das Michel Foucault als Grundlage ökonomischen Kollektiv-Denkens identifiziert.[59] Das Reynolds-Modell macht szenarisch deutlich, dass komplexe, dynamische Bewegungen und Steuerungen eines Multiagentensystems in der Zeit durch ein sehr begrenztes Wissen und sehr reduziertes Verhaltensrepertoire seiner Agenten hervorgerufen werden. Während ein zu großes Wissen, zu viele Informationen über den Zustand des Schwarms kontraproduktiv wirken, ist es ein weitgehendes Nichtwissen, dass im Kollektiv im dynamischen Zeitverlauf produktiv wird.

Dabei müsse laut Reynolds bei biologischen Schwarm-Individuen grundsätzlich eine Beschränkung gegeben sein, die in Informatik-Jargon als ein »constant time algorithm« bezeichnet wird. Durch diesen werde der Umfang an Verarbeitungsprozessen auf Seiten der Schwarm-Individuen entkoppelt von der Anzahl der Schwarmmitglieder. Ansonsten würde die Verarbeitungsleistung bei Bewegungsänderungen bei wachsender Schwarmgröße zeitintensiver und die nötigen Koordinationsleistungen würden sehr viel komplizierter. Auch hier führt der pragmatische Umgang mit »computational complexity« zu einer Rückkopplung mit biologischen Schwärmen: »Otherwise we would expect to see a sharp upper bound on the size of natural flocks when the individual birds became overloaded by the complexity of their navigation task. This has not been observed in nature.«[60] Gleiches gilt für Versuche mit einer »*follow the designated leader*«-Modellspezifikation, bei denen der simulierte Schwarm keine Aufsplittung beim Ausweichen vor Hindernissen zeigte; ein ebenfalls unrealistisches Verhalten, das somit die Korrektheit der Annahme einer distribuierten Steuerungslogik unterstreicht.

Zusätzlich wird szenarisch durchgespielt, wie groß die Nachbarschaft sein sollte, die die Bewegungen eines Boids beeinflusst – und wie stark diese gewichtet werden. Auch hier greift Reynolds auf biologische Studien zurück und legt die Einflusskraft von Nachbarindividuen als abhängig von der Entfernung an, und zwar – wie Brian Partridge in seinen quantitativen Studien – als invers proportional zum Quadrat der Entfernung. Mit diesen Spezifikationen werden Bewegungspfade von den orientierten Boids selbst gefunden und ständig lokal miteinander abgeglichen. Das Ergebnis sind kollektive Bewegungen, die jenen biologischer Schwärme sehr nahe kommen – Schwärme, die etwa ohne Hinzunahme weiterer Modellierungsparameter selbsttätig Hindernisse passieren oder ganz plötzlich ihre Richtung ändern.[61] Indes: Einen gravierenden Unterschied

---

58. Ebd., S. 29–30.
59. Foucault, Michel: *Geschichte der Gouvernementalität II. Die Geburt der Biopolitik*, Frankfurt/M. 2004, S. 383f.
60. Reynolds: »Flocks, Herds, and Schools«, in: *Computer Graphics*, a.a.O., S. 28.
61. Vgl. ebd., S. 29–31.

zu biologischen Schwärmen weist das Reynolds-Modell auf. Es hat keinen *constant time algorithm* – alle Boids wissen pro *time step* jeweils über den Status des *gesamten* Schwarms, auch wenn anschließend ein Großteil der Positionsinformationen ignoriert und nur die nächsten Nachbarn bei der Fortbewegung berücksichtigt werden. Dies führt zu einem *computational bottleneck* für die Berechnung der Schwarmdynamik: »Doubling the number of boids quadrupels the amount of time taken.« Ein Problem, das mit einer Implementierung auf distribuierter Hardware entschärft werden könnte: »If we used a separate processor for each boid, then even the naive implementation of the flocking algorithm would be O(N), or linear with respect to the population.« Sie würde aber immer noch – anders als in biologischen Schwärmen – mit Zunahme der Anzahl von Individuen steigen; und Reynolds verlegt die Integration eines solchen *constant time algorithms* auf zukünftige Modellierungen.[62]

Wegen ihrer Einfachheit und Flexibilität werden computergrafische Boid-Kollektive ebenfalls bald im SFX-Bereich eingesetzt. Hier kehren Schwärme im Film zurück, die nicht mehr bloß visuelle Bedrohungen und Deformationen, also Bild*störungen* darstellen wie z. B. in Hitchcocks THE BIRDS, sondern die gleichzeitig organisatorisches Prinzip der Animation, der Bild*gebung*, sind. Als Simulationen beschreiben sie den Kulminationspunkt einer Beschäftigung mit Schwärmen als unscharfen Phänomenen, indem sich diese selbst zum Modell, zur Möglichkeitsbedingung werden: Um realistisch aussehende Schwärme im Computer zu simulieren, wird mit Distributed-Behavior-Parametern ›experimentiert‹, die *danach* auch als mögliche basale biologische Verhaltensregeln erscheinen. Ein Effekt, den Eugene Thacker auf den Punkt bringt:

> »The ›bio‹ is transformatively mediated by the ›tech‹ so that the ›bio‹ reemerges more fully biological. [...] The biological and the digital domains are no longer rendered ontologically distinct, but instead are seen to inhere in each other; the biological ›informs‹ the digital, just as the digital ›corporealizes‹ the biological.«[63]

So wundert es auch nicht, dass Reynolds den Nutzen seines Modells für biologische Forschungen am Ende seines Textes selbst anspricht:

> »One serious application would be to aid in the scientific investigation of flocks, herds, and schools. These scientists must work almost exclusively in the observational mode; experiments with natural flocks and schools are difficult to perform and are likely to disturb the behaviors under study. It might be possible, using a more carefully crafted model of the realistic behavior of a certain species of bird, to perform controlled and repeatable experiments with ›simulated natural flocks‹. A theory of flock organization can be unambiguously tested by implementing a distributed behavioral model and simply comparing the aggregate motion of the simulated flock with the natural one.«[64]

---

62. Vgl. ebd., S. 32.
63. Thacker, Eugene: *Biomedia*, Minneapolis, London 2004, S. 6–7.
64. Vgl. Reynolds: »Flocks, Herds, and Schools«, in: *Computer Graphics*, a.a.O., S. 32.

Und tatsächlich: Wenn man den Ausführungen Steven Levys Glauben schenkt, klingelte schon bald darauf das Telefon, da interessierte Biologen sich nach Reynolds' Steuerungsalgorithmus erkundigen wollten.[65] Das *Distributed Behavioral Model* seines Boid-Systems wird wenig später vielfach in genau jene biologische Schwarmforschung reimportiert, die Reynolds erst zu seinem Entwurf angeregt hatte. Strukturell unterscheiden sich die Computersimulationsmodelle kaum von ihren Vorläufern aus der japanischen Fischereiforschung eine Dekade früher. Doch nun machen eine bereits sehr viel leistungsfähigere Computer- und Grafikhardware eben *dynamische* Modellierungen unter Einbezug der Zeitdimension möglich. Schwärme werden nun tatsächlich als vierdimensionale Kollektive in virtuellen Labors modellierbar und beobachtbar, und eine Referenz auf Reynolds' Aufsatz fehlt nun in fast keinem biologischen Schwarmforschungstext – doch dazu später (Kapitel IV.2).

Selbst wenn Reynolds' Modell teilweise »biologically improbable«[66] sein mag und er den »natural sciences of behavior, evolution, and zoology [...] for doing the hard work, the Real Science, on which this computer graphics approximation is based« dankt,[67] weisen seine dynamischen computergraphischen Visualisierungen von Schwarm-Simulationen auf eine epistemische Strategie jenseits des erwähnten »technological morass« der biologischen Schwarmforschung hin. Sie präsentieren eine prozedurale Erkenntnisweise in der Zeit, bei der der zentralperspektivisch-geometrische Code, der klassischerweise je schon scheiterte an diffusen Körpern ohne Oberfläche, ersetzt wird durch einen Code, der nicht mehr lokalisierbar *macht*, sondern durch den sich Schwarm-Individuen selbsttätig lokalisieren und organisieren. Die Zentralperspektive wird abgelöst durch ein topologisches System, das sich seinen Raum selbst schafft, und mit dem Computerexperimente durchgeführt werden können, die auch die Spezifikation und die Modulation des Simulationsprogramms selbst in einem Prozess der Rekursion immer neu bestimmen und weiterformen. Denn um das Verhalten des Boid-Systems über die Zeit hinweg studieren zu können, gilt es, mit seiner grafischen, digitalen Präsentation zu arbeiten.[68]

Artifishial life

»Imagine a virtual marine world inhabited by a variety of realistic fishes. In presence of underwater currents, the fishes employ their muscles and fins to gracefully swim around obstacles and among moving aquatic plants and other fishes. They autonomously explore their dynamic world in search of food. Large,

---

65. Vgl. Levy: *Künstliches Leben*, a.a.O., S. 100.
66. Parrish und Viscido: »Traffic rules of fish schools«, in: *Self-Organisation and Evolution*, a.a.O., S. 66. Kritisiert werden z. B. die Variable *Flock Centering* und ein übergeordneter »forward target point«, der überhaupt eine Bewegung des simulierten Schwarms veranlasst.
67. Reynolds: »Flocks, Herds, and Schools«, in: *Computer Graphics*, a.a.O., S. 33.
68. Vgl. Keller, Evelyn Fox: »Models, Simulations and ›Computer Experiments‹«, in: Radder, Hans (Hg.): *The Philosophy of Scientific Experimentation*. Pittsburgh 2003, S. 198–215.

hungry predatory fishes hunt for smaller prey fishes. Prey fishes swim around happily until they see a predator, at which point they take evasive action. When a predator appears in the distance, species of prey form schools to improve their chances of escape. When a predator approaches the school, the fishes scatter in terror. A chase ensues in which the predator selects victims and consumes them until satiated.«[69] Was sich hier liest wie die beste aller virtuellen Aquarienwelten – jedenfalls, wenn man das Glück hat, als Predator in diesem Environment zu leben – ist die Einleitung zu einem dritten, für eine Mediengeschichte der Schwarmforschung interessanten *landmark project* im Grafikdesign. Ganz ähnlich wie Reynolds' Boids-Simulationsmodell, das auf Anhieb auch in der sich ebenfalls 1987 mit einer großangelegten Konferenz in Los Alamos gründenden *Artificial Life*-Forschungsrichtung gefeiert wird, beschäftigt sich auch dieses Projekt mit der effizienten Verwendung selbstorganisierten Verhaltens und selbstlernender Agenten: »The key to achieving this level of complexity«, so die Autoren, »with minimal intervention by the animator – is to create fully functional artificial animals.«[70] Wieder soll möglichst viel Steuerungswissen relational und in Bottom-up-Richtung aus Verhaltensparametern erzeugt und nicht explizit vorprogrammiert werden. Die besagte Studie mit dem Titel *Artificial Fishes* von Dimitri Terzopolous, Xiaoyuan Tu und Radek Grzeszczuk nutzt dabei ebenfalls jenes Momentum, das *AL* als ›das neue Ding‹ im Feld der *Computational Intelligence* und in Konkurrenz zur klassischen KI-Forschung um 1990 erzeugt. Sie nähern sich mit ihren künstlichen Fisch-Agenten viel genauer als Reynolds an ein realistisches Verhaltensrepertoire von Fischen an.[71]

Die Forscher der Universität von Toronto modellieren dabei jeden einzelnen Fisch in ihrem simulierten Aquarium als einen *lifelike autonomous agent*, der sowohl die grundlegenden biomechanischen wie auch hydromechanischen Faktoren beinhaltet.[72] Ihnen wird ein verformbarer Körper modelliert, der mittels simulierter, interner Muskeln bewegt wird, und der überdies mit ›Augen‹ (›virtual on-board sensors‹) und einem ›Gehirn‹ ausgestattet ist. Letzteres besteht aus unterschiedlichen Bereichen für die Steuerung von Bewegungsabläufen, Wahrnehmung, Verhaltensrepertoire und Lernen. So können kontrollierte Muskel- und Flossenbewegungen simuliert werden und die Fische sind imstande, sich mit Rücksicht auf hydrodynamische Gegebenheiten einer Umwelt aus simuliertem Wasser zu bewegen – und diese Bewegungen im Laufe ihrer *lifetime* sogar selbstlernend optimieren, indem die Effizienz ihrer kombinierten Muskel-

---

69. Tu, Xiaoyuan und Terzopoulos, Dimitri: »Artificial Fishes: Physics, Locomotion, Perception, Behavior«, in: *Proceedings of the 21st Annual Conference on Computer Graphics and interactive Technologies. SIGGRAPH '94*, New York 1994, S. 43–50, hier S. 43.
70. Ebd., S. 43.
71. Ebd., und Terzopoulos, Dimitri, Tu, Xiaoyuan, Grzeszczuk, Radek: »Artificial Fishes: Autonomous Locomotion, Perception, Behavior, and Learning in a Simulated Physical World«, in: *Artificial Life* 1/4 (1994), S. 327–351.
72. Vgl. Terzopoulos, Dimitri: »Artificial Life for Computer Graphics«, in: *Communications of the ACM* 42/8 (1999), S. 33–42. Vgl. Maes, Patty (Hg.): *Designing Autonomous Agents*, Cambridge 1991.

bewegungen in Relation zu einer Fitnessfunktion evaluiert wird, die z.B. die Geschwindigkeit des Vorankommens betrifft.

Im Rückgriff auf die Informationen, die mittels der modellierten Sinnesorgane im ›Gehirn‹ verarbeitet werden, werden dort eine Reihe ›fischiger‹ Verhaltensweisen erzeugt – z. B. »collision avoidance, foraging, preying, schooling, and mating.«[73] Das Äußere der Fisch-Agenten wird erzeugt durch digitalisierte Fotografien realer Fische, die an ein Modell aus *Non-Uniform Rational B-Splines* (NURBS) appliziert werden. Zusammen mit dem darunter installierten *motor system* aus 23 definierten Massepunkten, mit denen 91 elastische Elemente verbunden werden, können realistische Körperbewegungen simuliert werden. (Abb. 34).[74] Diese beeinflussen die (vereinfacht modellierte) Hydrodynamik der simulierten Umwelt und ziehen ein sich aus diesem Zusammenspiel ergebendes Bewegungsset nach sich:

> »As the body flexes, it displaces virtual fluid, producing thrust-inducing reaction forces that propel the fish forward. The mechanics are governed by systems of Lagrangian equations of motion (69 equations per fish) driven by hydrodynamic forces. […] The model achieves a good compromise between realism and computational efficiency, while permitting the design of motor controllers using data gleaned from the literature on fish biomechanics.«[75]

Der interne ›Charakter‹ eines Fisches ergibt sich aus einem Set von *habit parameters*, z.B. einer Vorliebe für Dunkelheit, oder dem Geschlecht. Ein *intention generator* verrechnet dann in der Laufzeit des Modells diese Verhaltensprädispositionen mit über die Sensoren eingehenden Umweltinformationen (Sicht und Temperatur) und speichert diese für eine bestimmte Zeit. Diese Kombination schlägt sich dann in dynamischem Verhalten nieder, das nirgendwo explizit programmiert worden wäre, etwa Jagd- oder Fressverhalten. Der *intention generator* sorgt zudem für eine Filterung der eingehenden Umweltinformationen und fokussiert so das Verhalten eines Agenten: »At every simulation time step, [it] activates behavior routines that input the filtered sensory information and compute the appropriate motor control parameters to carry the fish one step closer to fulfilling the current intention.«[76] Bei diesem Vorgang kann nun etwa der Parameter *avoid collision* bei einem Agenten mit einem großen Sensitivitätsbereich gekoppelt sein, bei einem anderen mit einem wesentlich kleineren Bereich. Ersterer zeigt dann ein ›furchtsames‹ Verhalten, da er nahenden Hindernissen frühzeitig ausweicht, letzterer erzeugt den Eindruck eines ›mutigeren‹ oder ›neu-

---

73. Terzepoulos: »Artificial Life for Computer Graphics«, in: *Communications of the ACM*, a.a.O., S. 41.
74. NURBS sind mathematisch definierte Kurven oder Flächen, die über stückweise funktional bestimmte geometrische Elemente dargestellt werden. Vgl. z.B. Rogers, David F.: *An Introduction to NURBS With Historical Perspective*, San Diego 2001.
75. Terzepoulos: »Artificial Life for Computer Graphics«, in: *Communications of the ACM*, a.a.O., S. 41.
76. Tu und Terzopoulos: »Artificial Fishes«, in: *SIGGRAPH 94*, a.a.O., S. 44.

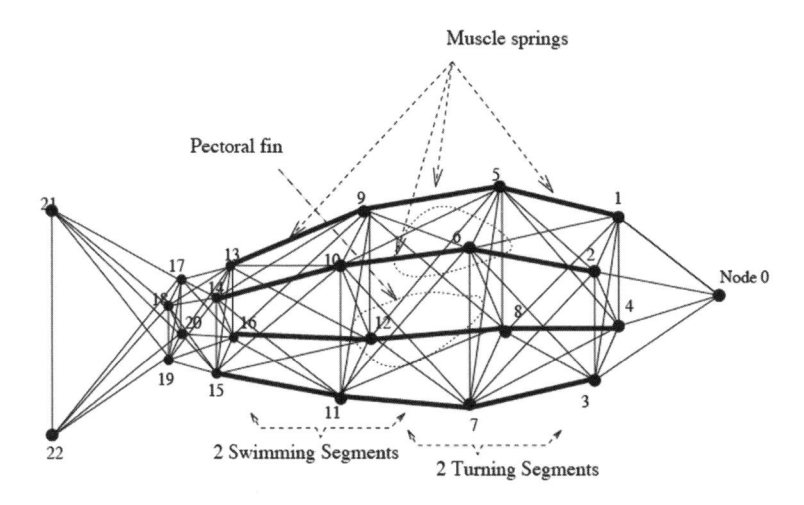

Abb. 34: ›Motor System‹ eines Artificial Fish nach Tu/Terzopoulos.

gierigen‹ Exemplars.[77] Ein Predator wird allein dadurch erzeugt, dass bestimmte Verhaltensparameter gehemmt werden: »*escape, school*, and *mate* intentions are disabled«. Und auch *schooling* wird prozedural erzeugt, indem Verhaltensweisen wie die Suche nach und die Annäherung an in der Nähe befindliche Agenten kombiniert werden mit einem Angleich der Fortbewegungsgeschwindigkeiten und -richtungen.

Die Verhaltenswissenschaft künstlicher Fische führt damit aus einer ganz anderen Richtung heraus auf einen ähnlichen Ansatz hin, wie er von Seiten der Ethologie ab den 1920er Jahren angestrebt wurde: Psychologische Faktoren und Zuschreibungen in Bezug auf tierisches Verhalten ergeben sich aus einer Kombination von Bewegungspotenzialen, einer Integration bestimmter Umweltfaktoren via sensorische Organe und wenigen Grundbedürfnissen wie Essen, Libido und Vermeidung (von potenziellen Gefahren), die vom Animator für jeden Agenten auf einer festgelegten Skala festgelegt werden können. Damit lösen sich unscharf definierte Motivationen oder Instinkte auf in Quantifizierungen physikalischer Parameter, die im Computersimulationsmodell beschrieben werden können. Die »Verhaltenswissenschaft« von Computersimulationen (Bernd Mahr) wird in diesem Fall, genau wie ein Großteil der ethologischen Schwarmforschungen, zu einer Wissenschaft von Bewegungen. Diese können nun anhand von computergrafisch animierten Unterwassersequenzen nachvollzogen und modifiziert werden.

Wie für alle Simulationssysteme und Visualisierungen, die bisher betrachtet wurden, gelten auch für die *Artificial Fishes* seinerzeit technische Beschränkungen, die heute nur noch ob des anekdotischen Werts schräger Hardwaredaten

---

77. Vgl. ebd. S. 47.

vorstellbar scheinen. Die in Toronto ansässige Forschergruppe jedenfalls kann zunächst eine Simulation mit 10 Fischen, 15 Nahrungseinheiten und 5 statischen Objekten mit einer Taktrate von 4 Frames/Sekunde auf einer *Silicon Graphics R4400 Indigo2*-Workstation rechnen – eine größere Anzahl von Agenten oder eine aufwändigere Umwelt benötigen entsprechend deutlich mehr Rechenzeit. Damit erstellen sie kleine Animationsfilme mit Titeln wie *Go fish!* (1993) oder *The Undersea World of Jack Cousto* (1994). Anstatt jedoch wie Reynolds eine mögliche Applikation im biologischen Bereich nahezulegen, positionieren die Autoren sich eher im Feld des *ALife* – in der Hoffnung, bald auch die Eiablage, Befruchtung und Aufzucht künstlichen Fischnachwuchses simulieren zu können. Immerhin: Sie erwähnen auch die Einsetzbarkeit ihrer computergestützten Umgebung als Konstruktions- und Testlabor für Systeme kooperierender Roboter, die hier sehr viel einfacher und schneller zu bauen und zu manipulieren seien als physikalischen Prototypen.[78]

Zelluläre Automaten

Artificial Fishes und *lifelike autonomous agents* steigen jedoch naturgemäß nicht einfach irgendwann aus dem Meer oder fallen vom Himmel, sondern sind ihrerseits Teil einer Entwicklung bestimmter Modellierungs- und Programmierparadigmen, in der sich ihre Autonomie erst nach und nach einstellt. Dies zeigt exemplarisch die Entwicklung distribuierter Animationsansätze von Partikelsystemen über Flocking-Simulationen hin zum computergenerierten Verhalten künstlicher Fische. Da im Fall von Schwarm-Simulationen und deren Visualisierung stets die Frage der Simulation ihrer Bewegungsintelligenz durch lokale, nachbarschaftliche Organisation grundlegend ist, lohnt sich jedoch auch ein Blick auf eine weitere, historisch frühere Bühne des ›Lebens‹. Auf dieser steht ein genealogischer Bezugspunkt, von dem aus sich sowohl ABMS allgemein als auch Simulationsmodelle in der biologischen Schwarmforschung entwickeln und bedenken lassen. Sie sind Filiationen eines Falles ungeschlechtlicher Reproduktion.

Der Mathematiker John von Neumann macht sich Ende der 1940er Jahre Gedanken zu einer allgemeinen *Theory of Self-Reproducing Automata*, die er zunächst in Vorträgen vorstellt, unter anderem jener unter dem Titel *The General and Logical Theory of Automata* stehenden Vorlesung auf dem Hixon-Symposium im September 1948. Obwohl er den Begriff *Automat* selbst nicht eindeutig definiert, versteht er darunter wohl jedes System, das Information als Teil eines Selbstregulations-Mechanismus prozessiert, in dem also nach einer Stimulation Vorgänge gemäß bestimmten Regeln selbsttätig ablaufen.[79] Dabei unterläuft von Neumann nicht nur in typisch kybernetischer Perspektive jedweden Anthropozentrismus und ebnet in bestimmter Hinsicht die Unterscheidung von

---

78. Vgl. Terzopoulos, Tu und Grzeszczuk: »Artificial Fishes«, in: *Artificial Life*, a.a.O., S. 350.
79. vgl. Forbes: *Imitation of Life*, a.a.O., S. 26.

Computern und biologischen Organismen ein, wie Claus Pias festhält,[80] indem er nicht mechanische Teile oder chemische und organische Verbindungen als Grundlage seiner ›Bio-Logik‹ definiert, sondern *Information*.[81] Er adressiert auch eine Zielsetzung, die sich in der Organisationsweise von Schwarm-Kollektiven wiederfindet. Von Neumann, so notiert sein Herausgeber, der Philosoph Arthur W. Burks, verglich die besten Rechenmaschinen, die er seinerzeit konstruieren konnte, mit natürlichen Organismen und stieß auf drei fundamentale Grenzfaktoren, die den Bau von ›really powerful computers‹ limitierten: Dies seien die Größe der verfügbaren Bauteile, ihre Zuverlässigkeit und eine fehlende Theorie der logischen Organisation komplizierter Rechnersysteme. Denn gerade durch eine adäquate Organisation eigentlich unzuverlässiger Bauteile könne eine Zuverlässigkeit des Gesamtsystems erzeugt werden, die größer ist als das Produkt der Störanfälligkeit seiner Komponenten. »He felt«, so Arthur W. Burks, »that there are qualitatively new principles involved in systems of great complexity« – und von Neumann sucht nach diesen Prinzipien, indem er sich mit dem Phänomen der Selbstreproduktion beschäftigt, denn »[i]t is also to be expected that because of the close relation of self-reproduction to self-repair, results on self-reproduction would help to solve the reliability problem.«[82] Obwohl von Neumann Tierkollektive nicht explizit anspricht – er zählt auf Seiten natürlicher Automaten Nervensysteme, selbstproduktive und selbstheilende Systeme, und evolutionäre und adaptive Aspekte von Organismen auf, während unter künstliche Automaten analoge und digitale Computer, oder Kommunikationsmedien wie Telefon- und Radiosysteme fielen[83] – birgt die Adressierung robuster und adaptiver Systemeigenschaften dennoch eine deutliche konzeptuelle Nähe zu Schwärmen. Hier wie dort geht es um ein System, das fähig ist, sich unter veränderbaren Randbedingungen selbstständig je neu zu organisieren, ohne dabei die Funktionsfähigkeit einzubüßen. Wenn Burks festhält, dass sich von Neumanns Ansatz deutlich von biologischen Forschungen unterscheide, da er sich auf »problems of organization, structure, language, and control« konzentriere, zeugt dies einerseits vielleicht von einer fehlenden Wahrnehmung zeitgenössischer Schwarmforschungen, andererseits aber auch davon, dass diese zu diesem Zeitpunkt natürlich noch kein kybernetisches Vokabular verwenden und entsprechende Fragestellungen formulieren können.[84] Später hingegen wird diese

---

80. Vgl. Pias: *Computer Spiel Welten*, a.a.O., S. 254. Pias verfolgt v.a. die Genealogie Zellulärer Automaten, z. B. hin zu strategischen Kriegsspielen und numerischer Meteorologie. Der Vortrag von Neumanns wird 1951 erstmals veröffentlicht und findet sich in Neumann, John von: *Collected Works*, hg. von A.H. Taub, New York 1963, S. 288–328.
81. Vgl. Levy: *Künstliches Leben*, a.a.O., S. 32.
82. Neumann, John von: *Theory of Self-Reproducing Automata*, hg. und vervollst. von Arhur W. Burks, Urbana 1966, S. 20. Von Neumann beschreibt diese drei Beschränkungen in Neumann, John von: »Probabilistic Logics and the Synthesis of Reliable Organisms From Unreliable Components«, in: *Collected Works*, Bd. 5, a.a.O., S. 329–378. Ironischerweise sind es einige Jahrzehnte später Computerviren, die als selbstreproduzierende Programme Teil derselben Genealogie sind, jedoch geradehin in Umkehrung der Idee von Neumanns die Verlässlichkeit von Computern sabotieren.
83. Neumann: *Theory of Self- Reproducing Automata*, a.a.O., S. 21.
84. Dies ändert sich, wie Lily Kay exemplarisch herausgearbeitet hat, jedoch vor allem in der Molekularbiologie bald darauf grundlegend. Vgl. Kay: *Das Buch des Lebens*, a.a.O.

konzeptuelle Nähe in Swarm Intelligence-Systemen auch umgesetzt (vgl. Kapitel IV.3) und schlägt sich zudem in einer computergestützten Herangehensweise an das Wissensobjekt Schwarm in der Biologie nieder.

Doch neben dieser konzeptuellen Nähe ist es vor allem eine medientechnische Verbindung, die Automatentheorie, Schwarmforschung und ABMS miteinander verknüpft. Diese Verbindung findet sich noch nicht in von Neumanns erstem Gedankenmodell, in dem er sich einen selbstreproduzierenden Automaten noch als handfeste Maschine imaginiert, als einen Computer aus Schaltern, Reglern und Verbindungen zu Informationsweitergabe, der zugleich Bauteile für ›Körperfunktionen‹ hat: etwa eine ›Hand‹ zur Manipulation von sich selbst und seiner Umwelt (durch Trennen oder Zusammenfügen von Elementen), ein Sensorelement, das alle Teile erkennen und diese Information an den Computer weiterleiten kann, und, so Steven Levy, »eine Reihe von Trägern als genau festgelegte strukturelle Elemente, die nicht nur den Montagerahmen für das Wesen darstellten, sondern auch die Bausteine des Informationsspeichers.«[85] Der Automat bewohnt dabei – wenig verwunderlich, denn bekanntlich ist das Leben im Meer entstanden – einen endlosen See, in dem zufällig verteilt genau jene Elemente herumschwimmen, aus denen er selbst besteht.[86]

Die Maschine, die später von Arthur W. Burks das *Kinematic Model* genannt werden wird, funktioniert dabei nach folgender Struktur (Abb. 35): In einer Konstruktionsabteilung A (Fabrik) wird ein Output X produziert, wenn sie dafür einen Befehl $b(X)$ erhält. B ist der Kopierautomat oder Duplikator, der auf eine gegebene Beschreibung b als Input dieselbe Beschreibung b und eine Kopie b' derselben als Output liefert. C ist die Kontrolleinheit, die den Befehl $b(X)$ zum doppelten Kopieren schickt. Danach schickt C die erste Kopie an A, um dort das durch b beschrieben Teil X produzieren zu lassen. Schließlich hängt C die verbliebene Version von $b(X)$ an den Output X von A an und entlässt $(X + b\,(X))$ aus der Maschine $A+B+C$. D ist eine spezielle Instruktion. Sie ermöglicht es A, genau $A+B+C$ zu produzieren. Es ist die Selbstbeschreibung der Maschine, $D = b(A+B+C)$. Der Automat $A+B+C+D$ produziert also einen Output, der präzise $A+B+C+D$ ist, ohne dass sich eines der individuellen Elemente selbst replizieren würde. Aber jedes ist notwendig für den Vorgang der Selbstreproduktion des Ganzen. Selbstreproduktion ist also gefasst als Systemeigenschaft, die die internen Beziehungen der Einzelelemente, ihre Organisation, charakterisiert.[87]

---

85. Levy: *Künstliches Leben*, a.a.O., S. 38.
86. Herman Goldstine kolportiert, dass von Neumann auch mit einer großen Packung *Tinker Toys* herumbastelte, um ein dreidimensionales Modell seiner Idee zu konstruieren. Vgl. Goldstine, Herman H.: *The Computer from Pascal to von Neumann*, Princeton 1972, zit. n. Freitas Jr., Robert A. und Merkle, Ralph C.: *Kinematic Self-Replicating Machines*, Georgetown 2004, http://www.molecularassembler.com/KSRM/2.1.3.htm (aufgerufen am 26.02.2012).
87. Ein halbes Jahrzehnt bevor James Watson und Francis Crick die Struktur der DNA entschlüsseln, legt von Neumann mit seinem Modell bereits die Funktionslogik der biologischen Zelle dar. Später wird die Korrespondenz der ›Fabrik‹ A zum zellulären Metabolismus, des DNA-Replikationsapparats zu B, des Zellkerns als Instanz zur Aktivierung oder Nichtaktivierung bestimmter Gene zu C, und

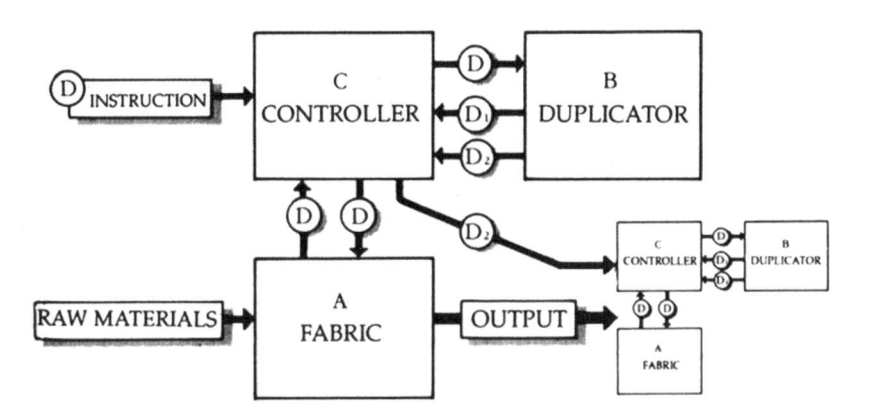

Abb. 35: Schematische Darstellung von John von Neumanns *Self-Reproducing Automaton*.

Die Realisierung dieses Gedankenmodells erscheint jedoch kaum möglich, denn die Anzahl der dazu nötigen Bauteile ist nicht zu überblicken, und zudem ist es kaum geeignet für mathematische Analysen, die ja von Neumanns eigentliches Ziel sind.[88] Entscheidend vereinfacht wird es schließlich vom Mathematiker Stanislaw Ulam. Dieser empfiehlt, sich anstelle der Unbill des Lebens eines *Kinematic Model* im künstlichen See lieber einer Modellumwelt zuzuwenden, die eher am Wachstum von Kristallen orientiert ist und aus einem rasterförmigen, wie ein unendliches Schachbrett ausgebreitetem Lebensraum besteht.[89] Jedes Quadrat dieses Rasters kann als eine ›Zelle‹ aufgefasst werden, deren Verhalten sich nach einem für alle Felder geltenden Programm (einer *State Transition Table*) richten solle, und jede Zelle enthält Informationen, die ihren Status aus einer Anzahl möglicher Zustände beschreibe. Der springende Punkt dabei ist, dass die Zellen mit jedem Zeitschritt des Systems ihren Zustand mit einer definierten Zahl von Nachbarzellen vergleichen, um daraufhin ihren Zustand im Rückgriff auf das gemeinsame Programm zu aktualisieren. Der Zustand einer Zelle zum Zeitpunkt $t + 1$ kann also als eine Funktion geschrieben werden aus dem Zustand der Zelle selbst und der an sie angrenzenden Zellen zum Zeitpunkt t. Oder, in den Worten Pias': »Jede Zelle war fortan ein kleiner Automat und konnte nach bestimmten Regeln mit benachbarten Zellen wechselwirken. [...] Aus der Science-Fiction eines bastelnden Roboters im Ersatzteil-Meer war dank

---

der genetischen Information in der im Zellkern enthaltenen DNA zu D in von Neumanns Modell evident.
88. Vgl. Stahl, W. R.: »Self-Reproducing Automata«, in: *Perspectives in Biology and Medicine* 8 (1965), S. 373–393, hier S. 378.
89. Ulam sprach von einer »mosaikartigen Struktur wie bei einer Kachelfläche in einem Badezimmer«, vgl. Levy: *Künstliches Leben*, a.a.O., S. 58. Vgl. zu Kristallen als Modellen des Lebens v.a. die jüngsten Arbeiten von Thomas Brandstetter, etwa: »Imagining Inorganic Life: Crystalline Aliens in Science and Fiction«, in: Geppert, Alexander (Hg.): *Imagining Outer Space: European Astroculture in the Twentieth Century*, Basingstoke, New York 2012.

Ulams Vorschlag ein mathematischer Formalismus namens ›zellulärer Automat‹ geworden.«[90] Damit wird ein sich reproduzierender, künstlicher ›Organismus‹ mathematisch exakt beschreibbar, der bei von Neumann bekanntermaßen Ausmaße von bis zu 200.000 Zellen mit 29 möglichen Zuständen annimmt. Dieses »Monster« (Steven Levy) hat die Form eines Vierecks mit 80 x 400 Zellen, deren Zustandskombination sein Verhalten (und damit in einer ontologischen Zuspitzung zugleich sein Sein) bestimmt, und das alle Funktionen der Komponenten A, B und C ausführt. Der Konstruktionsplan D jedoch war in einen 150.000 Zellen langen, einreihigen ›Schwanz‹ ausgelagert. Indem dieser Plan ausgelesen und der ›Körper‹ samt Schwanz am Ende des Schwanzes des Ausgangsmonsters mit gleichen Zellzuständen reproduziert und schließlich abgetrennt wird, entstehen exakte Duplikate. Damit ist für von Neumann nicht nur der Nachweis erfüllt, es hier mit einer ›lebensähnlichen‹ Form der Selbstorganisation zu tun zu haben. Auch handelt es sich bei seinem Modell im Prinzip um einen universellen Computer im Sinne Alan Turings.

Doch aufgrund ihrer programmgemäßen Grundlegung besitzen Zellularautomaten (CA) einige Eigenschaften, die sie vor allem für die Modellierung einer Vielzahl dynamischer Systeme interessant machen:

»Zelluläre Automaten haben gegenüber Systemen von Differentialgleichungen beispielsweise den Vorteil, dass ihre Simulation auf einem Digitalcomputer keine Rundungsfehler produziert, die gerade bei dynamischen Systemen rasch eskalieren können. Gleichwohl können stochastische Elemente leicht in die Regeln eingearbeitet werden, um Rauscheinflüsse zu modellieren. Zelluläre Automaten sind gekennzeichnet durch Dynamik in Zeit und Raum. [...] Mathematischer heißt dies, dass ein zellulärer Automat beschrieben werden kann durch: 1. Den Zellraum, also die Fläche des möglichen Spielfeldes, die Zahl seiner Dimensionen (Linie, Fläche, Kubus usw.), und seine Geometrie (rechteckig, hexagonal usw.); 2. Die Randbedingungen, also das Verhalten der Zellen, die nicht genügend Nachbarn haben; 3. Nachbarschaft, also den Radius des Einflusses auf eine Zelle (z.B. die 5er von-Neumann- oder die 9er Moore-Nachbarschaft; 4. die Menge möglicher Zustände einer Zelle [...]; und 5. die Regeln nach denen Zustandsänderungen ablaufen [...].«[91]

Und ihr besonderes epistemisches Potenzial können sie dort ausspielen, wo sie nicht nur schematisch zu Papier gebracht werden, sondern wo sie diese Dynamiken zugleich computergrafisch präsentieren können. Dies ist seit der Pionierarbeit von Burks und einer Arbeitsgruppe an der University of Michigan möglich und von Beginn an äußerst fruchtbar. Hierbei geht es interessanterweise erst einmal um die Vereinfachung der Selbstbeschreibung von universellen Turingmaschinen auf Basis von Zellularautomaten. Burks' Gruppe gelingt diese Vereinfachung auf Anhieb. Und selbst wenn deren simpelste Version, die John H. Conway 1968 als *Game of Life* mittels eines Preisausschreibens im *Scien-*

---

90. Pias: *Computer Spiel Welten*, a.a.O., S. 259.
91. Pias: *Computer Spiel Welten*, a.a.O., S. 257.

tific American vorstellt, als »primitives Papierspiel« (Pias) entsteht, das manuell mit schwarzen und weißen Steinen auf einem Go-Spielbrett (und gegebenenfalls daran angelegten, improvisierten Raster-Blättern) verschiedene Spielszenarien durchgeht, zeigen sich bereits dort periodisch wechselnde Muster oder mobile ›Gleiter‹.[92] Aber bezeichnend ist auch hier, dass das Finden eines Taktgenerators (der später in dem an abstrusen Namen für die verschiedenen ›Musterwesen‹ reichen Zoo des *Game of Life*, *glider gun* genannt wird) – das Ziel des Preisausschreibens – durch den Informatiker William Gosper am MIT mithilfe eines *PDP-6*-Computers samt Schwarzweißmonitor bewerkstelligt wird. Denn am Computer können neue Spielentwürfe rasant schneller beobachtet und evaluiert werden als am Spielbrett: »Die Anordnung leistete sich gelegentlich faszinierende Entgleisungen, und die Life-Beobachter, häufig umgeben von ebenfalls faszinierten Zuschauern, konnten dem Fortgang stundenlang zuschauen.«[93] Eine Faszination an dynamischen Modellentwicklungen, die sich mit der Verbreitung von Heimcomputern noch einmal in größerem Maßstab wiederholen sollte »und ungezählte heimische Bildschirme mit ›Gleitern‹, ›Fressern‹, ›Verkehrsampeln‹, ›Fähren‹ und ›Rädern‹ bevölkerte.«[94]

Doch abseits der grafisch unterstützten ›Selbsterkenntnis‹ von CA, den anhängigen Anekdoten und dem Tierpark aus Ansammlungen kleiner Quadrate ist es die Möglichkeit der exakten Zuordnung bestimmter Eigenschaften zu definierten Einheiten in Kombination mit einer Animation dieser Einheiten auf der Zeitachse, die Zellularautomaten auch in der Biologie, also direkt im Kontext ›natürlichen Lebens‹ erkenntnisbringend einsetzbar machen.[95] Die Verwendung für die Computersimulation von Schwärmen ist dabei nur eine unter vielen Möglichkeiten, die von der Zellforschung über Nervensysteme, die Entwicklungs- oder Populationsbiologie bis hin zur Verhaltensbiologie reicht. Für Schwarm-Modelle sind sie prinzipiell besonders geeignet, da es sich bei den Einheiten für künstliche Schwärme um Zellen mit nur wenigen Zuständen handelt, die dann – und endlich auch in großer Zahl – mit verschiedenen Nachbarschaftsverhältnissen durchgespielt und ihr Strukturverhalten in der Runtime des CA beobachtet werden kann. Avanciertere Parameter wie Geschwindigkeitsanpassungen oder eine detaillierte Modellierung der Körper der Schwarm-Individuen und eine genaue Berücksichtigung ihrer sensorischen Fähigkeiten

---

92. Vgl. Levy: *Künstliches Leben*, a.a.O., S. 68–70. Hier existieren für jede Zelle nur noch zwei Zustände, lebendig (schwarz) oder tot (weiß). Mithilfe von nur vier Regeln entstehen aus bestimmten Ausgangsanordnungen von lebendigen Zellen Muster oder Bewegungen. Diese vier Regeln pro Zeiteinheit sind: 1. jede Zelle mit weniger als zwei Nachbarn stirbt vor Einsamkeit; 2. jede Zelle mit mehr als drei Nachbarn stirbt an Enge; 3. jede Zelle mit genau 3 Nachbarn wird lebendig; 4. jede Zelle mit zwei oder drei Nachbarn überlebt ohne Zustandsänderung. Die überraschend komplexen Muster oder Bewegungen, die aus diesem Satz simpler Regeln auf dem zweidimensionalen Gitter entstanden, machten das *Game of Life* und Variationen davon zu einem der meistprogrammierten Computerspiele. Es ist eines der einfachsten Beispiele für die Selbstorganisation einer abstrakten Zellpopulation in einer Modellumwelt anhand eines Satzes simpler lokaler Regeln.
93. Ebd., S. 74.
94. Pias: *Computer Spiel Welten*, a.a.O., S. 258.
95. Vgl. z. B. Ermentrout, G. Bard und Edelstein-Keshet, Leah: »Cellular Automata Approaches to Biological Modeling«, in: *Journal of Theoretical Biology* 160 (1993), S. 97–133.

sind zwar nicht möglich. In derlei Hinsicht erinnert die Rasterstruktur des CA-Raumes im Sinne Ulams eher an die kristalloiden Schwarmgeometrisierungen von Charles Breder.[96] Da jedoch Störungen und stochastische Effekte einfach in die Simulation einzubauen sind, kann gerade ein adaptives Verhalten künstlicher Schwärme getestet und modelliert werden.

Genau hier setzt die Anwendung eines CA in der Schwarmforschung an, welche die norwegischen Forscher Rune Vabø und Leif Nøttestad 1997 vorstellen. »The precise biological values are of minor importance in this model«, schreiben diese, denn ihr Ziel ist die Formulierung möglichst allgemeingültiger Aussagen über das selbstorganisierende Schwarmverhalten von Fischen und die Reaktion auf angreifende Raubfische. Ihr Modell lehnt sich in einigen Parametern zwar an das lückenhafte Datenmaterial über Heringsschwärme an, hat jedoch die Animation von Schwarmverhalten auf Basis von grundsätzlichen Faktoren im Auge.[97] In der Episteme der Computersimulation ist die Beschränkung auf einige wenige, sorgfältig ausgewählte Parameter ohnehin oft erkenntnisleitend, da mit deren zunehmender Zahl auch die Zahl der Wechselwirkungen exponentiell ansteigt und die Aussagefähigkeit von Simulationsmodellen verunschärft.[98] Und weiter:

> »The conceptual CA model introduced in this paper is based on a philosophy of allowing individual fish to perform separate actions on the basis of simple behavioural strategies. […] The model includes stochastic elements which assume that individual herring do not have perfect information about their surroundings. […] The cooperative dynamics of the school should occur as a result of all the local actions taken by each individual. In our model, fish are represented as objects moving between cells or fixed points in a two-dimensional grid equivalent to the open sea, *which provide a useful visual representation to study school behavior*. […] By visualizing the lattice with the positions of individual herring over sequential time steps, the dynamics of this CA could resemble some of the dynamical schooling structures seen in nature. It may thus be possible to see realistic schooling behavior from the changing structure of the CA configuration.«[99]

---

96. Vgl. Forbes: *Imitation of Life*, a.a.O., S. 26; vgl. Neumann: *Theory of Self-Reproducing Automata*, a.a.O.; vgl. Langton, Christopher G.: »Artificial Life«, in: Boden, Margaret M. (Hg.): *The Philosophy of Artificial Life*, Oxford 1996, S. 39–94, hier S. 48.
97. Vabø, Rune und Nøttestad, Leif: »An individual based model of fish school reactions: predicting antipredator behavior as observed in nature«, in: *Fisheries Oceanography* 6/3 (1997), S. 155–171, hier S. 155.
98. Andererseits können hierdurch auch unzulässige und verfälschende Reduktionen eingeführt werden, wenn die Relevanz von Variablen falsch eingeschätzt wird: »[D]ie Optimierung von Algorithmen [ist] an eine Grenzen geraten und qualitativ neue Erkenntnisse sind derzeit nur noch über erhöhte Rechenleistung vorstellbar. Simulation ist ein Bereich, in dem das vielzitierte Umschlagen von Quantität in Qualität derzeit zu funktionieren scheint, weil es (wie an der Epidemiologie gezeigt) nicht um Reduktionen, sondern um Anreicherungen geht. Jede Reduktion birgt das Risiko, daß die Simulation nicht mehr »richtig« ist und jede Anreicherung die Chance, daß sie einen qualitativ neuen Phänomenbereich erschließt.« Pias: »Details Zählen«, a.a.O., S. 17.
99. Vabø und Nøttestad »Fish School Reactions«, in: *Fisheries Oceanography*, a.a.O., S. 155–156 [Hervorhebung SV].

Hier werden Schwärme nicht nur innerhalb eines zweidimensionalen Raster-Raumes angesiedelt, sondern können – analog zur Visualisierung der akkumulierten *target strenghts* in den Voxelgrafiken von Multibeam-Sonarsystemen – jede Zelle mit einer Dichte von bis zu neun Schwarm-Individuen bevölkern.[100] Diese *cell density* wird farblich codiert, und für jeden Zeitschritt wird eine Karte angelegt, welche die Veränderungen der Positionen aller Individuen präsentiert. Aus einer zufällig verteilten Ausgangssituation entwickeln sich so durch die Applikation von Parametern wie der Größte des Rasters, der Anzahl und Sichtweite von Raubfischen, der Anzahl, Sichtweite, größt- und kleinstmöglichen Dichte der simulierten Heringe, ihrer sogenannten *Panic Distance* sowie in Abhängigkeit von der Einstellung der Werte dieser Parameter verschiedene Szenarien: Eine Erhöhung des stochastischen Rauschens etwa führt zu amorpheren und weniger dichten Kongregationen, während geringere Störeinflüsse eine Aufsplittung in viele, kleinere und dichtere Schwärme zur Folge haben (Abb. 36). Auch die Änderung von Sichtweite und Ausgangsdichteverteilung führen zu deutlich anderen Ergebnissen, und bei der Simulation von Raubfischangriffen zeigen sich realistische Ausweichmanöver des Schwarms, wie die auch im Open Water zu beobachtenden Vakuolen- und Split/Join-Formationen (Abb. 37 und 38).

Allerdings erwähnen die Forscher auch die Grenzen ihrer CA-Simulation. Nicht nur seien biologische Individuen sehr viel freier als in den Zellräumen ihrer (zudem zweidimensionalen) Modellwelt, noch liefe die Interaktion mit ihren Nachbarn so eindeutig festgelegt ab wie nach den Parametern des Computermodells. Anfügen könnte man dem noch die globale Taktung des CA, bei der sich alle Bestandteile des Systems zentral kontrolliert updaten und somit bereits synchronisiert sind. Fragen nach *Synchronisierungsprozessen* wie jene, die im Kontext der Macy-Konferenzen behandelt wurden, fallen damit von vorneherein schon aus dem Untersuchungsrahmen. Mit der Autonomie der modellierten Individuen ist es also noch nicht gar so weit her. Hinzu komme eine Versuchung für den Forscher: »When constructing a model of a particular biological or ecological system, one is tempted to relax the strict definition of CA so as to match as well as possible the design of the system under study. The trade-off is always between the realism and the tractability of the model.«[101] Will heißen: Gerade mit nicht naturalistischen Modellen können wichtige Erkenntnisse über das Verhalten distribuierter dynamischer Systeme gewonnen werden – es gibt einen produktiven epistemologischen Spalt zwischen natürlichem und simuliertem System, der letzteres übertragbar macht auf »various fields of biological science, including studies on a wide spectrum of schooling fish, flocking mechanisms and herd behaviour in mammals.«[102]

Mit Zellulären Automaten als Environment für Computersimulationen ist damit jene eingangs des Abschnitts erwähnte Multiplikation und Verflüssigung,

---

100. Ebd., S. 156.
101. Ebd., S. 169.
102. Ebd., S. 169.

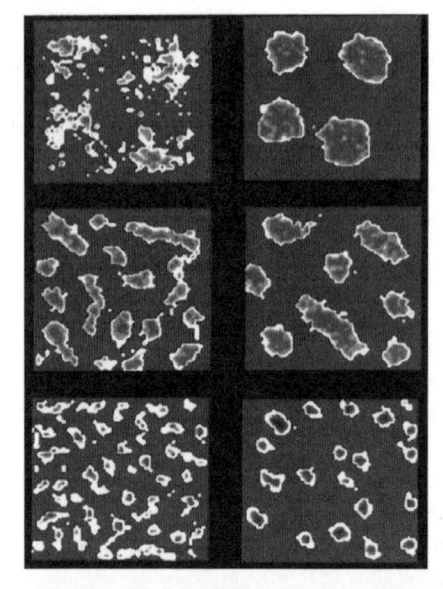

Abb. 36: Unterschiedliche Schwarmbildung in Abhängigkeit von der Variable ›Sichtweite‹ nach Vabø/Nøttestad.

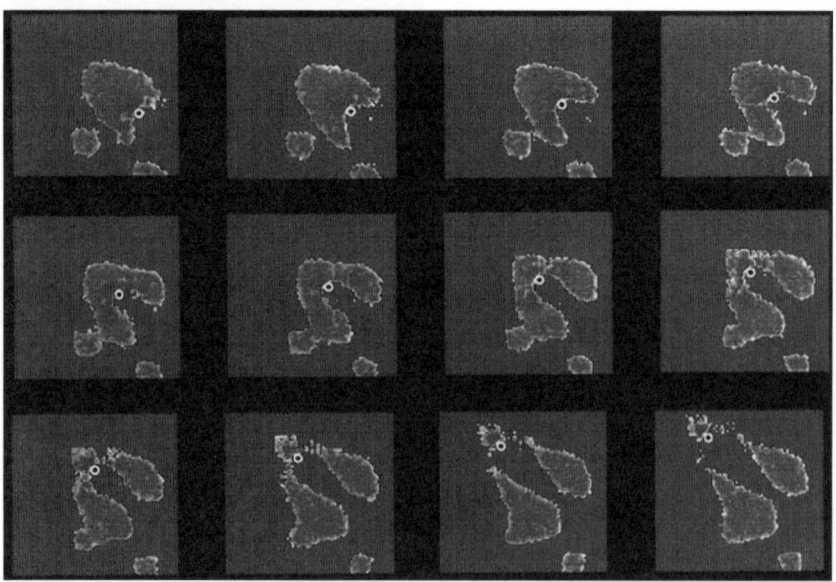

Abb. 37: Simulationssequenzen (Standbildfolge): Split/Join- und Vacuolen-Formation nach Vabø/Nøttestad.

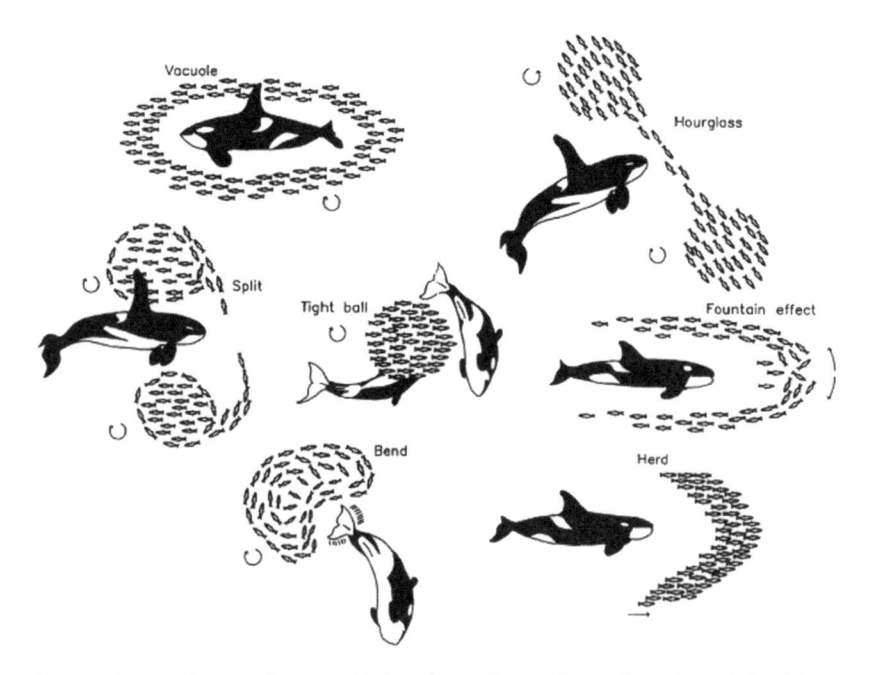

Abb. 38: Schematische Darstellung verschiedener beobachteter Schwarmformationen in Reaktion auf Raubfischattacken.

jene Explosion und Implosion epistemischer Dinge angesprochen. Die Materialität und Strukturalität hat kolonialistischen Charakter – anstatt um ein identifizierbares epistemisches Ding zu kreisen, überbrückt es verschiedene Disziplinen, verschiedene Gegenstands- und Forschungsbereiche, verbindet biologische mit computertechnischen Ansätzen. Nicht indem sie deren Differenzen strukturell einebnet und inhaltlich nivelliert, sondern indem sie diese differenziell verhandelbar macht, indem sie epistemologische Spalte operationalisierbar und in dynamischen Visualisierungen bearbeitbar macht, erzeugen CA epistemische Häufungen. Diese sind nicht nur mathematisch exakt beschrieben, sondern auf Basis dieser formalen Struktur auch dynamisch in Bildsequenzen gesetzt. Im Falle der ›Badezimmerkacheln‹ von Zellularautomaten haben wir es mithin mit Rastern zu tun, die im Anschluss an die Kachelböden der Aquarien von Radakov, Shaw und anderen wirkliche Dynamiken erzeugt. Diese Raster ermöglichen nicht mehr nur analytische Beobachtungen und Vermessungen, sondern synthetisieren sie zu kollektiven Bewegungsmustern. Und dabei sind sie nicht einfach nur grafische *Repräsentationen*, mit denen Beobachtungen an künstlichen Schwärmen möglich werden, sondern zugleich eindeutig beschriebene Programmprozesse, die auf einer logischen Struktur implementiert sind, der – jedenfalls, wenn Parallelrechner wie Hillis' *Connection Machines* verwendet werden – sogar eine materielle Struktur entspricht, die jene der grafischen Oberfläche hardwaretechnisch verdoppelt: Schein und Sein wären damit eins.[103]

Objektorientierung und das Dispositiv der Selbstorganisation

»Bei einer Präsentation bei Apple Mitte der 80er-Jahre hielt ein Mitarbeiter einen Vortrag über die erste Version der neu entwickelten Programmiersprache Oberon. Diese sollte der nächste große Schritt in der Welt der objektorientierten Sprachen sein. Da meldete sich Alan Kay zu Wort und hakte nach: ›Diese Sprache unterstützt also keine Vererbung?‹ ›Das ist korrekt.‹ ›Und sie unterstützt keine Polymorphie?‹ ›Das ist korrekt.‹ ›Und sie unterstützt auch keine Datenkapselung?‹ ›Das ist ebenfalls korrekt.‹ ›Dann scheint mir das keine objektorientierte Sprache zu sein.‹ Der Vortragende meinte darauf: ›Nun, wer kann schon genau sagen, was nun objektorientiert ist und was nicht.‹ Woraufhin Alan Kay zurückgab: ›Ich kann das. Ich bin Alan Kay, und ich habe den Begriff geprägt‹.«[104]

Freiheit ist immer die Freiheit der Andersrechnenden. Die Entwicklung autonomer Agenten, ihre ›Emanzipation‹ in Form bestimmter Computerprogrammsoftware und Simulationsmodelle, geschieht in einem Diskurs, der informatische und biologische Zugänge miteinander verschaltet. Zelluläre Automaten sind dabei nur eine technische Form, nur eine historische Fluchtlinie, und angesichts der Autonomie späterer ABMS ein recht rigides Korsett für die Simulation distribuierter dynamischer Systeme. Die Entwicklung von ABMS kann umfassender als ein Prozess verstanden werden, der eingebettet ist in eine Transformation von Programmierleitbildern, die – so der Informatiker Jörg Pflüger – wiederum »ihre Produktionsverhältnisse inkorporieren.« In einem Foucault- und Blumenberg-geschwängerten Artikel über die wechselnden Ordnungen des Wissens in der Geschichte der Software-Entwicklung mit dem Titel *Writing, Building, Growing* verhandelt er unter der letzten dieser drei ›absoluten Metaphern‹ eine Bewegung, bei der eine epistemologische mit einer medialen und einer arbeitsökonomischen Perspektive kombiniert wird:

»Der Paradigmenwechsel von der strukturierten Programmierung zum evolutionären Entwurf kann aus der Sicht einer Industrialisierung der Softwareerstellung in der Wendung vom strukturierten Arbeitsgegenstand zu flexiblen Organisation seines Produktionsprozesses gesehen werden, der vom Arbeitsmittel unterstützt werden muss. Die Besinnung auf seine Eigendynamik macht sich auch in einer ›Mobilisierung‹ der Programmiersprachen bemerkbar.«[105]

---

103. Das Modell von Vabø und Nøttestad wird jedoch in *C* geschrieben und läuft unter *UNIX*.
104. Lahres, Bernhard und Rayman, Gregor: *Praxisbuch Objektorientierung*. Bonn: Galileo Computing 2006, o.S. (Onlineversion), http://openbook.galileocomputing.de/oo/oo_01_einleitung_000.htm#Xxx999137 (aufgerufen am 26.02.2012).
105. Pflüger: »Writing, Building, Growing«, in: *Geschichten der Informatik*, a.a.O., S. 300–301. Der Text rekurriert auf Brooks, Frederick: »No Silver Bullet«, in: *IEEE Computer* 20/4 (1987), S. 10–19.

Im Rahmen einer allgemeineren, sukzessiven geistesgeschichtlichen Ablösung des Leitmotivs der *Struktur* von jenem der *Selbstorganisation* seit dem Zweiten Weltkrieg spricht Pflüger damit zwei Prozesse an, die sich gegenseitig hervorbringen: Einerseits eine Re-Formation des Produktionsprozesses von Software (die als Bedingung dieser Reformation zugleich auch ein Erkenntnisprozess sei) weg von hierarchischen, arbeitsteiligen Organisationsformen hin zu den schrittweisen Entwürfen objektorientierter Programmierung (OOP) mit ihren »Prototypen und Modellfragmenten«.[106] Hinzu komme eine neue Konzeption des ›Mediums‹ Programmiersprache:

> »Vom reinen Notations- und Kodierungsinstrument avancierte sie zum syntaktischen Mittel der Gliederung einer rationalen Konstruktion, das zum Überblick in einem komplexen System verhelfen soll. In einem weiteren Schritt werden objektorientierte Programmiersprachen zu einem formalen Medium der Wissensakkumulation, dessen Aufgabe darin besteht, zugleich den Entwurfsvorgang offen zu halten und dem damit einhergehenden Erkenntnisprozeß einen Halt zu geben.«[107]

Die Ausgangsidee eines objektorientierten Programmierstils liege in einer Sichtweise, die »jegliche Art der Programmentwicklung als Modellierungsproblem« begreife. »In diesem Zusammenhang beschreiben Programme die Simulation eines Geflechts von Ideen und modellieren problemrelevante Realitätsausschnitte durch Gruppen interagierender Objekte.«[108] Damit greifen die Programmenvironments, auf denen agentenbasierte Computersimulationsmodelle aufbauen, als desselben ›Geistes‹ Kinder auch in ihrer Konstitution auf dieselben Verfahren zurück, für die sie dann als Programm-Tools eingesetzt werden: Bevor auf, in oder mit ihnen Simulationen laufen, entstehen sie selbst in einem Modus des distribuierten Ausprobierens, Experimentierens und Testens von modularisierten Prototypen. Sie sind somit grob gesagt selbst immer schon Produkte einer simulatorischen, synthetisierenden Anordnung und tragen damit jene Dynamik bereits in sich, die sie später als Anwendung, als fertiges Produkt für die Modellierung anderer Zusammenhänge und Realitätsausschnitte bereithalten sollen:

> »Die objektorientierte Sicht zieht radikalere Konsequenzen nach sich und verfolgt einen doppelten bottom-up Ansatz. Analog zum zwiefältigen Hintergrund der strukturierten Programmierung, die auf Industrievorbilder und Konstruktionsleitbilder rekurrierte, intendiert die Objektorientierung sowohl einen experimentellen Programmierstil wie

---

106. Ebd., S. 275. Bei Pflüger wird die erste technisch vollwertige objektorientierte Programmiersprache *SIMULA* zu einem Beispiel dafür, noch zur Unzeit innerhalb der Episteme der Struktur entwickelt worden zu sein. Daher kann erst retrospektiv ihr Potenzial für inkrementelles Entwerfen hervorgestrichen wurde, denn in den 1960er Jahren wurde sie – entgegen ihres technischen Potenzials – für die Programmierung von top-down Strukturen eingesetzt.
107. Ebd., S. 276.
108. Kreutzer, W.: »Grundkonzepte und Werkzeugsysteme objektorientierter Systementwicklung«, in: *Wirtschaftsinformatik* 32/3 (1990), S. 211–227, hier S. 213, zit. n. ebd., S. 296.

eine verteilte Produktions- und Distributionskultur: Zum einen propagiert sie ein inkrementelles Vorgehen, dem zufolge komplexe Systeme durch Aggregation und Vernetzung von Modellfragmenten entwickelt werden.«[109]

Und zum anderen funktioniert sie als Rahmen einer ›offenen Modellentwicklung‹, bei der nicht mehr die Konfiguration eines antizipierten Produkts (oder eines zu simulierenden Systems) maßgeblich für den Entwicklungsprozess sei, sondern einem beschränkten Wissen der Softwareentwickler Rechnung getragen wird, da mit diesem die Funktionalität nicht überschaubarer Systeme schrittweise anzunähern sei:

»In der Praxis hat sich gezeigt, dass sich im Softwareentwicklungsprozess die funktionalen Zusammenhänge mit wachsendem Verständnis und Erfahrung am stärksten ändern und dass die Datenstrukturen, die beobachtete Eigenschaften oder konstruierte Entitäten repräsentieren, die stabileren Teile sind. Deshalb bestehen die fundamentalen Einheiten objektorientierter Sprachen – die *Klassen* – aus einer Datenstruktur mit zugehörigen Operationen, ihren *Methoden*. Eine Klasse kann als Muster für operationale Einheiten aufgefasst werden, die, wenn sie im Programmlauf instantiiert werden, dem System dauerhaft als *Objekte* zur Verfügung stehen. Sie entspricht einem Modul, das die relativen Eigenschaften einer Klasse ähnlicher Entitäten der zu modellierenden Realität definiert, und was mit ihnen getan werden kann. Die Methoden können durch Nachrichten von anderen Objekten (Klienten) aktiviert werden, aber sie operieren nur auf den Objekten, zu denen sie gehören, – sozusagen ein Prinzip des ›function follows form‹.«[110]

Die Entwicklung von und der Umgang mit Programmierverfahren nimmt hier für sich in Anspruch, so Pflüger, einem als ›natürlich‹ beschriebenen (und infolge dessen gelegentlich auch nicht ganz von Esoterik freizusprechenden) ›Wachstum‹, einer schrittweisen Selbstorganisation des Programmierprozesses hin zu einer adäquaten Lösungskonfiguration zu folgen, die sich auch in dem dabei eingesetzten modularisierten Aufbau der objektorientierten ›Programmierlogik‹ niederschlägt. Ein für den Programmierer intuitiver Umgang bei der Modellierung von Realweltphänomenen in Computersimulationen ist Ziel dieses Growing-Layouts: »Die ›Natürlichkeit‹ solcher Softwareentwicklung wird im Doppelsinn des Begriffs ›growing‹ reflektiert: wachsen lassen und kultivieren. [...] In der konstruktiven Abstraktion und Verfeinerung der Modellfragmente ist dann ein Moment der Zucht zu sehen, wodurch das weitere Wachstum organisiert wird.«[111]

---

109. Pflüger: »Writing, Building, Growing«, in: *Geschichten der Informatik*, a.a.O., S. 297.
110. Ebd., S. 298.
111. Ebd., S. 302. Nicht von ungefähr wird diesbezüglich das *Santa Fe Institute* (SFI) genannt, dessen Forschungen sich ab den 1980er Jahren den Entwurf von bottom-up-Modellen unter dem Label *Complexity Studies* forcieren, inklusive eines geradezu neoliberalen Mantras, nachdem man »Akteure einfach aufeinander loslassen« müsse und sich »alles nach einer Weile von selbst organisiert« (vgl. ebd., S. 310).

Bei der OOP werden Daten und Operationen, die auf diese Daten angewandt werden, in einem ›Objekt‹ zusammengefasst. Dieses Objekt wird dann nach außen hin ›gekapselt‹, sodass die darin enthaltenen Daten nicht versehentlich von ›Methoden‹ anderer Objekte verändert werden. Objekte können somit als abstrakte *Akteure* angesehen werden, deren Datenstruktur durch definierende *Attribute* festgelegt sind und deren Verhalten durch die *Methoden* bestimmt wird. Diese werden in ›Klassen‹, also abstrakte Oberbegriffe für ein Objekt, versammelt und unterteilt. Durch *Vererbung* von *Attributen* und *Methoden* können neue Klassen aus einer bestehenden abgeleitet werden. Durch die Spezifikation der Attribute und Methoden können damit aus einer Objektklasse verschiedene *Instanzen* eines Objekts produziert werden. Mit diesem Polymorphie-Prinzip folgt die OOP damit dem Prinzip eines Ersatzteillagers (Pflüger spricht hier richtiger von einem Code-»Satzteillager«), mit dem aus einer Menge von einfach gehaltenen Basisbausteinen komplexere Objekte und deren systemische Bezüge modelliert werden. Dies geschieht etwa, indem zwischen den Objekten (die als operierende Unterprogramme angesehen werden können) Nachrichten ausgetauscht werden, wobei die Kapselung der Objekte definiert, welche Nachrichten empfangen und beantwortet werden können, indem die zugehörige *Methode* ausgeführt wird und sich das Objekt in bestimmter Weise ›verhält‹. Mit diesem Prinzip werden zugleich Änderungen und nachträgliche Ergänzungen einfacher durchführbar.

Bei strukturalen Softwareentwürfen ging es zuerst noch um einen Kampf um begrenzte Rechen-Ressourcen (diese Phase nennen Brooks und Pflüger *Writing*) und dann um das *Building* einer Zustandsbeschreibung im Programm, dem eine analytische Spezifikation des Problems vorausgeht. Hier sind die Ebene der Daten und jene der Operationen streng getrennt; dies entspricht einem Denken in kausalen Ursache-Wirkungszusammenhängen. Oder in den Worten Herbert Simons: »[Z]u einer gegebenen Blaupause finde man das korrespondierende Rezept.«[112] Diese Perspektive müsse Wirklichkeit erst erfahren, so Pflüger, um sie in Zustands- und Prozessbeschreibung verdoppeln und sich aneignen zu können: »Sie versucht mit beschränkten Mitteln nachzuvollziehen, was sie erleidet. Konstruktion des Strukturdenkens ist Rekonstruktion, dies macht ihr Verständnis als einer wesentlich analytischen Tätigkeit aus. […] Ihre Aufgabe ist erledigt, wenn Zweck und Ziel eingelöst sind, wenn Prozessbeschreibung und Zustandsbeschreibung zur Deckung kommen.«[113]

Angesichts intransparenter dynamischer Systeme ist eine solcherart vorgehende Zustands- und Prozessbeschreibung oft gar nicht möglich, da nicht genügend oder gar kein Wissen über das betreffende System vorliegt, welches dann zur Deckung gebracht werden könnte – wenn eine Welt zu rekonstruieren ist, die sich der Lesbarkeit entzieht. Daher sei, so Pflüger, in vielen Wissensbereichen

---

112. Simon, Herbert A.: *Die Wissenschaft vom Künstlichen*, Wien, New York 1994 [1962], S. 144–172, hier S. 167, zit. n. Pflüger: »Writing, Building, Growing«, in: *Geschichten der Informatik*, a.a.O., S. 312.
113. Ebd., S. 314.

»eine epistemische Verschiebung von der wissenschaftlichen Anstrengung eines Begriffs zum zielstrebigen Zugriff des Gestaltens zu beobachten.«[114] Im Dispositiv der Selbstorganisation und seinen offenen Systemen muss eben keine Blaupause oder kein Gesamtplan vorliegen, »damit sich Strukturen und Muster ausbilden, nur Beziehungen in einem Feld oder ›erregbaren Medium‹«[115] – einem Medium wie etwa einer modularen OOP oder einem agentenbasierten Simulations-Environment. Die dualen Beschreibungsmodi struktureller Ansätze – Prozessbeschreibung hier, Zustandsbeschreibung dort – sind beim Bottom-up-Ansatz nicht mehr zu trennen: »Es handelt sich um eine iterative ›reality construction‹, die, statt zu analysieren, zitiert und reflexiv modernisiert.«[116] Im Laufe der 1990er Jahre entstehen dann extensive Programmbibliotheken und Toolkits wie *SWARM*, *RePAST* (*Recoursive Porous Agent Simulation Toolkit*), *Ascape* oder *MASON*, also jene angesprochenen ›Satzteillager‹, und Simulationsumgebungen wie *Starlogo*, *Netlogo* oder *AgentSheets*, die explizit für ABMS herangezogen werden (vgl. Kapitel IV.3).

Dieser unabschließbare ›Progress einer komponierenden Synthese‹ kommt anscheinend ohne Prinzipien und Gesetze zu Rande.

> »Er verzichtet auf die regulative Idee der Zweckmäßigkeit des Vorgefundenen – als ob die Welt voll Ordnung wär – und vertraut stattdessen auf die Regeln von Bildungsprozessen, nach denen sich nützliche Ordnungen einrichten werden. In dieser Realitätskonstruktion, die nach dem Leitsatz ›just squish things around until you like the total effect‹ beständig von Version zu Version voranschreitet, haben Strukturen – angeblich – keinen Bestand, und Wirklichkeit muss als Folge von Transitionen angenommen werden.«[117]

Hier klingt auf durchaus sarkastische Weise Kritik an einem allzu naiven Glauben an selbstorganisatorische Prinzipien an, in dem oft eine recht unverhohlen marktliberale Ideologie mitschwingt. Nicht zufällig sind Management-Ansätze stets die ersten, in denen jeweilige Re-Formationen von Prozessstrukturen diskurserweiternd verbreitet werden – auch Swarm Intelligence wäre ein Beispiel dafür. Was als epistemische Verschiebung in Computerprogrammierprozessen und ihrem Zugriff auf Realweltphänomene produktiv und sinnvoll sein kann, kann in der ökonomischen und soziopolitischen Einrichtung der Welt durchaus katastrophale Auswirkungen haben. Im Gegensatz zu Computerenvironments reagiert ›die Umwelt‹ meist sensibler auf Trial-and-Error-Methoden, und *Rapid Prototyping* ist im Zeithorizont und den sozialen Auswirkungen von Gesellschaftsprozessen wohl nicht der Weisheit letzter Schluss.

---

114. Ebd., S. 313.
115. Ebd., S. 314.
116. Ebd., S. 315.
117. Ebd., S. 315.

Computertechnologie, schreibt Pflüger, halte damit als ideologische Funktion die »Hintergrundmetapher der ›Schreibbarkeit der Welt‹ in der Welt«[118] – allerdings bleibt hier zu fragen, ob es nicht zwei Schritte sind im Dispositiv der Selbstorganisation, die hier zu trennen wären: Zunächst eine mediale Ebene ›designorientierter‹, computergestützter Schreibverfahren, auf der »designers explore [...] the problem through a series of attempts to create solutions. There is no meaningful division to be found between analysis and synthesis [...] but rather a simultaneous learning about the nature of the problem and the range of possible solutions.«[119] Hier findet sich tatsächlich ein durch Computertechnologie und ihre strukturell reformierten Methoden und leistungsfähigen Simulationsmöglichkeiten ein epistemisch transformierter und ›offenerer‹ Zugriff auf ›Welt‹. Doch ob derartige szenarische Verfahren nicht im Endeffekt dazu dienen können, auf einer zweiten Ebene die ›Realwelt‹ ganz ohne Verschiebung von strukturalen Macheffekten einfach nur viel effizienter und eben ›zielstrebig‹ einzurichten, sei dahingestellt. Selbstorganisation auf medientechnischer Ebene bedeutet mitnichten einen automatischen, ja nicht einmal einen naheliegenden Umbau der Gesellschaft hin zu weniger hierarchischen Strukturen, selbst wenn durch diese medientechnisch induzierte Proliferation das Leitbilds Selbstorganisation (und mit ihm auch der Begriff Swarm Intelligence) als Buzzword allerorten diskursiv wirksam wird.

Was im Bereich der Computertechnologie und ab den frühen 1990er Jahren auf breiter Front als paradigmatischer ›Design-orientierter‹ Rahmen erscheint, der zugleich die interne Formation von Computerprogrammierung und ihren Weltbezug neu justiert, verfährt damit nach einer ganz ähnlichen epistemischen Strategie wie agentenbasierte Computersimulationsverfahren, mit denen das dynamische Verhalten von Bewegungskollektiven erforscht werden soll. Und dies mag die Relevanz unterstreichen, die eine medien- und wissensgeschichtliche Untersuchung jener Ansätze aus dem Grafikdesign für eine umfassendere Epistemologie der Computersimulation haben. Die Grenzen des Berechenbaren markieren hier ein Umschwenken auf ›natürliche‹, auf biologische Prinzipien, wenngleich die Objekte der OOP weniger autonom agieren als auf der Ebene von ABMS-Modellen. Auch geht es bei ABMS viel weniger um die Selbstorganisation der ›Programm-Macher‹ und die Organisation des Programmierprozesses, sondern um die konkrete Ausrichtung einer solchen Logik auf Wissensobjekte. Objektorientierte Programmiersprachen eignen sich jedoch aufgrund ihres Programmierparadigmas und ihres Aufbaus sehr gut für die Programmierung von agentenbasierten Simulationsmodellen, mit denen wiederum die dynamischen Bewegungen etwa von Tierkollektiven simuliert werden sollen. Ausgerechnet unter einem objektorientierten Programmierparadigma also wird das Nicht-Objekt Schwarm adressiert und adressierbar – einem Paradigma,

---

118. Ebd. S. 315.
119. Lawson, Brain: *How Designers Think. The Design Process Demystified*, 4. Auflage, Oxford, Burlington 2005, S. 44.

das wie auch agentenbasierte Verfahren Teil derselben, poststrukturalen Episteme ist.

Agentenspiele: *The KISS Principle*

Robert Axelrod kennt sich aus. Als langjähriger Mitarbeiter im US-Verteidigungsministerium und bei der *RAND Corporation* weiß er, dass das ›Kiss-Principle‹ im Jargon der US Army eine weniger verfängliche Bedeutung hat, als man vielleicht annehmen könnte. Denn ganz schlicht steht es hier für: »Keep it simple, stupid.«[120] Ausgerechnet eine militärische Anweisung initiiert damit für Axelrod die Freiheiten autonomer Agenten und der ABMS: »The KISS Principle is vital [...]. When a surprising result occurs, it is very helpful to be confident that we can understand everything that went into the model. Although the topic being investigated may be complicated, the assumptions underlying the agent-based model should be simple. The complexity of agent-based models should be in the simulations results, not in the assumptions of the model.«[121] Ähnlich der Re-Formation des Programmierprozesses im OOP verschieben sich mit dem Einsatz agentenbasierter Computersimulationen die Erkenntnis- und Beschreibungsmodi dynamischer Systeme. Joshua M. Epstein und Robert L. Axtell bringen diese Transformation so auf den Punkt: »[ABMS] may change the way we think about explanations [...]. What constitutes an explanation of an observed [...] phenomenon? Perhaps one day people will interpret the question, ›Can you explain it?‹ as asking ›Can you grow it?‹«[122] Und Axelrod, Ökonom und Politikwissenschaftler, setzt hinzu:

> »Agent-based modeling is a third way of doing science. Like deduction, it starts with a set of explicit assumptions. But unlike deduction, it does not prove theorems. Instead, an agent-based model generates simulated data that can be analyzed inductively. Unlike typical induction, however, the simulated data come from a set of rules rather than direct measurement of the real world. Whereas the purpose of induction is to find patterns in data and that of deduction is to find consequences of assumptions, the purpose of agent-based modeling is to aid intuition.«[123]

Axelrod befasst sich schon in seiner Publikation *The Evolution of Cooperation* mit der Erforschung sozialer Systeme in menschlichen Gesellschaften[124] – und auch

---

120. Ebd., S. 5.
121. Ebd., S. 5.
122. Epstein, Joshua M. und Axtell, Robert L.: *Growing Artificial Societies: Social Science from the Bottom Up*, Cambridge 1996.
123. Axelrod, Robert: *The Complexity of Cooperation: Agent-Based Models of Competition and Collaboration*, Princeton 1997, S. 3–4. Das KISS-Prinzip findet auf S. 5 desselben Bandes Erwähnung.
124. Axelrod, Robert: *The Evolution of Cooperation*, New York 1984. Schon zuvor veröffentlicht er gemeinsam mit William D. Hamilton einen Artikel zum Thema: Axelrod, Robert und Hamilton, William D.: »The Evolution of Cooperation«, in: *Science* 211 (März 1981), S. 1390–1396.

eines der ersten Beispiele für einen explizit agentenorientierten Ansatz kommt aus diesem Bereich: Thomas Schellings berühmtes Segregationsmodell aus dem Jahr 1971, das sehr an Zelluläre Automaten erinnert, wenngleich Schelling erst im Nachhinein von derlei Ansätzen erfahren haben will.[125] Schon vor der Entwicklung entsprechender Simulationssoftware spielt Schelling manuell ein ähnliches Regelsystem durch.

Anders als viele frühe Advokaten der CA hat Schelling keinen selbstreflexiven und ›computerspielerischen‹ Ansatz, sondern beschäftigt sich mit sozialen Phänomenen, und dabei mit dem Zusammenhang (so wird er später schreiben) von Mikromotiven und daraus resultierenden Makroverhaltensweisen. Ihn interessiert, warum sich in Städten sehr oft klar abgegrenzte Nachbarschaften mit Bewohnern gleicher Hautfarbe entwickeln – ist dies ein Zeichen von tiefgreifendem Rassismus? Schelling verteilt auf einem Schachbrett verschiedenartige Münzen. Grenzen an einer Stelle mehr als eine bestimmte Anzahl von andersartigen Münzen an eine Münze bestimmter Art, wird diese in zufälliger Manier auf ein anderes freies Feld versetzt. Das Ergebnis ist überraschend: Auch in Szenarien mit milden Segregationstendenzen ergeben sich auf dem Makrolevel schnell klar verteilte Häufungen gleichartiger ›Agenten‹ mit klaren Grenzen zu Bereichen andersartiger Münzen. Die Segregation von Wohnbezirken nach Hautfarbe, so Schelling, müsse folglich gar nichts mit rassistischen Einstellungen zu tun haben, sondern könne eine weicher intendierte Konsequenz eines Verhaltens sein, das etwa darauf beruhe, einfach innerhalb seiner Nachbarschaft nicht in der Minderheit zu sein. Trotzdem ergeben sich dadurch ghettoartige Verteilungsmuster, die Schelling mithilfe ein- und zweidimensionaler Grafiken nachvollzieht (Abb. 39).[126] Keep it simple, stupid: Ein einfaches Modell kann mit verschiedenen Präferenzstufen flexibel durchgeführt werden und führt zu kontra-intuitiven Ergebnissen, die in Schellings Fall einen nach üblichen Methoden vielleicht plausiblen soziologischen Verdacht auf bestimmte Intentionen von Bewohnern infrage stellt. Die Ursachen für bestimmte Musterbildungen in dynamischen Gruppenprozessen können ganz anders geartet sein als die auf den ersten Blick naheliegenden; Muster können entstehen, die von den Zielsetzungen der einzelnen Agenten weder impliziert, noch überhaupt mit diesen übereinstimmen müssen.[127]

---

125. Schelling, Thomas C.: »Dynamic Models of Segregation«, in: *Journal of Mathematical Sociology* 1 (1971), S. 143–186. Vgl. Aydinonat, N. Emrah: »An interview with Thomas C. Schelling: Interpretation of game theory and the checkerboard model«, in: *Economics Bulletin* 2/2 (2005), S. 1–7, hier S. 4. Schelling lässt sein Modell dann auch von Mitarbeiten der *RAND Corp.* in CA-Computermodelle überführen.
126. Nicht viel anders als beim Frosch-Aggregationsmodell von William D. Hamilton ergeben sich auf Basis minimaler Regelvorgaben klar abgegrenzte Ordnungen.
127. Wobei natürlich klar ist, dass es sich um ein sehr vereinfachtes Modell handelt, das mitnichten darauf verweist, es mit von Rassismus freien Systemen zu tun zu haben. Nur wird hier der Blickwinkel verschoben: Nicht psychologische Großmotive stehen im Vordergrund, sondern Bewegungen aufgrund lokaler Verhältnisse – ein Perspektivwechsel, wie er in anderer, aber nicht unähnlicher Weise in der Entwicklung der Ethologie um 1920 vorgenommen wird (vgl. Abschnitt *Formationen*).

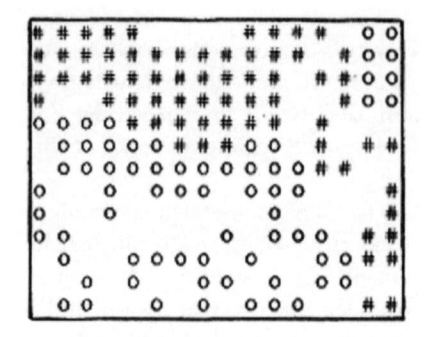

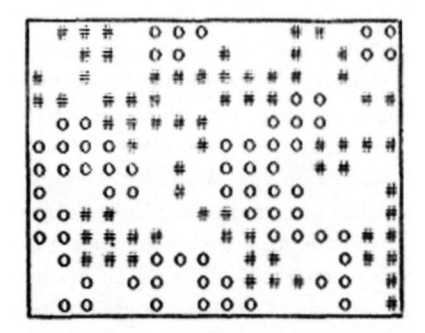

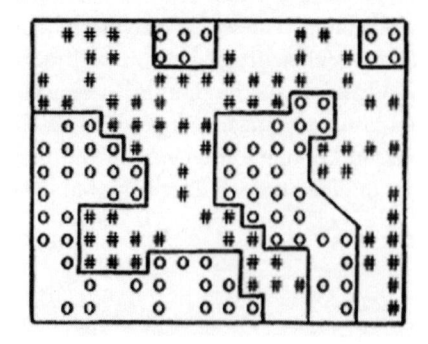

Abb. 39: Thomas Schellings Segregationsmodell in der 2D-Darstellung.

Schellings Modell zeigt dabei bereits die Vorteile agentenbasierter Systeme, die der Physiker Eric Bonabeau festhält, und die mit der Verfügbarkeit leistungsfähiger Computer ab den 1990er Jahren in vielen Anwendungsbereichen an Popularität gewinnen. ABMS seien aus drei Gründen anderen Simulationsmethoden überlegen: Erstens könnten sie emergente Phänomene abbilden, zweitens böten sie eine »natürliche« Beschreibung von Systemen, und drittens seien sie flexibel.¹²⁸ Denn anders als Simulationen auf Basis von Differentialgleichungssystemen werden agentenbasierte Simulationsmodelle eben nach dem Grundprinzip konstruiert, dass ein ›komplexes‹ Globalverhalten aus einfachen, lokal definierten Regeln entstehen kann.¹²⁹ In den Worten Bonabeaus:

> »Individual behavior is nonlinear and can be characterized by thresholds, if-then-rules, or nonlinear coupling. Describing discontinuity in individual behavior is difficult with differential equations. […] Agent interactions are heterogeneous and can generate network effects. Aggregate flow equations usually assume global homogeneous mixing, but the topology of the interaction network can lead to significant deviations from predicted aggregate behavior. Averages will not work. Aggregate differential equations tend to smooth out fluctuations, not ABM, which is important because under certain conditions, fluctuations can be amplified: the system is lineary stable but unstable to larger perturbations.«¹³⁰

Dazu kommt, dass es eben natürlicher oder naheliegender sei, das Verhalten von Einheiten auf der Basis von lokalen Verhaltensregeln zu modellieren als z. B. mit Gleichungen, welche die Dynamiken von Dichteverteilungen auf globalem Level vorschreiben. Ihre Flexibilität bestehe darüber hinaus darin, dass einer ABMS weitere Agenten hinzugefügt werden können, ihre Parameter justiert und die Beziehungen zwischen den Agenten abgestimmt werden können, oder dass man das Simulationssystem auf verschiedenen Ebenen, als Gesamtsystem über Subgruppen bis hin zu einzelnen Agenten beobachten kann.¹³¹

Doch was genau ist eigentlich ein Agent im Sinne von ABMS?¹³² Charles M. Macal und Michael J. North fassen in einem Tutorial zur ABMS-Modellierung die wichtigsten Eigenschaften zusammen; denn das Augenmerk liegt bei den maßgeblichen Autoren zum Thema durchaus auf unterschiedlichen Aspekten. Bonabeau etwa bezeichnet in seinem Text alle Arten von unabhängigen Komponenten als Agenten, ganz gleich, ob sie nur zu primitiven Reaktionen oder zu komplexen adaptiven Aktionen fähig sind. John L. Casti hingegen schränkt ein, dass der Begriff nur für Komponenten gelten solle, die sich adaptiv verhalten und aus umweltbezogenen Erfahrungen lernen und ihr Verhalten daran

---

128. Bonabeau, Eric: »Agent-based modeling: Methods and techniques for simulating human systems«, in: *PNAS* 99, Suppl. 3, 14. Mai 2002, S. 7280–7287, hier S. 7280.
129. Vgl. Forbes, *Imitation of Life*, a.a.O., S. 35.
130. Bonabeau, »Agent-based modeling«, a.a.O., S. 7281.
131. Vgl. ebd., S. 7281.
132. Dieser Band wird sich auf jene Definitionen beschränken, die im Bereich der agentenbasierten Computersimulation verwendet werden. Wissenschaftsgeschichtliche oder -theoretische ›Agentenbegriffe‹, etwa die seit einiger Zeit auch im Bereich der Medienwissenschaften extensiv diskutierte Akteur-Netzwerk-Theorie Bruno Latours, bleiben hier ausgeklammert. Dennoch scheint es ein vielversprechendes Projekt, die Wissens- und Medientechnikgeschichte der Computersimulation mit genau solchen Theorien zusammenzubringen und deren Genealogie genauer nachzuvollziehen. Wie in der Einleitung zu diesem Kapitel bereits angeklungen ist, steht zu fragen, ob man mit derlei Ansätzen überhaupt relevante Aussagen über eine Episteme der Computersimulation machen kann, wenn diese Theorien – so eine These – selbst eher ein *Effekt* der Entwicklung eines ›simulatorischen Denkens‹ und seiner technischen Implementierungen sind. Vgl. hierzu Pias: »Details zählen«, a.a.O., o.S.

anpassen können, also Regeln besitzen sollten, die es ermöglichten, ihre Regeln zu ändern.[133] Und Nicholas R. Jennings stellt die Rolle der Autonomie heraus, also die Fähigkeit der Agenten, unabhängige Entscheidungen zu treffen und damit als aktiv definiert und nicht nur passiv von Systemwirkungen betroffen zu sein.[134]

Macal und North listen derartigen terminologischen Unterscheidungen zum Trotz eine Anzahl von Eigenschaften auf, die vom pragmatischen Standpunkt eines Modellbauers oder ›Simulators‹ eine Rolle spielen:

»An agent is identifiable, a discrete individual with a set of characteristics and rules governing its behaviors and decision-making capability. Agents are self-contained. The discreteness requirement implies that an agent has a boundary and one can easily determine whether something is part of an agent, is not part of an agent, or is a shared characteristic. An agent is situated, living in an environment with which it interacts along with other agents. Agents have protocols for interaction with other agents, such as for communication, and the capability to respond to the environment. Agents have the ability to recognize and distinguish the traits of other agents. An agent may be goal-directed, having goals to achieve (not necessarily objectives to maximize) with respect to its behavior. This allows an agent to compare the outcome of its behavior relative to its goals. An agent is autonomous and self-directed. An agent can function independently in its environment and in its dealings with other agents, at least over a limited range of situations that are of interest. An agent is flexible, having the ability to learn and adapt its behaviors based on experience. This requires some form of memory. An agent may have rules that modify its rules of behavior.«[135]

Angesichts dieser grundlegenden Eigenschaften ist es kein Wunder, dass das adaptive Verhalten von Schwärmen und Craig Reynolds' Umsetzung im Boid-Modell neben anderen biologischen Tierkollektiven wie Ameisen explizit als Beispiele und Inspirationsquellen für die Entwicklung eines agentenbasierten »Mindsets« (Bonabeau) innerhalb eines Dispositivs der Selbstorganisation genannt werden.[136] Denn im Gegensatz zu Partikelsystemen sind hier die einzelnen Agenten heterogen und dynamisch in Bezug auf ihre Attribute und Verhaltensregeln. Und bei der Implementierung von ABMS gibt es große Schnittmengen mit dem Programmparadigma der OOP – vor allem insofern, als dass auch hier die prozessbasierte Perspektive üblicher Simulationsmodelle aufgegeben wird. Das OOP ist als Basis insofern nützlich, als dass man einen Agenten als ein sich selbst orientierendes Objekt definieren kann, das die Fähigkeit

---

133. Vgl. Casti, John L.: *Would-be-Worlds. How Simulation is Changing the Frontiers of Science*, New York 1997.
134. Jennings, Nicholas R.: »On agent-based software engineering«, in: *Artificial Intelligence* 117 (2000), S. 277–296.
135. Macal, Charles M. und North, Michael J.: »Tutorial on Agent-Based Modeling and Simulation Part 2: How to Model with Agents«, in: Perrone, L. F. u.a. (Hg.): *Proceedings of the 2006 Winter Simulation Conference*, S. 73–83, hier S. 74.
136. Ebd., S. 75.

besitzt, autonome Entscheidungen zu treffen, die abhängig von der Situation sind, in der der Agent sich befindet: »The O-O paradigm is natural for agent modeling, with its use of object classes as agent templates and object methods to represent agent behaviors. O-O modeling takes a data-driven rather than process-driven perspective.«[137] Damit ergeben sich fünf Schritte für den Bau einer ABMS: *Erstens* müssen die Arten von Agenten und anderer Objekte innerhalb des Simulationsmodells zusammen mit ihren jeweiligen Attributen, also alle *classes*, definiert werden. *Zweitens* muss die Umwelt mit ihren Einflussfaktoren und Interaktionsmöglichkeiten für die Agenten modelliert werden. *Drittens* werden *agent methods* geschrieben, also die Arten und Weisen, wie Agentenattribute in Reaktion auf Interaktionen mit anderen Agenten oder Umweltfaktoren Update-Operationen unterzogen werden. *Viertens* müssen die relationalen Methoden festgehalten werden, als welche Agenten wann, wo und in welcher Weise innerhalb der Laufzeit der Simulation mit anderen Agenten interagieren können. Und *fünftens* muss ein solches Agentenmodell schließlich in Software implementiert werden:

> »Developing an agent-based simulation is part of the more general model software development process. The development timeline typically has several highly interleaved stages. The *concept development and articulation stage* defines the project goals. The *requirements definition stage* makes the goals specific. The *design stage* defines the model structure and function. The *implementation stage* builds the model using the design. The *operationalization stage* puts the model into use. In practice, successful ABMS projects typically iterate over these stages several times with more detailed models resulting from each iteration.«[138]

Durch den Einsatz von ABMS wird somit zwar das Modellierungsparadigma zu selbstorganisierenden, objektorientierten Simulationen verschoben. Die Erkenntnisweise, die sich daraus ergibt, ist jedoch eine prozedurale: Durch iterierte Durchläufe des dynamischen Modells und der Beobachtung und Variation der Attribute und Methoden der Agenten zwischen den Iterationsschritten wird das Systemverhalten der Simulation moduliert und justiert. Interessant ist dabei, dass sowohl theoretische Überlegungen als auch ›experimentelle‹ (respektive empirische) Daten zur Modellierung von ABMS herangezogen werden und sich innerhalb der iterierten Feinjustierung über die Entwicklungsstadien hinweg gegenseitig ergänzen können:

> »One may begin with a normative model in which agents attempt to optimize and use this model as a starting point for developing a simpler and more heuristic model of behavior. One may also begin with a behavioral model if applicable behavioral theory is

---

137. Ebd., S. 78.
138. Ebd., S. 79.

available [...], based on empirical studies. Alternatively, a number of formal logic frameworks have been developed in order to reason about agents [...].«[139]

»Performance beats theoretical accuracy« – denn erst in der Laufzeit und anhand der visualisierten Performance des Globalverhaltens des agentenbasierten Systems können im Dispositiv der Selbstorganisation Theorien über nichtlineare Prozesse oder komplexes Bewegungsverhalten entwickelt werden; erst in der Runtime kann die Relevanz und Genauigkeit empirischer Daten und theoretischer Überlegungen für das Systemverhalten erprobt werden – und erst damit kann an einer aussagekräftigen Theorie der Selbstorganisation geschrieben werden. Damit steht aber auch die Weise des Zugriffs auf diese ›Performances‹ von ABMS zur Debatte – und damit jene dynamischen Visualisierungen, durch die mit komplexen Systemverhaltensweisen in der Zeit auf ›intuitive‹ Art epistemisch umgegangen werden kann. In den Wissensordnungen der Computersimulation verknüpfen sich Theorie und Experiment in ungekannter Dynamik und jenseits jedweder Vorgängigkeiten. Hier verwischen sich die Grenzen von epistemischen und technischen Dingen, wenn etwa Selbstorganisation oder Schwarmverhalten wiederum durch selbstorganisierende oder ›schwarm-intelligente‹ Computersimulationen (vgl. Kapitel IV.2) erforscht werden.

Operative Bilder

Der Schwarmforscher David J. T. Sumpter weist darauf hin, dass die *Performance* dynamischer Systeme immer auf die zugrunde liegenden Parameter rückgeführt werden muss:

> »If we are to build a useful theory of self-organization of animal groups it is not enough to say that certain things ›look‹ similar. [...T]he aspect that links different systems together is similarity in the mathematical models we used to describe their behavior. [...] Describing a system as self-organized tells us little about how it actually works, while providing a slight sense of mysticism. From a practical point of view it is better to say that the behaviour of a system arises from a particular combination of, for example, positive feedback, response thresholds and negative feedback. Such description allows for more detailed system comparisons, not only between different types of collective animal behaviour but across all complex systems.«[140]

So können nicht nur visuelle gestützte Programmiersprachen wie die *Unified Modeling Language* (UML) genutzt werden, um einen ›intuitiven‹ und übersichtlicheren Zugang zu den oft vielschichtigen Interaktionen und Attributen in

---

139. Ebd., S. 79 [Hervorhebungen SV].
140. Sumpter, David J. T.: »The principles of collective animal behavior«, in: *Philosophical Transactions of the Royal Society B* 361 (2006), S. 5–22, hier S. 11 und 19. Vgl. ausführlicher auch ders.: *Collective Animal Behavior*, Princeton 2009.

ABMS zu ermöglichen. Auch auf der Output-Seite hilft es wenig, die Ergebnisse der Simulationsläufe in diskreten Werten, bloßen Diagrammen oder Statistiken ausgeworfen zu bekommen. Was auf der Programmierseite leicht zugänglich und veränderbar gestaltet sein muss, greift daher auf Interfaces zurück, die dynamischen Flowcharts ähneln auf denen bereits mögliche Interaktionen und Attributionen grafisch aufbereitet sind. Und auch die Output-Seite muss ein intuitives Verständnis ermöglichen: Erst die grafische Präsentation der verknüpften Modellparameter gibt Aufschluss z. B. über das Bewegungsverhalten von Autofahrern, das Fluchtverhalten von Menschenmengen oder die Musterbildung von Vogel- und Fischschwärmen. Und erst der Vergleich verschiedener durchgespielter Szenarien auf diversen Ebenen der Beobachtung (etwa durch *Zooming* innerhalb des Visualisierungsmodells) macht eine Evaluierung und Identifikation jener Parameterkombinationen möglich, die eine größtmögliche Annäherung an Real-Life-Prozesse darstellen.[141]

J. C. R. Licklider wies bereits Ende der 1960er Jahre auf den Nutzen dieser intuitiven Interaktion mit Simulationsumgebungen hin – seinerzeit noch auf der Basis anderer medientechnischer Apparaturen:

»Steckerschnüre in der einen Hand und den Knauf des Potentiometers in der anderen, beobachtet der Modellierer auf dem Bildschirm eines Oszilloskops ausgewählte Aspekte des Verhaltens seines Modells und reguliert dessen Parameter […] bis es sich seinen Kriterien entsprechend verhält. Wer je das Vergnügen hatte, mit einer guten, schnellen, reaktionsfreundlichen […] Simulation eng zu interagieren, empfindet vermutlich ein mathematisches Modell, das aus bloßen Zeichen auf dem Papier besteht, als ein statisches, lebloses Ding.«[142]

Ein Nutzer interaktiver Computersimulationsumgebungen wird einerseits vom ›technological morass‹ der oft unmöglichen manuellen Erfassung und Weiterverarbeitung von Daten entlastet, und kann produktiv mit den Entwicklungen dynamischer Szenarien umgehen, indem Visualisierungen ihm die inneren Zusammenhänge von Daten einsichtiger machen.[143] Computertechnische Visualisierungen und Animationen von Modellparametern ziehen zugleich eine differenzielle Erkenntnisweise nach sich, der zudem eine (mathematisch ver-

---

141. Dabei ist jedoch zu beachten, dass eine Sichtbarmachung von Daten »in Analogie zur Wahl eines Standpunkts in einem gegebenen geometrischen Raum und der Berechnung der entsprechenden Perspektive zu beschreiben« ist, sodass im Zuge der Sichtbarmachung Räume zuvorderst entworfen werden, »in denen konkrete darzustellende ›Perspektiven‹ überhaupt erst zu wählen sind.« Vgl. Schubbach, Arno: »…A Display (Not a Representation)…«, in: *Navigationen. Zeitschrift für Medien- und Kulturwissenschaft. Display II – digital* 7/2 (2007), hg. von Tristan Thielmann und Jens Schröter, S. 13–27, hier S. 26. Dieses ›Raumentwerfen‹ fällt am Beispiel von ABM-Visualisierungen mit dem zu präsentierenden ›Raumprojekt‹ Schwarm (vgl. Kapitel III.3 und III.4) zusammen.
142. Licklider, J. C. R.: »Interactive Dynamic Modelling«, in: Shapiro, George und Rogers, Milton: *Prospects for Simulation and Simulators of Dynamic Modeling*, New York 1967, S. 281–289, hier S. 282 [Übersetzung SV]. Aktuell und explizit für ABM-Visualisierungen entwickelt, vgl. z. B. Mostafa, Hala und Baghat, Reem: »The agent visualization system: a graphical and textual representation for multi-agent systems«, in: *Information Visualization* 4 (2005), S. 83–94.
143. Vgl. Schubbach: »…A Display (Not a Representation)…«, in: *Navigationen*, a.a.O., S. 17.

brieft e) *Ähnlichkeit* im Globalverhalten ausreicht. Denn oft ist es gerade das Ziel von ABMS, eine gewisse Offenheit und Einfachheit in der Basisstruktur und Anzahl der Modellparameter zu erhalten. Erst dadurch gibt es genügend Spielräume für Modulationen des Modells, und nur dadurch können systemrelevante Faktoren in genügender Deutlichkeit herausmodelliert werden. Entscheidend ist, dass die möglichen lokalen Wechselwirkungen weiterhin identifizierbaren Faktoren zugeordnet werden können, welche zu bestimmten Verhaltensweisen auf globaler Ebene geführt haben.[144] Gabriele Gramelsberger notiert für den Bereich numerischer und prozedural definierter Simulationen:

> »Die Sichtbarmachung von Prozessen ist der eigentliche Vorteil der Visualisierung numerischer Simulationen, da sie diese intuitiv in der Zeit erfassbar macht [...]. Mit der ikonischen Visualisierung nutzt die Simulation die mediale Freiheit der Präsentation digitaler Zeichen [...,] macht die Strukturen, die sich mit der Veränderung der numerischen Werte entfalten, als Gestalt in der Zeit sichtbar und ermöglicht so Aussagen über das Lösungsverhalten der [zugrundeliegenden] Gleichung unter spezifischen Bedingungen. Da mit diesen Gleichungen naturwissenschaftlich interessante Systemprozesse mathematisch modelliert werden, erlauben die Visualisierungen darüber hinaus einen anschaulichen Vergleich mit den beobachteten Systemen bzw. visualisierten Prozessen, die nicht beobachtet werden können. [...] Die Interferenz von Wahrnehmungsraum und Realraum wird dabei aufgehoben.«[145]

Dieses Prinzip gilt umso mehr für den Bereich der agentenbasierten Computersimulation. In Anlehnung an Charles S. Peirce findet sich in deren Bildsequenzen eine ikonische Dimension in jenem Sinne, dass diese sich nur durch sich selbst auf das zu bezeichnende Objekt – etwa den realen Vogel- oder Fischschwarm – beziehen, und im Zuge dessen neue Erkenntnisse ermöglichen. Peirce schreibt: »An *Icon* is a sign which refers to the Object that it denotes merely by virtue of characters of its own [...]. [...] A great distinguishing property of the icon is that by direct observation of it other truths concering its object can be discovered other than those which suffice to determine its construction.«[146] Vor aller bildwissenschaftlichen Bezugnahme gilt freilich Friedrich Kittlers Diktum, dass an der Zeit alle Kunst ihre Grenze habe, da sie Datenflüsse erst einmal stillstellen müsse, damit diese Bild oder Zeichen werden können.[147] Die bildgenerierenden Verfahren von ABMS und ihre Vierdimensionalität, ihre digitale *Animation*, die sich stets *in der Zeit* fortschreibt, mag daher nur unzureichend von diesen Begriffen erfasst werden. Was hier erscheint, sind »Datenbilder«, die in komplexen Wechselverhältnissen mit den programmierten

---

144. Vgl. z. B. Iain D. Couzin im Interview mit dem Autor, Princeton, 02.11.2008. Die Relevanz von Visualisierungen für die Erforschung dynamischer Prozesse wird am Beispiel biologischer Schwarmforschung in Kapitel IV.2 herausgearbeitet.
145. Gramelsberger, Gabriele: *Semiotik und Simulation: Fortführung der Schrift ins Dynamische. Entwurf einer Symboltheorie der numerischen Simulation und ihrer Visualisierung*, Berlin 2000 (Diss.), S. 96.
146. Peirce, Charles S.: *Philosophical Writings of Peirce*, New York 1955, S. 102 und 105–106.
147. Vgl. Kittler: *Grammophon, Film, Typewriter*, a.a.O., S. 10.

Systemspezifikationen stehen – jede Visualisierung eines Agenten ist gekoppelt an dessen Spezifikation im Simulationsmodell, und jede (nur visuell und in der Zeit nachzuvollziehende) Bildung globaler Muster und dynamischer Ordnungen ist Effekt dieser interindividuellen Relationen.[148] Die Visualisierung von Daten, so notiert der Basler Philosoph und Informatiker Arno Schubbach, muss daher als eine komplexe und irreduzible Kopplung verstanden werden zwischen Daten, ihrer algorithmischen Sichtbarmachung, und schließlich den sichtbaren Computerbildern. Diese Sichtbarmachung sei nicht zu verwechseln mit einem »unmittelbaren Blick auf Daten«, denn diese sind bereits durch ihre Implementierung in einem Simulationsmodell in bestimmter Weise strukturiert. Davon hängt ab, was überhaupt visualisiert werden kann – »wobei die Gefahr unvermeidbar ist, dass eine Struktur erst geschaffen wird, die das Display schließlich offenbar zu machen scheint.«[149]

Und die Referenzialität dieser Verfahren zu realen Objekten oder Prozessen ist intransparent. Die Visualisierungen einer Schwarmsimulation beruhen auf Parameterkombinationen, die nur insofern einen indexikalischen Anker aufweisen, als dass sie mit (experimentellem und lückenhaftem) Datenmaterial abgeglichen werden können, das selbst mithilfe medientechnischer Verfahren der visuellen oder akustischen Beobachtung und daran angeschlossenen Analyseinstrumenten produziert wurde (vgl. Abschnitt *Formatierungen* und Kapitel IV.2). Daten sind in diesem Zusammenhang immer etwas Gemachtes, nicht etwas, das gegeben wäre. Mit dem Begriff *Datenbild* adressieren Adelmann und Frercks jenes Wechselspiel eines selbstverständlichen Agierens mit Daten und Bildern in Computersimulationsmodellen, die nicht mehr voneinander zu trennen sind. Im Forschungsprozess werden »die Vorteile beider medialer Zustände […] ganz pragmatisch verwendet, um die jeweiligen Nachteile einer der beiden Medialitäten auszugleichen.«[150] Verteilungen, Reaktionen und Bewegungen werden in dynamischen Bildfolgen lesbar, die Herausbildung von spezifischen Mustern als epistemische Häufungen auf einen Blick sichtbar. Oder wie Gramelsberger dies noch einmal zusammenfasst:

---

148. Vgl. Adelmann, Ralf, Frercks, Jan, Heßler, Martina und Henning, Jochen: *Datenbilder. Zur digitalen Bildpraxis in den Naturwissenschaften*, Bielefeld 2009.
149. Schubbach: »…A Display (Not a Representation)…«, in: *Navigationen*, a.a.O., S. 16. Schubbach schließt seine Beobachtungen mit der Anregung, über das Verhältnis von Daten und ihren Visualisierungen genauer nachzudenken – einer Anregung, der ich mich gern anschließen möchte, die aber Gegenstand zukünftiger Projekte im Rahmen einer Epistemologie der ABM werden muss: »Das Bild erscheint auf dem Display und gewinnt dort eine eigene visuelle Komplexität, die die Komplexität der Daten und ihre algorithmische Verarbeitung nicht einfach widerspiegelt. So wie die zentralperspektivische Konstruktion zum einen den Blick in die Tiefe des Bildraums gewährt, diesen Blick zum anderen aber auch irritieren und auf die Konstellationen auf der Fläche lenken kann, eröffnet jede Visualisierung den Blick in die dargestellten Daten und ihre Strukturen und zugleich auf die reflektierende Oberfläche des Displays. Es wäre daher […] von der Sichtbarkeit des Bildes auszugehen, um den Ort von Displays zu bestimmen, in denen sich Komplexitäten verschränken, die kaum aufeinander abzubilden sind.« Vgl. ebd., S. 27. Und dieser Weg wäre zudem weiterzuschreiten hin zu den Spezifika dynamischer, visualisierter Bildsequenzen und Animationen.
150. Ebd., S. 17.

»Die Visualisierung transformiert die numerischen Werte in farbige Pixeldarstellungen und fügt auf diese Weise zahlreiche individuelle Werte zu intuitiv erfassbaren Strukturen zusammen. Sich verändernde Farbwerte kreieren dabei den Eindruck der Dynamik der Datenstrukturen als Wechsel diskreter Ereignisse, die nur als singuläre Ereignisse, symbolisiert mit Zahlen, lesbar wären. Die Wahrnehmung der Dynamik würde dann jedoch in der Kolonne von Zahlen verschlüsselt sein, und ihre Entwicklung wäre nur schwer oder gar nicht einsichtig. Der Informationsgewinn gegenüber der Darstellung mit Ziffern besteht in der visualisierten Entfaltung der relationalen Strukturen zwischen den numerischen Werten. Wie bereits skizziert, besitzen digitale Zeichen eine eindeutige Kennzeichnung im Rahmen eines Programms (Adresse, Variablentyp, Wert). Die Simulation versieht die errechneten Resultate jedoch mit weiteren Informationen, die sich aus dem Raum-Zeit-Raster ergeben. Es ist also festgelegt, für welchen Berechnungspunkt und Zeitschritt ein spezifischer Wert erzeugt wurde. Auf diesem Wege werden die numerischen Werte zu raumzeitlich lokalisierten Daten. Zur Aufbereitung der Daten einer Simulation für die Visualisierung bedarf es eindeutiger Angaben über die Art des Zahlenmaterials (binary-, floating-point-, double-precision floating-point numbers, etc.), über die Dimensionalität des Datensatzes und die Form der Speicherung (Matrix oder Liste) sowie über die Verteilungsstruktur der Daten (grid, nodes, cells). [...] Dazu stehen neben den drei Dimensionen des Koordinatenraums auch Farben, Farbschattierungen, graphische Elemente und Formen sowie im Falle der Bildanimation die Bewegung als Gestaltungselemente zur Verfügung.«[151]

Zum anderen aber sind diese Visualisierungen selbst wiederum die Grundlage für Modulationen und Anpassungen der Datenbestände: »Das heißt, die Daten werden visualisiert, um sie visuell zu kontrollieren und zu interpretieren, worauf wiederum die Daten aufgrund dieser visuellen Erkenntnisse verändert werden.«[152] Die Interferenz von Wahrnehmungs- und Realraum wird aufgehoben: Im Sinne Evelyn Fox Kellers gelingt dabei die Übertragung von simulierten Prozessen zu jenen Prozessen, die sie im Real Life beschreiben sollen, eben nur auf Basis einer Übersetzung formaler in visuelle Ähnlichkeiten – »a good part of the appeal derives from the exhibition of computational results in forms that exhibit a compelling visual ressemblance to the processes they are said to represent.«[153] Ohne Visualisierung keine Iteration von Durchläufen, und ohne diese Iteration und differenzielle Erkenntnisweise keine Evaluation der Simulationsmodelle. Erst unter diesen Bedingungen lässt sich mit den Störungen, lässt sich mit der Intransparenz und mit der Nicht-Objekthaftigkeit von Schwärmen umgehen. Die verteilte ›Intelligenz‹ von Schwärmen kann also zweifach als eine *animierte* Intelligenz beschrieben werden: Als eine Bewegungsintelligenz, die auf dem Dazwischen der Relationen im Schwarm gründet, und als eine ›Intelligenz‹, zu der *Animation Design* einen entscheidenden Beitrag geliefert hat.

---

151. Gramelsberger: *Semiotik und Simulation*, a.a.O., S. 88–89.
152. Ebd., S. 17.
153. Keller: *Making Sense of Life*, a.a.O., S. 272.

MASSIVE: Life is Life

ABMS wird jedoch nicht nur im Bereich der wissenschaftlichen Erforschung komplexer Systeme und Bewegungskollektive immer relevanter. Auch im Bereich des Grafikdesign erfahren seine Möglichkeiten einen eindrucksvollen Niederschlag in einer Vielzahl von Vielteilchen- und Schwarmmodellen. Diese treiben unter der Möglichkeitsbedingung immens leistungsfähiger Rechnercluster oder Großcomputer nicht nur das Verhalten von *lifelike autonomous agents* weit über ihr anfängliches ›Bird-oid‹- oder ›Artifishial‹ Life um 1990 hinaus. Dadurch, dass die computergrafische Darstellung von beeindruckenden künstlichen Schwärmen mit ›natürlichem‹ Verhalten möglich geworden ist, werden derartige Sequenzen auch zunehmend ins Repertoire der SFX aufgenommen. So tragen sie ihren Teil bei zu einer Popularisierung und einem diskurskonjunkturellen Aufschwung, den Schwärme und ihre vorgebliche oder tatsächliche Swarm Intelligence um das Jahr 2000 erleben. Die (Re-)Präsentation von SI in den agentenbasierten Simulations- und Animationsmodellen von Film-, TV- und Werbeproduktionen ist unabdingbar verbunden mit der epidemischen metaphorischen Ausbreitung des Schwarmbegriffs in verschiedensten gesellschaftlichen Bereichen (vgl. Kapitel *Schluss*).

Dabei zeigt sich auf einem neuen medientechnischen Niveau eine Wiederholung jener hergebrachten, für Schwärme typischen Dichotomie zwischen Faszination und Unheimlichkeit. Während auf dem *Plotlevel* von Science Fiction-, Action- oder Fantasyfilmen oft die Unheimlichkeit von Schwärmen ausgestellt und ihre flexible, anpassungsfähige und rapide Organisationsweise gefeiert wird, werden agentenbasierte Systeme auf dem *Produktionslevel* als Modellierungstool ganz pragmatisch und operativ eingesetzt. Animationsdesign assistiert allein schon aufgrund der in diesem Bereich zur Verfügung stehenden Rechenleistung weiterhin bei der Klärung der intransparenten Organisationsweisen von Schwärmen und schließt wie schon Reeves' *Genesis*-Sequenz weiterhin Science Fact und Science Fiction miteinander kurz.

Auch im Bereich des SFX gilt jedoch, dass es erstens anders kommt, und zweitens als man denkt. Im Leben, so weiß man, muss stets mit allem gerechnet werden. Und dies gilt auch für das softwarebasierte ›Leben‹ künstlicher Agenten. Dies erfährt der neuseeländische Programmierer Stephen Regelous Ende der 1990er Jahre sehr plastisch. Regelous arbeitet zu dieser Zeit im Auftrag des Regisseurs Peter Jackson und als technischer Leiter der eigens dafür gegründeten Firma *WETA Digital* an einer CGI-Software, die den Fantasy-Wesen für die LORD OF THE RINGS-Trilogie (Peter Jackson, NZ/USA 2001–2003) ›lebensechtes‹ Verhalten beibringen soll. Zentrales Element dabei ist die Visualisierung von Ornamenten der Masse[154] in den epischen Schlachten um Mittelerde, die J.R.R. Tolkiens Romane nicht weniger episch ausbreiten.

---

154. Vgl. Kracauer, Siegfried: *Das Ornament der Masse*, Frankfurt/M. 1977.

Das Ergebnis ist ein CGI-Programm zur automatischen Generierung realistisch aussehender Massensequenzen mit dem paradigmatischen Produktnamen *MASSIVE*, ein Akronym für *Multiple Agent Simulation System in Virtual Environment*.[155] Mit diesem Verfahren lassen sich (wie bei Reynolds) jene zwei fundamentalen Probleme umgehen, dass es viel zu aufwändig wäre, derartige Massenszenen per Hand zu programmieren und dabei die vielfältigen individuellen Bewegungen einzelner Einheiten über die Zeit unter Kontrolle zu halten. Und zudem führt es zu weit adäquateren Ergebnissen als zuvor übliche Programme, die eine Handvoll von Agenten-Modellen mit bestimmten Eigenschaften und Bewegungspfaden zugrunde legen, welche dann einfach kopiert respektive ›geklont‹ werden. In jenen Fällen entstehen zwar Massenbewegungen, aber mit wenig befriedigenden Regelmäßigkeiten im Verhalten der Agenten und ergo wenig realistischen Animationen etwa vom chaotischen Treiben auf mythischen Schlachtfeldern.

In *Massive* hingegen erstellen die Animatoren Agenten, die sich aus einem bestimmten Set von Parametern, individuellen Bewegungssequenzen, Handlungsmöglichkeiten, und einer Art simuliertem ›Gehirn‹ für unabhängige Entscheidungen zusammensetzen. Stephen Regelous' Ansatz zielte ausdrücklich darauf ab, »to take the processes of nature and apply them to generate computer imagery.«[156] Dazu experimentiert er mit Lindenmayer-Systemen,[157] importiert natürliche Bewegungsabfolgen von Menschen und Tieren auf der Basis von *Motion Capture*, und evaluiert das Ausweichverhalten von Fußgängern auf belebten Straßen. Das Ergebnis sind schließlich Agenten, in die jeweils zwischen 150 und 350 verschiedene, eine Sekunde lange Bewegungssequenzen implementiert sind. Durch deren Verknüpfung entstehen komplexere Aktionen wie *attacking* oder *searching for combatants*. Diese Aktionen wiederum werden beschränkt durch die jeweilige Körperform der Agenten, ihre Kleidung, bestimmte simulierte physikalische Gesetze und sogar Wetterverhältnisse.

Die ›Gehirne‹ der Agenten werden – sozusagen je nach Komplexität ihrer jeweiligen Rolle zwischen Statisten- und Charakterdarsteller-Simulation – gebaut aus je 100 bis 8000 *behavioral nodes*. Diese definieren das Spektrum ihrer Sinneswahrnehmungen, kontrollieren die Bewegungen, beschreiben ihr Aggressionspotenzial im *combat mode*, oder entscheiden über die möglichen Handlungen und Bewegungen in bestimmten Situationen in Bezug auf andere Agenten und die Simulationsumwelt. Letztere werden nicht durch dualistische Ja/Nein-Entscheidungen verhandelt, sondern durch eine Form von Fuzzy Logic, die in graduellen, relationalen Zuständen resultiert wie ›ein wenig gefährlich‹, ›weit weg‹, oder ›sehr laut‹. Mithilfe eines speziellen Editionstools, das in der Software als eine Art aufwändiges Flowchart dargestellt wird, können Animato-

---

155. Das *AI.implant*-Modul des verbreiteten 3D-Animationsprogramms *Autodesk MAYA* bietet eine vergleichbare Lösung.

156. Macavinta, Courtney: »Digital Actors in *Rings* can Think«, in: *Wired Magazine* (13. Dezember 2002), o.S., http://www.wired.com/entertainment/music/news/2002/12/56778 (aufgerufen am 23.02.2011).

157. Vgl. Kelty und Landecker: »Eine Theorie der Animation«, in: *Lebendige Zeit*, a.a.O.

ren bestimmte Verhaltensknoten verbinden und dergestalt individuelle Sets von ›Charakterzügen‹ erstellen, die Potenziale von Aggression, Angst, Energie und Bewegungsmuster abbilden.[158]

Auf diese Weise definiert, werden die Agenten in eine virtuelle Szenerie eingesetzt und die Animation wird gestartet. Im Rückgriff auf ihre Parameter-Sets finden sie nun eigenständig ihre Wege durch die künstliche Umwelt, vermeiden Kollisionen mit anderen Agenten oder beginnen Gefechte untereinander. Bemerkenswert ist, dass die Animatoren ab diesem Zeitpunkt keinen Einfluss mehr haben auf das Verhalten der Agenten. Lediglich ex post können Modifikationen vorgenommen werden, und somit ergibt sich auch hier eine *Trial-and-error*-Programmiermethode oder, wie Courtney Macavinta im *Wired Magazine* es fasst: »When an animator places agents into a simulation, they're released to do what they will. It's not crowd control but anarchy. That's because each agent makes decisions from its point of view.«[159]

Das in gewissem Sinne ›anarchische‹, da durch seine Programmierweise nicht vollständig determinierte – und erst im relationalen Vollzug eines Spiels zwischen den Agenten nachvollziehbare – künstliche Leben ist es jedenfalls, das Stephen Regelous frappiert. Er berichtet von frühen Testläufen des Programms, die verblüffende Ergebnisse produzierten: »It's possible to rig fights, but it hasn't been done. In the first test fight we had 1000 silver guys and 1000 golden guys. We set off the simulation, and in the distance you could see several guys running for the hills.«[160] Nicht nur birgt auch das künstliche Leben Überraschungen, sondern – so könnte man formulieren – auch künstliche Lebewesen zeigen einen Überlebenswillen, der sie lieber kollektiv die Fahnenflucht ergreifen lässt als im Sinne des Erfinders den virtuellen Heldentod zu sterben.

Im Zuge solcherart gesteigerter Möglichkeiten ist jedoch interessant, dass eine ganze tiefgründige (und teils höchst esoterische) Philosophie von ›Leben, wie es sein könnte‹, die in der Artificial-Life-Bewegung Ende der 1980er Jahre formuliert wird und in den 1990ern ihre Advokaten und Kritiker findet, zunehmend in den Hintergrund tritt. Stattdessen werden die Oberflächen poliert und, wenn man so will, ein Primat der Fiktionalität akzeptiert. Das künstliche Leben von Multiagentensystemen gilt der lebensechten Simulation natürlicher oder biologischer Prozesse in Forschung und Filmsequenz, und biologische Organisationsprinzipien werden als Anwendungen eingesetzt, um technische Probleme zu lösen oder um soziale Dynamiken zu modellieren. Während durch den Einsatz von Computersimulationen in verschiedensten Wissenschaftsdisziplinen fiktive Szenarien und nur als dynamische Computermodelle (be-)schreibbare Prozesse zur Grundlage der Generierung von Wissen werden, hat sich auch der Status von AL im Bereich von Computational Sciences, Animation und Grafikdesign verändert. AL-Prinzipien wie z. B. Schwarmdynamiken werden nicht mehr philosophisch diskutiert, sondern sind längst zum Bestandteil des Soft-

---

158. Mecklenburg, Sebastian: »Digitale Ork-Massen«, in: *C't* 26 (2002), S. 34.
159. Macavinta: »Digital Actors in *The Ring*«, in: *Wired*, a.a.O., o.S.
160. Ebd., o.S.

ware-Packages von wohl jedem anspruchsvolleren Grafikentwicklungs-Environments geworden. Und die mit dem AL aufgekommene Diskussion um eine Gleichberechtigung künstlichen Lebens sowie die Frage nach dem, was ›Leben‹ eigentlich ausmache, scheint sich komplett erledigt zu haben.[161] Wenn heute in Computerspielwelten wie GRAND THEFT AUTO 4 oder HEAVY RAIN höchst kompliziert gestrickte Agenten unübersehbar weit gefächerte Handlungsspielräume in hochgradig komplexen Spiel(um)welten bevölkern, dann stehen nicht mehr die reale Welt und ihre Ontologie infrage. Vielmehr wird ganz pragmatisch und mit einem durch neue, ›befreite‹ und vielleicht sogar anarchische Narrationsmöglichkeiten erzeugten Lustgewinn zwischen computergenerierten und realen Welten gewechselt.[162]

---

161. Wenn überhaupt, dann gewann sie vor einiger Zeit im Umfeld von Hacker- und (Computer-)Virendiskursen noch einmal eine Wiederbelebung. Vgl. z. B. Mayer, Ruth und Weingart, Brigitte (Hg.): *Virus! Mutationen einer Metapher*, Bielefeld 2004.
162. Vgl. z. B. Moorstedt, Tobias: »Düstere Entscheidungen«, in: *Süddeutsche Zeitung Online*, 01.03.2010, http://www.sueddeutsche.de/computer/283/504495/text/ (aufgerufen am 26.02.2012).

2. Written in its own medium

Fish & Chips verknüpfen sich in einer Epistemologie von Computersimulationen, und näherhin in einem Dispositiv agentenbasierter Simulationsansätze und ihren Visualisierungs- und Präsentationsverfahren. Nachdem im vorangegangenen Kapitel dabei die eine Wirkrichtung im Vordergrund stand – wie inspirieren und informieren Erkenntnisse aus der Erforschung biologischer Kollektive die Entwicklung von Computerhard- und -software und Computergrafikanwendungen? – soll nun die andere Richtung des Chiasmus verfolgt werden: Wie wechselwirkt die beschriebene Biologisierung der Computertechnik mit einer Computerisierung und Informatisierung der Biologie? Im Anschluss an die in Kapitel III.4 bereits untersuchten frühen Schwarmsimulationsmodelle aus der japanischen Fischereiforschung sollen dabei vor allem jene Fischschwarm-Simulationsmodelle im Vordergrund stehen, die ab den frühen 1990er Jahren neue Forschungsperspektiven eröffnen. Im Nachgang von Animationsmodellen aus dem Grafikbereich kann ab dieser Zeitschwelle auch in der biologischen Schwarmforschung eine nachhaltige Konjunktur von Computersimulationsmodellen verzeichnet werden, die unter dem Einsatz dynamischer Visualisierungen neue Erkenntnisse über das Verhalten und die dynamische Selbstorganisation von Schwärmen erzeugt.

Die epistemologische Perspektive folgt dabei einem rekursiven Erkenntnismodell. Bei diesem geht es nicht um jene Kombination und Rekombination alter und neuer Wissensbestände, die Ana Ofak und Philipp von Hilgers als eine historiographische und medienarchäologische Operation jenseits von akkumulativer Fortschritts-Geschichtsschreibung und einer diskursanalytischen Historiographie epochaler Zäsuren vorstellen.[163] Das Modell zeigt sich hier als Beispiel für die von den beiden Autoren ebenfalls genannte »formalbegriffliche Schärfung, die die Rekursion in der Mathematik und Informatik erhalten hat« – sie eignet sich, um den »Aspekt der Selbstbezüglichkeit hervortreten zu lassen.«[164] Im medientechnisch durch ABMS vollzogenen Chiasmus von *Fish & Chips* werden durch das Verhalten von biologischen Schwärmen inspirierte Software-Schwärme eingesetzt, um das Verhalten biologischer Kollektive zu erforschen. Daraus folgt darum auch nicht so sehr der bei Ofak und Hilgers aufscheinende Aspekt:

> »Mit Rekursion verbindet sich deshalb die Annahme einer Offenheit der heutigen Wissenschaftskultur, die sowohl auf unerledigte Vergangenheiten zurückverweist, als auch auf zukünftige Konstellationen vorverweist. Und dies ganz im Sinne dessen, was rekursive Funktionen auf dem Feld der Berechenbarkeit und der Programmierbarkeit bereits

---

163. Vgl. Ofak und Hilgers, »Einleitung«, in: *Rekursionen*, a.a.O., S. 7–21, hier S. 7–18.
164. Ebd., S. 13.

statuiert haben: durch Reproduktion des Bekannten die Produktion des noch Unbekannten zu bewerkstelligen.«[165]

Vielmehr wird dieser Aspekt durch eine nahe Anlehnung an den informatischen Rekursionsbegriff mithilfe der hier untersuchten Beispiele erweitert um eine Wissensstrategie, die in der rekursiven Verschränkung biologischer und informatischer Schwärme nicht auf Bekanntes rekurriert, um das Unbekannte zu bewerkstelligen. Im Rekursionsprozess von biologischen Schwarmprinzipien und informatischen und computergrafischen Simulationsumgebungen werden zwei Bereiche intransparenter Selbstregelungsprozesse mit nur teilweise bekannten oder nicht genau bestimmten Parametern aneinander angenähert. Rekursion ist informatisch definiert als die Wiederanwendung einer Verarbeitungsvorschrift auf eine Variable, die selbst bereits der Output dieser Vorschrift ist: »Der Variablenwert ändert sich mit jedem Durchlauf der Schleife, und Effekt der Wiederholung ist gerade nicht die Herstellung von Identität, sondern eine vordefinierte Variation. […] Rekursion verschränkt Wiederholung und Variation mit dem Ziel, ein Neues hervorzubringen.«[166] Sie beschreibt die Eigenschaft eines Programms oder einer Programmroutine, sich selbst aufrufen zu können – und nicht viel Anderes geschieht in der Verschränkung von *Fish & Chips*.[167]

Vor dieser historiographischen und epistemologischen Figur wendet sich das vorliegende Kapitel also einer Computerisierung der Schwarmforschung zu. Analog zu Kapitel IV.1 beginnt es mit einer Umsetzung von Partikelsystemen für wissenschaftliche Forschungen, um sich danach dem maßgeblichen Einfluss agentenbasierter Modelle zuzuwenden. Schließlich werden jüngste Bestrebungen untersucht, mithilfe automatischer Bildanalysealgorithmen aussagekräftigere Beobachtungsdaten aus empirischen Forschungen zu erzeugen und mit diesen bestehende Simulationsmodelle zu verbessern, oder durch sensorbestückte Roboterfische natürliche und künstliche Schwärme auf einer weiteren Ebene rückzukoppeln.

Self-Propelled Particles

Ähnlich den optisch-akustischen Verfahren der Durchmusterung von Schwärmen sind auch im Fall von Schwarm-Simulationsmodellen zwei Ansätze denk-

---

165. Ebd., S. 14.
166. Ernst, Wolfgang: »Der Appell der Medien: Wissensgeschichte und ihr Anderes«, in: *Rekursionen*, a.a.O., S. 177–197, hier S. 185, mit Verweis auf Winkler, Hartmut: »Rekursion. Über Programmierbarkeit, Wiederholung, Verdichtung und Schema«, in: *c't* 9 (1999), S. 234–240, hier S. 235.
167. Diese *Rekursions*figur ist zu unterscheiden von jenen *iterativen* Prozessen szenarischer Variation, die in den ABMS selbst durchgeführt werden. Bei letzterer werden verschiedene Ergebnisse bzw. Parameterkombinationen im Rückgriff auf die Ergebnisse vorheriger Simulationsdurchläufe in ein- und derselben Programmumgebung wiederholt eingesetzt. Vgl. hierzu auch Rheinberger, *Iterationen*, a.a.O. Auf die Bedeutung rekursiver Verfahren für bildgenerierende Verfahren in der Computergrafik, namentlich für das *Raytracing*, hat überdies Friedrich Kittler hingewiesen: Vgl. Kittler: »Computergrafik«, in: *Paradigma Photographie*, a.a.O., S. 186f.

bar: Einmal kann versucht werden, Schwärme agentenbasiert ›von innen nach außen‹ zu modellieren, und zum Zweiten können globale Bewegungsgleichungen definiert und Schwärme somit ›von außen nach innen‹ modelliert werden. Die letztere Variante wird für die mathematische Beschreibung einer Vielzahl physikalischer Prozesse eingesetzt, und dient in der Biologie typischerweise für die Beschreibung von Prozessen auf Populationsniveau.[168] Sie abstrahiert als sogenanntes *kontinuierliches* oder *Euler'sches* Modell von den Bewegungen großer Aggregationen (etwa von Bakterien oder Plankton) auf deren Populationsdichte. Sie beschreibt Bewegung mittels Verbreitungs- und Konzentrationsprozessen und formalisiert diese in partiellen (PDE) oder in Integro-Differentialgleichungen, also weit entwickelten mathematischen Werkzeugen. Damit können Prozesse sowohl hinsichtlich ihrer Zeit- als auch ihrer Raumdimensionen abgeleitet werden und so z.B. Fluss- und Wellenbewegungen beschrieben werden, etwa als Reaktion auf das Eindringen von Räubern in eine Planktonpopulation. Doch PDE scheitern an der realistischen Darstellung von Schwärmen in Bewegung: »A recent paper describes serveral attempts to model locust swarm migration based on biologically reasonable hypotheses. The conclusions are mostly negative, pointing to the difficulties describing a cohesive, compact swarm with traditional models.«[169] Integro-Differentialgleichungen hingegen können Interaktionen über Distanzen hinweg beschreiben und so etwa die Reichweite von Sinnesorganen in biologischen Modellen repräsentieren. Der Einsatz solcher Werkzeuge wird aber kompliziert, wenn zusätzlich noch interindividuelle Interaktionen und Einflüsse aus der Umwelt als relevante Organisationsmechanismen einbezogen werden sollen.[170]

Daher bieten sich auch im wissenschaftlichen Kontext Modelle an, die einem individuenbasierten Ansatz Rechnung tragen. Diese *Lagrange'schen* Ansätze rekurrieren in ihrer minimalistischen Variante ihrerseits auf Merkmale von mathematischen Tools zur Beschreibung von Prozessen der statistischen Physik, wie die Bewegung von Partikeln in Gasen, Flüssigkeiten oder von Metallpartikeln in Magnetfeldern. Die Schwarmforscher Iain Couzin und Jens Krause halten fest:

> »While particles may be subject to physical forces, animal behavior can conceptually be considered to result from individuals responding to ›social forces‹, for example, the positions and orientations of neighbors, internal motivations (e.g., degree of hunger), and external stimuli (such as the position of obstacles).«[171]

---

168. Vgl. z.B. Grünbaum, Daniel und Okubo, Akira: »Modelling social animal aggregation«, in: Levin, Simon A. (Hg.): *Frontiers in Mathematical Biology*, New York 1994, S. 296–325.
169. Mogilner, Alexander und Edelstein-Keshet, Leah: »A non-local model for a swarm«, in: *Journal of Mathematical Biology* 38 (1999), S. 534–570, hier S. 535.
170. Vgl. ebd., S. 535.
171. Couzin, Iain D. und Krause, Jens: »Self-Organization and Collective Behavior in Vertebrates«, in: *Advances in the Study of Behavior* 32 (2003), S. 1–75, hier S. 4.

Zu den konzeptuell einfachsten Modellen für die Koordination in biologischen Aggregationen gehören dabei Systeme, welche die Neigung von Schwarm-Individuen zur parallelen Ausrichtung mit einer daraus resultierenden Gerichtetheit auf globalem Level einer großen Population von *Self-Propelled Particles* (SPP) verknüpfen. Die Partikel bewegen sich darin mit einer konstanten Geschwindigkeit (unter der Bedingung stochastischer Fehler) und richten sich nach dem Durchschnittswert der Richtungen anderer Teilchen in einer bestimmten lokalen Nachbarschaft. »The only rule of the model is *at each time step a given particle driven with a constant absolute velocity assumes the average direction of motion of the particles in its neighborhood of radius r with some random perturbation added.*«[172] Aufgrund ihres Minimalismus können diese Simulationen mit Methoden aus der statistischen Nichtgleichgewichtsphysik analysiert werden. Das Changieren zwischen verschiedenen Aggregationsformen in Kollektiven wird im Modell von Tamás Viscek und Kollegen in Analogie zu physikalischen Phasenübergängen modelliert und auf einer *Connection Machine 5* simuliert.[173] Doch weder vermeiden die Partikel in diesem Modell Kollisionen, noch reagieren sie mit gegenseitiger Annäherung an nächste Nachbarn, wie dies etwa Fische und Vögel in Schwärmen tun. Doch für andere Aggregationen kann das SSP angewendet werden: »The present model, with some modifications, is already capable of reproducing the main observed features of the motion (collective rotation and flocking) of bacteria.«[174] Durch die Veränderung der Parameter *density* und *noise* entstehen charakteristische kollektive Bewegungsformen (Abb. 40). Diese Parameteränderungen werden im Modell physikalisch als Einfluss von Temperaturschwankungen implementiert – analog zu den Änderungen des Spins von Eisenatomen in einem Ferromagneten bei Temperaturänderungen: Je höher die Temperatur, desto größer der Einfluss von Störungen auf das System.[175] Anders als in jenem Ising-Modell eines Ferromagneten in der statistischen Mechanik von Gleichgewichtssystemen, an das bereits Charles Breder in den 1950er Jahren dachte (Kapitel III.4), ist das SPP-System aber dynamisch, indem die Partikel sich zwischen den Zeitschritten *fortbewegen*: »The rule corresponding to the ferromagnetic interaction tending to align the spins in the same direction, in the case of equilibrium models, is replaced by the rule of aligning the *direction of motion* of particles in our model of cooperative motion. The level of random perturbations we apply are in analogy with the temperature.«[176] Für eine detail-

---

172. Vicsek, Tamás, Czirók, András, Ben-Jacob, Eshel, Cohen, Inon, Shochet, Ofer: »Novel Type of Phase Transition in a System of Self-Driven Particles«, in: *Physical Review Letters* 75/6 (1995), S. 1226–1229, hier S. 1226 [Hervorhebungen im Original].
173. Vgl. Czirók, András, Stanley, H. Eugene und Vicsek, Tamás: »Spontaneously ordered motion of self-propelled particles«, in: *Journal of Physics A: Mathematical and General* 30 (1997), S. 1375–1385, hier S. 1376.
174. Vicsek u.a.: »Novel Type of Phase Transition«, in: *Physical Review*, a.a.O., S. 1226.
175. Vgl. Czirok, András und Vicsek, Tamás: »Collective behavior of interacting self-propelled particles«, in: *Physica A* 281/1–4 (2000), S. 17–29; vgl. Langfeld, Kurt: »Ising Modell. Monte-Carlo Sampling auf dem Gitter, Phasenübergänge«, http://www.tat.physik.uni-tuebingen.de/~kley/lehre/cp-prakt/projekte/projekt2.pdf (aufgerufen am 29.02.2012).
176. Vicsek u.a: »Self-Driven Particles«, in: *Journal of Physics A*, a.a.O., S. 1226.

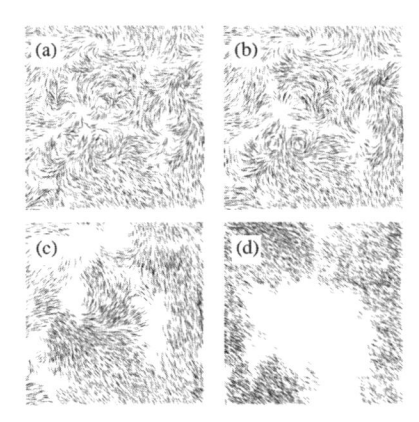

Abb. 40: Dynamiken im SPP-Modell von Vicsek u.a. (Standbilder der Computersimulation).

lierte Beschreibung der Dynamiken von Schwarmverhalten sind diese SPP-Simulationen jedoch zu undifferenziert, und ihre auf physikalische Effekte abstellenden Modellannahmen gehen auf Kosten eines ›biologischen Realismus‹.[177] Sie sind jedoch imstande, die Dynamiken einer großen Anzahl von Partikeln nachzuvollziehen und ermöglichen damit eine andere Perspektive auf kollektive Organisationsphänomene gemäß simpler Basisregeln als die ersten ABMS, die – ähnlich der Schwarmbeobachtung im Labor – mit sehr wenigen Schwarm-Individuen rechnen: Bis Mitte der 1990er Jahre bewegt sich diese Anzahl zwischen 8 und 50 ›Partikeln‹ – im Gegensatz zu mehreren zehntausend im Fall der SPP-Systeme.

Verkehrsregelung im Fischschwarm

Schwärme gewinnen ihre besondere Faszination dadurch, dass sie komplexe kollektive Verhaltensmuster zeigen, obwohl sie aus relativ einfachen Elementen bestehen. Komplexität entsteht erst in den nichtlinearen Interaktionsprozessen, in denen das Verhalten von Einzelnen mit dem ihrer Nachbarn und dieses wiederum durch die sich ständig ändernde Struktur des Gesamtsystems gekoppelt ist. Fischschwarm-Simulationen zielen folglich auf möglichst einfache, reduktionistische Beschreibungen dieser Relationalität, die sie dann über eine definierte Laufzeit hinweg grafisch entwerfen. Sie funktionieren damit also genau in Gegenrichtung visueller Beobachtungsverfahren, die Fischschwärme über eine gewisse Zeit hinweg verfolgen, und die anhand der medial aufgezeichneten Trajektorien auf die basalen relationalen Parameter rückschließen. Wo Film und Video also Bewegungszeit durch Stillstellung zu kontrollieren

---

177. Vgl. Couzin, Iain, Krause, Jens, James, Richard, Ruxton, Graeme D. und Franks, Nigel R.: »Collective Memory and Spatial Sorting in Animal Groups«, in: *Journal of Theoretical Biology* 218 (2002), S. 1–11, hier S. 2.

suchen, entwerfen Simulationsverfahren durch (je justierbare) Basisregeln erst diese Bewegung in der Zeit. Was im ersten Fall eine Analyse der Vergangenheit ist, wird hier nun eine Projektion von Zukünften.

ABMS von Fischschwärmen sind quantitative Verfahren, die ein Set von in Schwärmen möglichen ›traffic rules‹ simulieren. Wie der Abschnitt *Formatierungen* zeigte, blieben empirische Verfahren bis in die 1990er Jahre im ›technological morass‹ stecken: »Three-dimensional tracking techniques have not yet advanced to the stage where it is feasible to observe large schools (*i.e.*, over 10), in three dimensions, over long times (*i.e.*, for more than seconds).«[178] In Simulationen nun können die Dynamiken studiert werden, die sich durch Variationen verschiedener hypothetischer Interaktionsregeln ergeben. Diese Interaktionsregeln lassen sich modellieren durch die Applikation einer Reihe von Kräften, die die Geschwindigkeit und Richtung jedes Schwarm-Individuums in Bezug auf andere Individuen und lokale Umweltbedingungen beeinflussen: »Typical force components include locomotory (*e.g.*, biomechanical forces such as drag), aggregative (*e.g.*, long-range attraction, short-range repulsion), arrayal (*e.g.*, velocity matching), and random (*e.g.*, individual stochasticity).«[179] Der Einfachheit halber werden detaillierte biomechanische Einflüsse jedoch in den meisten Modellen ignoriert und der Fokus auf die Verbindung von lokalen Bewegungsentscheidungen und die daraus folgenden Globalbewegungen gelegt.

Um die Simulationsmodelle in berechenbaren Größen zu halten, konzentrieren sich vor allem die frühen Fischschwarm-Simulationen auf ein sehr eingeschränktes Set von Verhaltensalgorithmen. Dazu gehört *erstens* die Anpassung des Verhaltens an benachbarte Schwarm-Individuen, so etwa durch die Definition einer Zone für parallele Orientierung oder für die Abstimmung ihrer Geschwindigkeit an die Nachbarn respektive einen festgelegten Wert. *Zweitens* wird eine Präferenz in Bezug auf die relative Position zu anderen Schwarm-Individuen modelliert, etwa durch die Einnahme einer bevorzugte Distanz, die ebenfalls über verschiedene Verhaltens-Zonen erzeugt werden kann (Searching, Attraction, Parallel Alignment, Repulsion), oder in die auch Parameter wie die Winkelstellung von Nachbarn zueinander und eine voraussichtliche Zeit bis zur Kollision von Schwarm-Individuen einberechnet werden. Die *dritte* Grundlage bildet die Definition, an wie vielen Nachbarn sich ein Schwarm-Individuum orientieren soll – etwa eine vorgegebene Anzahl, eine situationsabhängig durch die Menge der in einer relevanten Verhaltenszone befindlichen Nachbarn bestimmte Anzahl, oder die Anzahl aller für ein Individuum sichtbaren Nachbarn, gewichtet durch deren Distanz vom Ausgangsindividuum. Des Weiteren kann die Größe der jeweils wirkenden Einflüsse für Nachbarn an unterschiedlichen Positionen unterschiedlich stark ausgeprägt sein. Zumeist lassen sich somit innerhalb verschiedener Simulationsmodelle nur Teilbereiche der möglichen Variationen durchspielen, »which ideally would include variations in at least:

---

178. Parrish, Viscido und Grünbaum: »Self-Organized Fish Schools«, in: *Biological Bulletin*, a.a.O., S. 297.
179. Ebd., S. 298.

initial position and velocity; the strength and type of stochastic components; spatial distribution of repulsion, parallel orientation, and attraction; and degree of variation between individuals in a group.«[180]

Anfang der 1990er Jahre setzt also eine Konjunktur von ABMS-Modellen in der Fischschwarmforschung ein, die konzeptuell an das in Kapitel III.4 angeführte Modell von Aoki anknüpfen (besonders was die basalen Verhaltensparameter und -zonen angeht) und sich von den Ideen und den Visualisierungsmöglichkeiten der grafischen Animationen von Reynolds, Terzepoulos und anderen anregen lassen. Es wäre müßig, diese en détail aufzulisten und daher sollen hier lediglich einige Entwicklungsschritte zur Sprache kommen, die für eine Epistemologie der agentenbasierten Computersimulation relevant sind.[181] Die Verhaltensbiologen Andreas Huth und Christian Wissel entwickeln 1992 im bezüglich Fischwarmforschungen eigentlich unverdächtigen Marburg ein 2D-Simulationsmodell, das an Aokis Konzentration auf die kohäsiven Bewegungspotenziale bereits bestehender Schwärme abzielt. Ihr Ansatz klammert die Entstehung von Kongregationen bewusst aus, indem eine maximale Attraktionsentfernung definiert wurde, bei deren Erreichen die Individuen sich direkt in Richtung ihres nächsten Nachbarn zurückbewegten – ein Changieren zwischen Auflösung der Schwarmstruktur und zeitweisem Zusammenschluss ist damit ausgeschlossen. Zudem wurde ein polarisiertes Fortbewegen explizit als Parameter programmiert, und alle externen Einflüsse ausgeklammert.[182] Das Modell stellte so noch mehr als Aoki auf die Erforschung schwarminterner Selbstorganisationsmechanismen ab, und im Zuge dessen betonen die Autoren die größtmögliche Einfachheit ihres Settings in etwas holprigem Englisch: »We attempted to construct simple models possible. Only simple models promote a comprehension of the results. In other words, we are not interested in modelling every detail of the fish behaviour, but only the behaviours which are decisive for school organization.«[183] *Simplizität* als Prinzip: Einfache Simulationsmodelle sind die Voraussetzung dafür, aussagekräftige Ergebnisse über die bei der Schwarmorganisation beteiligten Faktoren machen zu können: »The aim of modeling is often not to attempt to include all the known properties of a system, but rather to capture the essence of the biological organizing principles. One of the principle aims of self-organization theory is to find the simplest explanation for complex collective phenomena.«[184]

---

180. Ebd., S. 299. Auf Seite 300 desselben Texts findet sich ein tabellarischer Überblick von Fischschwarm-Simulationsstudien zwischen 1982 und 1999, die deren verschiedene Parameter-Räume gegenüberstellt.
181. Bei Julia Parrish und Steven Viscido findet sich eine ausführliche Auflistung von ABMS-Modellen in der Fischschwarmforschung. Vgl. Parrish und Viscido: »Traffic rules of fish schools«, in: *Self-Organisation and Evolution*, a.a.O.
182. Huth, Andreas und Wissel, Christian: »The Simulation of the Movement of Fish Schools«, in: *Journal of Theoretical Biology* 156 (1992), S. 365–385, hier S. 367.
183. Ebd., S. 367.
184. Couzin und Krause: »Self-Organization and Collective Behavior«, in: *Study of Behavior*, a.a.O., S. 5.

Dazu gehört in diesem Fall z.B. das Testen von verschiedenen Szenarien nachbarschaftlicher Beeinflussung: Sie unterscheiden ein *Decision*-Modell, bei dem sich jeder Fisch nach einer Gewichtung bestimmter Faktoren für die Orientierung an nur einem aus einer Zahl von Nachbarindividuen entscheidet, und ein *Averaging*-Modell, bei dem er die Positionen, Geschwindigkeiten und Richtungen mehrerer Nachbarindividuen miteinander verrechnet und sich an deren Mittelung orientiert. Eine kohärente Schwarmstruktur ergibt sich nur bei letzteren Modellen. Zwei Jahre später haben die Autoren ihr Simulationsmodell nicht nur auf 3D und eine mögliche Anzahl von 20 bis 100 Individuen aufgebohrt, sondern versuchen auch erstmals eine Verifikation ihrer Modellparameter nicht nur durch interne Variationen, sondern anhand der spärlichen empirischen Daten etwa aus den Beobachtungen Partridges.[185] Auch testen sie ihr *Averaging*-Modell für den Zusammenschluss von zwei Schwärmen und die Skalierbarkeit ihres Modells: »According to this we have no doubt that our model is also valid for schools of a thousand or more fish, which exist in nature, too.«[186] Und nicht zuletzt betonen sie die *Universalität* der untersuchten Faktoren für die Organisation von dynamischen Schwärmen: »Our model shows that the self-organization of fish schools can be understood on the basis of some simple behaviour rules. It seems that special physiological details have no essential importance for the school organization.«[187]

Im selben Jahr präsentieren die Kieler Ökologen Hauke Reuter und Broder Breckling ein Simulationsmodell, das durch eine durch den jeweiligen Abstand gewichtete Orientierung an allen sichtbaren Nachbarn eine Bewegung ohne *front priority*, also jener verstärkten Orientierung an vorausschwimmenden Individuen, und mit Einbezug externer Störungen wie etwa Hindernissen in der Modellumwelt durchtesten will.[188] Dabei steht auch zur Debatte, wie viele Nachbarn ein Schwarm-Individuum wahrnehmen und in seinen Reaktionen berücksichtigen kann, und ob diese Zahl und Orientierung in Abhängigkeit von Umwelteinflüssen verändert wird. Die Autoren unterstreichen dabei die Relevanz einer Kombination von Feldforschung, theoretischen Überlegungen und Laborstudien für die verhaltensbiologische Beschreibung von Fischschwärmen, wobei der Computersimulation eine besondere Rolle zufällt: »Even if at present important questions remain open, it is possible to exclude some behavioral patterns through theoretical consideration and simulation experiments« (Abb. 41).[189] Biologische Schwarmsimulationen folgen einer *negativen epistemischen Strategie*. Durch szenarische Variation zeigen sie unwahrscheinliche Parameterkombinationen an, die aussortiert werden können, und ermöglichen so eine iterative Annäherung an wahrscheinliche Regelsets und -ausprägungen der

---

185. Huth, Andreas und Wissel, Christian: »The simulation of fish schools in comparison with experimental data«, in: *Ecological Modelling* 75/76 (1994), S. 135–145.
186. Ebd., S. 144.
187. Ebd., S. 144.
188. Reuter, Hauke und Breckling, Broder: »Selforganisation of fish schools: an object-oriented model«, in: *Ecological Modelling* 75/76 (1994), S. 147–159.
189. Ebd., S. 157.

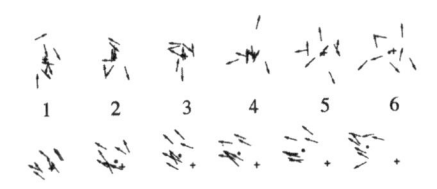

Abb. 41: Entwicklung der Schwarmstruktur in Decision- vs. Averaging-Modell.

Selbstorganisation von Schwärmen. Oder kurz: »[W]hile it is probably not possible to discern the exact rule(s) used in nature, it may be possible to rule out (or in) possibilities.«[190]
An der Universität Tokio beschäftigt sich Yoshinubu Inada mit dem Zusammenhang von Informationstransferprozessen zwischen Schwarmindividuen für das makroskopische Verhalten von Schwärmen, indem er die Orientierungsrichtung der lokalen Synchronisationsprozesse variiert und in Computervisualisierungen durchlaufen lässt.[191] Da Individuen im vorderen Bereich eines Schwarms und vor allem an dessen Spitze relativ gesehen weniger oder gar keine vorderen Nachbarn zur Orientierung haben, zeigen sie im Modell ein unruhigeres und weniger gerichtetes Schwimmverhalten, das sich in einer relativ geringeren Geschwindigkeit niederschlägt. Daraus ergibt sich eine charakteristische, ungleiche Dichteverteilung im Schwarm, deren Schwerpunkt in der vorderen Mitte liegt, wo nachfolgende Individuen auf jene stärker irrlichternden ›Führungsindividuen‹ auflaufen. Die Forscher spielen verschiedene Orientierungspräferenzen durch, von einer strengen *front priority* hin zu einer Vorliebe für seitlich schwimmende Nachbarn. Dabei zeigen sich für erstere Fälle jene scharf wendenden, sich in Sekundenbruchteilen synchronisierenden Schwarmstrukturen, während sich andernfalls sanftere und langsamere Wendemanöver ergeben, da Informationen wesentlich langsamer an hinten schwimmende Individuen weitergegeben werden. Die Art und Richtung der Informationsweitergabe determiniert das globale Aktionspotenzial des Schwarms – auch im Falle völlig gleichartiger Agenten zeigt sich ein variables Verhalten abhängig von der Position und damit der Partizipation an Informationsflüssen innerhalb des Kollektivs. Auch das Ausweich- und Fluchtverhalten in Bezug auf sich nähernde Raubfische wird durchgespielt und die dabei entstehenden globalen Strukturen in einem Testen von unterschiedlich ›engen‹ Informationsaustauschbeziehungen aufgearbeitet. Dabei wird ein Zusammenhang erkennbar zwischen einem eingeschränkten zufälligen Bewegungsverhalten der Schwarm-Individuen und der Fähigkeit des gesamten Schwarms zu strukturierten und flexiblen Manövern.[192]
Andere Studien untersuchen den Einfluss einer realistischeren Gestaltung der Agenten selbst, und im Zuge dessen wird die grafische Aufbereitung noch ein-

---

190. Parrish und Viscido: »Traffic rules of fish schools«, in: *Self-Organisation and Evolution*, a.a.O., S. 73.
191. Vgl. Inada, Yoshinubu: »Steering mechanism of fish schools«, in: *Complexity* 8 (2001), S. 1–9.
192. Vgl. Inada, Yoshinubu und Kawachi, Keiji: »Order and Flexibility in the Motion of Fish Schools«, in: *Journal of Theoretical Biology* 214 (2002), S. 371–387.

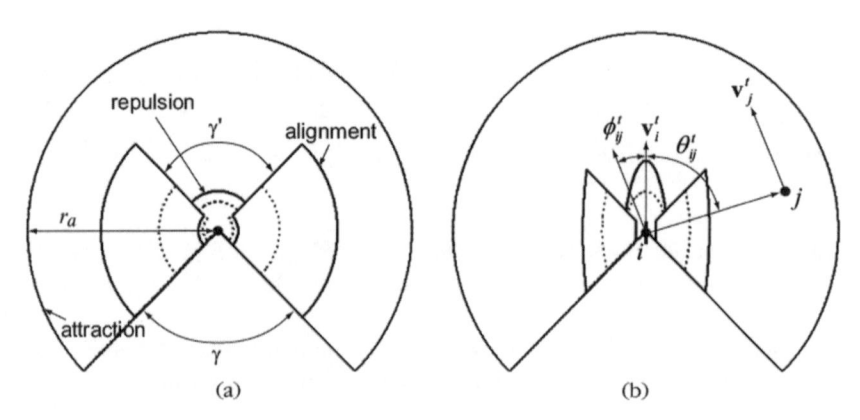

Abb. 42: Einfluss realistischer modellierter Körperformen von Agenten im Simulationsmodell – elliptische Verhaltenszonen.

mal relevanter. Ihre anfänglich punktförmig abstrahierte Gestalt wird verglichen mit linien- und ellipsoidförmigen Agentenkörpern, die sich auf die Sichtbarkeit von Individuen für ihre Nachbarn niederschlägt. Nun ist nicht mehr nur der ›Mittelpunkt‹ eines Agenten ausschlaggebend für die Abstandsmodifikation, sondern seine gesamte Länge und Form, und dies schlägt sich auch in einer entsprechend modifizierten Form ihrer ›Verhaltenszonen‹ nieder (Abb. 42). Andere Simulationen modellieren zusätzlich auch eine Masse für jeden Agenten, was zu gewissen Trägheiten im Bewegungsverhalten führt, und durch die sich Sogwirkungen ergeben, die ebenfalls das Bewegungsverhalten in den Nachbarschaften beeinflussen.[193] »[A]gent shape (point, line, ellipse) had a significant effect on several group-level output variables, including polarity [...], the ratio of first to second-neighbor distances [...], group velocity, and group shape.«[194] Interessant ist, dass im Fall der ›lebensechtesten‹ elliptischen Agenten die Globalstruktur am dichtesten bleibt, die Schwimmgeschwindigkeit geringer ausfällt und sie am empfänglichsten für Störungen sind. Denn die elliptischen Repulsionszonen der Agenten können hier mehrfache Abstoßeffekte verursachen und dynamisieren so die Synchronisierung der Agenten.[195] Die *Form* der Schwarm-Individuen beeinflusst die Form der Informationsstruktur und diese wiederum die dynamische Gestalt der Schwarmformation.

Iain Couzin und seine Forscherkollegen brachten 2002 die agentenbasierte Fischschwarmsimulation auf ein neues Niveau, indem sie 3D-Simulationen auch großer Schwärme verwirklichten und dabei ihre Modellparameter konsequent und systematisch variierten. Sie konnten zeigen, dass schon relativ kleine

---

193. Vgl. Parrish und Viscido: »Traffic rules of fish schools«, in: *Self-Organisation and Evolution*, a.a.O., S. 63.
194. Ebd., S. 61, mit Verweis auf Kunz, Hanspeter und Hemelrijk, Charlotte K.: »Artificial Fish Schools: Collective Effects of School Size, Body Size, and Body Form«, in: *Artificial Life* 9 (2003), S. 237–253.
195. Vgl. Kunz und Hemelrijk: »Artificial Fish Schools«, in: *Artificial Life 9*, a.a.O., S. 252.

Veränderungen nur eines Modellparameters zu abrupten Änderungen in der Gesamtstruktur führen. So lässt sich der Übergang zwischen vier typischen Schwarmformationen – einer diffus *schwärmenden*, einer *torusförmigen*, einer *dynamisch-parallel* schwimmenden und einer *hochgradig parallel* ausgerichteten – nur auf Basis einer Variation ihres *Alignment*-Faktors erzeugen. Die Transition zwischen den Formationen geschehe diskontinuierlich, da Übergangsstrukturen instabil seien, und sie könnten bei natürlichen Schwärmen Ausdruck einer Reaktion auf geänderte Umweltfaktoren sein – etwa wenn die Detektion der Anwesenheit eines Fressfeindes eine erhöhte Bereitschaft der Schwarm-Individuen zu größerer Annäherung erzeugt.[196] Des Weiteren weisen die Forscher eine Art strukturelles Gedächtnis nach. Wenn der Prozess der Variation der *Alignment*-Variable umgekehrt wird, zeigt sich, dass nicht alle Phasen von *hochgradig parallel* über *dynamisch-parallel* und *torusförmig* zu *schwärmend* durchlaufen werden, sondern das System direkt von *dynamisch-parallel* zu *schwärmend* wechselte (Abb. 43):

> »This demonstrates an important principle: that two completely different behavioral states can exists for identical individual behavioral rules, and that the transition between behavioral states depends on the previous history (structure) of the group, even though the individuals have no explicit knowledge of what that memory is. Thus the system exhibits a form of ›collective memory‹.«[197]

Dieses Prinzip der Hysterese macht deutlich, dass sowohl die augenblicklichen Parametersettings der Agenten als auch die aus diesen Settings zuvor hervorgegangene Systemarchitektur die Schwarmorganisation beeinflussen. Mit ihrer 3D-Visualisierungsmethode untersuchen Couzin und Kollegen zudem die Reaktion ihres Agentenschwarms auf externe Stimuli, z. B. auf die Attacken von Raubfischen. Je nach Ausgangsstruktur des Schwarms ergeben sich im Zuge dessen auch in der Natur beobachtete Ausweichformationen wie *fountain effect*, *split effect* oder *vacuolation*, wenn ein simulierter Räuber sich mit Zielnahme auf den Bereich größter Dichte dem um eine *evade predator*-Subroutine erweiterten Kollektiv nähert. Hierbei wird wiederum auch die Frage nach der Größe des Orientierungsraumes durchgetestet, aus dem die Schwarm-Individuen ihre Informationen beziehen. Ist dieser zu beschränkt, ergeben sich keine kollektiven Ausweichformationen, ist er zu groß, führt der Input von zu vielen Informationsquellen und die scheiternde Integration zu vieler Bewegungen aus naher und größerer Entfernung zu einer gestörten und verzögerten Reaktionsfähigkeit der Agenten auf lokale Einflüsse. Bei großen Schwärmen spielt eben die Art der Zusammensetzung der verschiedenen Nachbarschaften die entscheidende Rolle: »When the population size far exceeded the number of influential neighbors, each fish took cues from a different, but overlapping, set of neighbors,

---

196. Vgl. Couzin und Krause: »Self-Organization and Collective Behavior«, in: *Study of Behavior*, a.a.O., S. 24–27; vgl. Couzin u.a.: »Collective Memory and Spatial Sorting«, in: *Journal of Theoretical Biology*, a.a.O.
197. Ebd., S. 29.

368 **Transformationen**

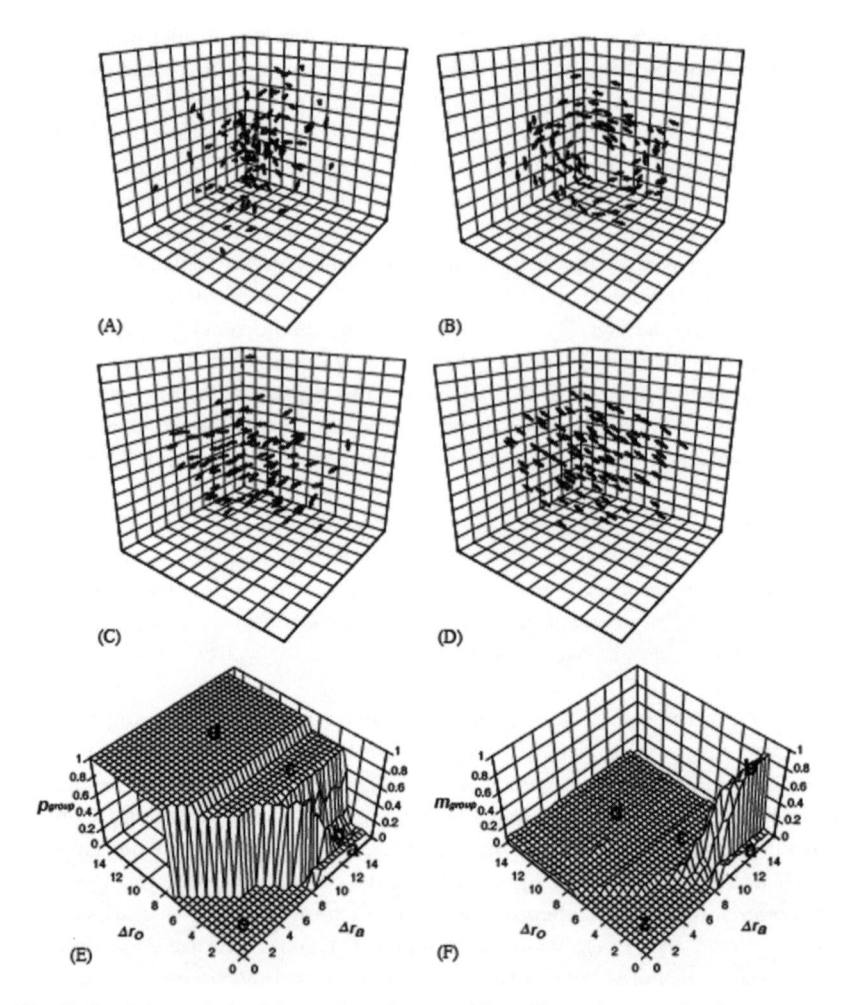

Abb. 43: Simulation typischer Schwarmformationen und ihrer ›Phasenübergänge‹ bei Couzin/Krause.

which resulted in more mobile schools.«[198] Hinzu kommt, dass mit steigender Größe der simulierten Schwärme auch *Skalierungseffekte* auftreten: »Our results showed that group properties such as polarity, group size and group speed are strongly influenced both by population size, and by the number of influential neighbors.«[199] Wie im Boid-Modell von Reynolds (Kapitel IV.1) zeigt sich also auch in diesem Fall die Relevanz eines nicht zu weit gefassten lokalen Wissens für die Entstehung dynamischer Schwarmstrukturen auf dem Makrolevel – und

---

198. Parrish und Viscido: »Traffic rules of fish schools«, in: *Self-Organisation and Evolution*, a.a.O., S. 63.
199. Ebd., S. 63.

zwar eben erst auf der Ebene ihres Durchspielens im agentenbasierten Simulationsmodell und seiner Visualisierung.[200] Als wichtiges Kriterium wird hierbei die *Systematisierung* der szenarischen Kombinationen von Parametern und ihrem Verhältnis untereinander genannt – denn bis dahin verhielt es sich so, dass »most studies do not systematically vary all factors, and so the relative importance of each factor has remained a mystery.«[201]

Ein weiterer Untersuchungsbereich ist die Produktivität von Störungen, von *noise*, für die Schwarmorganisation. Dabei geht es einerseits um die Beschreibung der internen Positionswechsel innerhalb der Schwarmstruktur, insbesondere bei Wendemanövern, denn dort wechseln zumeist auch die führenden (im Sinne von im vorderen Bereich des Schwarms befindlichen) Individuen. Denn bestimmte Positionen innerhalb des Kollektivs können – man denke an Hamiltons *Selfish Herd* – im Vergleich zu anderen von Vorteil sein in Bezug auf Nahrungsaufnahme oder die Überlebenswahrscheinlichkeit bei Räuberattacken. Erst eine solche auf Zeit gestellte interne Störfunktion, in der sich Schwärme immer wieder anders zusammensetzen, führt zu jenen dynamischen Formationen, die Informationen aus der Umwelt rasant und adaptiv verarbeiten können. Ein Eigenrauschen macht ihre Koordination in ›noisy environments‹ möglich: »The importance of fluctuations for attaining globally optimal states suggests that noise plays an important role in group organization.«[202] Und Couzin und Krause ergänzen:

> »Importantly, the sorting within the model depends on ›local rules of thumb‹, that is, not on absolute parameters but rather on relative differences between individuals. Thus an individual decreasing its zone of repulsion relative to near neighbors will tend to move toward the center of the group, even if it has no knowledge of where the center actually is.«[203]

Um solche Effekte zu modellieren, sollten auch die Verhaltensregelsets flexibler gestaltet werden. »[C]ommon behaviors of schooling fish suggest that there may even be multiple rule sets that an individual can switch on and off as needed. In the next generation of agent-based schooling simulations, rule sets must allow a simultaneous exploration of individual movements provoking group-level pattern and fission-fusion of groups.«[204] So können auch Einflüsse individuellen Verhaltens auf die Schwarmstruktur besser erforscht werden, etwa wenn durch

---

200. Die Verbindung von Schwarmforschung und Grafikdesign geht hier sogar soweit, dass Iain Couzin zeitweise für ein CGI-Unternehmen arbeitet. Jens Krause im Gespräch mit dem Autor, Berlin, 19. Februar 2010.
201. Ebd., S. 64.
202. Parrish, Julia K. und Edelstein-Keshet, Leah: »Complexity, Pattern, and Evolutionary Trade-Offs in Animal Aggregation«, in: *Science* 284 (1999), S. 99–101. Vgl. auch Moreira, Mathur, Diermeier und Amaral: »Efficient system-wide coordination«, a.a.O., S. 12085–12090.
203. Couzin und Krause: »Self-Organization and Collective Behavior«, in: *Study of Behavior*, a.a.O., S. 43.
204. Parrish und Viscido: »Traffic rules of fish schools«, in: *Self-Organization and Evolution*, a.a.O., S. 74.

schnelle positive Rückkopplungsprozesse das relativ gesehen abweichende Verhalten eines oder einiger weniger Schwarmindividuen zu Richtungsänderungen des gesamten Schwarms führt.

ABMS in der biologischen Schwarmforschung und ihre Visualisierungen versammeln damit einige Begriffe, die für die Kennzeichnung einer besonderen Wissensordnung der Computersimulation herangezogen werden können. Beim wissenschaftlichen Einsatz agentenbasierter Modelle werden deren Parameter *simpel* gehalten, um möglichst *universelle* Aussagen über die Faktoren der Selbstorganisation dynamischer Schwarm-Kollektive machen zu können. Dabei wird – am besten mit einer *systematischen Variation* der Modellparameter in Relation zueinander – im Sinne einer *Trial-and-error*-Wissenschaft vorgegangen: Kombinationen werden durchgespielt, unwahrscheinliche Szenarien eliminiert, und sich auf diese Weise einer wahrscheinlichen Konfiguration angenähert. Bei all dem spielen bildgenerierende Verfahren eine entscheidende Rolle, denn diese epistemische Strategie ist nur anhand der darin nachvollziehbaren Verquickung von *Information* und *Formation* möglich: Fragen nach den *Transitionen* zwischen verschiedenen Schwarmstrukturen und nach einem *Strukturgedächtnis*, nach ihrer *Skalierbarkeit*, und nach den Effekten interner und externer *Störungen* können nur an den dynamischen, vierdimensionalen Präsentationen, können nur in diesem künstlichen Leben in Laufzeit adressiert werden: »Unlike any set of laboratory or field experiments, the computational approach has the potential to examine systematically the multiple adaptive peaks in the landscape of three-dimensional aggregation, pointing the way towards which rules are necessary, even fundamental.«[205]

Dennoch: Für die biologische Schwarmforschung genügt es nicht, wie im Grafikdesign ein Computersimulationsmodell zu bauen, das ein Verhalten produziert, das so aussieht wie das Verhalten natürlicher Schwärme, dazu aber unrealistische Parameter einführt. Hier geht es um die Evaluation der tatsächlichen Einflussfaktoren. Unter den Bedingungen computertechnisch verbesserter Bildanalyseverfahren versuchen Forscher somit, ihre ABMS zur Integration neuer empirischer Daten zu nutzen, bzw. diese Modelle selbst auf der Basis neuen Datenmaterials zu überprüfen und zu verbessern. Der Stolz des *CouzinLab* am Department of Ecology and Evolutionary Biology der Universität Princeton, wo der namensgebende Biologe mit seinem Team das kollektive Verhalten verschiedenster Lebewesen erforscht, sind folglich nicht mehr all jene Einrichtungen, die man sich landläufig unter einem biologischen Forschungslabor vorstellt. Natürlich gibt es hier auch Aquarien für die Beobachtung von Fischschwärmen oder Vorrichtungen zur Untersuchung der Physiologie von Heuschrecken mitsamt all den technischen Geräten, die derartige Experimentalsysteme ausmachen. Das Vorzeigeprojekt des Labors steht jedoch in einem ganz normalen Büro und besteht aus einer Reihe schlichter Black Boxes, gängiger PC-Tower mit bläulicher Innenbeleuchtung. Gar nicht zufällig sehen diese

---

205. Ebd., S. 76.

Rechner aus, als seien sie eben noch auf einer LAN-Party im Einsatz gewesen; in ihnen stecken leistungsfähige Grafikprozessoren, speziell entwickelt für rechenaufwendige Computerspiele. Denn die äußerst rechenintensiven – und mit steigender Anzahl der im Simulationsmodell implementierten Individuen oder ›agents‹ noch exponentiell zunehmenden – Operationen solcher Computersimulationen überforderten klassische Rechnerarchitekturen und deren CPUs und schränkten somit die Erforschung von Schwarmdynamiken ein.

> »These computations can become prohibitively slow if one is interested in simulating very large numbers of animals as seen in nature, which for example can be millions. In addition, the spatio-temporal variability in the environment, feedback between individuals and the environment together with how individuals evolve on evolutionary time scales makes it virtually impossible to use traditional methods of CPU computing. These challenges emerge while analyzing the data from the experimental videos as well. To address these issues, CouzinLab develops simulation tools that combine models of swarming with evolutionary game theoretic framework [sic!] on massively parallel architecture on graphical processing units (GPU) developed by NVidia Corporation.«[206]

In Kooperation mit diesem Grafikkartenhersteller umgeht das Team seit Kurzem diese Limitationen, indem es GPUs (Graphical Processing Units) mit ihren jeweils mehreren Hundert Prozessorkernen als Ko-Prozessoren nutzt. Mittels der Programmiersprache *CUDA (Compute Unified Device Architecture)* lassen sich diese zu einem »personal super computer« zusammenschalten, dessen massiv parallelverarbeitende Architektur ideal ist für die computergrafische Modellierung und Simulation komplexer Schwarmdynamiken.[207]

Waren seit Mitte der 1980er Jahre vor allem die computergrafischen Visualisierungen von ABMS tragende Säulen der biologischen Schwarmforschung, so beschränkten die (wiederum ganz materiell bedingten) Rechengeschwindigkeiten herkömmlicher Von-Neumann-Architekturen durchaus auch den forschungspraktischen Umgang mit Simulationen. GPGPU-Architekturen schaffen hier Abhilfe, vor allem seit sie auch in genügend offen angelegten Consumer-Ausführungen erhältlich sind, die sie neben den angestammten 3D-Rendering-Operationen auch für allgemeine Rechenprozesse einsetzbar machen.

Indes, und das ist der medienwissenschaftlich wiederum interessantere Part, beruht die *brute force* der Berechnung von großen Kollektiven miteinander interagierender Agenten nun auf den Eigenschaften der besonderen, massiv parallel arbeitenden Hardwarestruktur der Grafikchips. Ihre Architektur erlaubt die Organisation verschiedener Daten in parallele Streams, die zwar gemeinsam von einem Kernel verarbeitet werden, aber autonom nebeneinander bestehen. Sie

---

206. So der Homepage-Text des *CouzinLab* auf: http://icouzin.princeton.edu/high-performance-computing-for-massively-parallel-simulations-of-animal-group-behavior (aufgerufen am 29.02.2012).
207. Vgl. Erra, Ugo, Frola, Bernardino, Scarano, Vittorio und Couzin, Iain: »An efficient GPU implementation for large scale individual-based simulation of collective behavior«, Vortrag auf dem *International Workshop on High Performance Computational Systems Biology* HiBi09, Trient 2009.

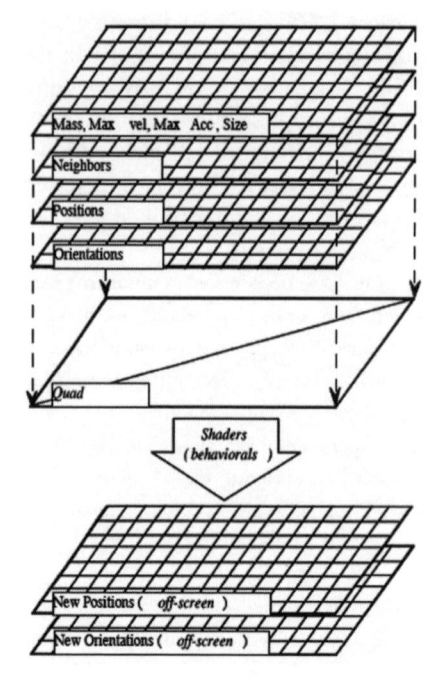

Abb. 44: ›Stream-Struktur‹ mit hintereinander-
geschalteten Textures nach De Chiara u.a.

entspricht damit ideal den Bedürfnissen der Modellierung individuenbasierter Kollektive. Abb. 44 zeigt, wie die Daten in einem Stream über verschiedene *textures* organisiert sind:

> »Textures are bi-dimensional arrays of 4-dimensional components of float values. For each character, state-preserving attributes like position, velocity, mass, size are stored compactly in place of pixels into 2D textures [...]. Textures are used not only for storing state-preserving information but also to store environment-related information [...]. During simulation, textures are used as rendering target to maintain output related to every single behavior.«[208]

Die Interaktionsdynamiken ergeben sich, indem die Statusinformationen der einzelnen Daten-Zellen (erste Texture) im Stream mittels *fragment shaders* mit Informationen über die Anzahl der Nachbarn, deren Positionen und deren Orientierung oder Bewegungsrichtung verschaltet werden. Aus deren Kombination ergeben sich das jeweilige ›Bewegungsverhalten‹ für jede individuelle Zelle und damit neue Positionen und Orientierungen im Gesamtsystem. Gemeinsam mit Couzin wird diese Vorgehensweise weiterentwickelt, indem die zu simulierende ›Welt‹ als ein 3D-Grid vorgestellt wird, analog zum GPU-

---

208. De Chiara, Rosario, Erra, Ugo und Scarano, Vittorio: »An architecture for Distributed Behavioral Models with GPUs«, in: *Proceedings of the 4th Eurographics Italian Chapter* (EGITA 2006), Catania 2006, S. 1–7, hier S. 2.

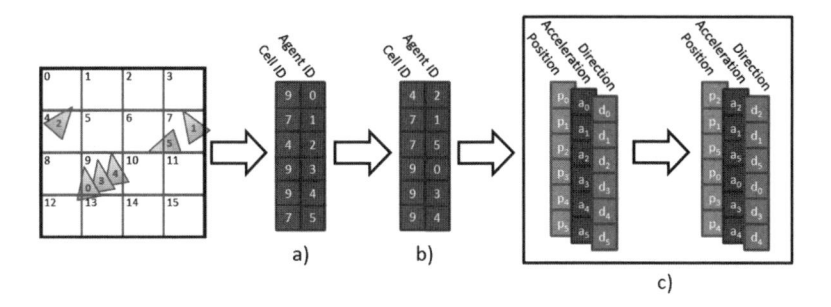

Abb. 45: Positionszuordnung und Neuordnung durch 3D-Space Lattice nach Erra u.a.

Memory. Jede einzelne Zelle trägt eine eigene ID-Nummer, ebenso wie jeder individuelle Agent. Über eine Reihe sequenzierter Operationen werden nun die Simulations-Updates vorgenommen, indem die verschiedenen zugehörigen Positions- und Bewegungsdaten schrittweise miteinander verschaltet werden (Abb. 45).[209]

Die rekursive Verschränkung von agentenbasierten Computersimulationsverfahren und biologischen Schwarmforschungen auf der Ebene von Softwareentwicklung kennzeichnet einen epistemischen Bruch, dessen hier angesprochene Konsequenzen nicht mehr mit dem Instrumentarium der *Laboratory Studies*, sondern ehestens durch eine technisch informierte, historisch-epistemologisch ausgerichtete Medienwissenschaft eingeholt werden können. Der Einsatz von Grafikchips als Hardware für die Berechnung von Schwarmdynamiken bedeutet nämlich keinesfalls eine Wiederannäherung an die *material culture* der Wissenschaftsgeschichte. Vielmehr kann hier eine konsequente Übertragung der *immaterial culture* agentenbasierter Computersimulationen erkannt werden, die nicht nur auf Software-Ebene – etwa durch objektorientierte Programmierung – die Vorteile distribuierter Strukturen nutzt, sondern diese in aktuellen Grafikchips erkennt und ebenfalls für biologische Forschungen an dynamischen Kollektivprozessen nutzbar macht. Genau wie im Fall der ABMS in der Mitte der 1980er Jahre ist es dabei ein invertierter Blick, der auf die *Zootechnizität* derartiger Kollektive und Schwärme hinweist. Natürlich ist an Nvidia G8x-Chips nichts ›natürlich‹, aber ein an Computermedien geschulter Blick auf Tiere als *Systemtiere* legt Kopplungen zwischen diesen Bereichen nahe, die sich auf deren abstraktes, formales Steuerungs- und Relationenwissen berufen. Und diese Kopplungen führen – neben quantitativen Sprüngen bei der *computational power* – zugleich zu qualitativen Sprüngen, so Couzin:

»And this has been an absolute revolution in terms of scientific computing for us. So we're investing heavily in our efforts to try and program all of our simulations on these

209. Vgl. Erra u.a.: »Efficient GPU implementation«, in: *HiBi09*, o.S.

video game cards. And to give you sort of a rough impression, [...] if you can get 300 or 500 times as fast, if what used to take a month now takes you an afternoon, that changes the way we work. And also, because we can harness this vast computational power, we can start asking questions about evolution, we can start simulating these groups of reasonable size with the reasonable resolution in how they interact in space over such long time scales that we can now start, you know, having a sort of virtual process of evolution to understand how and why collective behavior has evolved.«[210]

Es wird die Aufgabe einer historisch-epistemologisch verfahrenden Medienwissenschaft sein, derartige überlappende Texturen zwischen Hardware, Software und Wetware zu beschreiben und ihren Wechselbezügen nachzuspüren, wobei nicht zuletzt die Relevanz computergrafischer Visualisierungen als unhintergehbares epistemisches Tool eine prominente Rolle einnimmt. Diese Konstellation, in der die differenzielle Kraft eines Begriffs wie ›epistemisches Ding‹ aufgehoben wird, mag auch der Anfang einer umfassenderen Epistemologie der Computersimulation sein – mit neuen, noch zu (er-)findenden Begriffen und Kategorien.

Robofish: The Empiricism strikes back

ABMS und ihre Visualisierungen werden in der Schwarmforschung zunächst als neues epistemisches Werkzeug eingesetzt, um wahrscheinliche Faktoren zu testen, die bei der Selbstorganisation von Schwärmen involviert sind, und die mit den bis vor einigen Jahren zugänglichen Beobachtungsmedien und empirischen Methoden der Datengenerierung nicht hinreichend beschreibbar waren (Abschnitt *Formatierungen*). Im Gegensatz zu den interaktiven Verfahren der Bildanalyse um 1980, die am Beispiel der Data Tablets und des *Galatea*-Systems vorgestellt wurden, machen seit Kurzem automatische Bildanalysealgorithmen die Rekonstruktion von digitalen Foto- und Videosequenzen auch großer Schwärme möglich. Damit treten Computersimulationsmodelle und computergrafisches Tracking von digitalen Bildsequenzen in einen gegenseitigen Austausch, indem verschiedene Forschergruppen ihre Simulationsmodelle mit eigenen empirischen Forschungsdaten vergleichen. Wo Huth und Wissel ihr Simulationsmodell noch mit Bezug auf die Forschungen Partridges zu validieren suchten, treffen in neueren Studien Beobachtungs- und Experimentaldaten und der szenarische Output von Simulationssystemen auf derselben medialen Ebene digitaler Bildfolgen aufeinander, die sich mit denselben Hilfsprogrammen statistisch auswerten, vergleichen oder unterscheiden lassen. Die Überlagerungs-, Ab- und Umschriftverfahren interaktiver Bildsynthesetools entfallen zugunsten eines direkten Vergleichs von automatisiert gewonnenen Messdaten mit Wer-

---

210. Couzin, Iain im Interview mit *BigThink*, http://bigthink.com/ideas/18124 (aufgerufen am 29.02.2012).

ten aus den eigens entwickelten Simulationsmodellen. Hier ergibt sich folglich eine erneute rekursive Verschränkung. Digitale Bilder des ›Realen‹ werden getrackt, gefiltert, aufgeschrieben und gespeichert und dann zu Trajektorien synthetisiert, was nichts mehr bedeutet, als Daten aus Bildfolgen zu gewinnen. Damit wird jener Vorgang invertiert, der für die Visualisierungen von Computersimulationen beschrieben wurde: Dort werden Bildsequenzen aus ›künstlichen‹ Daten generiert, und diese Daten dann mithilfe dieser Visualisierungen iterativ angepasst. In diesen Prozess werden nun die empirisch gewonnenen Daten hineingespiegelt, sodass sich die Messmethoden und die Simulationsmodelle in einer differenziellen Erkenntnisweise gegenseitig evaluieren – von einer *Validierung* im herkömmlichen Sinne ist unter diesen Bedingungen nur noch schwerlich zu sprechen.

Eine Forschergruppe der Universität Princeton macht etwa 2004 in deren Ecology Research Center Beobachtungen von Schwärmen in einem Flusslauf. Sie filmen digitale 2D-Videosequenzen und analysieren diese mit einer von der *NASA* für das Tracking von Partikeln entwickelten Software mit dem naheliegenden Namen *Tracker*. Im natürlichen Environment Flusslauf produziert die Beobachtungsanordnung jedoch wieder Unschärfen und Intransparenzen, die eine automatisierte Analyse der Bilddaten erschwert:

»[T]he background was too irregular and the contrast between the fish and streambed not sufficiently sharp. [...] Tracker does, however, have the ability to do image arithmetic. This was useful, in that the streambed background [...] could be substracted away from the images, leaving only the fish. [...] Images resulting from substraction were fuzzy due to the movement of the water in the stream. [...] Nevertheless, this method still facilitated the identification of fish in the images.«[211]

Feldbeobachtungen führen mithin selbst avancierte Trackingprogramme noch an ihre Grenzen, und so greifen Steven Viscido, Julia Parrish und Daniel Grünbaum für ihre vergleichende Studie auch wieder auf Aquarienbeobachtungen mit traditionell wenigen (vier bis acht) Individuen zurück.[212] Sie filmen ihren Kleinstschwarm stereoskopisch in einem Ein-Kubikmeter-Tank über 30 Minuten und analysieren das in Sequenzen zerlegte Bildmaterial später mit *Adobe Premiere* und *NIH Image*, einem von den US-amerikanischen *National Institutes of Health* entwickelten Bildanalysetool. Mit der selbstgeschriebenen Software *Tracker3D* werden die einzelnen Trajektorien der Schwarm-Individuen dann wieder zusammengesetzt (wobei manuelle Korrekturen möglich sind) und auf eine Frequenz von 5 Hz heruntergefiltert, um hochfrequentes Rauschen zu subtrahieren.[213] Auch hier werden Daten *produziert*. Beim Vergleich mit den

---

211. Tien, Joseph H., Levin, Simon A. und Rubenstein, Daniel I.: »Dynamics of fish shoals: identifiying key decision rules«, in: *Evolutionary Ecology Research* 6 (2004), S. 555–565, hier S. 558.
212. Vgl. Viscido, Steven V., Parrish, Julia K. und Grünbaum, Daniel: »Individual behavior and emergent propeties of fish schools: a comparison of observation and theory«, in: *Marine Ecology Progress Series* 273 (2004), S. 239–249.
213. Vgl. ebd., S. 241.

ABMS-Szenarien stellt sich wiederum die Relevanz des *Alignment*-Faktors für die Fähigkeit zu *group responses* heraus, also der Stellenwert der Frage, mit wie vielen Nachbarn die Schwarm-Individuen in Informationsaustausch stehen. Darüber hinaus zeigt sich, dass ein abweichendes Verhalten nur weniger Individuen eine Beeinflussung des gesamten Schwarms nach sich zieht und diese mithin zu ›Führerindividuen‹ werden können – ohne dass nicht benachbarte Schwarm-Individuen dabei wüssten, dass sie überhaupt geführt würden.[214] Und natürlich können allerart Parameterkombinationen miteinander verglichen werden – eine allerdings recht ermüdende Lektüreart, die hier ihrerseits herausgefiltert bleiben soll.

Simulierten schon Craig Reynolds Boids-Animationen sowohl Fisch als auch (Vogel-)Fleisch, so gelten die Strategien der Gewinnung empirischer Daten ebenfalls nicht nur für die Fisch-, sondern auch für die Vogelschwarmforschung. Denn in beiden Fällen geht es ja um das Tracking von an sich schon mit einer Störungsfunktion durchsetzten, hochdynamischen Vielteilchensystemen vor ebenfalls störendem Umwelt-Hintergrund. Im Zuge einer »benchmark study in collective animal behaviour« entwickelt eine Gruppe italienischer Physiker und Forscher aus dem Bereich der Complexity Studies einen neuartigen Bildanalysealgorithmus, der die Limitierungen hergebrachter Vogelschwarmstudien – geringe Individuenanzahl, lockere Formation – ausräumt. Dieser leistet die automatische Auswertung und Vermessung von digitalen Fotografien jener berühmten Starenschwärme, die seit einigen Jahren in immer größerer Zahl über Rom kreisen (vgl. das Titelbild dieses Buches). Sie unterstreichen, im Zuge dessen nicht an den Spezifika von Starenschwärmen interessiert zu sein, sondern generelle Eigenschaften kollektiven Verhaltens in den Fokus zu rücken: »However, the same techniques can easily be exported to other cases, most notably to fish schools, insect swarms, and even to flying mammals, as bats. We hope that our methods may give rise to a new generation of empirical data.«[215] Dabei werden mit einem stereoskopischen Verfahren (welches eine spätere 3D-Rekonstruktion der Daten ermöglicht) bis zu 2700 Exemplare erfasst – und zwar erstmals in dynamischen Bewegungen am freien Himmel. Diese sind für Fragen der Organisation und Synchronisation von Bewegungen viel interessanter als jene Aufnahmen weniger Individuen, die in den 1970er bis in die 1990er Jahren möglich waren; im ornithologischen Bereich der Schwarmforschung sind die Probleme auch auf ihrer historischen Skala ganz ähnlich gelagert wie in den im Abschnitt *Formatierungen* untersuchten Fischschwarm-Forschungen.[216]

---

214. Vgl. ebd., S. 248.
215. Cavagna, Andrea u.a.: »The STARFLAG Handbook on Collective Animal Behavior: Part I, Empirical methods«, in: *arXiv E-print*, Februar 2008, S. 27, http://arxiv.org/abs/0802.1668 (aufgerufen am 31.01.2011).
216. Vgl. z.B. Heppner, Frank: »Avian Flight Formations«, in: *The Condor* 45/2 (1974), S. 160–170; vgl. Major, Peter F. und Dill, Lawrence M.: »The 3D Structure of Airborne Bird Flocks«, in: *Behavioral Ecology and Sociobiology* 4 (1978), S. 111–122; vgl. Pomeroy, Harold und Heppner, Frank: »Structure of Turning in Airborne Rock Dove (*Columba Livia*) Flocks«, in: *The Auk* 109/2 (1992), S. 256–267.

Mittels Stereo-Serienfotografie erzeugen die Forscher Sequenzen von 8 Sekunden Länge bei 10 Bildern pro Sekunde und rekonstruieren (unter Zuhilfenahme einer dritten Kamera) mit ihrer Software die individuellen Bewegungen von 80–88% der beobachteten Einzelvögel. Auch unter modernsten technischen Bedingungen liefert die Trennung von Signal und Rauschen nur Näherungswerte epistemischer Häufungen – und zudem stellen sich nur etwa die Hälfte der aufgenommenen Sequenzen überhaupt als verwertbar heraus. Denn »optical resolution is the main bottleneck.«[217] Ein Kontrastmangel, der hervorgerufen wird z. B. durch einen unklaren Hintergrund, durch das Herausfliegen der Schwärme aus dem Schärfe- oder Aufnahmebereich der Kameras, oder dadurch, dass sich zu viele Individuen im Aufnahmebereich bewegen, als die Software zu identifizieren in der Lage ist. Alle Objekte innerhalb eines Bildpaares werden per *Segmentierung* mittels eines Algorithmus erkannt und der Hintergrund muss möglichst umfassend subtrahiert werden (wobei ein gewisses Rauschen aufgrund der digitalen Bildgenerierung respektive Bildkomprimierung unvermeidbar ist). Sogenannte *Blobs* aus überlappenden Objekten müssen mittels eines »blob-splitting algorithms« getrennt und in eine entsprechende Zahl einzelner Objekte umgewandelt werden:

»The effectiveness of the whole segmentation process, and in particular of the blob-splitting algorithm, can effectively tell us whether or not the group under study is too dense to be reconstructed. If, after careful optimization of the parameters, the segmentation produces huge super-blobs of hundreds of animals, then it is very likely that, even after applying the blob-splitter, the animals' positions will be so noisy that it will be very hard to continue with the analysis. In these cases the only thing one can do is try to improve resolution, both digital and optical (more pixels and better lenses). On the other hand, if blobs contain few animals (up to ten, or a few more), then the blob-splitter can produce excellent results.«[218]

Dann werden die segmentierten Objekte jedes Bildes durch ein *Matching-Verfahren* jeweils ihren entsprechenden Objekten im anderen Bild zugeordnet, wobei die Bilder einer dritten Kamera bei der Identifikation der passenden Paare helfen (Abb. 46). Ein *3D-Reconstruction Algorithm* führt diese schließlich zusammen,[219] wobei Verzerrungseffekte auftreten, die etwa durch die Funktion des Randes der Kongregationen induziert sind:

»Consider a school of fishes circling clockwise around an empty core, a pattern known as milling. Now imagine that one wishes to compute the spatial distribution of nearest

---

217. Ballerini, Michele u.a.: »Empirical Investigation of Starling Flocks: A Benchmark Study in Collective Animal Behavior«, in: *Animal Behavior* 76/1 (2008), S. 201–215, hier S. 205; vgl. Vehlken, Sebastian: »Schräge Vögel. Vom ›technological morass‹ in der Ornithologie«, in: Rieger, Stefan und Schneider, Manfred (Hg.): *Selbstläufer / Leerläufer. Regelungen und ihr Imaginäres im 20. Jahrhundert*, Zürich 2012, S. 133–156.
218. Cavagna u.a.: »The STARFLAG Handbook«, in: *arXiv*, a.a.O., S. 19.
219. Vgl. die eingehende Beschreibung des technischen Verfahrens ebd., S. 19–27.

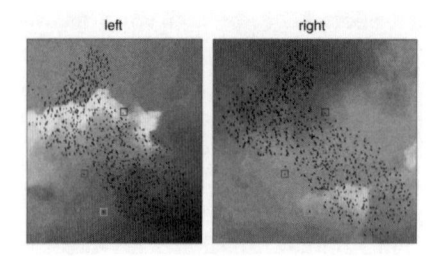

Abb. 46: Computerunterstütztes Matching-Verfahren zur Generierung der dritten Raumkoordinate aus zwei Stereofotografien.

neighbours. The (many) individuals on the external border lack neighbours to their left, whereas the (few) individual on the internal border (the core) lack neighbours to their right. If individuals on the border are included in the analysis, one obtains a distribution indicating that fishes have, on average, fewer neighbours to their left. This result is not, of course, a general consequence of the local interaction rules among the fish: in fact, the completely opposite result would be obtained for a school milling counter-clockwise! This is a typical case where disregarding border effects results in the conflation of two levels of analysis that should remain separate; specifically, the morphological level (the mill-like shape of the school), and the behavioural level (individual interactions and nearest neighbour distribution).«[220]

Und diese müssen mittels einer genauen Identifikation randständiger Individuen und mittels statistischer Verfahren herausgerechnet werden. Die Bedeutung des Randes, die frühe Fischschwarm-Studien wie jene von Albert Parr und William Hamiltons Agentenmodell bereits für den Zusammenhalt von Tierkollektiven beschrieben, kehrt wieder als Störfaktor bei der technisch-visuellen Analyse.

Damit liefern die 3D-Rekonstruktionen neue und detaillierte Erkenntnisse etwa über die relativen Positionsänderungen in Schwärmen bei dynamischen Manövern und über verschiedene Dichteverteilungen innerhalb der Kollektive – stets jedoch, und das sei zu beachten – anhand von *still images*. Ein Tracking der individuellen Trajektorien der Schwarmmitglieder ist auch mit diesem System nicht möglich. Diese müssen weiterhin mit digitalen Bildgenerationstechniken animiert werden. Doch wie konstant auch die Probleme sein mögen: Mit dem System kann beispielsweise belegt werden, dass sich die Schwärme – obwohl von außen scheinbar stabil in einem dynamischen Equilibrium – ständig völlig neu durchmischen und die Mitglieder durch stete Positionswechsel die dynamischen Globalbewegungen, bestimmte wiederkehrende Gestalten, deren Dichte und Struktur hervorrufen. Erstmals, so die Forscher, könnten nun bestehende Simulationsmodelle mit statistisch belastbaren empirischen Daten aus ›städtischen Feldstudien‹ verglichen, justiert und verbessert werden: »Some of our results [...] can be used as input parameters for existing models. Most of the

---

220. Ebd., S. 4.

results, however, should be used to refine and extend the models, to verify and assess their assumptions, and to identify the most appropriate theoretical frameworks.«[221] Vor allem seien jene metrischen Bestimmungen der Interaktions- und Einflussbereiche zwischen benachbarten Individuen zu revidieren. Wo ABMS bisher geometrische Zonen für verschiedene Interaktionsmodi unterschieden, sei in den empirischen Studien eine topologische Orientierung nachzuweisen: Nicht also die nächsten Nachbarn üben Einfluss auf die Schwarm-Individuen aus, sondern eine Anzahl *wahrgenommener* Nachbarn. Ein Nachbar, der sich zwar in größerem Abstand als ein verdeckter Nachbar befindet, aber direkt an ein Schwarm-Mitglied angrenzt, übe im Gegensatz zu letzterem einen Einfluss auf dessen Bewegungen aus. Diese topologische Orientierung reflektieren die zuvor beschriebenen Simulationsmodelle nicht.[222]

Noch einen Schritt weiter in Bezug auf die Kopplung von Computersimulationsmodellen und neuen empirischen Forschungsmethoden geht schließlich ein Projekt, das in einer internationalen Kooperation anhand eines per Computer steuerbaren künstlichen Fisches den Einfluss einzelner Schwarm-Individuen auf globale Schwarmdynamiken und Entscheidungsprozesse experimentell testet. Dieser auf den Namen *Robofish* getaufte Schwimmroboter und »Agent Provocateur im Stichlingschwarm« wird in Laboraquarien in natürliche Stichlingschwärme eingesetzt und mittels Elektromagneten unter dem Aquarienboden gesteuert.[223] So kann anhand eines vollkommen kontrollierbaren Schwarm-Individuums untersucht werden, inwiefern Schwarm-Individuen durch ein bestimmtes (z. B. von der Mehrzahl der anderen Schwarmmitglieder abweichendes) Schwimmverhalten phasenweise zu ›Führungsindividuen‹ werden, denen der Schwarm sukzessive aufgrund positiver Rückkopplungseffekte folgt – eine Frage, die bekanntlich bereits Konrad Lorenz im Fall seiner ›gehirnamputierten‹ Elritzen umtrieb. Einem Fisch mit einem ›individuelleren‹ Schwimmverhalten wiesen benachbarte Fische den Besitz relevanter Informationen zu und folgten ihm daher – jedoch, so der maßgeblich am Projekt arbeitende Biologe Jens Krause, nur bis zu bestimmten ›sozialen Schwellenwerten‹. So lassen sich größere Schwärme nur von einer kritischen Masse von Schwarm-Individuen in ihrem Bewegungsverhalten umsteuern. Das Verhalten Einzelner – das ja auch eine nicht optimale Bewegungsentscheidung sein kann – ›verrechnet‹ sich so durch die Vielzahl weiterer Individuen mit weiteren lokalen Informationen und führt so zu einem gemeinhin optimalen Globalverhalten in Bezug auf externe Faktoren.[224] Die völlige Kontrollierbarkeit des Robofish macht dabei die Identifikation solcher Schwellenwerte für das Entscheidungsverhalten von Schwarm-

---

221. Ballerini u.a.: »Empirical Investigation«, in: *Animal Behavior*, a.a.O., S. 211.
222. Vgl. Ballerini, Michele u.a., »Interaction ruling animal collective behavior depends on topological rather than metric distance: Evidence from a field study«, in: *PNAS* 105 (2008), S. 1232–1237.
223. Kneser, Jakob: »Rückschau: Der Robofisch und die Schwarmintelligenz«, in: *das Erste – W wie Wissen*, Beitrag vom 14.03.2010, http://www.daserste.de/wwiewissen/beitrag_dyn~uid,m2kysdlfzyfftg8a~cm.asp (aufgerufen am 29.02.2012).
224. Vgl. ebd.

kollektiven quantifizierbar und generiert Daten, die wiederum in Kombination mit Computermodellen das Wissen um Schwärme anreichern.

★★★

Gemäß der Ausgangsfrage dieses Kapitels, wie die rekursive Entwicklung von der Biologie inspirierter Computersimulationsmodelle mit einer Computerisierung biologischer Forschungen im Bereich der Schwarmforschung wechselwirkt, können mindestens drei Aspekte festgehalten werden. *Erstens* finden seit ca. 1990 eine ganze Reihe von ABMS in der biologischen Schwarmforschung Verwendung, oder besser gesagt: Der größte Teil dieser Forschungen heißt dieses neue epistemische Werkzeug willkommen und wendet sich für Jahre weitgehend von empirischen Studien ab. Dabei spielen die computergrafischen Visualisierungen eine große Rolle, denn sie machen einen intuitiven Umgang mit den dynamischen Modellen und eine szenarische (Re-)Konstruktion natürlicher Schwarmprozesse in digitalen Modellen möglich. Biologische Schwärme werden mit Schwarm-inspirierten agentenbasierten Computermodellen in produktiver Weise ge- und beschrieben. Der Schwarm ist mithin ›written in its own medium‹. Erst ebenfalls auf weiterentwickelte Bildanalysealgorithmen und digitale Bildgebungs- und Bildgenerierungsverfahren zurückgreifende Beobachtungsmethoden, die aufgrund verbesserter Tracking- und automatisierter Matching-Verfahren eine deutliche Verfeinerung gegenüber den im Abschnitt *Formatierungen* beschriebenen quantitativen Beobachtungsmethoden darstellen, führen *zweitens* zu einer weiteren Rekursionsschleife. Durch diese können neue und detailliertere empirische Daten zur Modulation und zum Tuning bestehender Computersimulationssysteme eingesetzt werden. Und *drittens* schließen gebaute ›lebensechte‹ Agenten wie jener *Robofish*, eine Art simplifizierte Inkarnation von Terzepolous' *Artificial Fishes*, Computermodelldaten und ein per Computer kontrolliertes Verhalten eines künstlichen Agenten mit der *Wetware* natürlicher Schwarmindividuen kurz. Die Erforschung des biologischen *Wissensobjekts* Schwarm fällt in eins mit der Erforschung und Entwicklung der Medientechniken agentenbasierter Computersimulationen und ihrer Wissensordnung. Eine Trennung zwischen Agenten und Fischen verschwimmt weiter, wenn Hard-, Soft- und Wetware schließlich ganz konkret in Interaktion treten, um noch genauere Erkenntnisse über die Organisation von Schwärmen zu gewinnen.

3. Zootechnologien

»Science has done all the easy tasks – the clean simple signals. Now all it can face is the noise; it must stare the messiness of life in the eye.«[225] *Kevin Kelly*

Schwärme verschalten sich medienhistorisch zu biologisch-computertechnischen Hybriden, die mit dem Begriff *Zootechnologien* vielleicht ganz adäquat gefasst werden können. Denn im Gegensatz zu *Biotechnologien* oder *Biomedien*[226] denken sie sich nicht so sehr vom *bios*, also vom Begriff des ›beseelten‹ Lebens her, sondern vom *zoé*, vom unbeseelten Leben im Schwarm – ein Leben, das sich technisch implementieren lässt.[227] Die aus dieser Verschaltung zu Zootechnologien zu gewinnenden Erkenntnisse helfen, eine hochtechnisierte und zunehmend mit der Modellierung komplizierter und komplexer Zusammenhänge und Systeme konfrontierte Lebenswelt einzurichten. Überall, wo man mit ›gestörten Verhältnissen‹, mit sich stets ändernden Bedingungen zu tun hat oder wo unscharf definierte Problemstellungen zur Lösung anstehen, können Verfahren eingesetzt werden, die gemeinhin unter dem Sammelbegriff *Swarm Intelligence* zusammengefasst werden. So schreiben Eric Bonabeau, Marco Dorigo und Guy Theraulaz zu Beginn ihres Standardwerks *Swarm Intelligence. From Natural to Artificial Systems*:

> »Researchers have good reasons to find swarm intelligence appealing: at a time when the world is becoming so complex that no single human being can understand it, when information (and not the lack of it) is threatening our lives, when software systems become so intractable that they can no longer be controlled, swarm intelligence offers an alternative way of designing ›intelligent‹ systems, in which autonomy, emergence, and distributed functioning replace control, preprogramming, and centralization.«[228]

Da der darin mitschwingende Universalitätsanspruch durchaus fraglich ist, soll im Folgenden der Genealogie dieses Begriffs anhand einiger aussagekräftiger Beispiele nachgegangen werden, die eingrenzen, in welchen Fällen die aus Schwarmprinzipien hervorgehende Bewegungsintelligenz operabel wird. Denn, so eine These dieses Buches: An jener medienhistorischen Schwelle, an der durch die epistemische Verschränkung von *Fish & Chips* unter dem Einsatz von Computersimulationsmodellen und ihren grafischen Visualisierungen ein weitreichendes und neues Wissen um die Steuerungs- und Selbstorganisationsprinzipien von Schwärmen zugänglich wird, können diese als *Wissensfiguren* in

---

225. Kelly: *Out of Control*, a.a.O.
226. Vgl. hierzu Thacker: *Biomedia*, a.a.O.
227. Vgl. Aristoteles: *Nikomachische Ethik*, Stuttgart 2003, 1177bff.; vgl. zu einer möglicherweise derart begrifflich begründeten Verwechslung des Zusammenhangs von ›Leben‹ und Schwärmen Horn: »Das Leben ein Schwarm«, in: *Kollektive ohne Zentrum*, a.a.O.
228. Bonabeau, Eric, Dorigo, Marco und Theraulaz, Guy: *Swarm Intelligence. From Natural to Artificial Systems*, New York 1999, S. XI.

verschiedenen Einsatzkontexten und technischen Anwendungen operabel werden. Das folgende Kapitel geht unter dem Neologismus *Zootechnologien* dieser Umsetzung der *Wissensfigur* Schwarm in Anwendungen nach, die Schwarmprinzipien als ›intelligente‹ Steuerungslogiken implementieren. Diese derart mit ›Hightech‹-Tools verbundene Genealogie des Swarm Intelligence-Begriffs, so eine zweite These, trägt ihren Teil dazu bei, dass eine diskursive Übertragung des Begriffs auf unterschiedlichste soziopolitische und ökonomische Phänomene um 2000 erst Attraktivität und Zugkraft hat bekommen können. Mit solchen Zootechnologien, so ein dritter Punkt, spannt sich nun nicht nur der in diesem Band anhand einer Medien-, Technik- und Wissensgeschichte erzählte Bogen einer Umwertung von Schwärmen als prototypischen Phänomenen eines Außen des Wissens über problematische Wissensobjekte zu operativ einsetzbaren Wissensfiguren. Es sind auch diese Zootechnologien, welche die popkulturelle Diskursdynamik um Schwärme ab 2000 provozieren beziehungsweise nahelegen, indem sie die Verbindung von Schwärmen und ›intelligentem Verhalten‹ nicht nur auf einen Begriff bringen, sondern auch technisch anwenden. Die Operativität von Schwärmen als Wissensfiguren geht einher mit einer diskursiven Öffnung, die sich mit dem Zeitgeist einer Medienkultur der Intransparenz treffen kann.

Ein neues *Buzzword*: Von Cellular Robots zu Swarm Robotics

Der Begriff Swarm Intelligence lässt sich insofern an den zuvor erwähnten *Robofish* der experimentellen Verhaltensforschung von Fischschwärmen anschließen, als dass sein konkreter Entstehungsort im Bereich der Robotik zu suchen ist. Denn auch Ingenieure sind eingebunden in Diskursdynamiken. Als auf einem NATO-Robotik-Workshop im Jahr 1988 Gerardo Beni und Jing Wang eine Kurzpräsentation zum Thema *Cellular Robots* halten – zu »groups of robots that could work like cells of an organism to assemble more complex parts« –, wird in der anschließenden Diskussion die Forderung nach einem *buzzword* laut »to describe that sort of ›swarm‹.«[229] Beni und Wang nehmen diese Anregung auf und veröffentlichen ihr Paper unter dem Titel *Swarm Intelligence in Cellular Robotic Systems*: Ein Begriff ist geprägt, der in den folgenden Jahren jedoch eher im Zusammenhang von biologischen Studien[230] und von mathematischen Opti-

---

229. Beni, Gerardo: »From Swarm Intelligence to Swarm Robotics«, in: *Swarm Robotics*, a.a.O., S. 3–9, hier S. 3. Beni selbst schreibt das genannte Zitat einer Wortmeldung von Alex Meystel zu.
230. Vgl. z.B. Bonabeau, Dorigo und Theraulaz: *Swarm Intelligence*, a.a.O. Die Autoren konzentrieren sich darin so gut wie ausschließlich auf die Kopplung von biologischen Forschungen an soziale Insekten mit verschiedenen logistischen Optimierungsproblemen und entwickeln anhand dessen ihr Programmierparadigma der *Ant Colony Optimization* (ACO). Obwohl dieser Bereich innerhalb der technischen SI einen großen Bereich einnimmt, konzentriert sich dieses Buch auf andere Implementierungen, die eher in einer Fluchtlinie mit jenen biologischen Kollektiven – nämlich Fisch- und Vogelschwärmen – stehen, deren Mediengeschichte hier fokussiert und ausgebreitet wurde.

mierungsproblemen²³¹ seine Dynamik entfaltet, bevor er auch in der Robotik sein Schattendasein ablegt. Zunächst orientieren sich Forschungen zu distribuierten Roboterkollektiven eher an biologischen Forschungen zu sozialen Insekten. Mit Überlegungen beispielsweise zu militärischen Systemen von *Unmanned Aerial Vehicles* (UAV) oder zivilen Unterwasserfahrzeug-Kollektiven gewinnen jedoch auch Bezüge zu den vierdimensional operierenden Kollektiven von Fisch- und Vogelschwärmen in letzter Zeit stark an Relevanz.²³²

Das grundlegende Interesse liegt auch hier in der Fragestellung, wie aus einem System aus einfachen, (meist) identischen, autonom agierenden Einheiten, die nur auf kurze Distanz kommunizieren und ohne übergreifende Taktung und zentrale Steuerung operieren sollen, kollektive Strukturen entstehen können.²³³ Der Computerwissenschaftler Erol Sahin definiert: »Swarm robotics is the study of how a large number of relatively simple physically embodied agents can be designed such that a desired collective behavior emerges from the local interactions among agents and between the agents and the environment.«²³⁴ Die Vorteile eines solchen Konzepts liegen – jedenfalls theoretisch – in der größeren Robustheit, einer gesteigerten Flexibilität und seiner Skalierbarkeit im Vergleich zu zentral gesteuerten, komplexeren Einzel-Robotern. Oder einfach ausgedrückt: »[U]sing swarms is the same as ›getting a bunch of small cheap dumb things to do the same job as an expensive smart thing‹.«²³⁵

Durch die große Anzahl einfacher Elemente verringert sich die Ausfallwahrscheinlichkeit und erhöht sich die Redundanz – selbst wenn eine Zahl von Agenten funktionsuntüchtig wird, können deren Funktionen von anderen, identischen Robotern übernommen werden. Hinzu kommt eine Multiplikation der sensorischen Eigenschaften, »that is, distributed sensing by large numbers of individuals can increase the total signal-to-noise ratio of the system« – jene Eigenschaft, die auch im Fall von *Sensory Integration Systems* (vgl. Kapitel III.4) die Lebensfähigkeit des Schwarmsystems erhöht.²³⁶ Durch die Möglichkeit zu verschiedenen zeit-räumlichen Anordnungen können Schwarm-Roboter selbsttätig modularisierte Lösungen für diverse Problemlagen entwickeln, ohne explizit dafür programmiert worden zu sein. Sie sind in der Lage, sich an unvorhersehbare und zufällige Änderungen in der Systemumwelt anzupassen. Und schließ-

---

231. Vgl. z. B. Kennedy, James und Eberhart, Russell C.: »Particle Swarm Optimization«, in: *Proceedings of the IEEE International Conference on Neural Networks*, Piscataway: IEEE Service Center 1995, S. 1942–1948.
232. Vgl. Corner, Joshua J. und Lamont, Gary B.: »Parallel Simulation of UAV Swarm Scenarios«, in: Ingalls, R. G., Rossetti, M. D., Smith, J. S. und Peters, B. A. (Hg.): *Proceedings of the 2004 Winter Simulation Conference*, S. 355–363, hier S. 355, mit Bezug auf Clough, B.: »UAV swarming? So what are those swarms, what are the implications, and how do we handle them?«, in: *Proceedings of 3rd Annual Conference on Future Unmanned Vehicles*, Air Force Research Laboratory, Control Automation 2003.
233. Vgl. Beni, Gerardo: »Order by Disordered Action in Swarms«, in: Sahin, Erol und Spears, William M. (Hg.): *Swarm Robotics*, New York, S. 153–172, hier S. 153.
234. Sahin, Erol: »Swarm Robotics: From Inspiration to Application«, in: *Swarm Robotics*, a.a.O., S. 10–20, hier S. 12.
235. Corner und Lamont: »Parallel Simulation of UAV«, *2004 Winter Simulation*, a.a.O., S. 355.
236. Sahin: »Swarm Robotics«, in: *Swarm Robotics*, a.a.O., S. 11.

lich lassen sie sich skalieren zu unterschiedlich großen Kollektiven, ohne dass die Funktionsfähigkeit des Systems davon beeinträchtigt würde.[237] Dabei steht stets die Stabilität ihrer Integration zu einem Kollektivsystem im Vordergrund. Sie drücken damit wiederum jene technische Umsetzung von Homöostase aus, die schon Ashby mit seiner Schlafmaschine avisierte (vgl. Kapitel III.4) – wenn auch wiederum als mobile, sich in Bezug auf den Raum optimierende dynamische Anordnung.

Für die Generierung dieser Eigenschaften ist erneut die Frage nach der Synchronisierung der einzelnen Agenten essentiell, resultiert diese doch in der Kontrollierbarkeit der Abläufe innerhalb des Systems in Bezug auf bestimmte externe Faktoren oder Zielvorgaben. Nicht zuletzt definiert sich die Spezifität von Schwarm-Modellen genau durch diesen Punkt, wie Gerardo Beni schreibt: »In a swarm model, the units operate with no central control and no global clock. More precisely, they operate *partially* synchronously; they do not operate synchronously, but neither they operate strictly asynchronously«:[238] Sowohl im Falle eines *synchronen* Updates aller Agenten, als auch im Falle eines strikt *sequentiellen*, also durch eine Ordnungsvorschrift bestimmten Abfolge der Updates der Elemente müsse es eine Master Clock und Zentralkontrollinstanz geben, um den Bewegungszustand zu aktualisieren. Schwarm-Systemen hingegen aktualisieren sich *teilweise synchron*:

> »In fact, during an UC [updating circle, SV], any unit may update more than once; also it may update simultaneously with any number of other units; and, in general, the order of updating, the number of repeated updates, and the number/identity of units updating simultaneously are all events that occur at random during any UC. We call the swarm type of updating *Partial Random Synchronicity (PRS)*.«[239]

Damit wird den einzelnen Agenten jeweils eine wesentlich größere Flexibilität im Hinblick auf die Adaptation an externe Faktoren erlaubt, welche aufgrund der geringen Interaktionsreichweite auch nur eine begrenzte Anzahl von Nachbarn zu ebenfalls gesteigerter oder reduzierter Aktivität anregen können – was Beni kurz unter das Schlagwort »order by disordered action« fasst: »The production of order by disordered action appears as a basic characteristic of swarms.«[240] Die Funktionsweise solcher Systeme unterscheidet sich damit signifikant von Norbert Wieners Modell für die Taktung der Neuronen im Gehirn – in Schwarm-Systemen ist ein synchrones Prozessieren von benachbarten Elementen grundsätzlich zeitlich begrenzt, und es stellt sich über die Zeit eben keine gleichmäßige Taktung ein.

Während Beni in seinem Modell *time lags* unberücksichtigt lässt – die individuelle Aktualisierung bezieht sich immer auf die Zustände der relevanten Agen-

---

237. Ebd., S. 11.
238. Beni: »Order by Disordered Action«, in: *Swarm Robotics*, a.a.O., S. 154.
239. Ebd., S. 157.
240. Ebd., S. 153.

ten im vorherigen diskreten Zeitschritt – beschäftigen sich andere Forschungen mit der Integration auch dieses Aspekts. So wird mathematisch nachgewiesen, dass unter bestimmten Bedingungen eine kollisionsfreie Konvergenz des Kollektivs ablaufen kann mit Einheiten, die zwar Abstandssensoren besitzen, jedoch »neighbor position sensors that only provide delayed position information«. Zudem stellt sich heraus, dass die Kohäsion eines Bewegungskollektivs Bestand hat »even in presence of sensing delays and asynchronisms«, wenn die besondere Position von »edge-leaders« als ordnende Funktion berücksichtigt wird, also von randständigen Einheiten, die nur auf einer Seite Nachbarn besitzen, mit denen sie im Austausch stehen.[241]

Die spezifizierte Anzahl von Relationen zu nächsten Nachbarn und die daraus resultierende räumliche Struktur und Morphologie von mobilen Kollektiven präformiert demnach in gewissem Sinne die Entstehung von Synchronisationsprozessen im Kollektiv. Verzögerungen führen damit nicht unbedingt zu weniger ›lebensfähigen‹ Systemen. Gerade die prozesshafte Synchronisierung durch lokale Informationsweitergabe macht die Abschwächung oder Verstärkung von Bewegungsreaktionen in Bezug auf externe Faktoren möglich. So wie die in Kapitel III.4 beschriebenen Agitationswellen als synchronisierende Instanz die räumliche Struktur von biologischen Schwärmen im Sinne einer schnellen Informationsweitergabe und damit einer Reduktion von *time lags* optimieren, so scheinen es hier spezifische räumliche Dispositionen zu sein, durch welche Asynchronitäten und systembedingte Verzögerungen operativ werden. Die dynamische Stabilität der in den angeführten Beispielen entworfenen Roboter-Kollektive scheint mithin nicht nur von ihrer zeitnahen Reaktion auf Umwelteinflüsse abzuhängen, sondern ist ›raumnah‹ – getragen von der Parametrisierung ihrer ›raumgenerierenden‹ Sensoren, die definieren, wie sie sich in Bezug auf ihre nächsten Nachbarn hin anordnen. Auch hier treten Schwarm-Zeit und Schwarm-Raum also in eine irreduzible gegenseitige Abhängigkeit voneinander.

Dieser ›raumnahe‹ Stellenwert verdoppelt sich noch in den avisierten Anwendungsbereichen von Kollektiven aus einfachen Robotern. Sei es im Bereich ziviler oder militärischer Applikationen, »swarm robotic systems are distributed systems and would be well-suited for tasks that are concerned with the state of a space.«[242] Indem Schwärme sich schnell an den Zustand eines Umwelt-Raums anpassen, sich mit ihm synchronisieren, können sie nicht nur diesen Raum informieren, sondern ihn als Kollektivstruktur *antizipieren*. So könnten Multiple-Robots-Systeme zum Monitoring von Ökosystemen eingesetzt werden und sich im Fall von Verschmutzungen nicht nur als Raumstruktur zum etwaigen Gefahrenherd hinbewegen und ihn derart fokussieren »to better loca-

---

241. Vgl. Liu, Yang, Passino, Kevin M. und Polycarpou, Marios M: »Stability Analysis of M-Dimensional Asynchronous Swarms With a Fixed Communication Topology«, in: *IEEE Transactions on Automatic Control* 48/1 (2003), S. 76–95; vgl. Gazi, Veysel und Passino, Kevin M.: »Stability Analysis of Social Foraging Swarms«, in: *IEEE Transactions on Systems, Man, and Cybernetics – Part B: Cybernetics* 34/1 (2004), S. 539–557.
242. Beni: »From Swarm Intelligence to Swarm Robotics«, in: *Swarm Robotics*, a.a.O., S. 17.

lize and identify the nature of the problem«, sondern sich bei entsprechender Spezifikation auch zu einer Kollektivstruktur zusammenschließen, die zugleich der Gefahr – etwa einer austretenden Chemikalie in einem See – entgegenwirkt: »The swarm can self-assemble forming a patch that would block the leakage.« Selbst eine drastische Verschlimmerung solcher Ereignisse könne aufgrund der Skalierbarkeit und Redundanz der Kollektivstruktur ausgeglichen werden, indem im Gegenzug einfach die Menge der Agenten ebenso drastisch erhöht werde.[243] Das Schwarm-System synchronisiert sich mit den Ereignissen des Umweltsystems, antizipiert und nivelliert schließlich dessen Prozesse.

Ähnliches kann für militärische Applikationen ins Feld geführt werden. Ob es um Minenräumung mittels fahrbarer Einheiten geht oder um die Aufklärung auch unzugänglicher Gebiete – stets ist es die Ermöglichung eines zeitkritischen Zur-Deckung-Bringens von Schwarm-Raum und Umweltraum, das einen Einsatz verteilter Robotersysteme wünschenswert macht. Die Miniaturisierung elektronischer Bestandteile ermöglicht erste UAV-Prototypen in Hummelgröße, die einmal als maschinelle *Sensory Integration Systems* respektive mobile »sensor networks« eingesetzt werden könnten.[244] In derartigen Anwendungen kommt das wörtlich zu nehmende *buzzword* Swarm Intelligence mithin in gewisser Weise mit sich selbst zur Deckung und reduziert sich um jene technikutopistischen Phantasmen selbsttätig emergierender ›Intelligenz‹ durch bloße Relationalität: ›Intelligence‹ bedeutet im Falle solcher UAV-Systeme eben erst einmal nicht mehr als *Aufklärung*.

PSO: Particle Swarm Optimization

Es ist durchaus erstaunlich, welche Missverständnisse auftreten, wenn Naturwissenschaftler nach schlauen Eingangszitaten für ihre Publikationen fahnden. Der Informatiker Andries P. Engelbrecht etwa wird für seine Einleitung zu einem Überblick über *Computational Swarm Intelligence* im Buch Hiob (12; 7–9) [sic!] fündig: »Doch frag nur die Tiere, sie lehren es dich, die Vögel des Himmels, sie künden es dir. Rede zur Erde, sie wird dich lehren, die Fische des Meeres erzählen es dir.«[245] Das ist natürlich ausgemachter Unsinn, wenn es um die Verschaltung von biologischen und technischen Schwarm-Systemen geht. Wie gezeigt wurde, erzählen Schwarmkollektive erst einmal gar nichts, und

---

243. Ebd., S. 17f.
244. Corner und Lamont: »Parallel Simulation of UAV«, in: *2004 Winter Simulation*, a.a.O., S. 355.
245. Engelbrecht, Andries P.: *Fundamentals of Computational Swarm* Intelligence, New York: Wiley 2005, S. 1. Engelbrecht behandelt darin die beiden wichtigsten Forschungsfelder der SI, *Ant Colony Optimization (ACO)* und *Particle Swarm Optimization (PSO)*. Diese Publikation wird ACO ausklammern, da hier nicht auch noch analog eine Mediengeschichte der Erforschung sozialer Insekten vorgelegt hat werden können. Diese könnte ähnlich angegangen werden, würde sich aber aufgrund spezifischer Eigenschaften der biologischen Wissensobjekte Ameisen, Bienen und Wespen wohl auf andere Begriffe konzentrieren, und sich auch in anderen interdisziplinären Querbezügen situieren (z. B. eine Geschichte starker politischer Konnotationen oder aktuell Problemlösungen in der Logistik). Vgl. hierzu die a.a.O. angegebenen Texte von Eva Johach und Niels Werber.

Kunde tun sie allerhöchstens vom Scheitern verschiedener Durchmusterungstechniken und medientechnischer Anordnungen. Sie *stören* ganz im Gegenteil jegliche Übertragungsrelation. Erst durch vielfältige Strategien der visuellen und akustischen Entstörung, der computergestützten Analyse, und der computertechnischen Simulation wird ein Wissen von Schwärmen zugänglich. Erst durch ihre medientechnische Zurichtung, durch einen Entzug von Natürlichkeit werden sie als *Wissensfiguren* produziert. Doch diese Störfunktion macht sie im Anwendungsbereich gerade auch operabel. Denn wenn Optimierungsprobleme anstehen, für die eine analytische Lösung unmöglich ist, können Optimierungsalgorithmen weiterhelfen, die an die Selbstorganisationsfähigkeiten von Schwärmen angelehnt sind. Die Grenzen des Berechenbaren markieren hier ein Umschwenken auf biologische Prinzipien. In den Bereich der SI und genauer: in den Bereich evolutionären Programmierens, fällt dabei auch ein stochastisches Optimierungsverfahren namens *Particle Swarm Optimization* (PSO), das im Jahr 1995 von den Mathematikern James Kennedy und Russell Eberhart vorgestellt wird.

Diese lassen sich einerseits inspirieren von den Grafikanimationen von Reynolds und Reeves – der Name PSO rekurriert dabei sogar explizit auf Reeves' *Particle Systems*. Zudem beziehen sie sich auf Frank Heppners Forschungen zum Verhalten von Vogelschwärmen. Dieser modellierte bekanntlich unabhängig von Reynolds ein Simulationsmodell mit ähnlichen Parametern und implementierte es auf Zellularautomaten.[246] Die zentrale Idee dieses Modells basiert auf den Fragen, wie ein Vogelschwarm sich um eine Schlafstelle versammelt oder verstreut in einem Suchraum liegende Futterstellen findet und definiert dazu einen »cornfield vector«. Dieser beschreibt ein Suchziel, das die Bewegung des simulierten Schwarms motiviert, und dieser findet durch das Prinzip der Weitergabe von lokalen, individuellen Informationen über die Umwelt an nächste Nachbarn schneller zum Ziel – einer der naheliegenden evolutionären Vorteile, die durch Schwarmbildung entstehen. Kennedy und Eberhart abstrahieren aus diesen Vorbildern ein Lösungsverfahren, dass sich die Beziehung von individuellen Bewegungen in Schwärmen und deren Einfluss auf das Bewegungsverhalten des gesamten Schwarms zunutze macht, und das mittels ›lernender‹ evolutionärer Algorithmen zu einem Optimierungsverfahren ausgebaut wird:

> »The method was discovered through simulation of a simplified social model. [... PSO] has roots in two main component methodologies. Perhaps more obvious are its ties to artificial life (A-life) in general, and to bird flocking, fish schooling, and swarming theory in particular. It is also related, however, to evolutionary computation, and has ties to both genetic algorithms and evolutionary programming.«[247]

---

246. Vgl. Kennedy und Eberhart: »Particle Swarm Optimization«, in: *IEEE Neural Networks*, a.a.O.; vgl. Heppner und Grenader: »A stochastic nonlinear model for coordinated bird flocks«, in: *Ubiquity of Chaos*, a.a.O.
247. Russell und Eberhart: »Particle Swarm Optimization«, in: *IEEE Neural Networks*, a.a.O., S. 1942.

Sie gehen dabei aus von einer weit gefassten Definition von Schwärmen:

»A swarm is a population of interacting elements that is able to optimize some global objective through collaborative search of a space. Interactions that are relatively local (topologically) are often emphazised. There is a general stochastic (or chaotic) tendency in a swarm for individuals to move toward a center of mass in the population on critical dimensions, resulting in convergence on an optimum.«[248]

Dies könne – und hier ist der Hintergrund ganz ähnlich wie in den Anwendungen im Animationsdesign – als ein effektives und dabei den Computerressourcen Speicherkapazität und Geschwindigkeit entgegenkommendes Prinzip eingesetzt werden, wobei klar sei: »[T]he social metaphor is discussed, though the algorithm stands without metaphorical support«.[249] Dieser Algorithmus berechnet die Maxima und Minima nichtlinearer Funktionen, oder wird in der weiteren Entwicklung z. B. für *Multiobjective Optimization*-Probleme verwendet, bei denen ein System von Funktionen optimiert werden soll. Die Optimierung einer Funktion konfligiert dabei oft mit jener einer anderen Funktion, und es gilt, eine Lösung im Zusammenhang der verschiedenen Zieldefinitionen zu finden. Eine mögliche Anwendung wäre etwa ein Fertigungsprozess, in dem sämtliche in die Produktion einfließenden Parameter sich wechselseitig beeinflussen und ihre Kombination sich auf das Verhältnis von Quantität und Qualität des Prozesses auswirkt. Für eine perfekte Einstellung müssten daher alle möglichen Parameterkombinationen durchprobiert werden – deren Summe schon bei wenigen Parametern exorbitant groß wird. Zudem sind die Parameter oftmals nicht ganzzahlig, sondern reellwertig, so dass ein Durchrechnen aller Möglichkeiten ausgeschlossen ist.[250]

PSO macht derartige Probleme adressierbar, indem sie den Raum aller möglichen Zustandskombinationen ›schwarmhaft‹ erforscht. Ein vereinfachtes Reynolds-Modell mit den anfänglichen zwei Basisparametern *Nearest-Neighbor Velocity* und *Craziness* dient dabei als Optimierungsalgorithmus. Dazu werden Partikel zunächst zufällig im Suchraum verteilt. Die Partikel besitzen in diesem Modell nurmehr eine Position und eine Geschwindigkeit. Sie stehen mit einer definierten Menge von Nachbarpartikeln in Kontakt. Die jeweilige Position ist hier gleichzeitig ein Lösungsvorschlag für die Zielfunktion. In iterativen Schritten werden nun einerseits die *personalBest*-Positionen (deren Optimum wird als eine Art ›Gedächtnis‹ erinnert) und die *neighborhoodBest*-Positionen einer festgelegten Anzahl an nächsten Nachbarn bestimmt. Diese werden miteinander abgeglichen, und aus den bestimmten Abständen ergeben sich in Kombination mit der Größe der Geschwindigkeit die neue »Flugrichtung« und Geschwindig-

---

248. Russell und Eberhart: *Swarm Intelligence*, a.a.O., S. XXVII.
249. Russell und Eberhart: »Particle Swarm Optimization«, in: *IEEE Neural Networks*, a.a.O., S. 1942.
250. Vgl. Ziegler, Cai: »Von Tieren lernen. Optimierungsprobleme lösen mit Schwarmintelligenz«, in: *c't* 3 (2008, 21. Januar), S. 188–191.

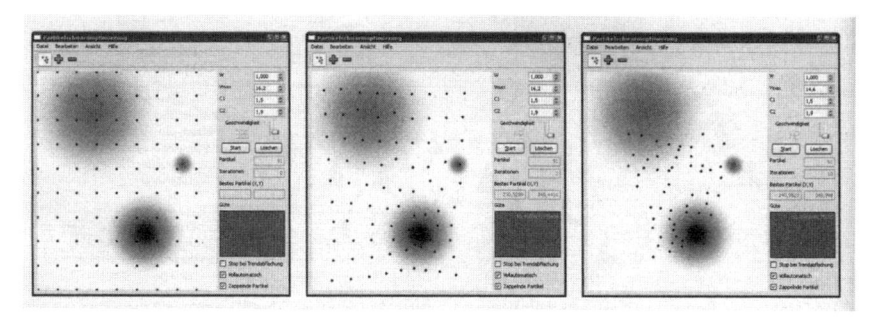

Abb. 47: Visualisierung eines PSO-Modells – Information durch Formation.

keit für jeden einzelnen Partikel. Wichtig ist dabei wiederum das Schwärmen der Partikel, das durch den Parameter *Craziness* dynamisiert wird. Über ihn werden die Richtungs- und Geschwindigkeitswerte einiger zufällig ausgewählter Partikel ›gestört‹ und verändert – eine Simulation externer Einflüsse bzw. der unvollkommenen Information und dem daraus folgendem unsicheren Verhalten von einigen Schwarm-Individuen. Diese Variation führt zu ›lebensechten‹ Bewegungen und verhindert eine zu schnelle Konzentration an einem Punkt (Lösungswert), welche ansonsten die Gefahr birgt, nur ein lokales Maximum aufzuspüren. Dabei spielt zudem die Größe der berücksichtigten Nachbarschaft eine entscheidende Rolle: Ist sie zu groß, tendiert das System zu einer zu frühen Konvergenz, ist sie zu klein, verlängert sich die Berechnungszeit. Ähnlich dem Umschwirren und der schließlichen Versammlung von Vögeln um die Futterstelle verdichtet sich der Partikelschwarm nach und nach an einem Ort – dem Maximum oder Minimum der gesuchten Funktion (Abb. 47). Schließlich indizieren die Art und Weise der Formation des Partikelschwarms, die Bewegungs- und Abstandsbeziehungen der einzelnen Partikel im Suchraum eine nahezu optimale Lösung: Information durch Formation.

In der Folge wird das PSO-Modell verschiedentlich variiert. Da ganz andere Ziele im Vordergrund stehen als die Erforschung oder die Visualisierung realistischen Schwarmverhaltens (z.B. die Optimierung neuronaler Netze, das Clustern von Gensequenzen oder Stabilitätsanalysen von Stromnetzwerken), können auch die Annahmen über den Informationstransfer innerhalb des Modells freier gestaltet werden. So werden etwa *globalBest*-Positionen eingeführt, also der pro Iterationsschritt beste Lösungsvorschlag, und dieser beeinflusst zusätzlich zu den Nachbarpositionen das Verhalten der Partikel im nächsten Zeitschritt. *Craziness* wird teils eliminiert und der nachbarschaftliche Geschwindigkeitsabgleich herausgenommen, mit dem Effekt »that optimization occurs slightly faster [...] though the visual effect is changed. The flock is now a swarm, but it is well able to find the cornfield.«[251] Ob mit oder ohne *Craziness*: Der Schwarm und

---

251. Russell und Eberhart, »Particle Swarm Optimization«, in: *IEEE Neural Networks*, a.a.O., S. 1944. In einem Überblickspapier wird einige Jahre später die Entwicklung und Ausdifferenzierung des PSO-Forschungsfeldes zusammengefasst. Vgl. Hu, Xiaohui, Shi, Yuhui und Eberhart, Russell: »Recent

das Schwärmen als klassische Verkörperung des Irrationalen[252] verkehren sich spätestens in derartigen Anwendungen zu einem effektiven Problemlösungsmodell.

Ausschwärmen

Anhand der Verbreitung von SI als Buzzword in der Robotik und der Abstraktionen von PSO, die es für vielfältige Optimierungskontexte interessant macht, kann eine signifikante Erweiterung des Schwarmbegriffs über die Verbindung mit technischen Systemen verzeichnet werden, deren Impulse zunächst einmal von Naturwissenschaft und Ingenieurswissenschaften ausgehen. Damit einher gehen naturgemäß Verzerrungen, was die zugrundeliegenden Funktionsweisen angeht – der Bezug wird in manchen Bereichen zunehmend metaphorisch. Nicht nur widmen sich Kennedy und Russell in ihrem Band *Swarm Intelligence* über hunderte Seiten – und bevor sie endlich wieder zu ihren PSO kommen – mit einem interdisziplinären Wust an Literatur aus Sozialpsychologie, Kognitionswissenschaft, AL, Robotik und Evolutionärem Programmieren, und mit dem Ziel, *Intelligenz* als *soziales Prinzip* zu definieren: »We will investigate that elusive quality known as intelligence, which is considered first of all a trait of humans and second as something that might be created in a computer, and our conclusion will be that whatever this ›intelligence‹ is, it arises from interactions among individuals.«[253] Schwärme dienen hier mehr und mehr als ein Synonym für den Begriff eines viel weiter gefassten ›Sozialen‹, bei dem plötzlich wieder der Mensch und seine Interaktionen in den Vordergrund rücken und sich psychologische, gehirnphysiologische und bio-/technologische Diskurse durchmischen. Dabei werden zugleich bestimmte Kognitionsmodelle und die *GOFAI*, die *Good Old-Fashioned Artificial Intelligence*, kritisiert. Von *Swarm* bleibt dabei nicht mehr als ein nacktes Ordnungsraster, verquirlt als eine Art Kindergarten-Metaphysik: »[W]e use the word *swarm* to describe a certain family of social processes. [...] This is a good visual image of what we talk about. [...] As you will see, [...][a] swarm is a three-dimensional version of something that can take place in a space of many dimensions – a space of ideas, beliefs, attitudes, behaviors, and the things that minds are concerned with [...].«[254] Die Autoren folgen mit dieser Ausweitung jener Definition von SI, die Mark Millonas – seinerzeit Mitarbeiter am Santa Fe Institute – 1994 unter fünf abstrakte Basisprinzipien fasste:

Advances in Particle Swarm«, in: *Proceedings of 2004 Congress on Evolutionary Computation*, Bd. 1, S. 90–97.
252. Vgl. z.B. Hinske, Norbert: »Die Aufklärung und die Schwärmer – Sinn und Funktion einer Kampfidee«, in: *Aufklärung* 3/1 (1988), S. 3–6, hier S. 4. Vgl. Böhme, Hartmut und Böhme, Gernot: *Das Andere der Vernunft. Zur Entwicklung von Rationalitätsstrukturen am Beispiel Kants*, Frankfurt/M. 1983, S. 238.
253. Russell und Eberhart: *Swarm Intelligence*, a.a.O., S. XIII.
254. Ebd., XVI.

»The *proximity* principle: The population should be able to carry out simple space and time calculations. The *quality* principle: The population should be able to respond to quality factors in the environment. The principle of *diverse response*: The population should not commit its activity along excessively narrow channels. The principle of *stability*: The population should not change its mode of behavior every time the environment changes. The principle of *adaptability*: The population must be able to change its behavior mode when it's worth the computational price.«[255]

In einem solchen computerwissenschaftlich abgesteckten Rahmen findet der Begriff Schwarm tatsächlich eher assoziativ Verwendung, und ganz unterschiedliche Informations- und Interaktionsstrukturen sind denkbar, die diese Prinzipien erfüllen. Schwärme verlieren über den Mitte der 1990er anhebenden Diskurs um eine computerwissenschaftliche SI jene Distinktheit, die sie zur gleichen Zeit innerhalb der Schwarmforschung durch den Chiasmus von agentenbasierten Computersimulationen und biologischen Forschungsergebnissen gewinnen. In dem Moment, wo Schwärme und ›Intelligenz‹ begrifflich gekoppelt werden, werden Schwärme nicht mehr nur als kollektive Bewegungsintelligenzen *in the Animal and the Machine* beschrieben. Das diskursive Feld öffnet sich von computer- und ingenieurswissenschaftlicher Seite für vielfältige Bezüge zu anderen Systemen, in denen Selbstorganisation, Vernetzung und flexible Dynamiken eine Rolle spielen oder zu spielen scheinen. Sie werden dabei abgeholt von populärwissenschaftlichen Publikationen und journalistischen Berichten, die jene alte Faszination und jenes hergebrachte Unbehagen gegenüber Schwärmen mit techno-euphorischen Regelungsphantasien verbinden und dabei vor allem an menschliche soziopolitische Fragen zurückbinden. Schwarmintelligenz wird dabei mehr und mehr zu einem diffusen Begriff für alles und nichts, das irgendwie mit kollektiven Dynamiken in Verbindung gebracht werden kann. Schwärme werden zum allgemeinen Sinnbild und Bild für Selbstorganisationsprozesse überhaupt (vgl. hierzu das Kapitel *Schluss*).

Eine solche Öffnung muss aber nicht automatisch jene epistemisch produktive Verschränkung von ›bio‹ und ›tech‹ *aufgeben*, sondern *ergibt* diese auch erst. Ebenfalls am SFI entwickelt eine Gruppe um Nelson Minar 1996 das *Swarm Simulation System*. Diese ABMS-Softwareumgebung trägt den besagten und in Kapitel IV.1 ausgebreiteten Chiasmus im Namen, möchte jedoch aus guten Gründen zugleich eine gewisse universelle Anwendbarkeit offerieren, um als Entwicklungswerkzeug die Zusammenarbeit von Fachwissenschaftlern und Informatikern zu professionalisieren. Wo ABMS zuvor meist noch in den verschiedenen Disziplinen von den Fachwissenschaftlern selbst und nur für deren jeweils speziellen Erkenntnisinteressen programmiert wurden, soll das *Swarm Simulation System* eine einfach zu handhabende Standard-Umgebung sein, mit der (auch untereinander austauschfähige und vergleichbare) Simulationen gebaut werden können:

---

255. Ebd., S. XX, mit Verweis auf Millonas, Mark M.: »Swarms, phase transitions, and collective intelligence«, in: Langton, Christopher G. (Hg.): *Artificial Life III*, Reading 1994, S. 417–445.

»Unfortunately, computer modeling frequently turns good scientists into bad programmers. Most scientists are not trained as software engineers. As a consequence, many home-grown computational experimental tools are (from a software engineer's perspective) poorly designed. The results gained from the use of such tools can be difficult to compare with other research data and difficult for others to reproduce because of the quirks and unknown design decisions in the specific software apparatus. Furthermore, writing software is typically not a good use of a highly specialized scientist's time. In many cases, the same functional capacities are being rebuilt time and time again by different research groups, a tremendous duplication of effort. A subtler problem with custom-built computer models is that the final software tends to be very specific, a dense tangle of code that is understandable only to the people who wrote it. [...] In order for computer modeling to mature there is a need for a standardized set of well-engineered software tools usable on a wide variety of systems. The Swarm project aims to produce such tools through a collaboration between scientists and software engineers. Swarm is an efficient, reliable, reusable software apparatus for experimentation [...,] a well equipped software laboratory.«[256]

Das *Swarm Simulation System* wird in der OOP *Objective C* geschrieben. Seine wesentliche Neuerung besteht darin, spezifische Programmbibliotheken anzulegen, die miteinander kompatibel sind. In diesen sind z. B. verschiedene Systemlayouts, Agentenklassen, Verhaltensroutinen oder ›Werkzeuge‹ wie genetische Algorithmen und Zufallszahlengeneratoren versammelt, die je nach Anwendungskontext als Vorlagen miteinander zu einer spezifischen Simulationsumwelt verbunden und aus denen dann entsprechende Agenten instantiiert werden können: »For example, an agent that is a neural network could start by taking a general purpose neural network class from the *neuro* library, adding extra methods needed for the specific type of network, and then creating an instance of it to be the actual neural network.«[257] Einzelne Agenten werden dann mithilfe von *activity*-Klassen verbunden, die Simulationsumgebung gestartet und mittels *observer agents* deren Entwicklung protokolliert und in spezifizierter Weise als Daten ausgegeben. Damit einhergehend ist das System so angelegt, dass in jedem Zeitschritt ›Proben‹ jedes Programmbestandteils genommen werden können: »Probes allow any object's state to be read or set and any method to be called in a generic fashion, without requiring extra user code. Probes are used to make data analysis tools work in a general way and are also the basis of graphical tools to inspect objects in a running system.«[258] Die Zusammenführung aller User des *Swarm Simulation Systems* in einer Entwickler-Community soll darüber hinaus nicht nur eine stete Verbesserung und Erweiterung der Programmbibliotheken nach sich ziehen, sondern auch einen interdisziplinären Austausch über das Wis-

---

256. Minar, Nelson, Burkhart, Roger, Langton, Christopher und Askenazi, Manor: »The Swarm Simulation System: A Toolkit for Building Multi-Agent Simulations«, in: *Working Paper 96-06-042*, Santa Fe 1996, S. 1–11, hier S. 2, http://www.swarm.org/archive/overview.ps (aufgerufen am 29.02.2012).
257. Ebd., S. 7.
258. Ebd., S. 6.

sen um Systeme, die sich mit ABMS simulieren lassen.²⁵⁹ Der Beginn der Professionalisierung von ABMS läuft mithin – ebenso wie die ersten Multi-Roboter-Systeme – unter der Verwendung des Schwarmbegriffs. In der Folge entstehen im Bereich des ABMS neue Programmbibliotheken unter neuen Namen und Akronymen wie *Ascape*, *RePAST* oder *MASON*, die jedoch nach ähnlichen Prinzipien aufgebaut, allerdings in *Java* geschrieben sind. Die *Swarm*-Community hingegen wird seit Jahren zusehends kleiner, und die Weiterentwicklung des Systems ist praktisch zum Erliegen gekommen.

ABMS verbreiten sich jedoch besonders infolge kompletter und sehr einfach zu handhabender Simulationsumgebungen. Michael Resnick u.a. entwickeln am MIT – und mit dem Vorbild der Programmiersprache *Logo*, mit der auch an deutschen Schulen in den 1980er und 1990er Jahren unwillige Schüler in Informatik-AGs malträtiert wurden – das ABMS-System *Starlogo*, mit dem expliziten Ziel, im Erziehungsbereich ein Frühverständnis für die Dynamiken distribuierter Systeme zu unterstützen.²⁶⁰ Im Bereich wissenschaftlicher Simulationen hat das 1999 von Urs Wilensky an der Northwestern University entwickelte *NetLogo* die wahrscheinlich umfangreichste offen zugängliche Programmbibliothek und kombiniert diese mit einem intuitiv zugänglichen Eingabeinterface, während *Anylogic* als kommerziell vermarktete Simulationsumgebung die Kombination von agentenbasierten und anderen Simulationsverfahren ermöglicht.²⁶¹ In diesen Umgebungen gehören einfache Schwarm- und Flocking-Simulationen jeweils zum Standardrepertoire – Schwärme inspirierten nicht nur das Animationsdesign sowie frühe ABMS-Modelle und wurden als Label für die erste professionelle Programmbibliothek benutzt. Sie verbreiten sich auch bis heute in ihrer computergestützten Variante als Teil von ABMS-Umgebungen. Bestand die Faszination von Schwärmen über Jahrhunderte in ihrer Intransparenz, Unheimlichkeit und Unzugänglichkeit, so reizen unter Computerbedingungen eher die Kontrollierbarkeit im Umgang mit den Modellspezifikationen und die Manipulierbarkeit ihres Verhaltens und ihrer dynamischen Formationen. Neben der wissenschaftlichen Verwendung von ABMS als neues epistemisches Werkzeug für biologische Forschungen schwärmen diese Anwendungen aus, um in verschiedensten Problembereichen operabel zu werden.

Überleben rechnen: Mengenlehre

Die Verbreitung von künstlichen Schwärmen in technischen Systemen geschieht auf mehreren Ebenen. In der Robotik geht es von ingenieurswissenschaftlicher Warte aus um die Gestaltung ausfallsicherer, günstiger und flexibler Kollektive

---

259. Vgl. ebd., S. 11.
260. Vgl. die Homepage von *Starlogo* unter: http://education.mit.edu/starlogo/ (aufgerufen am 29.02.2012).
261. Vgl. die Homepages von *NetLogo* unter: http://www.swarm.org/archive/overview.ps und von *Anylogic* unter: http://www.swarm.org/archive/overview.ps (aufgerufen am 29.02.2012).

mit distribuierter Informationsinfrastruktur, bei der PSO um Optimierungslösungen anhand der abstrahierten Suchstrategien natürlicher Schwärme, und in der ABMS werden sie Namensgeber und Systembestandteil. Hier soll nun noch ein letztes Beispiel dafür angeführt werden, inwieweit Schwärme als Zootechnologien technisch implementiert und operabel werden. Dieses Beispiel koppelt sie thematisch nicht nur auf einer neuen technischen Ebene zurück an jene Phänomene, die ganz am Anfang dieser Arbeit standen: an das Problem der Masse. Es macht damit zugleich auch einen weiteren Übertrag zu jener popkulturellen Konjunktur um Schwärme und Schwarmintelligenz, die sich seit einigen Jahren verzeichnen lässt, und die im *Schluss*-Kapitel adressiert werden soll.

Das Beispiel nimmt noch einmal jene in Kapitel IV.1 untersuchte Software *Massive* als Ausgangspunkt, die bekanntlich als Applikation für die Animation digitaler Massensequenzen für Kino-Großproduktionen entworfen wurde. Von dort scheint es jedoch ein kleiner Sprung zu sein hin zu einer Anwendung des agentenbasierten Simulationsmodells auf Real-Life-Phänomene. Unter dem Meta-Slogan »Simulating Life« bietet *Massive Software* – seit 2002 eine eigene, von Stephen Regelous ausgegründete Firma – mittlerweile Softwarelösungen nicht nur für Architekturvisualisierungen und die Simulation von Käuferverhalten, sondern auch das Modellierungstool *Massive Insight* an, ein ingenieurstechnisches Programmpaket zur Planung und zum Design von »Life Safety, Pedestrian Planning, Transportation and Infrastructure.«[262] Den Parametersettings einer Simulationssoftware ist es schließlich gleich, ob sie zur Animation von Ork-Schlachten appliziert werden oder zur Erforschung der ›anarchischen‹ Bewegungsdynamiken von Menschenmassen in kritischen Situationen. Diesen Forschungen geht es in diesem Zusammenhang um *Crowd Control* – einerseits durch die simulierte Visualisierung und Typologisierung charakteristischer Muster in der scheinbaren Bewegungsanarchie etwa von Massenpaniken, und weiterhin durch die Modulation und Optimierung dieser Bewegungen durch das *Trial-and-error*-basierte, szenarische Erproben adäquater Architekturen. Ganz im Wortsinne wird dabei Überleben gerechnet.[263]

Was in dieser Übertragung insistiert – und dies wird der Gegenstand der folgenden Überlegungen sein – sind drei wesentliche Beobachtungen: *Erstens* umfassen Crowd Control-Simulationen wie *Massive Insight* nicht nur den Überlebenswillen einzelner Agenten, sondern machen *Überleben* numerisch rechenbar: Die Simulation und Visualisierung verschiedener Massendynamiken in Bezug auf bestimmte Architekturen wie etwa Konzerthallen oder Fußballstadien soll helfen, sogenannte ›Crowd Disasters‹ zu antizipieren – die Bewegungsströme dynamischer Menschenmengen schlagen sich nieder in diversen Formen panikabsorbierender Architekturen. Diesem Ansatz liegt *zweitens* ein verändertes

---

262. Vgl. die Homepage von *Massive Software* unter: http://www.massivesoftware.com (aufgerufen am 29.02.2012).
263. Es ist daher auch keineswegs zufällig, dass sich neben den *Massive*-Entwicklern auch andere Namen aus dem digitalen Grafik- und Animationsdesign hier wiederfinden, die teils bereits aus Kapitel IV.1 bekannt sind.

Verständnis von Massen zugrunde. In der klassischen Massenpsychologie werden sie – wie in Kapitel I.2 untersucht – bei Autoren wie Le Bon oder Tarde als irrational agierende, energetisch hochaufgeladene, mit einem gar barbarischen Gemeinschaftsungeist beseelte Kollektive beschrieben. Sie manifestieren sich als eine gefährliche Bedrohung. Agentenbasierte Simulationsmodelle mit ihren auf verschiedentlichen individuellen Aktionspotenzialen beruhenden Dynamiken lösen die derart ausgerichtete, psychologisierende Tradition auf in der relationalen, vielfachen und parallelen Verschaltung von Bewegungspotenzialen. Das irrationale, unkontrollierbare und deswegen bedrohliche Bild der Masse wandelt sich zu jenem einer operationalisierbaren und optimierbaren Vielheit. Denn gerade in bestimmten Massensituationen, so Jens Krause, verhalte sich der Mensch wie ein viel einfacher strukturiertes Schwarm-Individuum, indem er weniger auf seine kognitiven und reflexiven Fähigkeiten zurückgreife, als sich vielmehr mit Blick auf das Verhalten seiner nächsten Nachbarn orientiere und koordiniere. Er nutzt mithin in derartigen Situationen – und mit seinen vergleichsweise beschränkten sensorischen Mitteln – eine distribuierte Informationsinfrastruktur wie sie in Tierkollektiven zu finden ist.[264] Und diese ist daher mit ähnlichen Mitteln zu modellieren.

Ein derartiges Bild der Masse wird nicht mehr getragen von einem Willen zur Kontrolle und Manipulation. Eine Optimierung von Bewegungspotenzialen ist motiviert von einer Kontrolle im Sinne einer regelrechten *Sorge* um das Überleben der Einzelnen in der Vielheit – besonders in kritischen Situationen wie im Falle von Massenpaniken. Das Modell, das diesem Verständnis zugrunde liegt, ist mithin nicht jenes eines als animalisch beschriebenen Kollektivs der Masse, in dem Individuen sich unterschiedslos auflösen, sondern viel eher jenes von biologischen Schwärmen, die stets noch zwischen Individualität und Kollektivität changieren. Und damit wird *drittens* das Schlagwort eines ›social swarming‹ adressiert, das die subversiven Potenziale neuerer, durch mobile technische Medien informierte Kollektive promoviert. Das französische Autorenkollektiv Tiqqun geht dabei so weit, den Begriff der *Panik* neu und positiv zu besetzen als mögliches Aktionspotenzial gegenüber einer durchkybernetisierten neoliberalen Gesellschaftsordnung. Zu fragen ist aber, inwieweit die diskursive Neubesetzung dieses Begriffs selbst bereits auf einer Formatierung durch jene in dieser Arbeit beschriebenen Technologien beruht, die mittels Applikation biologisch inspirierter Softwaremodelle zwischen Panik und Crowd Control intermittieren. Und weiterhin könnten es auch genau diese Technologien sein, die derartige diskursiv überhöhte Panikpotenziale längst schon wieder eingeholt haben und berechenbar machen.

Aufgrund ihrer sensorischen Ausstattung und ihrer Bewegung in nur zwei Raumdimensionen sind Menschen vergleichsweise mangelhafte Schwarmwesen. Wo Vogel- und Fischschwärme selbst in Momenten größter Gefahr noch individuenbasierte Kollektivdynamiken entwickeln, ohne einander auch nur zu

---

264. Jens Krause im Gespräch mit dem Autor, Berlin, 19.02.2010.

berühren, tendieren Menschenmengen in ähnlichen Fällen zu Anordnungen, die oftmals in *Crowd Disasters* enden. Elias Canetti beschreibt in seinem großen Traktat über die Masse unter dem Begriff der Panik den Umschlag von als gemeinschaftlich beseelt angesehenen Massen-Kollektiven in jenes für die Schwarmbildung konstitutive individuelle Verhalten. Allerdings resultiere dies bei Menschen geradewegs in unkoordinierten und übersteigerten Bewegungen:

> »Die Panik ist ein Zerfall der Masse *in* der Masse. Der Einzelne fällt von ihr ab und will ihr, die als Ganzes gefährdet ist, entkommen. [...] Durch die gemeinsame, unmißverständliche Gefahr entsteht eine allen gemeinsame Angst [...] Der Umschlag wird an den heftigsten, individuellen Tendenzen deutlich: man stößt, schlägt und trampelt wild um sich. [...] In solchen Momenten kann [der Einzelne] seine Eigenheit nicht genug betonen.«[265]

Werden soziale Massen in der Massenpsychologie selbst bereits als jederzeit entzündliche energetische Gemische beschrieben, die sich von Fall zu Fall als »das Irrationale schlechthin« ereignen,[266] so individualisiere sich laut Canetti diese Irrationalität im Falle einer Massenpanik und schlage sich in Schlägen, Tritten und Niedergetretenwerden nieder. Paniksituationen entzünden sich zumeist in (räumlichen) Umgebungen mit zu knappen oder schwindenden Ressourcen – und werden lange Zeit in erster Linie aus sozialpsychologischer Perspektive erforscht. Diese charakterisiert Panik zumeist durch ein ansteckendes egoistisches, asoziales oder gar irrationales Verhalten, das große Mengen affiziert.[267] Eine solche Beschreibung beruht auf einer Definition von Massenpsychologie, welche in einer bis in die 1980er Jahre gängigen Weise gefasst wird mit »the study of the mind (cf. group mind) and the behaviour of masses and crowds, and of the experience of individuals in such crowds.«[268] In einer Linie mit den Schriften von Le Bon, Tarde oder Sighele, die die Degeneration des Individuums in der Masse sowie deren Manipulierbarkeit und primitive Kollektivseele beschreiben (ein Konzept, dass etwa bei Serge Muscovici wieder aufgewärmt wird),[269] beschäftigt sich die Sozialpsychologie auch im folgenden eher mit dem Gefahrenpotenzial von Massen als mit der Sicherung der Sicherheit von Individuen *in* diesen Massen. Oder, wie Clark McPhail schreibt: »Students of the crowd, with certain exceptions, have devoted far more time and effort in criticizing, debating and offering alternative explanations than they have to specifying and describing the phenomena to be explained.«[270]

---

265. Canetti: *Masse und Macht*, a.a.O., S. 27–28.
266. Vogl: »Über soziale Fassungslosigkeit«, in: *Kultur im Experiment*, a.a.O., S. 179.
267. Keating, J. P.: »The Myth of Panic«, in: *Fire Journal*, 76/3 (1982), S. 57–58, 60–61, 147.
268. Hewstone, M., Stroebe, W., Codol, J. und Stephenson, G. M. (Hg.): *Introduction to Social Psychology*, Oxford 1988, S. 448.
269. Vgl. Muscovici, Serge: *L'Age des Foules*, Paris 1981.
270. McPhail, Clark: *The Myth of the Madding Crowd*, New York 1991, S. XXIII.

Eine solche Ausnahme bildet etwa ein Ansatz, der sich bereits in den 1950er Jahren von der Perspektive des Kollektivbewusstseins (oder, je nach Ausrichtung, des Kollektiv*unbewussten*) von Massen ab- und der individuellen Ebene zuwandte:

> »When people, attempting to escape from a burning building pile up at a single exit, their behaviour appears highly irrational to someone who learns after the panic that other exits were available. To the actor in the situation who does not recognise the existence of these alternatives, attempting to fight his way to the only exit available may seem a very logical choice as opposed to burning to death.«[271]

Und Jonathan D. Sime setzt hinzu: »A number of disaster sociologists from the 1950s and 1960s onwards, notably Quarantelli (1957) who prefers the term non-rational to irrational flight behaviour, have argued that the notion that people panic, in the sense of irrational a-social or nonsocial behaviour, is a myth or at least greatly exaggerated.«[272]

Eine individuenbasierte Sichtweise auf Massendynamiken verändere somit die Art und Weise, wie Crowd Disasters dargestellt, evaluiert und adressiert werden. Sie löst sie von vorherigen massenpsychologischen Beschreibungen. Massenunglücke treten nun eher als Menge individueller Verhaltenspotenziale auf, als dynamische und sich in bestimmter Weise transformierende *Häufungen* von Partikeln oder Agenten. Indes ist die Erforschung dieses individuellen Verhaltens im Panikfall schwierig. Zwar gibt es psychologische Labor- und Gruppenexperimente zu den Effekten von kooperativen oder konkurrenzbasierten Verhaltensweisen im Falle begrenzter Fluchtmöglichkeiten. Diese dienen also mithin dazu, die ›Rationalität‹ des individuellen Verhaltens im Panikfall zu evaluieren.[273] Doch diese Experimente zeigen, so Sime weiter, diverse Unzulänglichkeiten im Zugang zu den gestellten Problemen und im Hinblick auf ihre Skalierbarkeit:

> »The experiments have failed to explore the social dynamics of crowd movement directly, why and where flight behaviour and/or crushing occurs and how it can be prevented. The single group in the psychological experiments has been assumed to possess the essential properties of the far larger crowd. Ways in which a crowd's composition will vary [...] in different types of settings and situations [...] are not represented in the laboratory based psychology experiments.«[274]

---

271. Turner, R. H. und Killian, L. M.: *Collective Behaviour*, Englewood Cliffs 1975, S. 10.
272. Sime, Jonathan D.: »Crowd Psychology and Engineering«, in: *Safety Science* 21 (1995), S. 1–14, mit Verweis auf Quarantelli, E. L.: »The behaviour of panic participants«, in: *Sociology and Social Research* 41 (1957), S. 187–194.
273. Vgl. Mintz, A.: »Non-adaptive group behaviour«, in: *Journal of Abnormal Social Psychology* 46 (1951), S. 150–159; vgl. Kelley, H. H., Cowbray, J. C., Dahlke, A. E. und Hill, A. H.: »Collective Behaviour in a simulated panic situation«, in: *Journal of Experimental Social Psychology* 1 (1965), S. 20–54; vgl. Guten, S. und Vernon, L. A.: »Likelihood of Escape, likelihood of danger and panic behaviour«, in: *Journal of Social Psychology* 87 (1972), S. 29–36.
274. Sime: »Crowd Psychology«, in: *Safety Science*, a.a.O., S. 7.

Massenpaniken sind gemeinhin schwierig experimentell zu evozieren, zumal eine solche empirische Herangehensweise wohl auch wissenschaftsethisch nicht unproblematisch wäre – und die Übertragbarkeit von Tierversuchen mit Mäusen und Ameisen auf menschliche Massenpaniken wirft ebenfalls Fragen auf.[275] Andererseits weisen auch ingenieurstechnische Modelle Mängel auf, die menschliche Massenbewegungen rein in Analogie zu physikalischen Phänomenen wie hydraulischen Fließdynamiken oder granularen Partikeln durch Rohrsysteme oder Behälter betrachten. Nicht nur bügeln sie die Potenziale zu individuell abweichendem Verhalten einzelner Partikel in einer Reduktion auf identische Elemente glatt, sondern zudem stärke eine solche »notion that people can be equated with *nonthinking objects* [...] an emphasis on crowd control through centralized (autocratic) building control systems, rather than crowd management through distributed (democratic) building intelligence.«[276] Oder kurz und etwas schmerzfrei: »Engineering for Crowd Safety‹ requires people in crowds to be treated as human beings, rather than as ballbearings.«[277]

Seit Mitte der 1990er Jahre werden die Kollektivdynamiken von Massen und besonders kritische Phänomene wie Massenpaniken auch von Seiten der Physik und der *Computational Studies* erforscht. Ihr Ziel ist es, die wenigen systematischen psychologischen Studien von Panikverhalten durch Computermodelle anzureichern, die eine Vorhersage und Bestimmung typischer Parameter für *Crowd Dynamics* erlauben. Vormalig kritisierte Modellanalogien zu *non-thinking objects* und Experimente mit menschlichen Probanden werden ersetzt durch Computersimulationen, die meist auf Basis distribuierter Agenten operieren.[278] Dadurch wird ein Kollektiv-Verhalten als massenpsychologisches Phänomen epistemisch verknüpft mit emergierenden physikalischen und biologischen Bewegungsmustern – etwa mit akkumulierten individuellen Geschwindigkeiten, Kollisionswahrscheinlichkeiten, Beschleunigungsvermögen und Druckkräften. Diese Studien verlängern die angesprochene Abkehr von Verhaltensbegriffen unter der Bedingung von Massenangst wie *asozial* oder *irrational* mit avancierten Softwaremodellen. Sie befördern letztlich eine Regelung von Dynamiken, die viel nüchterner einfach »non-adaptive behavior« genannt werden.[279] In solchen Simulationen lassen sich die zuvor getrennten Bereiche der psychologischen Betrachtung des Verhaltens von Individuen in Massen und der Ebene des *Engineerings* von Regelungsmechanismen in Anlehnung an physikalische oder biologische Modelle verbinden: Sie machen die Relationen zwischen bestimmten

---

275. Vgl. Raupp Mousse, Soraya, Ulicny, B. und Aubel, A.: »Groups and Crowd Simulation«, in: Magnenat-Thalmann, N. und Thalmann, Dirk (Hg.): *Handbook of Virtual Humans*, New York 2004; vgl. Shao, W. und Terzopoulos, Dimitri: »Autonomous Pedestrians«, in: Anjyo, K. und Faloutsos, P. (Hg.): *Eurographics/ACM SIGGRAPH Symposium on Computer Animation*, 2005.
276. Sime: »Crowd Psychology«, in: *Safety Science*, a.a.O., S. 11.
277. Ebd., S.12.
278. Vgl. Raupp Mousse, Ulicny und Aubel: »Groups and Crowd Simulation«, in: *Virtual Humans*, a.a.O., und Shao und Terzopoulos: »Autonomous Pedestrians«, in: *SIGGRAPH 2005*, a.a.O.
279. Vgl. Helbing, Dirk, Farkas, Imre und Vicsek, Tamás.: »Simulation dynamical features of escape panic«, in: *Nature* 407 (2000), S. 487–490.

Raumorganisationen und menschlichem Verhalten verständlicher und ermöglichen eine *quantitative* Evaluation von Massenpaniken.

Im Wesentlichen lassen sich dabei – ähnlich wie bei biologischen Schwarmsimulationen – zwei Herangehensweisen nennen: In verschiedenen Forschungsprojekten simulieren Dirk Helbing u.a. die Bewegungsdynamiken von menschlichen Akteuren mithilfe von hydrodynamischen und anderen physikalischen Flußgleichungen. Interindividuelles Verhalten, Anpassungen an die Simulationsumwelt, und die Verhinderung von Zusammenstößen werden mittels Anziehungs- und Abstoßungskräften modelliert.[280] In diesen Modellen sind allen Agenten gleiche oder sehr ähnliche Eigenschaften zugewiesen – sie verhalten sich gemäß global applizierten *social* oder *sociopsychological forces*. Psychologische Faktoren, die involviert sind in der Entstehung von Massenpaniken werden hier mithin quantifiziert und formalisiert in physikalischen Gleichungen und somit rechnerisch handhabbar. Doch intermittiert auch in diesen physikalischen Modellen bereits eine biologisch inspirierte Form von Programmierung, indem etwa ›standardmäßige‹ oder präferierte Verhaltenskonventionen (z.B. die Entscheidung für eine bestimmte Gehseite oder Ausweichrichtung bei Fußgängern) durch die Simulation von Lernprozessen berücksichtigt werden, die durch Evolutionäre Algorithmen programmiert werden.[281] Ergebnis ist ein *behavioral force model*, mit dem die adressierten Probleme unter Einbeziehung einer großen Zahl von Partikeln durchgespielt werden können.

Der zweite Ansatz, zu dem auch *Massive* zu zählen ist, beruht auf der Definition von lokalen Regeln für das Verhalten der Akteure. Dimitri Terzepoulos, Daniel Thalmann u.a. statten ihre Agenten etwa mit immer detaillierteren simulierten Sinnen aus, was in realitätsnahem Verhalten in Relation zu anderen Agenten und der Simulationsumwelt resultiert.[282] Somit, so der Gedanke hinter diesem Ansatz, würde eine größere Anzahl solcher *lifelike autonomous agents* in bestimmten Situationen automatisch ein mit dem Real Life vergleichbares Kollektivverhalten zeigen – und durch die Modulierung bestimmter Parameter wäre so per *Trial-and-error* die Identifikation der entscheidenden dabei beteiligten Faktoren möglich. Im Fall des ABM wird das Verhaltensrepertoire also ›in‹ den Agenten angelegt und nicht durch globale Kräftefelder erzeugt. Dennoch geht es auch in diesen Simulationen nicht um eine *artificial psychology* – ›innere‹ Prozesse sind nur insofern relevant, als dass sie in bestimmten Bewegungen resultieren; und es sind diese Bewegungen – im Ablauf der Simulation visualisiert – die eine rückwirkende Modulation erst ermöglichen. Das panische Umherrennen der Agenten fällt in eins mit der Laufzeit der Computersimulation. Mit die-

---

280. Vgl. Helbing, Dirk, Farkas, Imre, Molnár, P. und Vicsek, Tamás: »Simulation of pedestrian crowds in normal and evacuation situations«, in: Schreckenberg, M. und Sharma, S.D. (Hg.): *Pedestrian and Evacuation Dynamics*, New York 2002, S. 21–58.
281. Vgl. ebd., S. 29.
282. Vgl. Terzepoulos, Dimitri: »Artificial Life in Computer Graphics«, in: *Communications of the ACM* 42/8 (1999), S. 33–42; vgl. Thalmann, Daniel: »The artificial life of virtual humans«, in: *Artificial Life for Graphics, Animation, Multimedia, and Virtual Reality (SIGGRAPH 98 Course Notes)*; vgl. Terzepoulos, Tu und Grzeszczuk: »Artificial Fishes«, in: *Artificial Life*, a.a.O.

sen individuenbasierten Computersimulationen wird jenes Wissen kollektiver Organisation, das biologische Forschungen in Bezug auf Tierschwärme entwickelten, zur computertechnisch implementierten Programmierbasis von Panikverhalten und dessen Regulierung. Kollektives, auf Schwarm-Logik basierendes Bewegungsverhalten ist auch in diesen Programmen somit wiederum zugleich *Forschungsobjekt* wie auch *Modellierungstool*. Nicht menschliches Panikverhalten wird hier mehr als Degeneration ins Animalische beschrieben, sondern animalisches Verhalten macht – computertechnisch implementiert – eine menschliche Massenangst und ihre Bewegungsstürme erst beschreibbar.

Beide Herangehensweisen werden etwa seit dem Jahr 2000 eingesetzt, um im wörtlichen Sinne Überleben zu rechnen. Hierzu wird etwa das Verhalten von Fußgängern in verschiedenen Raumgeometrien, mit verschiedenen Dichtegraden und Bewegungsgeschwindigkeiten simuliert. So sollen Rückschlüsse darauf gewonnen werden, durch welche architektonischen Eingriffe etwa Evakuierungen oder ein plötzlicher Ansturm vieler Menschen absorbiert und deren negativen Effekte minimiert werden können. Im Modell zu beobachten ist nicht nur jenes *Faster-is-slower-paradox*, gemäß welchem es umso länger dauert, einen belebten Raum zu verlassen, je schneller die Individuen versuchen, dies zu bewerkstelligen.[283] Auch thermodynamische Gesetzmäßigkeiten werden über den Haufen geworfen: Erhöhen sich etwa die Bewegungsdynamiken von Fußgängern in einem Tunnel und wechseln diese öfters die Seiten – ein Verhalten, das in Analogie zu physikalischen Gesetzen der Phasentransformation von einem flüssigen in einen gasförmigen Zustand entspricht – so ergibt sich nicht etwa ein Zustand größerer Unordnung, sondern eine metastabile Statik: Der gesamte Tunnel wird blockiert durch eine Art kristallinen Zuwachs an Ordnung.[284]

Zudem werden – wie bei Forschungen zu Schwärmen im Tierreich – die sich ändernden interindividuellen Kommunikationen in den Blick genommen: Wo in engen Fußgängerzonen im Normalfall eine Vielzahl an körpersprachlichen Kommunikationen ein nahezu kollisionsfreies *Um-Gehen* miteinander ermöglicht, zeichnet sich die kollektive Panik gerade durch den Zusammenbruch der Zielführung solcher Interaktionsformen und Interaktionsfreiräume aus: »The fundamental unit of a crowd is not the individual but the cluster, because the first thing we do in an emergency situation is look to each other for support and information.«[285] Ein Verhalten, das Bewegungen jedoch dramatisch verzögern kann – und das oft dazu führt, das Individuen *sich nur noch* in Bezug auf die Bewegungen selbst bewegen, und so oftmals freie Fluchtwege aufgrund reduzierter Aufmerksamkeit einfach nicht registriert werden. Und dies gilt besonders für Fälle, in denen weitere Umweltfaktoren ins Spiel kommen. So werden auch Szenarien durchgespielt, in denen Rauch oder Nebel die Sicht beeinträchti-

---

283. Helbing u.a.: »Simulation of pedestrian crowds«, in: *Pedestrian Dynamics*, a.a.O., S. 37.
284. Ebd., S. 35.
285. Vgl. Bohannon, John: »Directing the Herd: Crowds and the Science of Evacuation«, in: *Science* 310 (2005), S. 219–221, hier S. 221.

gen und die Orientierungsmöglichkeiten der Agenten vermindern.[286] Seit etwa 2005 werden die Computersimulationsmodelle schließlich mit immer detailreicheren Verfahren des *Crowd Capturing*, also der automatisierten Analyse digitaler Videobilder von Massenphänomenen, abgeglichen und in einem Prozess wechselseitiger Optimierung moduliert.[287] *Überleben rechnen* ergibt sich somit nicht länger nur aus der Relationalität von empirischen Daten vergangener Katastrophen und deren Simulation in Computermodellen oder der Kontrastierung von Simulationsmodellen von unbeschränkten Fußgängerbewegungen mit kritischen Raumsituationen. Sie wird erweitert durch eine Kombination analytischer und synthetischer visueller Verfahren, die auf Basis der gleichen medientechnischen Verschaltung vonstattengeht, wie sie in Kapitel IV.2 in der biologischen Schwarmforschung nachgezeichnet wurde.

Der Begriff der Panik wird jedoch nicht nur durch einen eher individuenbasierten Blick auf Massenphänomene und deren Wandlung zu Mengen oder Häufungen in Computersimulationsmodellen positiv zu besetzen versucht. Gerade jenes angesprochene *non-adaptive behavior* begreift das französische Autorenkollektiv Tiqqun als machtvolles Potenzial gesellschaftspolitischer Subversion, mit dem eine allumfassende und bei ihnen als neoliberales Steuerungskonzept auftretende Kybernetisierung zu unterlaufen sei. »Den Prozeß der Kybernetisierung zum Scheitern zu bringen und das Empire zu stürzen verläuft über eine Öffnung für die *Panik* [...] Die Panik versetzt die Kybernetiker in Panik. Sie stellt das *absolute Risiko* dar, die permanente potentielle Bedrohung.«[288] Tiqqun setzen sich für eine Lesart von Paniken ein, die sich gegen jene Beschreibungen des Defizitären, Asozialen und Archaischen wenden. Diese Zuschreibungen beruhten auf dem bewussten Missverständnis, sich Paniken immer in abgeschlossenen Milieus vorzustellen. Dementgegen beziehen sie sich nicht nur auf den »letzten Philosophen« Peter Sloterdijk, der in Paniken die Möglichkeit zur *rationalen Extase* einer letzthin nur derart lebendig bleiben könnenden Kultur verortet. Sie verweisen weiterhin ebenfalls auf eine Stelle bei Elias Canetti, welche die zuvor angeführten Stellen zur Panik konterkariert: »Wäre man nicht in einen Theater, so könnte man gemeinsam fliehen, wie eine Tierherde in Gefahr, und durch gleichgerichtete Bewegungen die *Energie der Flucht* erhöhen.«[289] Panik könne somit auch ein Zustand *konfuser Intuition* oder »Kon-Fusion« sein, so Tiqqun. Sie sei eine Technik, welche eine Flucht weg vom kybernetisch durchstrukturierten Gesellschaftskörper erlaube, indem jeder Einzelne, wie sie schreiben, zum »lebendigen Fundament seiner eigenen Krise« werde. In der Nutzung dieser individuellen Fluchtlinien liege ein besonderes Potenzial: Hier sei die Verstärkung eines Rauschens im System über kritische Schwellen hinweg denkbar –

---

286. Vgl. Helbing u.a.: »Simulation of pedestrian crowds«, in: *Pedestrian Dynamics*, a.a.O., S. 40f..
287. Johannson, Anders, Helbing, Dirk, Al-Abideen, H. Z. und Al-Bosta, S.: »From Crowd Dynamics to Crowd Safety: A Video-based Analysis«, http://arxiv.org/pdf/0810.4590 (aufgerufen am 29.02.2012); vgl. Helbing, Dirk, Johannson, Anders und Al-Abideen, H. Z.: »The Dynamics of Crowd Disasters: An Empirical Study«, http://arxiv.org/pdf/physics/0701203 (aufgerufen am 29.02.2012).
288. Tiqqun: *Kybernetik und Revolte*, Zürich, Berlin 2007, S. 86–87.
289. Canetti: *Masse und Macht*, a.a.O., S. 23.

»eine Überproduktion schlechter Feedbacks, die verzerren, was sie signalisieren sollten, die verstärken, was sie eindämmen sollten. [...] Eine Panik auszulösen würde also zunächst heißen, *den Nebel auszuweiten*, der das Auslösen von Feedback-Schleifen überlagert und die Aufzeichnung von Verhaltensabweichungen durch die kybernetische Apparatur kostspielig macht.«[290]

Über reine Postulate und Wortspielereien hinaus fragen Tiqqun konkret am Beispiel der Anti-Globalisierungsdemonstrationen von Genua im Jahr 2001, wie die dortige Panik und Einkesselung hätte umgewertet werden können. Damit landen sie jedoch zielgenau in einem Diskurs um die subversiven Möglichkeiten mobilkommunikationstechnisch aufgerüsteter Bewegungskollektive, die andernorts z. B. als *smart mobs* oder *social swarming* bezeichnet werden.[291] Laut Tiqqun bestehe der Clou darin, dass »[die] Revolution in einer Wiederaneignung der modernsten technologischen Werkzeuge [bestehe], [...] die es ermöglichen müsste, die Polizei auf ihrem eigenen Gebiet zu bekämpfen [...].«[292] Die Nutzung verschiedener vernetzter mobiler Kommunikationsmedien führte etwa in jenem im alternativen Spektrum gern- und vielzitierten Beispiel der ›Battle of Seattle‹ im Jahr 1999 auf Seiten der Demonstranten zu einer sehr viel flexibleren und schneller agierenden kollektiven Organisation als auf Seiten der massiv aufmarschierenden Polizeikräfte.[293]

Zu fragen ist jedoch, was in diesem Zusammenhang noch von einem Panik-Konzept übrig bliebe. Die wiederangeeigneten technischen, mobilen Medien funktionieren erstens schließlich wiederum nur innerhalb bestimmter fixer und geregelter Netzwerke und deren Kommunikationsprotokollen. Und zweitens entspringt die instantane technische Verschaltung zur Bewegungskoordination zwar einem Begriff von *swarming*, der selbst erst durch eine gegenseitige Überlagerung biologischer und computersimulatorischer Forschungen eine technische Dimension gewonnen hat. Sie führt jedoch zu einer kollektiven Bewegungseffizienz, die ein sehr effektives Rauschen erzeugt, das keineswegs oder nur für sehr kurze Zeit eine Flucht weg von einer durchkybernetisierten Gesellschaft bedeuten kann. Denn eine solche Form von Rauschen ist viel eher eine *Flexibilisierung* von Feedbacks als eine sogenannte *Überproduktion schlechter Feedbacks*. Und so werden derartige Strategien sofort auch wieder auf Seiten ›der Macht‹ erforscht und implementiert. Ein Beispiel wären hier die Studien der RAND Corp., aus denen 2001 bereits *Swarming Doctrines* für militärische und polizeiliche Strategieplanungen hervorgehen.[294]

Was Tiqqun vielleicht grundsätzlich unterschätzen, ist die Dezentralität jener Kybernetisierung, die sie theoretisch zu fassen und subversiv zu wenden versuchen. Anstelle einer zentralisierten kybernetischen Kontrolle, die durch *irgendwie aktive* Paniken überschwemmt werden könnten, reagiert diese vielmehr mit

---

290. Tiqqun: *Kybernetik und Revolte*, a.a.O., S. 114.
291. Vgl. Rheingold: *Smart Mobs*, a.a.O.
292. Tiqqun: *Kybernetik und Revolte*, a.a.O., S. 104.
293. Vgl. Armond, Paul de: »Black Flag Over Seattle«, in: *The Monitor* (29. February 2000).
294. Vgl. Arquila, John, Ronfeldt, David: *Networks and Netwars. The Future of Terror, Crime, and Militancy*, Santa Monica 2001.

einem ständigen Szenario-Building, einem Experimentieren mit Computersimulationen, einem Neu-, Um-, und Anordnen von Räumen und Multi-Agentensystemen. In einer solchen Epistemologie wird fallweise gelernt, wie mit schlechten Feedbacks umzugehen wäre. Hier werden je alternative Konterstrategien oder die Nutzung derselben Strategien *als* Konterstrategien denkbar. Ein solches System in einen gasförmigen Zustand zu versetzen, »den Nebel auszuweiten« durch ein subversives Konzept von Panik führt – so viel haben Crowd-Computersimulationen bereits gezeigt – nicht zu einer größeren Dynamik, sondern zu metastabilen Staus mit oft tödlichem Ausgang:

> »The main killer when people mass is not trampling, as is commonly thought, but ›crowd crush‹. When two large groups merge or file into a dead end, the density makes it impossible to fall down. But the accumulated pushing creates forces that can bend steel barriers. The situation is horrible […]. Suddenly everything goes quiet as peoples' lungs are compressed. No one realizes what's happening as people die silently.«[295]

Vielleicht ist es also nicht so sehr ein Nebel, der bei Tiqqun ausgeweitet wird, sondern lediglich ein nebulös-metaphorisierender Diskurs. Die Revolution findet inzwischen *drinnen* statt – in den CGI- und Multiagentensystemen, die das ›Leben‹ virtueller Agenten mit dem Überleben realer Akteure verbinden.

★★★

Unter der Überschrift *Zootechnologien* wurden vier exemplarische Anwendungen versammelt, die den operativen Einsatz von Schwärmen als Wissensfiguren und Technologien skizzieren und die damit zugleich jeweils den Begriff der Swarm Intelligence diskursiv erweitern. Sowohl in den Bereichen Robotik und mathematische Optimierung, als auch in der Entwicklung von ABMS und deren Applikation in der Realisierung von panikabsorbierenden Architekturen und im Crowd Control tragen sie dabei in ihrer auf Selbstorganisation angelegten Systemstruktur der Adaptation an nur unscharf umrissene Problemstellungen oder intransparente Systemzusammenhänge Rechnung. Damit einhergehend bewegen sie sich an den Grenzen des Berechenbaren – sie offerieren performative, synthetische und annäherungsweise Lösungen, wo analytische Wege nicht oder nur unter unverhältnismäßig hohem Aufwand gangbar und bis ins Detail programmierbare Softwareapplikationen unsinnig sind. Sie wirken dabei jeweils als *Optimierungsverfahren* – ganz gleich, ob es um die Koordination von Roboterkollektiven zu Aufklärungs- oder Umweltschutzzwecken, um die Optimierung nichtlinearer Gleichungssysteme oder um das Verhalten von Menschenmassen in Paniksituationen geht.

---

295. Bohannon: »Directing the herd«, in: *Science*, a.a.O., S. 221.

Schwärme als Wissensfiguren haben sich damit vollends von einer materiellen oder substanziellen Basis gelöst.[296] Im Mittelpunkt stehen abstrahierte Interaktions-, Kommunikations- und Steuerungsfragen, die auf dem Selbstorganisationspotenzial distribuierter, nachbarschaftlich verschalteter und ohne Steuerungszentrum funktionierender Vielheiten homogener oder recht ähnlicher Agenten basieren. Man muss sich dabei jedoch immer vor Augen halten, dass dieses Potenzial nur in bestimmten Anwendungsbereichen vorteilhaft ist und dass rigide, spezialisierte und hierarchisch operierende Steuerungs- und Organisationslogiken und -technologien in den allermeisten Kontexten vorgezogen werden. Denn den Vorteilen von Schwarmlogiken – Adaptabilität, Störungsresistenz, Flexibilität, Lernfähigkeit, Redundanz bzw. Ausfalltoleranz, vergleichsweise geringe Kosten aufgrund einfach strukturierter Agenten, und die Produktion nicht- oder kontraintuitiver Lösungen – stehen Nachteile gegenüber, denen andere Steuerungslogiken nicht unterliegen: Dies sind in der nichtlinearen Interaktion der Schwarm-Individuen begründete oftmals nicht optimale Verhaltensweisen. Sie evozieren eine Nichtkontrollierbarkeit und Nichtvorhersehbarkeit, die bei technischen Anwendungen (siehe PSO) dann doch mit hierarchischen Strukturen und Kontrollinterfaces kombiniert wird, um effizienter zu arbeiten. Auch sollen Geschwindigkeitsnachteile teils kompensiert werden, die sich aus derselben Funktionslogik ergeben. Schwärme evozieren als Wissensobjekte medientechnische Kultivierungen der Intransparenz und bewegen sich als Wissensfiguren, als zootechnische Hybride aus biologischem und computertechnischem Wissen, am produktivsten in solchen Medienkulturen. Wo klar eingrenzbare Probleme vorliegen und eindeutige Ziele formuliert werden können, wo also ein analytischer Zugang zu Phänomenen möglich ist, würden Schwarmlogiken ihren Einsatz verspielen.

Die diskursive, jedoch (medien-)technisch induzierte Öffnung innerhalb der Swarm Intelligence-Forschung und ihrer Anwendungen aber macht Schwärme anschlussfähig für weitere Übertragungen und letzthin für die Konstruktion eines scheinbar universalen – und, so das Diktum vieler Publikationen in diesem Übertragungsbereich, auch vehement anzustrebenden – Strukturmodells gesellschaftspolitischer, soziotechnischer und ökonomischer Verhältnisse.

---

296. Dies gilt natürlich nur insoweit, als dass die jeweilige Hardware und ihre Rechenkapazitäten, auf der ›schwarmintelligente‹ Programme implementiert werden, selbstredend reflektiert werden müssen. Das ›Schwarm-Prinzip‹ jedoch ist ›entnaturalisiert‹ und übertragbar geworden.

Schluss

Die Selbstorganisation von Schwärmen, ihre intransparenten, nichtlinearen Globaleffekte, die aus der lokalen Verschaltung vieler Agenten entstehen, sind zoopolitisch und zootechnisch indiziert. Was wäre schöner, als wenn auch menschliche Gesellschaftsprozesse und politische Entscheidungen so einfach und in Echtzeit liefen wie die Richtungsentscheidungen im Schwarmkollektiv? Und was wäre attraktiver, als diese Prinzipien gleichzeitig nicht mehr an alte Analogien zu Ameisenkollektiven und Bienenstaaten als gute oder schlechte Vorbilder für die Organisation einer Vielheit anknüpfen zu müssen, sondern die Dynamiken ›menschlicher Schwärme‹ im Rückgriff auf technische Verschaltungs- und Kommunikationsschnittstellen zu beschreiben? Indem Schwärme seit den 1990er Jahren in neuer Form als technisierte, rational einsetzbare und effektvoll visualisierbare Zootechnologien erscheinen, liegt es nicht fern, sie als eine machtvolle Metapher auch auf verschiedenste Prozesse ›sozialen Schwärmens‹ zu übertragen.[1] Ihre Umwertung zu Wissensfiguren erst war die Möglichkeitsbedingung für solcherart Übertragungen, die eben darum auch anders geartet sind als ältere zoopolitische oder anthropomorphe Vergleiche. Denn nicht mehr auf die biologische ›Lebensform‹ verschiedener Schwärme wird Bezug genommen, sondern auf ihre medientechnisch herausgearbeiteten Steuerungslogiken und auf ihre verfügbaren technischen Applikationen.

Die kritische Beschreibung derartiger Übertragungen sollte jedoch genau untersuchen, inwieweit darin etwa Schwärme mit Netzwerken gleichgesetzt werden oder wo sich auf emanzipatorische Potenziale berufen wird, die vergessen, dass es sich bei Menschen um grundlegend andere ›agents‹ handelt als bei jenen in Schwarmsimulationen oder gar den Schwarm-Individuen in biologischen Fisch- und Vogelschwärmen. Vielleicht lässt sich festhalten, dass Schwärme nicht als avancierteste Form älterer Kollektive wie der Masse oder sozialer Gruppierungen, sondern eher als Organisations- und Koordinationsstrukturen gedacht werden sollten, die vor dem Hintergrund einer medientechnisch aufgeladenen Kultur der Intransparenz und auf der Folie einer permanenten Flexibilisierung verschiedenster Gegenstands- und Lebensbereiche als Optimierungsstrategien *in* diesen Bereichen wirksam werden. Oder besser: als distribuierte *Selbstoptimierungsstrategien*, deren spezifische Gouvernementalität gesondert zu untersuchen ist – was hier nur ansatzweise und auf kursorische Art geschehen kann.

»Der Leviathan hat ausgedient, an seine Stelle tritt der Hornissenschwarm« – so fasst Bernhard Siegert die je schon prekäre Beziehung von *polis* und *nomos* in Bezug auf die Seekriegsführung des 20. Jahrhunderts.[2] Die Schwärme, die sich

---

1. Vgl. hierzu auch Horn: »Schwärme – Kollektive ohne Zentrum. Einleitung«, in: *Kollektive ohne Zentrum*, a.a.O., S. 13–26.
2. Siegert, Bernhard: »Der Nomos des Meeres. Zur Imagination des Politischen und ihren Grenzen«, in: *Politiken der Medien*, a.a.O., S. 39–56, hier S. 54.

in einer Mediengeschichte der Schwarmforschung als Wissensfiguren etabliert haben, treten staatlichen Ordnungsprinzipien nicht mehr als politisch Unheimliches gegenüber. Sie scheinen dieses nachgerade zu transzendieren, indem sie in einer hochgradig vernetzten, mit technischen *Physical Enhancements* der Kommunikation durchsetzten Gesellschaft schwarmhafte Prozesse der Selbstorganisation – oder mit Michel Foucault: der Selbsttechnologie und Selbstregierung – als neue Möglichkeitsbedingungen installieren. Foucaults Begriff der Gouvernementalität unterscheidet sich von anderen Konzeptionen von Kontrolle, Herrschaft und Regulierung dadurch, dass das zu Regulierende nicht als gegebenes, gleichsam ›natürliches‹ Problem betrachtet wird, zu dem eine erforderliche Lösung gefunden werden muss, sondern als *Problematisierung*, »die auf einer Ebene mit den Verfahren und den Zieldefinitionen der Regulierung anzusiedeln ist: Die Verfahren, die Wissen über bestimmte Vorgänge und Sachverhalte produzieren, die Technologien, die einen Zugriff auf bestimmte Vorgänge und Sachverhalte erlauben, und der Gegenstandsbereich, mit seinen spezifischen ›inneren‹ Gesetzmäßigkeiten, konstituieren sich wechselseitig.«[3] Strategien der ständigen Gewinnung und Reaktualisierung von Wissen müssen somit an die Stelle von normativen Vorschriften treten. Und mittels einer adäquaten, indirekt angelegten Anleitung müssen die gewünschten Verhaltensweisen durch eine Strukturierung der Selbstregierungspotenziale innerhalb eines Gegenstandsbereiches erreicht werden. »Kennzeichnend für den Modus der Regierung [im Sinne Foucaults] ist somit eine fortlaufende Problematisierung von Gegenstandsbereichen, Strategien und Zielsetzungen; nicht die Installation eines stabilen Regulierungsverfahrens, sondern die ständige Modifikation, Anpassung und Infragestellung prägt die gouvernementalen Politiken, die sich gerade um die adäquate Form der Anleitung realisieren«[4] – und diese adäquate Form ist stets eine Strategie der Rationalisierung von Regierung und Regierungstechnologien.

Doch Foucault beschreibt das vorherrschende gouvernementale Prinzip des 20. Jahrhunderts als ein nach neoliberalen Maßgaben strukturiertes, das nicht nur die Ökonomie, sondern sämtliche Gegenstandsbereiche am ›Modell unternehmerischen Handelns‹ orientiere.[5] Jenes unternehmerische Handeln entziehe sich gerade, um funktionieren zu können, einer *politischen* Rationalität. Foucault beschreibt dieses Phänomen am Prinzip der Unsichtbarkeit in Adam Smiths Metapher der *Unsichtbaren Hand*, das dieser als konstitutiv für die Funktionsweise der Ökonomie erachtet: »Damit der Kollektivgewinn sicher ist, […] ist es nicht nur möglich, sondern absolut notwendig, dass jeder Akteur der Gesamtheit gegenüber blind ist. Es muss für jeden eine Unsicherheit auf der Ebene des kollektiven Resultats geben, so dass dieses kollektive Resultat auch wirklich erwartet werden kann. Die Dunkelheit und die Blindheit sind für alle ökono-

---

3. Stauff, Markus: »Zur Gouvernementalität der Medien. Fernsehen als ›Problem‹ und ›Instrument‹«, in: *Politiken der Medien*, a.a.O., S. 89–110, hier S. 91.
4. Ebd., S. 92.
5. Vgl. Foucault, *Geschichte der Gouvernementalität* II, a.a.O.; vgl. Lemke, Thomas, Krasmann, Susanne und Bröckling, Ulrich: »Gouvernementalität, Neoliberalismus und Selbsttechnologien. Eine Einführung«, in: dies. (Hg.): *Gouvernementalität der Gegenwart*, Frankfurt/M. 2000, S. 16f.

mischen Akteure absolut notwendig. Das kollektive Wohl darf nicht anvisiert werden [...], weil es wenigstens innerhalb einer ökonomischen Theorie nicht berechnet werden kann. Wir befinden uns hier im Zentrum des Prinzips der Unsichtbarkeit.«[6] Diese Irrationalität im Bezug auf die Gesamtheit, diese lediglich lokale Orientierung als ökonomisches Prinzip, aus dem eine globale Ordnung hervorgeht, diese *Unsichtbare Hand* des Liberalismus des 18. Jahrhunderts, findet ihren Verwandten in den globalen Bewegungen, Strukturen und Ordnungen der Schwarm-Kollektive.

Dabei verweisen das Schwarm- wie auch das liberale Markt-Prinzip auf die »Herabsetzung des politischen Souveräns«,[7] ja sogar »radikaler noch, auf eine Ablehnung einer politischen Vernunft, die sich am Staat und seiner Souveränität orientiert.«[8] Eine Rationalität des Gesamtsystems ergebe sich aus dem in Bezug auf eben dieses Gesamtsystem irrationalen, blinden und nur nachbarschaftlich orientierten Verhalten der einzelnen Elemente, die *von Staats wegen* lediglich einer juridischen Rahmung bedürfen, welche den Agierenden größtmögliche Freiheit zugesteht, ohne interventionistisch angelegt zu sein. Und in jener neoliberalen Wendung des Konzepts des Marktes, in der dieser »nicht mehr das Prinzip der Selbstbegrenzung der Regierung ist, sondern das Prinzip, das sich gegen sie kehrt: ›eine Art permanentes ökonomisches Tribunal‹«[9] wird, kann die irrationale Rationalität der Schwarm-Ökonomie neben hergebrachte politische Rationalitäten treten. Beim ›Import‹ biologischer Prinzipien in die Informatik oder Robotik sind diese Optimierungsstrategien relativ offenbar. Zielvorgaben ergeben sich dabei z. B. aus der Ausrichtung der Schwarm-Individuen an den *Fitnessfunktionen* einer simulierten Umwelt. Doch die zootechnische Genealogie des Schwarms ist Voraussetzung dafür, in der »Herabsetzung des politischen Souveräns« mehr sehen zu können als eine Markierung des Außens von Ordnung durch die deterritorialisierenden Funktionen, die Deleuze und Guattari Rotten, Meuten und Schwärmen zuschreiben (vgl. Kapitel *Programm*). Und sie unterscheidet sich auch von jenen Analogien zu Insektenstaaten und -völkern, welche auch noch in den Perspektiven der politisch gerahmten Brillen früher Ethologen Niederschlag fanden. Erst das Denken von Schwärmen als spezifische Form von Verschaltungstechnologie, als vierdimensionales »living network«,[10] lässt sie zur Möglichkeitsbedingung für Phantasien neuen soziopolitisch-ökonomischen Handelns werden. Als ein neuartiges politisches Konzept (im Sinne einer gouvernementalen Strategie) erscheinen Schwärme erst ab den späten 1990er Jahren, und das heißt an einem medienhistorischen Datum, an dem sie (trotz ständigen Rekurrierens auf diese ›Vorbilder‹ in Text, Bild und Film) nicht mehr ›natürlich‹, sondern längst zu Hybriden aus biologischen und computer-

---

6. Foucault: *Geburt der Biopolitik*, a.a.O., S. 383f.
7. Ebd., S. 389.
8. Ebd., S. 390.
9. Lemke u.a.: »Gouvernementalität, Neoliberalismus und Selbsttechnologien«, in: *Gouvernementalität der Gegenwart*, a.a.O., S. 17.
10. Thacker: »Networks, Swarms, Multitudes«, in: *CTheory*, a.a.O., o. S.

technischen Wissenselementen, Programmierverfahren, Visualisierungen und Anwendungen geworden sind.

In diesen ist die Verwandtschaft zu neoliberalen Prinzipien ökonomischer Optimierung jedoch immer schon angelegt. Die *Zootechnologien* der Schwarm-Kollektive installieren auf diese Weise eine ›Selbstverwaltung des Lebens‹, die vom *zoé*, vom tierischen Leben im Schwarm ausgeht. Und diese ist in diesen Fällen immer schon kombiniert mit der ›Verhaltenswissenschaft von Systemen‹ (Bernd Mahr) der Computersimulation. Neben dem Paradigma eines rational-politischen Anspruchs *biopolitischer* Optimierung eines Gegenstandsfeldes wie z. B. *Bevölkerung* entsteht mithin ein neues Paradigma *zoopolitischer* Selbstoptimierung von disparaten, aber nach allen Seiten hin anschlussfähigen Schwarm-Kollektiven, deren ›Agenten‹ sich fallweise an kollektiven Prozessen beteiligen und dazu mobile technische Schnittstellen für Kommunikation und Informationsaustausch nutzen.

Die diskursive Öffnung, die seit Mitte der 1990er Jahre über die Anwendungsbereiche von Schwärmen als Wissensfiguren und die technisch induzierte Kombination der Begriffe *Swarm* und *Intelligence* lief, zieht dabei weitere Übertragungen und Diskursdynamiken nach sich, die Schwärme zu einer Metapher für alles Mögliche machen. Oft unabhängig von der tatsächlich zugrundeliegenden Interaktionsinfrastruktur scheint diese Metapher als neuer Großbegriff dabei den etwas älteren, aber ebenso ausufernden Netzwerkdiskurs zu dynamisieren: Schwärme als *Netzwerk 2.0*. Exemplarisch schlägt sich dies jüngst z. B. in einem von *Volkswagen* und dem Energieanbieter *Lichtblick* initiierten Projekt nieder, dass mit *SchwarmStrom* betitelt wurde.[11] Kevin Kelly war einer der Ersten, der Schwärmen eigens ein Kapitel in einer Publikation widmete, die sich im Rahmen von Chaosforschung und Complexity Studies mit biologischen Vorbildern für technische Anwendungen beschäftigt.[12] Steven Johnson untersucht 2001 die Gemeinsamkeiten im Leben von Ameisen, Gehirnen, Städten und Software. Bei Howard Rheingold sind es Phänomene wie *Flash Mobs*, die *Critical Mass*-Bewegung, bei der kurzfristig sich konstituierende Fahrraddemos den Autoverkehr lahmlegen, die Protestaktionen von Globalisierungsgegnern z. B. in der *Battle of Seattle*, die per SMS initiierten Massenproteste, die zum Sturz des philippinischen Präsidenten Joseph Estrada im Jahr 2001 führten, oder einfach nur ihr Mobiltelefon zur Partyplanung nutzende Teenager in Tokio, die ihn den Begriff *Smart Mobs* prägen

---

11. Vgl. »SchwarmStrom – Die Energie der Zukunft«, in: *Lichtblick Hamburg*, a.a.O. Kulturwissenschaftler, die sich mit Netzwerken auseinandersetzen, würden hier bestimmt widersprechen und den Schwarm-Diskurs mit gleichem Recht dem Netzwerkdiskurs subsummieren. Wie anfangs der Arbeit jedoch erwähnt wurde, entwickelt sich die Schwarmforschung genealogisch und mediengeschichtlich unabhängig vom Netzwerkdiskurs. Eine (problematische) Kopplung und Überschneidung geschieht erst infolge der Transformation von Schwärmen zu Zootechnologien und den daran anhängigen (popkulturellen) Diskursivierungen. Vgl. zum kulturwissenschaftlichen Netzwerkdiskurs z.B. Barkhoff, Jürgen, Böhme, Hartmut und Riou, Jeanne (Hg.): *Netzwerke. Eine Kulturtechnik der Moderne*, Köln 2004; Gießmann, Sebastian: *Netze und Netzwerke. Archäologie einer Kulturtechnik, 1740 – 1840*, Bielefeld 2006; Gießmann, Sebastian: »Netzwerkprotokolle und Schwarm-Intelligenz. Zur Konstruktion von Komplexität und Selbstorganisation«, in: *Kollektive ohne Zentrum*, a.a.O., S. 163–182.
12. Vgl. Kelly: *Out of Control*, a.a.O.

lassen.[13] Und daran anschließend sprechen Autoren wie James Surowiecki oder Philip Ball in Publikationen mit recht ungelenken Titeln von der ›Wissensmacht großer Kollektive‹, die gar nicht auf biologische Forschungen Bezug nehmen, aber die Wirkmächtigkeit *Kollektiver Intelligenz* in diversen soziopolitischen und ökonomischen Bereichen untersuchen.[14] Und weiter beginnen sich, wie im Vorwort bereits aufgeführt, fast zeitgleich Tanzwissenschaftler, subversive politische Gruppen und Graswurzel-Netzwerker,[15] als auch Militärtaktiker,[16] ökonomisch interessierte Trendforscher[17] und künstlerische Positionen[18] für den Begriff des Schwarms zu interessieren und verkomplizieren eine Scheidung von Schwärmendem und Schwärmerischem im ubiquitären und zunehmend undifferenzierten Gebrauch des Terminus. Statements wie das folgende werfen dabei Fragen nicht nur nach der Blindheit menschlicher Schwarm-Individuen im Hinblick auf die Kopplungen soziopolitisch-ökonomischer ›Schwarm-Kollektive‹ und die diesen zugrundeliegenden Machtstrukturen auf, sondern auch nach einer lokalen Blindheit, die ein konstitutives Unwissen, eine postulierte ›Schwarm-Intelligenz‹ fallweise als ›Schwarm-Dummheit‹ entlarvt. Ein Zeitungsartikel feiert das instantane Aktionspontenzial in folgender Weise: »They don't have to spend all day protesting. They just get a message telling them when it's starting, and then take the elevator down the street. They can be seen, scream a little and then go back to work.«[19] Im selben Geiste bilden sich auch auf den ersten Blick basisdemokratisch motiviert scheinende Diskurse um schwarmhaft organisierte Managementmethoden und Mitarbeiterorganisation, die aber bei näherem Hinsehen immer noch in recht klassische Führungshierarchien eingebettet bleiben. Und hinter einem Begriff wie *Swarm Architecture* verbirgt sich kein ephemeres Baukonzept, sondern ebenfalls bloß eine Strategie zur Entwicklung kreativer Ideen in technisch vernetzten und flexibel interagierenden Arbeitsgruppen. ›Schwärme‹ werden im Managementbereich meist einfach als eine Applikation eingesetzt, die innerhalb bestimmter Kontroll- und Leitungsstrukturen z.B. für Ideenfindungsprozesse operativ und effektiv werden kann.[20]

---

13. Vgl. Rheingold: *Smart Mobs*, a.a.O.
14. Vgl. z.B. Surowiecki: *The Wisdom of Crowds*, a.a.O.; Ball: *Critical Mass*, a.a.O.
15. Vgl. hierzu Brandstetter, Brandl-Risi und Eikels: *Swarm(E)Motion*, a.a.O.; vgl. mit mit Schwerpunkt auf Mobilfunk und Internet z.B. Rheingold: *Smart Mobs*, a.a.O., oder mit Fokus auf Ad-hoc-Networking z.B. Medosch, Armin: *Meshing in the future. The free configuration of everything and everyone with Hive Networks*, 25. Februar 2006, http://www.nettime.org/Lists-Archives/nettime-l-0602/msg00076.html (aufgerufen am 29.02.2012).
16. Vgl. z.B. Arquila und Ronfeldt: *Swarming and the Future of Conflict*, a.a.O. Gerade im Kontext militärischer Organisation ist jedoch die Bezugnahme auf Schwärme mehr als fragwürdig, bleibt der Raum für Selbstorganisation doch je bereits gerahmt von einem »Central Command« mit seinem »Overall Picture«. Zudem sammeln die Autoren ohne systematische Differenzierungen die Eigenschaften und Vermögen ganz verschiedener ›Schwärme‹ (von Ameisen und Bienen bis hin zu Mongolischen Reitern), um diese dann gesammelt in eine Verhaltensdoktrin zu gießen.
17. Vgl. den Titel des Trendtages 2005 des *Trendbüros* Hamburg: »Schwarm-Intelligenz. Die Macht der smarten Mehrheit«.
18. Vgl. Lupton und Miller: *Swarm*, a.a.O.
19. Garreau, Joel: »Cell Biology«, in: *Washington Post* (30. Juli 2002).
20. Vgl. z.B. Neef und Burmeister: »Swarm Organization«, in: *Real-Time Enterprise*, a.a.O.; Oosterhuis: »Swarm Architecture«, a.a.O.; Oosterhuis, *Hyperbodies. Towards an E-Motive Architecture*, a.a.O.

Dieser diskursive Wildwuchs an Übertragungen des Schwarm-Begriffs auf menschliche ›Kollektive‹, die aus unterschiedlicheren Bereichen nicht stammen könnten, fällt zusammen mit neuen sozialen Netzwerkplattformen und deren Infrastruktur. Die Gemeinsamkeit jener ›social swarms‹, also die räumliche Fluidität und das zeitlich spontan und begrenzt definierte Zusammentreffen in realen oder computergenerierten Umgebungen, das diese Sozialformen von klassischen Kollektivmodellen wie Klasse, Partei, Verein, Interessensgruppen, Gewerkschaft usw. unterscheidet, schlägt sich auch in den Metaphern für die Gadgets und Schnittstellen nieder, die diese dynamisierte Kommunikation ermöglichen. So wird man in bestimmten Filesharing-Protokollen zum Mitglied eines Schwarms, nutzte die politischen Effekte der (auch schon wieder aus der Mode geratenen) ›Blogosphäre‹,[21] oder beteiligt sich am grassierenden Facebook-Aktivismus, während bestimmte WiFi-Protokolle und Freifunknetze auch auf Infrastrukturebene tatsächlich schwarmähnliche Prinzipien einführen.[22] Schwärme und Schwarmlogiken beginnen in diesem Umfeld mit dynamisierten dezentralen und distribuierten Netz- und Netzwerkbegriffen in einem Diskurs zu konvergieren, der nur in den seltensten Fällen auf deren materielle und medientechnische Grundlagen und Eigenheiten zurückgreift, und der eine medien- und wissensgeschichtliche Perspektive vermissen lässt. Eine solche Archäologie der Gegenwart ist aber vielleicht aufgrund der disparaten Gegenstandsbereiche, in die sich der Diskurs aufgefächert hat, auch gar nicht zu erarbeiten; und sie liefe automatisch immer schon Gefahr, im Zuge ständiger und weiterer Entwicklungen schnell genauso alt auszusehen wie die Texte jener Techno-Apologeten, die in populärwissenschaftlichen Büchern und Zeitschriften die Diskurskonjunktur um Schwärme seit 2000 evozierten. Eben noch versuchten sich Studentenproteste ›schwarmhaft‹ zu organisieren, woraufhin sich die Granden des etablierten Bildungspolitikbetriebs bequem mit dem Hinweis zurücklehnten, sie wüssten ja unter diesen Bedingungen gar nicht, mit wem denn nun verhandelt werden

---

21. Vgl. z. B. Lovink, Geert: *Zero Comments. Elemente einer kritischen Internetkultur*, Bielefeld: Transcript 2007.
22. Solche Ad-hoc-Mesh-Networks (MANET) funktionieren unabhängig von kommerziellen Netzwerkanbietern. Anders als in derartiger Client-Server-Architektur werden alle in MANETs zusammengeschlossenen Geräte in der Regel als Clients, zugleich aber auch als Router und Repeater eingesetzt. Sie senden oder leiten damit auch Daten anderer im Netzwerk befindlicher Geräte weiter. Dazu werden dynamische Routing-Protokolle wie z. B. OSLR (*Optimized Link State Routing*) verwendet. Darin übermittelt jedes Gerät regelmäßig seine Routing-Information als *Hello-Package* zu allen anderen Geräten im Bereich seiner Empfangs- und Sendereichweite. Durch *Echo-Packages*, die zu allen identifizierten ›Nachbarn‹ geschickt werden, misst jedes Gerät den Abstand zu diesen und generiert eine *Topology Control Message* (TC), welche die Adresse des Geräts und eine Liste aller Nachbarn mit deren Distanzen enthält. Diese wird ins Netzwerk geflutet (*flooded*) und erreicht über die Nachbarn (und deren Nachbarn etc.) und ermöglicht es jedem lokalen Gerät im Netzwerk, ein periodisches Update der aktuellen Netzwerktopologie zu generieren. Damit soll dieser Routing-Algorithmus stets die bestmöglichen Übertragungswege für Nachrichten im Netzwerk garantieren, ohne auf eine zentrale ›Verteilungsstelle‹ zurückzugreifen. Vgl. hierzu z. B. Minar, Nelson, Gray, Matthew, Roup, Oliver, Krikorian, Raffi, Maes, Pattie: »Hive: Distributed Agents for Networking Things«, 03.08.1999, http://alumni.media.mit.edu/~nelson/research/hive-asama99/asama-html (aufgerufen am 29.02.2012); vgl. Medosch, Armin: »Meshing the future. The free configuration of everything and everyone with Hive Networks«, in: *Nettime* (2006, 25. Februar), http://nettime.freeflux.net/blog/plugin=trackback(661).xml (aufgerufen am 29.02.2012); vgl. Medosch: *Freie Netze*, a.a.O., S. 57–83.

solle, welche Instanz dieses basisdemokratisch gefassten Schwarms denn nun für eine Ansprache autorisiert und adressierbar sei. Und schon organisieren sich Revolutionen in autokratischen Staaten mithilfe netzbasierter Plattformen, die sich nach dem Abschalten von *Information Superhighways* durch staatliche Autoritäten jedoch zu einer Massenbewegung klassischer Gangart transformieren, die ganz ohne technische Avanciertheiten funktioniert und wie je schon ›die Straße‹ erobert.

Angesichts solcher Beispiele verliert sich die Distinktheit einer Medien- und Wissensgeschichte von Schwärmen in Biologie und Computertechnik, wie sie in dieser Arbeit verfolgt wurde – Schwärme treiben aufs offene Diskursmeer hinaus. Was im Kontrast dazu hier entwickelt wurde, sind die medientechnischen Möglichkeitsbedingungen, die eine *Medienkultur der Intransparenz* – und damit unsere Gegenwart – erst formulierbar und beschreibbar machen – verwoben mit einer Wissensordnung der Computersimulation, die diese Kultur noch einmal in sich spiegelt. Was damit erzählt wurde, ist nicht die Geschichte immer neuer techno-sozialer Smart Mobs und der jeweils aktuellen ›Next Social Revolution‹. Die viel schwerwiegendere und darüber hinaus auch interessantere Geschichte für unsere heutige Medienkultur ist jene, die sich den gestörten Genealogien, den abseitigen Schauplätzen, den tastenden Theoretisierungen und Modellierungen widmet, die Schwarmforschungen historisch ausmachen; die untersucht, wie Laborforscher ihre Instrumente konstruierten, wie Unterwasserforscher selbst Tauchtechnik und Beobachtungsweisen entwickelten; die verfolgt, wie sich interdisziplinäre Ansätze der Schwarmforschung ausbildeten, gespeist aus Mathematik, Informationstheorie, Physik und Grafikdesign; die herausarbeitet, wie Schwärme in einem rekursiven epistemologischen Prozess schließlich – und medientheoretisch pointiert – zu Medien ihrer eigenen Beschreibung werden. Kurz: Die interessantere Geschichte ist jene von der Möglichkeitsbedingung einer Rede von Schwärmen als operative Zootechnologien und von den Mediengeschichten der Schwarmforschung, die dieser Rede zugrunde liegen und die erst die Voraussetzung für die Transformation von Schwärmen zu Wissensfiguren gewesen sind.

Schwärme geben exemplarisch und materialiter Hinweise auf eine allgegenwärtige Medienkultur der Unschärfe oder Intransparenz, die sich der ›Messiness of Life‹ annimmt, und die den popkulturellen, sozioökonomischen Schwarm-Schwärmereien und Metaphorisierungen auf abstrakterer Ebene unterlegt ist. In der Umwertung von Schwärmen vom Außen des Wissens zu Wissensfiguren wird eine Umwertung des Wissens selbst und eine Umwandlung epistemischer Strategien lesbar – als Zugangsbedingung zu dem, was allererst gewusst werden kann. Und diese Umwertung ist an eine Vielzahl medientechnischer Szenen gebunden, die Schwärme erst in den Bereich des Wissens treten ließen. Sie ist zudem an einer Vielzahl simulatorischer *Trial-and-Error*-Verfahren orientiert, in denen biologische Prinzipien technisch implementiert und in der biologischen Forschung neu wirksam wurden – letzthin als Bestandteil einer umfassenderen Epistemologie der Computersimulation. Vor der metaphorischen Übertragung von Schwärmen auf den Menschen stehen mithin Kopplungen von Mensch,

Schwarmtieren, Maschinen und Programmen. Deren Medien- und Wissensgeschichte wurde in diesem Buch unternommen, und sie kommt hier an ihr vorläufiges Ende.

In ihrem Zentrum stand und steht eine Konzeptualisierung von Schwärmen als *Zootechnologien* – und damit die Untersuchung einer medienhistorischen Transformation von Schwärmen zu technisierten Kollektiven. Diese ließ sich anhand einer Sukzession verschiedener epistemologischer Brüche und medientechnischer Hindernisse beschreiben. Die Untersuchung setzte ein mit den epistemischen und diskursiven *Deformationen* unscharfer Körper ohne Oberfläche im Kontext massenpsychologischer Theorien um 1900. Wenn diese auch ›biologische‹ Anleihen nehmen, dann ist darin schließlich doch nur eine epistemologische Schwelle angezeigt, die durch eine Wechselübertragung induziert ist: Im Vergleich von Tierkollektiven und Menschenmengen um 1900 gibt es weder ein tragfähiges Konzept von Schwärmen, welches das Problem der Masse informieren könnte, noch eine Massenbeschreibung, die Aufschluss über die Funktionsweise von Schwärmen geben würde. Vielmehr lässt sich ein rhetorischer, diskursiver und epistemischer Wechselbezug identifizieren, in dem sich ein bruchstückhaftes tierpsychologisches Wissen mit einem ebenso ansatzweise entwickelten massenpsychologischen Wissen amalgamiert. Stets ergibt sich dabei immer auch die Blickverschränkung einer anthropomorphistisch geprägten tierpsychologischen Informierung, die sich in eine massenpsychologische Informierung einschreibt – und umgekehrt. Das so entstehende Amalgam verfestigt sich jedoch in dieser Blickverschränkung zu einem Erkenntnishindernis, das eine systematische Perspektive auf die Differenzen zwischen verschiedenen Kollektivformen verwischt und damit auch die Herausbildung einer an den Spezifika von Schwärmen interessierten Forschung verunmöglicht.

Danach wurden die *Formationen* eines wissenschaftlichen Diskurses über Tierkollektive und seiner Methoden in den Blick genommen, mit deren Hilfe dieses epistemologische Hindernis überwunden werden sollte. Im Zuge von Professionalisierungs-, Systematisierungs- und (auch technischen) Innovationsbemühungen innerhalb einer sich ausbildenden Verhaltensbiologie und Ethologie wurden Schwärme unter einem neuen Blickwinkel gesehen: Dieser wandte sich ab von biologisch-soziologischen Analogiebildungen und hin zu einer ›naturwissenschaftlichen‹ Methodologie, die in Forschungslaboren oder in der biologischen Feldforschung praktiziert wurde. Man kann die Entwicklung ethologischer Forschungen dabei als einen Parallelprozess der Suche nach grundlegenden Prinzipien der Schwarmorganisation betrachten, stehen doch beiderseits nicht nur zeitbasierte und zeitkritische Prozesse im Zentrum der Untersuchungen, sondern zudem auch systemische Beschreibungen und die Relationen zwischen Organismen und ihren Umwelten. Mit den Formationen solcher Forschungsbemühungen sollten also die Dynamiken von Tierkollektiven auf der Basis wissenschaftlich erklärbarer Kopplungsprinzipien beschreibbar werden, für die Bewegungsphysik und Informationsübertragungsprozesse Pate stehen. Und damit formiert sich auch ein spezifischer Blick, für den die Beschäftigung mit Schwärmen, für den Schwärme als *Objekte* interessant werden; ein zoo-logischer

Blick, der ein Denken in sensuellen, physiologischen Kopplungen evoziert; in Informationsprozessen, die zu Phänomenen der Selbstregulierung und Selbstorganisation innerhalb dynamischer Equilibria führen. Allein – woran es bis weit in die 1920er Jahre fehlt, sind adäquate Aufschreibesysteme, mit denen dem fortschreitenden konzeptuellen Avancement Daten und empirische Faktizitäten anheimgestellt werden könnten.

Aus diesem Grund wurden in einem dritten Schritt die *Formatierungen* verschiedentlicher medientechnischer Durchmusterungsverfahren untersucht, die den intransparenten Selbstorganisationsfähigkeiten von Schwärmen nachspürten. Dabei bringen – und dies wäre ein ganz grundlegender medienhistoriographischer Effekt – eben jene verschiedentlichen labortechnischen, optischen, hydroakustischen und modellierenden Medien, die Schwärme nur zu beobachten oder zu objektifizieren vorgeben, diese stets selbst als spezifische Wissensobjekte hervor. Schwärme, so kann man festhalten, sind damit genau das, was verschiedene Medientechnologien des 20. Jahrhunderts auf unterschiedliche Weise als Schwarm zu denken aufgeben. Und diese Aufgabe steht unter der Einschränkung einer epistemologischen ›Unschärferelation‹, die Schwärme als vierdimensionale Bewegungskollektive erzeugen: Was bei den Bemühungen um einen anti-reduktionistischen, technisierten Blick auf Schwärme deutlich wird, ist, dass diesen Verfahren eine holistische, umfassende Perspektivierung verwehrt ist. So gewinnt man z. B. Daten über die Morphologie eines gesamten Schwarms beim Einsatz von Sonartechnologie stets nur um den Preis einer Darstellung seiner lokalen Binnenorganisation. Und so erhält man Bewegungsdaten von Schwärmen innerhalb der Messraster eines Beobachtungstanks stets nur unter dem Verlust ihrer natürlichen Umwelteinflüsse und -dynamiken. Ein wesentlicher medienhistorischer Schritt sind daher auch modellierende Verfahren, die unter einer teilweisen Abstraktion von derartigen empirischen Gegebenheiten und Beobachtungsproblemen versuchen, Schwärme als Informationsmaschinen zu verstehen, indem sie ihre Binnenorganisation mit Theorieimporten aus anderen Disziplinen zu verknüpfen suchen und diese dann rückbinden an experimentelle Studien. Da derartige Modelle in einer Ära vor dem Einsatz von Computertechnik jedoch nur mit sehr reduzierten Datensätzen rechnen und nur kleine ›Realitäts‹-Ausschnitte repräsentieren können, bleiben sie in einer Stasis und in einem Reduktionismus verhaftet, der Schwärmen als intransparenten Wissensobjekten nur ansatzweise näherzukommen vermag.

Erst in einem vierten Schritt wird dieses neuerliche epistemologische Dilemma von empirischen Beobachtungsunschärfen und modellhafter Stasis umgangen: Nämlich indem Schwarmforschungen, die sich ihr Wissensobjekt je schon durch einen verschiedentlich gelagerten Entzug von Natürlichkeit erschlossen hatten, vollends auf ihr Forschungsobjekt zu verzichten lernen und die Lösung ihrer Probleme an einem ganz anderen Ort suchen. Zunächst – und jenseits von ›Inspiration‹ gänzlich ohne Bezüge zu biologischen Forschungen – ist es eine Richtung des CGI, der daran geht, Schwärme mithilfe einer Bottom-up-Praxis in Code zu schreiben und grafisch zu visualisieren. Partikelsysteme und gerichtete *Distributed Behavioral Models* entwickeln komplexe globale Verhaltensweisen durch die Kopplung vieler einfach strukturierter Elemente mit sehr beschränkten Verhaltens- und Interaktionsregeln. Wenn dadurch nun vollkommen artifizielle Systeme ohne Rekurs auf vorherige Messdaten programmiert werden, dann können diese sich dennoch mit entsprechender Parametrisierung plötzlich wie Fisch- oder Vogelschwärme bewegen – und so nicht-intentional auch zu einem in der Biologie einsetzbaren Schwarmmodell werden. Schwärme korrelieren damit auf einer rein steuerungstechnischen und systemischen Ebene mit einem Bereich der Computersimulation, der sich intransparenten, unklar definierten oder sich durch eine Vielzahl von interagierenden Akteuren auszeichnenden Problemlagen widmet: der agentenbasierten Computersimulation. Dieser systemische Bezug zeigt sich etwa in Filmindustrie, Robotik, Militärforschung, Artificial Life und eben einer mathematisch informierten Biologie. Letztere wendet denn auch jene biologische inspirierte ABMS auf die Schwarmforschung selbst an. Durch diese Anwendung selbstorganisierender Prozesse auf Prozesse der Selbstorganisation erst transformieren sich Schwärme als Gegenstand einer an operativen Medien interessierten Mediengeschichte, und erst hier kann eigentlich von einem *Medien-Werden* von Schwärmen gesprochen werden.

Dieses Medien-Werden ist eingebettet in eine Epoche der Computersimulation, in eine Epoche intransparenter Medienkulturen, in der sich verschiedenste Wissenschaften zu System-Verhaltenswissenschaften transformieren und in deren epistemologischem Wirkbereich klassische Trennungen von Induktion und Deduktion oder etablierte Unterscheidungen von epistemischen und technischen Dingen obsolet werden.

★★★

So lässt sich schließlich das Anliegen dieses Buches noch einmal thesenhaft zuspitzen. Eine Medien- und Wissensgeschichte von Schwärmen als Zootechnologien zwischen Biologie und Computersimulation ist zunächst *medientheoretisch* von Interesse, weil sie sich im Kontext einer in den letzten Jahren ausführlich diskutierten ›Medientheorie der Störung‹ mit einem konkreten Wissensobjekt beschäftigt, in dem sich zugleich ein unhintergehbares Störmoment materialisiert. Schwärme stören als Übertragungsereignisse jeweils die Ereignisse der Übertragung – etwa die Kanäle, das Dazwischen der Medientechnologien, die auf sie angelegt werden und sie wissenschaftlich zu objektifizieren suchen. Damit einher geht ein *epistemologisches* Interesse. Dieses schlägt sich in einer Strategie nieder, die erst durch einen Entzug von Natürlichkeit und einen damit einhergehenden Rekurs auf steuerungstechnische, informationstheoretische, kybernetische und systemische Konzepte und Technologien jene epistemischen Hindernisse umgehen kann, die intransparente Wissensobjekte wie Schwärme produzieren. Erst indem Schwärme als dynamische Kollektive durch technische Verfahren der Computersimulation *synthetisiert* werden, können biologische Schwarmforschungen und ihre hergebrachten Analyse-Environments selbst auf einer neuen Ebene mit ihrem Wissensobjekt verfahren. Damit ist eine dritte Stoßrichtung dieses Bandes angesprochen, die eine *historiographische* Verwicklung beschreibt, in dessen Rahmen biologisch inspirierte Computersimulationsmodelle ›auf Schwarmbasis‹ rekursiv für die Erforschung biologischer Schwärme eingesetzt werden. In einer Verschränkung von Biologie und Computertechnik schreiben Schwärme damit selbst am Wissen über Schwärme mit. Da diese Schreibverfahren essentiell mit grafischen Visualisierungstechniken gekoppelt sind, die – und auch dies ist eine epistemologisch interessante Konstellation – erst einen szenarischen Abgleich und die Herstellung einer *brauchbaren* Ähnlichkeitsbeziehung zwischen Simulationsmodell und dynamischem, vierdimensionalem Wissensobjekt möglich machen, gibt eine Medien- und Wissensgeschichte der Schwarmforschung zudem Hinweise und Impulse für die Beschreibung einer aktuellen Epoche der Simulation, die sich eben mit intransparenten Problemstellungen befasst. Die Relevanz der Produktion *Dynamischer Datenbilder* für die Untersuchung solcher Problemstellung weicht dabei ältere Konzepte und Leitbegriffe der *Laboratory Studies* auf: Was sich anhand der Visualisierungen von ABMS entwickeln lässt, ist eine Auflösung epistemischer und technischer Dinge in den *Epistemischen Häufungen* parallelverarbeitender Prozesse und differenziell ausgewerteter Simulationsszenarien.

An diesem Fluchtpunkt des Buches, am Punkt der *Transformation* von Schwärmen zu Wissensfiguren, an dieser Stelle des Medien-Werdens von Schwärmen – und damit fast am Ende des Untersuchungsspektrums dieses Textes – sind erst die Möglichkeitsbedingungen gegeben für jene diskursiven Dynamiken, welche die Rede von Schwärmen in den vergangenen Jahren beinahe allgegenwärtig gemacht haben. Am Ende dieser Arbeit haben sich eine computertechnisch informierte Biologie und eine biologisch informierte und inspirierte Computerwissenschaft in einer Weise produktiv vermischt, die einen ganz anderen – nämlich mit Begriffen wie ›Intelligenz‹ operierenden – Diskurs um Schwärme etablieren kann, und der sie aus den fachinternen Diskursen von Biologie, Informatik oder Robotik herausträgt. Am Ende dieses medienhistorischen Bogens kann somit jene Diskursdynamik entstehen, die den Ausgangspunkt dieses Buches bildete: Erst durch die hier beschriebene Formation und Transformation von Schwärmen zu Wissensobjekten und Wissensfiguren sind Schwärme attraktiv geworden für jenen Hamburger Trendtag 2005, dessen Broschüren-Titelblatt mit den einen Sardinenschwarm durchstoßenden Haien den Autor dieser Zeilen dazu veranlasste, den verknüpften, verwobenen und mäandernden Mediengeschichten jener Schwarmforschung nachzuspüren. Schwarmforschungen zwischen Biologie und Computersimulation sind damit ein essenzieller Bestandteil heutiger Medienkulturen nicht in dem Sinne, dass sie nur passende Metaphern bereitstellen würden. Sie operieren als technische Verfahren der Selbstorganisation vielmehr direkt an den medientechnischen Grundlagen von sozialen Kollektivdynamiken und zugleich als deren adäquate Untersuchungswerkzeuge – dies zeigt ihr vielfältiger Einsatz als Zootechnologie in Logistik, mathematischer Optimierung, in Panik- und Verkehrsforschung, Sozialsimulationen, Produktionsplanungen oder für Robotersysteme. Jenseits von Analysen des massenmedialen Impacts von sogenannten neuen sozialen Netzwerken für sozioökonomische Prozesse ist damit jede Revolution bereits eine Medienrevolution, wird jede Massenbewegung in einer Mengendynamik vieler autonomer Individuen auflösbar.

Schwärme produzieren und produktivieren Störungen. Sie sind Figuren und Defigurationen, die nicht nur am Anfang von Medientheorien, sondern auch am Anfang eines unscharfen Wissens intermittieren – am Anfang von epistemischen Strategien, deren Untersuchung hier mit jener Beobachtung Michel Serres' (nicht) endet: »Alles geschieht so, als wäre der folgende Satz wahr: Es läuft, weil es nicht läuft. [...] Schwankung, Unordnung, Unschärfe und Rauschen sind keine Niederlagen der Vernunft, sind es nicht mehr [...]. Die Abweichung gehört zur Sache selbst, und vielleicht bringt sie diese erst hervor. Vielleicht ist der Wurzelgrund der Dinge gerade das, was der klassische Rationalismus in die Hölle verbannte. Am Anfang ist das Rauschen«[23] – ein Rauschen, in dem sich biologische Schwarmforschung und agentenbasierte Computersimulation auf ganz neue und ungewohnte Weise durchmischen. Wenn auch die Bewegungen dieses Textes zu einem Ende kommen, gilt das nicht für Schwärme als vierdimensionale Kollektive, wie sie hier verstanden wurden. Seit Jean Painlevé wissen wir zwar: »When movement ceases, the show is over.«[24] Doch für den Gegenstand dieser Arbeit, für Schwärme als Wissensobjekte und Wissensfiguren gilt ebenso: »The swarm may hover, but it does not rest.«[25] Schwärme schreiben sich selbst als Schreibverfahren auf, arbeiten als Wissensfiguren an ihrer Konstitution als Wissensobjekt mit. Sie konstituieren und beschreiben damit und darüber hinaus aber auch eine Medienkultur der Unschärfe und Intransparenz – und *bewegen* in diesem Zusammenhang vielfältige Anwendungstools und Problemlösungsverfahren. Diesseits aller Metaphorik und jedweder diskursiver Übertragung – soviel lässt ihre Medien- und Technikgeschichte zwischen biologischen Forschungen und Computertechnik klar werden – *bewegen* Schwärme die Welt. Am Anfang ist das Rauschen. So auch hier.

---

23. Serres: *Der Parasit*, a.a.O., S. 27–28.
24. Rugoff: »Fluid Mechanics«, in: *Science is Fiction*, a.a.O., S. 56.
25. Boulton Stroud, Marion: »Approaching Swarms«, in: *Swarm*, a.a.O., S. 7–11, hier S. 11.

Dank

Dieses Buch ist die überarbeitete Fassung meiner Dissertation, die 2010 an der Humboldt-Universität zu Berlin abgeschlossen wurde. Es wäre nicht entstanden ohne inspirierende und ermunternde Gespräche, nicht ohne hilfreiche und korrigierende Hinweise und Kritik und nicht ohne eine große Freude an medien- und kulturwissenschaftlichem Denken, für die ich vielen Menschen danken möchte. Zuallererst danke ich Angelika Stadler für all das, was hier keiner Worte bedarf. Ich danke meinen Eltern Anne und Winni Vehlken für jede Art von Rückhalt und all die Vertrauensvorschüsse, die ihr mir über die vergangenen Jahre gegeben habt, und meinem Opa Hans, der schon so lange darauf wartet, dass ich endlich »mit dem Studieren« fertig werde. Ich danke meinen Geschwistern Roman und Astrid, die immer an mich geglaubt haben, und Susanne Längle, die mich und diese Arbeit eine lange Zeit begleitet hat.

Für die großartige Unterstützung beim Endspurt danke ich Thomas Brandstetter, Jan Müggenburg, Mirjam Wittmann und Jan Behnstedt sehr herzlich – ihr seid die Besten! Ausdrücklich sei dem Graduiertenkolleg Mediale Historiographien gedankt für die finanzielle Förderung, viel mehr aber noch für die Erfahrungen, Diskussionen und Verstörungen, die mein Thema immer neu inspiriert haben – und für Freundschaften, die bleiben werden: Christina Vagt, Alexander ›Container‹ Klose, Gregor Kanitz, Jan-Philipp Müller, Nina Wiedemeyer, Isabel Kranz, Adina Lauenburger, Jörn Etzold, Christina Hünsche, Sebastian Ziegaus, Marta Munoz-Aunion, Stephan Gregory, Helga Lutz, Alessandro Barberi, Rupert Garderer, Hendrik Blumentrath, Thorsten Bothe, Petr Szeczepanik, Simon Roloff, Antonia von Schöning, Olga Osatschy, Karoline Weber, André Wendler, Franziska Jyrch, Daniel Eschkötter, Anne Fleckstein, Jan Henschen, Judith Leckebusch, Christoph Rosol, David Sittler, Sven Weber, Joke de Wolf, Moritz Gleich, sowie den Antragsteller/innen Bettine Menke, Friedrich Balke, Lorenz Engell, Karl Sierek, Bernhard Siegert und Alf Lüdtke. Bernhard Siegert sei darüber hinaus gedankt für die gemeinsame Sehnsucht nach dem Wilden Westen.

Für Gespräche, Anregungen oder Abenteuer danke ich Florian Sprenger, Christoph Weinberger, Katja Müller-Helle, Benjamin Steininger, Karin Gius, Anneke Janssen, Axel Swoboda, Ulrike Swoboda-Ostermann, Brigitte Kaserer, Laura Schuster, Armin Schäfer, Peter Berz, Axel Volmar, Lea Hartung, Sebastian Gießmann, Philipp Hauss, Cecilie Schmidt, Andrea Warnecke, Karin Harasser, Markus Peter, Wolfgang Pircher, Martin Warnke, Eva Horn, Lucas Gisi, Thomas Hübel, Manfred Füllsack. Zudem sei Thorsten Rüting, Iain Couzin, Jens Krause, Helmut Müller-Sievers, Eugene Thacker, Peter Schernhuber, Steve Johnson, Anne von der Heiden, Michael Gamper, Ellen Lupton, Carmen Goetz und Mercedes Bunz für Gespräche, Motivationen und/oder die Bereitstellung von Materialien gedankt. Ein großes Dankeschön geht an das Institut für Philosophie der Universität Wien und das Institut für Kultur und Ästhetik Digitaler Medien der Leuphana Universität Lüneburg, wo und von wo aus ich viele Ideen aus dem Zusammenhang meiner Dissertation in Forschung und Lehre umsetzen konnte. Auch der Universität Wien sei nochmals explizit für die großzügige finanzielle Unterstützung dieses Bandes gedankt. Vielen Dank auch an all jene TagungsorganisatorInnen, die mich während der letzten Jahre zu Vorträgen eingeladen und damit den Fortgang der Arbeit immer wieder neu angestoßen haben.

Mein Dank gilt auch der Johanna und Fritz Buch Gedächtnis Stiftung für die Übernahme eines Teils der Druckkosten, den Photographen Paolo Patrizi und Doug Perrine/Seapics für die Bereitstellung ihrer Schwarm-Photographien sowie Sabine Schulz, Michael Heitz und Karin Schraner bei diaphanes, die die Entstehung dieses Buches mit Tatkraft unterstützt haben.

Und ohne den Rückhalt (weiterer) bester Freunde entsteht ein solches Projekt natürlich auch nicht – also großen Dank an die alten Jungs Hendrik von Boxberg, Florian Hoof, Markus Gabriel, Tobias Harks, Martin Averkamp, Rudi Wüllner, Daniel Loick und Roman Böckmann. Keinesfalls zuletzt und ganz besonders sei aber meinen Betreuern Joseph Vogl und Claus Pias gedankt, die dieses Projekt nicht nur immer über die Maßen gefördert haben, sondern deren wissenschaftliche Inspirationskraft weit über die Betreuung dieser Arbeit hinausging.

Literaturverzeichnis

— »Intelligenter Schwarm. Wolken aus Vögeln machen es Feinden schwer«, http://www.3sat.de/dynamic/sitegen/bin/sitegen.php?tab=2&source=/nano/cstuecke/120674/index.html.

— »Men of the Day: No. 585: Mr Frederic Courtney Selous«, in: *Vanity Fair Album* 24 (1894).

— »Problems of Behaviour«, in: *Nature* 99 (1917, 24. Mai), S. 243.

— »SchwarmStrom – Die Energie der Zukunft«, Pressemitteilung *Lichtblick* Hamburg, Oktober 2010, http://www.lichtblick.de/pdf/zhkw/info/zhkw_schwarmstrom.pdf.

— »Thought-Transference (Or What?) in Birds. By Edmund Selous. Short Review«, in: *Nature* 129 (1932, 20. Februar), S. 263.

— *dtv-Lexikon der Physik*, Bd. 3, München 1970.

— Firmenbroschüre *90 Jahre Rollei – 90 Jahre Fotogeschichte*, S. 3, http://www.rcp-technik.com/typo3/fileadmin/downloads/pressemeldungen/de/2010/90_Jahre_Rollei.pdf.

— *Meyers Lexikon der Technik und der exakten Naturwissenschaften*, Bd. 3, Mannheim 1970.

Adelmann, Ralf, Frercks, Jan, Heßler, Martina und Henning, Jochen: *Datenbilder. Zur digitalen Bildpraxis in den Naturwissenschaften*, Bielefeld 2009.

Adelung, Johann Christoph: *Grammatisch-kritisches Wörterbuch der Hochdeutschen Mundart, mit beständiger Vergleichung der übrigen Mundarten, besonders aber der Oberdeutschen*, Dritter Theil, Wien 1811.

Agamben, Giorgio: *Das Offene. Der Mensch und das Tier*, Frankfurt/M. 2003.

Alexander, Samuel: *Space, Time and Deity*, London 1920.

Allee, Warder C., Emerson, Alfred E., Park, Orlando, Park, Thomas, Schmidt, Karl Patterson: *Principles of Animal Ecology*, Philadelphia, London 1950.

—: »Animal Aggregations. A Request for Information«, in: *The Condor* 25 (1923), S. 129–131.

—: »Cooperation Among Animals«, in: *American Journal of Sociology* 37 (1931), S. 386–398.

Allen, E. J. und Harvey, H. W.: »The Laboratory of the Marine Biological Association at Plymouth«, in: *Journal of the Marine Biology Association of the United Kingdom* 15/3 (1928), S. 734–751.

Allen, Stan: »From Objects to Fields«, in: *AD Profile 127: After Geometry. Architectural Design* 67/5–6 (1997), S. 24–31.

Alverdes, Friedrich: »Tierpsychologische Untersuchungen an niederen Tieren«, in: *Forschungen und Fortschritte* 13 (1939), S. 259.

Aoki, Ichiro: »A Simulation Study on the Schooling Mechanism in Fish«, in: *Bulletin of the Japanese Society of Scientific Fisheries* 48/8 (1982), S. 1081–1088.

Aristoteles: *Die Lehrschriften: Tierkunde*, Paderborn 1949.

—: *Nikomachische Ethik*, Stuttgart 2003.

Armond, Paul de: »Black Flag Over Seattle«, in: *The Monitor* (2000, 29. Februar).

Arquila, John und Ronfeld, David: *Swarming and the Future of Conflict*, Santa Monica 2000.

—: *Networks and Netwars. The Future of Terror, Crime, and Militancy*, Santa Monica 2001.

Asendorf, Christoph: *Ströme und Strahlen. Das langsame Verschwinden der Materie um 1900*, Gießen 1989.

Ashby, W. Ross: *Design for a Brain: The Origin of Adaptive Behaviour*, 2. Auflage, London 1960.

Axelrod, Robert und Hamilton, William D.: »The Evolution of Cooperation«, in: *Science* 211 (März 1981), S. 1390–1396.

Axelrod, Robert: *The Complexity of Cooperation: Agent-Based Models of Competition and Collaboration*, Princeton 1997.

—: *The Evolution of Cooperation*, New York 1984.

Aydinonat, N. Emrah: »An interview with Thomas C. Schelling: Interpretation of game theory and the checkerboard model«, in: *Economics Bulletin* 2/2 (2005), S. 1–7.

Ayto, John: *Dictionary of Word Origins*, London 1990.

Baecker, Dirk: »Vorwort«, in: Heider, Fritz: *Ding und Medium*, Berlin 2005, S. 7–20.

Ball, Philip: *Critical Mass. How One Thing Leads to Another*, London 2004.

Ballerini, Michele u.a.: »Interaction ruling animal collective behavior depends on topological rather than metric distance: Evidence from a field study«, in: *PNAS* 105 (2008), S. 1232–1237.

Ballerini, Michele u.a.: »Empirical Investigation of Starling Flocks: A Benchmark Study in Collective Animal Behavior«, in: *Animal Behavior* 76/1 (2008), S. 201–215.

Barberi, Alessandro: »Editorial: Historische Epistemologie und Diskursanalyse«, in: *ÖZG Österreichische Zeitschrift für Geschichtswissenschaften* 11/4 (2000), hg. von Alessandro Barberi, S. 5–10.

Barkhoff, Jürgen, Böhme, Hartmut und Riou, Jeanne (Hg.): *Netzwerke. Eine Kulturtechnik der Moderne*, Köln 2004.

Bartholomew, George A.: »The Fishing Activities of Double-Crested Cormorants on San Francisco Bay«, in: *The Condor* 44/1 (1942), S. 13–21.

Bateson, Gregory: *Ökologie des Geistes. Anthropologische, psychologische, biologische und epistemologische Perspektiven*, Frankfurt/M. 1981.

Bateson, William: »The Sense-organs and Perceptions of Fishes; with Remarks on the Supply of Bait«, in: *Journal of the Marine Biology Association of the United Kingdom* 1/3 (1890, April), S. 225–258.

Bazigos, G. P.: »A Manual on Acoustic Surveys: Sampling Methods for Acoustic Surveys«, in: Food and Agriculture Organization of the United Nations (Hg.), *CECAF/ECAF Series 80/17*, Rom 1981, http://www.fao.org/docrep/003/X6602E/x6602e00.htm.

Bazin, André: »Science Film: Accidental Beauty«, in: Bellows, Andy Masaki, McDougall, Marina und Berg, Brigitte (Hg.): *Science is Fiction. The Films of Jean Painlevé*, Cambridge 2000, S. 144–147.

Beare, D.J., Reid, D.G. und Petitgas, P.: »Spatio-temporal patterns in herring (*Clupea harengus* L.) school abundance and size in the northwest North Sea: modelling space-time dependencies to allow examination of the impact of local school abundance on school size«, in: *ICES Journal of Marine Science* 59 (2002), S. 469–479.

Bechterew, Wladimir von: »Suggestion und ihre soziale Bedeutung.« Rede auf der Jahresversammlung der Kaiserlich Medizinischen Akademie, 18. Dezember 1897, Leipzig 1899.

Beer, Theodor, Bethe, Albrecht und Uexküll, Jakob von: »Vorschläge zu einer objectivierenden Nomenklatur in der Physiologie des Nervensystems«, in: *Biologisches Centralblatt* 19 (1899), S. 517–521.

Beni, Gerardo: »From Swarm Intelligence to Swarm Robotics«, in: Sahin, Erol und Spears, William M. (Hg.): *Swarm Robotics*, New York 2005, S. 3–9.

—: »Order by Disordered Action in Swarms«, in: Sahin, Erol und Spears, William M. (Hg.): *Swarm Robotics*, New York 2005, S. 153–172.

Berg, Brigitte: »Contradictory Forces: Jean Painlevé 1902–1989«, in Bellows, Andy Masaki, McDougall, Marina und Berg, Brigitte (Hg.): *Science is Fiction. The Films of Jean Painlevé*, Cambridge 2000, S. 2–57.

Bergson, Henri: »Schöpferische Entwicklung«, in: *Nobelpreis für Literatur 1926–1928*, Lachen 1994, S. 38–375.

Berill, N. J.: »The Pearls of Wisom: An Exposition«, in: *Perspectives in Biology and Medicine* 28/1 (1984), S. 1–16.

Bernard, Claude: *Introduction à l'étude de la médicine expérimentale*, Paris 1865.

Bertalanffy, Ludwig von: *Theoretische Biologie*, Berlin 1932.

Berz, Peter: »Die Wabe«, in: ders., Bitsch, Annette und Siegert, Bernhard: *FAKtisch. Festschrift für Friedrich Kittler zum 60. Geburtstag*, München 2003, S. 65–81.

Birch, Herbert G.: »Communications in Animals«, in: Pias, Claus (Hg.): *Cybernetics/Kybernetik. The Macy-Conferences 1946–1953. Band 1: Transactions/Protokolle*, Zürich, Berlin, S. 446–528.

Bohannon, John: »Directing the Herd: Crowds and the Science of Evacuation«, in: *Science* 310 (2005), S. 219–221.

Böhme, Hartmut und Böhme, Gernot: *Das Andere der Vernunft. Zur Entwicklung von Rationalitätsstrukturen am Beispiel Kants*, Frankfurt/M. 1983.

Bonabeau, Eric, Dorigo, Marco und Theraulaz, Guy: *Swarm Intelligence. From Natural to Artificial Systems*, New York 1999.

Bonabeau, Eric: »Agent-based modeling: Methods and techniques for simulating human systems«, in: *PNAS* 99, Suppl. 3 (14. Mai 2002), S. 7280–7287.

Bonnet, Charles: »Traité d'insectologie, ou Observations sur les pucerons«, in: ders., *Oeuvres de l'histoire naturelle et de philosophie*, Bd. 1, Neuchatel 1779–1783 [1745].

Borshchev, A. und Filippov, A.: »From System Dynamics and Discrete Event to Practical Agent Based Modeling: Reasons, Techniques, Tools«, in: *The 22nd International Conference of the System Dynamics Society* (25.-29. Juli 2004), Oxford, England.

Boulton Stroud, Marion: »Approaching Swarms«, in: Lupton, Ellen und Miller, Abbott: *Swarm*, Philadelphia 2005, S. 7–11.

Brain, Robert: *The Graphic Method. Inscription, Vizualisation, and Measurement in Nineteenth-Century Science and Culture*, Los Angeles 1996 (Diss.).

Brandstetter, Gabriele, Brandl-Risi, Bettina und Eikels, Kai van: *Schwarm(E)motion. Bewegung zwischen Affekt und Masse*, Freiburg 2007.

Brandstetter, Thomas: »Imagining Inorganic Life: Crystalline Aliens in Science and Fiction«, in: Geppert, Alexander (Hg.): *Imagining Outer Space: European Astroculture in the Twentieth Century*, Basingstoke, New York 2012.

Breder, Charles M.: »Equations Descriptive of Fish Schools and other Animal Aggregations«, in: *Ecology* 35/3 (1954), S. 361–370.

—: »Fish Schools as operational structures«, in: *Fishery Bulletin* 74/3 (1976), S. 471–502.

Breder, Charles M.: »Studies on the Structure of the Fish School«, in: *Bulletin of the American Museum of Natural History* 98 (1951), S. 1–28.

Brehm, Alfred E., Willemsen, Roger und Ensikat, Klaus: *Brehms Tierleben. Die schönsten Tiergeschichten, ausgewählt von Roger Willemsen*, Frankfurt/M. 2006.

Brehm, Alfred: *Brehms Thierleben. Allgemeine Kunde des Thierreichs*, Leipzig 1883.

Brier, Søren: »Cybersemiotics and *Umweltlehre*«, in: *Semiotica* 134/1 (2001), S. 779–814.

Brooks, Frederick: »No Silver Bullet«, in: *IEEE Computer* 20/4 (1987), S. 10–19.

Buck, John und Buck, Elisabeth: »Mechanism of rhythmic synchronous flashing of fireflies«, in: *Science* 159 (1968), S. 1319–1327.

Buffon, Georges-Louis Leclerc: *Histoire naturelle générale et particulière*, 36 Bde., Paris 1749–1788.

Bühler, Benjamin und Rieger, Stefan: *Vom Übertier. Ein Bestiarium des Wissens*, Frankfurt/M. 2006.

Bühler, Benjamin: »Das Tier und die Experimentalisierung des Verhaltens. Zur Rhetorik der Umweltlehre Jakob von Uexkülls«, in: Höcker, Arne, Moser, Jeannie und Weber, Philippe (Hg.): *Wissen. Erzählen. Narrative der Humanwissenschaften*, Bielefeld 2006, S. 41–52.

Bülow, Ralf: »Halb Tarzan, halb Grzimek«, *Spiegel Online*, http://einestages.spiegel.de/static/topicalbumgallery/759/halb_tarzan_halb_grzimek.html.

Burckhardt, Richard W.: *Patterns of Behavior. Konrad Lorenz, Niko Tinbergen and the Founding of Ethology*, Chicago 2005.

Burdic, William S.: *Underwater Acoustics Systems Analysis*, 2. Auflage, Englewood Cliffs 2003.

Butler, Charles: *The Feminine Monarchy or A Treatise concerning Bees and the due ordering of them*, Reprint der Ausgabe von 1609, Amsterdam, New York 1969.

Camazine, Scott, Deneubourg, Jean-Louis, Franks, Nigel R., Sneyd, James, Theraulaz, Guy und Bonabeau, Eric: *Self-Organisation in Biological Systems*, Princeton 2001.

Campe, Joachim Heinrich: *Briefe aus Paris während der Französischen Revolution geschrieben* [1789/90], hg. von Helmut König, Berlin 1961.

Canetti, Elias: *Masse und Macht*, 29. Auflage, Frankfurt/M. 2003.

Canguilhem, Georges: *La connaissance de la vie*, 2. Auflage, Paris 1975.

Carnot, Sadi: *Réflexions sur la puissance motrice du feu et sur les machines propres à développer cette puissance*, Paris 1953 [1824].

Casti, John L.: *Would-be-Worlds. How Simulation is Changing the Frontiers of Science*, New York 1997.

Cavagna, Andrea u.a.: »The STARFLAG handbook on collective animal behavior: Part I, Empirical methods«, in: *arXiv E-print*, Februar 2008, S. 27, http://arxiv.org/abs/0802.1668.

Cavagna, Andrea u.a.: »The STARFLAG handbook on collective animal behavior: Part II, three-dimensional analysis«, in: *arXiv E-Prints*, Februar 2008, S. 4, http://arxiv.org/abs/0802.1674.

Certeau, Michel de: »Die See schreiben«, in: Stockhammer, Robert (Hg.): *TopoGraphien der Moderne. Medien zur Repräsentation und Konstruktion von Räumen*, München 2005, S. 127–144.

Chadarevian, Soraya de und Hopwood, Nick (Hg.): *Models. The Third Dimension of Science*, Stanford 2004.

Clough, B.: »UAV swarming? So what are those swarms, what are the implications, and how do we handle them?«, in: *Proceedings of 3rd Annual Conference on Future Unmanned Vehicles*. Air Force Research Laboratory, Control Automation 2003.

Colerus, Johannes: »Von der Bienen Policey-Ordnung«, in: ders.: *Oeconomia ruralis et domestica*, Frankfurt/M. 1680.

Corner, Joshua J. und Lamont, Gary B.: »Parallel Simulation of UAV Swarm Scenarios«, in: Ingalls, R. G., Rossetti, M. D., Smith, J. S., Peters, B. A. (Hg.): *Proceedings of the 2004 Winter Simulation Conference*, S. 355–363.

Corning, Peter A.: »The Re-Emergence of ›Emergence‹: A Venerable Concept in Search of a Theory«, in: *Complexity* 7/6 (2002), S. 18–30.

Cousteau, Jacques-Yves: *Die schweigende Welt*, Berlin 1953.

Couzin, Iain im Interview mit *BigThink,* http://bigthink.com/ideas/18124.

Couzin, Iain, Krause, Jens, James, Richard, Ruxton, Graeme D. und Franks, Nigel R.: »Collective Memory and Spatial Sorting in Animal Groups«, in: *Journal of Theoretical Biology* 218 (2002), S. 1–11.

Couzin, Iain D. und Krause, Jens: »Self-Organization and Collective Behavior in Vertebrates«, in: *Advances in the Study of Behavior* 32 (2003), S. 1–75.

Cullen, J. Michael, Shaw, Evelyn und Baldwin, Howard A: »Methods for measuring the three-dimensional structure of fish schools«, in: *Animal Behavior* 13/4 (Oktober 1965), S. 534–543.

Czirók, András, Stanley, H. Eugene und Vicsek, Tamás: »Spontaneously ordered motion of self-propelled particles«, in: *Journal of Physics A: Mathematical and General* 30 (1997), S. 1375–1385.

Czirok, András und Vicsek, Tamás: »Collective behavior of interacting self-propelled particles«, in: *Physica A* 281/1–4 (2000), S. 17–29.

Da Vinci, Leonardo: »Codex Atlanticus«, in: MacCurdy, Edward (Hg.): *Les Carnets de Léonard de Vinci*, Bd. 2, Paris 1942, S. 301.

Damisch, Hubert: »Die Geschichte und die Geometrie«, in: Engell, Lorenz, Siegert, Bernhard und Vogl, Joseph (Hg.): *Wolken*, Archiv für Mediengeschichte Bd. 5, Weimar 2005, S. 11–25.

Darwin, Charles: *The Expressions of the Emotions in Man and Animals*, London 1872.

Daston, Lorraine und Galison, Peter: »Das Bild der Objektivität«, in: Geimer, Peter (Hg.): *Ordnungen der Sichtbarkeit. Fotografie in Wissenschaft, Kunst und Technologie*, Frankfurt/M. 2002, S. 29–99.

Daston, Lorraine: »Attention and the Values of Nature in the Enlightenment«, in: dies. und Vidal, Fernando (Hg.): *The Moral Authority of Nature*, Chicago 2004, S. 100–126.

Day, John: *The Parliament of Bees*, London 1641.

Dearden, Peter und Akam, Michael: »Segmentation *in silico*«, in: *Nature* 406 (2000), S. 304–305.

De Chiara, Rosario, Erra, Ugo und Scarano, Vittorio: »An architecture for Distributed Behavioral Models with GPUs«, in: *Proceedings of the 4th Eurographics Italian Chapter* (EGITA 2006), Catania 2006, S. 1–7.

Deleuze, Gilles und Guattari, Félix: *Tausend Plateaus. Kapitalismus und Schizophrenie 2*, Berlin 1997.

Deleuze, Gilles: »Postskriptum über die Kontrollgesellschaften«, in: ders.: *Unterhandlungen 1972–1990*, Frankfurt/M. 1993, S. 254–262.

—: *Das Bewegungs-Bild: Kino I*, 2. Auflage, Frankfurt/M. 1998.
—: *Differenz und Wiederholung*, München 1992.
—: *Foucault*, Frankfurt/M.1992.
Denny, Mark: *Blip, Ping & Buzz. Making Sense of Radar and Sonar*, Baltimore 2007.
Dugatkin, Lee Alan: *Cooperation among Animals. An Evolutionary Perspective*, Oxford 1997.

Edwards, Sean J.: *Swarming on the Battlefield: Past, Present, and Future*, Santa Monica 2001.
Emmeche, Claus: *The Garden in the Machine. The emergening Science of Artificial Life*, Princeton 1994.
Engelbrecht, Andries P.: *Fundamentals of Computational Swarm Intelligence*, New York 2005.
Engell, Lorenz und Vogl, Joseph: »Vorwort«, in: Pias, Claus, Vogl, Joseph, Engell, Lorenz, Fahle, Oliver und Neitzel, Britta (Hg.): *Kursbuch Medienkultur. Die maßgeblichen Theorien von Brecht bis Baudrillard*, Stuttgart 1999, S. 8–12.
Engell, Lorenz: »Das Amedium. Grundbegriffe des Fernsehens in Auflösung: Ereignis und Erwartung«, in: *montage/av* (1996, 5. Januar), S. 129–153.
Epstein, Joshua M. und Axtell, Robert L.: *Growing Artificial Societies: Social Science from the Bottom Up*, Cambridge 1996.
Ermentrout, G. Bard und Edelstein-Keshet, Leah: »Cellular Automata Approaches to Biological Modeling«, in: *Journal of Theoretical Biology* 160 (1993), S. 97–133.
Ernst, Wolfgang: »Der Appell der Medien: Wissensgeschichte und ihr Anderes«, in: Ofak, Ana und Hilgers, Philipp von (Hg.): *Rekursionen. Von Faltungen des Wissens*, München 2010, S. 177–197.
Erra, Ugo, Frola, Bernardino, Scarano, Vittorio und Couzin, Iain: »An efficient GPU implementation for large scale individual-based simulation of collective behavior«, Vortrag auf dem *International Workshop on High Performance Computational Systems Biology HiBi09*, Trient 2009.
Espinas, Alfred: *Die thierischen Gesellschaften. Eine vergleichend-psychologische Untersuchung*, 2. erw. Auflage, Braunschweig 1879.

Fischer, Wolfgang: »Methodik und Ergebnisse der Erforschung des Schwarmverhaltens von Fischen mit der Tauchmethode«, in: *Helgoländer wissenschaftliche Meeresuntersuchungen* 24 (1973), S. 391–400.
Fisher, Len: *Schwarmintelligenz. Wie einfache Regeln Großes möglich Machen*, Frankfurt/M. 2010.
Flake, Gary William: *The Computational Beauty of Nature. Computer Explorations of Fractals, Chaos, Complex Systems, and Adaptation*, Cambridge 2000.
Fleck, Ludwik: *Entstehung und Entwicklung einer wissenschaftlichen Tatsache*, Frankfurt/M. 1980.
Foerster, Heinz von und Zopf, G. W. (Hg.): *Principles of Self-Organization*, Oxford 1962.
Foerster, Heinz von: »On self-organizing systems and their environment«, in: Yovits, M. C. und Cameron, S. (Hg.): *Self-Organizing Systems*, London 1960.
Forbes, Nancy: *Imitation of Life. How Biology is Inspiring Computing*, Cambridge 2004.
Forel, Auguste: *Die psychischen Fähigkeiten der Ameisen und einiger anderer Insekten mit einem Anhang über die Eigentümlichkeiten des Geruchssinns bei jenen Tieren*, München 1901.
—: *Les fourmis de la Suisse*, Zürich 1873.
Forster, Georg: »Pariser Umrisse«, in: ders.: *Werke in vier Bänden*, hg. von Gerhard Steiner, Frankfurt/M. 1970, S. 748–757.
Foucault, Michel: *Archäologie des Wissens*, Frankfurt/M. 1981.
—: *Der Wille zum Wissen*, Frankfurt/M. 1977.
—: *Die Ordnung der Dinge. Eine Archäologie der Humanwissenschaften*, Frankfurt/M. 2006.
—: *Geschichte der Gouvernementalität II. Die Geburt der Biopolitik*, Frankfurt/M. 2004.
Franklin, Allan: »Experiment in Physics«, in: *Stanford Encyclopedia of Philosophy*. Eingetragen 1998, überarbeitet 2007, http://plato.stanford.edu/entries/physics-experiment/#PDA.
Freitas Jr., Robert A. und Merkle, Ralph C.: *Kinematic Self-Replicating Machines*, Georgetown 2004, http://www.molecularassembler.com/KSRM/2.1.3.htm.

Freud, Sigmund: »Massenpsychologie und Ich-Analyse« [1921], in: ders.: *Studienausgabe*, hg. von Alexander Mitscherlich, Angela Richards und James Strachey, Bd. 9, Frankfurt/M. 1982, S. 61–134.

Frisch, Karl von: »Zur Psychologie des Fischschwarms«, in: *Die Naturwissenschaften* 37 (16. September 1938), S. 601–606.

—: *Bees*, Ithaca 1950.

Fröhlich, Werner und Drever, James: *Wörterbuch der Psychologie*, 13. Auflage, München 1983.

Gaius Plinius Secundus: *Naturkunde, lateinisch-deutsch*, Buch XI, München 1973–1996.

Galison, Peter: »Computer Simulations and the Trading Zone«, in: ders. und Stump, D. J. (Hg.): *The Disunity of Science. Boundaries, Contexts, and Power*, Stanford 1996, S. 118–157.

—: *Einsteins Uhren, Poincarés Karten. Die Arbeit an der Ordnung der Zeit*, Frankfurt/M. 2003.

—: *Image and Logic: A Material Culture of Microphysics*, Chicago 1997.

Galloway, Alexander R. und Thacker, Eugene: *The Exploit. A Theory of Networks*, Minneapolis, London 2006.

Galton, Francis: »Vox Populi«, in: *Nature* 75 (7. März 1907), S. 450f.

—: *Inquiries into Human Faculty and its Development*, New York 1883.

Gamper, Michael: »Massen als Schwärme. Zum Vergleich von Tier und Menschenmenge«, in: Horn, Eva und Gisi, Lucas: *Schwärme – Kollektive ohne Zentrum. Eine Wissensgeschichte zwischen Leben und Information*, Bielefeld 2009, S. 69–84.

Garnier, Simon, Gautrais, Jacques und Theraulaz, Guy: »The biological principles of swarm intelligence«, in: *Swarm Intelligence* 1 (2007), S. 3–31.

Garreau, Joel: »Cell Biology«, in: *Washington Post* (30. Juli 2002).

Gazi, Veysel und Passino, Kevin M.: »Stability Analysis of Social Foraging Swarms«, in: *IEEE Transactions on Systems, Man, and Cybernetics – Part B: Cybernetics* 34/1 (2004), S. 539–557.

Gerlotto, Francois, Bertrand, Sophie, Bez, Nicholas und Guiterrez, Mariano: »Waves of agitation inside anchovy schools observed with multibeam sonar: a way to transmit information in response to predation«, in: *ICES Journal of Marine Science* 63 (2006), S. 1405–1417.

Gerlotto, Francois, Soria, Marc und Fréon, Pierre: »From two dimensions to three: the use of multibeam sonars for a new approach in fisheries acoustics«, in: *Canadian Journal of Fishery Aquatic Sciences* 56 (1999), S. 6–12.

Gerlotto, Francois: »Gregariousness and school behaviour of pelagic fish: Impact of the acoustics evaluation and fisheries«, in: Petit, Didier, Cotel, Pascal und Nugroho, D. (Hg.): *Proceedings of acoustics seminar AKUSTIKAN 2*, Luxemburg, Jakarta, Paris 1997, S. 233–252.

Gerstung, Ferdinand: *Wahrheit und Dichtung über die innersten geheimnisvollen Lebensvorgänge des Biens*, 3. Auflage, Freiburg, Leipzig 1896.

Gießmann, Sebastian: »Netzwerkprotokolle und Schwarm-Intelligenz. Zur Konstruktion von Komplexität und Selbstorganisation«, in: Horn, Eva und Gisi, Lucas: *Schwärme – Kollektive ohne Zentrum*, Bielefeld 2009, S. 163–182.

Gilpatric, Guy: *The Compleat Goggler*, London 1938.

Goethe, Johann Wolfgang von: *Sämtliche Werke, Briefe Tagebücher und Gespräche*, hg. von Friedmar Apel u.a., Band I/15.1., Frankfurt/M. 1985.

Goldstein, Jeffrey: »Emergence as a construct: History and issues«, in: *Emergence* 1/1 (1999), S. 49–72.

Goldstine, Herman H.: *The Computer from Pascal to von Neumann*, Princeton 1972.

Gramelsberger, Gabriele: *Semiotik und Simulation: Fortführung der Schrift ins Dynamische. Entwurf einer Symboltheorie der numerischen Simulation und ihrer Visualisierung*, Berlin 2000 (Diss.).

Gramelsberger, Gabriele: *Computerexperimente. Zum Wandel der Wissenschaft im Zeitalter des Computers*, Bielefeld 2010.

Graves, John: »Photographic Method for Measuring Spacing and Density within Pelagic Fish Schools at Sea«, in: *Fishery Bulletin* 75/1 (1977), S. 230–239.

Greene, Charles H. und Wiebe, Peter H.: »Acoustic visualization of three dimensional animal aggregations in the ocean«, in: Parrish, Julia K. und Hamner, William H. (Hg.): *Animal Groups in three Dimensions*, Cambridge 1997, S. 61–67.

Grimm, Jakob und Wilhelm: *Deutsches Wörterbuch*, Fotomechanischer Nachdruck der Erstausgabe 1899, Bd. 15, München 1999.

Grünbaum, Daniel und Okubo, Akira:»Modelling social animal aggregation«, in: Levin, Simon A. (Hg.): *Frontiers in Mathematical Biology*, New York 1994, S. 296–325.

Gunning, Tom: *Time Stands Still. Muybridge and the Instantaneous Photography Movement*, Oxford 2003.

Günzel, Stephan: »Der Begriff der ›Masse‹ in Philosophie und Kulturtheorie (II)«, in: *Dialektik. Zeitschrift für Kulturphilosophie* 1, 2005, S. 123–140.

Guten, S. und Vernon, L. A.: »Likelyhood of Escape, likelihood of danger and panic behaviour«, in: *Journal of Social Psychology* 87 (1972), S. 29–36.

Hacking, Ian: *Einführung in die Philosophie der Naturwissenschaften*, Stuttgart.

Hackmann, Willem: »ASDICs at War«, in: *IEE Review* 46/3 (Mai 2000).

Haklyut, Richard: *A Selection of the Principal Voyages, Traffiques and Discoveries of the English Nation*, hg. von Laurence Irving, New York 1926 [1589].

Hamilton, William D.: »Geometry for the Selfish Herd«, in: *Journal of Theoretical Biology* 31 (1971), S. 295–311.

Hannah, Nick und Mustard, Alex: *Tauchen Ultimativ*, Köln 2006.

Hardt, Michael und Negri, Antonio: *Multitude. Krieg und Demokratie im Empire*, Frankfurt/M. 2004.

Harlow, F. H. und Meixner, B. D.: *The Particle-And-Force Computing Method for Fluid Dynamics*, Los Alamos Scientific Laboratory Report LA-2567-MS, 1961.

Hartley, Ralph V.L.: »Transmission of Information«, in: *The Bell Technical Journal* 7 (1928), S. 535–563.

Hass, Hans und Katzmann, Werner: *Der Hans Hass Tauchführer. Das Mittelmeer. Ein Ratgeber für Sporttaucher und Schnorchler*, Wien, München, Zürich 1976.

Hass, Hans: »Menschen unter Haien«, 1947, 83 min, s/w. In: *Hans Hass Klassik Edition*, Polar Film DVD 2007.

Hass, Hans: »Pirsch unter Wasser«, 1942, 16 min., s/w. In: *Hans Hass Klassik Edition*, Polar Film DVD 2007.

Hass, Hans: *Fotojagd am Meeresgrund*, Harzburg 1942.

Hayles, N. Catherine: *How We Became Posthuman. Virtual Bodies in Cybernetics, Literature and Informatics*, 4. Auflage, Chicago 2002.

Heiden, Anne von der und Vogl, Joseph: »Vorwort«, in: dies. und ders. (Hg.): *Politische Zoologie*, Zürich, Berlin 2007, S. 7–14.

Heider, Fritz: »Ding und Medium«, in: *Symposion: Philosophische Zeitschrift für Forschung und Aussprache* 1 (1926), hg. von Wilhelm Benary, S. 109–157. Wiederauflage: Heider, Fritz: *Ding und Medium*, Berlin 2005.

Heinevetter, Nora und Sanchez, Nadine: *Was mit Medien... Theorie in 15 Sachgeschichten*, Paderborn 2008.

Heinroth, Oskar: »Beiträge zur Biologie, namentlich Ethologie und Psychologie der Anatide«, in: *Berichte des V. Internationalen Ornithologen Kongresses*, Berlin 1910.

Helbing, Dirk, Farkas, Imre, Molnár, P. und Vicsek, Tamás: »Simulation of pedestrian crowds in normal and evacuation situations«, in: Schreckenberg, M. und Sharma, S.D. (Hg.): *Pedestrian and Evacuation Dynamics*, New York 2002, S. 21–58.

Helbing, Dirk, Farkas, Imre und Vicsek, Tamás: »Simulation dynamical features of escape panic«, in: *Nature* 407 (2000), S. 487–490.

Helbing, Dirk, Johansson, Anders und Al-Abideen, H. Z.: »The Dynamics of Crowd Disasters: An Empirical Study«, http://arxiv.org/pdf/physics/0701203.

Helmreich, Stefan: *Silicon Second Nature. Culturing Artificial Life in a Digital World*, Los Angeles 1998.

Heppner, Frank und Grenader, Ulf: »A stochastic nonlinear model for coordinated bird flocks, in: Krasner, Saul (Hg.): *The Ubiquity of Chaos*, Washington 1990, S. 233–238.

Heppner, Frank: »Avian Flight Formations«, in: *The Condor* 45/2 (1974), S. 160–170.

—: »The structure and dynamics of bird flocks«, in: Parrish, Julia K. und Hamner, William H. (Hg.): *Animal Groups in Three Dimensions*, Cambridge 1997, S. 68–89.

Hewstone, M., Stroebe, W., Codol, J. und Stephenson, G. M. (Hg.): *Introduction to Social Psychology*, Oxford 1988.

Hillis, W. Daniel: *The Connection Machine*, Cambridge 1985.

Hinske, Norbert: »Die Aufklärung und die Schwärmer – Sinn und Funktion einer Kampfidee«, in: *Aufklärung* 3/1 (1988), S. 3–6.

Hoffmann, Christoph: *Unter Beobachtung. Naturforschung in der Zeit der Sinnesapparate*, Göttingen 2006.

Hölldobler, Bert und Wilson, Edward O.: *The Ants*, Harvard 1990.

Horn, Eva und Gisi, Lucas: *Schwärme – Kollektive ohne Zentrum. Eine Wissensgeschichte zwischen Leben und Information*, Bielefeld 2009.

Horn, Eva: »Der Feind als Netzwerk und Schwarm: Eine Epistemologie der Abwehr«, in: Pias, Claus (Hg): *Abwehr. Modelle – Strategien – Medien*, Bielefeld 2009, S. 39–52.

Hu, Xiaohui, Shi, Yuhui und Eberhart, Russell: »Recent Advances in Particle Swarm«, in: *Proceedings of 2004 Congress on Evolutionary Computation*, Bd. 1, S. 90–97.

Hunter, John R.: »Procedure for analysis of schooling behavior«, in: *Journal of the Fisheries Research Board of Canada* 23 (1966), S. 547–562.

Husserl, Edmund: »Die Frage nach dem Ursprung der Geometrie als intentional-historisches Problem«, in: *Research in Phenomenology* 1 (1939), S. 203–225.

Huth, Andreas und Wissel, Christian: »The simulation of fish schools in comparison with experimental data«, in: *Ecological Modelling* 75/76 (1994), S. 135–145.

—: »The Simulation of the Movement of Fish Schools«, in: *Journal of Theoretical Biology* 156 (1992), S. 365–385.

Huxley, Thomas: »The Struggle for Existence and its Bearing upon Man«, in: *Nineteenth Century* 23 (1888), S. 161–180.

Inada, Yoshinubu und Kawachi, Keiji: »Order and Flexibility in the Motion of Fish Schools«, in: *Journal of Theoretical Biology* 214 (2002), S. 371–387.

Inada, Yoshinubu: »Steering mechanism of fish schools«, in: *Complexity* 8 (2001), S. 1–9.

Inagaki, Tadashi, Sakamoto, Wataru und Kuroki, Toshiro: »Studies on the Schooling Behavior of Fish. Mathematical Modeling of Schooling Form depending on the Intensity of Mutual Forces between Individuals«, in: *Bulletin of the Japanese Society of Scientific Fisheries* 42/3 (1976), S. 265–270.

Jacob, François: *Die innere Statue. Autobiographie des Genbiologen und Nobelpreisträgers*, Zürich 1988.

—: *Die Logik des Lebendigen. Eine Geschichte der Vererbung*, Frankfurt/M. 2002.

Jacob, François: *Die Maus, die Fliege und der Mensch. Über die moderne Genforschung*, 2. Auflage, Berlin 1998.

Jaffe, Jules S.: »Methods for three-dimensional sensing of animals«, in: Parrish, Julia K. und Hamner, William H. (Hg.): *Animal Groups in three Dimensions*, Cambridge 1997, S. 17–35.

Jahn, Ilse (Hg.): *Geschichte der Biologie*, 3. Auflage, Heidelberg, Berlin 2000.

James, R., Bennett, P. G. und Krause, J.: »Geometry for mutualistic and selfish herds: the limited domain of danger«, in: *Journal of Theoretical Biology* 228 (2004), S. 107–113.

Jammer, Max: »Masse, Massen«, in: *Historisches Wörterbuch der Philosophie*, hg. von Joachim Ritter u.a., Bd. 5., Darmstadt 1980, S. 825–828.

—: *Concepts of Simultaneity. From Antiquity to Einstein and Beyond*, Baltimore 2006.

Janscha, Anton: *Abhandlung vom Schwärmen der Bienen*, Neuauflage, hg. von Theodor Weippl, Berlin 1928 [1771].

Jennings, Nicholas R.: »On agent-based software engineering«, in: *Artificial Intelligence* 117 (2000), S. 277–296.

Johach, Eva: »Der Bienenstaat. Geschichte eines politisch-moralischen Exempels«, in: Von der Heiden, Anne und Vogl, Joseph (Hg.): *Politische Zoologie*, Berlin 2007, S. 75–89.

—: »Schwarm-Logiken. Genealogien sozialer Organisation in Insektengesellschaften«, in: Horn, Eva und Gisi, Lucas (Hg.): *Schwärme – Kollektive ohne Zentrum. Eine Wissensgeschichte zwischen Leben und Information*, Bielefeld 2009, S. 203–224.

Johannson, Anders, Helbing, Dirk, Al-Abideen, H. Z. und Al-Bosta, S.: »From Crowd Dynamics to Crowd Safety: A Video-based Analysis«, http://arxiv.org/pdf/0810.4590.

Johnson, Steven: *Emergence. The Connected Lives of Ants, Brains, and Cities*, New York 2001.

Jordan, David Starr: *Fishes*, New York 1925.

Jünger, Ernst: *Gläserne Bienen*, Stuttgart 1957.

Kaempfer, Engelbert: *The History of Japan (With a Description of the Kingdom of Siam)*, Bd. 1, London 1727.

Kalikhman, Igor L. und Yudanov, K. I.: *Acoustic Fish Reconnaissance*, Boca Raton, London, New York 2006.

Kassung, Christian (Hg.): *Die Unordnung der Dinge. Eine Wissens- und Mediengeschichte des Unfalls*, Bielefeld 2009.

Kay, Lily: *Who Wrote the Book of Life? A History of the Genetic Code*, Stanford 2000.

Keating, J. P.: »The Myth of Panic«, in: *Fire Journal*, 76/3 (1982), S. 57–58, 60–61, 147.

Keller, Evelyn Fox: »Models of and models for: Theory and practice in contemporary biology«, in: *Philosophy of Science* 67 (2000), S. 72–82.

—: »Models, Simulations and ›Computer Experiments‹«, in: Radder, Hans (Hg.): *The Philosophy of Scientific Experimentation*, Pittsburgh 2003.

—: *Making Sense of Life Explaining Biological Development with Models, Metaphors, and Machines*, Harvard 2002.

Kelley, H. H., Cowbray, J. C., Dahlke, A. E. und Hill, A. H.: »Collective Behaviour in a simulated panic situation«, in: *Journal of Experimental Social Psychology* 1 (1965), S. 20–54.

Kelly, Kevin: *Out of Control. The New Biology of Machines, Social Systems, and the Economic World*, London 1994.

Kelty, Christopher und Landecker, Hannah: »Eine Theorie der Animation. Zellen, Film und L-Systeme«, in: Schmidgen, Henning (Hg.): *Lebendige Zeit. Wissenskulturen im Werden*, Berlin 2005, S. 314–348.

Kennedy, James und Eberhart, Russel C.: *Swarm Intelligence*, San Francisco 2001.

—: »Particle Swarm Optimization«, in: *Proceedings of the IEEE International Conference on Neural Networks*. Piscataway: IEEE Service Center 1995, S. 1942–1948.

Kessel, J. F.: »Flocking habits of the California Valley Quail«, in: *The Condor* 23 (1921), S. 167–168.

Kieser, R., Mulligan, T., Richards, L. J. und Leaman, B. M.: »Bias correction of rockfish school cross-section widths from digitized echosounder data«, in: *Canadian Journal of Fisheries and Aquatic Sciences* 50 (1993), S. 1801–1811.

Kimura, K.: »On the detection of fish-groups by an acoustic method«, in: *Journal of the Imperial Fisheries Institute Tokyo* 24 (1929), S. 41–45.

Kipnis, Jeffrey: »(Architecture) After Geometry – An Anthology of Mysteries. Case Notes to the Mystery of the School of Fish«, in: *AD Profile 127: After Geometry. Architectural Design* 67/5–6 (1997), S. 43–47.

Kittler, Friedrich: »Computergrafik. Eine halbtechnische Einführung«, in: Wolf, Herta (Hg.): *Paradigma Fotografie. Fotokritik am Ende des fotografischen Zeitalters*, Frankfurt/M. 2002, S. 178–194.

—: »Signal-Rausch-Abstand«, in: Kittler, Friedrich: *Draculas Vermächtnis. Technische Schriften*, Leipzig 1993, S. 161–181.

—: *Draculas Vermächtnis. Technische Schriften*, Leipzig 1993.

—: *Grammophon, Film, Typewriter*, Berlin 1986.

Klarreich, Erica: »The Mind of the Swarm. Math explains how group behavior is more than the sum of its parts«, in: *Science News Online* 170/22 (November 2006), S. 347–349.

Kleinrock, Leonard: »Distributed Systems«, in: *Communications of the ACM* 28/11 (1985), S. 1200–1213.

Kneser, Jakob: »Rückschau: Der Robofisch und die Schwarmintelligenz«, in: *Das Erste – W wie Wissen*, Beitrag vom 14.03.2010, http://www.daserste.de/wwiewissen/beitrag_dyn~uid,m2kysdlf-zyfftg8a~cm.asp.

Koch, Karl: »Der Bien als Organismus«, in: *Deutsche Bienenzucht*, 1931.

Kracauer, Siegfried: *Das Ornament der Masse*, Frankfurt/M. 1977.

Kreutzer, W.: »Grundkonzepte und Werkzeugsysteme objektorientierter Systementwicklung«, in: *Wirtschaftsinformatik* 32/3 (1990), S. 211–227.

Kropotkin, Peter: *Moderne Wissenschaft und Anarchismus*, Zürich 1978.

—: *Mutual Aid. A Factor of Evolution*, Harmondsworth 1939.

Kull, Kalevi: »Jakob von Uexküll: An Introduction«, in: *Semiotica* 134/1 (2001), S. 1–59.

Kümmel, Albert und Schüttpelz, Erhard (Hg.): *Signale der Störung*, München 2003.

—: »Medientheorie der Störung/Störungstheorie der Medien. Eine Fibel«, in Kümmel, Albert und Schüttpelz, Erhard (Hg.): *Signale der Störung,* München 2003, S. 9–13.

Kunz, Hanspeter und Hemelrijk, Charlotte K.: »Artificial Fish Schools: Collective Effects of School Size, Body Size, and Body Form«, in: *Artificial Life* 9 (2003), S. 237–253.

Küppers, Günter und Lenhard, Johannes: »The Controversial Status of Simulations«, in: *Proceedings of the 18th European Simulation Multiconference SCS Europe*, 2004.

Kwinter, Sanford: *Architectures of Time. Toward a Theory of the Event in Modernist Culture*, Cambridge 2001.

Lagerspetz, Kari Y. H.: »Jakob von Uexküll and the origins of cybernetics«, in: *Semiotica* 134/1 (2001), S. 643–651.

Lahres, Bernhard und Rayman, Gregor: *Praxisbuch Objektorientierung*, Bonn: Galileo Computing 2006, o.S. (Onlineversion), http://openbook.galileocomputing.de/oo/oo_01_einleitung_000.htm#Xxx999137.

Langfeld, Kurt: »Ising Modell. Monte-Carlo Sampling auf dem Gitter, Phasenübergänge«, http://www.tat.physik.uni-tuebingen.de/~kley/lehre/cp-prakt/projekte/projekt2.pdf.

Langton, Christopher G.: »Artificial Life«, in: Boden, Margaret M. (Hg.): *The Philosophy of Artificial Life*, Oxford 1996, S. 39–94.

—: »Life at the Edge of Chaos«, in: ders., Taylor, C., Farmer, J.D. und Rasmussen, S. (Hg.): *Artificial Life II, Santa Fe Institute Studies in the Sciences of Complexity, Proceedings Volume X*, Redwood 1992, S. 41–91.

—: »Artificial Life«, in: ders.: *Artificial Life. The Proceedings of an International Workshop on the Synthesis and Simulation of Living Systems, Los Alamos 1987*, Redwood 1989.

Latour, Bruno: »Gabriel Tarde and the End of the Social«, in: Joyce, Patrick (Hg.): *The Social in Question. New Bearings in History and the Social Sciences*, London 2001, S. 117–132.

—: *Reassembling the Social: An Introduction to Actor-Network-Theory*, Oxford 2005.

—: *Science in Action*, Cambridge 1987.

Laurent, Philip: »The supposed synchronal flashing of fireflies«, in: *Science* 45 (1917), S. 44.

Lautmann, Albert: *Les schémas de structure*, Paris 1938.

Lawson, Brain: *How Designers Think. The Design Process Demystified*, 4. Auflage, Oxford, Burlington 2005.

Le Bon, Gustave: *Psychologie der Massen*, Stuttgart 1982.

Lemke, Thomas, Krasmann, Susanne und Bröckling, Ulrich: »Gouvernementalität, Neoliberalismus und Selbsttechnologien. Eine Einführung«, in: dies. (Hg.): *Gouvernementalität der Gegenwart*, Frankfurt/M. 2000.

Lettvin, Jerôme Y., Maturana, Humberto R., McCulloch, Warren S. und Pitts, Walter H.: »What the frog's eye tells the frog's brain«, in: Corning, William C. und Balaban, Martin (Hg.): *The Mind: Biological Approaches to its functions*, New York 1968, S. 233–258.

Levenez, Jean-Jacques, Josse, Erwan und Lebourges Dhaussy, Anne: »Acoustics in Halieutic Research«, in: *Les dossiers thématiques de l'IRD*, o.D., http://www.mpl.ird.fr/suds-en-ligne/ecosys/ang_ecosys/pdf/acoustic.pdf.

Levin, Simon A.: »Conceptual and methodological issues in the modeling of biological aggregations«, in: Parrish, Julia K. und Hamner, William H. (Hg.): *Animal Groups in Three Dimensions*, Cambridge 1997, S. 245–256.

Levy, Steven: *KL – Künstliches Leben aus dem Computer*, München 1993.

Li, Yanchao: *Oriented Particles for Scientific Visualization*, New Brunswick 1997.

Licklider, J. C. R.: »Interactive Dynamic Modelling«, in: Shapiro, George und Rogers, Milton: *Prospects for Simulation and Simulators of Dynamic Modeling*, New York 1967, S. 281–289.

—: »Man-Computer Symbiosis«, in: *IRE Transactions on Human Factors in Electronics*, HFE-1 (März 1960), S. 4–11.

Liu, Yang, Passino, Kevin M. und Polycarpou, Marios M: »Stability Analysis of M-Dimensional Asynchronous Swarms With a Fixed Communication Topology«, in: *IEEE Transactions on Automatic Control* 48/1 (2003), S. 76–95.

Long, William J.: *How Animals Talk, And Other Pleasant Studies of Birds and Beasts*, Rochester 2005 [1919].

Lorenz, Konrad: *Das sogenannte Böse. Zur Naturgeschichte der Aggression*, Wien 1963.

—: *Methods of Approach to the Problem of Behavior*, in: ders. (Hg.): *Studies in Animal and Human Behavior*, Bd. 11, Cambridge 1971, S. 246–280 (Reprint des Aufsatzes von 1958).

Löther, Rolf: *Wegbereiter der Genetik: Gregor Johann Mendel und August Weismann*, Frankfurt/M. 1990.

Lovink, Geert: *Zero Comments. Elemente einer kritischen Internetkultur*, Bielefeld 2007.

Ludwig, August: *Pfarrer Dr. phil. h.c. Ferdinand Gerstung. Eine Gedenkschrift aus Anlaß seines 25-jährigen Todestages*, Berlin 1950.

Luhmann, Niklas: *Die Politik der Gesellschaft*, Frankfurt/M. 2000.

Lupton, Ellen und Miller, Abbott: *Swarm*, Philadelphia 2005.

Lustig, Abigail J.: »Ants and the Nature of Nature in Forel, Wasmann, and Wheeler«, in: Daston, Lorraine und Vidal, Fernando (Hg.): *The Moral Authority of Nature*, Chicago 2004.

Lynn, Greg: »Body Matters«, in: ders.: *Folds, Bodies & Blobs. Collected Essays*, Brüssel 1998, S. 135–153.

—: »Why tectonics is square and topology is groovy«, in: ders., *Folds, Bodies & Blobs. Collected Essays*, Brüssel 1998, S. 169–186.

Macal, Charles M. und North, Michael J.: »Tutorial on Agent-Based Modeling and Simulation Part 2: How to Model with Agents«, in: Perrone, L. F. u.a. (Hg.): *Proceedings of the 2006 Winter Simulation Conference*, S. 73–83.

Macavinta, Courtney: »Digital Actors in *Rings* can Think«, in: *Wired Magazine* (13. Dezember 2002), o.S., http://www.wired.com/entertainment/music/news/2002/12/56778.

MacCurdy, E.: *The Notebooks of Leonardo da Vinci*, Garden City 1942.

Maes, Patty (Hg.): *Designing Autonomous Agents*, Cambrige 1991.

Maes, Patty: »Designing autonomous agents«, in: dies. (Hg.): *Designing Autonomous Agents*, Cambridge 1991, S. 1–2.

Maeterlinck, Maurice: »Das Leben der Bienen. Auswahl«, in: o.V.: *Wissenschaftliche Volksbücher für Schule und Haus*, Hamburg 1911.

—: *La Vie des Abeilles*, Paris 1903 [1901].

Maier, N. R. F. und Schneirla, Theodore C.: *Principles of Animal Psychology*, New York 1935.

Major, Peter F. und Dill, Lawrence M.: »The 3D Structure of Airborne Bird Flocks«, in: *Behavioral Ecology and Sociobiology* 4 (1978), S. 111–122.

Mandelbrot, Benoît: *Die fraktale Geometrie der Natur*, Basel, Boston, Berlin 1991.

Mandeville, Bernhard: *The Fable of the Bees*, London 1714.

Marey, Etienne-Jules: »Vorwort«, in: Trutat, Eugene: *La photographie animée*, Paris 1899.

—: *La Méthode graphique dans les sciences expérimentales et particulièrement en physiologie et en médecine*, Paris 1878.

Matuda, Ko und Sannomiya, Nobuo: »Computer Simulation of Fish Behavior in Relation to Fishing Gear. Mathematical Model of Fish Behavior«, in: *Bulletin of the Japanese Society of Scientific Fisheries* 46/6 (1980), S. 689–697.

Mayer, Larry, Li, Yanchao und Melvin, Gary: »3D visualization for pelagic fisheries research and assessment«, in: *ICES Journal of Marine Science* 59 (2002), S. 216–225.

Mayer, Ruth und Weingart, Brigitte (Hg.): *Virus! Mutationen einer Metapher*, Bielefeld 2004.

McDougall, Marina: »Introduction: Hybrid Roots«, in: Bellows, Andy Masaki, McDougall, Marina und Berg, Brigitte (Hg.): *Science is Fiction. The Films of Jean Painlevé*, Cambridge 2000, S. xiv-xviii.

McLaughlin, Peter: »Der neue Experimentalismus in der Wissenschaftstheorie«, in: Rheinberger, Hans-Jörg und Hagner, Michael: *Die Experimentalisierung des Lebens. Experimentalsysteme in den biologischen Wissenschaften 1850/1950*, Berlin 1993, S. 207–218.

McLuhan, Marshall: *Das Medium ist Massage*, Frankfurt, Berlin, Wien 1984.

—: *War and Peace in the Global Village*, Corte Madera 2001.

McPhail, Clark: *The Myth of the Madding Crowd*, New York 1991.

Mecklenburg, Sebastian: »Digitale Ork-Massen«, in: *C't* 26 (2002), S. 34.

Medosch, Armin: »Meshing in the future. The free configuration of everything and everyone with Hive Networks«, in: *Nettime* (2006, 25. Februar), http://www.nettime.org/Lists-Archives/nettime-l-0602/msg00076.html

Mehring, Johannes: *Das neue Einwesen-System als Grundlage zur Bienenzucht. Auf Selbsterfahrungen gegründet*, Theoretischer Teil neu herausgegeben von Ferdinand Gerstung, Freiburg 1901.

Mersch, Dieter: *Medientheorien zur Einführung*, Hamburg 2006.

Mesyatzev, I. I.: » Structure of Shoals of Shooling fish«, in: *Izvestiya AN SSSR, Seria Biologicheskaya* 3 (1937).

Metzger, Hans-Joachim: »Genesis in Silico. Zur digitalen Biosynthese«, in: Warnke, Martin, Coy, Wolfgang und Tholen, Georg-Christoph (Hg.): *HyperKult. Geschichte, Theorie und Kontext digitaler Medien*, Basel 1997, S. 461–510.

Michelet, Jules: *Das Meer*, Frankfurt/M. 1987.

Middtun, L. und Saetersdal, G.: »On the use of echo sounder observations for estimating fish abundance«, in: *Special Publication of the International Commission of North West Atlantic Fisheries* 2 (1957).

Miller, Peter: *Die Intelligenz des Schwarms. Was wir von Tieren über unser Leben in einer komplexen Welt lernen können*, Frankfurt/M. 2010.

Miller, Robert C.: »The Mind of the Flock«, in: *The Condor* 23/6 (1921), S. 183–186.

Millonas, Mark M.: »Swarms, phase transitions, and collective intelligence«, in: Langton, Christopher G. (Hg.): *Artificial Life III*, Reading 1994, S. 417–445.

Minar, Nelson, Burkhart, Roger, Langton, Christopher G. und Askenazi, Manor: »The Swarm Simulation System: A Toolkit for Building Multi-Agent Simulations«, in: *Working Paper 96-06-042*, Santa Fe 1996, S. 1–11.

Minar, Nelson, Gray, Matthew, Roup, Oliver, Krikorian, Raffi und Maes, Pattie: »Hive: Distributed Agents for Networking Things«, 03.08.1999, http://xenia.media.mit.edu/~nelson/research/hive-asama99/asama-html/paper.html.

Mintz, A.: »Non-adaptive group behaviour«, in: *Journal of Abnormal Social Psychology* 46 (1951), S. 150–159.

Mislin, Hans: »Jakob Johann von Uexküll. Pionier des verhaltensphysiologischen Experiments«, in: Balmer, Heinrich: *Psychologie des 20. Jahrhunderts, Band VI: Lorenz und die Folgen*, Zürich 1978, S. 46–54.

Misund, Ole Arve: »Underwater acoustics in marine fisheries and fisheries research«, in: *Reviews in Fish Biology and Fisheries* 7 (1997), S. 1–34.

Mitson, R. B. und Wood, R. J.: »An automatic method for counting fish«, in: *ICES Journal du Conseil* 26/3 (1961), S. 281–291.

Mogilner, Alexander und Edelstein-Keshet, Leah: »A non-local model for a swarm«, in: *Journal of Mathematical Biology* 38 (1999), S. 534–570.

Moorstedt, Tobias: »Düstere Entscheidungen«, in: *Süddeutsche Zeitung Online*, 01.03.2010, http://www.sueddeutsche.de/computer/283/504495/text.

Moreira, André A., Mathur, Abhishek, Diermeier, Daniel und Amaral, Luis A. N.: »Efficient system-wide coordination in noisy envrionments«, in: *PNAS* 101/33 (17. August 2004), S. 12085–12090.

Morgan, C. Lloyd: *Emergent Evolution*, London 1923.

—: *Introduction to Comparative Psychology*, London 1894.

Morrison, Margaret und Morgan, Mary S.: »Models as mediating instruments«, in: dies. (Hg.): *Models as Mediators. Perspectives on Natural and Social Science*, Cambridge 1999, S. 10–38.

Mostafa, Hala und Baghat, Reem: »The agent visualization system: a graphical and textual representation for multi-agent systems«, in: *Information Visualization* 4 (2005), S. 83–94.

Müller, Johannes: »Von dem Bedürfnis der Physiologie nach einer philosophischen Naturbetrachtung«, Vorlesung, Bonn 1924 (Nachdruck 1949), S. 269–270.

Münker, Stefan: »Information«, in: Roesler, Alexander und Stiegler, Bernd (Hg.): *Grundbegriffe der Medientheorie*, München 2005, S. 95–105.

Muscovici, Serge: *L'Age des Foules*, Paris 1981.

Musil, Robert: *Der Mann ohne Eigenschaften*, 24. Auflage, Reinbek 1994.

Neef, Andreas und Burmeister, Klaus: »Swarm Organization – A new paradigm for the E-enterprise of the future«, in: Kuhlin, Bernd und Thielmann, Heinz (Hg.): *The Practical Real-Time Enterprise. Facts and Perspectives*, Berlin, Heidelberg 2005, S. 509–517.

Neumann, John von: *Collected Works*, hg. von A.H. Taub, New York 1963.

—: *Theory of Self-Reproducing Automata*, hg. und vervollst. von Arhur W. Burks, Urbana 1966.

Newland, C. Bingham: *What is Instinct? Thoughts on Telepathy and Subconsciousness in Animals*, London 1916.

Nyhart, Lynn K.: »Natural history and the ›new‹ biology«, in: Jardine, Nicholas, Secord, J. Anne und Spary, Emma C. (Hg.): *Cultures of Natural History*, Cambridge 1996, S. 426–443.

—: *Modern Nature. The Rise of th Biological Perspective in Germany*, Chicago 2009.

Ofak, Ana und Hilgers, Philipp von (Hg.): *Rekursionen. Von Faltungen des Wissens*, München 2010.

Olst, J. C. van und Hunter, J. R.: »Some aspects of the organization of fish schools«, in: *Journal of the Fisheries Reseach Board of Canada* 27 (1970), S. 1225–1238.

Oosterhuis, Kas: »Swarm Architecture«, http://www.oosterhuis.nl/quickstart/index.php?id=538.

—: *Hyperbodies. Towards an E-Motive Architecture*, Basel 2003.

Osborn, Jon: »Analytical and Digital Photogrammetry«, in: Parrish, Julia K. und Hamner, William H. (Hg.): *Animal Groups in Three Dimensions*, Cambridge 1997, S. 36–60.

Painlevé, Jean: »Feet in the Water«, in: Bellows, Andy Masaki, McDougall, Marina und Berg, Brigitte (Hg.): *Science is Fiction. The Films of Jean Painlevé*, Cambridge 2000, S. 130–139.

Paramo, Jorge, Bertrand, Sophie, Villalobos, Héctor und Gerlotto, Francois: »A three-dimensional approach to school typology using vertical scanning multibeam sonar«, in: *Fisheries Research* 84 (2007), S. 171–179.

Parker, George Howard: »Biographical Memoir of William Morton Wheeler 1865–1937«, in: *National Academy of Sciences of the USA Biographical Memoirs*, Vol. XIX, 6th Memoir, 1938, S. 201–241.

—: »The functions of the lateral-line organ in fishes«, in: *Bulletin of the U.S. Bureau of Fisheries* 24 (1904).

—: »Some Implications of the Evolutionary Hypothesis«, in: *Philosophical Review* 33 (1924), S. 593–603.

Parr, Albert Eide: »A Contribution to the theoretical analysis of the schooling behavior of fishes«, in: *Occasional Papers of the Bingham Oceanographic Collection* 1 (1929), S. 1–32.

Parikka, Jussi: *Insect Media. An Archeaology of Animals and Technology*, Minneapolis 2010.

Parrish, Julia K. und Edelstein-Keshet, Leah: »Complexity, Pattern, and Evolutionary Trade-Offs in Animal Aggregation«, in: *Science* 284 (1999), S. 99–101.

Parrish, Julia K., Hamner, William M. und Prewitt, Charles T.: »Introduction – From Individuals to aggregations. Unifying properties, global framework, and the holy grails of congregation«, in: Parrish, Julia K. und Hamner, William H. (Hg.): *Animal Groups in Three Dimensions*, Cambridge 1997, S. 1–14.

Parrish, Julia K, Viscido, Steven V. und Grünbaum, Daniel: »Self-Organized Fish Schools: An Examination of Emergent Properties«, in: *Biological Bulletin* 202 (2002), S. 296–305.

Parrish, Julia K. und Viscido, Steven V.: »Traffic rules of fish schools: A review of agent-based approaches«, in: Hemelrijk, Charlotte (Hg.): *Self-Organisation and Evolution of Social Systems*, Cambridge 2005, S. 50–80.

Partridge, Brian L. und Cullen, J. Michael: »Computer Technology: A low-cost interactive coordinate plotter«, in: *Behavior Research Methods & Instrumentation* 9/5 (1977), S. 473–479.

Partridge, Brian L., Pitcher, Tony, Cullen, J. Michael und Wilson, John: »The Three-Dimensional Structure of Fish Schools«, in: *Behavioral Ecology and Sociobiology* 6 (1980), S. 277–288.

Peirce, Charles S.: *Philosophical Writings of Peirce*, New York 1955.

Pelewin, Wiktor: *Das Leben der Insekten*, Leipzig 1997.

PeterLicht: »Wettentspannen«, in: *Lieder vom Ende des Kapitalismus*, Motor Music 2006.

Pflüger, Jörg: »Writing, Building, Growing. Leitbilder der Programmiergeschichte«, in: Hellige, Hans-Dieter (Hg.): *Geschichten der Informatik. Visionen, Paradigmen, Leitmotive*, Berlin, Heidelberg, New York 2004, S. 275–319.

Pias, Claus: »Das digitale Bild gibt es nicht. Über das (Nicht-)Wissen der Bilder und die informatische Illusion«, in: *zeitenblicke* 2/1 (2003), S. 19, http://www.zeitenblicke.de/2003/01/pias/pias.pdf.

—: »Details Zählen. Zur Epistemologie der Computersimulation«, Wien: unveröff. Manuskript 2009.

—: »Synthetic History«, in: Engell, Lorenz, Siegert, Bernhard und Vogl, Joseph (Hg.): *Mediale Historiographien*, Weimar 2001, S. 171–183.

—: »What is German about German Media Theory?«, unveröff. Vortrag, gehalten auf der Tagung *Media Transatlantic*, Potsdam 2009.

—: »Zeit der Kybernetik. Zur Einführung«, in: Pias, Claus, Vogl, Joseph, Engell, Lorenz, Fahle, Oliver und Neitzel, Britta (Hg.): *Kursbuch Medienkultur. Die maßgeblichen Theorien von Brecht bis Baudrillard*, Stuttgart 1999, S. 427–431.

—: *Computer Spiel Welten*, München 2002.

Pickering, Andrew: *Kybernetik und Neue Ontologien*, Berlin 2007.

Pitcher, Tony J.: »The three-dimensional structure of schools in the minnow«, in: *Animal Behaviour* 21 (1973), S. 673–686.

Platon: »Phaidros«, in: ders.: *Werke*, Band 3.4, übersetzt und kommentiert von Ernst Heitsch, Göttingen 1993.

Pomeroy, Harold und Heppner, Frank: »Structure of Turning in Airborne Rock Dove (*Columba Livia*) Flocks«, in: *The Auk* 109/2 (1992), S. 256–267.

Popper, Karl: *Logik der Forschung*, 6. verbesserte Auflage, Tübingen 1976.

Potel, Michael J. und Sayre, R. E.: »Interacting with the GALATEA film analysis system«, in: *SIGGRAPH Proceedings of the 3rd annual conference on Computer graphics and interactive techniques*, Philadelphia 1976, S. 52–59.

Potel, Michael J. und Wassersug, Richard J.: »Computer Tools for the Analysis of Schooling«, in: *Environmental Biology and Fisheries* 6/1 (1981), S. 15–19.

Potts, Wayne R.: »The chorus-line hypothesis of manoeuvre coordination in avian flocks«, in: *Nature* 309 (1984), S. 344–345.

Poulton, Edward B.: *The Colours of Animals, Their Meaning and Use, Especially considered in the Case of Insects*, New York 1890.

Quarantelli, E. L.: »The behaviour of panic participants«, in: *Sociology and Social Research* 41 (1957), S. 187–194.

Querner, Hans: »Die Methodenfrage in der Biologie des 19. Jahrhunderts: Beobachtung oder Experiment?«, in: Jahn, Ilse (Hg.): *Geschichte der Biologie*, 3. korrigierte Sonderausgabe, Heidelberg, Berlin 2000, S. 420–430.

Radakov, Dimitrij: *Schooling in the Ecology of Fish*, New York, Toronto 1973.

Ramón y Cajal, Santiago: *Recollections of My Life*, Cambridge 1996 [1937].

Raupp Mousse, Soraya, Ulicny, B. und Aubel, A.: »Groups and Crowd Simulation«, in: Magnenat-Thalmann, N. und Thalmann, Dirk (Hg.): *Handbook of Virtual Humans*, New York 2004.

Réaumur, René Antoine Ferchault de: *Mémoires pour servir à l'histoir des insectes*, 6 Bde, Paris: Imprimerie Royale 1734–42.

Reeves, William T.: »Particle Systems – A Technique for Modeling a Class of Fuzzy Objects«, in: *ACM Transactions on Graphics* 2/2 (1983), S. 91–108.

Reichenbach, Hans: *Erfahrung und Prognose*, in: *Gesammelte Werke*, Bd. 4, Braunschweig 1983.

Reichert, Ramon: »Huschen, Schwärmen, Verführen«, in: *kunsttexte.de*, 3 (2004), S. 9–12.

Reuter, Hauke und Breckling, Broder: »Selforganisation of fish schools: an object-oriented model«, in: *Ecological Modelling* 75/76 (1994), S. 147–159.

Reynolds, Craig W.: »Flocks, Herds, and Schools: A Distributed Behavioral Model«, in: *Computer Graphics* 21/4, (1987), S. 25–34.

—: »Big Fast Crowds on PS3«, in: *Proceedings of the 2006 Sandbox Symposion,* http://www.research.scea.com/pscrowd/PSCrowdSandbox2006.pdf.

Rheinberger, Hans-Jörg und Hagner, Michael: »Experimentalsysteme«, in: dies. (Hg.): *Die Experimentalisierung des Lebens. Experimentalsysteme in den biologischen Wissenschaften 1850/1950*, Berlin 1993.

Rheinberger, Hans-Jörg: »Nachwort«, in: Jacob, François: *Die Logik des Lebendigen. Eine Geschichte der Vererbung*, Frankfurt/M. 2002, S. 345–354.

—: »Objekt und Repräsentation«, in: Heintz, Bettina und Huber, Jörg (Hg.): *Mit dem Auge Denken. Strategien der Sichtbarmachung in wissenschaftlichen und virtuellen Welten*, Wien, New York 2001, S. 55–61.

—: *Experimentalsysteme und epistemische Dinge. Eine Geschichte der Proteinsynthese im Reagenzglas*, Frankfurt/M. 2001.

—: *Iterationen*, Berlin 1994.

Rheingold, Howard: *Smart Mobs. The Next Social Revolution*, Cambridge 2002.

Riedl, Rupert: »Die Tauchmethode, ihre Aufgaben und Leistungen bei der Erforschung des Litorals; eine kritische Untersuchung«, in: *Helgoländer wissenschaftliche Meeresuntersuchungen* 15/1–4 (Juli 1967), S. 295–352.

Rieger, Stefan: »Der Frosch – ein Medium?«, in Münker, Stefan und Roesler, Alexander (Hg.): *Was ist ein Medium?*, Frankfurt/M. 2008.

—: *Kybernetische Anthropologie. Eine Geschichte der Virtualität*, Frankfurt/M. 2003.

Riemann, Bernhard: *Über die Hypothesen, welche der Geometrie zugrunde liegen*, neu hg. v. Hermann Weyl, Berlin 1919 [1854].

Riley, Dave: »Reginald Aubrey Fessenden (1866–1932). Some Biographical Notes«, in: *Soundscapes* 2 (1999), o.S., http://www.icce.rug.nl/~soundscapes/VOLUME02/Reginald_Aubrey_ Fessenden.shtml.

Roepstorff, Andreas: »Brains in scanners: An Umwelt of cognitive neuroscience«, in: *Semiotica* 134/1 (2001), 747–765.

Roesler, Alexander und Stiegler, Bernd (Hg.): *Grundbegriffe der Medientheorie*, München 2005.

Rogers, David F.: *An Introduction to NURBS With Historical Perspective*, San Diego 2001.

Romanes, George John: *Animal Intelligence*, London 1881.

Rouget, Auguste: »Sur les Coléopteres parasites des Vespides«, in: *Mémoires de l'Acadadémie de Dijon 1872–73*, S. 161–288.

Roux, Wilhelm: »Aufgaben der Entwicklungsmechanik der Organismen«, in: *Aufgaben für Entwicklungsmechanik* 1 (1895).

Rugoff, Ralph: »Fluid Mechanics«, in: Bellows, Andy Masaki, McDougall, Marina und Berg, Brigitte (Hg.): *Science is Fiction. The Films of Jean Painlevé*, Cambridge000, S. 48–57.

Runnstrøm, S.: »A Review of the Norwegian Herring Investigations in Recent Years«, in: *ICES Journal of Marine Science* 12 (1937), S. 123–143.

Rüting, Torsten: »History and significance of Jakob von Uexküll and of its Institute in Hamburg«, in: *Sign System Studies* 32/1+2 (2004), S. 35–72.

Sakai, Sumiko und Suzuki, R.: *Paper of Technical Group on Medical Electronics and Biological Engineering* 73/4 (1973), S. 1–12.

Sakai, Sumiko: »A model for group structure and its behavior«, in: *Biophysics (Japan)* 13/2 (1973), S. 82–90.

Sauvage, Léo: »The Institute in the Cellar«, in: Bellows, Andy Masaki, McDougall, Marina und Berg, Brigitte (Hg.): *Science is Fiction. The Films of Jean Painlevé*, Cambridge 2000, S. 124–128

Schäfer, Armin und Vogl, Joseph: »Feuer und Flamme. Über ein Ereignis des 19. Jahrhunderts«, in: Schmidgen, Henning, Geimer, Peter und Dierig, Sven (Hg.): *Kultur im Experiment*, Berlin 2004, S. 191–211.

Schäffner, Wolfgang: »Nicht-Wissen um 1800. Buchführung und Statistik«, in: Vogl, Joseph (Hg.): *Poetologien des Wissens*, München 1999, S. 123–144.

Schelling, Thomas C.: »Dynamic Models of Segregation«, in: *Journal of Mathematical Sociology* 1 (1971), S. 143–186.

Schilt, Carl R. und Norris, Kenneth S.: »Perspectives on sensory integration systems: Problems, opportunities, and predictions«, in: Parrish, Julia K. und Hamner, William H. (Hg.): *Animal Groups in Three Dimensions*, Cambridge 1997, S. 225–244.

Schmidt, Karl Patterson: »Biographical Memoir of Warder Clyde Allee 1885–1965«, in: *National Academy of Sciences of the USA Biographical Memoirs* 1957, S. 1–40.

Schneirla, Theodore C.: »Social organization in insects, as related to individual function«, in: *Psychological Review* 48 (1941), S. 465.

Schubbach, Arno: »...A Display (Not a Representation)...«, in: *Navigationen. Zeitschrift für Medien- und Kulturwissenschaft. Display II – digital* 7/2 (2007), hg. von Tristan Thielmann und Jens Schröter, S. 13–27.

Schüttpelz, Erhard: »Die Frage nach der Frage, auf die das Medium eine Antwort ist«, in: Kümmel, Albert und Schüttpelz, Erhard (Hg.): *Signale der Störung*, München 2003, S. 15–29.

Seidel, Karl, Schulze, Heinz A. F. und Göllnitz, Gerhard: *Neurologie und Psychiatrie*. Berlin 1980.

Sellars, Roy Wood: *Evolutionary Naturalism*, Chicago 1922.

Selous, Edmund: »An observational diary of the habits – mostly domestic – of the great crested grebe (*Podicipes cristatus*)«, in: *Zoologist* 5 (1901), S. 161–183.

—: *Bird Life Glimpses*, London 1905.

—: *Bird Watching*, London 190 1.

—: *Thought Transference (Or What?) in Birds*, London 1931.

Senebier, Jean: *Die Kunst zu beobachten*, Leipzig 1776.

Serres, Michel und Farouki, Nayla (Hg.): *Thesaurus der Exakten Wissenschaften*, 3. Auflage, Frankfurt/M. 2004.

Serres, Michel: *Der Parasit*, Frankfurt/M. 1981.

—: *Genesis*, Ann Arbor 1995.

—: *Hermes I: Kommunikation*, Berlin 1991.

—: *Hermes IV: Verteilung*, Berlin 1993.

—: *Hermes V: Die Nordwest-Passage*, Berlin 1994.

—: »Vorwort«, in: ders. (Hg.): *Elemente einer Geschichte der Wissenschaften*, Frankfurt/M. 1994.

—: *Statues*, Paris 1987.

—: *Über Malerei. Vermeer – La Tour – Turner*, Dresden 1995.

Shannon, Claude E.: »A Mathematical Theory of Communication«, in: *The Bell System Technical Journal* 27 (Juli/Oktober 1948), S. 379–423 und 623–656.

—: »The Redundancy of English«, in: Pias, Claus (Hg.): *Cybernetics/Kybernetik. The Macy-Conferences 1946–1953. Band 1: Transactions/Protokolle*, Zürich, Berlin 2003, S. 248–272.

Shaw, Evelyn: »The Schooling of Fishes«, in: *Science* 206 (1962), S. 128–138.

Siegert, Bernhard: »Der Nomos des Meeres. Zur Imagination des Politischen und ihren Grenzen«, in: Gethmann, Daniel und Stauff, Markus (Hg.): *Politiken der Medien*, Zürich, Berlin 2005, S. 39–56.

—: »Die Geburt der Literatur aus dem Rauschen der Kanäle. Zur Poetik der phatischen Funktion«, in: Franz, Michael, Schäffner, Wolfgang, Ders. und Stockhammer, Robert (Hg.): *Electric Laokoon. Zeichen und Medien, von der Lochkarte zur Grammatologie*, Berlin 2007, S. 5–41.

—: »Kakographie oder Kommunikation«, in: ders., Engell, Lorenz und Vogl, Joseph (Hg.): *Mediale Historiographien*, Weimar 2001, S. 87–99.

Siegfried, André: *Aspekte des 20. Jahrhunderts*, München 1956.

Sighele, Scipio: *La foule criminelle. Essai de psychologie criminelle*, 2. Auflage, Paris 1901 [1891].

—: *Psychologie des Auflaufs und der Massenverbrechen*, Dresden/Leipzig 1897 [Original 1891].

Sismondo, Sergio: »Models, Simulations, and their objects«, in: *Science in Context*, 12 (1999), S. 247–260.

Sime, Jonathan D.: »Crowd Psychology and Engineering«, in: *Safety Science* 21 (1995), S. 1–14.

Simmonds, John und MacLennan, David: *Fisheries Acoustics: Theory and Practice*, 2. Ausgabe, Oxford 2005.

Simon, Herbert A.: *Die Wissenschaft vom Künstlichen*, Wien, New York 1994 [1962], S. 144–172.

Sims, Karl: »Particle animation and rendering using data parallel computation«, in: *Proceedings of the 17th Annual Conference on Computer Graphics and interactive Techniques (Dallas). SIGGRAPH 90*, New York 1990, S. 405–413.

Smuts, Jan C.: *Holism and Evolution*, New York 1926.

Snyder, Joel: »Sichtbarmachung und Sichtbarkeit«, in: Geimer, Peter (Hg.): *Ordnungen der Sichtbarkeit. Fotografie in Wissenschaft, Kunst und Technologie*, Frankfurt/M. 2002, S. 142–170.

Soria, Marc, Bahri, Tarub und Gerlotto, Francois: »Effects of external factors (environment and survey vessel) on fish school characteristics observed by echosounder and multibeam sonar in the Mediterranean Sea«, in: *Aquatic Living Resources* 16 (2003), S. 145–157.

Southward, A. J. und Roberts, E. K.: »The Marine Biological Association 1884–1984. One Hundred Years of Marine Research«, in: *Rep. Trans. Devon. Ass. Advmt. Sci.* 116 (Dezember 1984), S. 155–199.

Spooner, Guy M.: »Some Observations on Schooling in Fish«, in: *Journal of the Marine Biological Association of the United Kingdom* 17/2 (Juni 1931), S. 421–448.

Stäheli, Urs: »Protokybernetik in der Massenpsychologie«, in: Hagner, Michael und Hörl, Erich (Hg.): *Transformationen des Humanen. Beiträge zur Kulturgeschichte der Kybernetik*, Frankfurt/M. 2007, S. 299–325.

Stahl, W. R.: »Self-Reproducing Automata«, in: *Perspectives in Biology and Medicine* 8 (1965), S. 373–393.

Stauff, Markus: »Zur Gouvernementalität der Medien. Fernsehen als ›Problem‹ und ›Instrument‹«, in: Gethmann, Daniel und Stauff, Markus (Hg.): *Politiken der Medien*, Zürich, Berlin 2005, S. 89–110.

Steele, Luc: »Towards a Theory of Emergent Functionality«, in: Meyer, Jean-Arcady und Wilson, Stewart W. (Hg.): *From Animals to Animats. Proceedings of the First International Conference on Simulation and Adaptive Behavior*, Cambridge 1990, S. 451–461.

Steinbeck, John: *Logbuch des Lebens. Im Golf von Kalifornien. Mit einer Vita Ed Ricketts*, Zürich 1953.

Stephan, Achim: »Emergente Eigenschaften«, in: Krohs, Ulrich und Toepfer, Georg (Hg.): *Philosophie der Biologie. Eine Einführung*, Frankfurt/M. 2005, S. 88–105.

Stephenson, Neil: *Cryptonomicon*, München 2003.

Strogatz, Steven: *SYNC. How Order emerges from Chaos in the Universe, Nature, and Daily Life*, New York 2003.

Sumpter, David J. T.: »The principles of collective animal behavior«, in: *Philosophical Transactions of the Royal Society B* 361 (2006), S. 5–22:

Sumpter, David J.: *Collective Animal Behavior*, Princeton 2009.

Sund, Oscar: »Echo sounding in Fishery Research«, in: *Nature* 135 (1935, 8. Juni), S. 935.

Surowiecki, James: *The Wisdom of Crowds. Why the many are smarter than the few Few and How Collective Wisdom Shapes Business, Economies, Societies and Nations*, London 2004.

Sutherland, Ivan E.: »Three-Dimensional Data Input by Tablet«, in: *Proceedings of the IEEE* 62/4 (1974, 4. April), S. 453–461.

—: *Sketchpad. A Man-Machine Graphical Communication System*, Boston: MIT 1963 (Diss.).

Swammerdam, Jan: *Histoire générale des insectes*, Utrecht 1682.

Tarde, Gabriel de: »Les Crimes des Foules«, in: ders.: *Essais et mélanges sociologiques*, Paris 1895[1892].

—: *Die Gesetze der Nachahmung*, Frankfurt/M. 2003.

—: *L'Opinion et la foule*, Paris 1901.

—: *La Philosophie Pénale*, Paris 1890.

Tautz, Jürgen: »Der Bien – ein Säugetier mit vielen Körpern«, in: *Biologie unserer Zeit* 38/1 (2008), S. 22–29.

Telemann: o.T., in: *Der Spiegel* (1959, 9. Dezember), o.S.

Tembrock, Günter: *Verhaltensforschung. Eine Einführung in die Tier-Ethologie*, Jena 1961.

—: *Angst. Naturgeschichte eines psychobiologischen Phänomens*, Darmstadt 2000.

Terzopoulos, Dimitri: »Artificial Life in Computer Graphics«, in: *Communications of the ACM* 42/8 (1999), S. 33–42.

Terzopoulos, Dimitri, Tu, Xiaoyuan und Grzeszcuk, Radek: »Artificial Fishes: Autonomous Locomotion, Perception, Behavior, and Learning in a Simulated Physical World«, in: *Artificial Life* 1/4 (1994), S. 327–351.

Thacker, Eugene: »Networks, Swarms, Multitudes«, in *CTheory*, 18. Mai 2004, http://www.ctheory.net/articles.aspx?id=423.

—: *Biomedia*, Minneapolis, London 2004.

Thalmann, Daniel: »The artificial life of virtual humans«, in: *Artificial Life for Graphics, Animation, Multimedia, and Virtual Reality (SIGGRAPH 98 Course Notes)*, 1998.

Thompson, Hunter S.: *Fear and Loathing in Las Vegas. A Savage Journey to the Heart of the American Dream*, London, New York, Toronto, Sydney 2005 [1971].

Thorpe, William H: *The Origins and Rise of Ethology*, New York 1979.

Tien, Joseph H., Levin, Simon A. und Rubenstein, Daniel I.: »Dynamics of fish shoals: identifiying key decision rules«, in: *Evolutionary Ecology Research* 6 (2004), S. 555–565.

Tinbergen, Nikolaus: *The Animal in its World: explorations of an ethologist 1932–1972*, Band 1: *Field studies*, Band 2: *Laboratory experiments and general papers*, London 1972, S. 5.

Tiqqun: *Kybernetik und Revolte*, Zürich, Berlin 2007.

Todes, Daniel P.: »Darwins malthusische Metapher und russische Evolutionsvorstellungen«, in: Engels, Eve-Marie (Hg.): *Die Rezeption von Evolutionstheorien im 19. Jahrhundert*, Frankfurt/M. 1995, S. 281–308.

Towler, Richard H., Jech, J. Michael und Horne, John K.: »Visualizing fish movement, behavior, and acoustic backscatter«, in: *Aquatic Living Resources* 16 (2003), S. 277–282.

Truffaut, Francois: *Mr. Hitchcock, wie haben Sie das gemacht?*, München 2000.

Tu, Xiaoyuan und Terzopoulos, Dimitri: »Artificial Fishes: Physics, Locomotion, Perception, Behavior«, in: *Proceedings of the 21st Annual Conference on Computer Graphics and interactive Technologies. SIGGRAPH 94*, New York 1994, S. 43–50.

Turner, R. H. und Killian, L. M.: *Collective Behaviour*, Englewood Cliffs 1975.

Uexküll, Gudrun von: *Jakob von Uexküll, seine Welt und seine Umwelt*, Hamburg 1964.

Uexküll, Jakob von: »Die Bedeutung der Planmäßigkeit für die Fragestellung in der Biologie«, in: ders.: *Kompositionslehre der Natur. Biologie als undogmatische Naturwissenschaft. Ausgewählte Schriften*, hg. von Thure von Uexküll, Frankfurt/M., Berlin, Wien 1980, S. 213–217. [Original in: *Wilhelm Roux' Archiv für Entwicklungsmechanik der Organismen* 106 (1925), S. 6–10.]

—: »Die Physiologie der Pendecellarien«, in: *Zeitschrift für Biologie* 37 (1899), S. 334–401.

—: »Plan und Induktion«, in: ders.: *Kompositionslehre der Natur*, a.a.O., S. 217–225: 217–218. [Original in: *Wilhelm Roux' Archiv für Entwicklungsmechanik der Organismen* 116 (1929), S. 36–43.]

—: »Psychologie und Biologie in ihrer Stellung zur Tierseele«, in: ders.: *Kompositionslehre der Natur. Biologie als undogmatische Naturwissenschaft. Ausgewählte Schriften*. hrsg. von Thure von Uexküll, Frankfurt/M., Berlin, Wien 1980.

—: »Ueber Reflexe bei den Seeigeln«, in: *Zeitschrift für Biologie* 34 (1896), S. 298–318.

—: *Bausteine zu einer biologischen Weltanschauung*, München 1913.

—: *Die Lebenslehre*, Potsdam, Zürich 1930.

—: *Staatsbiologie. Anatomie – Physiologie – Pathologie des Staates*, Berlin 1920.

—: *Umwelt und Innenwelt der Tiere*, 2. Auflage, Berlin 1921.

Uexküll, Thure von: »Jakob von Uexküll's Umwelt-theory«, in: Sebeok, Thomas A. und Umiker-Sebeok, Jean (Hg.): *The Semiotic Web 1988*, Berlin 1989, S. 129–158.

Vabø, Rune und Nøttestad, Leif: »An individual based model of fish school reactions: predicting antipredator behavior as observed in nature«, in: *Fisheries Oceanography* 6/3 (1997), S. 155–171.

Vagt, Christina: »Zeitkritische Bilder. Bergson zwischen Topologie und Fernsehen«, in: Volmar, Axel (Hg.): *Zeitkritische Medien*, Berlin 2009, S. 105–126.

Vehlken, Sebastian: »Angsthasen. Schwärme als Transformationsungestalten zwischen Tierpsychologie und Bewegungsphysik«, in: *Zeitschrift für Medien- und Kulturforschung* 0 (2009), S. 133–149.

—: »Fish & Chips. Schwärme – Simulation – Selbstorganisation«, in: Horn, Eva und Gisi, Lucas: *Schwärme – Kollektive ohne Zentrum. Eine Wissensgeschichte zwischen Leben und Information*, Bielefeld 2009, S. 125–162.

—: »Fishy Business. Mediale Durchmusterung von Schwärmen unter Wasser«, in: Brandstetter, Thomas, Harasser, Karin und Friesinger, Günther: *Grenzflächen des Meeres*, Wien 2010, S. 159–196.

—: »Überleben rechnen. Biologically Inspired Computing zwischen Panik und Crowd Control«, in: Fischer, Stefan, Maehle, Erik und Reischuk, Rüdiger (Hg.): *Informatik 2009. Im Fokus das Leben. Gesellschaft für Informatik Lecture Notes. Proceedings*, Bonn 2009, S. 63 und S. 847–859.

—: »Schräge Vögel. Vom ›technological morass‹ in der Ornithologie«, in: Rieger, Stefan und Schneider, Manfred (Hg.): *Selbstläufer / Leerläufer. Regelungen und ihr Imaginäres im 20. Jahrhundert*, Zürich 2012, S. 133–156.

Verne, Jules: *Around the World in Eighty Days*, Ammonite 2005.

Vicsek, Tamás, Czirók, András, Ben-Jacob, Eshel, Cohen, Inon und Shochet, Ofer: »Novel Type of Phase Transition in a System of Self-Driven Particles«, in: *Physical Review Letters* 75/6 (1995), S. 1226–1229.

Vines, Gail: »Psychic Birds (Or What?)«, in: *New Scientist* 182 (2004, 26. Juni), S. 48–49.

Viscido, Steven V., Parrish, Julia K. und Grünbaum, Daniel: »Individual behavior and emergent propeties of fish schools: a comparison of observation and theory«, in: *Marine Ecology Progress Series* 273 (2004), S. 239–249.

—: »The effect of population size and number of influential neighbors on the emergent properties of fish schools«, in: *Ecological Modelling* 183/2–3 (2005), S. 347–363.

Vitruv: *The Ten Books of Architecture*, New York 1960.

Vogl, Joseph und Matala de Mazza, Ethel: »Bürger und Wölfe. Versuch über politische Zoologie«, in: Geulen, Christian, Von der Heiden, Anne und Liebsch, Burkhard (Hg.): *Vom Sinn der Feindschaft*, Berlin 2002, S. 207–217.

Vogl, Joseph: »Gefieder, Gewölk«, in: Filk, Christian, Lommel, Michael und Sandbothe, Mike (Hg.): *Media Synaesthetics. Konturen einer physiologischen Medienästhetik*, Köln 2004, S. 140–149.

—: »Medien-Werden: Galilieos Fernrohr«, in: Engell, Lorenz, Siegert, Bernhard und Vogl, Joseph (Hg.): *Mediale Historiographien*, Weimar 2001, S. 115–123.

—: »Über soziale Fassungslosigkeit«, in: Gamper, Michael und Schnyder, Peter (Hg.): *Kollektive Gespenster. Die Masse, der Zeitgeist und andere unfaßbare Körper*, Freiburg 2006, S. 171–189.

Vogt, Carl: *Untersuchungen über Thierstaaten*, Frankfurt/M.: Literarische Anstalt 1851.

Weihs, Daniel: »A hydrodynamical analysis of fish turning maneouvers«, in: *Proceedings of the Royal Society of London. Series B, Biological Sciences* 182 (1972), S. 59–72

Weill, Alan, Scalabrin, Carla und Diner, Noël: »MOVIES-B: an acoustic detection description software. Application to shoal species' classification«, in: *Aquatic Living Resources* 6 (1993), S. 255–267.

Weippl, Theodor: *Das Schwärmen der Bienen*, Berlin 1932.

Weismann, August: *Das Keimplasma – Eine Theorie der Vererbung*, Jena 1892.

Werber, Niels: »Schwärme, soziale Insekten, Selbstbeschreibung der Gesellschaft. Eine Ameisenfabel«, in: Horn, Eva und Gisi, Lucas Mario (Hg.): *Schwärme. Kollektive ohne Zentrum*, Bielefeld 2009, S. 183–202.

Wheeler, William M.: »›Natural history‹, ›oecology‹ or ›ethology‹«, in: *Science* 15 (1902), S. 971–976.

—: »Emergent Evolution and the Social«, in: *Science* 44 (1926), S. 433–440.

—: »Hopes in the Biological Sciences«, in: *Proceedings of the American Philosophical Society* 70 (1931), S. 231–239.

—: »On the Founding of Colonies by Queen Ants, with Special Reference to the Parasitic and Slave-Making Species«, in: *Bulletin of the American Museum of Natural History* 22/4 (1906), S. 33–105.

—: »The Ant-Colony as an Organism«, in: *Journal of Morphology* 21/2 (1911), S. 307–325.

—: *Social Life among the Insects*, London, Bombay, Sydney 1922.

—: *The Social Insects. Their Origin and Evolution*, New York 1928.

—: *The Social Life of Animals*, New York 1938.

Whitman, Charles Otis: »Some of the functions and features of a biological station«, in: *Biological Lectures Delivered at the Marine Biological Laboratory of Wood's Hole, 1896–1897*, Boston 1998.

Whitman, Charles Otis: »Animal Behavior«, in: *Biological Lectures Delivered at the Marine Biological Laboratory of Wood's Hole, 1896–1897*, Boston 1998, S. 285–338.

Wiener, Norbert: *Cybernetics, or Communication and Control in the Animal and the Machine*, Cambridge 1948.

—: *Kybernetik. Regelung und Nachrichtenübertragung im Lebewesen und in der Maschine*, 2. Auflage, Düsseldorf, Wien 1963.

—: *Mensch und Menschmaschine*, Frankfurt/M. 1958.

Wilson, Edmund B.: *The Cell in Development and Heredity*, 3. Auflage, New York 1925.

—: »Aims and methods of study in natural history«, in: *Science* 13 (1901), S. 14–23.

Wilson, Edward O.: *Sociobiology. The New Synthesis*, Cambridge 1976.

Winkler, Hartmut: »Rekursion. Über Programmierbarkeit, Wiederholung, Verdichtung und Schema«, in: *c't* 9 (1999), S. 234–240.

Winsberg, Eric: »Simulations, Models, and Theories: Complex Physical Systems and their Representations«, in: *Philosophy of Science* 68 (2001), S. 442–454.

Winter, Philipp: »Science is Fiction: The Films of Jean Painlevé«, in: *Electric Sheep Magazine* (2007, 30. August), http://www.electricsheepmagazine.co.uk/reviews/2007/08/30/science-is-fiction-the-films-of-jean-painleve.

Wittkower, Rudolf: *Architectural Principles in the Age of Humanism*, New York 1962.

Wood, A.B., Smith, F. D. und McGeachy, J.A.: »A magnetostriction echo depth-recorder«, in: *Journal of the Institution of Electrical Engineers* 76 /461 (Mai 1935), S. 550–566.

Wuketits, Franz: *Die Entdeckung des Verhaltens. Eine Geschichte der Verhaltensforschung*, Darmstadt 1995.

Wundt, Wilhelm: *Vorlesungen über die Menschen- und Thierseele*, Leipzig 1863.

Ziegler, Cai: »Von Tieren lernen. Optimierungsprobleme lösen mit Schwarmintelligenz«, in: *c't* 3 (2008, 21. Januar), S. 188–191.

Zizek, Slavoj: »Warum greifen die Vögel an?« in: ders. (Hg.): *Was Sie immer schon über Lacan wissen wollten und Hitchcock nie zu fragen wagten*, Frankfurt/M. 2002, S. 181–186.

Zola, Emile: *Das Geld*, Frankfurt/M. 2009.

Bildnachweise

Abb. 1: Broschüre »10. Deutscher Trendtag 2005: Schwarm-Intelligenz – Die Macht der Smarten Mehrheit«. *Trendbüro Hamburg.* Fotograf: Doug Perrine/Seapics.

Abb. 2 und 3: Frisch, Karl von: »Zur Psychologie des Fischschwarms«, in: *Die Naturwissenschaften* 37 (1938, 16. September), S. 601–606: 603 und 604.

Abb. 4: Allen, E. J. und Harwey, H. J: »The Laboratory of the Marine Biological Association at Plymouth«, in: *Journal of the Marine Biological Association of the United Kingdom (New Series)* 15 (1928), S. 735–751: 742 und 748.

Abb. 5: Parr, Albert Eide: »A Contribution to the theoretical analysis of the schooling behavior of fishes«, in: *Occasional Papers of the Bingham Oceanographic Collection* 1 (1929), S. 1–32: 12 und 7.

Abb. 6: Spooner, Guy M.: »Some Observations on Schooling in Fish«, in: *Journal of the Marine Biological Association of the United Kingdom* 17/2 (Juni 1931), S. 421–448: 428.

Abb. 7: Radakov, Dimitrij: *Schooling in the Ecology of Fish*, New York, Toronto 1973, S. 96.

Abb. 8: Ebd., S. 98.

Abb. 9: Shaw, Evelyn: »The Schooling of Fishes«, in: *Science* 206 (1962), S. 128–138: 130.

Abb. 10: Partridge, Brian L. und Pitcher, Tony: »The Sensory Basis of Fish Schools – Relative Roles of Lateral Line and Vision«, in: *Journal of Comparative Physiology* 135 (1980), S. 315–325: 317.

Abb. 11: Partridge, Brian L. und Cullen, J. Michael: »Computer Technology: A low-cost interactive coordinate plotter«, in: *Behavior Research Methods & Instrumentation* 9/5 (1977), S. 473–479: 475.

Abb. 12: http://www.robot-camera.de/ROBOT_Historie/ROBOT_und_Hans_Hass/robot_und_hans_hass.html.

Abb. 13: Osborn, Jon: »Analytical and Digital Photogrammetry«, in: Parrish, Julia K. und Hamner, William H. (Hg.): *Animal Groups in Three Dimensions*, Cambridge 1997, S. 36–60: 40.

Abb. 14: Hass, Hans: *Unter Korallen und Haien – Abenteuer in der Karibischen See*, Berlin 1942, S. 137.

Abb. 15: Cousteau, Jacques-Yves: *Das lebende Meer*, Gütersloh 1961, S. 224.

Abb. 16: Fischer, Wolfgang: »Methodik und Ergebnisse der Erforschung des Schwarmverhaltens von Fischen mit der Tauchmethode«, in: *Helgoländer wissenschaftliche Meeresuntersuchungen* 24 (1973), S. 391–400: 395 und 396.

Abb. 17: Graves, John: »Photographic Method for Measuring Spacing and Density within Pelagic Fish Schools at Sea«, in: *Fishery Bulletin* 75/1 (1977), S. 230–239: 230.

Abb. 18: Simmonds, John und MacLennan, David: *Fisheries Acoustics: Theory and Practice*, 2. Ausgabe, Oxford 2005. Umschlagtitel.

Abb. 19: Sund, Oscar: »Echo sounding in Fishery Research«, in: *Nature* 135 (1935, 8. Juni), S. 935.

Abb. 20: Simmonds, John und MacLennan, David: *Fisheries Acoustics: Theory and Practice*, 2. Ausgabe, Oxford 2005, Tafel 3.6.

Abb. 21: IMDB Internet Movie Database, http://www.imdb.com/title/tt0051418/mediaindex.

Abb. 22: Strogatz, Steven: *SYNC. How Order emerges from Chaos in the Universe, Nature, and Daily Life*, New York 2003, S. 43.

Abb. 23: Breder, Charles M.: »Fish Schools as operational structures«, in: *Fishery Bulletin* 74/3 (1976), S. 471–502: 473.

Abb. 24: Ebd., S. 473.

Abb. 25: Hamilton, William D.: »Geometry for the Selfish Herd«, in: *Journal of Theoretical Biology* 31 (1971), S. 295–311: 296.

Abb. 26: Sakai, Sumiko: »A model for group structure and its behavior«, in: *Biophysics (Japan)* 13/2 (1973), S. 82–90: 83.

Abb. 27: Ebd., S. 84.

Abb. 28: Ebd., S. 86.

Abb. 29: Matuda, Ko und Sannomiya, Nobuo: »Computer Simulation of Fish Behavior in Relation to Fishing Gear. Mathematical Model of Fish Behavior«, in: *Bulletin of the Japanese Society of Scientific Fisheries* 46/6 (1980), S. 689–697: 694.

Abb. 30: Aoki, Ichiro: »A Simulation Study on the Schooling Mechanism in Fish«, in: *Bulletin of the Japanese Society of Scientific Fisheries* 48/8 (1982), S. 1081–1088: 1082.

Abb. 31: Ebd., S. 1083.

Abb. 32: Ebd., S. 1084.

Abb. 33: Levy, Steven: *KL – Künstliches Leben aus dem Computer*, München 1993, S. 102.

Abb. 34: Terzopoulos, Dimitri, Tu, Xiaoyuan und Grzeszczuk, Radek: »Artificial Fishes: Autonomous Locomotion, Perception, Behavior, and Learning in a Simulated Physical World«, in: *Artificial Life* 1/4 (1994), S. 327–351: 334.

Abb. 35: Unbekannter Scan.

Abb. 36: Vabø, Rune und Nøttestad, Leif: »An individual based model of fish school reactions: predicting antipredator behavior as observed in nature«, in: *Fisheries Oceanography* 6/3 (1997), S. 155–171: 162.

Abb. 37: Ebd., S. 165.

Abb. 38: Ebd., S 164.

Abb. 39: Schelling, Thomas C.: »Dynamic Models of Segregation«, in: *Journal of Mathematical Sociology* 1 (1971), S. 143–186: 157.

Abb. 40: Czirok, András und Vicsek, Tamás: »Collective behavior of interacting self-propelled particles«, in: *Physica A* 281/1–4 (2000), S. 17–29: 22.

Abb. 41: Camazine, Scott, Deneubourg, Jean-Louis, Franks, Nigel R., Sneyd, James, Theraulaz, Guy, und Bonabeau, Eric: *Self-Organisation in Biological Systems*, Princeton 2001, S. 183.

Abb. 42: Kunz, Hanspeter und Hemelrijk, Charlotte K.: »Artificial Fish Schools: Collective Effects of School Size, Body Size, and Body Form«, in: *Artificial Life* 9 (2003), S. 237–253: 240.

Abb. 43: Couzin, Iain, Krause, Jens, James, Richard, Ruxton, Graeme D. und Franks, Nigel R.: »Collective Memory and Spatial Sorting in Animal Groups«, in: *Journal of Theoretical Biology* 218 (2002), S. 1–11: 6.

Abb. 44: De Chiara, Rosario, Erra, Ugo und Scarano, Vittorio: »An architecture for Distributed Behavioral Models with GPUs«, in: *Proceedings of the 4th Eurographics Italian Chapter* (EGITA 2006), Catania 2006, S. 1–7: 2.

Abb. 45: Erra, Ugo, Frola, Bernardino, Scarano, Vittorio und Couzin, Iain: »An efficient GPU implementation for large scale individual-based simulation of collective behavior«, Vortrag auf dem International Workshop on High Performance Computational Systems Biology HiBi09, Trient 2009, S. 5.

Abb. 46: Cavagna, Andrea u.a.: »The STARFLAG handbook on collective animal behavior: Part I, Empirical methods«, in: *arXiv E-print*, Februar 2008, S. 27, http://arxiv.org/abs/0802.166, S. 40.

Abb. 47: Ziegler, Cai: »Von Tieren lernen. Optimierungsprobleme lösen mit Schwarmintelligenz«, in: *c't* 3 (2008, 21. Januar), S. 188–191: 190.

Anja Lauper (Hg.)
Transfusionen
Blutbilder und Biopolitik in der Neuzeit

280 Seiten, Broschur, 16 Abbildungen
ISBN 978-3-935300-53-7
€ 34,90

Seit der frühen Neuzeit erfuhr die Rede vom Blut wiederholte Umcodierungen: transformiert sich das christliche Blut des Erlösers nach 1600 zum physiologischen Träger des Lebens, so markiert 1800 das historische Datum, an dem es vom sozialen Unterscheidungsmerkmal zum Objekt eines Wissens vom Leben avanciert. Im Dispositiv der Bio-Politik wird das Blut zum Lebenssaft des biologischen wie des politischen Körpers.
Der Diskurs des Blutes wird von den verschiedensten Medien produziert, in Umlauf gebracht und reguliert, oder aber er wird selbst zum Medium. Die Momente des Übergangs, die Transfusionen zwischen verschiedenen Wissenskreisläufen, zwischen Kunst und Literatur, Ökonomie und Lebenswissenschaften sind das Thema des vorliegenden Bandes.

Mit Beiträgen von Georges Didi-Huberman, Anne von der Heiden, Claudia Blümle, Frank Hiddemann, Joseph Vogl, Karin Leonhard, Anja Lauper, Gabriele Brandstetter, Gerhard Neumann, Margarete Vöhringer, Myriam Spörri, Jörg Wiesel und Ute Holl.

Claudia Blümle, Armin Schäfer (Hg.)
Struktur, Figur, Kontur
Abstraktion in Kunst und Lebenswissenschaften

384 Seiten, Broschur, zahlr. Abb.
ISBN 978-3-03734-004-2
€ 34,90

Angesichts eines Begriffs vom Leben, wie er sich im 19. und 20. Jahrhundert herausbildet, büßen Darstellungen, die in einer traditionellen Weise der Mimesis folgen, ihre Selbstverständlichkeit ein. Zeitgleich lässt sich in Malerei und Graphik eine Krise der Repräsentation beobachten, indem die Bilder mit den perspektivischen und anatomischen Regeln der Raum- und Körperdarstellung brechen. Sowohl in den Lebenswissenschaften als auch in der Kunst entstehen neue abstrahierende Bildkonzepte, die generativ, konstruktiv und konkret operieren, um die systemische Funktionsweise des Organismus zu visualisieren. Wie verfahren Wissenschaften, Künste und Theorien mit dem Leben, das von »Virtualitäten, Singularitäten und Ereignissen« geprägt ist? Der Sammelband widmet sich diesen philosophischen, kunst- und wissenschaftshistorischen Konstellationen, wobei das Werk von Gilles Deleuze mit seinem Konzept der »anorganischen Vitalität« einen wichtigen Leitfaden bildet. Dabei geht es um Strukturen, die Lebendiges bezeugen, um die Freisetzung einer Linie, die keine Kontur mehr ist, und um die Schaffung einer Figur jenseits der Figuration.

Mit Beiträgen von Friedrich Balke, Soraya de Chadarevian, Sebastian Egenhofer, Sabine Flach, Carolin Meister, Henri Maldiney, Jutta Müller-Tamm, Maja Naef, Claudia Oehlschläger, Stefan Rieger, Wilhelm Roskamm, Birgit Schneider, Gilbert Simondon, Jean Starobinski, Franziska Uhlig und Ingo Uhlig sowie mit einem Bildbeitrag von Terry Winters.

Nach Feierabend 2011. Zürcher Jahrbuch für Wissensgeschichte
Zirkulationen

224 Seiten, Broschur
ISBN 978-3-03734-171-1
€ 25,00

Im 17. und 18. Jahrhundert sprach man von Kreisläufen, um von der Zirkulation des Blutes, von »Stoffen« und Gütern zu handeln. Anfang des 19. Jahrhunderts bezeichnete der Begriff das Fließen der Säfte im Körper sowie die Verhältnisse in einer wohleingerichteten »Staatswirtschaft«. Heute ist die Rede von zirkulierenden Daten, Zeichen, Bildern und Diskursen, von der Zirkulation des Begehrens, der Zirkulation von kulturellem Kapital oder Sinn – und schließlich von Menschen.
Für die ›Wissensgeschichte‹ ist der Begriff »Zirkulation« konstitutiv. Der Ansicht, dass Wissen in exklusiven Settings entsteht, um sich von dort aus zu verbreiten, hält die Wissensgeschichte entgegen, dass auch die Praxis im Labor auf Geräte, Diskursmuster und Wissen zurückgreifen muss, die nicht im Labor selbst entstanden sind, sondern weit außerhalb davon. Als zirkulierendes Gut wird Wissen in unterschiedlichen Medien formatiert, verändert sich im Übergang von einer Repräsentationsweise zur nächsten und ist in Machtverhältnisse verstrickt.

Mit Beiträgen von Berhard Tschofen, Harald Fischer-Tiné, Andreas Kilcher, Monika Dommann, Philipp Theisohn, Anthony Grafton, Valentin Groebner, Kijan Espahangizi, Sabine Baier und einem Gespräch mit Yossef Schwartz

Anne von der Heiden, Joseph Vogl (Hg.)
Politische Zoologie

304 Seiten, Broschur, Fadenheftung
ISBN 978-3-935300-94-0
€ 29,90

In der Entwicklungsgeschichte des politischen Denkens markieren die Ausgrenzungen der Tiere aus der politischen Ordnung immer zugleich ihren Einschluss. Das verrät bereits die Definition des Menschen als ›zoon politikon‹ oder ›animal civile‹. In Staatsgründungsmythen stehen Tiere oft an erster Stelle der Deszendenztafel, Staaten selbst entwickeln sich in Antinomie zu Tieren und benutzen sie zugleich als Vorbilder sozialen Zusammenlebens und Sinnbilder der Herrschaft. So ist das Tier nicht nur Teil politischer Ikonographie und Repräsentation, sondern auch politischer Akteur im Rahmen einer phantastischen Zoologie, die beispielsweise die staatliche Ordnung von wilden Tieren, Horden und Meuten, Ratten oder Werwölfen bedroht erscheinen lässt.
Ausgehend von der Hypothese, dass das Wissen von den Tieren an der Entwicklung und Veränderung von politischem Ordnungswissen beteiligt war und ist, stellt das Buch eine interdisziplinäre und kontroverse Diskussion über die verschiedenen Ausprägungen einer »Politischen Zoologie« vor.

Mit Beiträgen von Joseph Vogl, Friedrich Balke, Marianne Schuller, Vinzenz Hediger, Margarete Vöhringer, Bernhard Siegert, Claus Pias, Manfred Schneider, Ralph Ubl, Sebastian Vehlken u.a.

Anja Lauper
Die ›phantastische Seuche‹
Episoden des Vampirismus im 18. Jahrhundert

208 Seiten, Broschur
ISBN 978-3-03734-155-1
€ 26,90

Der Vampir des 18. Jahrhunderts ist einer der singulären Mythen der Moderne. Im Jahr 1732 tritt der Vampir – bis dahin unbekannt – mit einem Schlag in den Diskurs der westlichen Welt ein. Wenig später haben die Buchhändler ihr Sortiment fliegend der plötzlichen vampiristischen Nachfrage angepasst, bevölkert der Vampir die Berichte der Militärärzte von der Ostgrenze der österreichischen Monarchie und streiten sich Mediziner und Theologen um die Deutungshoheit angesichts einer unbekannten Seuche.
In diesem Buch wird der historische Vampirismus von seinem Ende her verstanden. Kein Exorzismus kann ihn ausmerzen, einzig die grundlegende Verwaltungsreform der Habsburgermonarchie, die ab Mitte des 18. Jahrhunderts an die Hand genommen wird, ist in der Lage, den Vampir abzuschaffen, indem sie ihn in eine neue polizeyliche Gesundheits- und Bevölkerungspolitik überträgt und ihn darin zum Verschwinden bringt. Diese gouvernementale Politik schaufelt dem Vampir des 18. Jahrhunderts sein wohlverdientes Grab – und schafft damit die Voraussetzungen für die Proliferation des Vampirs in der Literatur der Moderne.